中国水利教育协会　组织

全国水利行业"十三五"规划教材（职业技术教育）

水利水电工程建筑物

主　编　田明武　何姣云
副主编　张　磊　王晓琴　佟　欣　王世儒
主　审　杨　勇

·北京·

内 容 提 要

本书的编制是根据国家“十三五”教育发展规划纲要，结合我国水利行业发展总体规划要求及行业、产业发展现状，按照全国水利行业“十三五”规划教材目录要求，适应现代高职教育培养应用型、技能型人才需求。主要内容包括绪论、岩基上的重力坝、土石坝与堤防、其他坝型及过坝建筑物、水闸、河岸溢洪道、进水建筑物、引水建筑物、泵站建筑物、水电站厂房、水利水电工程枢纽布置。

本书为高职高专水利水电建筑工程、水利工程、工程监理、水利水电工程技术、水利水电工程管理等专业的通用教材，可作为其他专业教材或教学参考书，同时也可作为水利工程技术人员学习参考用书。

图书在版编目（CIP）数据

水利水电工程建筑物 / 田明武，何姣云主编. -- 北京：中国水利水电出版社，2018.8（2022.6重印）
全国水利行业“十三五”规划教材. 职业技术教育
ISBN 978-7-5170-6519-7

Ⅰ. ①水… Ⅱ. ①田… ②何… Ⅲ. ①水工建筑物－高等职业教育－教材 Ⅳ. ①TV6

中国版本图书馆CIP数据核字(2018)第125078号

书　名	全国水利行业“十三五”规划教材（职业技术教育） **水利水电工程建筑物** SHUILI SHUIDIAN GONGCHENG JIANZHUWU
作　者	主　编　田明武　何姣云 副主编　张　磊　王晓琴　佟　欣　王世儒 主　审　杨　勇
出版发行	中国水利水电出版社 （北京市海淀区玉渊潭南路1号D座　100038） 网址：www.waterpub.com.cn E-mail：sales@mwr.gov.cn 电话：（010）68545888（营销中心）
经　售	北京科水图书销售有限公司 电话：（010）68545874、63202643 全国各地新华书店和相关出版物销售网点
排　版	中国水利水电出版社微机排版中心
印　刷	天津嘉恒印务有限公司
规　格	184mm×260mm　16开本　24印张　569千字
版　次	2018年8月第1版　2022年6月第2次印刷
印　数	2001—3500册
定　价	**68.00**元

前言

本书的编制是根据国家“十三五”教育发展规划纲要及《中共中央 国务院关于加快水利改革发展的决定》(2011 中央 1 号文件)、《国家中长期教育改革和发展规划纲要》(2010—2020 年)等文件精神，以及全国水利行业“十三五”规划教材目录要求，并结合我国水利发展规划及现代水利职业教育的要求。在总结水利类高等职业教育多年教学改革的基础上，本着理论够用，实践突出，体现现代水利新技术、新材料、新理念的原则，本书对水利、水电、防洪、泵站等工程在知识体系上进行有机结合，使专业课程内容结合更紧密、系统更完整，理论课时大幅减少，突出实践性教学环节，结合典型工程图片，能更好地培养学生识读图能力和学习兴趣，体现了教育教学改革“教、学、做一体化”培养高素质、技能型人才的要求。

本书在编写过程中，对所有水利水电工程建筑物进行全面概要介绍，同时又突出以主要水工建筑物基于一般工作过程的项目化教学要求的特点，主次分明，重点突出，力求适应我国高职生源特点及行业产业发展特点，更好地满足现代高职教育教学改革与发展、现代水利发展与水利教育的需要。

本书主要编写人员如下：四川水利职业技术学院田明武编写绪论、项目 3、项目 10；湖北水利水电职业技术学院何姣云编写项目 1、项目 9；四川水利职业技术学院张磊编写项目 2、项目 5；辽宁水利职业技术学院佟欣编写项目 4；重庆水利水电职业技术学院王晓琴编写项目 6（部分）、项目 7；重庆水利水电职业技术学院王世儒编写项目 6（部分）、项目 8。本书由田明武、何姣云担任主编，张磊、王晓琴、佟欣、王世儒担任副主编，山西水利职业技术学院杨勇主审。

本书在编写过程中，学习和借鉴了很多参考书，同时得到相关兄弟院校的大力支持，在此，对相关作者表示衷心的感谢。对书中存在的不足之处，恳请读者批评指正，多提宝贵意见。

编者

2018 年 5 月

目录

前言

绪论 …… 1
0.1 我国的水资源及水利水电工程建设 …… 1
0.2 水利水电工程枢纽 …… 4
0.3 水利水电工程建筑物的类型 …… 7
思考题 …… 11

项目1 岩基上的重力坝 …… 12
任务1.1 重力坝概述 …… 12
任务1.2 重力坝基本剖面 …… 15
任务1.3 重力坝的荷载及其组合 …… 18
任务1.4 重力坝的稳定分析 …… 26
任务1.5 重力坝的应力分析 …… 30
任务1.6 溢流重力坝 …… 39
任务1.7 重力坝的泄水孔 …… 52
任务1.8 重力坝的材料及构造 …… 54
任务1.9 重力坝的地基处理 …… 60
思考题 …… 63

项目2 土石坝与堤防 …… 65
任务2.1 概述 …… 65
任务2.2 土石坝的剖面设计 …… 73
任务2.3 土石坝细部构造设计与坝体材料选择 …… 77
任务2.4 土石坝的渗流分析 …… 84
任务2.5 土石坝的稳定分析 …… 90
任务2.6 土石坝的坝基处理 …… 96
任务2.7 堤防与河道整治建筑物 …… 101
思考题 …… 111

项目3 其他坝型及过坝建筑物 …… 112
任务3.1 拱坝 …… 112
任务3.2 橡胶坝 …… 128
任务3.3 支墩坝 …… 138

任务 3.4　过坝建筑物 …… 141
思考题 …… 153
项目 4　水闸 …… 154
任务 4.1　概述 …… 154
任务 4.2　水闸的孔口尺寸确定 …… 159
任务 4.3　水闸的消能防冲设计 …… 163
任务 4.4　水闸的防渗排水设计 …… 173
任务 4.5　闸室的布置与构造 …… 187
任务 4.6　闸室稳定计算及地基处理 …… 192
任务 4.7　闸室结构计算 …… 200
任务 4.8　水闸的两岸连接建筑物设计 …… 208
任务 4.9　闸门与启闭机 …… 213
思考题 …… 222
项目 5　河岸溢洪道 …… 224
任务 5.1　概述 …… 224
任务 5.2　正槽溢洪道设计 …… 226
任务 5.3　侧槽溢洪道设计 …… 237
任务 5.4　非常溢洪设施 …… 241
思考题 …… 243
项目 6　进水建筑物 …… 244
任务 6.1　概述 …… 244
任务 6.2　无压进水口 …… 245
任务 6.3　有压进水口 …… 249
思考题 …… 257
项目 7　引水建筑物 …… 258
任务 7.1　渠道工程 …… 258
任务 7.2　渡槽 …… 262
任务 7.3　倒虹吸管 …… 266
任务 7.4　涵洞 …… 272
任务 7.5　水工隧洞 …… 274
思考题 …… 278
项目 8　泵站建筑物 …… 279
任务 8.1　概述 …… 279
任务 8.2　泵房 …… 280
任务 8.3　泵房布置与尺寸的确定 …… 284
任务 8.4　泵房整体稳定分析 …… 292

任务 8.5　泵站进出水建筑物 …… 296
任务 8.6　管道 …… 303
思考题 …… 311
项目 9　水电站厂房 …… 312
任务 9.1　概述 …… 312
任务 9.2　立式机组地面厂房布置 …… 318
任务 9.3　立式机组厂房布置 …… 331
任务 9.4　卧式机组厂房的布置 …… 338
任务 9.5　水电站厂房的布置 …… 341
思考题 …… 344
项目 10　水利水电工程枢纽布置 …… 345
任务 10.1　水利水电枢纽设计的任务及阶段 …… 345
任务 10.2　拦河坝水利枢纽的布置 …… 347
任务 10.3　取水枢纽布置 …… 358
任务 10.4　水电站厂区枢纽布置 …… 364
思考题 …… 372
参考文献 …… 373

绪 论

学习要求：理解掌握水利水电工程的基本概念和基本任务、水利水电枢纽的工程分等及主要建筑物的分级方法；熟悉水利水电工程建筑物的组成与分类；了解我国水利水电工程建设与发展情况。

0.1 我国的水资源及水利水电工程建设

0.1.1 水资源

水是生命之源、生产之要、生态之基。兴水利、除水害，事关人类生存、经济发展、社会进步，历来是世界各国治国安邦的大事。地球上的总水量约为14.50亿km^3，其中约97.0%的地球水是海洋中的咸水。通过大气循环，以降水、径流方式在陆地运行的淡水相对就很少了。淡水资源只占总水量的3.0%左右，在这3.0%中又有87%是人类难以利用的两极冰川、高山冰川和永冻地带的冰雪等。人类能够利用的只是江、河、湖、泊以及地下水的一部分，仅仅不到地球总水量的0.30%。就是这些水支撑着人类的生存、繁衍和发展，支撑着地球上万事万物的运动。

全球年径流总量为470000亿m^3，按50亿人口计，平均每人拥有9400m^3，这是最重要的一部分水。但这部分水在时间和空间上的分布极不均衡：巴西、俄罗斯、加拿大、中国、美国、印度尼西亚、印度、哥伦比亚和刚果等9个国家的淡水资源就占了世界淡水资源总量的60%。

我国幅员辽阔，河流也不少（流域面积超过1000km^2的大河有1598条），年径流总量约27800亿m^3，而按人口平均则仅约相当于全球平均数的1/4。所以，从人均占有量来看，我国的水资源并不丰富，而降水、径流在时间和地域上的分布相对更不均衡，南方一日雨量可远超过西北地区全年降水量，同一地区，一次暴雨可超过多年平均年降水量，这就导致我国各地历史上洪、涝、旱灾频发。

我国的水资源虽然不丰富，但是由于大多数河流沿程落差巨大，可用于发电的水能资源十分丰富。全国水能理论蕴藏量达6.8亿kW，其中技术可开发的也达4.9亿kW，年发电量可达19100亿kW·h以上，这些数字均居世界首位。因此，利用我国这一优势，大力发展水力发电，对解决我国社会建设发展过程中的能源问题具有决定性意义。

随着近年来世界范围内环境问题日趋严重以及能源短缺、不平衡问题突出，全世界对水这一基本无污染、可循环利用的资源的认可度越来越高。为有效促进我国社会国民经济发展、社会稳定、资源保护、环境保护，国家近年来出台了一系列文件、政策法规来推进水资源保护以及水资源有效、高效、安全利用，推动循环经济、低碳经济的发展。因此，大力发展治河防洪、水利水电事业是我国经济社会发展的根本需要。

0.1.2　水利水电工程

水利工程是指以除害兴利为目的兴建的对自然界地表水和地下水进行控制和调配的工程。

按水利工程对水的作用不同，可分为蓄水工程、排水工程、取水工程、输水工程、提水工程、水质净化和污水处理工程等。

按水利工程承担任务不同，可分为防洪工程、农田水利工程、水力发电工程、供水和排水工程、航运工程、环境水利工程等。

0.1.2.1　防洪工程

防洪工程是指建立“上蓄下排”的防洪工程体系。

“上蓄”就是拦蓄水流，调节进入下游河道的流量。主要措施有：在山地丘陵地区实施有效水土保持措施，拦截水土，有效减少地面径流；在干、支流的中上游兴建水库拦蓄洪水，调节下泄流量保证下游河道安全过流。由于拦蓄水流，使水库水位抬高、形成水库，可以用来进行灌溉、发电、供水、航运、淡水养殖和旅游等。

“下排”就是疏浚河道，修筑堤防，提高河道泄洪能力，减轻洪水威胁。筑堤防洪是一种重要有效的工程措施，同时也需要加强汛期的防护、管理、监督等非工程措施，以确保安全。

此外，还可以采用“两岸分滞”的措施，在河道两岸适当位置修建分洪闸、滞（蓄、泛）洪区等，将超过河道安全泄量的洪峰流量通过分洪建筑物分流到该河道下游或其他水系或滞（蓄、泛）洪区，以保证河道两岸保护区的安全。滞（蓄、泛）洪区的规划与兴建，应根据当地经济发展状况、人口因素、地理情况和国家的需要，由国家统一安排。

0.1.2.2　农田水利工程

农田水利工程是通过修闸建渠等工程措施，构建灌、排系统，调节和改变农田水分状态和地区水利条件，使之符合农业生产发展的需要。农田水利工程一般包括以下几项内容。

（1）取水工程。从河流、湖泊、水库、地下水等水源适时适量地引取水量的工程称为取水工程。河流取水工程一般包括拦河坝（闸）、进水闸、冲沙闸、沉沙池等建筑物。当河流流量较大、水位较高能满足引水灌溉要求时，可以不修建拦河坝（闸），直接引水灌溉。当水源水位较低时，可建提灌站（泵站），提水灌溉。

（2）输水配水工程。将一定流量的水流输送并配置到田间的建筑物的综合体称为输水配水工程，如各级固定渠道系统及渠道上的涵洞、渡槽、分水闸等。

（3）农田排水工程。将暴雨或农田内多余水分排泄到一定范围之外，使农田水分保持适宜状态，以适应农作物的正常生长的工程称为农田排水工程。它包括各级排水渠及渠系建筑物。农田排水工程也需要考虑化肥农药残渣的污染问题。

0.1.2.3　水力发电工程

将水流的能量通过水轮机转换为机械能，并通过发电机将机械能转换为电能的工程称

为水力发电工程。

落差、流量是水力发电的基本要素。为了能够利用天然河道的水能，需要采用工程措施集中落差，输送水量，使水流符合水力发电工程的要求。在山区常用的水能开发方式是拦河筑坝，形成水库，它既可以调节径流又可以集中落差。在坡度很陡或有瀑布、急滩、弯道的河段，可以沿河岸修建引水建筑物（渠道、水洞）来集中落差。有条件的可以同时采用拦河坝和引水建筑物方式来开发水能。

0.1.2.4 供水和排水工程

供水工程是指从天然河道、水库等水源取水，经过净化、加压后通过配水管网供给城市、工矿企业等用水部门用水的工程。城市供水对水质、水量及供水可靠性的要求很高。

城市排水工程是指与工矿企业及城市排出的废水、污水和地面雨水相关的工程。排水必须符合国家规定的污水排放标准。

0.1.2.5 航运工程

航运包括船运与筏运（木、竹浮运）。发展航运对物质交流、繁荣市场、促进经济和文化发展是很重要的。它运费低廉，运输量大。内河航运有天然水道（河流、湖泊等）和人工水道（运河、河网、水库、渠化河流等）两种。

利用天然河道通航，必须进行疏浚、河床整治、改善河道的弯曲状态，设立航道标志，以建立稳定的航道。当河道航运深度不足时，可以通过拦河建闸、坝的措施抬高河道水位；或利用水库进行径流调节，改善水库下游的通航条件。

在航道上如建水闸、坝等拦河建筑物时，应同时修建通航建筑物。通航建筑物主要有升船机、船闸、木道等。

0.1.2.6 环境水利工程

环境水利工程指为改善和保护环境而修建的一系列工程或工程措施。包括以下内容。

（1）水资源保护。可分为水质和水量两个方面。前者包括水质监测、水质调查与评价、水质管理、水质规划、水质预测等。后者包括节约用水和污水重新利用等。

（2）水利工程的环境影响监测评价措施。

（3）流域（区域）、城市环境水利。包括流域（区域）、城市环境水利规划，水污染综合防治和环境水利经济等。

0.1.3 我国水利水电工程建设的发展

我国是水利大国，特殊的自然地理条件决定了除水害、兴水利历来是我国治国安邦的大事。水利兴则天下定、百业兴。历代善治国者均以治水为重。1949 年前，水利基础设施非常薄弱，水旱灾害十分频繁。中华人民共和国成立后，党和政府对水利高度重视，领导全国各族人民进行了大规模水利建设，取得了举世瞩目的成就。从 1949 年到 2017 年，水利事业得到了前所未有的发展，取得了辉煌的成就。

中华人民共和国成立后，按照“蓄泄兼筹”和“除害与兴利相结合”的方针，对大江大河进行了大规模的治理。全国已建成江河五级以上堤防 29.60 万 km，累计达标堤防 19.27 万 km，全国已建成各类水库 97800 余座，水库总库容 8394 亿 m^3。其中，大型水库 697 座，总库容 6617 亿 m^3，全国主要江河初步形成了以堤防、河道整治、水库、蓄滞洪区等为主的工程防洪体系，以及预测预报、防汛调度、洪泛区管理、抢险救灾等非工程防护体系，使我国主要江河的防洪能力有了明显的提高。

在农田水利事业方面，我国设计灌溉面积大于2000亩及以上的灌区共22448处，总面积5.10亿亩，50万亩以上灌区176处，30万～50万亩大型灌区280处。截至2014年年底，全国耕地灌溉面积9.68亿亩，占全国耕地面积的53%。全国已累计建成日取水大于等于$20m^3$的供水机电井或内径大于200mm的灌溉机电井共469.1万眼。全国已建成各类装机流量$1m^3/s$或装机功率50kW以上的泵站90982处，其中大型泵站366处，中型泵站4139处，小型泵站86477处。全国除涝面积累计达3.36亿亩，节水灌溉面积已达4.50亿亩。

水力发电已成为我国日益重要的能源供应。我国水能资源丰富，理论蕴藏量为6.76亿kW，技术可开发资源为4.93亿kW，均占世界第一位。经过60年的开发建设，一大批举世闻名的水利水电枢纽工程已经建成或正在建设。

1910年8月，中国内地第一座水电站——石龙坝水电站在昆明开工建设。中华人民共和国成立初，全国水电装机容量仅为36万kW，年发电量12亿kW·h。到2016年年底，全国已建水电站装机容量3.37亿kW，预计2030年将突破4.0亿kW。在水电建设中，农村水电已经成为一支重要力量。截至2014年年底，全国共建成农村水电站47073座，装机容量7322万kW，占全国水电装机容量的24.3%。全国农村水电年发电量2281亿kW·h，占全国水电发电量的21.4%。

0.2　水利水电工程枢纽

0.2.1　基本概念

为防洪、灌溉、发电、供水和航运等多个目的，需要组合兴建多种不同类型的建筑物，形成一个相互联系的整体，共同控制和分配水流，满足国民经济发展的需要，由此构成的综合体称为水利枢纽，其组成建筑物称为水利水电工程建筑物。例如，都江堰水利工程（图0.1），主要由鱼嘴、金刚堤、飞沙堰、宝瓶口等组成；三峡水利枢纽工程（图0.2）主要建筑物自右岸往左岸依次是右岸大坝及电站、泄洪坝段、左岸大坝及电站、升船机、双线五级船闸。

图0.1　都江堰水利枢纽

图 0.2 三峡水利枢纽工程

0.2.2 水利水电工程分等和水工建筑物的分级

为了科学合理地确定水利水电工程建设的标准，应根据水利水电工程的类型、规模、重要性、效益和国民经济发展水平等因素，制定水利工程枢纽和建筑物的建设标准。水利水电工程建设标准包括水利水电工程的等别、水工建筑物的级别和其他技术指标的分级。

根据《水利水电工程等级划分及洪水标准》（SL 252—2017）、《防洪标准》（GB 50201—2014），水利水电工程等别见表 0.1。综合利用的水利水电工程，当按其各项用途分别确定的等别不同时，应按其中的最高等别确定整个工程的等别。

表 0.1　　　　水利水电枢纽工程等别

工程等别	工程规模	水库总库容/亿 m³	防洪			治涝	灌溉	供水		发电
			保护人口/万人	保护农田/万亩	保护区当量经济规模/万人	治涝面积/万亩	灌溉面积/万亩	供水对象重要性	年引用流量/亿 m³	装机容量/MW
Ⅰ	大（1）型	≥10	≥150	≥500	≥300	≥300	≥150	特别重要	≥10	≥1200
Ⅱ	大（2）型	<10，≥1	<150，≥50	<500，≥100	<300，≥100	<200，≥60	<150，≥50	重要	<10，≥3	<1200，≥300
Ⅲ	中型	<1.0，≥0.10	<50，≥20	<100，≥30	<100，≥40	<60，≥15	<50，≥5	比较重要	<3，≥1	<300，≥50
Ⅳ	小（1）型	<0.10，≥0.01	<20，≥5	<30，≥5	<40，≥10	<15，≥3	<5，≥0.5	一般	<10，≥0.3	<50，≥10
Ⅴ	小（2）型	<0.01，≥0.001	<5	<5	<10	<3	<0.5		<0.3	<10

注　总库容是指水库最高水位以下的静库容；治涝面积和灌溉面积均指设计面积。

水工建筑物的级别要根据其所在工程的等级及其重要性来确定，见表 0.2。

失事后损失巨大或影响十分严重的水利水电工程的 2～5 级主要永久性水工建筑物，经论证并报主管部门批准，可提高一级。失事后果不严重的水利水电工程的 1～4 级主要永久性水工建筑物，经论证并报主管部门批准，可降低一级。

表 0.2　水利水电工程永久性建筑物的级别

工程等别	建筑物级别	
	主要建筑物	次要建筑物
Ⅰ	1	3
Ⅱ	2	3
Ⅲ	3	4
Ⅳ	4	5
Ⅴ	5	5

水库大坝的2级、3级永久性水工建筑物，坝高超过规定指标时其级别提高一级，但防洪标准可不提高。

当永久性水工建筑物基础的地质条件特别复杂或采用实践经验较少的新型结构时，对2～5级建筑物可提高一级设计，但防洪标准可不提高。

对于水库大坝按表0.2规定为2级、3级的永久性水工建筑物，如坝高超过表0.3中数值者可提高一级，但洪水标准不予提高。

水闸应根据其所属工程的等别及水闸自身的重要性，按照表0.2确定水闸的级别。

表0.3　　水库大坝提级指标

坝的原级别	坝　高/m	
	土石坝	混凝土坝、浆砌石坝
2	90	130
3	70	100

供水工程利用现有河道输水时，河道堤防级别应根据供水工程的等别、现有河道堤防的级别、输水水位抬高可能造成的影响等因素综合确定，但不得低于现有河道堤防级别（表0.3）。

灌溉渠道或排水沟，以及与灌排有关的水闸、渡槽、倒虹吸管、涵洞、隧洞等建筑物级别，应根据现行国家标准《灌溉与排水工程设计规范》（GB 50288—1999）的有关规定确定。

0.2.3　水利水电工程永久性水工建筑物的防洪标准

永久性水工建筑物所采用的防洪标准分为正常运用（设计情况）和非常运用（校核情况）洪水标准。

水库工程水工建筑物的防洪标准根据建筑物级别、坝型按表0.4确定。

表0.4　　水库工程水工建筑物的防洪标准

项　目				水工建筑物级别				
				1	2	3	4	5
洪水重现期/年	山区、丘陵区	设计情况		1000～500	500～100	100～50	50～30	30～20
		校核情况	土坝、堆石坝	可能最大洪水（PME）10000～5000	5000～2000	2000～1000	1000～300	300～100
			混凝土坝、浆砌石坝	5000～2000	2000～1000	1000～500	500～200	200～100
	平原区、滨海区	设计情况		300～100	100～50	50～20	20～10	10
		校核情况		2000～1000	1000～300	300～100	100～50	50～20

土石坝一旦失事将对下游造成特别重大灾害时，1级建筑物的校核洪水标准应取可能最大的洪水或10000年一遇洪水。2～4级建筑物可提高一级设计。

对于混凝土和浆砌石坝，如果洪水漫顶时将造成严重损失的1级建筑物，校核洪水标准需经过专门论证并报主管部门批准，可取可能最大的洪水或10000年一遇洪水。

水电站工程的挡水、泄水建筑物防洪标准按照表0.4确定。

水电站厂房的防洪标准，应根据其级别按照表0.5确定。河床式水电站厂房作为挡水建筑物时，其防洪标准应与主要挡水建筑物防洪标准一致。

抽水蓄能电站的上下游水库水工建筑物防洪标准，可按照表0.4确定。

拦河闸工程水工建筑物防洪标准，应根据建筑物级别并综合考虑所在流域防洪规划规定的任务，按照表0.6确定。

表0.5　　水电站厂房防洪标准

水电站厂房级别	防洪标准（洪水重现期）/a		水电站厂房级别	防洪标准（洪水重现期）/a	
	设计	校核		设计	校核
1	200	1000	4	50～30	100
2	200～100	500	5	30～20	50
3	100～50	200			

表0.6　　拦河水闸工程水工建筑物的防洪标准

水工建筑物级别	防洪标准（洪水重现期）/a		水工建筑物级别	防洪标准（洪水重现期）/a	
	设计	校核		设计	校核
1	100～50	300～200	4	20～10	50～30
2	50～30	200～100	5	10	30～20
3	30～20	100～50			

灌溉与排水工程、供水工程中的调蓄水水库工程的防洪标准，按照表0.4确定。

灌溉与排水工程中，供水工程的引水枢纽、泵站等主要建筑物的防洪标准，应根据其级别，按照表0.7确定。

表0.7　　引水工程、输水工程、泵站等主要建筑物防洪标准

水工建筑物级别	防洪标准（洪水重现期）/a		水工建筑物级别	防洪标准（洪水重现期）/a	
	设计	校核		设计	校核
1	100～50	300～200	4	20～10	50～30
2	50～30	200～100	5	10	30～20
3	30～20	100～50			

堤防工程的防洪标准，应根据其保护对象的防洪保护区的防洪标准以及流域规划的要求确定。

堤防工程上的闸、涵、泵站等建筑物及其他构筑物的设计防洪标准，不应低于堤防工程的防洪标准，并应留有安全裕度。

0.3　水利水电工程建筑物的类型

0.3.1　水工建筑物的分类

0.3.1.1　按建筑物用途分类

（1）挡水建筑物。用以拦截江河、形成水库或壅高水位、调蓄水量的建筑物。如各种坝和闸，以及为防御洪水或挡潮，沿江河海岸修建的堤防等。

（2）泄水建筑物。用于排泄水库、湖泊、河渠等的多余水量，或为人防、检修等而放

空水库，以保证枢纽安全的建筑物。如溢流坝、泄水闸、溢洪道、泄水隧洞等。

（3）输（引）水建筑物。输送河水或库水以满足灌溉、发电或工业用水等需要的建筑物。如输水洞、引水管、渠道、渡槽等。输水建筑物还分为有压输水（引水）和无压输水（引水）建筑物两类。

（4）进（取）水建筑物。直接从天然河流、水库、湖泊中取水的建筑物。输水建筑物的首部建筑物如进水闸、泵站等。

（5）整治建筑物。用于加固河堤、整治河道、改善河道水流条件的建筑物。如丁坝、顺坝、导流堤、护岸等。

（6）专门水工建筑物。专门为灌溉、发电、供水、过坝等需要而修建的建筑物。如水电站厂房、沉砂池、船闸、升船机、鱼道、筏道等。

同一种水工建筑其功能并非单一，有时也兼有多种功用，所以难以严格区分其类型，如溢流坝和泄洪闸都有挡水和泄水功能。

0.3.1.2　按建筑物使用期限分类

水工建筑物按使用时间的长短，分为永久性建筑物和临时性建筑物两类。

（1）永久性建筑物。在枢纽运行期间使用的建筑物。根据其在整体工程中的重要性又分为主要建筑物和次要建筑物。主要建筑物是指该建筑物失事后将造成下游灾害或严重影响工程效益，如闸、坝、泄水建筑物、输水建筑物及水电站厂房等；次要建筑物是指失事后不致造成下游灾害或对工程效益影响不大且易于检修的建筑物，如挡土墙、导流墙、工作桥及护岸等。

（2）临时性建筑物。仅在工程施工期间使用的建筑物，如围堰、导流建筑物等。有些水工建筑物在枢纽中的作用并不是单一的，如溢流坝既可挡水又能泄水；水闸既可挡水又能泄水，还可作为取水之用。临时导流建筑物可与永久性建筑物相结合发挥作用，如龙抬头布置的隧洞。

0.3.2　水电站的分类

在对河道中的水能资源进行水电开发时，按集中落差形成水头的方式不同，可将水电站分为坝式、引水式和混合式3种。

0.3.2.1　坝式水电站

主要依靠拦河筑坝（或闸）抬高水位、集中落差形成水头的水电站，称为坝式水电站。坝式水电站有河床式（图0.3）、坝后式（图0.4）和河岸式（图0.5）等类型。

图0.3　河床式水电站

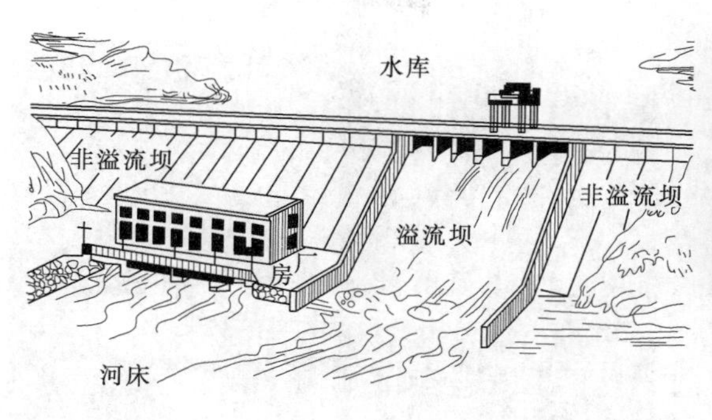

图 0.4　坝后式水电站

图 0.5　河岸式水电站

当水头不大时，水电站厂房本身能承受上游水压力，可作为挡水建筑物的一个组成部分，这种坝式水电站称为河床式水电站。河床式水电站多建于河流的中、下游，且水头较低，一般小于 30～40m。

当水头较大时，水电站厂房难以独立承担上游水压力，因此厂房不能起挡水作用。水电站厂房一般布置在挡水建筑物下游，这种坝式水电站的厂房称为坝后式厂房。坝后式水电站多建于河流的中、上游，并具有一定的水库库容，可对水能水量进行重新分配。

0.3.2.2　引水式水电站

引水式水电站是在河段上游筑闸或低坝（无坝）取水，经引水道引水至河段下游来集中落差形成水头的水电站，见图 0.6 和图 0.7。

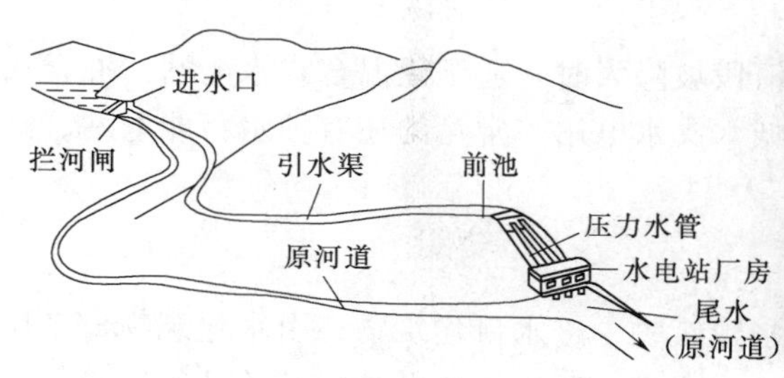

图 0.6　无压引水式水电站

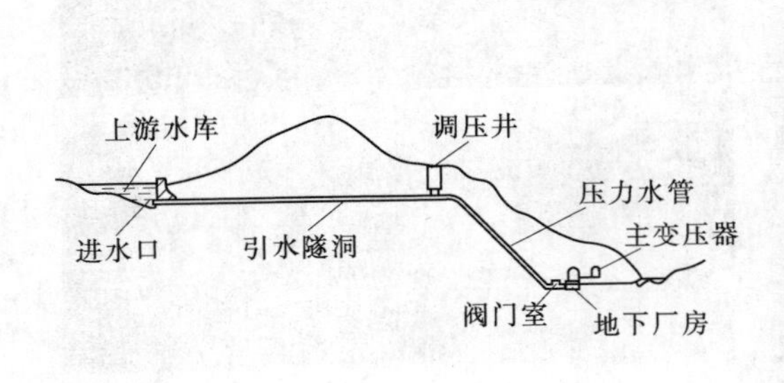

图 0.7 有压引水式水电站

这类水电站的水头主要依靠引水道来形成，多建于河流的中、上游，河道坡陡流急或有跌水，有时也修建于河流中、下游有大弯段的河段，利用裁弯取直集中水头。

引水道可以是无压的（如明渠、明流隧洞等），也可以是有压的（如有压隧洞、压力水管等）。

0.3.2.3 混合式水电站

通过拦河筑坝集中部分落差，再通过有压或无压引水道集中另一部分落差而形成总水头的水电站，称为混合式水电站，见图 0.8。

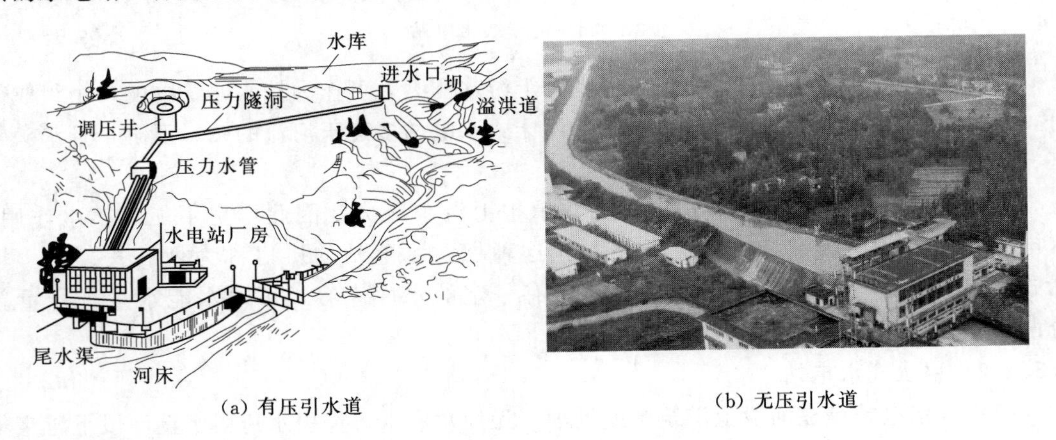

(a) 有压引水道　　(b) 无压引水道

图 0.8 混合式水电站

当上游河段有良好筑坝建库条件且下游河段坡降大时，适于建混合式水电站。混合式水电站大多为中、大型水电站以及平原地区低水头水电站。常见的还有抽水蓄能电站、潮汐电站等，见图 0.9 和图 0.10。

0.3.3 水电站建筑物的组成

水电站建筑物一般包括挡水建筑物、泄水建筑物、进水口建筑物、引水建筑物、平压建筑物、冲沉沙建筑物、厂区枢纽建筑物（压力管道、厂房、变电站、开关站等）等。

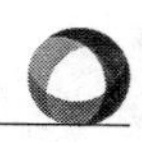

图 0.9　抽水蓄能电站

图 0.10　潮汐电站

发电建筑物是发电专用，但其中的进水口和引水道有时也可以和其他用途（给水、灌溉）共用。

思　考　题

0-1　我国水资源与水能资源的主要特点是什么？

0-2　灌溉工程组成建筑物主要有哪些？

0-3　水利水电工程洪水标准的确定主要依据哪些因素？

0-4　水力发电工程有哪些类型？组成建筑物有哪些？

0-5　查阅有关资料，了解一般水工建筑物的其他类型。

0-6　专门水工建筑物与一般水工建筑物相比较主要有何区别？

0-7　水电站按集中落差的方式分有哪些类型？

0-8　水利水电工程枢纽等别划分主要依据哪些因素？

项目1 岩基上的重力坝

学习要求： 了解重力坝的概念、工作特点、类型、构造设计；掌握重力坝的工作原理，作用在重力坝上的主要荷载及其组合，非溢流重力坝、溢流重力坝的剖面设计，重力坝的稳定分析及应力分析的材料力学法，溢流重力坝的水力学问题及解决措施，重力坝的地基处理内容。

任务1.1 重力坝概述

重力坝是世界上最古老，也是采用最多的坝型之一，如图1.1所示。

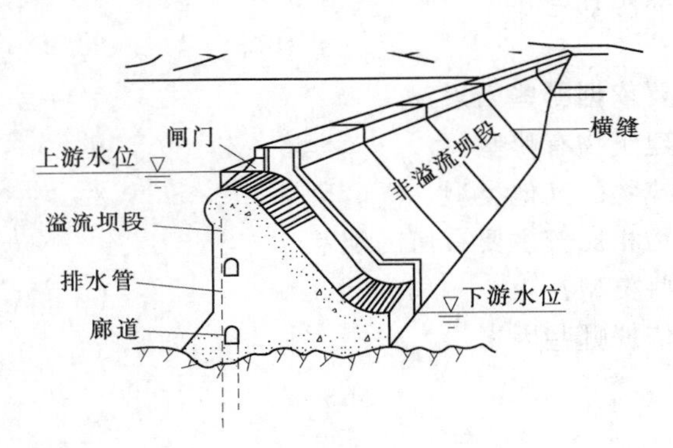

图1.1 混凝土重力坝示意图

世界上最高的重力坝是瑞士（1962年建成）的大狄克逊（Grand Dixence）整体式重力坝，坝高285m。我国已建的重力坝有三峡（185m，坝高，下同）、刘家峡（148m）、新安江（105m）、三门峡（106m）、丹江口（110m）、潘家口（107.5m）（图1.2）、丰满（108m）（图1.3）等，其中高坝有20余座。

重力坝坝轴线一般为直线，垂直坝轴线方向设横缝，将坝体分成若干独立工作的坝段，以免因坝基发生不均匀沉陷和温度变化而引起的坝体开裂。为了防止漏水，在缝内设有多道止水。

图1.2 潘家口混凝土宽缝重力坝

图1.3 丰满水库混凝土重力坝

1.1.1 重力坝的工作原理及特点

1.1.1.1 重力坝的工作原理

重力坝在水压力及其他荷载作用下，主要依靠坝体自重产生的抗滑力来满足稳定要求。

1.1.1.2　重力坝的工作特点

1. 优点

(1) 安全可靠。重力坝剖面尺寸大，坝内应力较小，筑坝材料强度较高，耐久性好。因此，抵抗洪水漫顶、渗漏、地震和战争等破坏的能力都比较强。据统计，在各种坝型中，重力坝失事率相对较低。

(2) 对地形、地质条件适应性强。任何形状的河谷都可以修建重力坝。因为坝体作用于地基面上的压应力不高，所以对地质条件的要求也较低，甚至在土基上也可以修建高度不大的重力坝。

(3) 枢纽泄洪问题容易解决。重力坝可以做成溢流的，也可以在坝内不同高程设置泄水孔，一般不需另设溢洪道或泄水隧洞，枢纽布置紧凑。

(4) 便于施工导流。在施工期可以利用坝体导流，一般不需要另设导流隧洞。

(5) 施工方便。大体积混凝土可以采用机械化施工，在放样、立模和混凝土浇筑方面都比较简单，并且补强、修复、维护也比较方便。

(6) 结构作用明确。重力坝沿坝轴线用横缝分成若干坝段，各坝段独立工作，结构作用明确，稳定和应力计算都比较简单。

2. 缺点

(1) 坝体应力较低，材料强度不能充分发挥作用。

(2) 坝体与地基接触面积大，对坝底稳定不利的扬压力相应大。

(3) 坝体体积大，由于施工期混凝土的水化热和硬化收缩，将产生不利的温度应力和收缩应力。因此，在浇筑混凝土时需要有较严格的温度控制措施。

1.1.2　重力坝的分类

(1) 按坝的高度分类。坝高低于 30m 的为低坝，高于 70m 的为高坝，坝高 30～70m 的为中坝。

(2) 按泄水条件分类。有溢流重力坝和非溢流重力坝。溢流坝段和坝内设有泄水孔的坝段统称为泄水坝段，非溢流坝段也叫挡水坝段。

(3) 按筑坝材料分类。有混凝土重力坝和浆砌石重力坝。

(4) 按坝体结构型式分类。有实体重力坝、宽缝重力坝、空腹（腹孔）重力坝、预应力锚固重力坝、支墩坝（平板坝、连拱坝、大头坝）。重力坝和支墩坝的型式如图 1.4 和图 1.5 所示。

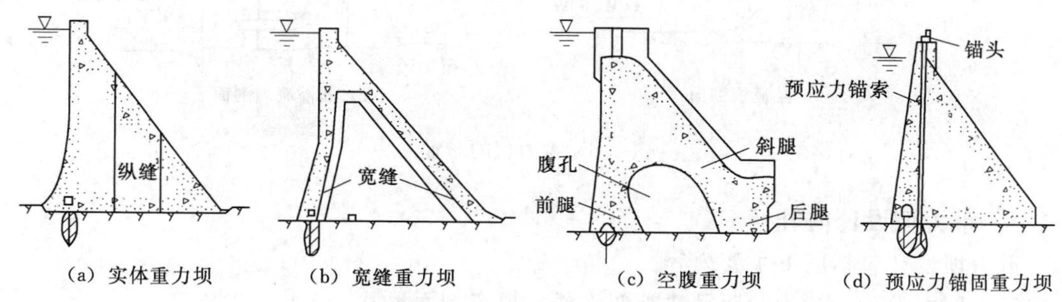

(a) 实体重力坝　(b) 宽缝重力坝　(c) 空腹重力坝　(d) 预应力锚固重力坝

图 1.4　重力坝的型式

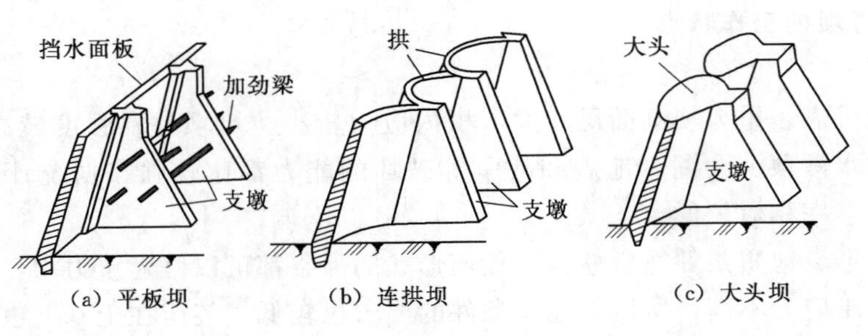

图 1.5　支墩坝的型式

1.1.3　重力坝的布置

重力坝通常由溢流坝段、非溢流坝段和二者之间的连接边墩、导墙等组成（图 1.6），布置时需根据地形、地质条件结合其他建筑物综合考虑。坝轴线一般采用直线，必要时也可布置成折线或曲线。溢流坝段通常布置在中部对准原河道主流位置，两端用非溢流坝段与岸坡相接，溢流坝段与非溢流坝段之间用边墩、导墙隔开。各个坝段的外形应尽量协调一致，上游坝面保持平整。当地形、地质及运用条件有显著差别时，可按不同情况分别用不同的下游坝坡，使各坝段均达到安全和经济的目的。

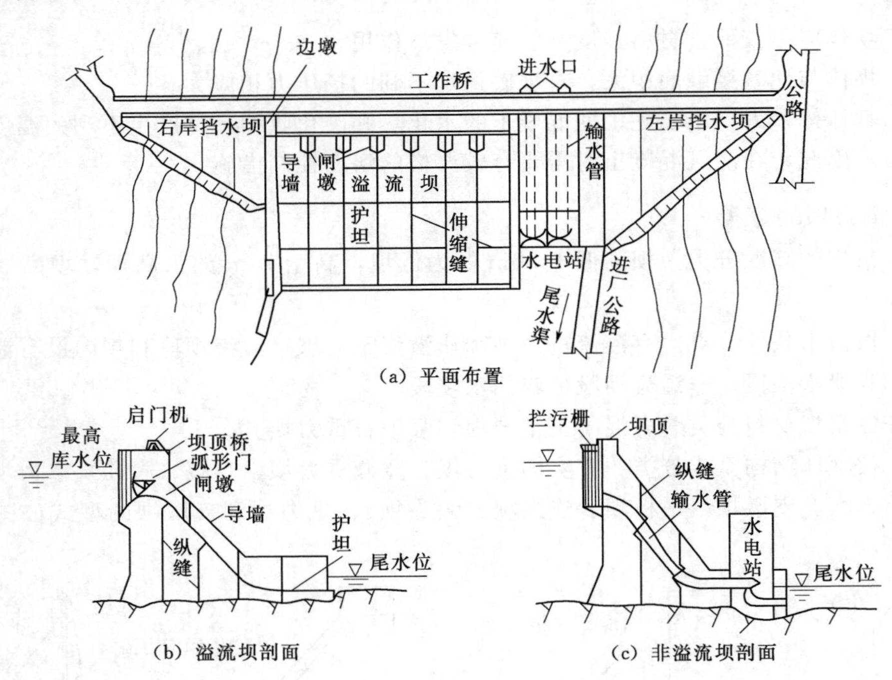

图 1.6　重力坝的布置

1.1.4　重力坝设计内容

重力坝设计包括以下主要内容。

（1）剖面设计。初步参照已建类似工程，拟定剖面尺寸。

（2）稳定分析。验算坝体沿地基面或地基中软弱结构面抗滑稳定的安全度。

（3）应力分析。使应力条件满足设计要求，保证坝体和坝基有足够的强度。

（4）构造设计。根据施工和运用要求确定坝体的细部构造，如廊道系统、排水系统、坝体分缝等。

（5）地基处理。根据地质条件和受力情况，进行地基的防渗、排水、断层处理等。

（6）溢流重力坝和泄水孔的孔口设计。包括堰顶高程、孔口尺寸、体型及消能、防护设计等。

（7）监测设计。包括坝体内部和外部的监测设计，以及制定大坝的运行、维护和监测条例。

任务 1.2　重力坝基本剖面

非溢流坝剖面形式、尺寸的确定，将影响到荷载的计算、稳定和应力分析。因此，非溢流坝剖面的设计及其他相关结构的布置，是重力坝设计的关键步骤。

1.2.1　剖面设计的基本原则

非溢流坝剖面设计的基本原则是：①满足稳定和强度要求，保证大坝安全；②工程量小，造价低；③结构合理，运用方便；④利于施工，方便维修。

1.2.2　剖面拟定的步骤

首先拟定基本剖面；其次根据运用以及其他要求，将基本剖面修改成实用剖面；最后对实用剖面进行应力分析和稳定性验算，按规范要求，经过几次反复修正和计算后，得到合理的设计剖面。

1.2.3　基本剖面的确定

重力坝的基本剖面是指坝体在自重、静水压力（上游水位为正常蓄水位，水位与坝顶齐平）和扬压力 3 个主要荷载作用下，满足稳定和强度的要求，并且使工程量最小的三角形剖面，如图 1.7 所示。

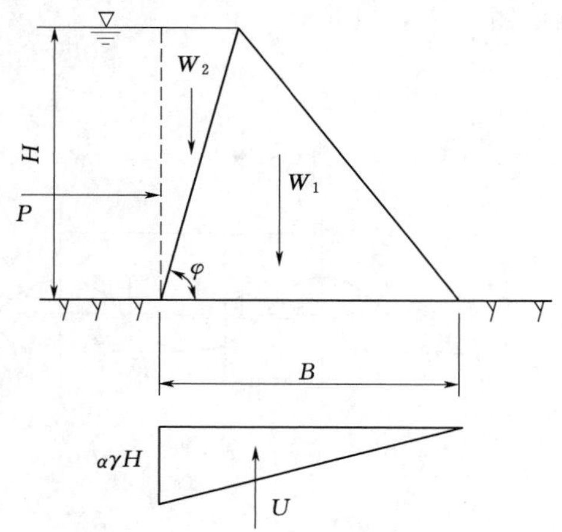

图 1.7　重力坝的基本剖面

理论分析和工程实践证明，混凝土重力坝上面可做成折坡，一般位于 1/3～2/3 坝高处，以便利用上游坝面水重增加坝体的稳定性；上游坝坡系数常采用 $n=0\sim0.2$，下游坝坡系数常采用 $m=0.6\sim0.8$，底宽为 $B=(0.7\sim0.9)H$（H 为坝高或最大挡水深度），如图 1.7 所示。基本剖面的拟定常采用工程类比法。

1.2.4　非溢流重力坝的实用剖面

根据交通和运行管理的需要，坝顶应有足够的宽度。为防波浪漫过坝顶，在静水位以

上还应留有一定的超高。

1. 坝顶宽度

一般情况下，坝顶宽度可采用坝高的8%～10%且不小于3m。碾压混凝土坝坝顶宽不小于5m；当坝顶布置移动式启闭机时，坝顶宽度要满足安装门机轨道的要求。

2. 坝顶高程

为了交通和运用管理的安全，非溢流重力坝的坝顶应高于校核洪水位，坝顶上游的防浪墙顶的高程应高于波浪高程，其与正常蓄水位或校核洪水位的高差Δh由式（1.1）确定，即

$$\Delta h = h_{1\%} + h_z + h_c \tag{1.1}$$

式中 Δh——防浪墙顶至正常蓄水位或校核洪水位的高差，m；

$h_{1\%}$——波浪高度，m；

h_z——波浪中心线至静水位的高度，m；

h_c——安全超高，m，按表1.1选用。

表1.1　安全超高 h_c 值表

水工建筑物安全级别		Ⅰ	Ⅱ	Ⅲ
h_c/m	正常蓄水位（设计洪水位）	0.7	0.5	0.4
	校核洪水位	0.5	0.4	0.3

坝顶高程的确定与波浪的几何三要素计算有关。

波浪的几何三要素如图1.8（a）所示，包括波高h_1（波峰到波谷的高度）、波长L（波峰到波峰的距离）、h_z（波浪中心线至静水位的高度）；风向对风区长度（吹程）的影响如图1.8（b）所示。

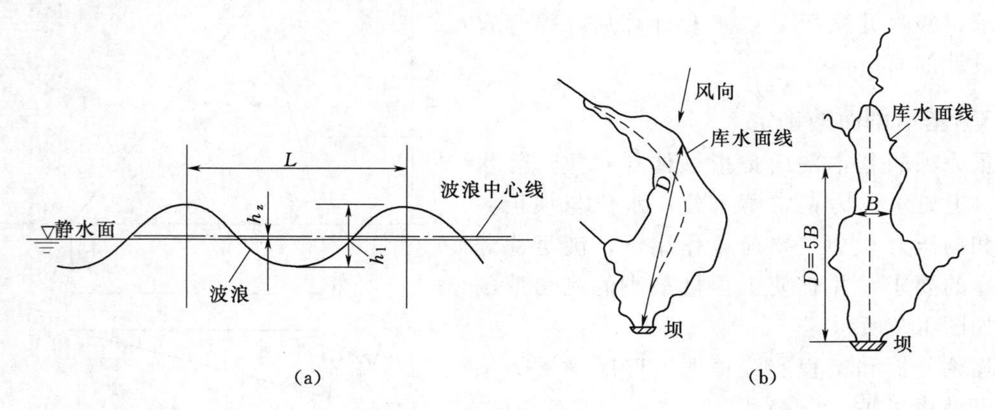

图1.8　波浪几何要素及吹程

内陆峡谷水库，宜用官厅水库公式计算频率波高和平均波长（用于v_0＜20m/s、D＜20km），即

$$\frac{gh}{v_0^2} = 0.0076 v_0^{-\frac{1}{12}} \left(\frac{gD}{v_0^2}\right)^{\frac{1}{3}} \tag{1.2}$$

$$\frac{gL_m}{v_0^2} = 0.331 v_0^{-\frac{1}{2.15}} \left(\frac{gD}{v_0^2}\right)^{\frac{1}{3.75}} \tag{1.3}$$

式中　h——当 $gD/v_0^2=20\sim250$ 时，为累积频率 5%的波高 $h_{5\%}$，当 $gD/v_0^2=250\sim1000$ 时，为累积频率 10%的波高 $h_{10\%}$；

v_0——计算风速，m/s，指水面以上 10m 处 10min 的风速平均值，在正常蓄水位和设计洪水位时，宜采用相应洪水期多年平均最大风速的 1.5～2.0 倍，校核洪水位时，采用相应洪水期最大风速的多年平均值；

D——风区长度（有效吹程），m，是指风作用于水域的长度，为自坝前沿风向到对岸的距离，当风区长度内水面局部缩窄且缩窄处的宽度 B 小于 12 倍计算波长时，可采用 $D=5B$（且不小于坝前到缩窄处的距离），水域不规则时按规范要求计算。

波浪中心线高出计算静水位 h_z 按式（1.4）计算，即

$$h_z=\frac{\pi h_1^2}{L_m}\text{cth}\frac{2\pi H}{L_m} \tag{1.4}$$

式中　h_1——累积频率为 1%的波高，m；

H——坝前水深，m，一般峡谷水库因 $H\geqslant L_m/2$，故 $h_z\approx\pi h_1^2/L_m$。

事实上波浪系列是随机的，即相继到来的波高有随机变动，是个随机的过程。天然的随机波列用统计特征值表示，如超值累积频率（又称保证率）为 P，波高值以 h_P 表示，即超高值累计频率为 1%、5%的波高记为 $h_{1\%}$、$h_{5\%}$。

官厅水库公式所得波高 h 累积频率 5%，适用于 $v_0<20$m/s、$D<20$km 且 $gD/v_0^2=20\sim250$ 的情况。推算波高需乘以 1.24。

因设计与校核情况计算 h_1 和 h_z 用的计算风速不同，查表 1.1 得出安全超高值 h_c 不同，故 Δh 的计算结果不同，因此坝顶高程按式（1.5）、式（1.6）计算，并选用较大值作为选定高程，即

$$\text{坝顶高程}=\text{正常蓄水位}+\Delta h_{设} \tag{1.5}$$

$$\text{坝顶高程}=\text{校核洪水位}+\Delta h_{校} \tag{1.6}$$

其中 $\Delta h_{设}$、$\Delta h_{校}$ 按式（1.1）分别计算。当坝顶有与之连成整体的浆砌石或钢筋混凝土防浪墙时，墙顶高程可代替坝顶高程，但坝顶高程不得低于最高静水位。

3. 剖面形态

剖面形态见图 1.9。

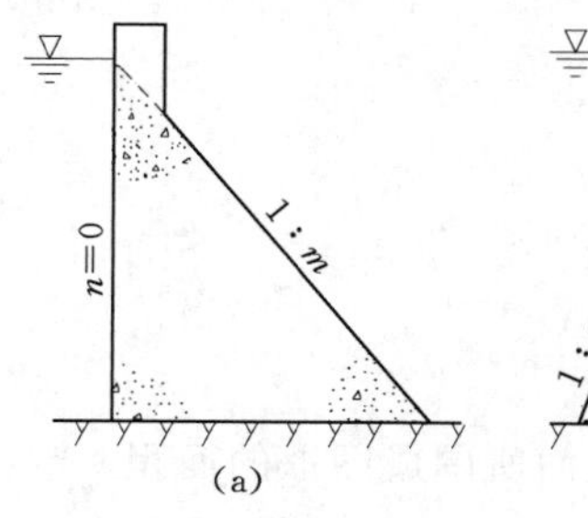

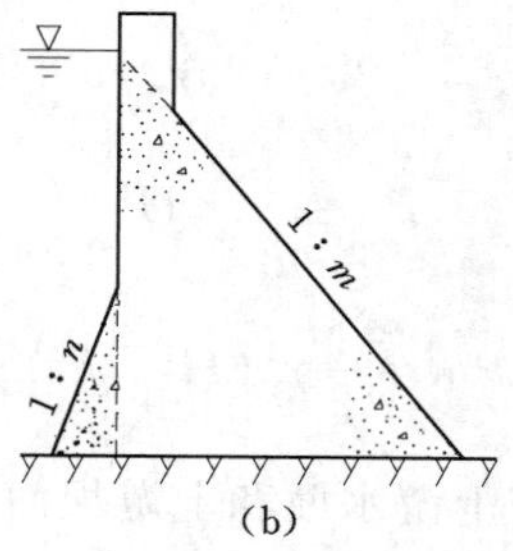

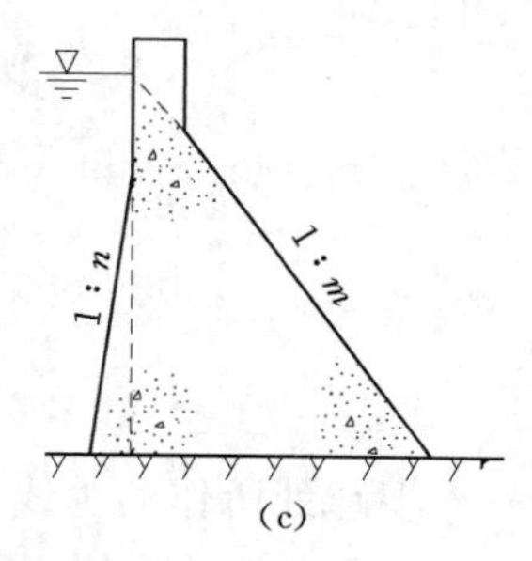

图 1.9　非溢流重力坝剖面形态

（1）图 1.9（a）采用铅直上游剖面，适用于坝基摩擦系数较大，由应力条件控制坝体剖面的情况。优点：便于布置和操作坝身过水管道进口控制设备。缺点：在上游面铅直

的基本三角形剖面上增加坝顶重量，空库时下游坝面可能产生拉应力。

(2) 图 1.9 (b) 是工程上常用实用剖面，上游坝面上部铅直、下部倾斜。优点：既可以利用部分水重增加坝的稳定，又可保留铅直的上部便于管道进口布置设备和操作。上游坡起坡点位置应结合应力控制条件和引水、泄水建筑物的进口高程确定，一般在坝高的 1/3～2/3 范围内。设计时也要验算起坡点高程水平截面的强度和稳定条件。

(3) 图 1.9 (c) 是上游略呈倾斜的基本三角形加坝顶而成，适用于坝基摩擦系数较小的情况。优点：倾斜的上游坝面可增加坝体自重和利用一部分水重，以满足抗滑要求。修建在地震区的重力坝，为避免空库时下游坝面拉应力过大，可采用此剖面。

实用剖面不拘泥于这些形式，应根据具体条件，参考已建工程，选取合理剖面。

任务 1.3　重力坝的荷载及其组合

1.3.1　重力坝的荷载（作用）

重力坝的荷载（作用）主要有自重、静水压力、动水压力、淤沙压力、浪压力、扬压力、地震作用、冰压力和其他荷载。取单位坝长（1m）计算如下。

1.3.1.1　自重（包括永久设备自重）

单位宽度上坝体自重 W(kN/m) 标准值计算公式为

$$W=\gamma_c A \tag{1.7}$$

式中　A——坝体横剖面的面积，m^2；

γ_c——坝体混凝土的重度，kN/m^3，根据选定的配合比通过试验确定，一般采用 23.5～24kN/m^3。

计算自重时，坝上永久性固定设备，如闸门、固定式启闭机的重量也应计算在内，坝内较大的孔洞应该扣除。

1.3.1.2　静水压力

静水压力是作用在上、下游坝面的主要荷载，如图 1.10 (a) 所示，计算时常分解为水平水压力 P_H(kN/m) 和垂直水压力 P_V(kN/m) 两种。溢流堰前水平水压力以 P_{H1} (kN/m) 表示，即

$$P_V=A_w\gamma_w \tag{1.8}$$

$$P_H=\frac{1}{2}\gamma_w H^2 \tag{1.9}$$

$$P_{H1}=\frac{1}{2}\gamma_w(H^2-h^2) \tag{1.10}$$

式中　A_w——坝踵处所作的垂线与上游水面和上游坝面所围成图形的面积，m^2；

H——计算点处的作用水头，m；

h——堰顶溢流水深，m；

γ_w——水的重度，kN/m^3，常用 9.81kN/m^3。

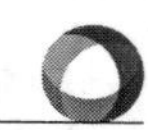

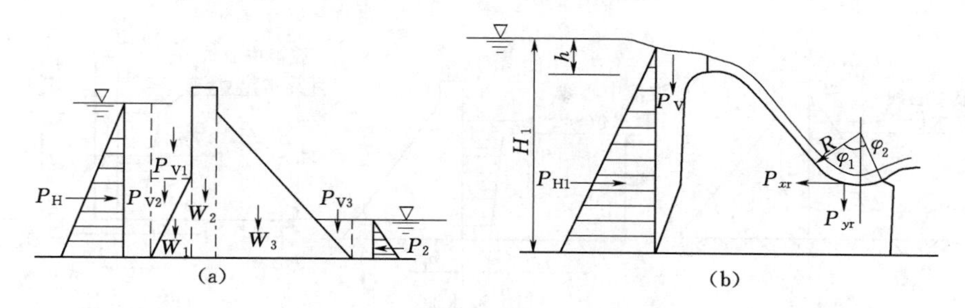

图 1.10　坝体自重和坝面水压力计算图

1.3.1.3　动水压力

当水流流经曲面（如溢流坝面或泄水隧洞的反弧段），由于流向改变，在该处产生动水压力。动水压力的水平分力代表值 P_{xr}(N/m) 和垂直分力代表值 P_{yr}(N/m) 为

$$P_{xr}=q\gamma_w v(\cos\varphi_2-\cos\varphi_1) \tag{1.11}$$

$$P_{yr}=q\gamma_w v(\sin\varphi_2+\sin\varphi_1) \tag{1.12}$$

式中　q——相应设计状况下反弧段上的单宽流量，$m^3/(s\cdot m)$；

γ_w——水的密度，kg/m^3；

v——反弧段最低点处的断面平均流速，m/s；

φ_1，φ_2——反弧段圆心竖线左、右的中心角，取其绝对值。

P_{xr}和 P_{yr}的作用点可近似地认为在反弧段长度的中点，图 1.10（b）所示方向为正。

1.3.1.4　淤沙压力

入库水流挟带的泥沙在水库中淤积，淤积在坝前的泥沙对坝面产生的压力叫淤沙压力，淤积的规律是从库首至坝前，随水深的增加而流速减小，沉积的粒径由粗到细，坝前淤积的是极细的泥沙，淤积泥沙的深度和内摩擦角随时间在变化，一般计算年限取 50～100 年，单位坝长上的水平淤沙压力标准值 p_{sk}(kN/m) 为

$$p_{sk}=\frac{1}{2}\gamma_{sb}h_s^2\tan^2\left(45°-\frac{\varphi_s}{2}\right) \tag{1.13}$$

式中　γ_{sb}——淤沙的浮重度，kN/m^3；

h_s——淤沙高度，m；

φ_s——淤沙的内摩擦角，(°)。

当上游坝面倾斜时，应计入竖向淤沙压力，按淤沙的浮重度计算。

1.3.1.5　浪压力

水库表面波浪对建筑物产生的拍击力叫浪压力。随着水深的不同，坝前有 3 种可能的波浪发生，即深水波、浅水波、破碎波（图 1.11）。

临界水深 H_{cr}的计算公式为

$$H_{cr}=\frac{L}{4\pi}\ln\left(\frac{L+2\pi h_{1\%}}{L-2\pi h_{1\%}}\right) \tag{1.14}$$

当坝前水深大于半波长，即 $H\geqslant H_{cr}$和 $H\geqslant L/2$ 时，波浪运动不受库底的约束，这样条件下的波浪称为深水波，如图 1.11（a）所示。

$$P_L=\frac{\gamma L}{4}(h_{1\%}+h_z)\quad kN/m \tag{1.15}$$

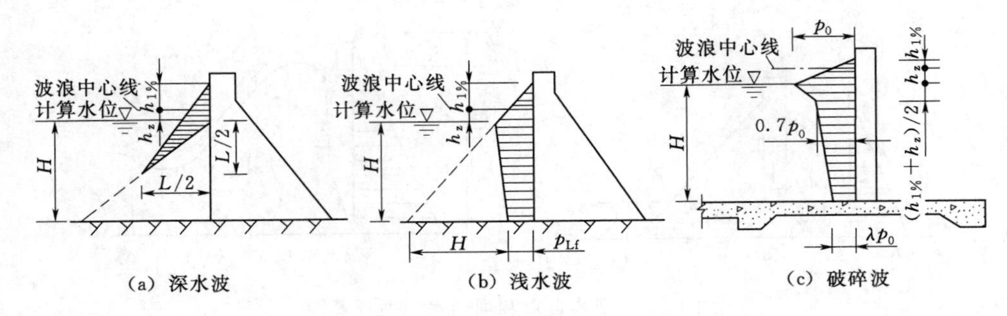

图 1.11 波浪压力分布

当$L/2>H>H_{cr}$时，波浪运动受到库底的影响，称为浅水波，如图 1.11（b）所示。

$$P_L=\frac{1}{2}[(h_{1\%}+h_z)(\gamma H+p_{Lf})+Hp_{Lf}] \tag{1.16}$$

$$p_{Lf}=\gamma h_{1\%}\operatorname{sech}\frac{2\pi H}{L}$$

式中 p_{Lf}——水下底面处浪压力的剩余强度，kN/m²。

水深小于临界水深，即$H<H_{cr}$时，波浪发生破碎，称为破碎波，如图 1.11（c）所示。

$$P_L=\frac{p_0}{2}[(1.5-0.5\lambda)h_{1\%}+(0.7+\lambda)H] \tag{1.17}$$

$$p_0=K_0\gamma h_{1\%}$$

式中 λ——水下底面处浪压力强度的折减系数，当$H\leqslant 1.7h_{1\%}$时，采用 0.6，当$H\geqslant 1.7h_{1\%}$时，采用 0.5；

p_0——计算水位处的浪压力强度，kN/m²；

K_0——为建筑物前底坡影响系数，与i有关，见表 1.2。

表 1.2　　河底坡 i 对应的 K_0 值

底坡 i	1/10	1/20	1/30	1/40	1/50	1/60	1/80	<1/100
K_0 值	1.89	1.61	1.48	1.41	1.36	1.33	1.29	1.25

1.3.1.6 扬压力

扬压力包括渗透压力和浮托力两部分。渗透压力是由上下游水位差产生的渗流在坝内或坝基面上形成的向上的压力。浮托力是由下游水深淹没坝体计算截面而产生的向上的压力。

扬压力的分布与坝体结构、上下游水位、防渗排水设施等因素有关。不同计算情况有不同的扬压力，扬压力代表值是根据扬压力分布图形面积计算的，如图 1.12 所示。

1. 坝底面上的扬压力

岩基上坝底扬压力按下列 3 种情况确定。

(1) 当坝基设有防渗帷幕和孔排水幕时，坝底面上游（坝踵）处的扬压力作用水头为H_1；排水孔中心线处的扬压力作用水头为$H_2+\alpha(H_1-H_2)$；下游（坝趾）处为H_2；三

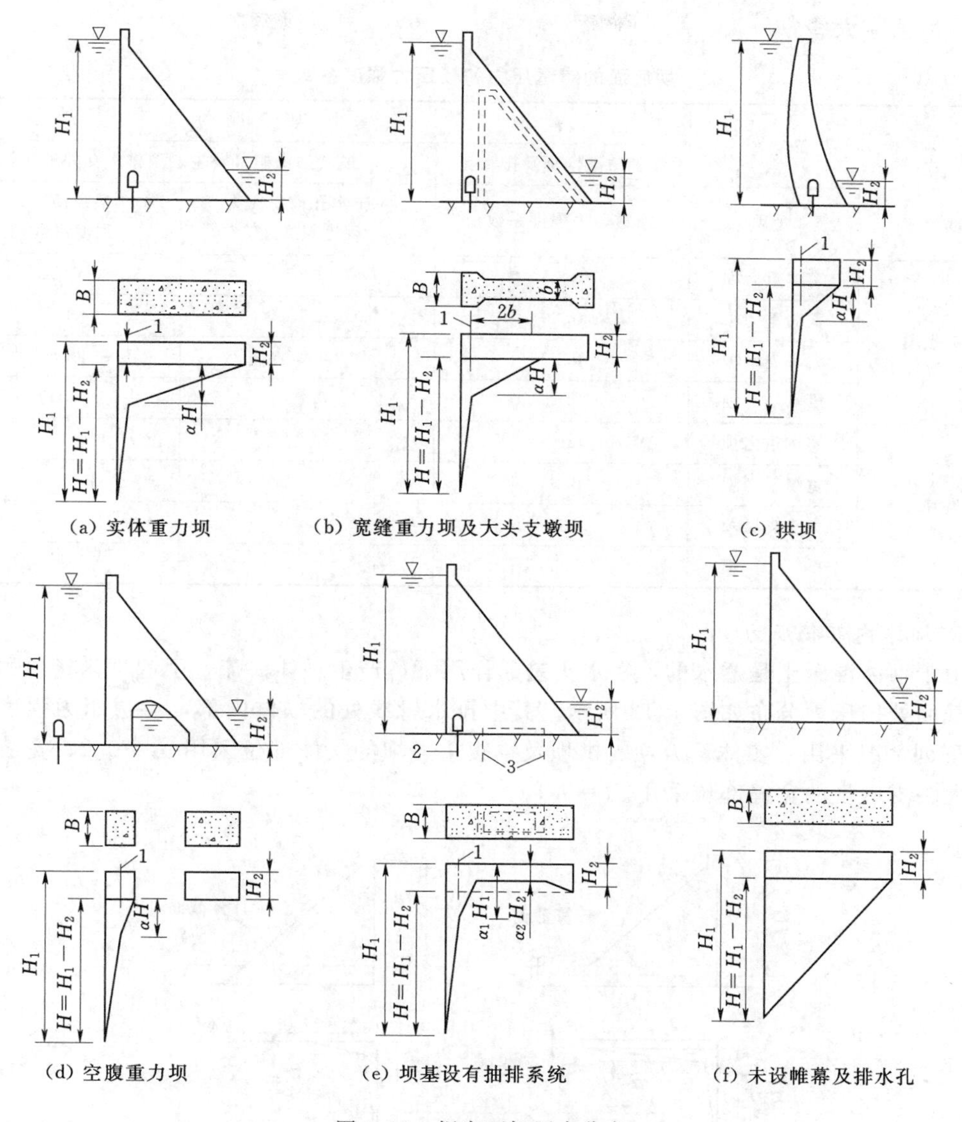

图 1.12　坝底面扬压力分布

1—排水孔中心线；2—主排水孔；3—副排水孔

者之间用直线连接，如图 1.12 (a)～(d) 所示。

(2) 当坝基设有防渗帷幕、上游主排水孔幕、下游副排水孔及抽排系统时，坝底面上游处的扬压力作用水头为 H_1，下游坝趾处为 H_2，主、副排水孔中心线处分别为 $\alpha_1 H_1$、$\alpha_2 H_2$，其间各段用直线连接，如图 1.12 (e) 所示。

(3) 当坝基无防渗帷幕、排水孔幕时，坝底面上游处的扬压力作用水头为 H_1，下游处为 H_2，其间用直线连接，如图 1.12 (f) 所示。

上述 (1)、(2) 中的渗透压力系数 α、扬压力强度系数 α_1 及残余扬压力强度系数 α_2 可参照表 1.3 采用。应注意，对河床坝段和岸坡坝段 α 取值不同，后者计及三向渗流作

用，α_2 取值应大些。

表 1.3　坝底面的渗透压力和扬压力强度系数

坝型及部位		坝基处理情况		
		设置防渗帷幕及排水孔	设置防渗帷幕及主、副排水孔并抽排	
部位	坝型	渗透压力强度系数 α	主排水孔前扬压力强度系数 α_1	残余扬压力强度系数 α_2
河床坝段	实体重力坝	0.25	0.20	0.50
	宽缝重力坝	0.20	0.15	0.50
	大头支墩坝	0.20	0.15	0.50
	拱　坝	0.25	0.20	0.50
岸坡坝段	实体重力坝	0.35		
	宽缝重力坝	0.30		
	大头支墩坝	0.30		
	拱　坝	0.35		

2. 坝体内部扬压力

由于坝体混凝土是透水的，在水头差的作用下，产生坝体渗流，引起坝内扬压力，其计算截面处扬压力分布如图 1.13 所示。其中排水管线处的坝体内部，渗透压力强度系数 α_3 按下列情况采用：实体重力坝、拱坝及空腹重力坝的实体部位采用 $\alpha_3=0.2$；宽缝重力坝、大头支墩坝的宽缝部位采用 $\alpha_3=0.15$。

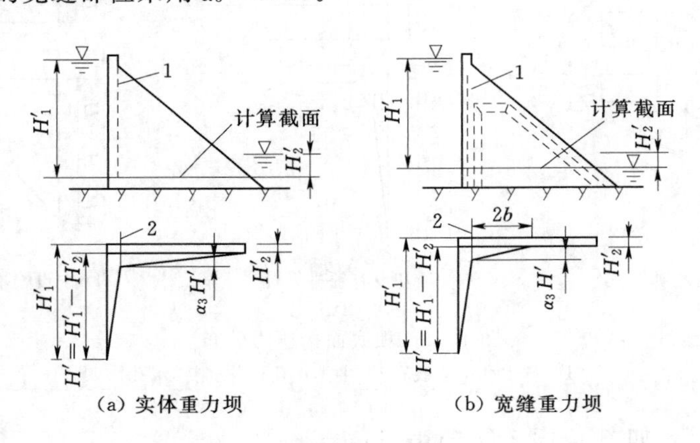

图 1.13　坝体计算截面上扬压力分布

1—坝内排水管；2—排水管中心线

1.3.1.7　地震作用

在地震区建坝，必须考虑地震的影响。重力坝抗震计算应考虑地震惯性力和地震动水压力。一般情况下，进行抗震计算时的上游水位可采用正常蓄水位。地震对建筑物的影响程度，常用地震烈度表示。地震烈度共分为 12 度。烈度越大，对建筑物的破坏越大，抗震设计要求也就越高。

抗震设计中常用到基本烈度和设计烈度两个基本概念。基本烈度是水工建筑物所在地区一定时期内（约 100 年）可能遇到的地震最大烈度；设计烈度是抗震设计时实际采用的地震烈度。一般情况下采用基本烈度作为设计烈度。《水工建筑物抗震设计规范》(SL 203—97) 规定，水工建筑物的工程抗震设防类别根据其重要性和工程场地基本烈度按表 1.4 确定。

表 1.4　　工程抗震设防类别

工程抗震设防类别	建筑物级别	场地基本烈度
甲	1（壅水）	≥Ⅵ度
乙	1（非壅水）、（壅水）	
丙	2（非壅水）、3	≥Ⅶ度
丁	4、5	

1. 地震惯性力

地震时，重力坝随地壳做加速运动时，产生了地震惯性力。地震惯性力的方向是任意的，一般情况下只考虑水平方向地震作用，对于设计烈度为 8、9 度的 1、2 级重力坝，应同时计入水平和竖向地震作用。

当采用拟静力法计算地震作用效应时，沿建筑物高度作用于质点 i 的水平方向地震惯性力代表值应按式（1.18）计算，即

$$F_i=\frac{a_h \xi G_{Ei} a_i}{g} \tag{1.18}$$

式中　F_i——用在质点 i 的水平向地震惯性力代表值，kN/m；

ξ——地震作用的效应折减系数，除另有规定外，取 0.25；

G_{Ei}——集中在质点 i 的重力作用标准值，kN；

a_i——质点 i 的动态分布系数，计算重力坝地震作用效应时，由式（1.19）确定；

g——重力加速度，取 9.81m/s^2；

a_h——水平向设计地震加速度代表值，由表 1.5 确定。

表 1.5　　水平向设计地震加速度代表值

设计烈度	Ⅶ	Ⅷ	Ⅸ
a_h	$0.1g$	$0.2g$	$0.4g$

$$a_i = 1.4\frac{1+4\left(\dfrac{h_i}{H}\right)^4}{1+4\sum\limits_{i=1}^{n}\dfrac{G_{Ej}}{G_E}\left(\dfrac{h_j}{H}\right)^4} \tag{1.19}$$

式中　n——坝体计算质点总数；

H——坝高，m，溢流坝的 H 应算至闸墩顶；

h_i，h_j——质点 i、j 的高度，m；

G_E——产生地震惯性力的建筑物总重力作用的标准值，kN。

竖向设计加速度的代表值 a_v 应取水平设计地震加速度代表值的2/3。

当同时计算水平和竖向地震作用效应时，总的地震作用效应可将竖向地震作用效应乘以0.5的遇合系数后与水平向地震作用效应直接相加。

2. 地震动水压力

地震时，坝前、坝后的水体随着振动，形成作用在坝面上的激荡力。

采用拟静力法计算重力坝地震作用效应时，直立坝面水深 y 处的地震动水压力代表值按式（1.20）计算，即

$$p_w(h)=a_h\xi\psi(h)\rho_w H \tag{1.20}$$

式中 $p_w(h)$——作用在直立迎水坝面水深 h 处的地震动水压力代表值，kN/m；

$\psi(h)$——水深 h 处的地震动水压力分布系数，应按表1.6的规定取值；

ρ_w——水体质量密度标准值，kN/m³；

H——水深，m；

其他符号意义同前。

表1.6 重力坝地震动水压力分布系数 $\psi(h)$

h/H_0	$\psi(h)$	h/H_0	$\psi(h)$
0.0	0.00	0.6	0.76
0.1	0.43	0.7	0.75
0.2	0.58	0.8	0.71
0.3	0.68	0.9	0.68
0.4	0.74	1.0	0.67
0.5	0.76		

单位宽度坝面和总地震动水压力作用在水面以下 $0.54H_0$ 处，其代表值 F_0 按式（1.21）计算，即

$$F_0=0.65a_h\xi\rho_w H_0^2 \quad \text{kN/m} \tag{1.21}$$

与水平面夹角为 θ 的倾斜迎水坝面，按式（1.21）的规定计算的动水压力代表值应乘以折减系数，有

$$\eta_c=\frac{\theta}{90} \tag{1.22}$$

迎水坝面有折坡时，若水面以下直立部分的高度等于或大于深 H_0 的一半，可近似取作直立坝面；否则应取水面点与坡脚点连线代替坡度。

作用在坝体上、下游的地震动水压力均与坝面垂直，且两者的作用方向一致。例如，当地震加速度的方向指向上游时，作用在上、下游坝面的地震动水压力方向均指向下游。

1.3.1.8 冰压力

冰对建筑物的作用力称为冰压力。冰压力分静冰压力和动冰压力两种。水库表面结冰后，体积增加约9%，在气温回升时，冰盖加速膨胀，受到坝面和库岸的约束，在坝面上产生的压力称为静冰压力。冰盖解冻，冰块顺风顺水漂流撞击在坝面、闸门或闸墩上的撞击力称为动冰压力。冰压力的计算详见《水工建筑物荷载设计规范》（SL 744—2016）。

1.3.1.9 其他荷载

常见的其他荷载有土压力、温度荷载、灌浆压力、风荷载、雪荷载、坝顶车辆荷载、永久设备荷载等。它们对重力坝的影响是次要的，当需要计算时查相应规范。

1.3.2 重力坝的荷载（作用）

1.3.2.1 荷载（作用）的分类

重力坝的荷载，除坝体自重外，其大小和出现的概率都有一定的变化。重力坝主要荷载，随时间变异分为 3 类。

（1）永久荷载。包括：①坝体自重和永久性设备自重；②淤沙压力（有排沙设施时可列为可变作用）；③土压力。

（2）可变荷载。包括：①静水压力；②扬压力（包括渗透压力和浮托力）；③动水压力；④浪压力；⑤冰压力（包括静冰压力和动冰压力）；⑥风雪荷载；⑦机动荷载。

（3）偶然荷载。包括：①地震作用；②校核洪水位时的静水压力。

1.3.2.2 荷载（作用）的组合

在设计混凝土重力坝坝体剖面时，荷载组合分基本组合和特殊组合。基本组合属永久荷载与可变荷载的效应组合，即设计情况和正常情况；特殊组合，除一些永久荷载与可变荷载外，还包括可能同时出现的一种或几种偶然荷载，属校核情况和非常情况。

1. 荷载（作用）的基本组合

（1）坝体及永久性设备的自重。

（2）以发电为主的水库，上游用正常蓄水位，下游按照运用要求泄放最小流量时的水位，且防渗及排水设施正常工作时的水作用：①大坝上、下游面的静水压力；②扬压力。

（3）大坝上游淤沙压力。

（4）大坝上、下游侧向土压力。

（5）以防洪为主的水库，上游用防洪高水位，下游用其相应的水位，且防渗及排水设施正常工作时的水作用：①大坝上、下游面的静水压力；②扬压力；③相应泄洪时的动水压力。

（6）浪压力：①取 50 年一遇风速引起的浪压力（约相当于多年平均最大风速的1.5～2 倍引起的浪压力）；②多年平均最大风速引起的浪压力。

（7）冰压力：取正常蓄水位时的冰作用。

（8）其他出现机会较多的作用。

2. 荷载（作用）的特殊组合

除计入一些永久作用和可变荷载外，还应计入下列一个偶然荷载。

（9）当水库泄放校核洪水（偶然状况）流量时，上、下游水位的作用，且防渗排水正常工作时的水作用：①坝上、下游面的静水压力；②扬压力；③相应泄洪时的动水压力。

（10）地震力。一般取正常蓄水情况时相应的上、下游水深。

（11）其他出现机会很少的作用。

将上述各种荷载的作用组合列入表 1.7 中。

表 1.7　荷载（作用）组合

荷载组合	主要考虑情况	荷载类别									备注
		自重	静水压力	扬压力	泥沙压力	浪压力	冰压力	动水压力	土压力	地震作用	
基本组合	1. 正常蓄水位情况	(1)	(2)	(2)	(3)	(6)①	—	—	(4)	—	以发电为主的水库土压力根据坝体外是否有填土而定（下同）
	2. 防洪高水位情况	(1)	(5)	(5)	(3)	(6)①	—	(5)	(4)	—	以防洪为主的水库，正常蓄水位较低
	3. 冰冻情况	(1)	(2)	(2)	(3)	—	(7)	—	(4)	—	静水压力及扬压力按相应冬季水位计算
基本组合	施工期临时挡水	(1)	(2)	(2)					(4)		
特殊组合	1. 校核洪水情况	(1)	(9)	(9)	(3)	(6)②	—	(9)	(4)	—	
	2. 地震情况	(1)	(2)	(2)	(3)	(6)②	—	—	(4)	(10)	静水压力、扬压力和浪压力按正常蓄水位计算，有论证时可另作规定

注　1. 应根据各种荷载作用同时发生的概率，选择计算中最不利的组合。
2. 根据地质和其他条件，如考虑运用时排水设备易于堵塞，需经常维修时，应考虑排水失效的情况，作为偶然组合。

任务 1.4　重力坝的稳定分析

重力坝的抗滑稳定及应力分析即在各种荷载组合情况下，对初拟的断面尺寸进行稳定计算、强度校核，最终定出经济断面。

1.4.1　重力坝的抗滑稳定分析

抗滑稳定分析是重力坝设计中的一项重要内容，其目的是核算坝体沿坝基面或沿地基深层软弱结构面抗滑稳定的安全度。

1.4.1.1　抗滑稳定计算截面的选取

重力坝的稳定应根据坝基的地质条件和坝体剖面形式，选择受力大、抗剪强度较低、容易产生滑动的截面作为计算截面。重力坝抗滑稳定计算主要是核算沿坝基面及混凝土面（包括常态混凝土水平施工缝或碾压混凝土层面）的抗滑稳定性。另外，当坝基内有软弱夹层、缓倾角结构面时，也应核算其深层抗滑稳定性。

1.4.1.2　重力坝坝基面抗滑稳定分析

以一个坝段或取单宽作为计算单元。计算公式有抗剪强度公式和抗剪断公式。

1. 抗剪强度公式

将坝体与基岩间看成是一个接触面，而不是胶结面。

当接触面呈水平时［图 1.14（a）］，其抗滑稳定安全系数为

$$K_s=\frac{f(\sum W-U)}{\sum P} \tag{1.23}$$

式中　$\sum W$——接触面以上的总铅直力，kN；

$\sum P$——接触面以上的总水平力，kN；

U——作用在接触面上的扬压力，kN；

f——接触面间的摩擦系数。

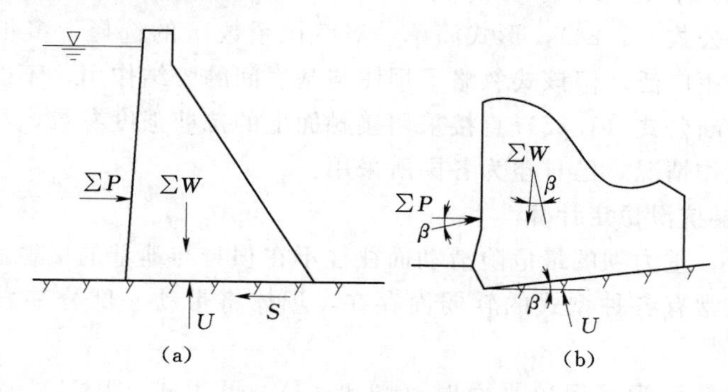

图1.14　重力坝抗滑稳定计算简图

当接触面倾向上游时［图1.14（b）］，有

$$K_s=\frac{f(\sum W\cos\beta-U)+\sum P\sin\beta}{\sum P\cos\beta-\sum W\sin\beta} \tag{1.24}$$

式中　β——接触面与水平面间的夹角。

由式（1.24）可以看出，当接触面倾向上游时，对坝体抗滑有利；而当接触面倾向下游时，β为负值，使抗滑力减小，滑动力增大，对坝体稳定不利。

混凝土与基岩间的摩擦系数f值取0.5～0.8，摩擦系数的选定直接关系到大坝的造价与安全，f值越小，为维持稳定所需的$\sum W$越大，即坝体剖面越大，以新安江工程重力坝为例，若f值减小0.01，坝体混凝土就要增多2万m^3。

由于抗剪强度公式未考虑坝体混凝土与基岩间的黏聚力，而将其作为安全储备，因此相应的安全系数K_s值就不应再定得过高。用抗剪强度公式设计时，各种荷载组合情况下的安全系数不小于表1.8的规定。

表1.8　　抗滑稳定安全系数K_s

荷载组合		坝的级别		
		1	2	3
基本组合		1.10	1.05	1.05
特殊组合	(1)	1.05	1.00	1.00
	(2)	1.00	1.00	1.00

2. 抗剪断公式

利用抗剪断公式时，认为坝体混凝土与基岩接触良好，直接采用接触面上的抗剪断参数f'和c'计算抗滑稳定安全系数。此处，f'为抗剪断摩擦系数，c'为抗剪断黏聚力。

$$K'_s=\frac{f'(\sum W-U)+c'A}{\sum P} \tag{1.25}$$

对于大、中型工程，在设计阶段，强度参数 f' 和 c' 应有野外及室内试验成果；在规划和可行性研究阶段可参照规范给定的数值选用。我国设计规范用统计的方法给出了不同级别岩石的抗剪断参数的计算参考值，规范规定 K'_s 值不分坝的级别，基本组合为 3.0；特殊组合（1）为 2.5；特殊组合（2）为 2.3。

上述抗剪强度公式（1.24），形式简单，对摩擦系数 f 的选择，多年来积累了丰富的经验，在国内外应用广泛。但该式忽略了坝体与基岩间的胶结作用，不能完全反映坝的实际工作性态。抗剪断公式（1.25）直接采用接触面上的抗剪强度参数，物理概念明确，比较符合坝的实际工作情况，已日益为各国所采用。

1.4.1.3 坝基深层抗滑稳定计算

在很多情况下，重力坝的最危险滑动面往往不在坝身与地基的接触面，而是在地基内部。因为基岩内经常有各种型式的软弱面存在，坝体将带动一部分基岩沿这些软弱面滑动，即深层滑动。

（1）当深层滑动面为一简单平面时（图 1.15），可用式（1.24）及式（1.25）进行计算。

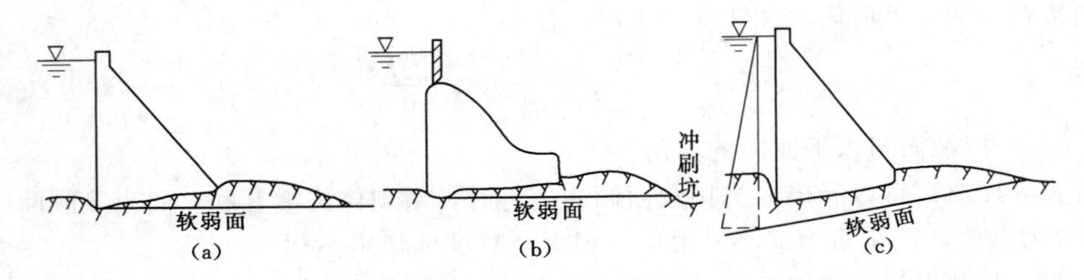

图 1.15 重力坝的深层滑动

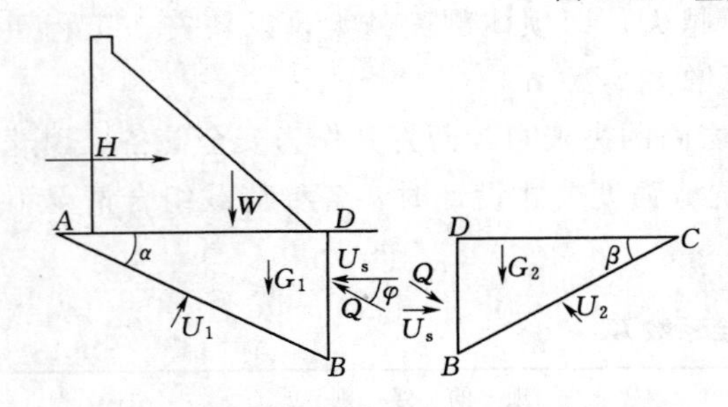

图 1.16 双层滑动面深层抗滑稳定计算示意图

（2）在实际工程中，深层滑动不是一个简单的平面，而是呈复杂的形状，如由两个斜面组成。双滑动面为最常见情况，如图 1.16 所示。深层抗滑稳定采用等安全系数，按下列抗剪断强度公式或抗剪强度公式进行计算。

采用抗剪断强度公式计算。考虑 ABD 块的稳定，则有

$$K'_1=\frac{f'_1[(W+G_1)\cos\alpha-H\sin\alpha-Q\sin(\varphi-\alpha)-U_1+U_3\sin\alpha]+c'_1A_1}{(W+G_1)\sin\alpha+H\cos\alpha-U_3\cos\alpha-Q\cos(\varphi-\alpha)} \tag{1.26}$$

考虑 BCD 块的稳定，则有：

$$K'_2=\frac{f'_2[G_2\cos\beta+Q\sin(\varphi+\beta)-U_2+U_3\sin\beta]+c'_2A_2}{Q\cos(\varphi+\beta)-G_2\sin\beta+U_3\cos\beta} \tag{1.27}$$

式中 K'_1，K'_2——岩体 ABD、BCD 按抗剪断强度计算的抗滑稳定安全系数；

W——作用于坝体上全部荷载（不包括扬压力，下同）的垂直分值，kN；

H——作用于坝体上全部荷载的水平分值，kN；

G_1，G_2——岩体 ABD、BCD 重量的垂直作用力，kN；

f_1'，f_2'——AB、BC 滑动面的抗剪断摩擦系数；

c_1'，c_2'——AB、BC 滑动面的抗剪断黏聚力，kPa；

A_1，A_2——AB、BC 面的面积，m^2；

α，β——AB、BC 面与水平面的夹角；

U_1，U_2，U_3——AB、BC、BD 面上的扬压力，kN；

Q——BD 面上的作用力，kN；

φ——BD 面上的作用力 Q 与水平面的夹角。夹角 φ 值需经论证后选用，从偏于安全考虑，φ 可取 0°。

通过式（1.26）、式（1.27）及 $K_1'=K_2'=K'$，求解 Q、K' 值。

采用抗剪强度公式计算。考虑 ABD 块的稳定，则有

$$K_1=\frac{f_1[(W+G_1)\cos\alpha-H\sin\alpha-Q\sin(\varphi-\alpha)-U_1+U_3\sin\alpha]}{(W+G_1)\sin\alpha+H\cos\alpha-U_3\cos\alpha-Q\cos(\varphi-\alpha)} \tag{1.28}$$

考虑 BCD 块的稳定，则有

$$K_2=\frac{f_2[G_2\cos\beta+Q\sin(\varphi+\beta)-U_2+U_3\sin\beta]}{Q\cos(\varphi+\beta)-G_2\sin\beta+U_3\cos\beta} \tag{1.29}$$

式中　K_1，K_2——抗剪强度计算的抗滑稳定安全系数；

f_1，f_2——AB、BC 滑动面的抗剪摩擦系数。

通过式（1.28）、式（1.29）及 $K_1=K_2=K$，求解 Q、K 值。

多滑面的情况比较复杂，可参照双滑面的计算方法求解 K 值。

1.4.1.4　提高坝体抗滑稳定的工程措施

为了提高坝体的抗滑稳定性，常采取以下工程措施。

（1）设置倾斜的上游坝面，利用坝面上水重增加稳定。但应注意，上游面的坡度不宜过缓，应控制在 1：0.1～1：0.2 范围内；否则，在上游坝面容易产生拉应力，对强度不利。

（2）采用有利的开挖轮廓线。开挖坝基时，最好利用岩面的自然坡度，使坝基面倾向上游，如图 1.17（a）所示。有时，有意将坝踵高程降低，使坝基面倾向上游，如图 1.17（b）所示，但这种做法将加大上游水压力，增加开挖量和浇筑量，故较少采用。当基岩比较固定时，可以开挖成锯齿状，形成局部倾向上游的斜面，如图 1.17（c）所示，但能否开挖成锯齿状，主要取决于基岩节理裂隙的产状。

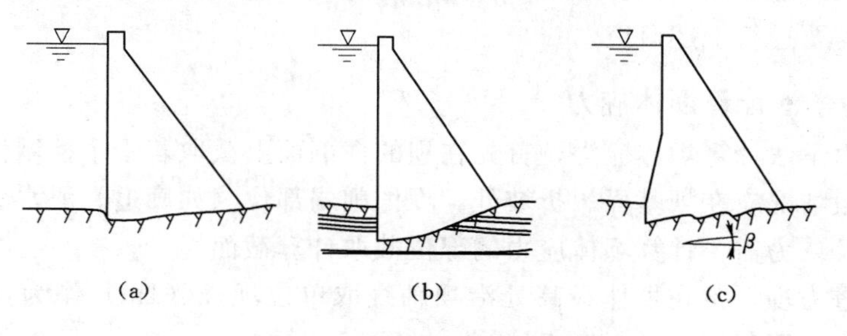

图 1.17　坝基开挖轮廓

（3）设置齿墙。如图 1.18（a）所示，当基岩内有倾向下游的软弱面时，可在坝踵部位设齿墙，切断较浅的软弱面，迫使可能的滑动面由 abc 成为 $a'b'c'$，这样既增大了滑动

体的重量，同时也增大了抗滑体的抗力。如在坝趾部位设置齿墙，将坝趾放在较好的岩层上，如图1.18（b）所示，则可更多地发挥抗力体的作用，可在一定程度上改善坝踵应力，同时由于坝趾的压应力较大，设在坝趾下齿墙的抗剪能力也会相应增加。

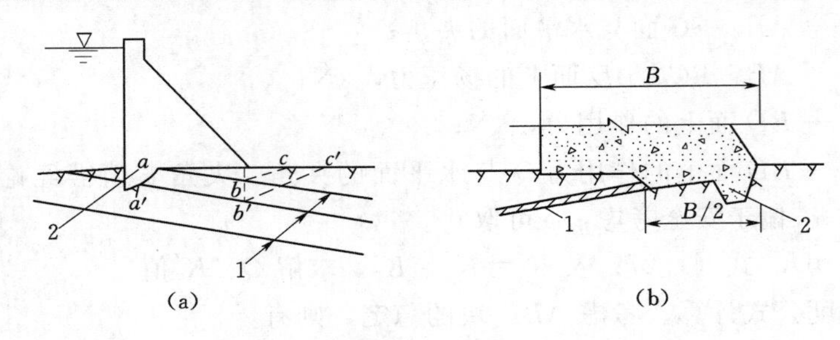

图1.18 齿墙设置

1—泥化夹层；2—齿墙

（4）抽水降压措施。当下游水位较高，坝体承受的浮托力较大时，可考虑在坝基面设置排水系统，定时抽水以减小坝底浮托力。如我国的龚嘴工程，下游水深达30m，采取抽水措施后，浮托力只按10m水深计算，节省了许多浇筑量。

（5）加固地基。包括帷幕灌浆、固结灌浆及断层、软弱夹层的处理等。

任务1.5 重力坝的应力分析

1.5.1 重力坝应力分析的目的和方法

重力坝应力分析的目的，是为了检验坝体在施工期和运用期各部位的应力是否超过坝体材料的允许值，根据坝体应力大小的分布规律进行坝体材料标号的分区设计，同时为设计穿过坝体的廊道、管道、孔口等提供依据。

重力坝应力分析方法，有理论计算和模型试验两大类。理论计算方法主要有材料力学法和有限元计算法。对于中、低坝，当地质条件较简单时，可只按材料力学方法计算坝的应力，有时可只计算坝的边缘应力。对于高坝，尤其当地质条件复杂时，除用材料力学方法计算外，宜同时进行模型试验或采用有限元法进行计算。对于修建在复杂地基上的中、低坝也可根据需要进行上述研究。

1.5.2 材料力学法计算坝体应力

采用材料力学法计算坝体应力，首先在坝的横剖面上截取若干个控制性水平截面进行应力计算。一般情况应在坝基面、折坡处、坝体削弱部位（如廊道、泄水管道、坝内有孔洞的部位）以及认为需要计算坝体应力的部位截取计算截面。

对于实体重力坝，常在坝体最高处沿坝轴线取单位坝长（1m）作为计算对象，选定荷载组合，确定计算截面，进行应力计算。

1. 基本假定

（1）假定坝体混凝土为均质、连续、各向同性的弹性材料。

（2）视坝段为固接于坝基上的悬臂梁，不考虑地基变形对坝体应力的影响，并认为各

坝段独立工作，横缝不传力。

（3）假定坝体水平截面上的正应力 σ_y 按直线分布，不考虑廊道等对坝体应力的影响。

2. 边缘应力的计算

一般情况下，坝体的最大和最小应力都出现在坝面，所以重力坝首先应校核坝体边缘应力是否满足强度要求。

计算图形及应力与荷载的方向如图1.19所示，图中右上角所示的应力和力的箭头方向为正。

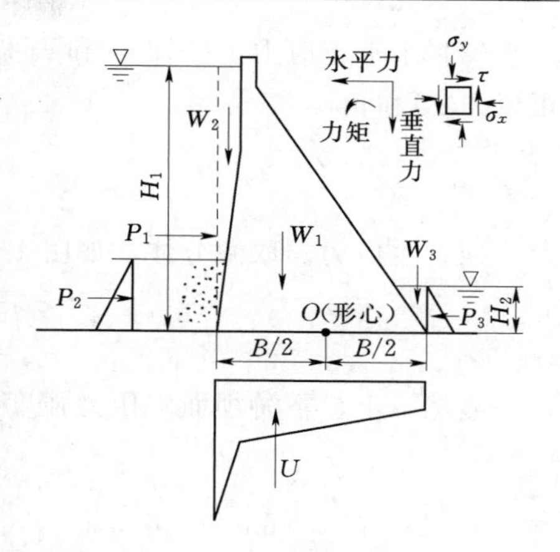

图1.19　坝体应力计算图

（1）水平截面上的正应力。因为假定 σ_y 按直线分布，所以可按偏心受压公式（1.30）、式（1.31）计算上、下游边缘应力 σ_{yu} 和 σ_{yd}，即

$$\sigma_{yu}=\frac{\sum W}{B}+\frac{6\sum M}{B^2} \tag{1.30}$$

$$\sigma_{yd}=\frac{\sum W}{B}-\frac{6\sum M}{B^2} \tag{1.31}$$

式中　$\sum W$——作用于计算截面以上全部荷载的铅直分力的总和，kN；

$\sum M$——作用于计算截面以上全部荷载对截面形心的力矩总和，kN·m；

B——计算截面的长度，m。

（2）剪应力。已知 σ_{yu} 和 σ_{yd} 以后，可以根据边缘微分体的平衡条件，解出上、下游边缘剪应力 τ_u 和 τ_d，如图1.20（a）所示。

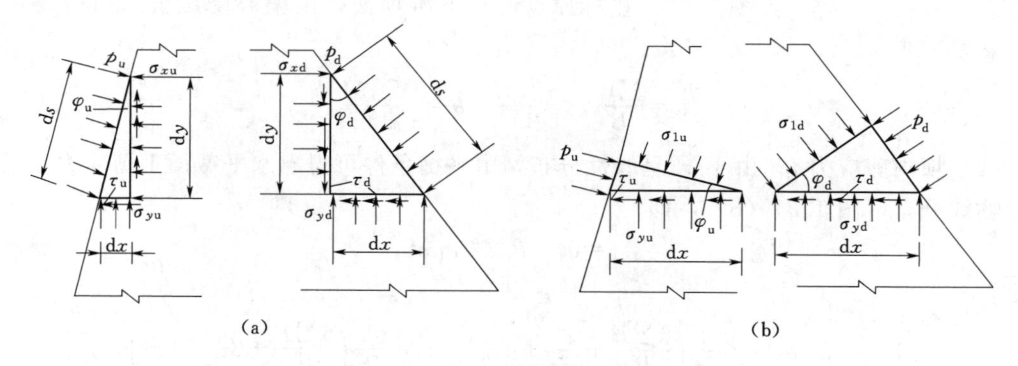

图1.20　边缘应力计算示意图

$$\tau_u=(p_u-\sigma_{yu})n \tag{1.32}$$

$$\tau_d=(\sigma_{yu}-p_d)m \tag{1.33}$$

式中　p_u——上游面水压力强度，kPa；

p_d——下游面水压力强度，kPa；

n——上游坝坡坡率，$n=\tan\varphi_u$；

m——下游坝坡坡率，$m=\tan\varphi_d$；

φ_u，φ_d——上、下游坝面与铅直面的夹角。

(3) 水平正应力。已知 τ_u 和 τ_d 以后，可以根据平衡条件，求得上、下游边缘的水平正应力 σ_{xu} 和 σ_{xd}。

$$\sigma_{xu}=p_u-\tau_u n \tag{1.34}$$

$$\sigma_{xd}=p_d+\tau_d m \tag{1.35}$$

(4) 主应力。取微分体，如图1.20 (b) 所示，根据平衡条件，则

$$\sigma_{1u}=(1+n^2)\sigma_{yu}-p_u n^2 \tag{1.36}$$

$$\sigma_{1d}=(1+m^2)\sigma_{yd}-p_d m^2 \tag{1.37}$$

显然，上、下游坝面水压力强度是另一个主应力，分别为

$$\sigma_{2u}=p_u \tag{1.38}$$

$$\sigma_{2d}=p_d \tag{1.39}$$

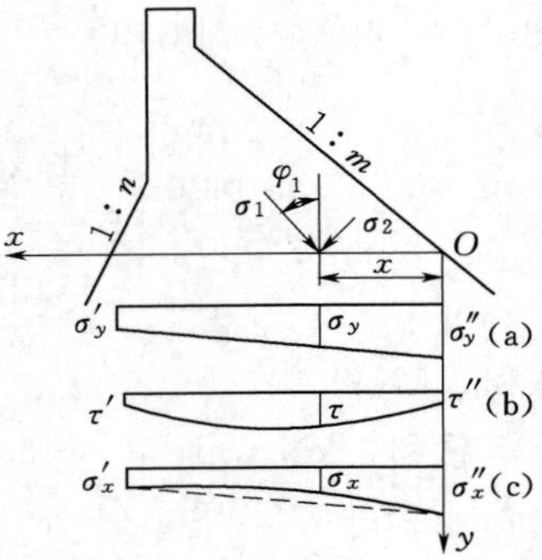

由式 (1.36) 可以推得，当上游坝面倾向上游（坡率 $n>0$）时，随着 n 的增大，上游面主应力 $\sigma_{1u}<0$，即为拉应力。因此，岩基上的重力坝常把上游面做成铅直的 ($n=0$) 或小坡率 ($n<0.2$) 的折坡坝面。

图1.21　坝内应力分布

3. 内部应力计算

应用偏心受压公式求出坝体水平截面上的 σ_y 以后，便可利用平衡条件求出截面上内部各点的应力分量 τ 和 σ_x。

(1) 坝内水平截面上的正应力 σ_y。假定 σ_y 在水平截面上按直线分布 [图1.21 (a)]，即

$$\sigma_y=a+bx \tag{1.40}$$

坐标原点设在下游坝面，由偏心受压公式可以得出系数 a 和 b，即

$$a=\frac{\sum W}{B}-\frac{6\sum M}{B^2}\quad b=\frac{12\sum M}{B^3}$$

(2) 坝内剪应力 τ。由于 σ_y 呈线性分布，由平衡条件可得出水平截面上剪应力 τ 呈二次抛物线分布 [图1.21 (b)]，即

$$\tau=a_1+b_1x+c_1x^2 \tag{1.41}$$

其中：

$$a_1=\tau_d\quad b_1=-\frac{1}{B}\left(\frac{6\sum P}{B}+2\tau_u+4\tau_d\right)\quad c_1=\frac{1}{B^2}\left(\frac{6\sum P}{B}+3\tau_u+3\tau_d\right)$$

(3) 坝内水平正应力 σ_x。σ_x 的分布接近直线，如图1.21 (c) 所示。因此，对中小型坝可近似假定为

$$\sigma_x=a_2+b_2x \tag{1.42}$$

其中：

$$a_2=\sigma_{xd}\quad b_2=\frac{\sigma_{xu}-\sigma_{xd}}{B}$$

(4) 坝内主应力 σ_1 和 σ_2。求得任意点的3个应力分量 σ_x、σ_y 和 τ 以后，即可计算该点的主应力和第一主应力的方向 φ_1，即

$$\left.\begin{aligned}\sigma_1&=\frac{\sigma_x+\sigma_y}{2}+\sqrt{\left(\frac{\sigma_y-\sigma_x}{2}\right)^2+\tau^2}\\\sigma_2&=\frac{\sigma_x+\sigma_y}{2}-\sqrt{\left(\frac{\sigma_y-\sigma_x}{2}\right)^2+\tau^2}\\\varphi_1&=\frac{1}{2}\arctan\left(-\frac{2\tau}{\sigma_y-\sigma_x}\right)\end{aligned}\right\}\tag{1.43}$$

φ_1 以顺时针方向为正，当 $\sigma_y>\sigma_x$ 时，自竖直线量取；当 $\sigma_y<\sigma_x$ 时，自水平线量取。

求出各点的主应力后，即可在计算点上用矢量表示其大小，构成主应力图。必要时还可根据此绘出主应力轨迹线和等应力图。

4. 考虑扬压力时的应力计算

上列应力计算公式均未计入扬压力。当需要考虑扬压力时，可将计算截面上的扬压力作为外荷载计入，根据边缘微分体的平衡条件，求得应力公式。

(1) 求边缘应力。

剪应力 τ_u、τ_d 为

$$\left.\begin{aligned}\tau_u&=(p_u-p_{uu}-\sigma_{yu})n\\\tau_d&=(\sigma_{yd}-p_d+p_{ud})m\end{aligned}\right\}\tag{1.44}$$

上、下游边缘 σ_{xu}、σ_{xd} 为

$$\left.\begin{aligned}\sigma_{xu}&=p_u-p_{uu}-\tau_u n\\\sigma_{xd}&=p_d-p_{ud}+\tau_d m\end{aligned}\right\}\tag{1.45}$$

上、下游边缘主应力 σ_{1u}、σ_{2u}、σ_{1d}、σ_{2d} 为

$$\left.\begin{aligned}\sigma_{1u}&=(1+n^2)\sigma_{yu}-n^2(p_u-p_{uu})\\\sigma_{2u}&=p_u-p_{uu}\\\sigma_{1d}&=(1+m^2)\sigma_{yd}-m^2(p_d-p_{ud})\\\sigma_{2d}&=p_d-p_{ud}\end{aligned}\right\}\tag{1.46}$$

以上式中 p_{uu}——计算截面在上游坝面处的扬压力强度；

p_{ud}——计算截面在下游坝面处的扬压力强度。

可见，考虑与不考虑扬压力时，τ、σ_x 和 σ_1、σ_2 的计算公式是不相同的。

(2) 求坝内压力。可先不计扬压力，按上述有关公式计算各点应力，然后再叠加扬压力引起的应力。

1.5.3 坝体和坝基的应力控制

1. 重力坝坝基面坝踵、坝趾的垂直应力控制

1) 运用期：

(1) 在各种荷载组合下（地震荷载除外），坝踵垂直应力不应出现拉应力，坝趾垂直应力应小于坝基允许压应力。

(2) 在地震荷载作用下，坝踵、坝趾的垂直应力应符合《水工建筑物抗震设计规范》

(SL 203—97)。

2）施工期。坝趾垂直应力允许有小于0.1MPa的拉应力。

2. 重力坝坝体应力控制

1）运用期：

(1) 坝体上游面的垂直应力不出现拉应力（计扬压力）。

(2) 坝体最大主压应力，不应大于混凝土的允许压应力值。

(3) 在地震情况下，坝体上游面的应力控制标准应符合《水工建筑物抗震设计规范》(SL 203—97) 要求。

2）施工期：

(1) 坝体任何截面上的主压应力不应大于混凝土的允许压应力。

(2) 在坝体的下游面，允许有不大于0.25MPa的主拉应力。

混凝土的允许应力应按混凝土的极限强度除以相应的安全系数确定。坝体混凝土抗压安全系数，基本组合不应小于4.0；特殊组合（不含地震情况）不应小于3.5。当局部混凝土有抗拉要求时，抗拉安全系数不应小于4.0。

【项目案例1.1】 非溢流坝设计

1. 基本资料

某内陆峡谷水库工程等别为Ⅲ等，拦河混凝土重力坝等级为3级，其任务以灌溉为主，结合发电。试根据提供的资料设计非溢流重力坝。

(1) 水电规划成果。上游校核洪水位为187.15m，相应下泄流量为$1016m^3/s$，相应下游水位为142.5m；上游设计洪水位为186.25m，相应下泄流量为$696m^3/s$，相应下游水位为138.5m；正常蓄水位为184.5m，相应的下游水位为134.5m；死水位为146.0m。

(2) 地质资料。河床高程132.5m。岩基主要为古老的沉积变质岩，坝区地质条件较为复杂，但处理较易，不需做特殊处理，基岩抗剪摩擦系数为0.9，黏聚力为0.7MPa，饱和抗压强度10.8×10^4kPa。

(3) 其他有关资料。河流泥沙计算年限采用50年，坝前淤沙高程138.0m。淤沙浮重度$6.0kN/m^3$，内摩擦角$\varphi_s=20°$。

枢纽所在流域内气候温和，雨量充沛，多年平均降水量1480mm，多年平均气温18.3℃，多年平均最大风力9级，最大风速22m/s，吹程1.6km。

坝体混凝土重度$24kN/m^3$，地震烈度为Ⅴ级。

2. 设计要求

(1) 拟定坝体剖面尺寸。确定坝顶高程和坝顶宽度，拟定折坡点的高程、上下游坡度、坝底防渗排水幕位置等相关尺寸。

(2) 荷载计算及作用组合。该案例只计算一种作用组合，选设计洪水位情况计算，取常用的5种荷载，即自重、静水压力、扬压力、浪压力和淤沙压力列表计算。

(3) 抗滑稳定验算。

(4) 坝基面上、下游处垂直正应力计算。

3. 非溢流剖面设计

1）坝顶高程的确定。因本工程属于内陆峡谷地区，故适合使用官厅公式计算波浪

要素。

(1) 设计洪水位情况。风区长度 D（有效吹程）为1.6km，计算风速 v_0 在设计洪水情况下取多年平均年最大风速的2倍，为44m/s。

波高：

$$h_1 = 0.0076 v_0^{-\frac{1}{12}} \left(\frac{gD}{v_0^2}\right)^{\frac{1}{3}} \frac{v_0^2}{g}$$

$$= 0.0076 \times 44^{-\frac{1}{12}} \times \left(\frac{9.81 \times 1600}{44^2}\right)^{\frac{1}{3}} \times \frac{44^2}{9.81}$$

$$= 2.20(\mathrm{m})$$

波长：

$$L_m = 0.331 v_0^{-\frac{1}{2.15}} \left(\frac{gD}{v_0^2}\right)^{\frac{1}{3.75}} \frac{v_0^2}{g}$$

$$= 0.331 \times 44^{-\frac{1}{2.15}} \times \left(\frac{9.81 \times 1600}{44^2}\right)^{\frac{1}{3.75}} \times \frac{44^2}{9.81}$$

$$= 19.65(\mathrm{m})$$

波浪中心线至计算水位的高度为

$$h_z = \frac{\pi h_1^2}{L} \mathrm{cth} \frac{2\pi H}{L}$$

$$\text{因 } H > L,\ \mathrm{cth} \frac{2\pi H}{L} \approx 1$$

$$h_z = \frac{\pi h_1^2}{L} = \frac{3.14 \times 2.20^2}{19.65} = 0.773(\mathrm{m})$$

因大坝等级为3级，查表1.2得 $h_c = 0.4\mathrm{m}$。

则设计洪水位时超高为

$$\Delta h = 2.20 + 0.773 + 0.4 = 3.373(\mathrm{m})$$

坝顶高程＝186.25＋3.373＝189.6(m)

(2) 校核洪水位情况。风区长度 D（有效吹程）为1.6km，计算风速 v_0 在校核洪水情况下取多年平均年最大风速的1倍，为22m/s。

波高：

$$h_1 = 0.0076 v_0^{-\frac{1}{12}} \left(\frac{gD}{v_0^2}\right)^{\frac{1}{3}} \frac{v_0^2}{g}$$

$$= 0.0076 \times 22^{-\frac{1}{12}} \times \left(\frac{9.81 \times 1600}{22^2}\right)^{\frac{1}{3}} \times \frac{22^2}{9.81}$$

$$= 0.924(\mathrm{m})$$

波长：

$$L_m = 0.331 v_0^{-\frac{1}{2.15}} \left(\frac{gD}{v_0^2}\right)^{\frac{1}{3.75}} \frac{v_0^2}{g}$$

$$= 0.331 \times 22^{-\frac{1}{2.15}} \times \left(\frac{9.81 \times 1600}{22^2}\right)^{\frac{1}{3.75}} \times \frac{22^2}{9.81}$$

$$= 11.98(\mathrm{m})$$

波浪中心线至计算水位的高度为

$$h_z=\frac{\pi h_1^2}{L}\text{cth}\frac{2\pi H}{L}$$

$$\text{因 } H>L,\text{cth}\frac{2\pi H}{L}\approx 1$$

$$h_z=\frac{\pi h_1^2}{L}=\frac{3.14\times 0.924^2}{11.98}=0.224(\text{m})$$

因大坝等级为3级，查表1.2得h_c=0.3m。

则校核洪水位时，超高为$\Delta h=0.924+0.224+0.3=1.45(\text{m})$。

坝顶高程=187.15+1.45=188.6(m)。

取上述两种情况坝顶高程中的大值，则坝顶高程为188.6m。

2）坝顶宽度。一般情况下坝顶宽度可采用坝高的8%～10%，且不小于3m。按构造要求取坝顶宽度为8m。

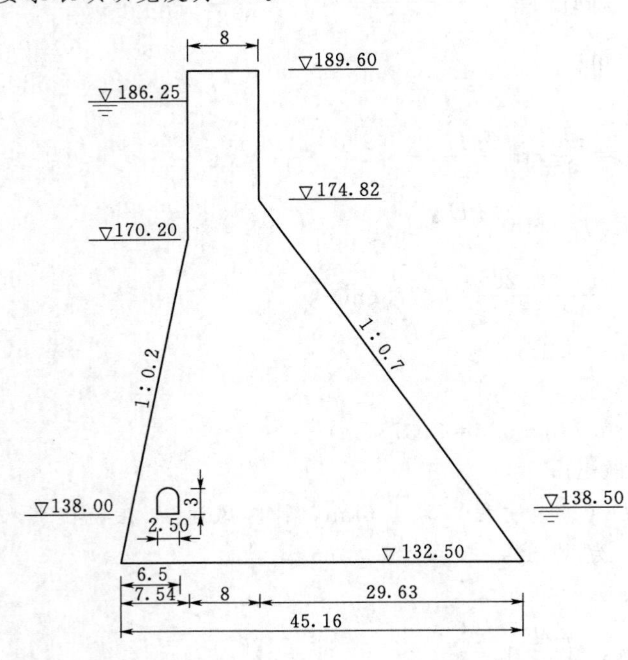

图1.22 拟定非溢流重力坝剖面（单位：m）

3）坝坡的确定。根据工程经验，考虑利用部分水重增加坝体稳定，上游坝面采用折坡，起坡点按要求为1/3～2/3坝高，该工程拟起坡点高程为170.2m，上部铅直、下部为1∶0.2的斜坡，下游坝坡取1∶0.7，下游折坡点定在高程174.82m处。

4）坝体防渗排水。根据上述尺寸算得坝体最大宽度为45.16m。灌浆帷幕中心线距上游坝踵5.3m，排水孔中心线距防渗帷幕中心线1.2m。拟设廊道系统，实体重力坝剖面设计时暂不计入廊道的影响。

拟定的非溢流重力坝剖面如图1.22所示。确定剖面尺寸的过程归纳为：初拟尺寸→稳定和应力校核→修改尺寸→稳定和应力校核，经过几次反复，直至得到满意的结果为止。本例只要求计算一个过程。

4. 荷载计算及组合

1）荷载计算。以设计洪水位情况为例进行稳定和应力校核。根据荷载组合表（表1.8），设计洪水位情况的荷载组合包括自重+静水压力+扬压力+淤沙压力+浪压力。沿坝轴线取单位长度1m计算。

（1）自重。将坝体剖面分成两个三角形和一个长方形计算，廊道的影响暂时不计入。

（2）静水压力。按设计洪水位时的上、下游水平水压力和斜面上的垂直水压力分别

计算。

(3) 扬压力。扬压力强度在坝踵处为 γH_1，排水孔中心线上为 $\gamma(H_2+\alpha H)$，坝趾处为 γH_2。α 为 0.3，按图 1.23 中 $U_1 \sim U_4$ 分别计算扬压力的大小。

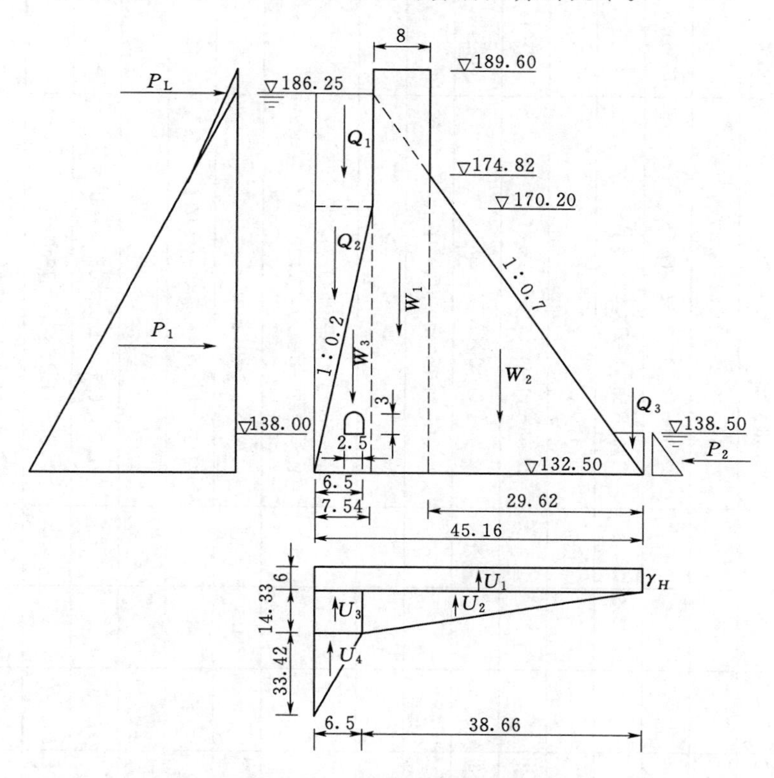

图 1.23　非溢流坝剖面荷载计算简图（单位：m）

(4) 淤沙压力。分水平方向和垂直方向计算。泥沙浮容重为 6.0kN/m³，内摩擦角 $\varphi_s=20°$。

(5) 浪压力。坝前水深大于 1/2 波长，采用下式计算浪压力大小，即

$$P_L=\frac{\gamma_w L}{4}(h_1+h_z)$$

荷载计算见表 1.9，计算简图见图 1.23。

2) 坝体稳定分析。

$$K_s'=\frac{f'(\sum W-U)+c'A}{\sum P}$$

$$=\frac{0.9\times 25696.2+700\times 45.16}{14455.9}=3.8$$

规范规定 K_s' 值不分坝的级别，基本组合为 3.0。$K_s'=3.8>3.0$，满足稳定要求。

5. 非溢流坝应力分析

在一般情况下，坝体的最大、最小正应力和主应力都出现在上、下游坝面，所以重力坝设计规范规定，应核算上、下游坝面的应力是否满足强度要求。

表 1.9　荷载组合计算

力的名称		计算式	垂直力/kN		水平力/kN		对坝底中心点的力臂/m	力矩/(kN·m)	
			↓(+)	↑(−)	→(+)	←(−)		↘(+)	(−)↙
自重	W_1	8×57.1×24×1	10963.2				22.58−7.54−(8/2)=11.04	121033.7	
	W_2	(1/2)×(42.32×0.7)×43.32×24×1	15042.2				22.58−(2/3)×29.62=2.83		42569.4
	W_3	(1/2)×(37.7×0.2)×37.7×24×1	3411.1				22.58−(2/3)×7.54=17.55	59864.8	
水平水压力	P_{H1}	$(1/2)\times10\times53.75^2\times1$			14445.3		(1/3)×53.75=17.92		258859.7
	P_{H2}	$(1/2)\times10\times6^2\times1$				180	(1/3)×6=2	360	
垂直水压力	P_{V1}	7.54×16.05×10×1	1210.2				22.58−(1/2)×7.54=18.81	22764	
	P_{V2}	(1/2)×7.54×37.7×10×1	1421.3				22.58−(1/3)×7.54=20.07	28525	
	P_{V3}	(1/2)×6×0.7×10×1	126				22.58−(1/3)×6×0.7=21.18		2669
浪压力	P_L	(1/4)×10×19.65×(2.20+0.773)			146.1				
	M_L	$(Y_1/2)\times10\times12.798\times9.825-(Y_2/2)\times10\times9.825^2$					$Y_1=53.75-9.825+(1/3)\times12.798$ $Y_2=53.75-(2/3)\times9.825$		7515.9
淤沙压力	P_{skH}	$(1/2)\times6\times5.5^2\times\tan^2 35°$			44.5		(1/3)×5.5=1.83		81
	P_{skV}	$(1/2)\times6\times0.2\times5.5^2$	18.2				22.58−(1/3)×5.5×0.2=22.2	411	
扬压力	U_1	10×6×45.16×1		2709.6			0		0
	U_2	(1/2)×38.66×(0.3×10×47.75)×1		2769			22.58−6.5−(1/3)×38.66=3.19		8833
	U_3	6.5×(0.3×10×47.75)×1		931.1			22.58−(1/2)×6.5=19.33		17998
	U_4	(1/2)×6.5×(0.7×10×47.75)×1		1086.3			22.58−(1/3)×6.5=20.41		22171
小计			32192.2	7496	14635.9	180		232958.5	360697
合计			25696.2↓		14455.9→			−127738.5↙	

1）计扬压力情况。

（1）水平截面上的正应力σ_{yu}和σ_{yd}。

$$\sigma_{yu}=\frac{\sum W}{B}+\frac{6\sum M}{B^2}=\frac{25696.2}{45.16}+\frac{6\times(-127738.5)}{45.16^2}=193.2(\text{kPa})$$

$$\sigma_{yd}=\frac{\sum W}{B}-\frac{6\sum M}{B^2}=\frac{25696.2}{45.16}-\frac{6\times(-127738.5)}{45.16^2}=944.8(\text{kPa})$$

上游面$\sigma_{yu}>0$，下游面σ_{yd}远小于坝基允许压应力，满足强度要求。

（2）剪应力τ_u和τ_d。

$$\tau_u=(p_u-p_{uu}-\sigma_{yu})n=(p_{sk}-\sigma_{yu})=(16.18-193.2)\times0.2=-35.404(\text{kPa})$$

$$\tau_d=(\sigma_{yd}+p_{ud}-p_d)m=\sigma_{yd}m=944.8\times0.7=661.36(\text{kPa})$$

（3）水平正应力σ_{xu}和σ_{xd}。

$$\sigma_{xu}=(p_u-p_{uu})-\tau_u n=16.18-(-35.404)\times0.2=23.26(\text{kPa})$$

$$\sigma_{xd}=\tau_d m=661.36\times0.7=462.95(\text{kPa})$$

（4）主应力σ_{1u}、σ_{2u}、σ_{1d}、σ_{2d}。

$\sigma_{1u}=(1+n^2)\sigma_{yu}-(p_u-p_{uu})n^2=(1+0.2^2)\times193.2-16.18\times0.2^2=200.28(\text{kPa})$

$\sigma_{2u}=16.18(\text{kPa})$

$\sigma_{1d}=(1+m^2)\sigma_{yd}-(p_d-p_{ud})m^2=(1+0.7^2)\times944.8=1407.75(\text{kPa})$

$\sigma_{2d}=0$

最大主压应力未超过混凝土的允许压应力值，故满足要求。

本案例只给出了设计洪水位稳定和强度校核，在实际设计过程中还要根据工程实际情况针对其他工况进行分析和计算。

2）不计扬压力情况。

利用式（1.30）和式（1.31）计算水平截面上的正应力σ_{yu}和σ_{yd}时，计算截面上的$\sum W$和$\sum M$均应不包括截面上的扬压力。计算不计扬压力情况下水平截面上剪应力τ、水平正应力σ_x和主应力σ_1，应利用式（1.32）～式（1.39），此处计算过程省略。

任务1.6 溢流重力坝

溢流重力坝既是挡水建筑物又是泄水建筑物，其泄水方式有坝顶溢流和坝身泄水孔泄水。在水利枢纽中，它可承担泄洪、向下游输水、排沙、放空水库和施工导流等任务。

溢流坝是枢纽中最重要的泄水建筑物之一，将规划库容所不能容纳的大部分洪水经坝顶泄向下游，以便保证大坝安全。溢流坝应满足泄洪的几个设计要求：①有足够的孔口尺寸、良好的孔口体形和泄水时具有较大的流量系数；②使水流平顺地通过坝体，不允许产生不利的负压和振动，避免发生空蚀现象；③保证下游河床不产生危及坝体安全的冲坑和冲刷；④溢流坝段在枢纽中的位置，应使下游流态平顺，不产生折冲水流，不影响枢纽中其他建筑物的正常运行；⑤有灵活控制水流下泄的设备，如闸门、启闭机等。

因此，坝体剖面设计除要满足稳定和强度要求外，还要满足泄水的要求，同时要考虑下游的消能问题。当溢流坝段在河床上的位置确定后，先选择合适的泄水方式，并根据洪

水标准和运用要求确定孔口尺寸及溢流堰顶高程。

1.6.1 孔口设计

溢流坝的孔口设计涉及很多因素，如洪水设计标准、下游防洪要求、库水位壅高的限制、泄水方式、堰面曲线以及枢纽所在地段的地形、地质条件等。设计时先选定泄水方式，拟定若干个泄水布置方案（除堰面溢流外，还可配合坝身泄水孔或泄洪隧洞泄流）。初步确定孔口尺寸，按规定的洪水设计标准进行调洪演算，求出各方案的防洪库容、设计和校核洪水位及相应的下泄流量，然后估算淹没损失和枢纽造价，进行综合比较，选出最优方案。

1.6.1.1 孔口型式

溢流坝的泄水方式有坝顶溢流式和孔口溢流式两种，如图 1.24 所示。

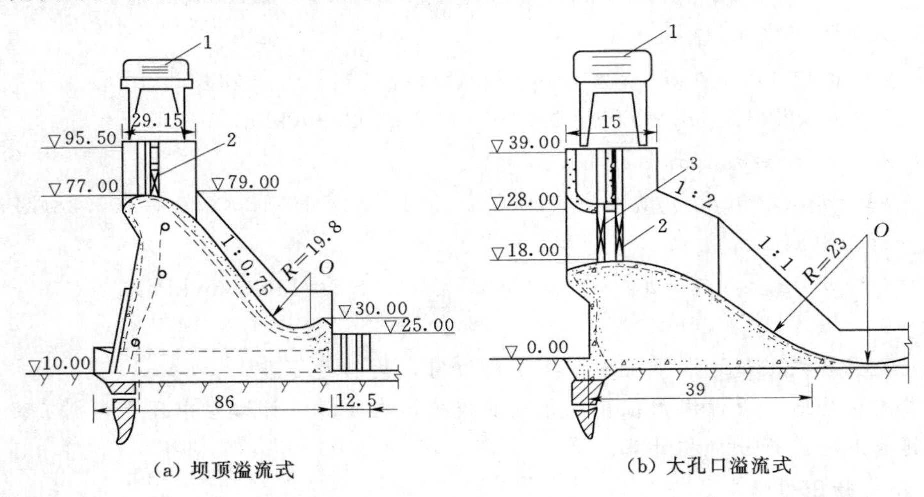

图 1.24 溢流坝泄水方式（单位：m）

1—门机；2—闸门；3—检修门

1. 坝顶溢流式

根据运用要求［图 1.24 (a)］，堰顶可以设闸门，也可以不设闸门。

不设闸门时，堰顶高程等于水库的正常蓄水位，泄水时，靠壅高库内水位增加下泄量，这种情况增加了库内的淹没损失、非溢流坝的坝顶高程和坝体工程量。但泄洪时不仅用于排泄洪水，而且用于排泄其他漂浮物。它结构简单，可自动泄洪，管理方便。适用于洪水流量较小，淹没损失不大的中、小型水库。

当堰顶设有闸门时，堰顶高程较低，可利用闸门不同开启度调节库内水位和下泄流量，减少上游淹没损失和非溢流坝的高度及坝体的工程量。与深孔闸门比较，堰顶闸门承受的水头较小，其孔口尺寸较大，由于闸门安装在堰顶，操作、检修均比深孔闸门方便。当闸门全开时，下泄流量与堰上水头 H_0 的 1.5 次方成正比。随着库水位的升高，下泄流量增加较快，具有较大的超泄能力。在大、中型水库工程中得到广泛的应用。

2. 大孔口溢流式

孔口溢流式在闸墩上部设置胸墙［图 1.24 (b)］，既可利用胸墙挡水，又可减少闸门的高度和降低堰顶高程。它可以根据洪水预报提前放水，腾出较大的防洪库容，提高水库

的调洪能力，适用于挡水位较高而流量相对较小的水闸。当库水位低于胸墙下缘时，下泄水流流态与堰顶开敞溢流式相同；当库水位高于孔口一定高度时，呈大孔口出流。胸墙多为钢筋混凝土结构，常固接在闸墩上，也有做成活动式的。遇特大洪水时可将胸墙吊起，以加大泄洪能力，利于排放漂浮物。

1.6.1.2　孔口尺寸

1. *单宽流量的确定*

单宽流量一经选定，就可以初步确定溢流坝段的净宽和堰顶高程。单宽流量越大，下泄水流的动能越集中，消能问题就越突出，下游局部冲刷会越严重，但溢流前缘短，对枢纽布置有利。因此，一个经济而又安全的单宽流量，必须综合地质条件、下游河道水深、枢纽布置和消能工设计多种因素，通过技术经济比较后选定。工程实践证明，对于软弱岩石常取单宽流量 $q=20\sim50\text{m}^3/(\text{s}\cdot\text{m})$；中等坚硬的岩石取 $q=20\sim100\text{m}^3/(\text{s}\cdot\text{m})$；特别坚硬的岩石取 $q=100\sim150\text{m}^3/(\text{s}\cdot\text{m})$；地质条件好可以选取更大的单宽流量。近年来，随着消能技术的进步，选用的单宽流量也不断增大。在我国已建成的大坝中，龚嘴水电站的单宽流量达 $254.2\text{m}^3/(\text{s}\cdot\text{m})$，目前正在建设中的安康水电站单宽流量达 $282.7\text{m}^3/(\text{s}\cdot\text{m})$。而委内瑞拉的古里坝，其单宽流量已突破了 $300\text{m}^3/(\text{s}\cdot\text{m})$ 的界限。

2. *孔口尺寸的确定*

溢流孔口尺寸主要取决于通过溢流孔口的下泄洪水流量 $Q_{溢}$，根据设计和校核情况下的洪水来量，经调洪演算确定下泄洪水流量 $Q_{总}$，再减去泄水孔和其他建筑物下泄流量之和 Q_0，可得 $Q_{溢}$，即

$$Q_{溢}=Q_{总}-\alpha Q_0 \tag{1.47}$$

式中　Q_0——经由电站、船闸及其他泄水孔下泄的流量，m^3/s；

α——系数，考虑电站部分运行，或由于闸门障碍等因素对下泄流量的影响，正常运用时取 0.75～0.90；校核情况下取 1.0。

单宽流量 q 确定以后，溢流孔净宽 B（不包括闸墩厚度）为

$$B=\frac{Q_{溢}}{q} \tag{1.48}$$

装有闸门的溢流坝，用闸墩将溢流段分隔为若干个等宽的孔。设孔口总数为 n，孔口宽度 $b=B/n$，d 为闸墩厚度，则溢流前缘总宽度为

$$B_1=nb+(n-1)d \tag{1.49}$$

经调洪演算求得设计洪水位及相应的下泄流量后，可利用式（1.50）计算包括流速水头在内的堰顶水头 H_z，当采用开敞式溢流坝泄流时，有

$$Q_{溢}=m_z\varepsilon\sigma_m B\sqrt{2g}H_z^{3/2} \tag{1.50}$$

式中　B——溢流孔净宽，m；

m_z——流量系数，可从有关水力计算手册中查得；

ε——侧收缩系数，根据闸墩厚度及闸墩头部形状而定，初设时可取 0.90～0.95；

σ_m——淹没系数，视淹没程度而定；

g——重力加速度，取 9.81m/s^2。

用设计洪水位减去堰顶水头 H_z（此时堰顶水头应扣除流速水头），即得堰顶高程。

当采用孔口泄流时，有

$$Q_{溢}=\mu A_k\sqrt{2gH_z} \tag{1.51}$$

式中 A_k——出口处的面积，m^2；

μ——孔口或管道的流量系数，初设时对有胸墙的堰顶孔口，当 $H_z/D=2.0\sim2.4$ 时（D 为孔口高，m），取 $\mu=0.74\sim0.82$；对深孔取 $\mu=0.83\sim0.93$；当为有压流时，μ 值必须通过计算沿程及局部水头损失来确定；

H_z——自由出流时为孔口中心处的作用水头，m；淹没出流时为上、下游水位差。

1.6.2 溢流坝的剖面设计

溢流坝的基本剖面也呈三角形。上游坝面可以做成铅直面，也可以做成折坡面。溢流面由顶部曲线段、中间直线段和底部反弧段三部分组成，如图1.25所示。

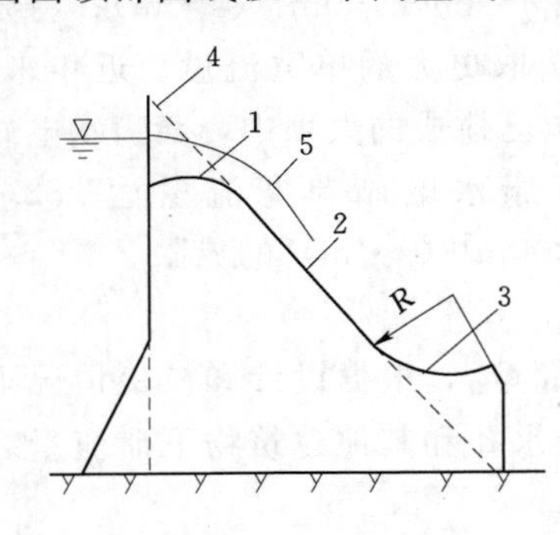

图1.25 溢流坝剖面

1—顶部溢流段；2—直线段；3—反弧段；4—基本剖面；5—溢流水舌

1.6.2.1 溢流坝的堰面曲线

1. 顶部曲线段

溢流堰面曲线常采用非真空剖面曲线。采用较广泛的非真空剖面曲线有克-奥曲线和幂曲线（或称WES曲线）两种。克-奥曲线与幂曲线在堰顶以下（2/5～1/2）H_d（H_d 为定型设计水头）范围内基本重合，在此范围以外，克-奥曲线不给出曲线方程，只给定曲线坐标值，插值计算和施工放样均不方便。而幂曲线给定曲线方程，如式（1.52），便于计算和放样。克-奥曲线流量系数小于幂曲线流量系数（最大值0.502），故近年来堰面曲线多采用幂曲线。

（1）开敞式溢流堰面曲线。如图1.26所示，采用幂曲线时按式（1.52），即

$$x^n=KH_d^{n-1}y \tag{1.52}$$

式中 H_d——定型设计水头，按堰顶最大作用水头 H_{max} 的75%～95%计算，m；

n，K——与上游坝面坡度有关的指数和系数，见表1.10；

x，y——溢流面曲线的坐标，其原点设在堰面曲线的最高点。

表1.10 **K、n 值表**

上游坝面坡度	K	n	上游坝面坡度	K	n
铅直面 3∶0	2.000	1.850	倾斜面 3∶1	1.936	1.836

坐标原点上游宜有椭圆曲线，其方程式为

$$\frac{x^2}{(aH_d)^2}+\frac{(bH_d-y)^2}{(bH_d)^2}=1 \tag{1.53}$$

式中 aH_d，bH_d——椭圆曲线的长轴和短轴，若上游面铅直，a、b 可按下式选取，即

$$a/b=0.87+3a,a\approx0.28\sim0.30$$

当采用倒悬堰顶时（图1.26），应满足 $d>H_{zmax}/2$ 的条件，仍可采用式（1.53）

计算。

选择不同定型设计水头时，堰顶可能出现最大负压值，见表1.11。

表1.11　　不同定型设计水头对应的堰顶最大负压表

H_d/H_{max}	0.75	0.775	0.80	0.825	0.85	0.875	0.90	0.95	1.00
最大负压值	$0.5H_d$	$0.45H_d$	$0.4H_d$	$0.35H_d$	$0.3H_d$	$0.25H_d$	$0.2H_d$	$0.1H_d$	0

其他作用水头 H_z 下的流量系数 m_z 和定型设计水头 H_d 情况下的流量系数的比值见表1.12。

表1.12　　作用水头、设计水头与流量系数之间的关系

H_z/H_d	0.2	0.4	0.6	0.8	1.0	1.2	1.4
m_d/m_z	0.85	0.90	0.95	0.975	1.0	1.025	1.07

（2）设有胸墙的堰面曲线。如图1.27所示，当堰顶最大作用水头 H_{max}（孔口中心线以上）与孔口高度（D）的比值 $H_{max}/D>1.5$ 时，或闸门全开仍属孔口泄流时，可按式（1.54）设计堰面曲线，即

$$y=\frac{x^2}{4\varphi^2 H_d} \tag{1.54}$$

式中　H_d——定型设计水头，一般取孔口中心线至水库校核洪水位的水头的75%～95%；

φ——孔口收缩断面上的流速系数，一般取 $\varphi=0.96$，若孔前设有检修闸门，取 $\varphi=0.95$；

x，y——曲线坐标，其原点设在堰顶最高点，如图1.27所示；

其余符号意义同前。

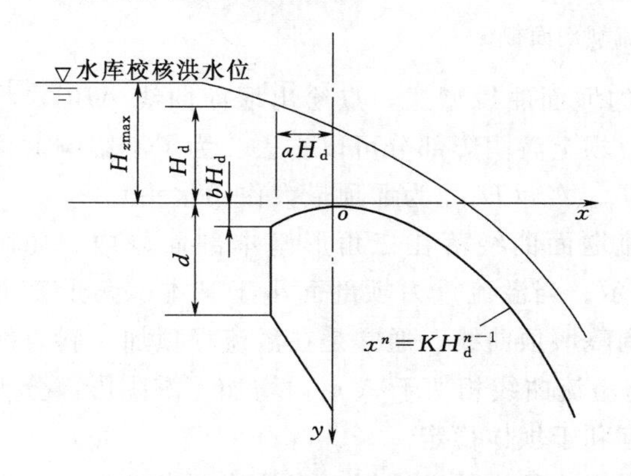

图1.26　开敞式溢流堰面曲线

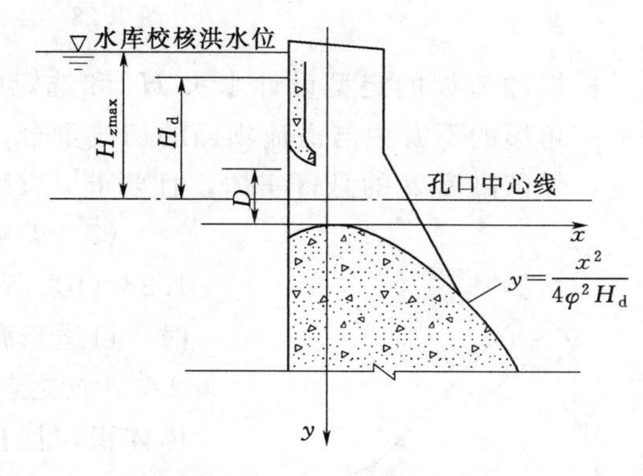

图1.27　带胸墙大孔口的堰面曲线

坐标原点（堰面曲线最高点）的上游段可采用单圆曲线、复合圆曲线或椭圆曲线与上游坝面连接，胸墙底缘也可采用圆弧或椭圆曲线外形，原点上游曲线与胸墙底缘曲线应通盘考虑，若 $1.2<H_{max}/D<1.5$ 时，堰面曲线应通过试验确定。

按定型设计水头确定的溢流面顶部曲线，当通过校核洪水时将出现负压，一般要求负压值不超过3～6m水柱高。

2. 中间直线段

中间直线段的上端与堰顶曲线相切，下端与反弧段相切，坡度与非溢流坝段的下游坡相同。

3. 底部反弧段

溢流坝面反弧段是使沿溢流面下泄水流平顺转向的工程设施，要求沿程压力分布均匀，不产生负压和不致引起有害的脉动压力。通常采用圆弧曲线，其反弧半径 $R=(4\sim10)h$，h 为校核洪水闸门全开时反弧最低点的水深。反弧最低点的流速越大，要求反弧半径越大。当流速小于 16m/s 时，取下限；当流速大时，宜采用较大值。当采用底流消能，反弧段与护坦相连时，宜采用上限值。

1.6.2.2　溢流坝实用剖面拟定

溢流坝的实用剖面，是在三角形基本剖面基础上结合堰面曲线按拟合修改而成的。

(1) 溢流坝堰面曲线超出基本三角形剖面。如图 1.28 (a) 所示，在坚固完好的岩基上，会出现这种情况，设计时需对基本剖面进行修正。

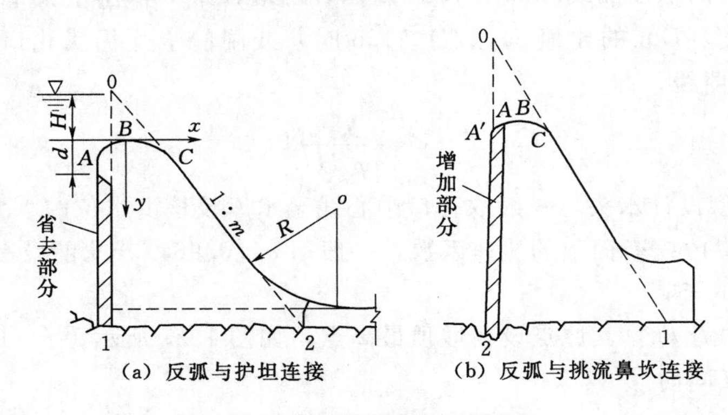

图 1.28　溢流坝剖面拟定

根据溢流坝的定型设计水头 H_d 和选定的堰面曲线型式，点绘出堰面曲线 ABC，将基本三角形的下游边与溢流坝面的切线重合，坝上游阴影部分可以省去。为了不影响堰顶泄流，保留高度 d 的悬臂实体，且要求 $d\geqslant H_{zmax}/2$（H_{zmax}为堰顶最大作用水头）。

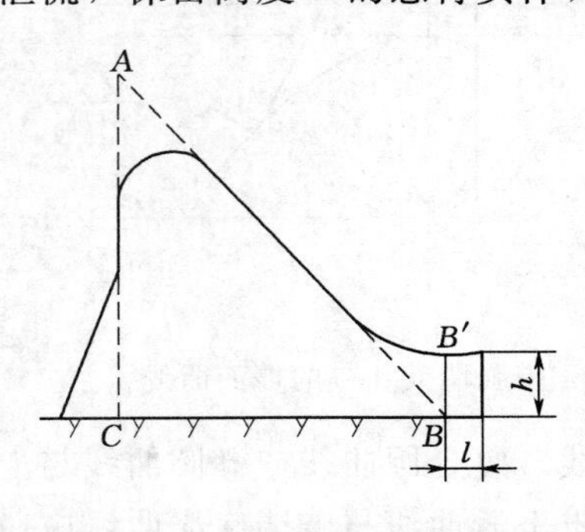

图 1.29　挑流鼻坎设置结构缝

(2) 溢流堰面曲线落在三角形基本剖面以内。如图 1.28 (b) 所示。当溢流重力坝剖面小于基本三角形剖面时，可适当调整堰顶曲线。通常是在溢流坝顶加一斜直线 AA'，使之与溢流曲线相切于 A 点，增加上游阴影部分坝体体积，且有利于坝体稳定。

(3) 具有挑流鼻坎的溢流坝。当鼻坎超出基本三角形剖面以外时，如图 1.29 所示。若 $l/h>0.5$ 时，须核算 $B—B'$截面处的应力；若拉应力较大，可考虑在 $B—B'$截面处设置结构缝，把鼻坎与坝体分开；若拉应力不大，也可采用局部加强措施，不设结构缝。

溢流坝和非溢流坝的上游坝面要求应尽量一致对齐。

1.6.3　溢流坝的消能防冲

因为溢流坝下泄的水流具有很大的动能，如此巨大的能量，若不妥善进行处理，势必导致下游河床被严重冲刷，甚至造成岸坡坍塌和大坝失事。所以，消能措施的合理选择和设计，对枢纽布置、大坝安全及工程造价都有重要意义。

消能工的设计原则是：①尽量使下泄水流的大部分动能消耗在水流内部的紊动中，以及水流与空气的摩擦上；②不产生危及坝体安全的河床或岸坡的局部冲刷；③下泄水流平稳，不影响枢纽中其他建筑物的正常运行；④结构简单，工作可靠；⑤工程量小，造价低。

常用的消能方式有底流消能、挑流消能、面流消能和消力戽消能等。消能形式的选择主要取决于水利枢纽的具体条件，根据水头及单宽流量的大小，下游水深及其变幅，坝基地质、地形条件以及枢纽布置情况等，经技术经济比较后选定。挑流消能应用最广泛，底流消能次之，面流消能和消力戽消能一般应用较少。

1.6.3.1　挑流消能

挑流消能是利用溢流坝下游反弧段的鼻坎，将下泄的高速水流挑射抛向空中，抛射水流在掺入大量空气时消耗部分能量，而后落到距坝较远的下游河床水垫中产生强烈的旋滚，并冲刷河床形成冲坑，随着冲坑的逐渐加深，大量能量消耗在水流旋滚的摩擦之中，冲坑也逐渐趋于稳定。挑流消能一般适用于基岩比较坚固的中、高溢流重力坝。

挑流消能设计主要包括选择合适的鼻坎型式、鼻坎高程、挑射角度、反弧半径、鼻坎构造和尺寸、计算挑射距离和最大冲坑深度，如图1.30、图1.31所示。本小节主要介绍连续式挑流消能的设计。

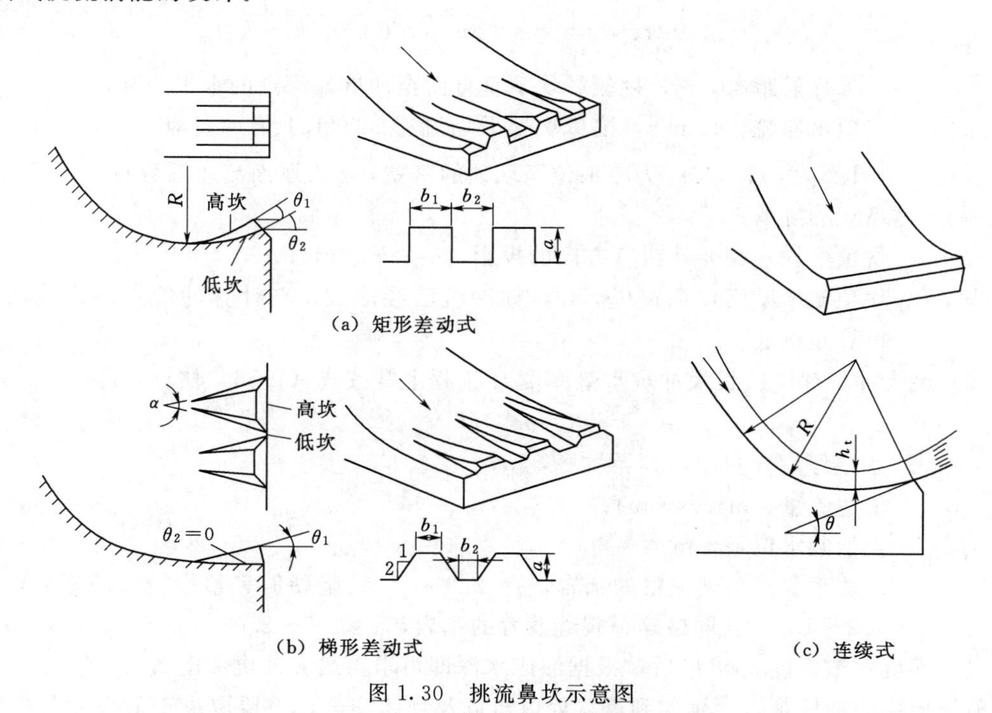

图1.30　挑流鼻坎示意图

（1）鼻坎型式。常用的挑流鼻坎型式有连续式和差动式两种。连续式挑流鼻坎构造简

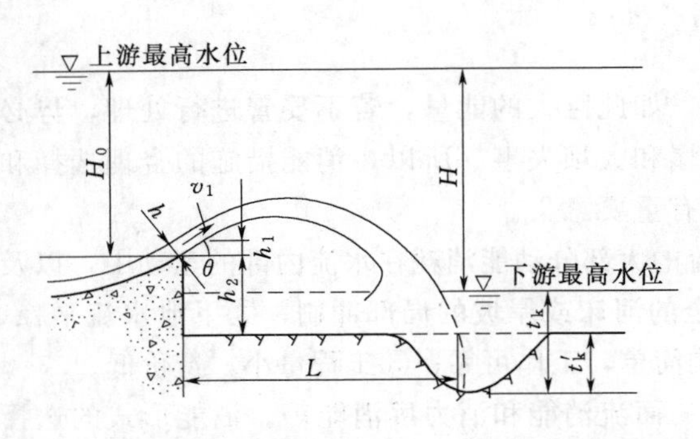

图 1.31 连续式挑流鼻坎的水舌及冲刷坑示意图

单、射程较远，鼻坎上水流平顺。差动式挑流鼻坎与连续式挑流鼻坎不同之处在于鼻坎末端设有齿坎，挑流时射流分别经齿台和凹槽挑出，形成两股具有不同挑射角的水流，两股水流除在垂直面上有较大扩散外，在侧向也有一定的扩散，加上高低水流在空中相互撞击，使掺气现象加剧，增加了空中的消能效果；同时也增加了水舌的入水范围，减小了河床的冲刷深度，但施工复杂，易气蚀。

（2）鼻坎挑射角度。一般情况下取 $\theta=20°\sim25°$。对深于河槽的以选用 $\theta=15°\sim20°$为宜。加大挑射角，虽然可以增加挑射距离，但由于水舌与下游水面的交角加大，使冲坑加深。

（3）鼻坎反弧半径 R。一般采用 $(8\sim10)h$，h 为反弧最低点处的水深。R 太小时鼻坎水流转向不顺畅；R 过大时，将迫使鼻坎向下延伸太长，增加了鼻坎工程量。鼻坎反弧也可采用抛物线，曲率半径由大到小，这样既可以获得较大的挑射角 θ，又不至于增加鼻坎工程量，但鼻坎施工复杂，在实际运用中受到限制。

（4）鼻坎高程。应高于鼻坎附近下游最高水位 1～2m。

（5）挑射距离。由于冲坑最深点大致落在水舌外缘的延长线上，故挑射距离按以下公式估算，即

$$L=\frac{1}{g}\left[v_1^2\sin\theta\cos\theta+v_1\cos\theta\sqrt{v_1^2\sin^2\theta+2g(h_1+h_2)}\right] \tag{1.55}$$

式中 L——水舌挑射距离，m，挑流鼻坎下垂直面至冲坑最深点的水平距离；

v_1——坎顶水面流速，m/s，按鼻坎处平均流速 v 的 1.1 倍计，即 $v_1=1.1v$；$v_1=1.1\varphi\sqrt{2gH_0}$（$H_0$ 为库水位至坎顶的落差，φ 为堰面流速系数）；

θ——鼻坎的挑角；

h_1——坎顶平均水深 h 在铅直方向的投影，$h_1=h\cos\theta$，m；

h_2——坎顶至下游河床面高差，m，如冲坑已经形成，在计算冲坑进一步发展时，可算至坑底。

（6）最大冲坑深度：最大冲坑水垫厚度 t_k 工程上常按式（1.56）估算，即

$$t_k=\alpha q^{0.5}H^{0.25} \tag{1.56}$$

式中 t_k——水垫厚度，自水面算至坑底，m；

q——单宽流量，$m^3/(s\cdot m)$；

H——上下游水位差，m；

α——冲坑系数，坚硬完整的基岩，$\alpha=0.9\sim1.2$；坚硬但完整性较差的基岩，$\alpha=1.2\sim1.5$；软弱破碎、裂缝发育的基岩，$\alpha=1.5\sim2.0$。

最大冲坑水垫厚度 t_k 求出后，根据河床水深即可求得最大冲坑深度 t_k'。

射流形成的冲坑是否会延伸到鼻坎处以至危及坝体安全，主要取决于最大冲坑深度 t_k' 与挑射距离 L 的比值，即 L/t_k'值。一般认为，基岩倾角较陡时要求 $L/t_k'>2.5$。基岩倾角

较缓时，要求 $L/t_k'>5.0$。

1.6.3.2 底流消能

底流消能是在坝下设置消力池、消力坎或综合式消力池和其他辅助消能设施，促使下泄水流在限定的范围内产生水跃。主要通过水流内部的旋滚、摩擦、掺气和撞击达到消能的目的，以减轻对下游河床的冲刷。底流消能工作可靠，但工程量较大，多用于低水头、大流量的溢流重力坝，如图 1.32 所示。

1.6.3.3 面流消能

面流消能利用鼻坎将高速水流导向下游水流表层，主流与河床间由巨大的底部旋滚隔开，以减轻高速主流对邻近坝趾处河床的冲刷，由于高流速的主流位于下游水流表层，故称其为面流式消能，如图 1.33 所示。这种消能形式要求下游具有较高和较稳定的水位。它的缺点是对下游水位和下泄流量变幅有严格的限制，下游水流波动较大，在较长距离内（有时可延绵 1～2km）不够平稳，影响电站的发电和下游的航运。

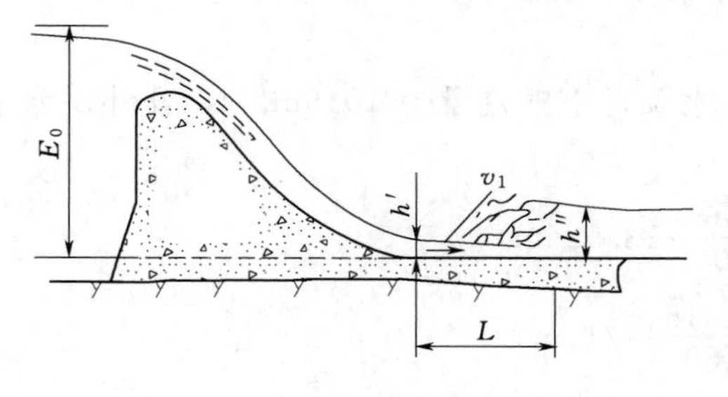

图 1.32 底流消能

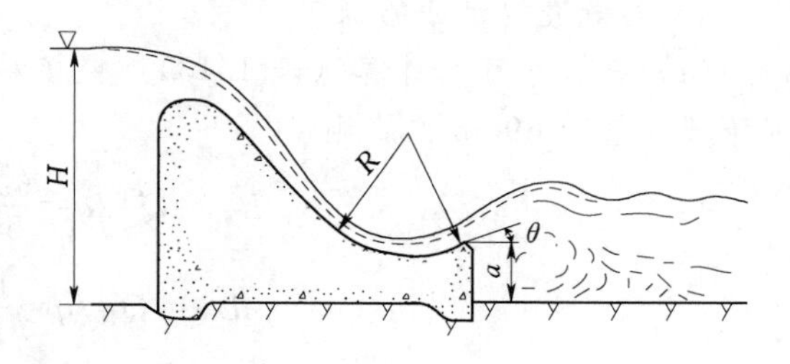

图 1.33 面流消能

1.6.3.4 消力戽消能

这种消能形式是在坝后设一大挑角（约 45°）的低鼻坎（即戽唇，其高度 a 一般约为下游水深的 1/6），其水流形态的特征表现为“三滚一浪”（图 1.34）。戽内产生逆时针方向（如果水流方向向右时）的表面旋滚，戽外产生顺时针方向的底部旋滚和逆时针方向的表面旋滚，下泄水流穿过旋滚产生涌浪，并不断掺气进行消能。

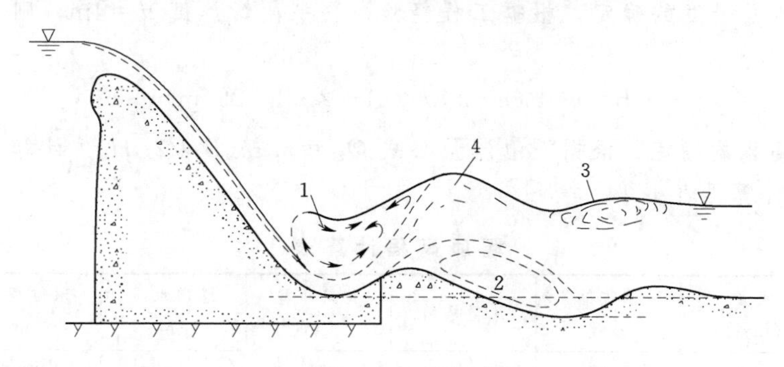

图 1.34 消力戽消能示意

1—戽内旋滚；2—戽后底部旋滚；3—下游表面旋滚；4—戽后涌浪

消力戽式消能的优点：工程量比底流式消能的小，冲刷坑比挑流消能的浅，不存在雾化问题。其主要缺点与面流式消能相似，并且底部旋滚可能将砂石带入戽内造成磨损。如

将戽唇做成差动式可以避免上述缺点，但其结构复杂，齿坎易空蚀，采用时应慎重研究。消力戽消能的适用情况与面流式消能基本相同，但不能过木排冰，且对尾水的要求是须大于跃后水深。

【项目案例 1.2】 溢流坝设计

1. 基本资料

与［项目案例 1.1］的基本资料相同。

2. 溢流坝孔口尺寸设计

1）泄水方式的选择。为使水库具有较大的超泄能力，采用开敞式孔口。

2）洪水标准的确定。根据山区、丘陵区水利水电枢纽工程永久性建筑洪水标准规范要求，采用50年一遇洪水设计，500年一遇洪水校核。

3）单宽流量的确定。岩基主要为沉积变质岩，饱和抗压强度为10.8×10^4kPa，故取$q=50\sim80\text{m}^3/(\text{s}\cdot\text{m})$，初步拟定时取单宽流量$q$的下限值$50\text{m}^3/(\text{s}\cdot\text{m})$。

4）溢流孔口尺寸的确定。

（1）孔口净宽的计算（表1.13）。校核洪水位时下泄流量为$1016\text{m}^3/\text{s}$，设计洪水位时下泄流量为$696\text{m}^3/\text{s}$，则

$$B_{设}=Q_{设}/q=\frac{696}{50}=13.92(\text{m})$$

$$B_{校}=Q_{校}/q=\frac{1016}{50}=21(\text{m})$$

表 1.13　　孔口净宽计算表

计算情况	下泄流量/(m³/s)	单宽流量/[m³/(s·m)]	孔口净宽/m
设计情况	696	50	13.92
校核情况	1016	50	21

取溢流坝孔口净宽为21m，每孔净宽为7m，孔数为3。

（2）溢流坝总长度的确定。根据工程经验，初拟闸墩厚度$d=4$m，则溢流坝总长度（不包括边墩）B为

$$B=nb+(n-1)d=21+2\times4=29(\text{m})$$

（3）堰顶高程的确定。根据下泄流量公式$Q_{溢}=m_z\varepsilon\sigma_m B\sqrt{2g}H_z^{3/2}$计算堰顶作用水头$H_z$。堰顶高程计算见表1.14。

表 1.14　　堰顶高程计算表

计算情况	流量/(m³/s)	侧收缩系数	流量系数	孔口净宽/m	堰顶水头/m	水位高程/m	堰顶高程/m
设计情况	696	0.95	0.502	21	6.27	186.25	179.98
校核情况	1016	0.95	0.502	21	8.30	187.15	178.85

初拟时ε取0.95，m_z取0.502，忽略行进流速水头，故堰顶高程即为设计洪水位减去堰顶水头H_z。

$$H_{0设}=\left(\frac{696}{0.95\times0.502\times21\times\sqrt{2\times9.8}}\right)^{\frac{2}{3}}=6.27(\mathrm{m})$$

$$H_{0校}=\left(\frac{1016}{0.95\times0.502\times21\times\sqrt{2\times9.8}}\right)^{\frac{2}{3}}=8.30(\mathrm{m})$$

根据以上计算取堰顶高程为178.85m，为施工和运用、管理方便取整为179m。

(4) 定型设计水头 H_d 的确定。

堰上最大水头 H_{max}＝校核洪水位－堰顶高程＝187.15－179＝8.15(m)

定型设计水头：　$H_d=(75\%\sim95\%)H_{max}$

$$H_d=6.11\sim7.74\mathrm{m}$$

取 $H_d=0.8H_{max}=0.8\times8.15=6.52$m，6.52/8.15＝0.8。查表1.12，坝面最大负压为 $0.4H_d=0.4\times6.52=2.56$(m)，小于规定的允许值（不超过3～6m水柱）。

(5) 泄流能力校核

a. 确定侧收缩系数 ε。

$$\varepsilon=1-0.2[(n-1)\xi_0+\xi_k]\frac{H_0}{nb}$$

式中 n——溢流孔数；

b——每孔的净宽；

H_0——堰顶水头；

ξ_0——闸墩形状系数；

ξ_k——边墩形状系数。

$$\varepsilon_{设}=1-0.2[(3-1)\times0.3+0.7]\times\frac{186.25-179}{3\times7}=0.91$$

$$\varepsilon_{校}=1-0.2[(3-1)\times0.3+0.7]\times\frac{187.15-179}{3\times7}=0.899$$

b. 确定流量系数 m。

设计情况　$\frac{H_z}{H_d}=\frac{7.25}{6.52}=1.112$

$$\frac{m_z}{m}=1.0+\frac{1.025-1.0}{0.2}\times(1.112-1.0)=1.014$$

$$m_z=1.014\times0.502=0.509$$

校核情况　$\frac{H_z}{H_d}=\frac{8.15}{6.52}=1.25$

$$\frac{m_z}{m}=1.025+\frac{1.07-1.025}{0.2}\times(1.25-1.2)=1.036$$

$$m_z=1.036\times0.502=0.520$$

泄流能力校核计算见表1.15。

表 1.15　　泄流能力校核计算表

计算情况	m	ε	B/m	H_z/m	Q/(m^3/s)	$\left\|\frac{Q'-Q}{Q'}\right\|\times100\%$
设计情况	0.509	0.910	21	7.25	840.6	17.2%
校核情况	0.520	0.899	21	8.15	1011.2	0.48%

3. 溢流坝的剖面设计

溢流堰面曲线常采用非真空剖面曲线。采用较广泛的非真空剖面曲线有克-奥曲线和幂曲线（或称 WES 曲线）两种。本工程选用 WES 曲线。

1）上游堰面曲线。坐标原点上游采用椭圆曲线，其方程式为

$$\frac{x^2}{(aH_d)^2}+\frac{(bH_d-y)^2}{(bH_d)^2}=1$$

$$a\approx0.28\sim0.30$$

$$a/b=0.87+3a$$

取 $a=0.30$，计算得 $b=0.17$。

由 $H_d=6.52$m，得

$$\frac{x^2}{(0.3\times6.52)^2}+\frac{(0.17\times6.52-y)^2}{(0.17\times6.52)^2}=1$$

$$aH_d=0.3\times6.52=1.96$$

$$bH_d=0.17\times6.52=1.11$$

上游曲线计算见表 1.16。

表 1.16　　上游曲线计算表

x	−1.96	−1.47	−0.98	−0.49	0
y	1.11	0.376	0.149	0.035	0

上游坝面高程为 177.89～170.2m 垂直，以下坡度 1：0.2 至坝基高程 132.5m。

2）WES 曲线设计。坐标原点下游采用 WES 曲线，其方程为 $x^n=KH_d^{n-1}y$，查表 1.11 得上游面垂直时，$n=1.85$，$K=2.000$。

顶部的曲线段确定后，中部的直线段与顶部的反弧段相切，其坡度一般与非溢流坝下游坡率相同，即为 $1:m=1:0.7$，直线段与 WES 曲线相切时，切点横坐标 x_c 为

$$x_c=[k/(mn)]^{\frac{1}{n-1}}H_d=\left(\frac{2.0}{0.7\times1.85}\right)^{\frac{1}{1.85-1}}\times6.52=10.87$$

WES 堰面曲线计算表见表 1.17。

表 1.17　　WES 堰面曲线计算表

x	1	2	3	4	5	6	7	8	9	10	10.87
y	0.105	0.380	0.804	1.369	2.068	2.898	3.854	4.934	6.135	7.455	8.699

3）中间直线段。中间直线段的上端与堰顶曲线相切，下端与反弧段相切，坡度与非溢流坝段的下游坡相同。

4）底部反弧段。根据工程经验，挑射角 $\theta=25°$。挑流鼻坎应高出下游最高水位 1～2m。鼻坎的高程为 142.5＋1＝143.5(m)。

上游水面至挑坎顶部的高程 H_0＝校核水位－坎顶高程＝187.15－143.5＝43.65(m)

反弧段过流宽度 $B_0=21+2\times4=29(\text{m})$

流能比 $K_E=\dfrac{Q_校}{B_0\sqrt{g}H_0^{1.5}}=\dfrac{1016}{29\times\sqrt{9.81}\times43.65^{1.5}}=0.039$

坝面流速系数 $\varphi=\sqrt[3]{1-\dfrac{0.055}{K_E^{0.5}}}=0.94$

$$v_0=\varphi\sqrt{2gH_0}=0.9\times\sqrt{2\times9.8\times43.65}=26.32(\text{m/s})$$

坎顶水深 $h=\dfrac{Q_校}{B_0v_0}=\dfrac{1016}{29\times26.32}=1.33(\text{m})$

反弧段半径 $R=(4\sim6)h=5.32\sim13.3\text{m}$，取 $R=11\text{m}$。溢流坝剖面如图 1.35 所示。

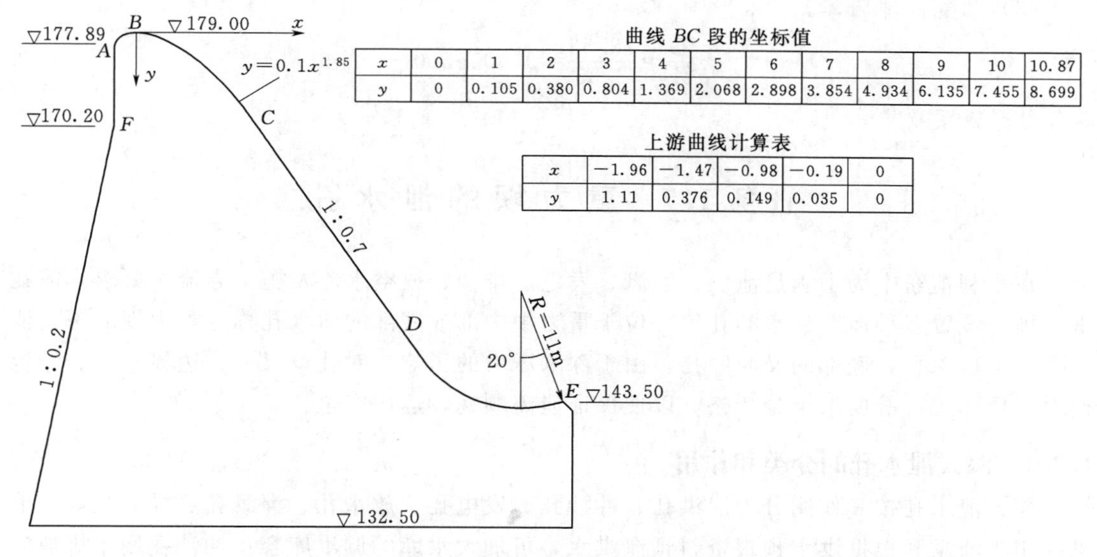

曲线 BC 段的坐标值

x	0	1	2	3	4	5	6	7	8	9	10	10.87
y	0	0.105	0.380	0.804	1.369	2.068	2.898	3.854	4.934	6.135	7.455	8.699

上游曲线计算表

x	−1.96	−1.47	−0.98	−0.19	0
y	1.11	0.376	0.149	0.035	0

图 1.35　溢流坝剖面图（单位：m）

4. 消能防冲设计

1）消能方式选择。根据地形地质条件，选用挑流消能。

挑流消能的原理：挑流消能是利用溢流坝下游反弧段的鼻坎，将下泄的高速水流挑射抛向空中，抛射水流在掺入大量空气时消耗部分能量，而后落到距坝较远的下游河床水垫中产生强烈的旋滚，并冲刷河床形成冲坑，随着冲坑的逐渐加深，大量能量消耗在水流旋滚的摩擦之中，冲坑也逐渐趋于稳定。

2）挑流消能计算。

(1) 挑射距离。

$$v_1=1.1v=\varphi\sqrt{2gH_0}=1.1\times26.32=28.95(\text{m/s})$$

$$h_1 = h\cos\theta = 1.32\times\cos20° = 1.25(\text{m})$$

$$h_2 = 143.5 - 132.5 = 11(\text{m})$$

$$L = \frac{1}{g}\left[v_1^2\sin\theta\cos\theta + v_1\cos\theta\sqrt{v_1^2\sin^2\theta + 2g(h_1+h_2)}\right]$$

$$= \frac{1}{9.8}\left[28.95^2\sin20°\cos20° + 28.95\times\cos20°\times\sqrt{28.95^2\times\sin^2 20° + 2\times9.8\times(1.25+11)}\right]$$

$$= 78.53(\text{m})$$

(2) 最大冲坑水垫厚度。

$$q = \frac{Q}{B_0} = \frac{1016}{29} = 35.03[\text{m}^3/(\text{s}\cdot\text{m})]$$

$$H = 187.15 - 142.5 = 44.65(\text{m})$$

可冲性类别属于可冲，冲刷系数取 $k=1.2$

$$t_\text{k} = \alpha q^{0.5}H^{0.25} = 1.2\times35.03^{0.5}\times44.65^{0.25} = 18.35(\text{m})$$

$$t'_\text{k} = 18.35 - 10 = 8.35(\text{m})$$

(3) 消能防冲验算。

$$\frac{L}{t'_\text{k}} = \frac{78.53}{8.35} = 9.40 > 5.0$$

验算结果满足要求。

任务1.7 重力坝的泄水孔

在水利枢纽中为了满足泄洪、灌溉、发电、排沙、放空水库及施工导流等要求，需在重力坝身设置多种泄、放水的孔口，位于重力坝中部或底部的泄水孔称为重力坝的深式泄水孔，又称深孔，底部的又叫底孔。由于深水压力的影响，对孔口尺寸、边界条件、结构受力、操作运行等要求十分严格，以便保证泄流顺畅，运用安全。

1.7.1 深式泄水孔的分类和作用

深式泄水孔按其作用分为泄洪孔、冲沙孔、发电孔、放水孔、灌溉孔、导流孔等。泄洪孔用于泄洪和根据洪水预报资料预泄洪水，可加大水库的调洪库容；冲沙孔用于排放库内泥沙，减少水库淤积；发电孔用于发电、供水；放水孔用于放空水库，以便检修大坝；灌溉孔要满足农业灌溉要求的水量和水温，取水库表层或取深层水、长距离输送以达到灌溉所需的水温；导流孔主要用于施工期导流的需要。在不影响正常运用的条件下，应考虑一孔多用。例如，发电与灌溉结合；放空水库与排沙结合；导流孔的后期改造成泄洪、排沙、放空水库等。城市供水可以单独设孔，以便满足供水水质、高程等要求，也可利用发电、灌溉孔的尾水供水。

深式泄水孔按其流态可分为有压泄水孔和无压泄水孔。发电压力输水孔是有压孔，而泄洪、冲沙、放水、灌溉、导流等可以是有压流也可以是无压流（图1.36和图1.37）。

深式泄水孔按所处的高程不同，可分为中孔和底孔；按布置的层数，可分为单层泄水孔和多层泄水孔。

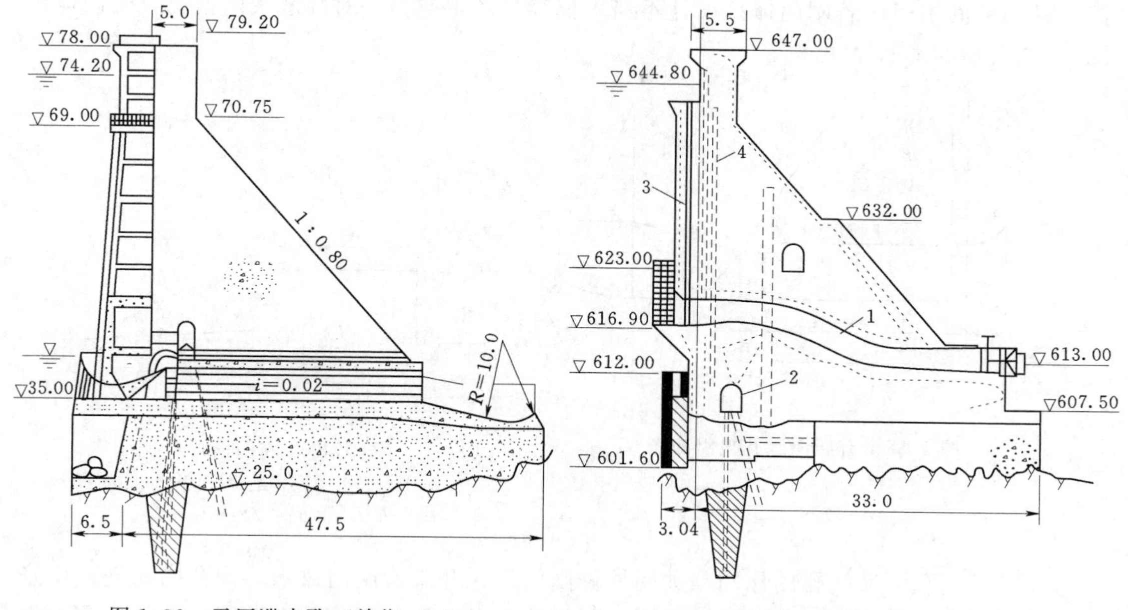

图1.36　无压泄水孔（单位：m）

图1.37　有压泄水孔（单位：m）
1—泄水孔；2—廊道；3—检修门槽；4—通气孔

1.7.2　泄水孔的布置

坝身泄水孔应根据其用途、枢纽布置要求、地形地质条件和施工条件等因素进行布置。泄洪孔宜布置在河槽部位，以便下泄水流与下游河道衔接。当河谷狭窄时，宜设在溢流坝段；当河谷较宽时，则可考虑布置于非溢流坝段。其进口高程在满足泄洪任务的前提下，应尽量高些，以减小进口闸门上的水压力；灌溉孔布置在灌区一岸的坝段上，以便与灌溉渠道连接，其进口高程则应根据后渠首高程来确定，必要时也可根据泥沙和水温分层设置进水口；排沙底孔应尽量靠近电站、灌溉孔的进水口及船闸闸首等需要排沙的部位；发电进水口的高程，应根据水力动能设计要求和泥沙条件确定。一般设于水库最低工作水位以下一倍孔口高度处，并应高出淤沙高程1m以上；为放空水库而设置的放水孔、施工导流孔，一般均布置得较低。

1.7.3　泄水孔的构造

1. 有压泄水孔

（1）进水口。为使水流平顺，减少水头损失，避免孔壁空蚀，进口形状应尽可能符合流线变化规律，工程中宜采用四侧或顶侧面椭圆曲线进水口，其典型布置如图1.38所示。

（2）出水口。有压泄水孔的出口控制着整个泄水孔内的内水压力状况。为消除负压，避免出现空蚀破坏，宜将出口断面缩小，收缩量大致为孔身面积的10%～15%，并将孔顶降低，孔顶坡比可取1：10～1：5。

（3）孔身断面及渐变段。有压泄水孔的断面一般为圆形，但进出口部分为适应闸门要求应为矩形断面，故圆形、矩形断面间应设渐变段过渡连接。

（4）闸门槽。有压泄水口的工作闸门，一般采用不设门槽的弧形闸门，而进口检修闸门常采用平面闸门。若闸门体型设计不当，很容易产生空蚀。对高水头的情况，闸门应用图 1.39 所示的形状。

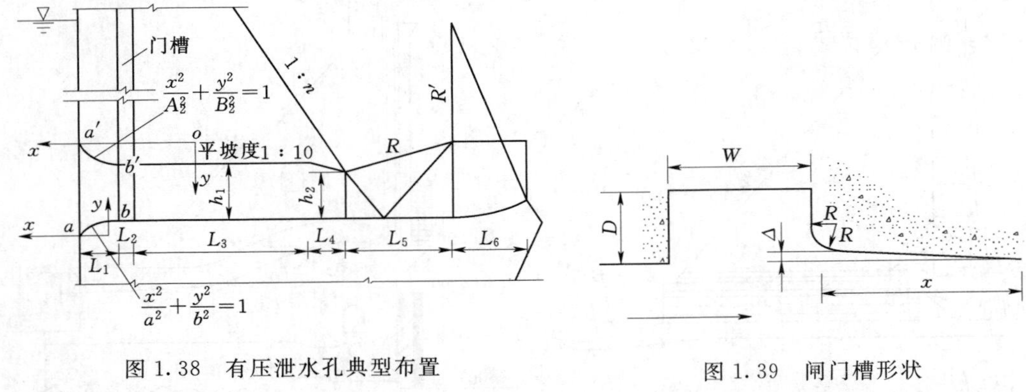

图 1.38　有压泄水孔典型布置

图 1.39　闸门槽形状

$W/D=1.6\sim1.8$；$\Delta/D=0.05\sim0.08$

$R/D=0.1$；$x/\Delta=10\sim12$

(5) 通气孔。通气孔的作用是关闭检修闸门后，开工作闸门放水，向孔内充气；检修完毕后，关闭工作闸门，向闸门之间充水时排气。通气孔的断面积由计算确定，但宜大于充水管或排水管的过水断面积。为防止发生事故，通气孔的进口必须与闸门启闭室分开，以免影响工作人员的安全。

2. 无压泄水孔

无压泄水平面上宜作直线布置，其过水断面多为矩形或城门洞形。一般由压力短管和明流段两部分组成。

(1) 进水口。无压泄水孔的有压段与有压泄水孔的相应段体型、构造基本相同，如图 1.40 所示。压坡段的坡度一般为 1 : 4～1 : 6，压坡段的长度一般为 3～6m。

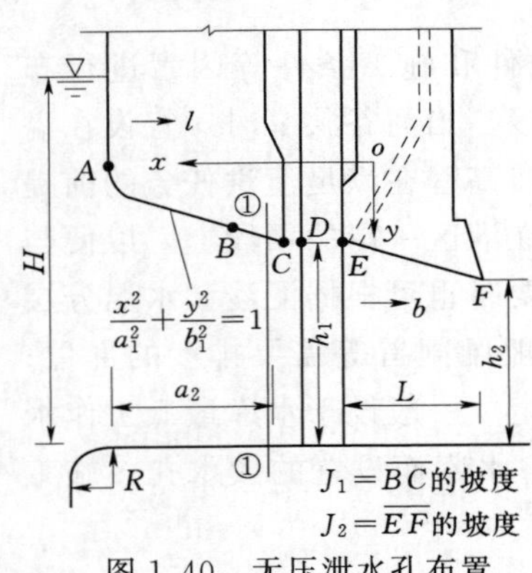

图 1.40　无压泄水孔布置

(2) 明流段。为使水流平顺无负压，明流段的竖曲线通常设计为抛物线。明流段的孔顶在水面以上应有足够的余幅，当孔身为矩形时，顶部高出水面的高度取最大流量时不掺气水深的 30%～50%；当孔顶为圆拱形时，拱脚距水面的高度可取不掺气水深的 20%～30%。明流段的反弧段一般采用圆弧式，末端鼻坎高程应高于该处下游水位以保证发生自由挑流。

(3) 通气孔。检修闸门后的通气孔布置要求与有压泄水孔完全相同。此外，为使明流段流态稳定，还应在工作闸门后设通气孔（图 1.37），向明流段不断补气。

任务 1.8　重力坝的材料及构造

1.8.1　重力坝的材料

重力坝的建筑材料主要是混凝土。对于水工混凝土，尤其是筑坝混凝土，除应有足够的强度保证其安全承受荷载外，应按其所处的部位和工作条件，在抗渗、抗冻、抗冲刷、

抗侵蚀、低热，抗裂性能方面提出不同的要求。

1. 混凝土强度等级

大坝常用混凝土强度等级有 C7.5、C10、C15、C20、C25、C30。高于 C30 的混凝土用于重要构件和部位。

2. 混凝土的耐久性

（1）抗渗性。对于大坝的上游面、基础层和下游水位以下的坝面均为防渗部位。其混凝土应具有抵抗压力水渗透的能力。抗渗性能通常用“W”即抗渗等级表示。

大坝混凝土抗渗等级应根据所在部位和水力坡降确定，抗渗等级有 W2、W4、W6、W8、W10。

（2）抗冻性。混凝土的抗冻性能指混凝土在饱和状态下，经多次冻融循环而不破坏；不严重降低强度的性能。通常用“F”即抗冻等级来表示。

抗冻等级一般应视气候分区、冻融循环次数、表面局部小气候条件、水分饱和程度、结构构件重要性和检修的难易程度而定，抗冻等级有 F50、F100、F150、F200、F300 几种。

（3）抗磨性。抗磨性指抵抗高速水流或挟沙水流的冲刷、抗磨损的能力。目前，尚未制定出定量的技术标准，一般而言，对于有抗磨要求的混凝土，应采用高强度混凝土或高强硅粉混凝土，其抗压强度等级不应低于 C20，要求高的则不应低于 C30。

（4）抗侵蚀性。抗侵蚀性指抵抗环境水的侵蚀性能。当环境水具有侵蚀性时，应选用适宜的水泥和尽量提高混凝土的密实性。

（5）抗裂性。为防止大体积混凝土结构产生温度裂缝，除采用合理分缝、分块和温控措施外，还应选用发热量低的水泥、合理的掺合料，减少水泥用量，提高混凝土的抗裂性能。

3. 混凝土重力坝的材料分区

由于坝体各部分的工作条件不同，因而对混凝土强度等级、抗掺、抗冻、抗冲刷、抗裂等性能要求也不同，为了节省和合理使用水泥，通常将坝体不同部位按不同工作条件分区，采用不同等级的混凝土，图 1.41 所示为重力坝的 3 种坝段的材料分区。Ⅰ区为上、下游以上坝体外部表面混凝土，Ⅱ区为上、下游变动区的坝体外部表面混凝土，Ⅲ区为上、下游水位以下坝体外部表面混凝土，Ⅳ区为坝体基础，Ⅴ区为坝体内部，Ⅵ区为抗冲刷部位（如溢洪道溢流面、泄水孔、导墙和闸墩等）。

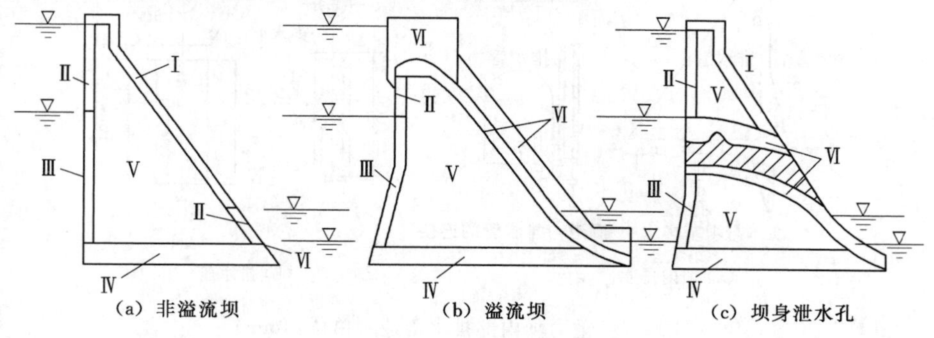

图 1.41　坝体分区示意图

分区性能见表1.18。

表1.18　　大坝分区特性表

分区	强度	抗渗	抗冻	抗冲刷	抗侵蚀	低热	最大水灰比	选择各分区的主要因素
Ⅰ	+	—	++	—	—	+	+	抗冻
Ⅱ	+	+	++	+		+	+	抗冻、抗裂
Ⅲ	++	++	+	+		+	+	抗渗、抗裂
Ⅳ	++	+	+	+	++		+	抗裂
Ⅴ	++	+	+	—	++		+	
Ⅵ	++	—	++	++	+		+	抗冲耐磨

注　表中有"++"的项目为选择各区等级的主要控制因素，有"+"的项目为需要提出要求的，有"—"的项目为不需提出要求的。

坝体为常态混凝土的强度等级不应低于C7.5，碾压混凝土强度等级不应低于C5。同一浇块中混凝土强度等级不宜超过两种，分区厚度尺寸最少为2～3m。

1.8.2　重力坝的构造

1.8.2.1　坝体的防渗与排水设施

1. 坝体的防渗

在混凝土重力坝坝体上游面和下游面最高水位以下部分，多采用一层具有防渗、抗冻、抗侵蚀的混凝土作为坝体防渗设施，防渗指标根据水头和防渗要求而定，防渗厚度一般为水头的1/20～1/10，但不小于2m。

2. 坝体排水设施

靠近上游坝面设置排水管幕，以减小坝体渗透压力。排水管幕距上游坝面的距离一般为作用水头的1/25～1/15，且不小于2.0m。排水管间距为2～3m，管径为15～20cm。排水管幕沿坝轴线一字排列，管孔铅直，与纵向排水、检查廊道相通，上下端与坝顶和廊道直通，便于清洗、检查和排水［图1.42（a）］。

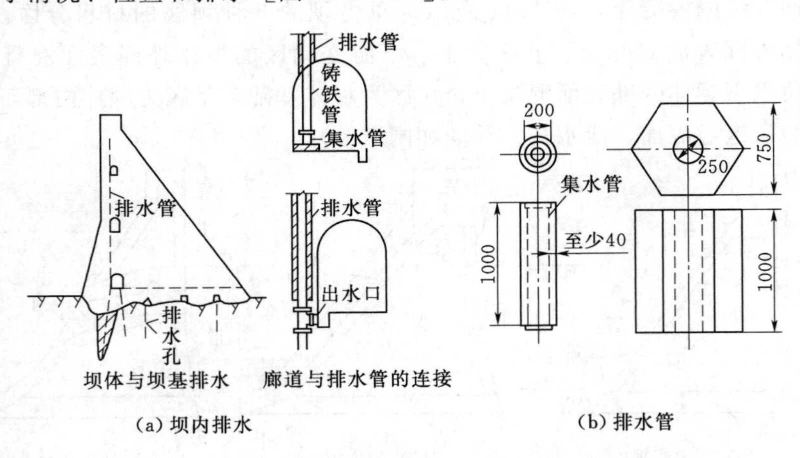

图1.42　重力坝内部排水构造（单位：mm）

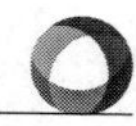

排水管一般用无砂混凝土管，可预制成圆筒形和空心多棱柱形［图 1.42（b）］，在浇筑坝体混凝土时，应保护好排水管，防止水泥浆漏入排水管内，阻塞排水管道。

1.8.2.2　重力坝的坝身廊道

重力坝的坝体内部，为了满足灌浆、排水、观测、检查和交通等要求，在坝体内设置了不同用途的廊道，这些廊道相互连通，构成了坝体内部廊道系统，如图 1.43 所示。

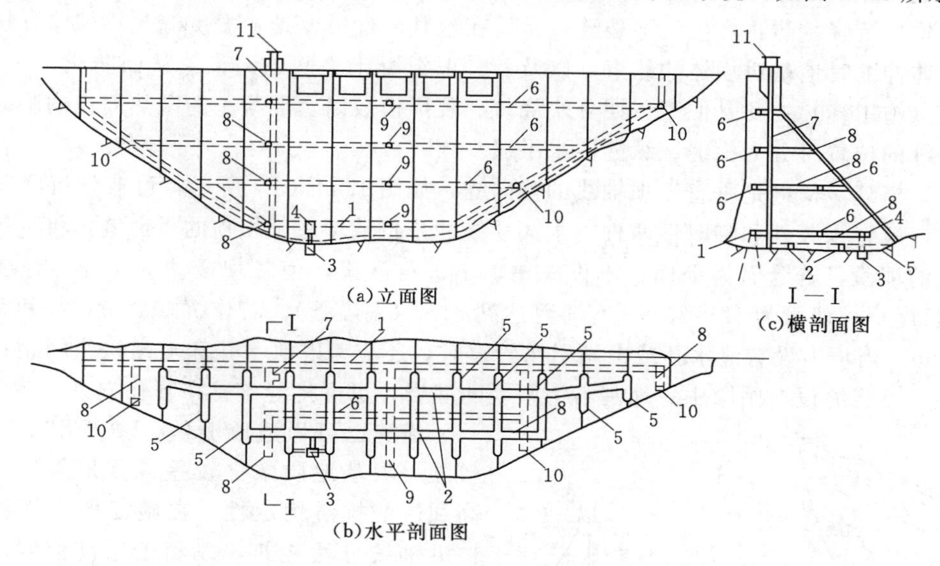

图 1.43　坝内廊道系统

1—坝基灌浆排水廊道；2—基面排水廊道；3—集水井；4—水泵室；5—横向排水廊道；6—检查廊道；7—电梯井；8—交通廊道；9—观测廊道；10—进出口；11—电梯塔

坝基灌浆廊道通常沿纵向布设在坝踵附近，一般距上游坝面不应小于 0.05～0.1 倍水头，且不小于 4～5m，廊道底距基岩面 3～5m，在两岸则沿岸坡布置。如岸坡过陡，则分层设置廊道并用竖井将它们连接。廊道尺寸要满足钻机尺寸，一般最小为 2.5m×3.0m（宽×高）。

检查和观测廊道用以检查坝身工作性能，并安放观测设备，通常沿坝高每 15～30m 设一道。此种廊道最小尺寸为 1.2m×2.2m。

交通廊道和竖井用以通行与器材设备的运输，并将有关的廊道连通起来，各层廊道左、右岸各有一个出口，要求与竖井、电梯井连通。

坝基的排水廊道由坝基排水孔收集基岩排出的水，经过设在廊道底角的排水沟流入集水井，并排至下游。若排水廊道低于下游水位，则应用水泵将水送至下游。收集坝身渗水的排水廊道沿坝高每隔 15～20m 布置一道。渗水由坝身排水管进入廊道排水沟，再沿岸坡排水沟流至最低排水廊道的集水井。

坝内廊道的布置应力求一道多用，综合布置，以减少廊道的数目。一般廊道离上游的坝面不应小于 2～2.5m。廊道的断面型式一般采用城门洞形，这种断面应力条件较好。也可采用矩形断面。

此外，还可根据需要设专门性廊道。

1.8.2.3　重力坝的分缝与止水

1. 坝体分缝

由于地基不均匀沉降和温度变化，施工时期的温度应力及施工浇筑能力和温度控制等原因，一般要求将重力坝坝体进行分缝。

按缝的作用可分为沉降缝、温度缝及工作缝。沉降缝是将坝体分成若干段，以适应地基的不均匀沉降，防止产生沉降裂缝，常设在地基岩性突变处。温度缝是将坝体分块，以减小坝体伸缩时地基对坝体的约束，以及新、旧混凝土之间的约束，从而防止产生裂缝。工作缝（施工缝）主要是便于分期分块浇筑、装拆模板以及混凝土的散热而设的临时缝。

按缝的位置可分为横缝、纵缝、水平缝。

（1）横缝。横缝是垂直于坝轴线的竖向缝，如图1.44（a）所示，可兼作沉降缝和温度缝，一般有永久性和临时性两种。永久性横缝是指从坝底至坝顶的贯通缝，将坝体分若干独立的坝段，若缝面为平面，不设缝槽，不进行灌浆，使各坝段独立工作。横缝间距（坝段长度）一般可为12～20m，有时可达到24m（温度缝）。若作沉降缝考虑，间距可达50～60m。当坝内设有泄水孔或电站引水管道时，还应考虑泄水孔和电站机组间距；对于溢流坝，可将缝设在闸墩中；地基若为坚硬的基岩，也可将缝布置在闸孔中央。

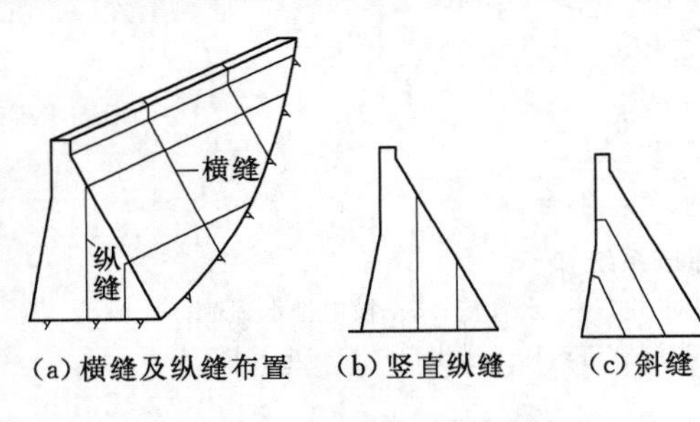

图1.44　重力坝的横缝及纵缝

横缝也可做成临时缝。主要用于当岸坡较陡、坝基地质条件较差或强地震区，为提高坝体的抗滑稳定性，在施工期用横缝将坝体沿轴线分段浇筑，以利于温度控制，然后对横缝进行灌浆，形成整体重力坝。

（2）纵缝。纵缝是为适应混凝土浇筑能力和减小施工期温度应力而设置的临时缝，可兼作温度缝和施工缝。纵缝布置型式有竖直纵缝、斜缝和错缝。

竖直纵缝将坝体分成柱块状，如图1.44（b）所示，混凝土浇筑施工时干扰小，是应用最多的一种施工缝，间距视混凝土浇筑能力和施工期温度控制而定，一般为15～30m。纵缝须设在水库蓄水运行前，混凝土充分冷却收缩，坝体达到稳定温度的条件下进行灌浆填实，使坝段成为整体。

斜缝是大致沿主应力方向设置的缝，如图1.44（c）所示，由于缝面剪应力很小，从结构的观点看，斜缝比直缝合理。斜缝张开度很小，一般不必进行水泥灌浆。但斜缝对相邻坝块施工干扰较大，对施工程序要求严格，加之缝面应力传递不够明确，故目前已很少采用。

错缝浇筑类似砌砖方式，是采用小块分缝，交错地向上浇筑。缝的间距一般为10～15m，浇筑高度一般为3～4m，在靠近基岩面附近为1.5～2.0m。错缝浇筑是在坝段内没有通到顶的纵缝，结构整体性较强，可不进行灌浆。由于错缝在施工中各浇筑块相互干扰大，温度应力较复杂，故此法只在低坝中应用，我国用得极少。

（3）水平工作缝。水平工作缝是上下层新老混凝土浇筑块之间的施工接缝，是临时性的。施工时需先将下块混凝土表面的水泥乳皮及浮渣用风水枪或压力水冲洗并使表面成为

干净的麻面，再铺一层 2～3cm 厚的水泥砂浆，然后再在上面浇混凝土。国内外普遍采用薄层浇筑，每层厚 1.5～4.0m，以便通过表面散热，降低混凝土温度。

2. 止水

重力坝横缝的上游面、溢流面、下游面最高尾水位以下及坝内廊道和孔洞穿过分缝处的四周等部位应设置止水设施。

止水有金属的、橡胶的、塑料的、沥青的和钢筋的。金属止水片有铜片、铝片和镀锌片，止水片厚一般为 1.0～1.6mm，两端插入的深度不小于 20～25cm。橡胶止水和塑料止水适应变形能力较强，在气候温和地区可用塑料止水片，在寒冷地区则可采用橡胶止水，应根据工作水头、气候条件、所在部位等选用标准型号。沥青止水置于沥青井内，井内设有蒸汽或电热设备，加热可使沥青玛琋脂熔化，使其与混凝土有良好的接触。钢筋止水是把做成的钢筋塞设置在缝的上游面，钢筋塞与坝体间设有沥青油毛毡层，当受水压时，钢筋塞压紧沥青油毛毡层而起止水作用。

高坝的横缝止水常采用两道金属止水片和一道防渗沥青井，如图 1.45 所示。当有特殊要求时，可考虑在横缝的第二道止水片与检查井之间设置灌浆止水的辅助设施。

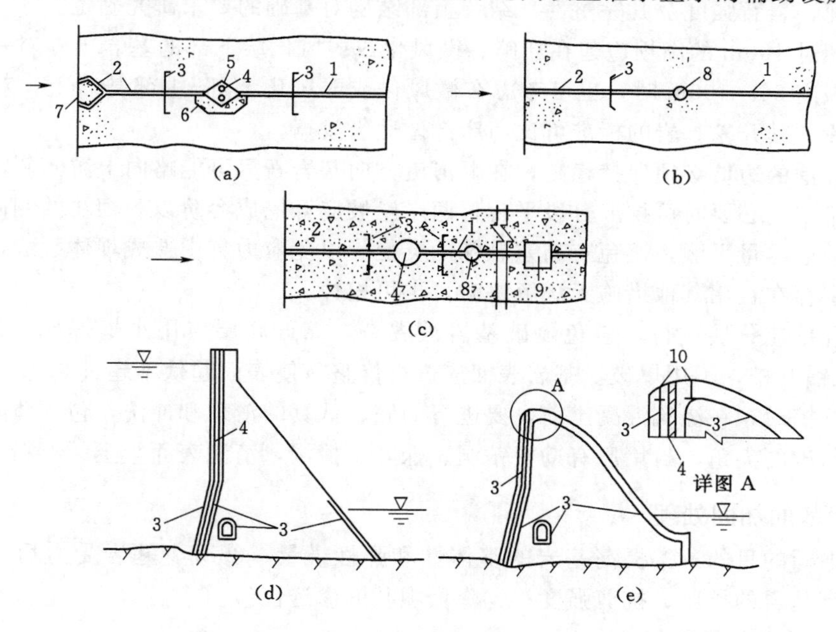

图 1.45　横缝止水

1—横缝；2—沥青油毡；3—止水片；4—沥青井；5—加热电极；6—预制块；
7—钢筋混凝土塞；8—排水井；9—检查井；10—闸门底槛预埋件

对于中、低坝的横缝止水可适当简化。如中坝第二道止水片可采用橡胶或塑料片等。低坝经论证也可采用一道止水片，一般止水片距上游坝面为 0.5～2.0m，以后各道止水片设施之间的距离为 0.5～1.0m。

在坝底，横缝止水必须与坝基岩石妥善连接。通常在基岩上挖一深为 30～50cm 的方槽，将止水片嵌入，然后用混凝土填实。

任务1.9 重力坝的地基处理

由于长期受地质作用，天然的坝基一般都存在风化、节理、裂隙等缺陷，有时也存在断层、破碎带和软弱夹层等，因此必须进行地基处理。地基处理的目的有3个方面，即渗流控制、强度控制和稳定控制。经过处理后坝基满足下列要求：①具有足够的抗渗性，以满足渗透稳定，控制流量；②具有足够的强度，以承受坝体的压力；③具有足够的整体性和均匀性，以满足坝基的抗滑稳定和减少不均匀沉陷；④具有足够的耐久性，以防止岩体性质在水的长期作用下发生恶化。

地基处理的措施，包括开挖清理、固结灌浆、破碎带或软弱夹层的专门处理，断层防渗帷幕灌浆、钻孔排水等。

1.9.1 坝基的开挖与清理

坝基开挖清理的目的是将坝体坐落在稳定、坚固的地基上，坝基的开挖深度应根据坝基应力情况、岩石强度及其完整性，结合上部结构对基础的要求研究确定。

对于超过100m的高坝应建在新鲜、微风化或弱风化层下部的基岩上；对一些中、小型工程，坝高50～100m时，也可考虑在微风化或弱风化上部-中部基岩上，对两岸较高部位的坝段，其开挖基岩的标准可比河床部位适当放宽。

坝基开挖的边坡必须保持稳定，在顺河流方向基岩石尽可能略向上游倾斜，以增强坝体的抗滑稳定，必要时可挖成分段平台，两岸岸坡应开挖成台阶以利坝块的侧向稳定。基坑开挖轮廓应尽量平顺，避免有高差悬殊的突变，以免应力集中造成坝体裂缝，当坝基中有软弱夹层存在且用其他措施无法解决时，也可挖掉。

坝基开挖应分层进行，避免爆破基岩被震裂，靠近底层应用小炮爆破，最后0.2～0.3m用风镐开挖，不用爆破。基岩表面应进行修整，使表面起伏不超过0.3m。

坝基开挖后，在浇筑混凝土前，要进行彻底、认真的清理和冲洗，包括清除松动的岩块，打掉凸出的尖角，封堵原有勘探钻洞、探井、探洞，清洗表面尘土、石粉等。

1.9.2 坝基的加固处理

坝基加固的目的：①提高基岩的整体性和弹性模量；②减少基岩受力后的不均匀变形；③提高基岩的抗压、抗剪强度；④降低坝基的渗透性。

1. 坝基的固结灌浆

混凝土坝工程中，对岩石的节理裂隙采用浅孔低压灌注水泥浆的方法对坝基进行加固处理，称为固结灌浆。

固结灌浆的目的是提高基岩的整体性和弹性模量，减少基岩受力后的变形，并提高基岩的抗压、抗剪强度，降低坝基的渗透性，减少渗流量。在防渗帷幕范围内先进行固结灌浆可提高帷幕灌浆的压力。

固结灌浆的范围主要根据坝基的地质条件、岩石破碎程度及坝基受力情况而定。当基岩较好时，可仅在坝基上、下游应力较大的地区进行，坝基岩石普遍较差而坝又较高的情况下，则多进行坝基全面积固结灌浆。有的工程甚至在坝基以外的一定范围内也进行固结灌浆。灌浆孔的布置，采用梅花形排列，孔距、排距随岩石破碎情况而定，一般为 3～4m，孔深一般为 5～8m（图 1.46）。灌浆时，先用稀浆，而后逐步加大浆液的稠度，灌浆压力一般为 0.2～0.4MPa，在有混凝土盖重时为 0.4～0.7MPa，以不掀动岩石为限。

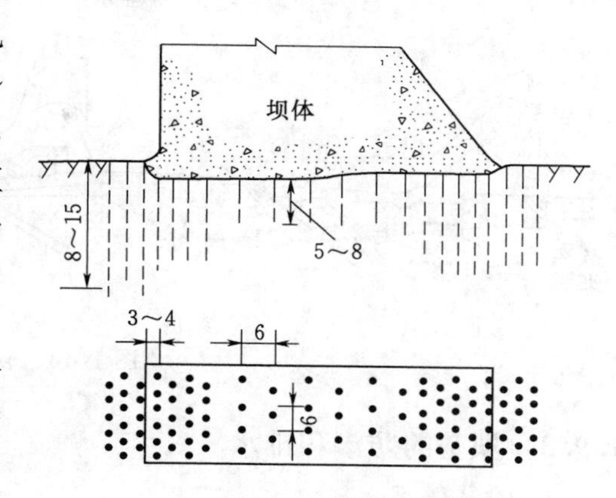

图 1.46　岩基固结灌浆孔布置示意图（单位：m）

2. 坝基软弱破碎带的处理

当坝基中存在较大的软弱破碎带时，如断层破碎带、软弱夹层、泥化层、裂隙密集带等。断层破碎带的强度低，压缩变形大，易产生不均匀沉降导致坝体开裂，若与水库连通，使渗透压力加大，易产生机械或化学管涌，危及大坝安全。岩石层间软弱夹层厚度较小，遇水容易发生软化或泥化，致使抗剪强度低，特别是倾角小于 30°的连续软弱夹层更为不利。

对于侧角较大或与基面接近垂直的断层破碎带，需采用开挖回填混凝土的措施，如做成混凝土（塞）或混凝土拱进行加固，如图 1.47 所示。当软弱带的宽度为 2～3m 时，混凝土塞的高度（即开挖深度）一般可采用软弱带宽度的 1～1.5 倍，且不小于 1m，或根据计算确定。混凝土塞的两侧可挖成 1：1～1：0.5 斜坡，以便将坝体的压力以混凝土塞（拱）传到两侧完整的基岩上。如破碎带延伸至坝体上、下游边界线以外，则混凝土塞也应向外延伸，延伸长度取 1.5～2 倍混凝土塞的高度。若软弱层破碎带与上游水库连通，还必须做好防渗处理。

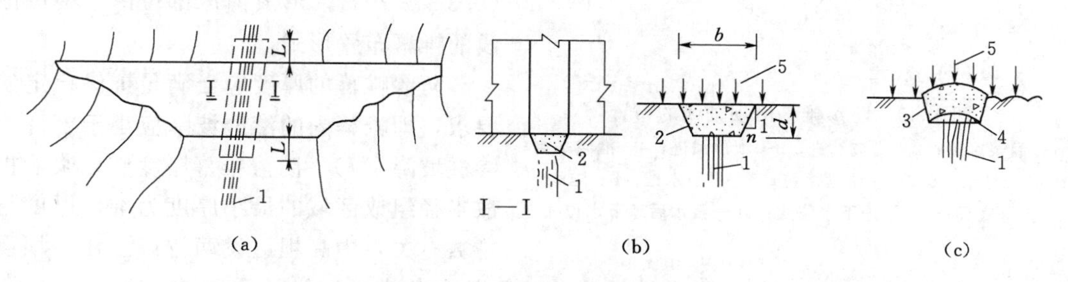

图 1.47　破碎带处理示意图

1—破碎带；2—混凝土梁或混凝土塞；3—混凝土拱；4—回填混凝土；5—坝体荷载

对于软弱的夹层，如浅埋软弱夹层要多用明挖换基的方法，将夹层挖除，回填混凝土。对埋藏较深的，应结合工程情况分别采用的坝踵部位做混凝土深齿土墙，切断软弱夹层直达完整基岩，如图 1.48 所示；在夹层内设置混凝土塞，如图 1.48（a）所示；在坝趾处建混凝土深齿墙，如图 1.48（b）所示；在坝趾下游侧岩体内设钢筋混凝土抗滑桩，或预应力钢索加固、化学灌浆等，如图 1.48（c）所示，以提高坝体和坝基的抗滑稳定性。

在同一工程中，根据具体情况，常采用多种不同的处理方法。

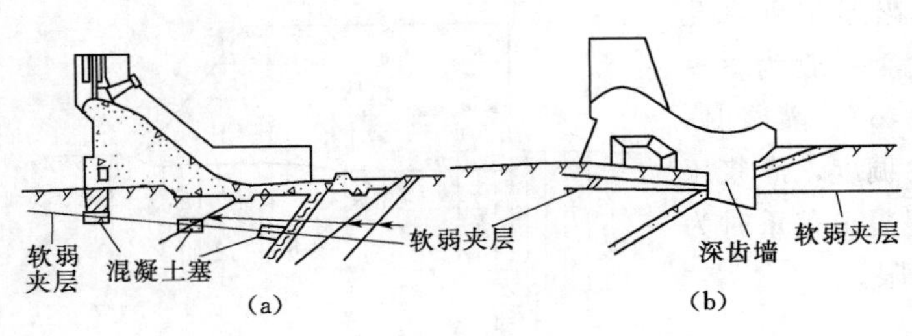

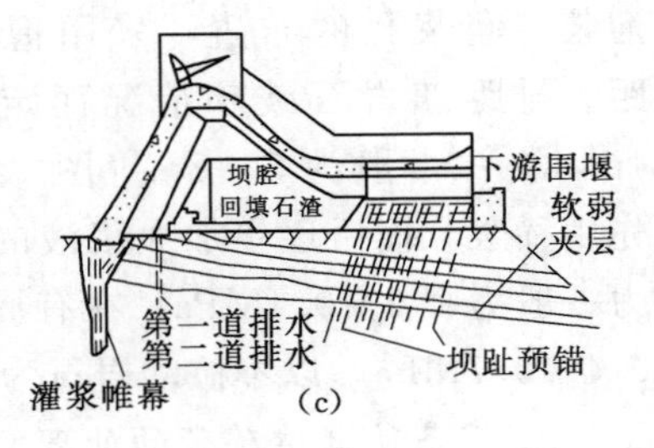

图 1.48 软弱夹层的处理

1.9.3 坝基的防渗和排水

1. 帷幕灌浆

帷幕灌浆是最好的防渗方法，可降低渗透水压力，减少渗流量，防止坝基产生机械或化学管涌。常用的灌浆材料有水泥浆和化学浆，应优先采用膨胀水泥浆。化学浆可灌性好，抗渗性好，但价格昂贵。

防渗帷幕的位置布置在靠近上游坝面的坝轴线附近，自河床向两岸延伸，如图 1.49 所示。钻孔和灌浆常在坝体灌浆廊道内，靠近岸坡可以在坝顶、岸坡或平洞内进行。钻孔一般为铅直或向上游不大于 10°的斜坡。

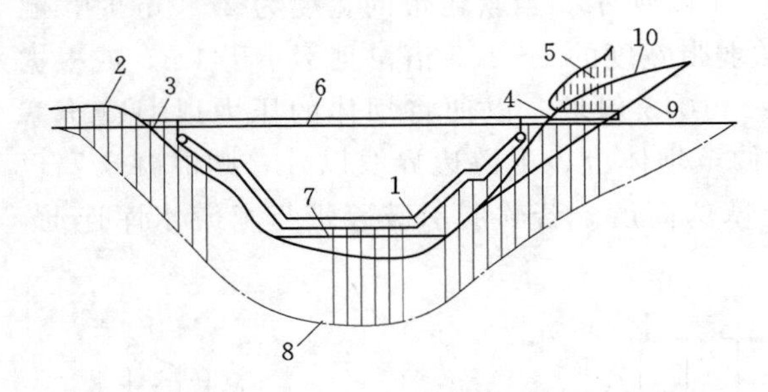

图 1.49 防渗帷幕沿坝轴线的布置

1—灌浆廊道；2—山坡钻进；3—坝顶钻进；4—灌浆平洞；5—排水孔；6—正常蓄水位；7—原河水位；8—防渗帷幕底线；9—原地下水位线；10—蓄水后地下水位线

防渗帷幕的深度应根据作用水头、工程地质、地下水文特性确定；坝基内透水层厚度不大时，帷幕可穿过透水层，深入相对隔水层 3～5m。相对隔水层较深时，帷幕深度可根据防渗要求确定，常采用 $(0.3\sim0.7)H$，形成河床部位深、两岸渐浅的帷幕布置形式。

防渗帷幕的厚度应当满足抗渗稳定的要求，即帷幕内的渗透坡降应小于容许的渗透坡降（J）。防渗帷幕厚度应以浆液扩散半径组成区域的最小厚度为准，厚度与排数有关，中高坝可设两排以上，低坝设一排，多排灌浆时一排必须达到设计深度，两侧其余各排可取设计深度的 1/3～1/2。孔距一般为 1.5～4.0m，排距宜比孔距略小。还可以在上游坝踵处加一排补强。

帷幕灌浆的时间，应在坝基固结灌浆后并要求坝体混凝土浇筑到一定的高度（有盖重后）施工。灌浆压力在孔底应大于 2～3 倍坝前静水头，帷幕表层段应大于 1～1.5 倍坝前静水头，但应以不破坏岩体为原则。

防渗帷幕伸入两岸的范围由河床向两岸延伸一定距离，与两岸不透水层衔接起来，当两岸相对不透水层较深时，可将帷幕伸入原地下水线与最高库水位交点（图 1.49 中 B 点）处为止。岸坡在水库最高水位以上的水通过排水孔或平沿排出，增加岸坡的稳定性。

2. 坝基排水

降低坝基底面的扬压力，可在防渗帷幕后设置主排水孔幕和辅助排水孔幕（图1.50）。

主排水孔幕在防渗帷幕下游一侧，在坝基面处与防渗帷幕的距离应大于2m。主排水孔幕一般向下游倾斜，与帷幕成10°～15°夹角。主排水孔孔距为2～3m，孔径为150～200mm，孔径过小容易堵塞，孔深可取防渗帷幕深度的0.4～0.6倍，高中坝的排水孔深不宜小于10m。

主排水孔幕在帷幕灌浆后施工。排水孔穿过坝体部分要预埋钢管，穿过坝基部分待帷幕灌浆后才能钻孔。渗水通过排水沟汇入集水井，自流或抽排向下游。

辅助排水孔幕高坝一般可设2～3排，中坝可设1～2排，布置在纵向排水廊道内，孔距为3～5m，孔深为6～12m。有时还在横向排水廊道或在宽缝内设排水孔。纵横交错、相互连通就构成了坝基排水系统，如图1.51所示。如下游水位较深，历时较长，要在靠近坝趾处增设一道防渗帷幕，坝基排水系统要靠抽排。

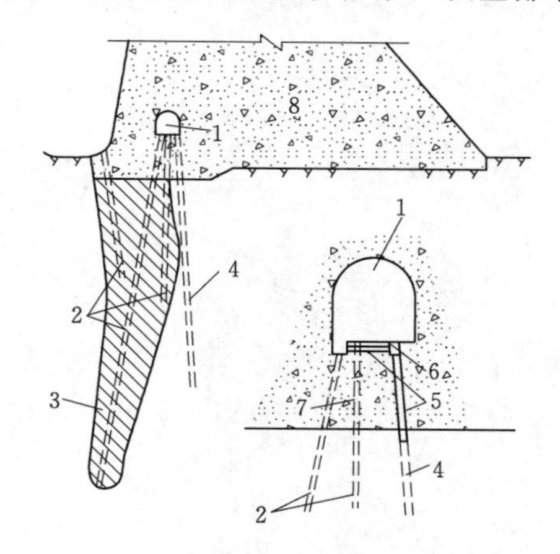

图1.50　防渗帷幕和排水孔幕布置

1—坝基灌浆排水廊道；2—灌浆孔；3—灌浆帷幕；4—排水孔幕；5—ϕ100mm排水钢管；6—ϕ100mm三通；7—ϕ75mm预埋钢管；8—坝体

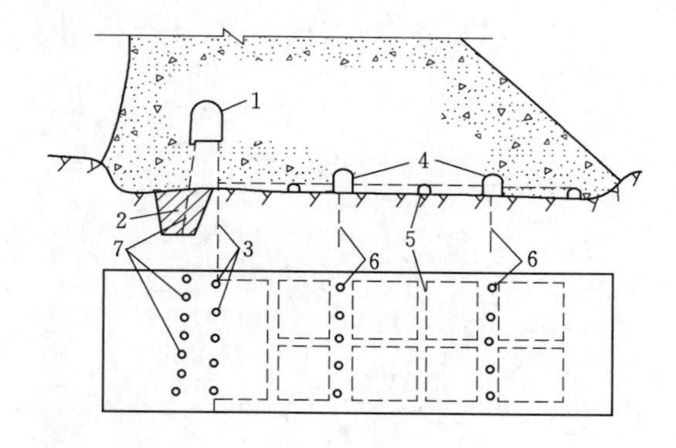

图1.51　坝基排水系统

1—灌浆排水廊道；2—灌浆帷幕；3—主排水孔幕；4—纵向排水廊道；5—半圆混凝土管；6—辅助排水孔幕；7—灌浆孔

实践证明，我国新安江、丹江口、刘家峡等重力坝采用坝基排水系统，减压效果明显，较常规扬压力减小30%。浙江、湖南等地设计中采用了抽水减压，均收到了良好的效果。

思　考　题

1-1　重力坝的工作原理和工作特点是什么？

1-2　重力坝的主要荷载有哪些？如何计算？

1-3　简述重力坝的设计过程。

1-4　指出抗剪强度公式和抗剪断公式的优、缺点。提高坝体抗滑稳定的措施有哪些？

1－5 非溢流坝的剖面设计原则和步骤各是什么？

1－6 溢流重力坝的挑流消能设计主要包括哪些内容？

1－7 坝体材料为什么要分区？如何分区？

1－8 坝内廊道有哪些？各有何作用？各自的设置部位和尺寸如何？

1－9 为什么重力坝要分缝？缝有哪几种类型？施工中如何处理？

1－10 重力坝地基的处理措施有哪些？坝基排水的目的是什么？如何布置？

项目2 土石坝与堤防

学习要求：掌握土石坝的工作原理、工作特点和分类；掌握土石坝的设计方法，包括坝顶高程计算、剖面拟定、渗流计算的水力学方法和稳定分析的基本方法；掌握土石坝地基的处理方法；熟悉土石坝土料选用和施工要求、土石坝排水设施构造和坝基处理方法。

任务2.1 概 述

土石坝（图2.1～图2.3）是指由土料、石料或土石混合料，采用抛填、碾压等方法堆筑成的挡水坝。由于筑坝材料主要来自坝址区，因而也称为当地材料坝。堤防是沿河岸修建构筑的护岸建筑物，大多数采用土石坝的结构形式，在许多方面土石坝与堤防都存在共性。

图2.1 土石坝

土石坝历史悠久，是应用最为广泛和最有发展前途的一种坝型，主要原因有以下几点。

（1）可以就地取材，节约大量水泥、木材和钢材，减少工地的外线运输量。

（2）能适应各种不同的地形、地质和气候条件。任何不良的坝址地基，经处理后均可筑坝。

（3）大功率、多功能、高效率施工机械的发展，提高了土石坝的施工质量，加快了进度，降低了造价，促进了高土石坝的发展。

（4）岩土力学理论、试验手段和技术的发展，提高了大坝分析计算的水平，加快了设计进度，进一步保障了大坝设计的安全可靠度。

（5）高边坡、地下工程结构、高速水流消能防冲等土石坝配套工程设计和施工技术的发展，对加速土石坝的建设和推广也起到重要的促进作用。

（6）结构简单，便于维修和加高扩建。

当然，土石坝也存在着一些缺点：坝顶一般不能溢流，需另设溢洪道；施工导流不如混凝土坝方便；当采用黏性土料填筑时受气候条件的影响较大等。

图 2.2　某施工中的某土石坝

图 2.3　小浪底斜心墙堆石坝

2.1.1　土石坝的特点和设计要求

土石坝是由散粒体土石料填筑而成的，与其他坝型相比，在稳定、渗流、沉陷、冲刷等方面具有不同的特点和设计要求。

1. 稳定

由于土石材料为松散体，抗剪强度低，主要依靠土石颗粒之间的摩擦力和黏聚力来维持稳定，没有支撑的边坡是填筑体稳定问题的关键。所以，土石坝失稳的型式，主要是坝坡的滑动或坝坡连同部分坝基一起滑动，影响坝体的正常工作，甚至导致工程失事。为确保土石填筑体的稳定，土石坝断面一般设计成梯形或复合梯形，而且边坡较缓，通常为1∶1.5～1∶3.5。同时，做好地基处理并严格控制施工质量。

2. 渗流

水库蓄水后，土石坝迎水面与背水面之间形成一定的水位差，在坝体内形成由上游向下游的渗流。渗流不仅使水库损失水量，还会使背水面的土体颗粒流失、变形，引起管涌和流土等渗透破坏。在坝体与坝基、两岸以及其他非土质建筑物的结合面，还会产生集中渗流现象。

防止渗流破坏的原则是“前堵后排”，在坝前（迎水面）采取防渗、防漏的工程措施，减少渗流量，同时要尽量排出渗入坝体的水量，降低渗流对坝体的不利影响。

3. 沉陷

由于土石颗粒之间存在较大的孔隙，在外荷载的作用下，易产生移动、错位，细颗粒填充部分孔隙，使坝体产生沉降，也使土体逐步密实、固结。如果土石坝颗粒级配不合理，不均匀沉降变形会产生裂缝，破坏坝体结构，也会降低坝顶高程，使坝顶高程不足。设计时对于重要工程，沉陷值应通过沉陷计算确定；对于一般的中小型土石坝，如坝基没有压缩性很大的土层，可按坝高的1%预留沉陷值，同时应严格控制碾压质量。

4. 冲刷

土石坝为散粒结构，抗冲能力低，受到波浪、雨水和水流作用，会造成冲刷破坏。因此，设计时应设置护坡、坝面排水；为防止漫顶，坝顶应有一定的超高；同时，在布置泄水建筑物时，注意进出口离坝坡要有一定的距离，以免泄水时对坝坡的冲刷。土石堤防还要采用各种护脚措施，如抛石和模袋混凝土护脚或设置丁坝。

5. 其他

严寒地区水库水面冬季结冰形成冰盖，冰盖层的膨胀对坝坡产生很大的推力，导致护坡的破坏；位于水库冰冻层底部以上的坝体黏性土壤，在冻融作用下会造成孔穴、裂缝。在夏季，由于含水量的损失，黏性土壤也可能干裂。为了防止这些现象的发生，应采取相应的保护措施。发生地震时地震惯性力也会增加坝坡滑坡可能性；当坝体或坝基土层是均匀的中细砂或粉砂时，在强烈振动作用下，还会引起液化破坏。

根据一些国家对土坝失事的统计，水流漫顶失事的占30%，滑坡失事的占25%，坝基渗漏的占25%，坝下涵管失事的占13%，其他占7%。因此，需要正确地进行设计和施工，加强运用期间的管理，以保证土坝的安全运行和正常工作。

2.1.2 土石坝的类型

2.1.2.1 按坝高分类

根据我国《碾压式土石坝设计规范》（SL 274—2001）的规定，土石坝按其坝高可分为低坝、中坝和高坝。高度在30m以下的为低坝，高度在30～70m的为中坝，高度在70m以上的为高坝。土石坝的坝高应从坝体防渗体（不含混凝土防渗墙、灌浆帷幕、截水槽等坝基防渗设施）底部或坝轴线部位的建基面算至坝顶（不含防浪墙），取其大者。

2.1.2.2 按施工方法分类

1. 碾压式土石坝

碾压式土坝的施工方法是用适当的土料以合理的厚度分层填筑，逐层压实而成的坝。这种施工方法在土坝中用得较多。近年来用振动碾压方法修建堆石坝得到了迅速的发展。

2. 水力冲填坝

以水力为动力完成土料的开采、运输和填筑全部筑坝工序而建成的土坝。利用水力冲刷泥土形成泥浆，通过泵或沟槽将泥浆输送到土坝填筑面，泥浆在土坝填筑面沉淀和排水固结形成新的填筑层，这样逐层向上填筑，直至完成整个坝体填筑（图 2.4）。这种坝因填筑质量难以保证，目前在国内外很少采用。

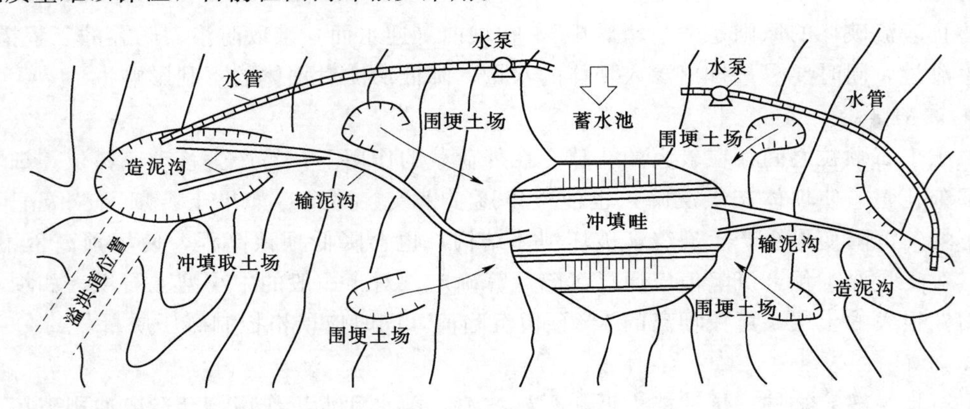

图 2.4 水力冲填坝施工示意图

3. 定向爆破堆石坝

利用定向爆破方法，将河两岸山体的岩石爆出、抛向筑坝地点，形成堆石坝体，经过人工修整，浇筑防渗体，即可完成坝体建筑。这种坝增筑防渗部分比较困难。除苏联外，其他国家极少采用。我国已建有 40 多座，最高的为陕西石砭峪水库大坝，最大坝高 82.5m（图 2.5）。

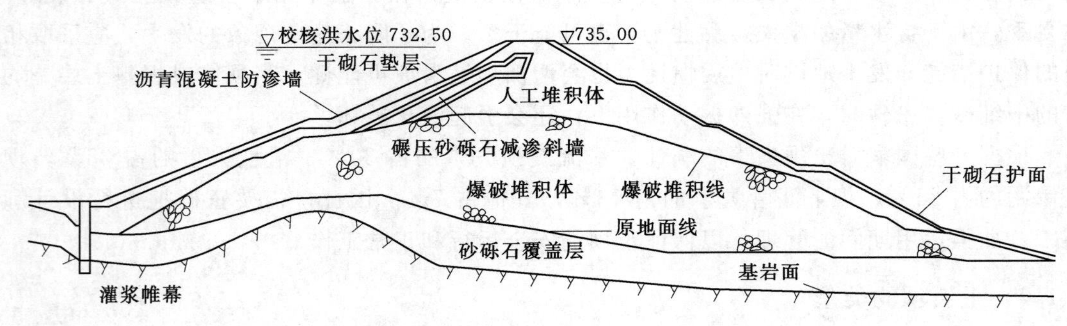

图 2.5 石砭峪水库大坝剖面图（单位：m）

2.1.2.3 按防渗材料及结构分类

1. 均质坝

均质坝坝体断面不分防渗体和坝壳，坝体基本上是由均一黏性土料（壤土、砂壤土）筑成，如图 2.6 (a) 所示。整个坝体防渗并保持自身稳定，由于黏性土料抗剪强度较低，对坝坡稳定不利，坝坡较缓，体积庞大，使用的土料多，铺土厚度薄，填筑速度慢，易受降雨和冰冻的影响。故多用于低、中坝，坝址处除土料外，缺乏其他材料的情况下才采用。

2. 土质防渗体分区坝

土质防渗体分区坝是用透水性较大的土料（砂、砂砾料或堆石料）作坝的主体，用透水性极小的黏性土料作防渗体的坝。其中，防渗体位于坝体中部或稍向上游倾斜的称为心墙土石坝或斜心墙土石坝；防渗体位于坝体上游的称为斜墙土石坝。土质斜墙的上游也可设置较厚的砂砾石层或堆石层。另外，还有土质防渗体在中央，透水性自中央向上、下游两侧逐渐增大的几种土料构成的多种土质坝及防渗体在上游、土料透水性自上游向下游逐渐增大的多种土质坝，如图2.6（b）～(i) 所示。

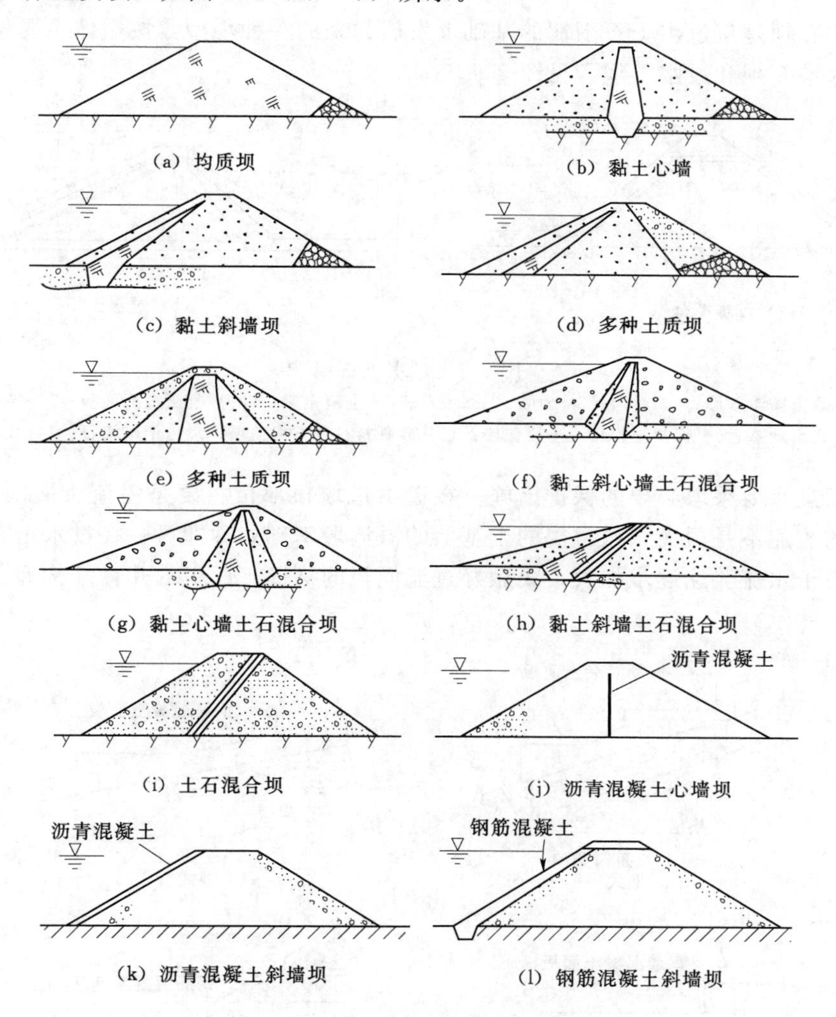

图2.6　土石坝的类型

在黏性土较少，而砂石料较多的地方，可采用这种坝型。土质斜墙坝与心墙坝相比，斜墙与坝壳之间施工干扰较小，防渗效果也较好，但黏土用量和坝体总工程量一般比心墙坝大些，并且其抗震性能和对不均匀沉陷的适应性也不如心墙坝好。

3. 人工防渗材料坝

当坝址附近缺少合适防渗土料而又有充足砂石料时，可采用钢筋混凝土、沥青混凝土、土工膜等人工材料作防渗体，坝体其余部分由砂砾料或堆石填筑。防渗体可位于坝上游面、中间或中间偏上游。常见的坝型有沥青混凝土心墙坝、沥青混凝土斜墙坝和钢筋混凝土斜墙坝，如图 2.6 (j)～(l) 所示。

4. 过水土石坝

当坝址处没有适宜的地形和地质条件布置河岸溢洪道，工程的泄流量不大，溢洪道的利用率较低或者设置独立的溢洪道投资大时，可考虑采用土石坝坝身过水泄洪，即采用过水土石坝。

过水土石坝是从过水土石围堰的基础上发展起来的一种坝型，按坝体主要材料的不同可分为过水堆石坝和过水土坝，见图 2.7。

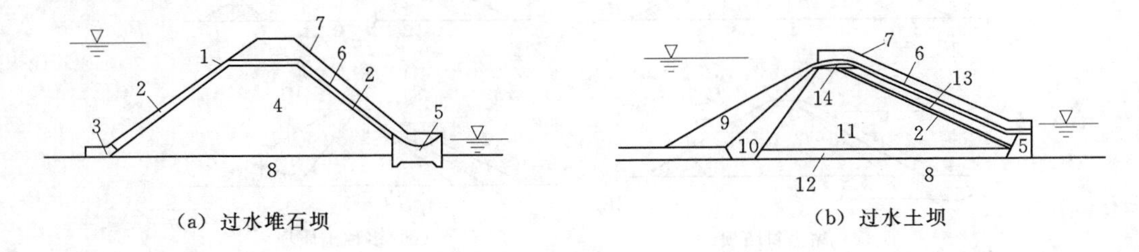

(a) 过水堆石坝　　(b) 过水土坝

图 2.7 过水土石坝

1—混凝土防渗斜墙；2—垫层；3—趾板；4—堆石；5—混凝土墩；6—混凝土溢流面板；7—导流墙；8—岩石地基；9—保护层；10—土质斜墙；11—砂砾料；12—覆盖层；13—干砌块石；14—堰体

土石坝过水要采取必要的保护措施。在溢洪道堰顶部位主要是溢流头嵌固稳定问题，由于头部的流速不是很大，按常规的土基上的溢流堰基础处理即可；在过水土石坝的下游坝坡段，由于水流流速逐步加大，要做好过流面板的搭接。面板的几种结构型式与搭接方式如图 2.8 所示。

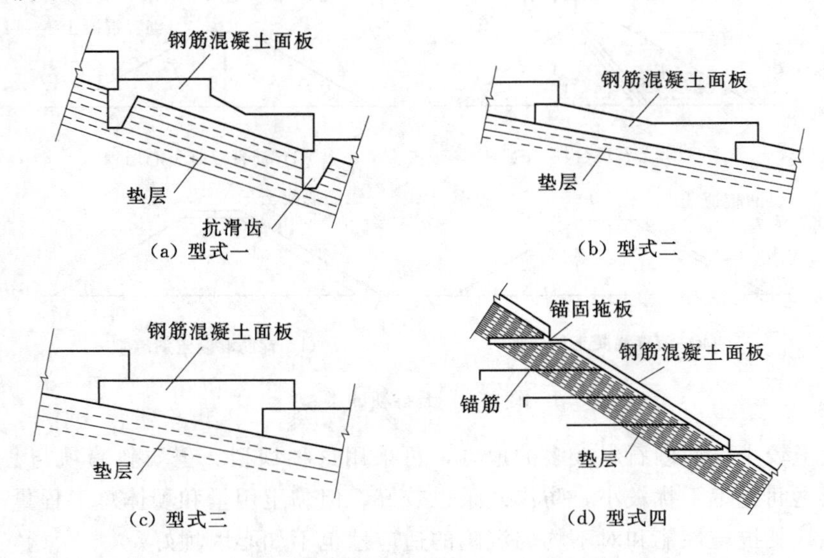

(a) 型式一　　(b) 型式二

(c) 型式三　　(d) 型式四

图 2.8 钢筋混凝土面板的结构型式与搭接方式

（1）面板分块上下搭接，上块尾部压下块头部，形成叠瓦搭接方式，这种搭接方式有利于水流下泄时掺气及消能，同时避免了溢流面板上游头部上翘翻转失稳问题。

（2）面板相互之间均可以有一定的位移和转角，可以适应坝体的沉降变形，避免了因坝体不均匀变形引起的面板开裂。

为保证过水土石坝的安全，必须要注意一些细部结构的设计。例如，处理好面板与坝体的变形协调；采用有效的锚固方式或支撑方式，阻止面板下滑失稳；为减小结构分缝对水流的影响，防止过水时动水荷载过大，溢洪道结构缝可与掺气槽结合设置；选用合理的面板布置方式，使水流顺畅，减小附加荷载；做好下游消能防冲措施，防止坝趾冲刷破坏等。

根据国内外一些过水土石坝的工程实践表明，这种坝在技术上并不十分复杂，经济性能好，对环境影响较小，具有较好的应用前景。但这种坝体施工受干扰时，工期将有所延长，而且对施工单位的技术工艺水平要求更高。

2.1.2.4 按坝体材料所占比例分类

土石坝按坝体材料所占比例分类可以分为3种。

1. 土坝

土坝的坝体材料以土和砂砾为主。

2. 土石混合坝

当土料和石料均占相当比例时，称为土石混合坝。根据坝体防渗体位置和材料的不同，可分为心墙坝和斜墙坝。

3. 堆石坝

以石渣、卵石、爆破石料为主，除防渗体外，坝体的绝大部分或全部由石料堆筑起来的坝称为堆石坝。按防渗体布置，同样也有斜墙坝、心墙坝两种。钢筋混凝土面板堆石坝应用最为广泛。最大坝高为233.0m的水布垭水电站大坝即为此种坝型。堆石坝与普通土坝相比具有以下优点。

（1）抗滑稳定性好。水荷载作用在面板上传到坝体，整个堆石坝重量及面板上部分水重抵抗水压；分层碾压的堆石密实度高，抗剪强度大。大多数堆石坝不需做稳定分析，取坝坡1∶1.3或1∶1.4，对应坡角37.6°或35.5°，接近松散抛填堆石的自然休止角，大大低于碾压土石的内摩擦角（大于45°）。

（2）坝坡陡，断面小，枢纽布置紧凑。

（3）透水性好，抗震性能强。排水性好，处于无水状态，地震时不会产生孔隙水压力，不会液化或坝坡失稳。

（4）施工导流方便，坝体可过水。

（5）施工受雨季影响小，可分期施工。

（6）可承受水头不大的坝顶漫溢，较之土坝有更大的安全性，施工度汛时也允许有少量漫水。

堆石坝的坝坡与石料性质、坝高、坝型和地基条件有关，下游坡一般取1∶1.25～1∶1.4。如果石料质量或地基条件较差，则需要放缓边坡，有的达1∶2.0～1∶2.2。我国有些岩基上的堆石坝下游坡用大块石护面或干砌石护面，坡度可陡至1∶1甚至1∶0.5～1∶0.7，运用情况良好。上游坡取决于防渗体的材料和结构，变化范围较大，可

为1∶0.5～1∶2.5，在地震区有的达1∶3.0，由稳定计算条件确定。

坝体应根据料源及对筑坝材料强度、渗透性、压缩性、施工方便和经济合理等要求进行分区，如图2.9所示。从上游向下游宜分为垫层区、过渡区、主堆石区、下游堆石区；在周边缝下游侧设置特殊垫层区；100m以上高坝，宜在面板上游面低部位设置上游铺盖区及盖重区。各区坝料的渗透性宜从上游向下游增大，并应满足水力过渡要求。下游堆石区下游水位以上的坝料不受此限制。堆石坝体上游部分应具有低压缩性。下游围堰和坝体结合时，可在下游坝趾部位设硬岩抛石体。

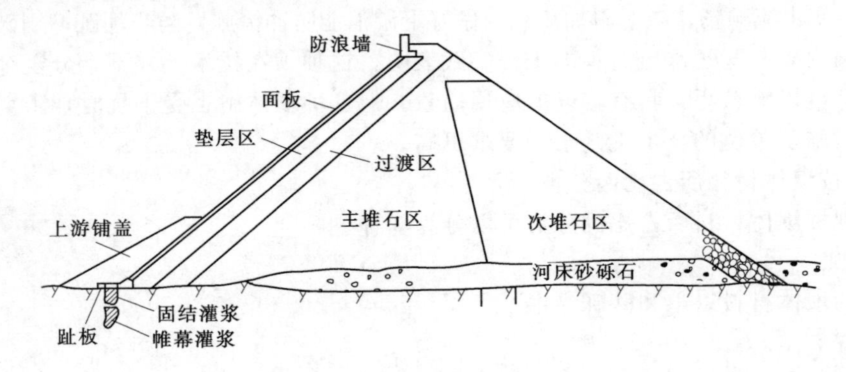

图2.9　面板堆石坝的基本构造

【项目案例2.1】

某水库主要任务以灌溉为主，结合灌溉进行发电。灌溉下游左岸2900hm^{2}耕地，灌溉最大引水量4m^3/s。引水高程347.49m，发电装机容量75kW。基本资料如下。

1. 地形地质

水库位于低山丘陵区，南部多山，高程为400～500m，发育南北向冲沟。北西东多为第四纪黄土覆盖的丘陵阶地，高程为300～400m，颍河由西向东流经坝区。

坝址两岸河谷狭窄。坝址及库区岩层均为第三纪砂页岩，无大的不利地质构造。坝址岩层为黄色石英砂岩与紫色砂质页岩互层，坝址两岸为黄色石英砂岩，岩石坚硬，但裂隙较为发育，上覆6～10m黄土，左岸有部分黏土。地震基本烈度为Ⅵ度。

2. 建筑材料

(1) 土料。在坝址附近400～1500m的河道右岸有丰富的土料，大部分为中粉质壤土，储量在150万m^{3}以上，坝址下游有30万m^{3}左右的重粉质壤土，可作为防渗材料。

(2) 砂卵石料。颍河河槽及两岸滩地也有大量砂、砾石及卵石，上下游河滩地表层0～2m黄土覆盖，下为3～7m厚砂卵石，在枯水季节河水位降低，上游在坝脚100m以外2000m以内卵石平均取深1.5m，约86万m^3，下游在坝脚100m以外2000m以内平均取深1.3m，约86万m^3。其物理力学性质指标见表2.1。

3. 水文水利计算资料

设计洪水位363.62m（频率2%），相应的下游水位337.0m；相应最大泄流量(540+90)m^3/s。校核洪水位364.81m（频率0.2%），相应下游水位338.10m，相应的最大泄流量（800+110)m^3/s。死水位340m。最高兴利水位360.52m。

表2.1 **土石料物理力学性质指标**

指标		单位	坝基砂卵石	坝体					
				中粉质壤土	重粉质壤土	砂卵石		堆石	
						水上	水下	水上	水下
饱和快剪	φ	(°)	28	16.9	13.86	33	30	40	38
	c	kPa	0	35	98	0	0	0	0
饱和固结快剪	φ	(°)	28	20.1	17.8	33	30	40	38
	c	kPa	0	76	111	0	0	0	0
颗粒重度		kN/m³	27.1	27.1	27.1	27.1		27.1	
干重度		kN/m³	19.0	16.5	16.5	20		19.0	
含水量		%		19.2	18.3	7		3	
湿重度		kN/m³		19.5	20.1	21.4		19.4	
饱和重度		kN/m³	20.0	20.5	20.7	22.5		22.0	
渗透系数		cm/s	6.1×10^{-3}	1.2×10^{-5}	1.18×10^{-7}	6.1×10^{-3}			
塑限含水量		%		17	18.5				
料场含水量		%		19.3	21.3				

4. 气象资料

多年平均最大风速：12.1m/s；水库最大吹程：3.2km。

5. 经过坝型比较确定选用均质土坝

结合本坝坝基情况，地基处理如下：地基可开挖截水槽，挖至弱风化层0.5m深处，内填中粉质壤土。截水槽横断面拟定：边坡采用1∶1.5～1∶2.0；底宽：渗径不小于(1/3～1/5)H（H为最大作用水头）。

【问题1】 确定［项目案例2.1］工程枢纽等别和该土石坝的级别。

任务2.2 土石坝的剖面设计

剖面设计是土石坝设计的主要内容，包括坝顶高程、坝顶宽度、上下游坝坡、防渗结构、排水结构及其细部构造。

设计步骤：计算坝顶高程，根据具体要求和经验拟定剖面，进行渗流计算，最后进行坝坡稳定分析，根据稳定分析的结果判断坝剖面的合理性。一般需要多次重复以上步骤，直至得到合理的剖面。本任务主要介绍土坝剖面尺寸拟定，渗流和稳定分析在后面介绍。

2.2.1 坝顶高程

坝顶高程要保证挡水需要，同时要防止波浪超越坝顶，有些海堤允许波浪越顶，但也需要控制。坝顶高程按水库静水位加上防浪超高来确定，《碾压式土石坝设计规范》（SL 274—2001）规定，按下列运用条件计算，取其大者。

（1）设计洪水位加正常运用条件的坝顶超高。

(2) 正常蓄水位加正常运用条件的坝顶超高。

(3) 校核洪水位加非常运用条件的坝顶超高。

(4) 正常蓄水位加非常运用条件的坝顶超高，再加地震安全超高。

当上游设防浪墙时，以上确定的坝顶高程改为防浪墙顶高程。此时，在正常运用情况下，坝顶高程应至少高于静水位 0.5m；在非常运用情况下，坝顶高程应高于静水位。

堤防堤顶高程按设计洪水位或设计高潮位（海堤）加超高，且1级、2级堤防的超高不应小于 2.0m。

坝顶超高图见图 2.10，超高的计算公式为

$$Y=R+e+A \tag{2.1}$$

式中 R——波浪在坝坡上的爬高，m；

e——最大风壅水面高度，m；

A——安全加高，m。

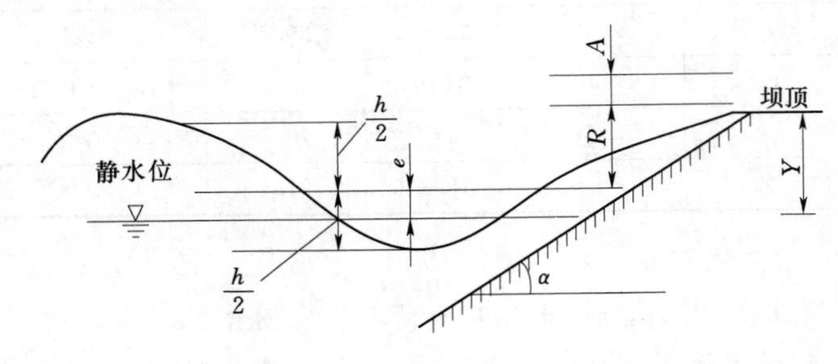

图 2.10 坝顶超高图

1. 波浪爬高

波浪爬高与累积频率有关，一般用 R_P 表示，P 为累积频率（%）。对于1～3级土石坝取累积频率 $P=1\%$ 的波浪爬高值 $R_{1\%}$，对于4、5级土石坝取累积频率 $P=5\%$ 的波浪爬高值 $R_{5\%}$。对于不允许越浪的堤防取累积频率 $P=2\%$ 的波浪爬高值 $R_{2\%}$；对于允许越浪的堤防取累积频率 $P=13\%$ 的波浪爬高值 $R_{13\%}$。

当坝坡为 $m=1.5\sim5.0$ 时，R_P 的计算公式为

$$R_P=\frac{K_\Delta K_w K_P K_\beta}{\sqrt{1+m^2}}\sqrt{h_m L_m} \tag{2.2}$$

式中 K_Δ——斜坡的糙率渗透性系数，见表 2.2；

K_w——经验系数，与 $\frac{v_0}{\sqrt{gH_m}}$ 有关，见表 2.3；

H_m——坝前水域平均水深，m；

K_P——爬高累积频率换算系数，见表 2.4；

K_β——斜向来波折减系数，见表 2.5；

v_0——计算风速；

h_m，L_m——平均波高和波长，按《碾压式土石坝设计规范》(SL 274—2001) 附录A计算。

表 2.2　　**斜坡的糙率渗透性系数 K_Δ**

护面类型	K_Δ	护面类型	K_Δ
光滑不透水护面（沥青混凝土）	1.0	砌石护面	0.75～0.85
混凝土板护面	0.9	抛填两层块石（不透水地基）	0.6～0.85
草皮护面	0.85～0.90	抛填两层块石（透水地基）	0.5～0.55

表 2.3　　**经验系数 K_w**

$\frac{v_0}{\sqrt{gH_m}}$	≤1	1.5	2.0	2.5	3.0	3.5	4.0	>5.0
K_w	1.0	1.02	1.08	1.16	1.22	1.25	1.28	1.30

表 2.4　　**爬高累积频率换算系数 K_P**

h_m/H_m	$P=1\%$	$P=2\%$	$P=5\%$	$P=13\%$
<0.1	2.23	2.07	1.84	1.54
0.1～0.3	2.08	1.94	1.75	1.48
>0.3	1.86	1.76	1.61	1.40

表 2.5　　**斜向来波折减系数 K_β**

β/(°)	0	10	20	30	40	50	60
K_β	1.00	0.98	0.96	0.92	0.87	0.82	0.76

2. 最大风壅水面高度

最大风壅水面高度 e 用式（2.3）计算，即

$$e=\frac{Kv_0^2D}{2gH_m}\cos\beta \tag{2.3}$$

式中　K——综合摩阻系数，其值为（1.5～5.0）×10^{-6}，计算时可取 3.6×10^{-6}；

β——风向与坝轴法线的夹角；

其余符号意义同前。

3. 安全加高

（1）土石坝安全加高一般用 A 表示，根据坝的等级和运行情况确定，见表 2.6。

表 2.6　　**土石坝安全加高**　　单位：m

运行情况		坝的级别			
		1	2	3	4、5
设计		1.5	1.0	0.7	0.5
校核	山区、丘陵区	0.7	0.5	0.4	0.3
	平原区、滨海区	1.0	0.7	0.5	0.3

（2）堤防工程安全加高，根据堤防等级（表 2.7）和是否允许越浪来确定，见表 2.8。

表 2.7 **堤 防 工 程 等 级**

防洪标准（重限期）/年	≥100	＜100 且≥50	＜50 且≥30	＜30 且≥20	＜20 且≥10
堤防工程级别	1	2	3	4	5

表 2.8 **堤 防 工 程 安 全 加 高** 单位：m

堤防工程级别	1	2	3	4	5
不允许越浪堤防工程的安全加高	1.0	0.8	0.7	0.6	0.5
允许越浪堤防工程的安全加高	0.5	0.4	0.4	0.3	0.3

2.2.2 坝顶宽度

坝顶宽度主要满足运行、施工、交通和人防等要求。无特殊要求时，高坝的最小坝顶宽度一般为 10～15m，中低坝为 5～10m；有交通要求时，应按交通规定确定。

堤防工程堤顶宽度见表 2.9。

表 2.9 **堤 防 工 程 堤 顶 宽 度** 单位：m

堤防工程级别	1	2	3～5
堤防工程的堤顶宽度	＞8.0	＞6.0	＞3.0

2.2.3 坝坡

坝坡应根据坝型、坝高、坝体材料和坝基情况，还要考虑坝体承受的荷载、施工和运用条件等因素，通过技术经济分析比较确定。一般方法是根据经验初步拟定坝坡，再进行渗流和稳定分析，根据分析计算结果修改坝坡，直至获得合理的坝坡。

一般情况下，上游坝坡经常浸在水中，工作条件不利，所以当上下游坝坡采用同一种土料时，上游坝坡比下游坝坡缓。心墙坝上下游坝壳多采用强度较高的非黏性土填筑，所以坝坡一般比均质坝陡。斜墙坝上游坝坡较缓，下游坡则和心墙坝相仿。地基条件好、土料碾压密实的，坝坡可以陡些；反之则应放缓。黏性土料的稳定坝坡为一曲面，上部坡陡，下部坡缓，所以用黏性土料做成的坝坡，常沿高度分成数段，每段为 10～30m，自上而下逐渐放缓，相邻坡率差值取 0.25 或 0.5。砂土和堆石的稳定坝坡为一平面，可采用均一坡率。当坝基或坝体土料沿坝轴线分布不一致时，应分段采用不同坡率，在各段间设过渡区，使坝坡缓慢变化。表 2.10 为坝坡经验值。

表 2.10 **坝 坡 经 验 值**

类型			上游坝坡	下游坝坡
土坝坝高	＜10m		1：2.00～1：2.50	1：1.50～1：2.00
	10～20m		1：2.25～1：2.75	1：2.00～1：2.50
	20～30m		1：2.50～1：3.00	1：2.25～1：2.75
	＞30m		1：3.00～1：3.50	1：2.5～1：3.00
分区坝	心墙坝	堆石（坝壳）	1：1.7～1：2.7	1：1.5～1：2.5
		土料（坝壳）	1：2～1：3.0	1：2.0～1：3.0
	斜墙坝		石质比心墙坝缓 0.2；土质缓 0.5	取值比心墙坝可适当偏陡

在变坡处可根据需要确定是否设置马道，其宽度不宜小于 1.5m。马道内侧设置排水沟，用以拦截雨水，防止冲刷坝面同时也兼作交通、检修和观测之用，还有利于坝坡稳定。土质防渗体分区坝和均质坝上游坡少设马道，非土质防渗材料面板坝上游坡不宜设马道。

【问题 2】 进行［项目案例 2.1］工程的坝体剖面设计。上游坝坡：1：3.0、1：3.25、1：3.5；下游坝坡：1：2.5、1：2.75、1：3.0；马道：第一级马道高程为 343m，第二级马道高程为 353m。本坝顶无交通要求，对中低坝最小宽度 $B=6$m。试确定坝顶高程。

任务 2.3　土石坝细部构造设计与坝体材料选择

土石坝的细部构造主要包括防渗体、坝体排水、护坡、坝顶等部位的构造。

2.3.1　防渗体

设置防渗设施的目的是减少通过坝体和坝基的渗漏量，降低浸润线，以增加下游坝坡的稳定性；降低渗透坡降以防止渗透变形。土石坝的防渗措施应包括坝体防渗、坝基防渗及坝体与坝基、岸坡及其他建筑物连接的接触防渗。防渗体主要是心墙、斜墙、铺盖、截水槽等，它的结构和尺寸应能满足防渗、构造、施工和管理方面的要求。

2.3.1.1　土质心墙

土质心墙位于土石坝坝体断面的中心部位，并略微偏向上游（图 2.11），有利于心墙与坝顶的防浪墙相连接；同时也可使心墙后的坝壳先期施工，坝壳得到充分的先期沉降，从而避免或减少坝壳与心墙之间因变形不协调而产生的裂缝。

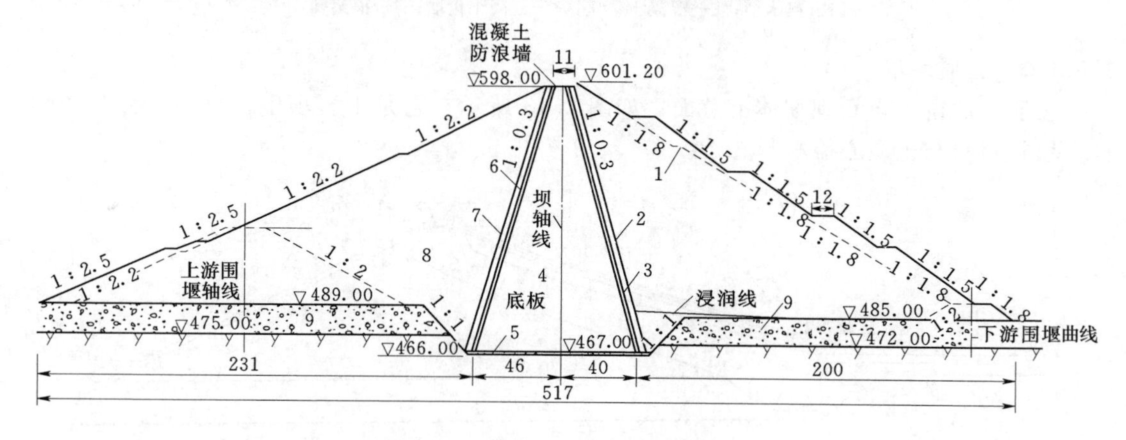

图 2.11　某黏土心墙坝（单位：m）

1—设计下游坝壳轮廓线；2—混合料反滤层；3—砂反滤层填筑河床砂卵石；
4—心墙填筑黏性土；5—混凝土底板；6—砂反滤层；7—混合料反滤层；
8—填筑河床砂卵石；9—坝基砂卵石

心墙的厚度应根据土料的允许渗透坡降来确定，保证心墙在渗透坡降作用下不至于被破坏，有时也需考虑控制下游浸润线的要求。

轻壤土的允许渗透坡降为3～4，壤土为4～6，黏土为6～8。心墙顶部的水平宽度不宜小于3m，心墙底部厚度不宜小于作用水头的1/4。心墙的两侧坡度一般为1∶0.15～1∶0.3，有些两侧坡度可达1∶0.4～1∶0.5。

心墙的顶部应高出设计洪水位0.30～0.60m，且不低于校核水位，当有可靠的防浪墙时，心墙顶部高程也不应低于设计洪水位。

心墙顶部与坝顶之间应设置保护层，以防止冻结、干燥等因素的影响，并按结构要求不小于1m，一般为1.5～2.5m。

心墙与坝壳之间应设置过渡层。过渡层的要求可以比反滤层的要求低，一般采用级配较好、抗风化的细粒石料和砂砾石料。过渡层除具有一定的反滤作用外，主要还是为了避免防渗体与坝壳两种刚度相差较大的土料之间刚度的突然变化，使应力传递均匀，防止防渗体产生裂缝，或控制裂缝的发展。

心墙与坝基及两岸必须有可靠的连接。对土基，一般采用黏性土截水槽［图1.12(a)］；对岩基，一般采用混凝土垫座或混凝土齿墙［图2.12（b）、(c)］。

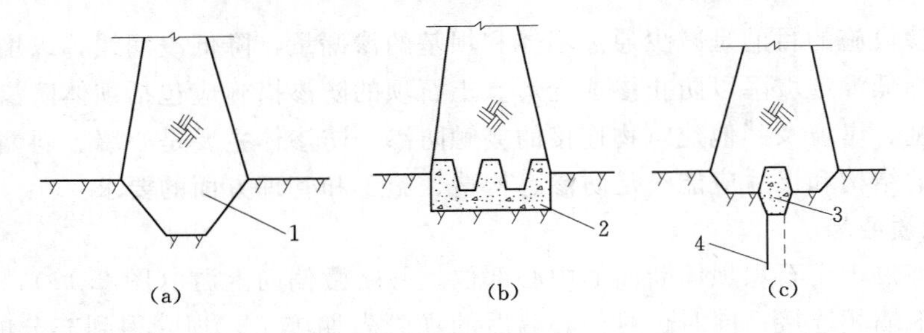

图2.12 心墙与地基的连接

1—截水槽；2—混凝土垫座；3—混凝土齿墙；4—灌浆孔

2.3.1.2 土质斜墙

土质斜墙位于土石坝坝体上游面，如图2.13所示。它是土石坝中常见的一种防渗结构。填筑材料与土质心墙材料相近。

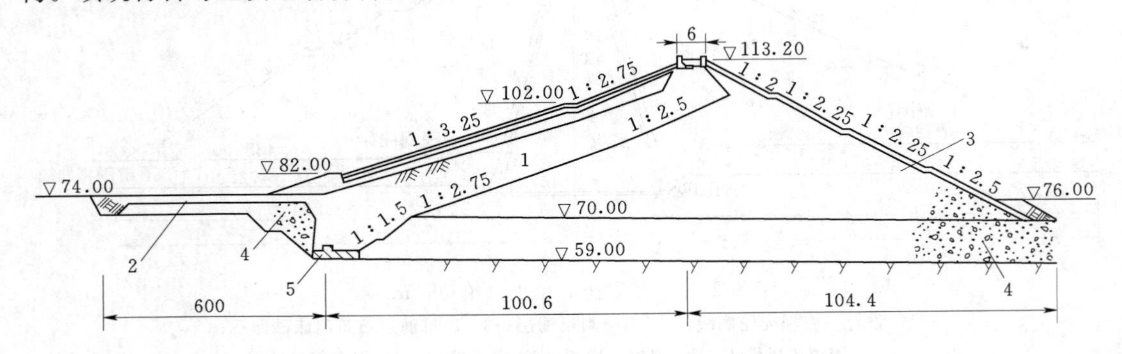

图2.13 某黏土斜墙坝（单位：m）

1—黏土斜墙；2—黏土铺盖；3—砂砾石坝壳；4—砂砾石地基；5—混凝土齿墙

斜墙的厚度应根据土壤的允许渗透坡降和结构的稳定性来确定，有时也需考虑控制下游浸润线的要求以及渗透流量的要求。斜墙顶部的水平宽度不宜小于3m；斜墙底部的厚

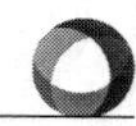

度应不小于作用水头的 1/5。

墙顶应高出设计洪水位 0.60～0.80m，且不低于校核水位。同样，如有可靠的防浪墙，斜墙顶部也不应低于设计洪水位。

斜墙顶部与坝顶之间应设置保护层，以防止冻结、干燥等因素的影响，并按结构要求不小于 1m，一般为 1.5～2.5m。

斜墙及过渡层的两侧坡度，主要取决于土坝稳定计算的结果，一般外坡应为1：2.0～1：2.5，内坡为 1：1.5～1：2.0。

斜墙的上游侧坡面和斜墙的顶部，必须设置保护层。其目的是防止斜墙被冲刷、冻裂或干裂，一般用砂、砂砾石、卵石或碎石等砌筑而成。保护层的厚度不得小于冰冻和干燥深度，一般为 2～3m。

斜墙与坝壳之间应设置过渡层。过渡层的作用、构造要求等与心墙和坝体间的过渡层类似，但由于斜墙在受力后更容易变形，因此对斜墙后过渡层的要求应适当高一些，且常设置为两层。斜墙与保护层之间的过渡层可适当简单，当保护层的材料比较合适时，可只设一层，有时甚至可以不设保护层。

2.3.1.3　非土料防渗体

非土料防渗体也称为人工材料防渗体，包括沥青混凝土或钢筋混凝土做成的防渗体。

1. 沥青混凝土防渗体

沥青混凝土具有较好的塑性和柔性，渗透系数很小，为 $1\times10^{-7}\sim1\times10^{-10}$cm/s，防渗和适应变形的能力均较好；产生裂缝时有一定的自行愈合的功能；施工受气候的影响小，是一种合适的防渗材料。沥青混凝土可以做成心墙，见图 2.14，也可以做成斜墙。

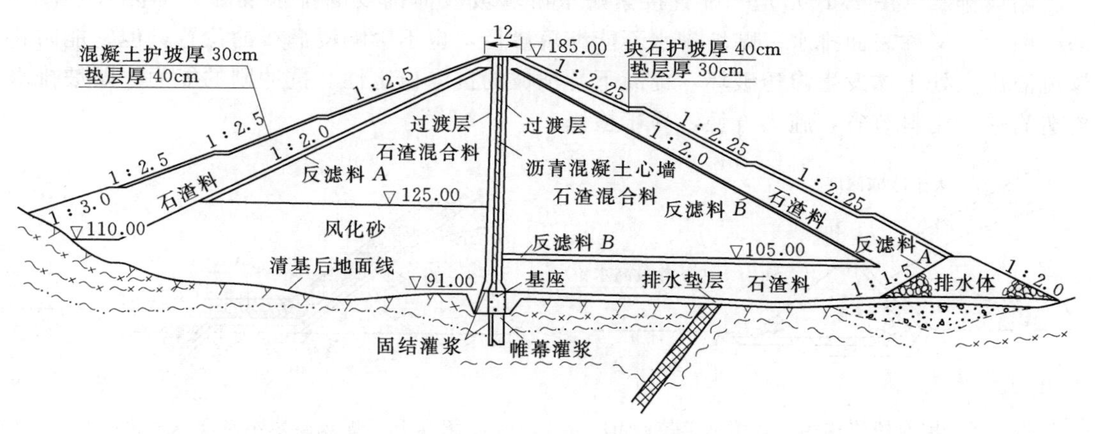

图 2.14　某沥青混凝土心墙防护坝

沥青混凝土心墙不受气候和日照的影响，可减缓沥青的老化速度，对抗震也有利，但检修困难。沥青混凝土心墙底部厚度一般为坝高的 1/60～1/40，且不少于 0.4m；顶部厚度不少于 0.3m。心墙两侧应设置过渡层。

沥青混凝土斜墙铺筑在厚 1～3cm、由碎石或砾石做成的垫层和 3～4cm 厚的沥青碎石基垫上，以调节坝体变形。沥青混凝土斜墙一般厚 20cm，分层铺填碾压，每层厚 3～6cm。沥青混凝土斜墙上游侧坡度不应陡于 1：1.6～1：1.7。

2. 钢筋混凝土防渗体

钢筋混凝土心墙已较少使用。钢筋混凝土心墙底部厚度一般为坝高的 1/40～1/20，顶部厚度不少于 0.3m。心墙两侧应设置过渡层。

钢筋混凝土面板一般不用于以砂砾石为坝壳材料的土石坝，因为土石坝坝面沉降大，而且不均匀，面板容易产生裂缝。钢筋混凝土面板主要用于堆石坝中。

2.3.2 坝体排水

土石坝坝身排水设施的主要作用是：①降低坝体浸润线，防止渗流逸出处的渗透变形，增强坝坡的稳定性；②防止坝坡受冻胀破坏；③有时也起降低孔隙水压力的作用。

1. 堆石棱体排水

堆石棱体排水（图 2.15）是在坝趾处用块石堆筑而成的，也称为排水棱体或滤水坝趾。堆石棱体排水能降低坝体浸润线，防止坝坡冻胀和渗透变形，保护下游坝脚不受尾水淘刷，同时还可支撑坝体，增加坝的稳定性。堆石棱体排水工作可靠，便于观测和检修，是目前使用最为广泛的一种坝体排水设施，多设置在下游有水的地方。

棱体排水顶部高程应超出下游最高水位。对 1 级、2 级坝，不应小于 1.0m；对 3～5 级坝，不应小于 0.5m；并应超过波浪沿坡面的爬高；顶部高程应使坝体浸润线距坝面的距离大于该地区冻结深度；顶部宽度应根据施工条件和检查观测需要确定，且不宜少于 1.0m；应避免在棱体上游坡脚处出现锐角。棱体的内坡坡度一般为 1：1～1：1.5，外坡坡度一般为 1：1.5～1：2.0。排水体与坝体及地基之间应设置反滤层。

2. 贴坡排水

贴坡排水（图 2.16）是一种直接紧贴下游坝坡表面铺设的排水设施，不伸入坝体内部。因此，又称表面排水。贴坡排水不能缩短渗径，也不影响浸润线的位置，但它能防止渗流溢出点处土体发生渗透破坏，提高下游坝坡的抗渗稳定性和抗冲刷的能力。贴坡排水构造简单，用料节省，施工方便，易于检修。

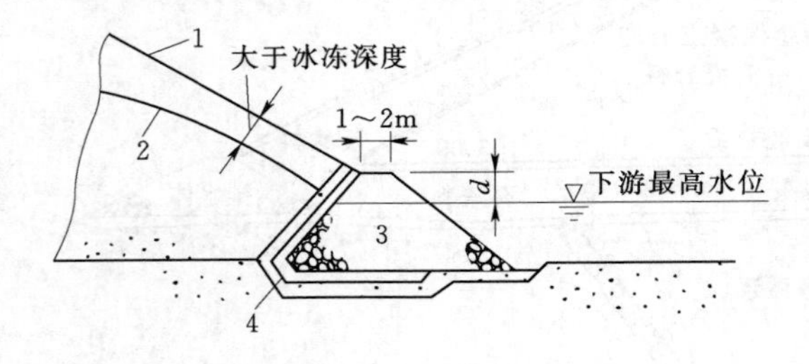

图 2.15 堆石棱体排水示意图（单位：m）

1—下游坝坡；2—浸润线；3—棱体排水；4—反滤层

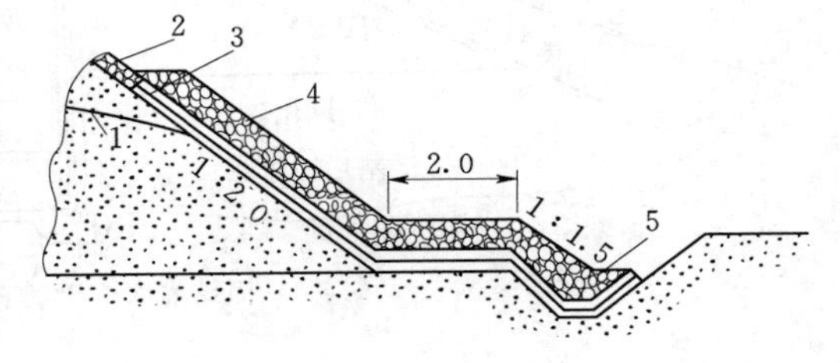

图 2.16 贴坡排水示意图（单位：m）

1—浸润线；2—护坡；3—反滤层；4—排水体；5—排水沟

贴坡排水顶部高程应高于坝体浸润线出逸点，且应使坝体浸润线在该地区的冻结深度以下。对 1 级、2 级坝，不应小于 2.0m；对 3～5 级坝，不应小于 1.5m；并应超过波浪沿坡面的爬高；底脚应设置排水沟或排水体；材料应满足防浪护坡的要求。

贴坡排水单独使用时，主要用于周期性被淹没的、坝的滩地部分的下游坝坡上。贴坡排水常用于与其他排水设施结合在一起使用，形成组合式排水。

贴坡排水一般由 1～2 层足够均匀的块石组成，从而保证有很高的渗透系数。石块的粒径应根据在下游波浪的作用下坝面的稳定条件来确定。下游最高水位以上的贴坡排水，可只填筑砾石或碎石。

贴坡排水砌石或堆石与下游坡面之间应设置反滤层。

3. 褥垫排水

褥垫排水（图 2.17）是设在坝体基部、从坝趾部位沿坝底向上游方向伸展的水平排水设施。

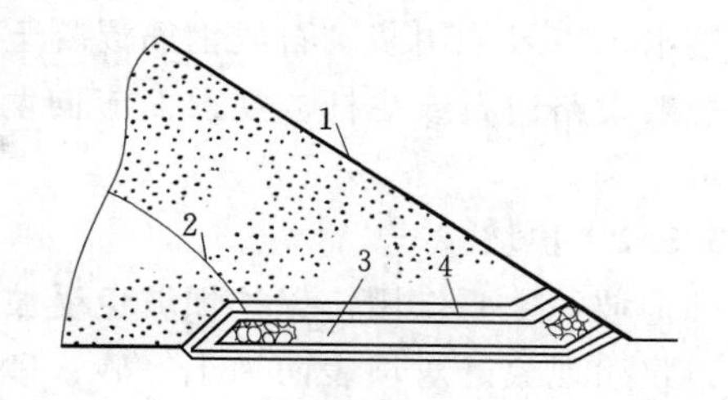

图 2.17　褥垫排水

1—护坡；2—浸润线；3—排水体；4—反滤层

褥垫排水的主要作用是降低坝内浸润线。褥垫伸入坝体越长，降低坝内浸润线的作用越大，但越长也越不经济。因此，褥垫伸入坝内的长度以不大于坝底宽度的 1/4～1/3 为宜。褥垫排水一般采用粒径均匀的块石，厚度为 0.4～0.5m。在褥垫排水的周围，应设置反滤层。

褥垫排水一般设置在下游无水的情况。但由于褥垫排水对地基不均匀沉降的适应性较差，且难以检修，因此在工程中很少应用。

4. 组合式排水

组合式排水（图 2.18）是为了充分发挥不同排水设施的功效，根据工程的需要，采用两种或两种以上的排水设施型式组合而成的排水设施。

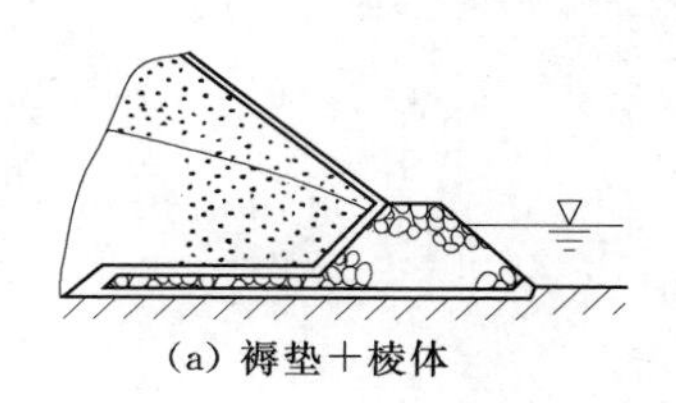

(a) 褥垫＋棱体

(b) 贴坡＋棱体

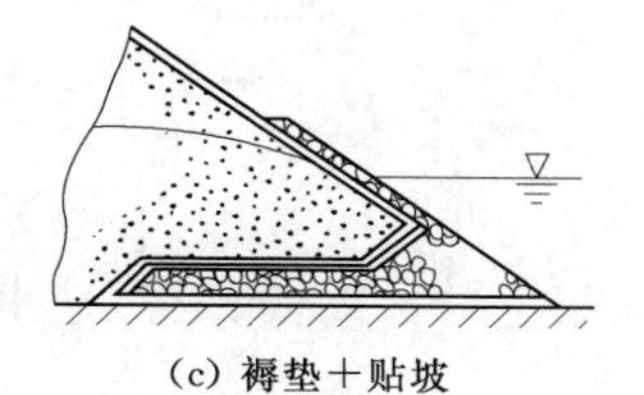

(c) 褥垫＋贴坡

图 2.18　组合式排水示意图

2.3.3　坝顶及护坡

2.3.3.1　坝顶

坝顶一般采用碎石、单层砌石、沥青或混凝土路面。如坝顶有公路交通要求，坝顶结构应满足公路交通路面的有关规定。坝顶上游侧常设防浪墙，见图 2.19，防浪墙应坚固、

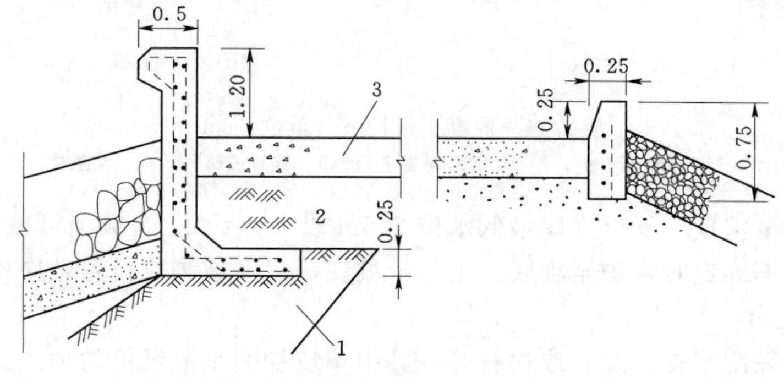

图 2.19　坝顶构造（单位：m）

1—斜墙；2—回填土；3—碎石路面

不透水。一般采用浆砌石或钢筋混凝土筑成，墙底应与坝体中的防渗体紧密连接。坝顶下游一般设路边石或栏杆。坝顶面应向两侧或一侧倾斜，形成2%～3%的坡度，以便排除雨水。

2.3.3.2 护坡

护坡的主要作用：保护坝坡免受波浪和降雨的冲刷；防止坝体的黏性土发生冻结、膨胀、收缩现象。对坝表面为土、砂、砂砾石等材料的土石坝，其上、下游均应设置专门的护坡。对堆石坝，可采用堆石材料中的粗颗粒料或超径石做护坡。

1. 上游护坡

上游护坡可采用抛石、干砌石、浆砌石、混凝土块（板）或沥青混凝土，如图2.20和图2.21所示，其中以砌块石护坡最常用。根据风浪大小，干砌石护坡可采用单层砌石或双层砌石，单层砌石厚为0.3～0.35m，双层砌石厚为0.4～0.6m，下面铺设0.15～0.25m厚的碎石或砾石垫层。

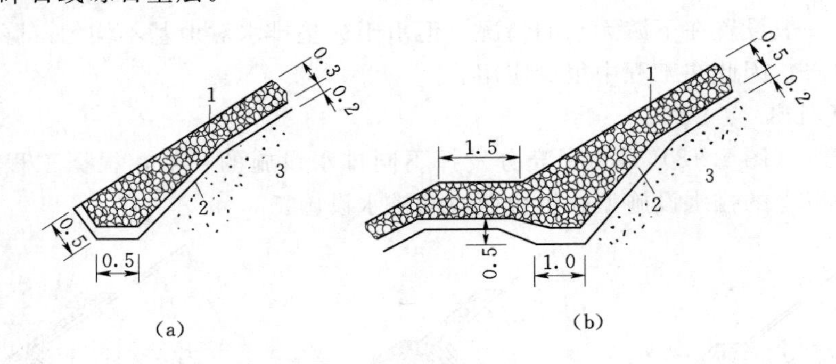

图2.20 干砌石护坡（单位：m）
1—干砌石；2—垫层；3—坝体

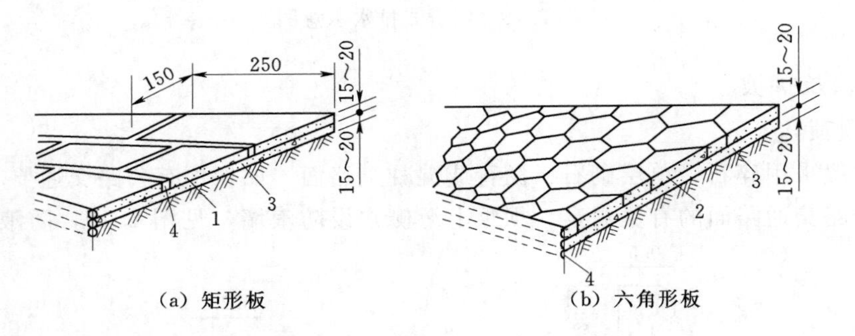

图2.21 混凝土板护坡（单位：cm）
1—矩形混凝土板；2—六角形混凝土板；3—碎石或砾石；4—结合缝

护坡范围上至坝顶，下至水库最低水位2.5m以下，4级、5级坝可减至1.5m，不高的坝或最低水位不确定时常护至坝底。上游护坡在马道及坡脚应设置基座以增加稳定性。

2. 下游护坡

下游护坡可采用草皮、碎石或块石等，其中草皮护坡是最经济的形式之一。草皮厚度一般为0.05～0.10m，且在草皮下部一般先铺垫一层厚0.2～0.3m的腐殖土。

下游面护坡的覆盖范围应由坝顶护至排水棱体；无排水棱体时，应护至坝脚。如坝体为堆石、碎石或卵石填筑，可不设护坡。

2.3.4 坝体各部分对土料的要求

1. 均质坝

均质坝的土料应具有一定的抗渗性能，其渗透系数不宜大于 1×10^{-4}cm/s；要求粒径小于 0.005mm 的颗粒的含量不大于 40%，一般以 10%～30%为宜；有机质含量（按质量计）不大于 5%。常用的是砂质黏土和壤土。

2. 心墙坝和斜墙坝的坝壳

坝壳土石料主要是为了保持坝体的稳定性，一般要求有较高的强度。下游坝壳水下部分及上游坝壳水位变化区宜有较高的透水性，且具有抗渗和抗震稳定性。砂、砾石、卵石、漂石、碎石等无黏性土料，料场开采的石料、开挖的石渣料，均可作为坝壳填料。均匀的中、细砂及粉砂一般只能用于坝壳的干燥区，因在地震作用下，用于浸润线以下坝区时易发生液化。

坝壳土石料应优先选用不均匀和连续级配的砂石料，一般认为不均匀系数 C_u（d_{60}/d_{30}）在 30～100 时较易压实，C_u<5～10 时则压实性不好。

3. 土质防渗体

防渗土料一般要求渗透系数不大于 1×10^{-5}cm/s，与坝壳材料的渗透系数之比不大于 1/1000；水溶盐含量（易溶盐和中溶盐，按质量计）应不大于 3%，有机质含量应不大于 2%。塑性和渗透稳定性较好；浸水和失水时体积变化小。

用于填筑防渗体的砾石土，粒径大于 5mm 的颗粒含量不宜超过 50%，最大粒径不宜大于 150mm 或铺填厚度的 2/3，0.075mm 以下的颗粒含量不应小于 15%。填筑时不得发生粗料集中架空现象。

有几种黏性土料不宜作为防渗体土料：塑性指数大于 20 和液限大于 40%的冲积黏土；膨胀土；开挖、压实困难的干硬黏土；冻土；分散性黏土。

4. 排水设施和砌石护坡用石料

排水设备和砌石护坡所用的石料，要求具有较高抗压强度，良好的抗水性、抗冻性和抗风化性的块石。块石料重度应大于 22kN/m^3，岩石孔隙率不应大于 3%，吸水率（按孔隙体积比计算）不应大于 0.8；其饱和抗压强度不小于 40～50MPa，软化系数不应大于 0.75～0.85。

2.3.5 填筑标准

土石料的填筑标准是指土料的压实程度及其适宜含水量。一般情况下，土石料压得越密实，即干密度越大，其抗剪强度、抗渗性、抗压缩性也越好，可使坝坡较陡、剖面缩小。但过大的密实度，需要增加碾压费用，往往不一定经济，工期还可能延长。因此，应综合分析各种条件，并通过试验合理地确定土料的填筑标准，达到既安全又经济的目的。

1. 黏性土的填筑标准

对不含砾或含少量砾的黏性土料的填筑标准应以压实度和最优含水率作为设计控制指

标。设计干密度应以击实最大干密度乘以压实度求得。

对于1、2级坝和高坝的压实度为0.98～1.00，对于3级中、低坝及其以下的中坝压实度为0.96～0.98。

2. 非黏性土料的填筑标准

非黏性土料是填筑坝体或坝壳的主要材料之一，对它的填筑密度也应有严格的要求，以便提高其抗剪强度和变形模量，增加坝体稳定和减小变形，防止砂土料的液化。它的压密程度一般与含水量关系不大，而与粒径级配和压实功能有密切关系。压密程度一般用相对密度 D_r 来表示。

砂砾石的相对密度不应低于0.75，砂的相对密度不应低于0.70，反滤料的相对密度宜为0.70。砂砾石粗粒料含量小于50%时，应保证细料（小于5mm的颗粒）的相对密度也符合上述要求。

堆石的填筑标准宜以孔隙率为设计控制标准。土质防渗体分区坝和沥青混凝土心墙坝的堆石料，其孔隙率宜为20%～28%。

【问题3】 坝体排水设备拟定。选用棱体排水，尺寸为：顶宽2m，内坡1∶1.5；外坡1∶2.0；顶部高出下游最高水位1.0～2.0m，故顶部高程为340.10m。在排水设备与坝体和土基接合处设反滤层。试绘制坝体剖面图。

任务2.4 土石坝的渗流分析

2.4.1 渗流分析概述

1. 渗流分析的目的

土石坝基本剖面确定后，需要通过渗流分析检验坝体及坝基的安全性，并为坝坡稳定分析提供依据。计算内容有坝体浸润线、渗流出逸点的位置、渗透流量和各点的渗透压力或渗透坡降，并绘制坝体及坝基内的等势线分布图或流网图等。

2. 计算工况

根据土石坝的运行情况，渗流计算的工况应能涵盖各种不利运行条件及其组合，一般需要计算的工况有以下几种。

(1) 上游正常蓄水位与下游相应的最低水位。

(2) 上游设计洪水位与下游相应的水位。

(3) 上游校核洪水位与下游相应的水位。

(4) 库水位降落时上游坝坡稳定最不利的情况。

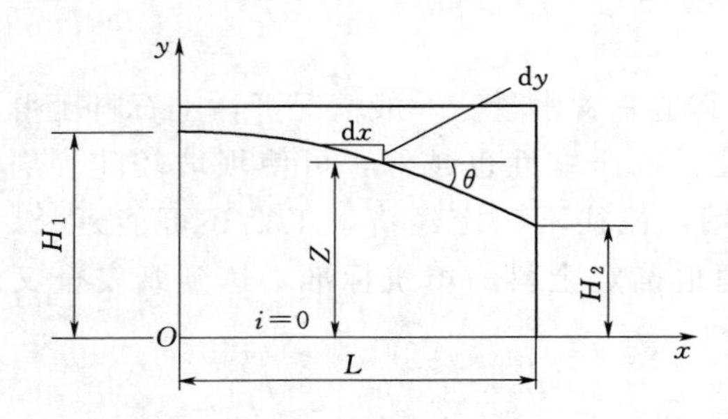

图2.22 不透水土基上矩形土体渗流计算图

2.4.2 渗流分析的水力学法

假设铅直线上各点的渗流坡降均相等，并可用浸润线导数来表示，即 dx/dy，如图2.22所示，那么渗流的达西定律可以写成微分方程表达式，即

$$v=-k\frac{dy}{dx} \tag{2.4}$$

式中　x——渗流沿程坐标；

y——浸润线高度坐标；

k——渗透系数；

v——渗透流速。

设渗流单宽流量为 q，则由式（2.4）可得

$$q=-ky\frac{dy}{dx} \tag{2.5}$$

式（2.5）为浸润线微分方程，其解为

$$y=\sqrt{H_1^2-\frac{2q_1}{k}x} \tag{2.6}$$

式中　H_1——上游水深；

q_1——坝体单宽渗流流量。

对于心墙坝和斜墙坝，式（2.6）变为

$$y=\sqrt{h^2-\frac{2q_1}{k}x} \tag{2.7}$$

式中　h——防渗体后水深。

土坝浸润线基本公式为式（2.6）或式（2.7），其中 q_1、h 为待定常数，其求解公式见表2.11。

单宽渗流量 $q=q_1+q_2$，q_2 为坝基渗流量，见表2.11。

水力学公式计算法是对边界条件进行近似处理得到的，各种教科书提供的公式都有一定的差异，引用时需要仔细分析选用。对于特殊情况，可以按照以上基本原理和边界条件进行推求。

2.4.3　土石坝的渗流破坏及其防治措施

土坝及地基中的渗流，由于其机械或化学作用，可能使土体产生局部破坏，称为“渗透破坏”。严重的渗透破坏可能导致工程失事，因此必须加以控制。

2.4.3.1　渗透破坏的型式

渗透破坏的型式及其发生、发展、变化过程与土料性质、土粒级配、水流条件以及防渗、排渗措施等因素有关，一般可归纳为管涌、流土、接触冲刷、接触流土和接触管涌等类型。最主要的是管涌和流土两种类型。

1. 管涌

坝体或坝基中的细土壤颗粒被渗流带走，逐渐形成渗流通道的现象称为管涌或机械管涌。管涌一般发生在坝的下游坡或闸坝的下游地基面渗流逸出处。没有黏聚力的无黏性砂土、砾石砂土中容易发生管涌；黏性土的颗粒之间存在有黏聚力（或称黏结力），渗流难以将其中的颗粒带走，一般不易发生管涌。管涌开始时，细小的土壤颗粒被渗流带走；随着细小颗粒的大量流失，土壤中的孔隙加大，较大的土壤颗粒也会被带走；如此逐渐向内部发展，形成集中的渗流通道。使个别小颗粒土在孔隙内开始移动的水力坡降，称为管涌

表 2.11 渗流计算基本方程

坝型	计算简图	基本方程	备注
均质坝，无排水设施（不透水地基）	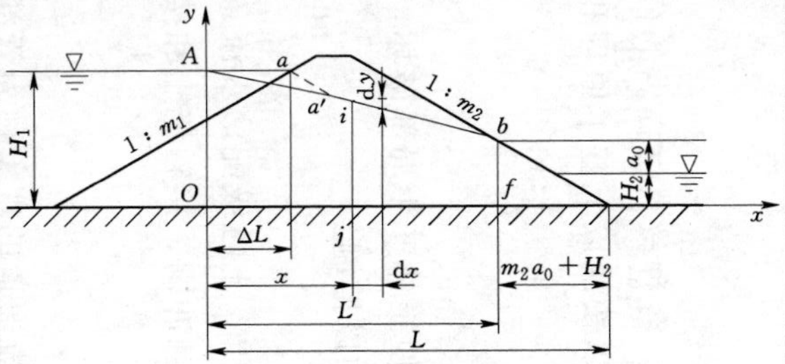	$\dfrac{H_1^2-(H_2+a_0)^2}{2L'}=\dfrac{a_0}{m_2+0.5}\left(1+\dfrac{H_2}{a_0+a_mH_2}\right)$ $a_m=\dfrac{m_2}{2(m_2+0.5)^2},L'=L-m_2(a_0+H_2)$ $q=k\dfrac{H_1^2-(H_2+a_0)^2}{2L'}$	
均质坝，棱体排水设施（不透水地基）	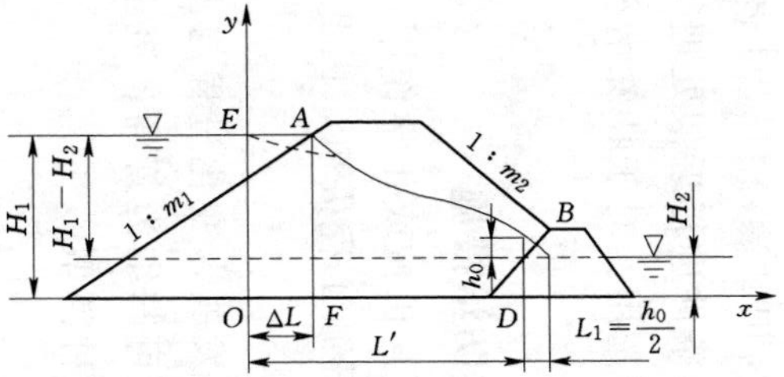	$h_0=\sqrt{L'^2+(H_1-H_2)^2}-L'$ $q=k\dfrac{H_1^2-(H_2+h_0)^2}{2L'}$	
均质坝，褥垫排水（不透水地基）	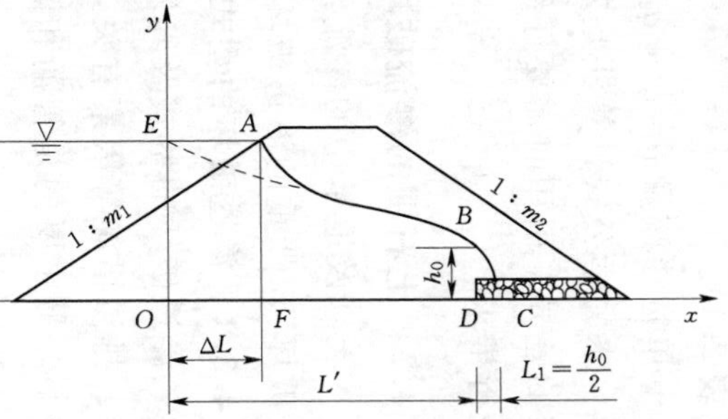	$h_0=\sqrt{L'^2+H_1^2}-L'$ $q=k\dfrac{H_1^2-h_0^2}{2L'}$	

续表

坝 型	计 算 简 图	基 本 方 程	备 注
心墙坝（有限深度透水地基）	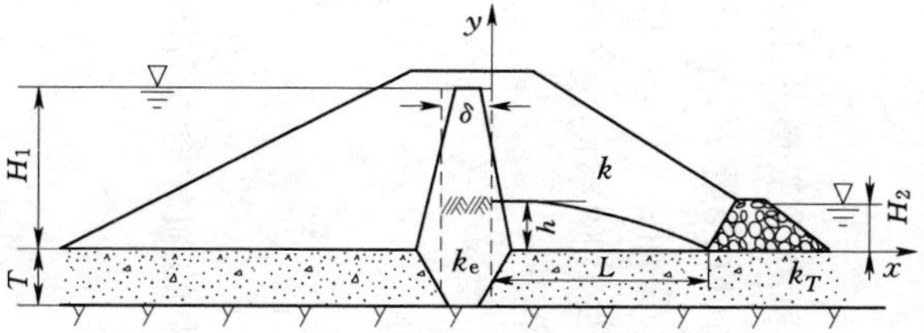	$q_1=k_e\dfrac{(H_1^2+T)-(h+T)^2}{2\delta}$ $q_2=k\dfrac{h^2-H_2^2}{2L}+k_T\dfrac{h}{L+0.44T}T$	由 $q_1=q_2=q$ 求解 h，q
带截水槽的斜墙坝（有限深度透水地基）	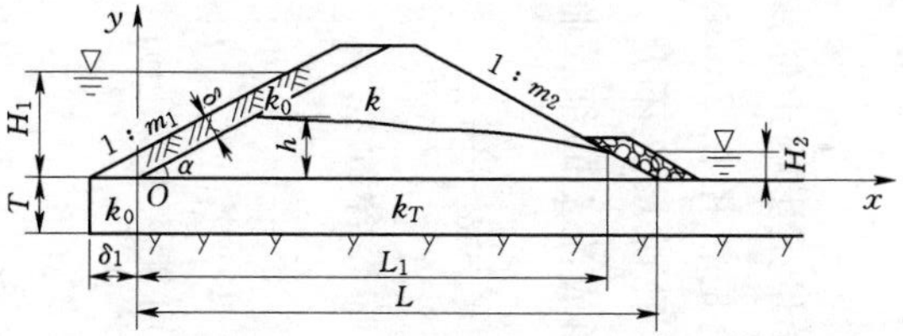	$q_1=k_0\dfrac{H_1^2-h^2}{2\delta}+k_0\dfrac{H_1-h}{\delta}T$ $q_2=k\dfrac{h^2-H_2^2}{2(L-m_2H_2)}+k_T\dfrac{h-H_2}{L_1+0.44T}T$	由 $q_1=q_2=q$ 求解 h，q
带水平铺盖的斜墙坝（有限深度透水地基）	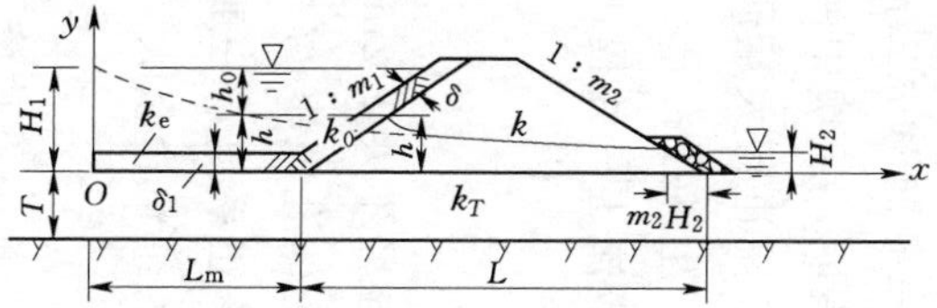	$q_1=k_T\dfrac{H_1-h}{L_m+0.44T}T$ $q_2=k\dfrac{h^2-H_2^2}{2(L-m_2H_2)}+k_T\dfrac{h-H_2}{L+0.44T}T$	由 $q_1=q_2=q$ 求解 h，q

注 表中 k、k_e、k_T 分别为坝体、防渗体和坝基的渗透参数；T 为透水地基深度；m_1、m_2 分别是上游坝坡、下游坝坡的坡比；$\Delta L=\dfrac{m_1}{1+2m_1}H_1$。

的临界坡降；使更大的土粒开始移动从而产生渗流通道和较大范围破坏的水力坡降，称为管涌的破坏坡降。

单个渗流通道的不断扩大或多个渗流通道的相互连通，最终将导致大面积的塌陷、滑坡等破坏现象。

2. 流土

在渗流作用下，成块的土体被掀起浮动的现象称为流土。流土主要发生在黏性土及均匀非黏性土体的渗流出口处。发生流土时的水力坡降，称为流土的破坏坡降。

3. 接触冲刷

当渗流沿两种不同土壤的接触面或建筑物与地基的接触面流动时，把其中细颗粒带走的现象称为接触冲刷。

4. 接触管涌和接触流土

渗流方向垂直于两种不同土壤的接触面时，如在黏土心墙与坝壳砂砾料之间、坝体或坝基与排水设施之间以及坝基内不同土层之间的渗流，可能把其中一层的细颗粒带到另一层的粗颗粒中去，称为接触管涌。当其中一层为黏性土，由于含水量增大致使黏聚力降低而成块移动，甚至形成剥蚀时，称为接触流土。

2.4.3.2　渗透变形的判别

渗流类型与土体的颗粒分布及其含量有关，是由内在因素决定的；至于会不会发生渗透变形还要根据外部因素——渗透坡降来判别。因此，渗透变形的判别包括两个方面，即渗透类型与发生条件。

1. 非黏性土管涌与流土的判别

试验研究表明，土壤中的细颗粒含量是影响土体渗透性能和渗透变形的主要因素。南京水利科学研究院进行大量研究，结论是粒径在2mm以下的细粒含量 $P>35\%$ 时，孔隙填充饱满，易产生流土；$P<25\%$ 时，孔隙填充不足，易产生管涌；$25\%<P<35\%$ 时，可能产生管涌或流土。并提出产生管涌或流土的细粒临界含量与孔隙率的关系为

$$P_z=\alpha\frac{\sqrt{n}}{1+\sqrt{n}} \tag{2.8}$$

式中　P_z——粒径不大于2mm的细粒临界含量，%；

n——土体孔隙率；

α——修正系数，一般取0.95～1.00。

当土体中的细粒含量大于 P_z 时，可能产生流土；当土体中的细粒含量不大于 P_z 时，可能产生管涌。

2. 渗透变形的临界坡降

（1）管涌的临界坡降。对于大、中型工程，应通过管涌试验来确定管涌的临界坡降。对于中、小型工程及初步设计，且当渗流方向自下向上时，可用南京水利科学研究院的经验公式计算，即

$$J_c=\frac{42d_3}{\sqrt{\frac{k}{n^3}}} \tag{2.9}$$

式中　d_3——相应于粒径曲线上含量为3%的粒径，cm；

其余符号含义同前。

允许渗透坡降［J］，可由渗透变形的临界坡降除以安全系数来确定。安全系数应根据建筑物的级别和土壤类别选定，一般为2～3。

无黏性土的允许渗透坡降当无试验资料时，且渗流出口无反滤层时，可按表2.12中的数值选用。

表2.12　　无黏性土允许渗透坡降

渗透变形型式	流土型			过渡型	管涌型	
	$C_u \leqslant 3$	$3 < C_u \leqslant 5$	$C_u > 5$		连续级配	不连续级配
［J］	0.25～0.35	0.35～0.50	0.50～0.80	0.25～0.40	0.15～0.25	0.10～0.20

（2）流土的临界坡降。当渗流方向由下向上时，常采用太沙基公式，即

$$J_B = (G-1)(1-n) \tag{2.10}$$

式中　G——土粒相对密度；

其余符号含义同前。

南京水利科学院建议将式（2.10）的计算结果乘以1.17为最终结果。

允许渗透坡降也要采用一定的安全系数，一般来说，对于黏性土取1.5；对于非黏性土取2.0～2.5。

2.4.3.3　防止发生渗透变形的措施

产生管涌和流土的条件，一方面取决于水力坡降的大小，另一方面决定于土的组成。因此，防止渗透变形的工程措施，一方面是降低渗流坡降从而减小渗流速度和渗流压力；另一方面是增强渗流逸出处土体抵抗渗透变形的能力。具体工程措施有：①在上游侧设置水平与垂直防渗体，延长渗径，降低渗透坡降或截阻渗流；②在下游侧设置排水沟或减压井，降低渗流出口处的渗流压力；③对可能发生管涌的地段，需铺设反滤层，拦截可能被涌流携带的细粒；④对下游可能产生流土的地段，应加盖重，盖重下的保护层也必须按反滤原则铺设。这里重点介绍反滤层。

（1）反滤层的作用。反滤层的主要作用是滤土排水，可以提高土体抗渗破坏能力，防止各类渗透变形，如管涌、流土、接触冲刷等。

（2）反滤层的结构。反滤层一般由2～3层不同粒径、级配均匀、耐风化的砂、砾石、卵石或碎石构成。层的排列应尽量与渗流的方向垂直，各层的粒径按渗流方向逐层增大，如图2.23所示。图2.23中箭头方向代表土体中的渗流方向。反滤层位于被保护土下部，渗流方向由上向下，如均质坝的水平排水体和斜墙后的反滤层等属Ⅰ型反滤；反滤层位于被保护土上部，渗流方向由下向上，如坝基渗流出逸处和排水沟下边的反滤层属Ⅱ型反滤。坝的反滤层必须满足一定要求：①使被保护土不发生渗透变形；②渗透

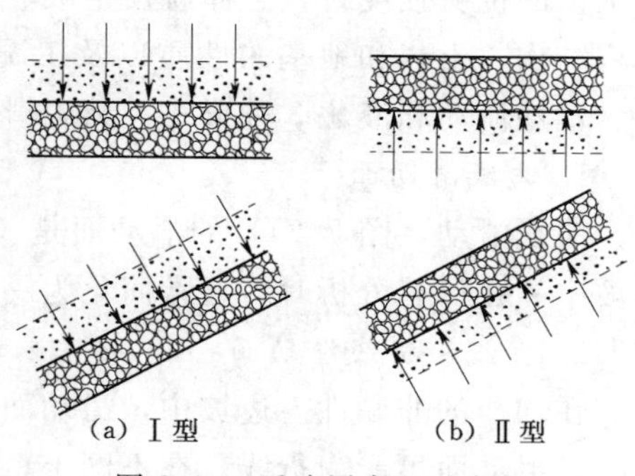

图2.23　反滤层布置示意图

性大于被保护土，能通畅地排出渗透水流；③不致被细粒土淤塞失效。

反滤层的厚度应根据材料的级配、料源、用途、施工方法等综合确定。人工施工时，水平反滤层的最小厚度可采用0.30m；垂直或倾斜的反滤层的最小厚度为0.50m。采用机械化施工时，反滤层的最小厚度根据施工方法确定。

(3) 反滤层设计。反滤层的设计包括掌握被保护土、坝壳料和料场砂砾料的颗粒级配，根据反滤层在坝的不同部位确定反滤层的类型，计算反滤层的级配、层数和厚度。

当被保护土为无黏性土且不均匀系数 $C_u \leqslant 5 \sim 8$ 时，紧邻被保护土的第一层反滤料，其级配按式（2.11）、式（2.12）确定，即

$$\frac{D_{15}}{d_{85}} \leqslant 4 \sim 5 \tag{2.11}$$

$$\frac{D_{15}}{d_{15}} \geqslant 5 \tag{2.12}$$

式中 D_{15}——反滤层的粒径，小于该粒径的土重占总重的15%；

d_{85}——被保护土的粒径，小于该粒径的土重占总重的85%；

d_{15}——被保护土的粒径，小于该粒径的土重占总重的15%。

当选择多层反滤料时，可同样按上述方法确定。选择第二层反滤料时，将第一层反滤料作为被保护土；选择第三层反滤料时，将第二层反滤料作为被保护土。依此类推。

【问题4】 在上述设计条件的基础上，进行［项目案例2.1］工程中均质土坝的渗流计算（包括渗流量和坝体浸润线）。

任务2.5 土石坝的稳定分析

2.5.1 概述

土石坝是由散颗粒体堆筑而成，依靠土体颗粒之间的摩擦力来维持其整体性，为此必须采用比较平缓的边坡，因而形成肥大的断面，以致有足够的强度抵挡上游水压力。所以，土石坝的稳定性主要是指边坡稳定问题，如果土石坝的边坡稳定性能得到保证，则其整体稳定性也就能得到保证。

摩尔认为，土体的破坏主要是剪切破坏。一旦土体内任一平面上的剪应力达到或超过了土体的抗剪强度时，土体就发生破坏。土石坝边坡稳定性就是边坡的抗剪强度问题。土石坝结构、土料和地基的性质以及工况条件等因素决定边坡的失稳形式。通常主要有滑坡、塑性流动和液化3种形式。其中滑坡主要有以下几种形式。

1. 曲线滑动面

曲线滑动（图2.24）的滑动面是一个顶部稍陡而底部渐缓的曲面，多发生在黏性土坝坡中。在计算分析时，通常简化为一个圆弧面。

2. 直线和折线滑动面

在均质的非黏性土边坡中，滑动面一般为直线（图2.25）；当坝体的一部分淹没在水中时，滑动面可能为折线。在不同土料的分界面，也可能发生直线或折线滑动。

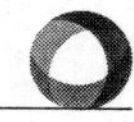

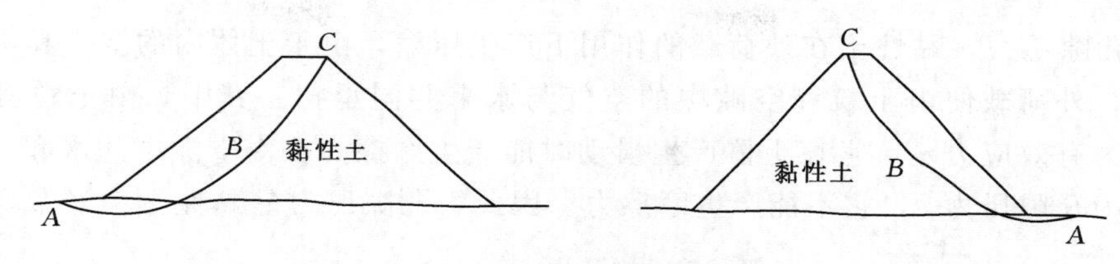

图 2.24　曲线滑动示意图

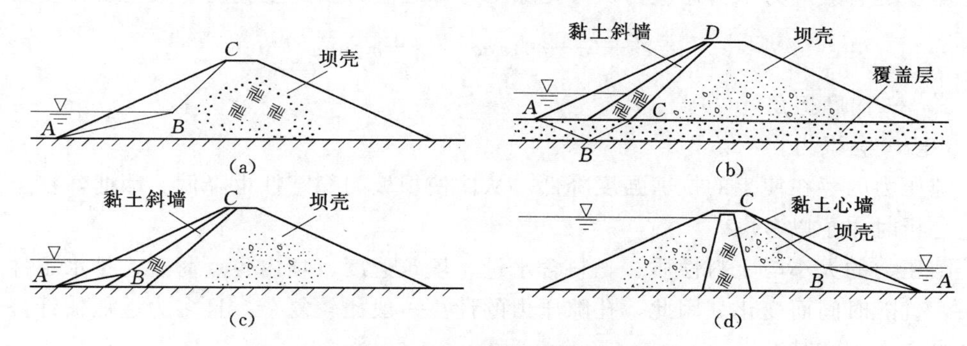

图 2.25　直线和折线滑动示意图

3. 复式滑动面

复式滑动面（图 2.26）是同时具有黏性土和非黏性土的土坝中常出现的滑动面型式。复式滑动面比较复杂，穿过黏性土的局部地段可能为曲线面，穿过非黏性土的局部地段则可能为平面或折线面。在计算分析时，通常根据实际情况对滑动面的形状和位置进行适当的简化。

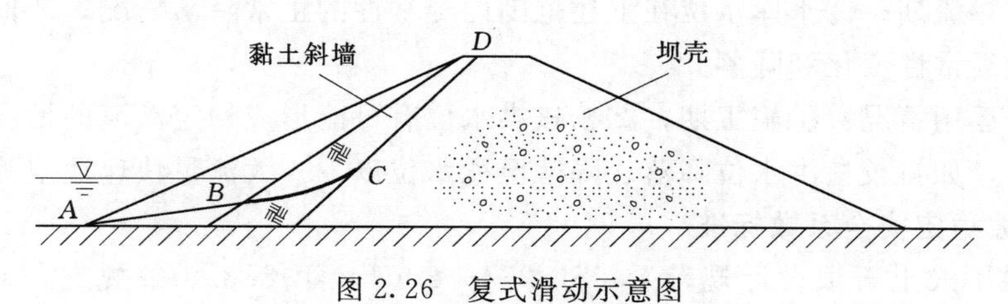

图 2.26　复式滑动示意图

2.5.2　荷载及其组合和稳定安全系数的标准

2.5.2.1　荷载及其组合

1. 基本荷载

土石坝的荷载主要包括自重、水压力、渗透力、孔隙压力、浪压力、地震惯性力等，大多数荷载的计算与重力坝相似。其中土石坝主要考虑的荷载有自重、渗透力、孔隙压力等，分述如下。

(1) 自重。土坝坝体自重分 3 种情况来考虑，即：在浸润线以上的土体，按湿容重计算；在浸润线以下、下游水面线以上的土体，按饱和容重计算；在下游水位以下的土体，按浮容重计算。

(2) 渗透力。渗透力是在渗流场内作用于土体的拖曳力。沿渗流场内各点的渗流方向，单位土体所受的渗透力 $p=\gamma J$，其中 γ 为水的容重；J 为该点的渗透坡降。

(3) 孔隙压力。黏性土在外荷载的作用下产生压缩，由于土体内的空气和水一时来不及排出，外荷载便由土粒和空隙中的空气与水来共同承担。其中，由土粒骨架承担的应力称为有效应力σ'，它在土体产生滑动时能产生摩擦力；由空隙中的水和空气承担的应力称为孔隙压力u，它不能产生摩擦力。因此，孔隙压力是黏性土中经常存在的一种力。

土壤中的有效应力σ'为总应力σ与孔隙压力u之差，因此土壤的有效抗剪强度为

$$\tau=c'+(\sigma-u)\tan\varphi'=c'+\sigma'\tan\varphi' \tag{2.13}$$

式中 φ'——内摩擦角，(°)；

c'——黏聚力。

孔隙压力的存在使土的抗剪强度降低，从而使坝坡的稳定性也降低。因此，在土坝坝坡稳定分析时应予以考虑。

孔隙压力的大小与土料性质、土料含水量、填筑速度、坝内各点荷载、排水条件等因素有关，且随时间而变化。因此，孔隙压力的计算一般比较复杂，且多为近似估计。具体计算可参考有关文献。

2. 荷载组合

根据《碾压式土石坝设计规范》(SL 274—2001)，土石坝施工、建设、蓄水和水库水位降落的各个时期在不同荷载作用下，应分别计算其稳定性。土石坝稳定分析的荷载组合主要有正常工作条件和非常运用情况。

(1) 正常工作条件：①水库上游水位处于正常蓄水位和设计洪水位与死水位之间的各种水位的稳定渗流期；②水库水位在上述范围内经常性的正常降落情况；③抽水蓄能电站的水库水位的经常性变化和降落。

(2) 非常运用情况：①施工期；②校核洪水位有可能形成稳定渗流的情况；③水库水位的非常降落，如自校核洪水位降落、降落至死水位以下、大流量快速泄空等。

2.5.2.2 边坡稳定安全系数标准

根据《碾压式土石坝设计规范》(SL 274—2001) 第8.3.9条规定：对于均质坝、厚斜墙坝和厚心墙坝，宜采用计及条间作用的简化毕肖普法；对于有软弱夹层、薄斜墙坝的坝坡稳定分析及其他任何坝型，可采用满足力和力矩平衡的摩根斯顿-普赖斯等滑楔法。

《碾压式土石坝设计规范》(SL 274—2001) 第8.3.11条还规定：采用不计条间作用力的瑞典圆弧法计算坝坡抗滑稳定安全系数时，对1级坝正常运用条间最小安全系数应不小于1.30，对其他情况应比表2.13规定值减小8%。

表2.13 按简化毕肖普法计算时的允许最小抗滑稳定安全系数

运用条件	工程等别			
	Ⅰ	Ⅱ	Ⅲ	Ⅳ、Ⅴ
正常运用	1.50	1.35	1.30	1.25
非常运用	1.30	1.25	1.20	1.15
正常运用＋地震	1.20	1.15	1.15	1.10

《碾压式土石坝设计规范》（SL 274—2001）第 8.3.12 条还规定：采用滑楔法进行稳定计算时，如假设滑楔之间作用力平行于坡面和滑楔底斜面的平均坡度，安全系数应满足表 2.13 中的规定；若假设滑楔之间作用力为水平方向，安全系数应满足上述第 8.3.11 条的规定。

2.5.3　边坡稳定计算

目前所采用的土石坝坝坡稳定分析方法的理论基础是刚体极限平衡理论。极限平衡状态是指土体某一面上导致土体滑动的滑动力，刚好等于抵抗土体滑动的抗滑力。计算的关键是滑动面形式的选定，一般有圆弧、直线、折线和复合滑动面等。对黏性土填筑的均质坝或非均质坝多为圆弧；对非黏性土填筑的坝，或以心墙、斜墙为防渗体的砂砾石坝体，一般采用直线法或折线法；对黏性土与非黏性土填筑的坝，则为复合滑动面。

土石坝设计中目前最广泛的圆弧滑动静力计算方法有瑞典圆弧法和简化的毕肖普法。其中瑞典圆弧法是不计条块间作用力的方法，计算简单，但理论上有缺陷，且当孔隙压力较大和地基软弱时误差较大。简化的毕肖普法计及条块间作用力，能反映土体滑动土条之间的客观状况，但计算比瑞典圆弧法复杂。由于计算机的广泛应用，使得计及条块间作用力方法的计算变得比较简单，容易实现。

2.5.3.1　圆弧滑动法的基本原理

假定滑动面为圆柱面，将滑动面内土体视为刚体，边坡失稳时该土体绕滑弧圆心 O 做旋转运动，计算时沿坝轴线取单宽按平面问题进行分析。由于土石坝工作条件复杂，滑动体内的浸润线又呈曲线状，而且抗剪强度沿滑动面的分布也不一定均匀，因此，为了简化计算和得到较为准确的结果，实践中常采用条分法，即将滑动面上的土体按一定宽度分为若干个铅直土条，分别计算各土条对圆心 O 的抗滑力矩 M_r 和滑动力矩 M_s，再分别取其总和，其比值即为该滑动面的稳定安全系数 K，有

$$K=\frac{M_r}{M_s} \tag{2.14}$$

2.5.3.2　瑞典圆弧法

瑞典圆弧法是目前土石坝设计中坝坡稳定分析的主要方法之一。该方法简单、实用，基本能满足工程精度要求，特别是在中小型土石坝设计中应用更为广泛。现以渗流稳定期用总应力法计算为例分析如下。

（1）将土条编号。土条宽度常取滑弧半径 R 的 1/10，即 $b=0.1R$。各块土条编号的顺序为：零号土条位于圆心之下，向上游（对下游坝坡而言）各土条的顺序为 1、2、3、…、n，往下游的顺序为 −1、−2、…、$-m$，如图 2.27（a）所示。

（2）计算土条的重量 W_i。由图 2.27（b）可求得 W_i 为

$$W_i=[\gamma_1 h_1+\gamma_3(h_2+h_3)+\gamma_4 h_4]b \tag{2.15}$$

式中　$h_1 \sim h_4$——土条各分段的中线高度；

γ_1，γ_3，γ_4——坝体土的湿重度、浮重度和坝基土的浮重度。

（3）安全系数。计算公式为

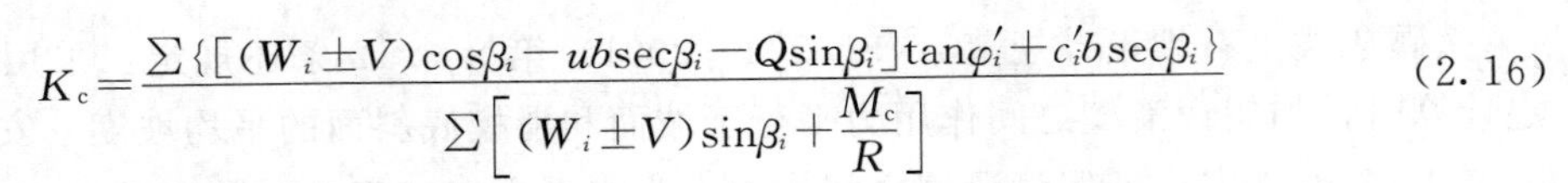

$$K_c=\frac{\sum\{[(W_i\pm V)\cos\beta_i-ub\sec\beta_i-Q\sin\beta_i]\tan\varphi_i'+c_i'b\sec\beta_i\}}{\sum\left[(W_i\pm V)\sin\beta_i+\frac{M_c}{R}\right]}\tag{2.16}$$

式中 W_i——第 i 土条的自重；

Q，V——水平和垂直地震惯性力（向上为负，向下为正）；

u——作用于土条底面的孔隙水压力；

φ_i'，c_i'——土条底面的有效应力抗剪强度指标；

β_i——条块重力线与通过此条块底面中点的半径之间的夹角；

b——土条宽度；

M_c——水平地震惯性力对圆心的力矩；

R——圆弧半径。

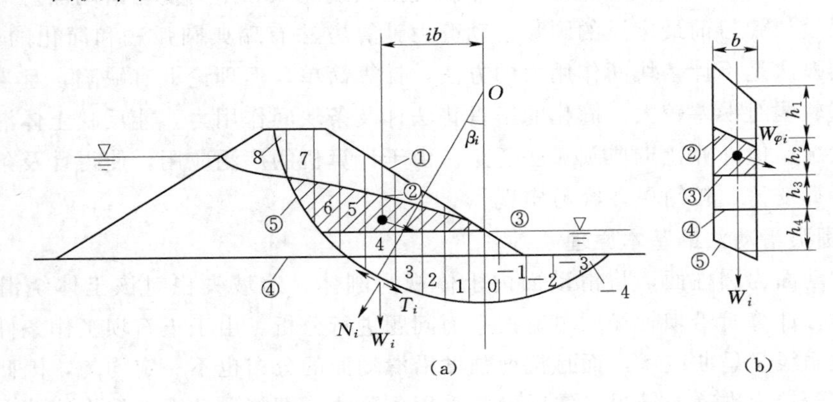

图 2.27 圆弧滑动计算简图

如果两端土条的宽度 b' 不等于 b，可将其高度 b' 换算成宽度为 b 的高度 $h=b'h'/b$。

按总应力法计算时，式（2.16）中 φ_i'、c_i' 换成总应力强度指标 φ_i、c_i，同时令 $u=0$。

《碾压式土石坝设计规范》（SL 274—2001）第 8.3.2 条规定：土石坝各种工况，土体的抗剪强度均应采用有效应力法；黏性土施工期和黏性土库水位降落期，应同时采用有效应力法和总应力法。

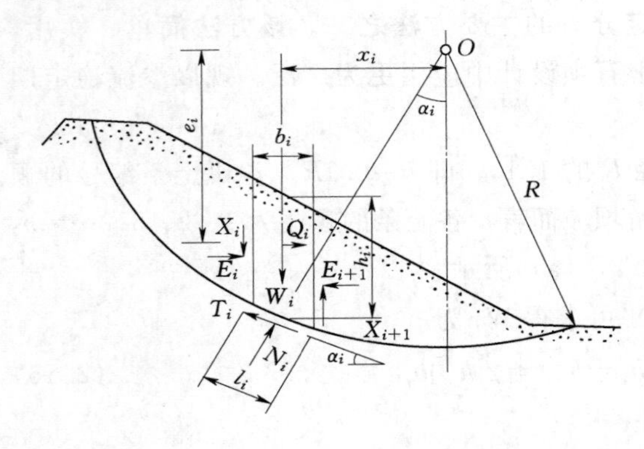

图 2.28 考虑条间作用力的毕肖普法土坝坝坡稳定计算示意图

2.5.3.3 简化的毕肖普法

瑞典圆弧法的主要缺点是没有考虑土条间的作用力，因而不满足力和力矩的平衡条件，所计算出的安全系数一般偏低。

毕肖普法是对瑞典圆弧法的改进。其基本原理是：近似考虑了土条水平方向的作用力，忽略了竖直方向的作用力（切向力，$X_i+\Delta X_i$ 与 X_i，即令 $X_i+\Delta X_i=X_i=0$），如图 2.28 所示。由于忽略了竖直方向的作用力，因此称为简化的毕肖普法。

毕肖普法是目前土坝坝坡稳定分析中使

用较多的一种方法。毕肖普法的安全系数计算公式为

$$K_c=\frac{\sum\frac{\{[(W_i\pm V)\sec\alpha_i-ub\sec\alpha_i]\tan\varphi_i'+c_i'b\sec\alpha_i\}}{1+\tan\alpha_i\tan\varphi_i'/K_c}}{\sum\left[(W_i\pm V)\sin\alpha_i+\frac{M_c}{R}\right]} \tag{2.17}$$

式中符号含义同前。

式（2.17）中，两端均含有 K_c，必须用试算法或迭代法求解。

2.5.3.4　最危险圆弧位置确定

圆弧法计算需要选定圆弧位置即圆心位置和圆弧半径，但很难确定最危险圆弧位置（对应最小安全系数），一般是在一定范围内搜索，经过多次计算才能找到最小安全系数。确定搜索范围有以下两种方法。

1. B.B方捷耶夫法

B.B方捷耶夫法认为，最小安全系数的滑弧圆心在扇形 $bcdf$ 范围内，如图2.29所示。具体做法：首先由下游坝坡中点 a 引出两条直线，一条是铅直线，另一条与坝坡线成85°，再以 a 点为圆心，以 $R_内$、$R_外$ 为半径（$R_内$、$R_外$ 由表2.14查得）作两个圆弧，得到扇形 $bcdf$。

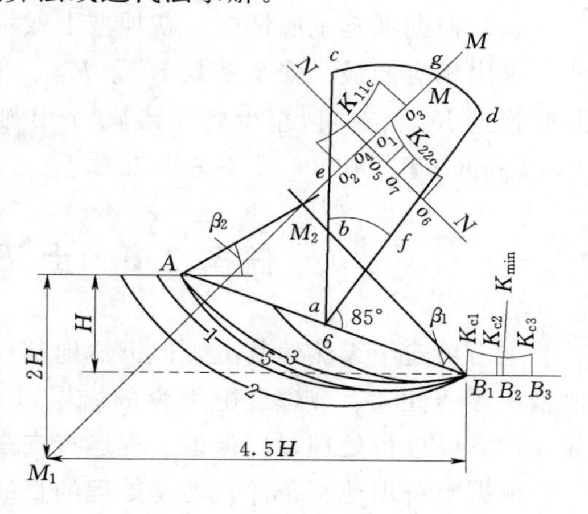

图2.29　最危险圆弧求解

表2.14　$R_内$、$R_外$ 值

坝坡	1∶1	1∶2	1∶3	1∶4	1∶5	1∶6
$R_内/H$	0.75	0.75	1.0	1.5	2.2	3.0
$R_外/H$	1.50	1.75	2.30	3.75	4.80	5.50

2. 费兰钮斯法

费兰钮斯法认为最小安全系数的滑弧圆心在直线 M_1M_2 的延长线附近。如图2.29所示，H 为坝高，定出距坝顶 $2H$、距坝趾 $4.5H$ 的点 M_1；再由坝趾 B 和坝顶 A 引出 BM_2 和 AM_2，它们分别与下游坝坡及坝顶的夹角为 β_1、β_2（表2.15），由此确定交点 M_2，并连接直线 M_1M_2。

表2.15　β_1、β_2 值

坝坡	1∶1.5	1∶2.0	1∶3.0	1∶4.0
β_1/(°)	26	25	25	25
β_2/(°)	35	35	35	36

以上两种方法适用于均质坝，其他坝型也可参考。实际运用时，常将两者结合应用，即认为最危险的滑弧圆心在扇形中 eg 线附近，并按以下步骤计算最小安全系数。

（1）首先在 eg 线上假定几个圆心 o_1、o_2、o_3 等，从每个圆心作滑弧通过坝脚 B 点，

按公式分别计算其 K_c 值。按比例将 K_c 值画在相应的圆心上，绘制 K_c 值的变化曲线，可找到该曲线上的最小 K_c 值，如 o_2 点。

(2) 再通过 eg 线上 K_c 最小的点 o_2，作 eg 垂线 NN。在 NN 线上取数点为圆心，画弧仍通过 B 点。求出 NN 线上最小的 K_c 值。一般认为该 K_c 值即为通过 B 点的最小安全系数，并按比例画在 B 点。有时为了更准确，还要通过 NN 线上 K_c 最小的点作垂线 N_1N_1，求出 N_1N_1 线最小的 K_c 值。

(3) 根据坝基土质情况，在坝坡上或坝脚外，再选数点 B_1、B_2、B_3 等，仿照上述方法，求出相应的最小安全系数 K_{c1}、K_{c2}、K_{c3} 等，并标注在相应点上，与 B 点的 K_c 连成曲线找到 K_{cmin}。一般至少要计算 15 个滑弧才能得到答案。

【问题 5】 进行［项目案例 2.1］土石坝稳定分析。

任务 2.6 土石坝的坝基处理

土石坝建于天然地基上，但天然地基往往不能完全满足要求，如经常遇到深厚覆盖层地基，渗透性大、节理裂隙发育的岩层以及软弱夹层、断层破碎带等地质条件复杂的地基，均需要进行处理，以保证工程运行安全。

根据土石坝地基条件，地基处理的目的大体可归纳为以下几个方面：①改善地基的剪切特性，防止剪切破坏，减少剪切变形，保证地基不发生滑动；②改善地基的压缩性能，减少不均匀沉降，以限制坝体裂缝的发生；③减少地基的透水性，降低扬压力和地下水位，使地基以至坝身不产生渗透变形，并把渗流流量控制在允许范围内；④改善地基的动力特性，防止液化。

对所有土石坝的坝基，首先应完全清除表面的腐殖土以及可能形成集中渗流和可能发生滑动的表层土石，然后根据不同的地基情况采用不同的处理措施。

岩石地基的强度大，变形小，一般能满足土石坝的要求，其处理的目的主要是控制渗流，处理方法基本与重力坝相同。本节重点介绍非岩石地基的处理。

2.6.1 砂砾石地基处理

砂砾石具有足够的承载能力，压缩性不大，干湿变化对体积的影响也不大。但砂砾石地基的透水性很大，渗漏现象严重，而且可能发生管涌、流土等渗透变形。

因此，砂砾石地基的处理主要是对地基的防渗处理，通常采取“上堵下排”的措施，“上堵”包括水平和铅直防渗措施，“下排”主要是排水减压。

2.6.1.1 垂直防渗设施

垂直防渗是解决坝基渗流问题效果最好的措施。垂直防渗的效果，相当于水平防渗效果的 3 倍。因此，在土石坝的防渗措施中，应优先选择垂直防渗措施。

垂直防渗措施主要有黏性土截水槽、混凝土防渗墙、板桩、灌浆帷幕等。

1. 黏性土截水槽

当覆盖层深度在 15m 以内时，可开挖深槽直达不透水层或基岩，槽内回填黏性土而成截水槽（也称截水墙），心墙坝、斜墙坝常将防渗体向下延伸至不透水层而成截水槽，如图 2.30 (a)、(b) 所示。

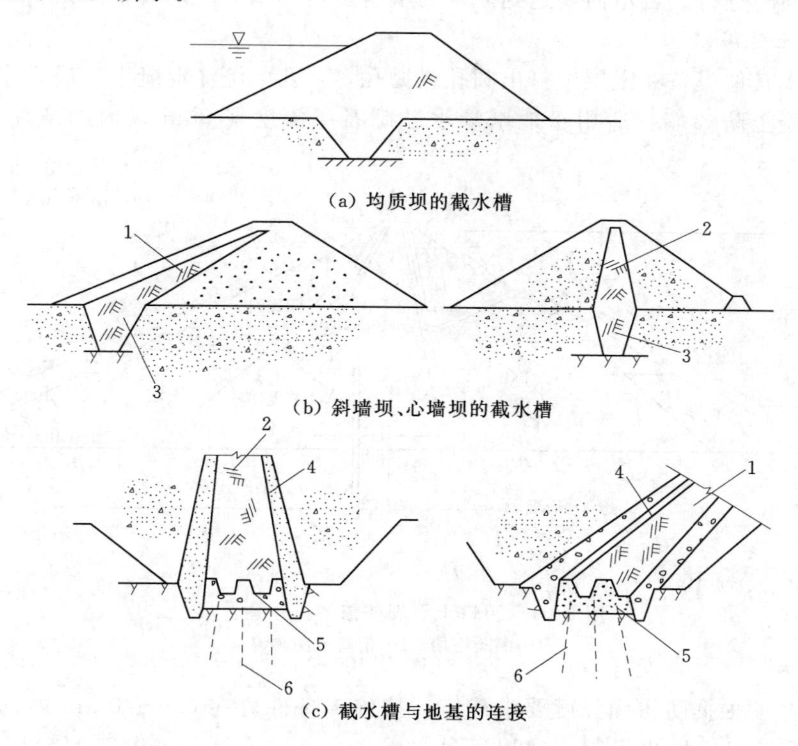

图 2.30　黏性土截水槽

1—黏土斜墙；2—黏土心墙；3—截水槽；4—过渡层；5—垫座；6—固结灌浆

截水槽底宽 L 常根据回填土料的允许渗透坡降与基岩接触面抗渗流冲刷的允许坡降以及施工条件（要求 $L \geqslant 3$m）确定。

$$L \geqslant \frac{\Delta H}{[J_c]} \tag{2.18}$$

式中　ΔH——运行期最大水头；

$[J_c]$——回填土料的允许渗透坡降，一般砂壤土，$[J_c]=3\sim4$；对壤土，$[J_c]=4\sim6$；对黏土，$[J_c]=5\sim10$。

截水槽的土料应与其上部的心墙或斜墙一致。均质土坝截水槽所用土料应与坝体相同，其截水槽的位置宜设于距上游坝脚 1/3～1/2 坝底宽处。

截水槽底部与不透水层的接触面是防渗的薄弱环节。若不透水层为岩基时，为了防止因槽底部接触面发生集中渗流而造成冲刷破坏，可在岩基建混凝土或钢筋混凝土齿墙；若岩石破碎，应在齿墙下进行帷幕灌浆，如图 2.30 (c) 所示。截水槽回填时，应在齿墙表面和齿墙岩面抹黏土浆。对于中小型工程，也可在截水槽底部基岩上挖一条齿槽以加长接触面的渗径，加强截水槽与基岩的连接。若不透水层为土层，则将截水槽底部嵌入不透水层 0.5～1.0m。

截水槽结构简单、工作可靠、防渗效果好，得到了广泛的应用。缺点是槽身挖填和坝体填筑不便同时进行。若汛前要达到一定的坝高拦洪度汛，工期较紧。

2. 混凝土防渗墙

用钻机或其他设备在土层中打出圆孔或槽孔，在孔中浇注混凝土，最后连成一片，成为整体的混凝土防渗墙。适用于地基渗水砂砾石层深度在 80m 以内的情况，如图 2.31 所示。

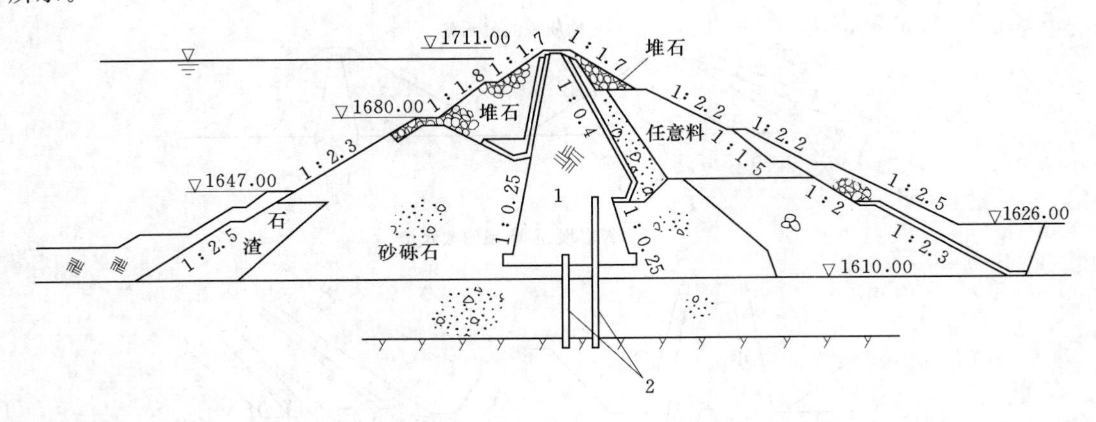

图 2.31　碧口土石坝防渗墙（单位：m）
1—黏土心墙；2—混凝土防渗墙

防渗墙厚度根据防渗和强度要求确定。按施工条件可在 0.6～1.3m 内选用（一般为 0.8m），因受钻孔机具的限制，墙厚不能超过 1.3m。混凝土防渗墙的允许坡降一般为 80～100，混凝土强度等级为 C10，抗渗等级 P6～P8，坍落度为 8～20cm，水泥用量为 300kg/m^3 左右。墙底应嵌入半风化岩内 0.5～1.0m，顶端插入防渗体，插入深度宜为坝高的 1/10；高坝可以降低，或根据渗流计算确定；低坝应不小于 2m。

从 20 世纪 60 年代起，混凝土防渗墙得到了广泛的应用，我国积累了不少施工经验，并发展了反循环回转新型冲击钻机、液压抓斗挖槽等技术，在砂卵石层中纯钻工效较高，加入国际先进行列。黄河小浪底工程，采用深度 70m 的双排防渗墙，单排墙厚 1.2m。

3. 板桩

当透水的冲积层较厚时，可采用板桩截水，或先挖一定深度的截水槽，槽下打板桩，槽中回填黏土，即合并使用板桩和截水墙。通常采用的是钢板桩，木板桩一般只用于围堰等临时性工程。

钢板桩可以穿过砾石类土和软弱或风化的岩石，在砂卵石层中打钢板桩时，由于孤石的阻力，可能使板桩歪斜，显著地增加透水性，加之造价较高，在我国用得不多。

4. 灌浆帷幕

当砂卵石层很厚，用上述 3 种方法都较困难或不够经济时，可采用灌浆帷幕防渗（图 2.32)。灌浆帷幕的施工方法：先用旋转式钻机造孔，同时用泥浆固壁，钻完孔后在孔中注入填料，插入带孔的钢管。待填料凝固后，在带孔的钢管中置入双塞灌浆器，用一定压力将水泥浆或水泥黏土浆压入透水层的孔隙中。压浆可自下而上分段进行，分段可根据透水层性质采用 0.33～0.5m。待浆液凝固后就形成了防渗帷幕。灌浆管结构示意图如图

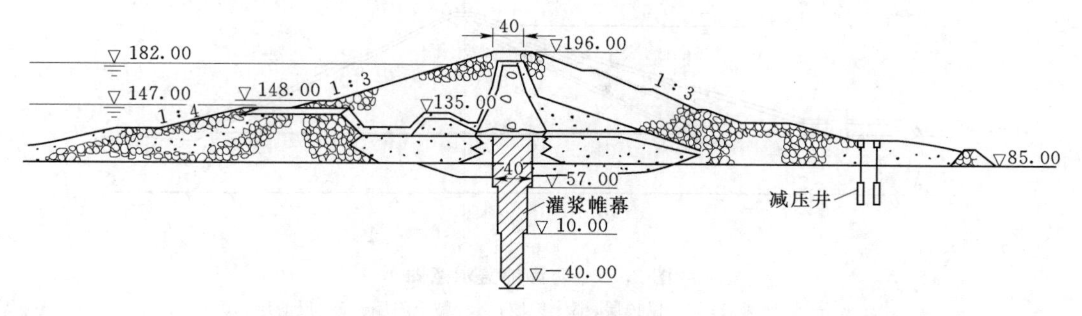

图 2.32　灌浆帷幕

2.33 所示。

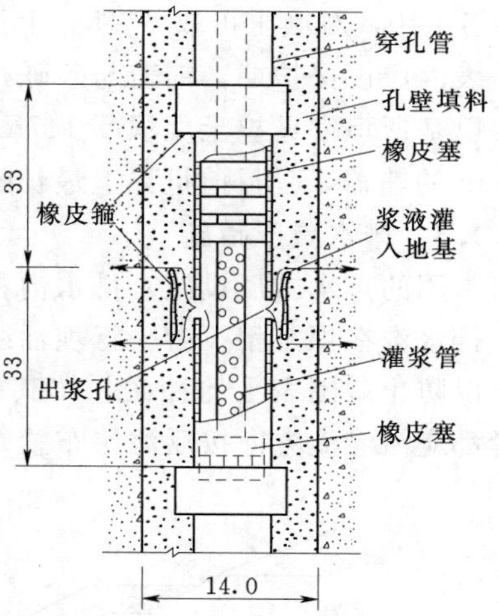

砂卵石地基的可灌性，可根据地基的渗透系数，可灌比值 M 及小于 0.1mm 颗粒含量等因素来评判。$M=D_{15}/d_{85}$，D_{15} 为某一粒径，在被灌土层中小于此粒径的土重占总土重的 15%，d_{85} 是另一粒径，在灌浆材料中小于此粒径的重量占总土重的 85%。一般认为，地基中小于 0.1mm 的颗粒含量不超过 5%，或者渗透系数 $k>10^{-2}$ cm/s，或者 $M>10$ 时，可灌水泥黏土浆；当渗透系数 $k>10^{-1}$cm/s 或 $M>15$ 时，可灌水泥浆。

图 2.33　灌浆管结构示意图（单位：cm）

灌浆帷幕的厚度 T，根据帷幕最大设计水头 H 和允许水力坡降 $[J]$，按式（2.19）估算，即

$$T=\frac{H}{[J]} \tag{2.19}$$

对一般水泥黏土浆，$[J]=3\sim4$。

帷幕的底部嵌入相对不透水层宜不小于 5m，若相对不透水层较深，可根据渗流分析，并结合类似工程研究确定。

多排帷幕灌浆的孔、排距应通过灌浆试验确定，初步可选用 2～3m，排数可根据帷幕厚度确定。

灌浆帷幕的优点是灌浆深度大，这种方法的主要问题是对地基的适应性较差，有的地基如粉砂、细砂地基，不易灌进，而透水性太大的地基又往往耗浆量太大。

2.6.1.2　水平防渗设施

防渗铺盖是由黏性土做成的水平防渗设施，是斜墙、心墙或均质坝体向上游延伸的部分。当采用垂直防渗有困难或不经济时，可考虑采用铺盖防渗。防渗铺盖构造简单，造价一般不高，但它不能完全截断渗流，只是通过延长渗径的办法，降低渗透坡降，减小渗透流量，所以对解决渗流控制问题有一定的局限性。其布置形式如图 2.34 所示。

铺盖常用黏土或砂质黏土材料，渗透系数应小于砂砾石层渗透系数的 1/100。铺盖长度一般为 4～6 倍水头，铺盖厚度主要取决于各点顶部和底部所受的水头差 ΔH_x 和土料的允许水力坡降 $[J]$，即距上游端为 x 处的厚度应不小于 $\delta_x=\Delta H_x/[J]$，$[J]$ 值对于黏土

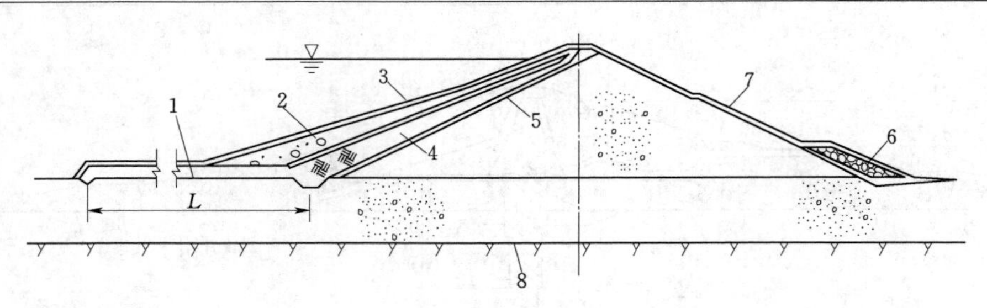

图 2.34　防渗铺盖示意图

1—防渗铺盖；2—保护层；3—护坡；4—黏土斜墙；5—反滤层；
6—排水体；7—草皮护坡；8—基岩

可取 5～10，对壤土可取 3～5。上游端部厚度不小于 0.5m，与斜墙连接处常达 3～5m。铺盖表面应设保护层，铺盖与砂砾石地基之间应根据需要设置反滤层或垫层。

巴基斯坦塔贝拉土坝坝高 147m，坝基砂砾石层厚度约 200m，采用厚 1.5～10m、长 2307m 的铺盖，是目前世界上最长的铺盖。

2.6.1.3　排水减压措施

常用的排水减压设施有排水沟和排水减压井。

排水沟在坝趾稍下游平行坝轴线设置，沟底深入到透水的砂砾石层内，沟顶略高于地面，以防止周围表土的冲淤。按其构造可分为明沟（图 2.35）和暗管（图 2.36）两种。两者都应沿渗流方向按反滤层布置，明沟沟底与下游的河道连接。

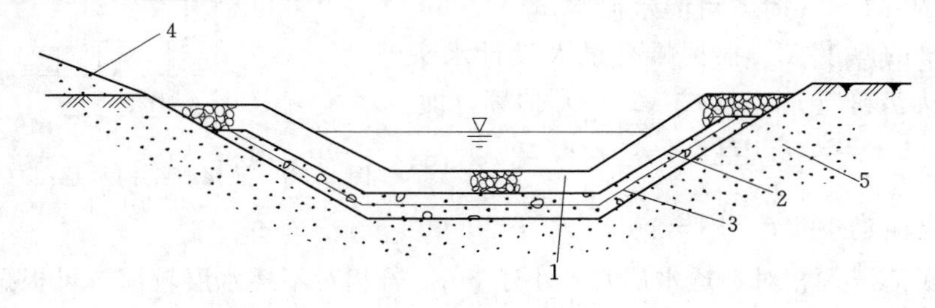

图 2.35　排水减压沟

1—干砌石；2—碎石；3—粗砂；4—坝坡；5—砂砾石层

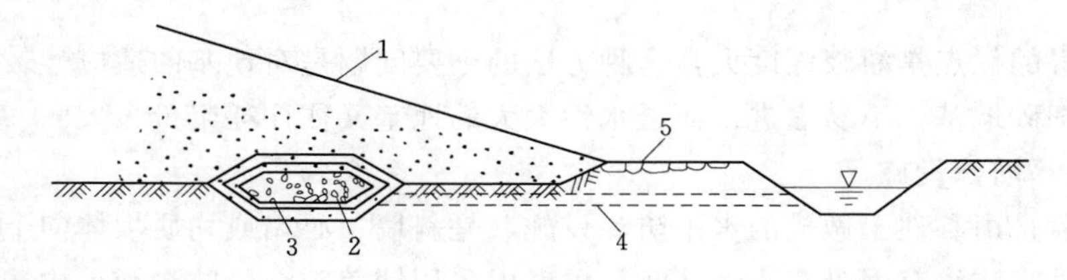

图 2.36　排水暗管

1—坝体；2—反滤层；3—坝身排水；4—排水暗沟；5—堆石盖重

将深层承压水导出水面，然后从排水沟中排出，其构造如图 2.37 所示。在钻孔中插入带有孔眼的井管，周围包以反滤料，管的直径一般为 20～30cm，井距一般为 20～30m。

2.6.2　细砂、软黏土和湿陷性黄土地基处理

1. 细砂地基处理

细砂地基，特别是饱和的细砂地基，在动力作用下容易产生液化现象，因此应加以处理。对厚度不大的细砂地基，一般采用挖除的办法。对于厚度较大的细砂地基，以前采用板桩加以封闭的办法，但很不经济。现在主要采用人工加密的办法，即在细砂地基中人工掺入粗砂。近年来，我国采用振冲法加密细砂地基，从而提高细砂地基的相对密度，取得了较好的效果。

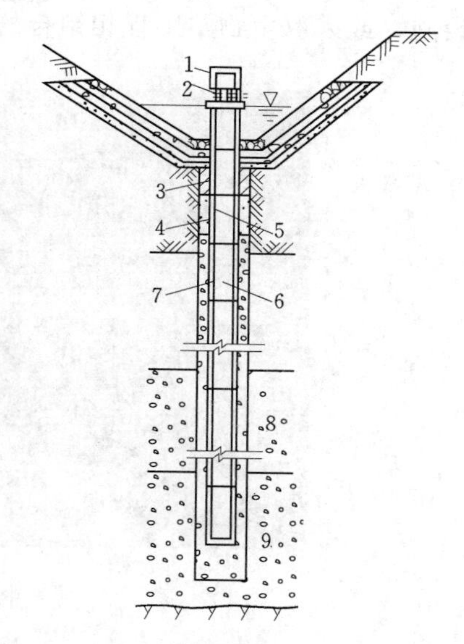

图 2.37　排水减压井

1—井帽；2—钢丝出水口；3—回填混凝土；4—回填砂；5—上升管；6—穿孔管；7—反滤层；8—砂砾石；9—砂卵石

2. 淤泥层地基处理

淤泥夹层的天然含水量较大，容重小，抗剪强度低，承载能力差。当淤泥层埋藏较浅时，一般将其全部挖除。当淤泥层埋藏较厚时，一般采用压重法或设置砂井加速固结的方法。

3. 软黏土和湿陷性黄土地基处理

当软黏土层较薄时，一般全部挖除；当软黏土层较厚时，一般采用换砂法或排水砂井法。对黄土地基，一般的处理方法有：预先浸水，使其湿陷加固；将表层土挖除，换土压实；夯实表层土，破坏黄土的天然结构，使其密实等。

【问题 6】　针对［项目案例 2.1］提出合理的土基处理措施。

任务 2.7　堤防与河道整治建筑物

2.7.1　堤防工程

堤防是沿河流、湖泊、海洋的岸边或蓄滞洪区、水库库区的周边修筑的挡水建筑物，其作用是抵挡河道洪水、海潮，保护两岸或海岸不受洪水（海潮）威胁。同时，堤防也影响岸区雨洪的排泄，因此，必须设置穿堤排水建筑物——水闸和泵站。堤防完整体系的建立，应包括保护地区的外洪、内洪和内涝的防治体系。既要建立抵挡河道洪水的堤防，又要建立内河排洪水闸、排涝泵站的工程体系，如图 2.38～图 2.40 所示。

2.7.1.1　堤防的类型和作用

堤防按其所在位置不同，可分为湖堤、河堤、海堤、围堤和水库堤防 5 种：

（1）湖堤。湖堤位于湖泊四周，由于湖水位涨落缓慢，高水位持续时间较长，且水域辽阔，风浪较大，要求在临水面有较好的防浪护面，背水面须有一定的排渗措施。

（2）河堤。河堤位于河道两岸，用于保护两岸田园和城镇不受洪水侵犯。

（3）海堤。海堤又称海塘、海堰，位于河口附近或沿海海岸，用以保护沿海地区的田野和城镇乡村免遭潮水海浪袭击，如图 2.41 所示。海堤临水面一般应设有较好的防浪消浪设施，或采取生物与工程相结合的保滩护堤措施。

图 2.38 堤防工程之一

图 2.39 堤防工程之二

图 2.40 堤防工程之三

图 2.41　海堤工程

(4) 围堤。围堤修建在蓄滞洪区的周边，在蓄滞洪运用时起临时挡水作用。

(5) 水库堤防。水库堤防位于水库回水末端及库区局部地段，用于限制库区的淹没范围和减少淹没损失。库尾堤防常需根据水库淤积引起翘尾巴的范围和防洪要求适当向上游延伸。

河堤按其所在位置和重要性，又分为干堤、支堤和民堤：

(1) 干堤。干堤修建在大江大河的两岸，标准较高，保护重要城镇、大型企业和大范围地区，由国家或地方专设机构管理。

(2) 支堤。支堤沿支流两岸修建，防洪标准一般低于同流域的干堤。但有的堤段因保护对象重要，设计标准接近甚至高于一般干堤，如汉江下游遥堤和武汉市区堤防等。重要支流堤防一般由流域部门负责修防，一般支堤由地方修建管理。

(3) 民堤。又称民埝，民修民守，保护范围小，抗洪能力低，如黄河滩的生产堤、长江中下游洲滩民垸的围堤等。

在黄河上，河堤常分为遥堤、缕堤、格堤、越堤和月堤 5 种（图 2.42）：

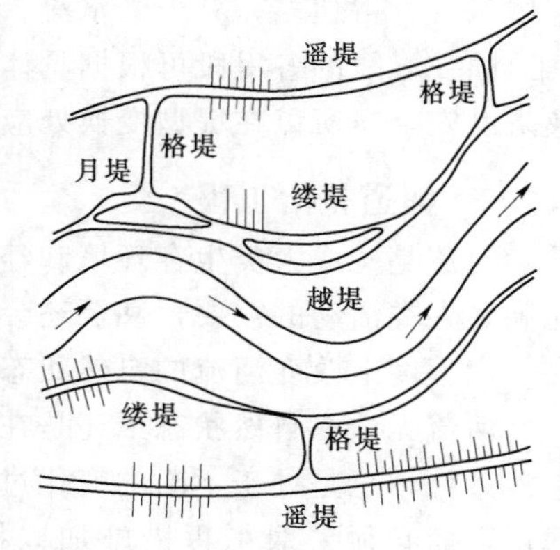

图 2.42　黄河堤防示意图

(1) 遥堤即干堤，距河较远，堤高身厚，用以防御一定标准的大洪水，是防洪的最后一道防线。

(2) 缕堤又称民埝，距河较近，堤身较薄，保护范围较小，多用于保护滩地生产，遇大洪水时允许漫溢溃决。

(3) 格堤为横向堤防，连接遥堤和缕堤，形成格状。缕堤一旦溃决，水遇格堤即止，受淹范围限于一格，同时防止形成顺堤串沟，危及遥堤安全。

(4) 越堤和月堤皆依缕堤修筑，呈月牙形。当河身变动远离堤防时，为争取耕地修筑越堤；当河岸崩退逼近缕堤时，则修筑月堤。

2.7.1.2　堤线布置及堤型选择

1. 堤线布置

堤线布置应根据防洪规划，地形、地质条件，河流或海岸线变迁，结合现有及拟建建筑物的位置、施工条件、已有工程状况以及征地拆迁、文物保护、行政区划等因素，经过技术经济比较后综合分析确定。堤线布置应遵循下列原则。

(1) 河堤堤线应与河势流向相适应，并与大洪水的主流线大致平行。一个河段两岸堤防的间距或一岸高地一岸堤防之间的距离应大致相等，不宜突然放大或缩小。

(2) 堤线应力求平顺，各堤段平缓连接，不得采用折线或急弯。

(3) 堤防工程应尽可能利用现有堤防和有利地形，修筑在土质较好、比较稳定的滩岸上，留有适当宽度的滩地，尽可能避开软弱地基、深水地带、古河道、强透水地基。

(4) 堤线应布置在占压耕地、拆迁房屋等建筑物少的地带，避开文物遗址，利于防汛抢险和工程管理。

(5) 湖堤、海堤应尽可能避开强风或暴潮正面袭击。

2. 堤型选择

根据筑堤材料不同，堤防有土堤、石堤、混凝土或钢筋混凝土防洪墙、分区填筑的混合材料堤等。根据堤身断面型式，有斜坡式堤、直墙式堤、直斜复合式堤等。根据防渗体设计，有均质土堤、斜墙式土堤、心墙式土堤。

堤防工程型式的选择应按照因地制宜、就地取材的原则，根据堤段所在的地理位置、重要程度、堤址地质、筑堤材料、水流及风浪特性、施工条件、运用和管理要求、环境景观、工程造价等因素，经过技术经济比较，综合确定。

土堤是我国江、河、湖、海防洪广为采用的堤型。土堤具有就近取材、便于施工、能适应堤基变形、便于加修改建、投资较少等特点。目前我国多数堤防采用均质土堤，但是它体积大、占地多，易于受水流、风浪破坏。

同一堤线的各堤段可根据具体条件采用不同的堤型。但接合部易于出现质量问题，危及防洪安全，所以在堤型变换处应做好连接处理，必要时应设过渡段。

2.7.2 河道整治工程

河流是构成人类生存环境和经济社会建设的一个重要组成部分。自然状态下的河流不能满足人类活动的需要，甚至还会带来严重的灾难。因此，必须对河流积极地进行整治，在一定程度上改变河流的自然状态，变水害为水利。

河流无论在自然状态下还是在人类活动影响下，由于可动的边界条件和不恒定的来水来沙条件，总是处于不断的变化过程之中，这种变化在许多情况下可能会产生巨大的破坏作用，而必须采取工程措施加以控制，这类工程措施即是治河工程，或称为河道整治工程。

2.7.2.1 河道整治的基本要求

河道整治包括防洪、泥沙、水景观和水生态的治理等方面，堤防体系是人-水-生态环境的综合体系，既要确保河道有足够的行洪断面，又要考虑生态、环境以及河道泥沙运动的基本需要，要全面把握河道治理各个方面、各层面的需求，全面规划，统筹安排。从生态角度，应尽量维持现有河道形态，维持河道生态环境的多样性，要遵循泥沙运动和河道演变规律，将河道建设为人水和谐共处的水利工程。

2.7.2.2 河道整治设计标准

河道整治设计标准一般包括设计流量、设计水位和整治线。

1. 设计流量和设计水位

设计流量和设计水位的确定要根据河道整治的目的、河道特性和整治条件研究确定。针对洪水、中水、枯水河槽的整治，应有各自相应的特征流量和水位作为设计的基本依据。洪水河槽一般按照当地的防洪标准，选择与之相应的洪峰流量或水位，作为设计河道整治建筑物高程的依据。中水河槽主要是在造床流量作用下形成的，一般情况下，平滩（河漫滩）流量接近造床流量，故常用平滩流量和水位作为设计标准。枯水河槽的整治主要是为了解决航运问题，一般根据长系列日均水位的某一保证率即通航保证率（90%～95%）来确定。

2. 整治线

整治线又称为治导线，是河道经过整治后，在设计流量下的平面轮廓线（图 2.43）。

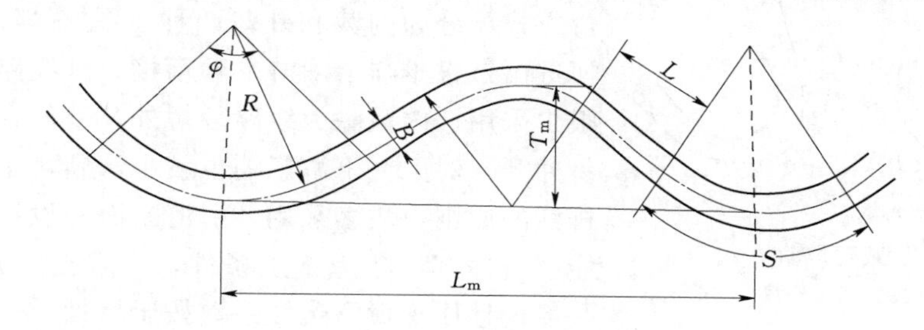

图 2.43　整治线曲线特性示意图

B—整治河宽；R—曲率半径；L—直线过渡段长度；L_m—弯顶距；T_m—摆幅；φ—中心角；S—曲线段长度

整治线的确定最为重要和复杂，它决定了整治水位下的河势，需反复研究论证和进行多种方案的比较，提出既符合河道自然演变规律，又能最大限度地照顾到各方利益的最佳方案。规划整治线的任务，主要是确定它的位置、宽度和线型。整治线的位置要根据本河段的演变发展规律，考虑上下游河势，已建整治建筑物的位置，力求整治后的河岸线能平顺衔接，适应水沙变化规律，满足各方面的要求。整治线的宽度（即河槽的宽度）可参考本河道主流稳定、流态平顺、流速适中、河岸略呈弯曲、水深沿程变化不大的河段的宽度或经验公式比较后确定。对于整治线的线型，实践证明，适度弯曲的单一河段较为稳定，一般将其设计成曲线，并在曲线与曲线之间连以适当长度的直线过渡段。

2.7.2.3　平原河流的整治措施

平原河流按其平面形态和演变特性的不同，可分为蜿蜒型河段、游荡型河段、分汊型河段和顺直型河段四大类型。对于不同类型河段的治理，应从分析研究本河段具体特性入手，制订出切合河段实际情况的规划方案和工程设计方案。

1. 蜿蜒型河段

蜿蜒型河段一般出现在河流的中下游，多位于流量变幅小，中水期较长，河床组成均为可冲刷土壤的河谷中。我国比较典型的蜿蜒型河段如长江中游的荆江河段、淮河流域的汝河下游和颍河下游、海河流域的南运河等。

弯曲河段的弯道凹岸由于受到水流的冲刷，产生的泥沙在凸岸淤积，在纵向输沙基本平衡的状态下，凹岸不断冲刷，凸岸不断淤积，其弯曲程度也不断加剧，对防洪、航运、引水等各方面都是不利的，应及时加以治理。

当河弯发展至适度弯曲的河段时，应对弯道凹岸加以保护，以防止弯道的继续发展和恶化，具体的措施可在凹岸使用护岸工程。

对弯曲程度过大的蜿蜒型河段，可采用人工裁弯的方法，改变其弯曲程度，使其成为适度弯曲的河段。其方法是在河弯的狭颈处，先开挖一较小断面的引河，利用水流本身的能量使引河逐渐冲刷发展，老河自行淤废，从而达到新河通过全部流量。

人工裁弯规划设计的主要内容包括引河定线、断面设计和护岸工程。引河在设计时既要保证顺利冲开并满足枯水通航的要求，又要河道平顺且顺乎自然发展趋势，工程量小。衡量人工裁弯可行性的重要指标是裁弯比——老河与引河轴线长度的比值，根据经验一般控制为3～7。裁弯方式可分为内裁和外裁两种（图2.44）。外裁因引河进出口很难与上下游平顺衔接，且线路较长，一般很少采用；内裁除因线路较短外，一般在狭颈处，容易冲开，对上、下游影响也较小，满足正面进水侧面排沙的原则，故多采用。引河断面的设计要保证引河能及时冲开，考虑施工条件，力求土方开挖量最小。一般设计成梯形，边坡系数按土壤性质、开挖深度和地下水等情况确定，可选为1∶2～1∶3；断面大小可设计成最终断面的1/15～1/5或原河道断面的1/20。引河崩塌到设计新河岸线附近时，就应及时护岸，可采用预防石的办法，即事先备足石料，待岸线崩退到预防石处时，自行坍塌，形成抛石护岸。

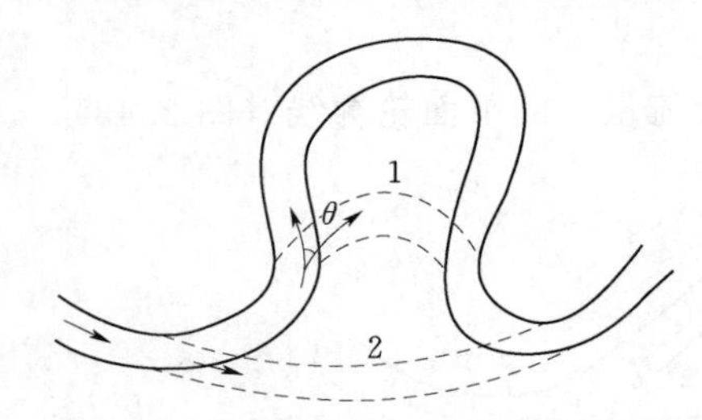

图2.44 裁弯取直方式
1—内裁；2—外裁

2. 游荡型河段

游荡型河段在我国多分布在华北及西北地区河流的中下游，如黄河下游孟津至高村河段，永定河下游卢沟桥至梁各庄河段等。其主要特点是河道宽浅，河床组成物质松散，泥沙淤积严重，主流摆动不定。

对于游荡型河段的整治原则是以防洪为主，在确保大堤安全的前提下，兼顾引水和航运。采用“以弯导流、以坝护弯”的形式，控制好游荡型河段的河势。在工程布置时，对于河道宽阔、主流横向摆动较大、流向变化剧烈的河段，以坝为主、垛为辅；对河道狭窄、主流横向摆动不大的河段，则以短坝为主、护坡为辅。

泥沙问题是游荡型河段难以治理的主要原因，要彻底治理好此种类型河段，应坚持标本兼治、综合处理的方针，即采取“上拦下排，两岸分滞”控制洪水，“拦、排、放、调、挖”处理和利用泥沙。

3. 分汊型河段

分汊型河段一般多出现在河流的中、下游，往往位于上游有节点或较稳定边界条件的河道边，流量变幅与含沙量均不过大、沿岸组成物质不均匀的宽阔河谷中，如长江下游镇扬河段等。其特点是中水河床在形态上呈现为宽窄交替，宽段存在江心洲，将水流分成两股或多股。

分汊型河段在发展演变过程中主要是洲滩的移动，江心洲在水流的作用下，洲头不断冲刷坍塌后退，洲尾不断淤积延伸，使江心洲缓慢向下游移动；主、支汊的交替兴衰也是

其演变特征之一，但周期较长。相对来讲，此类河道应当是较稳定的。

分汊型河段在整治时，应首先研究上游河势与本河段河势变化的规律，采取措施稳定上游河势，调整水流和分流分沙比。当分汊河段正处于对国民经济各方面均有利时，可采取措施把现状汊道的平面形态固定下来，维持良好的分流分沙比，使江心洲得以稳定，具体可在分汊河段上游节点处、汊道入口处、弯曲汊道中局部冲刷段以及江心洲首部和尾部分别修建整治建筑物，如图 2.45 所示。

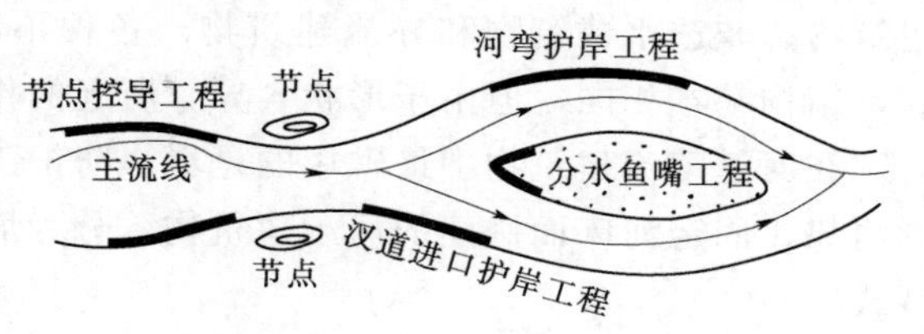

图 2.45　固定分汊河段工程整治措施

在一些多汊的河段或两股汊道流量相差较大的河段，当通航或引水要求增加某一汊道的流量时，可以采用堵汊并流、塞支强干的方法。堵汊的措施视具体情况而定，可修建挑水坝或锁坝等，对主、支汊有明显兴衰趋势的河段，宜修建挑水坝，将主流逼向另一汊，以加速其衰亡，如图 2.46 所示；在中小河流上，为取得较好的整治效果，通常修建锁坝堵汊，在含沙量大的河流上，宜修建透水锁坝，而含沙量小的河流宜采用实体锁坝，如图 2.47 所示。当堵塞的汊道较长或汊道比降较大时，也可修建几道锁坝，以保证建筑物的安全。

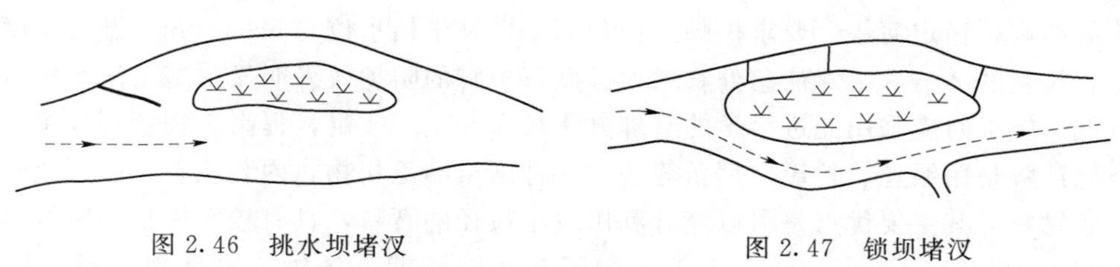

图 2.46　挑水坝堵汊　　　　图 2.47　锁坝堵汊

4. 顺直型河段

顺直型河段往往处于顺直、狭窄的河谷中，或者处于由黏土与沙黏土组成发育较高的河漫滩和有人工控制情况的宽阔河谷中。中水河床比较顺直或稍有弯曲，河床两侧常有犬牙交错的边滩，深泓线在平面和纵剖面上均呈波状曲线，浅滩与深槽相间，滩槽水深相差不大。

顺直型河段的演变特点是边滩在水流的作用下，与河岸发生相对运动，不断平行下移，深槽与浅滩则在水流冲淤作用下不断易位，所以主流深槽和浅滩位置都不稳定，对防洪、航运和引水都不利。

对顺直型河段的整治，应从研究边滩运动规律开始，当河势向有利方向发展时，及时采取措施将边滩稳定下来，然后在横向环流的作用下，河弯形成、发展，当形成有适度弯曲的连续河弯时，采用护岸工程将凹岸保护起来，从而得到有利的河势。对于稳定边滩的措施，可采用淹没式正挑丁坝群，以利于坝档落淤，促使边滩淤长，对于多泥沙河道，可采用编篱杩槎等措施防冲落淤。

2.7.2.4　河道整治建筑物

河道整治建筑物，即河工建筑物，是以河道整治为目的所修筑的建筑物。按建筑材料和使用年限，可分为轻型的（或临时型的）和重型的（或永久型的）整治建筑物；按建筑物与水位的关系，可分为淹没式和非淹没式；按建筑物对水流的干扰情况，又可分为透水建筑物、非透水建筑物和环流建筑物。各种不同类型的建筑物常做成护岸、垛、坝等形式，结构基本相同，但由于形状各异，所起的作用并不相同。

在河道整治建筑物中最常用的是堤岸防护工程，它是为保护河岸、防止水流冲刷、控制河势、固定河床而修建的河工建筑物，分为坡式护岸、坝式护岸、墙式护岸及其他防护型式。

1. 堤岸防护工程类型

1）坡式护岸。坡式护岸是采用具有抗冲性的材料平行覆盖于河岸，以抵抗水流的冲刷，起到保护岸坡的作用。其特点是：不挑流，水流平顺，不影响泄洪和航运，但防守被动，重点不突出。按照水流对岸坡的作用和施工条件，可分成护脚工程、护坡工程和滩顶工程三部分。

（1）护脚工程。设计枯水位以下为护脚工程，也叫护根、护底工程。护脚工程因长年在水下工作，要求能抵御水流的冲刷及推移质的磨损，具有较好的整体性且能适应河床变形以及较好的水下耐腐性。常用的传统型式有抛石护脚、石笼护脚、沉枕沉排护脚等，新型材料如土工织物近年被广泛采用。

抛石护脚是在需要防护的地段从深泓线到设计枯水位抛一定厚度的块石，以减弱水流对岸边的冲刷，稳定河势。要求护脚工程顶部平台高于枯水位0.5～1.0m。抛石厚度不宜小于抛石粒径的2倍，水深流急处宜增大。抛石护脚的防护效果明显，施工简便易行，工程造价低。施工时应采用先进科学的管理方法来保证施工质量，提高工程管理效率。

石笼护脚是用铅丝、竹篾、荆条等编成各种网格的笼状物，内装块石、卵石或砾石做成的护底材料。其主要优点是可以充分利用较小粒径的石料，具有较大体积和质量，整体性和柔韧性均较好。近年，由于土工织物网在水下长期不锈蚀，也常用作石笼的编织材料。

沉枕包括柳石枕和土工织物枕，柳石枕是在梢料内裹以石块，捆扎成长10～15m、直径为0.5～1.0m的柱状物体，柴、石体积比宜为7：3。柳石枕抛护上端应在多年平均最低水位处，其上应加抛接坡石；其外脚应加抛压脚大块石或石笼等。它的特点是具有一定的柔韧性，入水后紧贴河床，同时可以滞沙落淤。土工织物枕则是由土工织物和沙土填充物构成。

沉排护脚也有柴排和土工织物软体沉排两类。柴排是用上、下两层梢枕做成网格，其间填以捆扎成方形或矩形的梢料（多采用秸料或苇料），上面再压石块的排状物，其厚度根据需要而定，一般为0.45～1.0m，长度一般为40～50m，宽度为8～30m。采用柴排护脚，其岸坡不应陡于1：2.5，且排体上端应在多年平均最低水位处；其垂直流向的排体长度应满足在河床发生最大冲刷时，在排体下沉后仍能保持缓于1：2.5的坡度；相邻排体之间应相互搭接，其搭接长度宜为1.5～2.0m。柴排是传统的护岸型式，造价低，可就地取材。土工织物软体沉排则是由聚乙烯编织布、聚氯乙烯塑料绳和混凝土块组成，编织布是沉排的主体，塑料绳相当于排体的骨干，分上、下两层，混凝土块用尼龙绳固定在网上。

(2) 护坡工程。滩顶工程与护脚工程之间的部分为护坡工程。护坡工程主要受到水流冲刷作用，波浪的冲击及地下水外渗的侵蚀，要求建筑材料坚硬、密实，长期耐风化。护坡主要由脚槽、护坡坡面、导滤沟等组成。脚槽主要起支承坡面不致坍塌的作用；护坡坡面由面层与垫层组成，垫层起反滤作用，面层块石大小及厚度应能保证其在水流和波浪作用下不被冲走；导滤沟设在地下水逸出点以下，间距与沟的尺寸视地下渗水流量而定，一般沟的间距为 10m，断面尺寸为 0.6m×0.5m。

(3) 滩顶工程。滩顶工程位于设计洪水位加波浪爬高和安全超高以上，该部分的破坏可能由下层工程的破坏引起，但主要是承受雨水冲刷和地下水的浸蚀。在处理时，可先平整岸坡，然后栽种树木，铺盖草皮或植草，同时应开挖排水沟或铺设排水管，并修建集水沟，将水分段排出。

2) 坝式护岸。坝式护岸工程应按治理要求依堤岸修建。其布置可选用丁坝、顺坝及丁、顺坝相结合的“Γ”形坝等型式。

(1) 丁坝是一端与河岸相连、另一端伸向河槽的坝形建筑物。丁坝由坝头、坝身和坝根 3 部分组成。它可以起到挑流与导流的作用，但同时因丁坝改变了水流结构，还可能在坝头位置出现较大的冲刷坑，影响丁坝本身的安全。

丁坝的种类很多。根据丁坝坝身透水情况可分为透水丁坝和不透水丁坝；按坝轴线与水流方向的夹角可分为上挑丁坝、正挑丁坝和下挑丁坝，如图 2.48 所示；按丁坝对水流的干扰情况，可分为长丁坝和短丁坝。

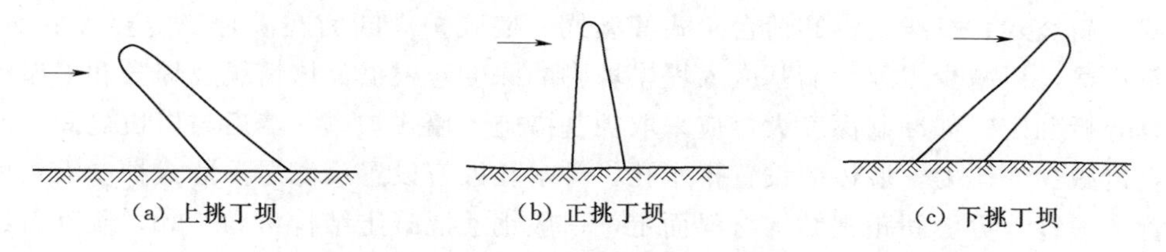

(a) 上挑丁坝　(b) 正挑丁坝　(c) 下挑丁坝

图 2.48　交角不同的丁坝

特别短的丁坝又常称为矶头、盘头、垛等，其平面形状有人字坝、月牙坝、雁翅坝、磨盘坝等，如图 2.49 所示。这种坝工主要起迎托主流、消杀水势、防止岸线崩退的作用，由于其施工简便，防塌效果明显，在稳定河道和汛期抢险中经常采用。

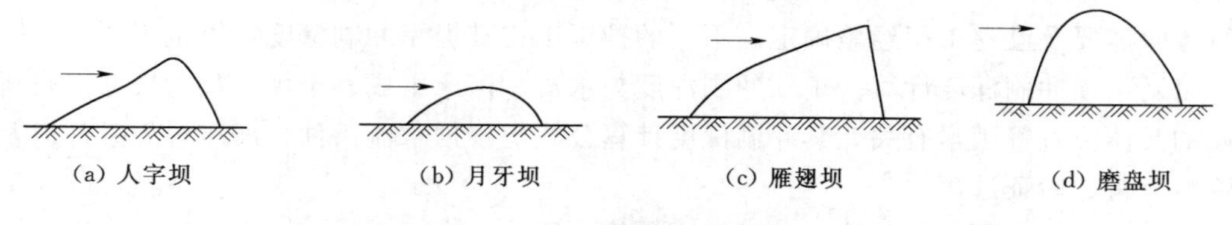

(a) 人字坝　(b) 月牙坝　(c) 雁翅坝　(d) 磨盘坝

图 2.49　坝垛的平面形态

丁坝的结构型式也较多，除了传统的沉排丁坝、土丁坝、抛石丁坝、柳石丁坝和杩槎丁坝外，还有一些轻型的丁坝，如“工”字钢桩插板丁坝、钢筋混凝土井柱坝、竹木导流屏坝和网坝等。在选择时应考虑水流条件、河床地质及丁坝的工作条件，按照因地制宜、就地取材的原则进行。

丁坝的平面布置应根据整治规划、水流流势、河岸冲刷情况和已建同类工程的经验确定，必要时应通过河工模型试验验证。丁坝的平面布置应符合一定要求。

丁坝的长度应根据堤岸、滩岸与治导线距离确定，一般坝长不宜大于50～100m，如离岸较远，可修土顺坝作为丁坝生根的场所，此顺坝在黄河下游称为连坝。

丁坝的间距可为坝长的1～3倍，处于治导线凹岸以外位置的丁坝间距可增大。

非淹没丁坝宜采用上挑型式布置，坝轴线与水流流向的夹角可采用30°～60°。

(2) 顺坝是顺着水流方向沿整治线修建的坝形建筑物，它的上游与河岸相连，下游则与河岸有一定的距离。其作用是束窄河槽、引导水流，有时也做控导工程。顺坝也分淹没式与非淹没式，如为整治枯水河床，则坝顶略高于枯水位；如为整治中水河床，则坝顶与河漫滩齐平；如为整治洪水河床，则坝顶略高于洪水位。有时为了加速淤积、防止冲刷，常在坝身和岸边修筑格坝，如图2.50所示。

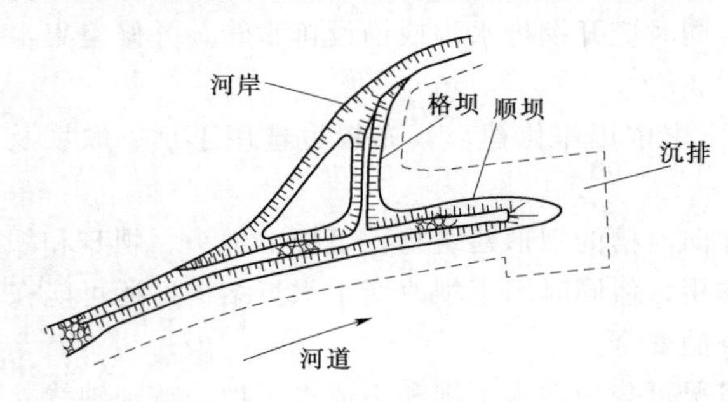

图2.50　顺坝与格坝

3) 墙式护岸。对河道狭窄、堤外无滩易受水流冲刷、保护对象重要、受地形条件或已建建筑物限制的塌岸堤段宜采用墙式护岸。墙式护岸为重力式挡土墙护岸，临水侧可采用直立式、陡坡式，背水侧可采用直立式、斜坡式、折线式、卸荷台阶式等型式。墙式护岸断面在满足稳定要求的前提下，宜尽量小些，以减少占地。墙基嵌入堤岸坡脚的深度应根据具体情况及堤身和堤岸整体稳定计算分析确定。如冲刷深度大，应采取护基措施。墙式护岸在墙后与岸坡之间可回填砂砾石，以减少侧压力。墙体应设置排水孔，排水孔处应设置反滤层。墙式护岸沿长度方向应设置变形缝，分缝间距视结构材料而定，一般钢筋混凝土结构可为20m，浆砌石结构可为10m。

2. 堤岸冲刷深度的计算

块石是最常用的堤、坝护脚加固材料，新修的防护工程护脚部分将在水流作用下随着床面冲深变化而自动调整。为防止水流淘刷向深层发展造成工程破坏，应考虑在抛石外缘加抛防冲和稳定加固储备的石方量。石方量应根据河床可能冲刷的深度、岸床土质情况、防汛抢险需要及已建工程经验确定。不同的护岸工程其堤岸冲刷深度计算也不同。

(1) 丁坝冲刷深度计算。丁坝冲刷深度与水流、河床组成、丁坝形状与尺寸以及所处河段的具体位置等因素有关，其冲刷深度计算公式应根据水流条件、河床边界条件以及观测资料分析、验证选用。

非淹没丁坝冲刷深度可按式(2.20)计算，即

$$\frac{h_s}{H_0}=2.80k_1k_2k_3\left(\frac{U_m-U}{\sqrt{gH_0}}\right)^{0.75}\left(\frac{L_D}{H_0}\right)^{0.08} \tag{2.20}$$

$$k_1=\left(\frac{\theta}{90}\right)^{0.246} \tag{2.21}$$

式中　h_s——冲刷深度，m；

k_1，k_2，k_3——丁坝与水流方向的交角、守护段的平面形态及丁坝坝头的坡比对冲刷深度影响的修正系数。位于弯曲河段的单丁坝，$k_2=1.34$；位于过渡段或顺直段的单丁坝，$k_2=1.00$；

U_m——坝头最大流速，m/s；

U——行进流速，m/s；

L_D——丁坝的有效长度，m；

g——重力加速度，m/s²；

H_0——行进水流水深，m。

（2）顺坝及平顺护岸冲刷深度可按式（2.22）计算，即

$$h_s=H_0\left[\left(\frac{U_{cp}}{U_c}\right)^n-1\right] \tag{2.22}$$

$$U_{cp}=U\frac{2\eta}{1+\eta} \tag{2.23}$$

式中　h_s——局部冲刷深度，从水面起算，m；

H_0——冲刷处的水深，以近似设计水位最大深度代替，m；

U_{cp}——近岸垂线平均流速，m/s；

U_c——泥沙起动流速，m/s；

n——与防护岸坡在平面上的形状有关，一般取1/6～1/4；

η——水流流速分配不均匀系数，根据水流流向与岸坡交角α值查表2.16采用。

表2.16　水流流速不均匀系数

α/(°)	≤15	20	30	40	50	60	70	80	90
η	1.00	1.25	1.50	1.75	2.00	2.25	2.50	2.75	3.00

思　考　题

2-1　土坝的适用条件是什么？

2-2　如何选用土坝坝型？

2-3　土坝设计的基本步骤是什么？

2-4　查阅有关资料，了解土坝坝顶高程计算时的风速如何取得？不同高程的风速如何换算？陆地和水面风速如何换算？复杂水域的吹程如何确定？

2-5　查阅有关资料，了解土坝、堤防和渠道等坝（堤）顶高程确定方法。

2-6　参考其他教材和专著，了解各种土坝渗流的水力学计算方法，了解其他渗流计算方法和程序。

2-7　土坝稳定分析方法如何确定？抗剪强度指标如何选用？

2-8　查阅有关资料，了解面板堆石坝的结构和计算方法。

2-9　查阅有关资料，了解堤防选线和河道治理的要求。

2-10　查阅有关资料，了解海堤设计的基本要求。

项目3　其他坝型及过坝建筑物

学习要求：理解拱坝的工作原理及特点；了解拱坝对地形地质条件的要求、类型、泄洪等；熟悉橡胶坝的工作原理、材料选用、细部构造、适用条件；了解支墩坝的类型及特点；了解过坝建筑物的类型及用途；熟悉船闸的工作原理、布置及构造。

任务3.1　拱　　坝

3.1.1　拱坝的工作原理及特点

拱坝是一固结于岩石基础上的空间壳体结构，其坝体结构可近似看作由一系列凸向上游的水平拱圈和一系列竖向悬臂梁所组成。坝体结构既有拱的作用又有梁的作用，因此具有双向传递荷载的特点。坝体承受的水平荷载一部分通过拱的作用传至两岸基岩，另一部分通过竖直梁的作用传至坝底基岩，如图3.1所示。

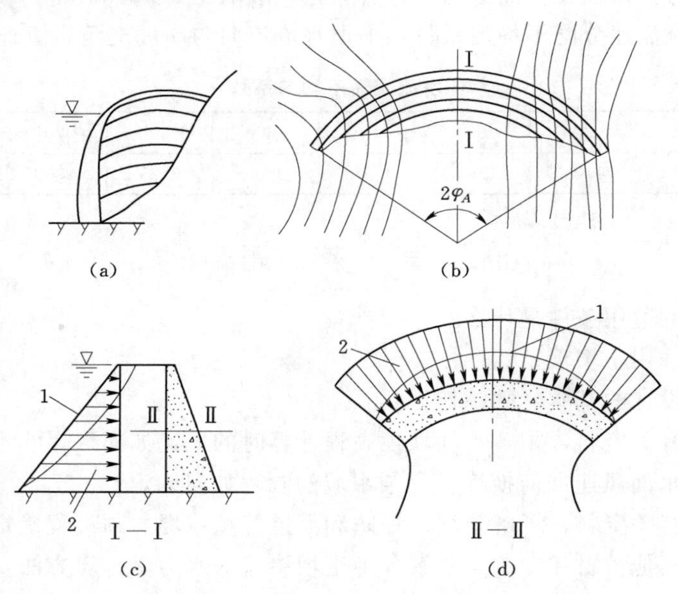

图3.1　拱坝立面、平面及荷载分配示意图

1—拱荷载；2—梁荷载

1. 稳定特点

拱坝在外荷载作用下的稳定性主要依靠两岸拱端的反作用力来维持，不像重力坝那样依靠自重来维持。因此，可以将拱坝设计得较薄。但拱坝对坝址地形地质条件要求高，对地基处理的要求也较为严格。在拱坝的设计与施工中，除考虑坝体强度外，还应十分重视

坝肩岩体的抗滑稳定和变形。

2. 结构特点

拱坝属于高次超静定结构，超载能力强，安全度高，当外荷增大或坝的某一部位发生局部开裂时，坝体拱和梁的作用因受变位的相互制约而自行调整，坝体应力出现重分配，原来应力较低的部位将承受增大的应力。从模型试验来看，拱坝的超载能力可以达到设计荷载的 5～11 倍。例如，意大利的瓦依昂拱坝，坝高 262m，库容 1.5 亿 m^3，1961 年建成，1963 年 10 月 9 日坝头的左岸水库岸坡发生 2.7 亿 m^3 的高速岩石滑坡，涌浪爬高左岸约 100m、右岸约 260m，涌浪过后检查大坝的情况，除左岸坝顶局部破坏外，大坝一切完好。

拱坝坝体轻韧，弹性较好，工程实践证明，拱坝具有良好的抗震性能。例如，美国的巴柯依玛拱坝，1971 年遭受强烈的地震，震害严重，但“大震未倒”。目前世界上高地震地区的拱坝日益增多，据不完全统计，坝高大于 200m，地震烈度在Ⅷ～Ⅹ度的 3 座；坝高超过 150m，地震烈度在Ⅸ～Ⅺ度的 9 座；坝高大于 100m，地震烈度在Ⅸ～Ⅺ度的 14 座；坝高大于 100m，地震烈度在Ⅶ度及Ⅶ度以上的 40 余座。

拱结构是一种推力结构，在外荷载作用下有利于充分发挥筑坝材料（混凝土或浆砌块石）的抗压强度。若设计得当，拱圈应力分布较为均匀，弯矩较小，拱的作用发挥得更为充分，材料抗压强度高的特点就越能充分发挥，从而坝体厚度就薄。一般情况下，拱坝的体积比同一高度的重力坝体积可节省 1/3～2/3，因此，拱坝是一种比较经济的坝型。

3. 荷载特点

拱坝不设永久伸缩缝，其周边通常固结于基岩上，温度变化和基岩变形对坝体应力的影响比较显著，设计时，必须考虑基岩变形，并将温度荷载作用作为一项主要荷载。

除以上三大特点外，拱坝不仅可以在坝顶安全溢流，而且可以在坝身设置单层或多层大孔口泄流，且泄洪量和单宽流量也越来越大。目前单宽流量有的工程达到 $200m^3/(s\cdot m)$，我国在建的溪洛渡拱坝坝身总泄量达到 3 万 m^3/s。由于拱坝剖面较薄，坝体几何形状复杂，因此对于施工质量、筑坝材料强度和防渗要求等都较重力坝严格。

拱坝是一种坝身及基础工作条件好、超载能力极强的坝工结构，有最可靠的抵御意外洪水和涌浪翻坝的能力，抗震性能好，耐久性能够得到充分的保证，垮坝事故率低，综合安全性高。

3.1.2 拱坝对地形和地质条件的要求

1. 对地形的要求

地形条件是决定拱坝结构形式、工程布置及经济性的主要因素。理想的地形应是左右两岸对称、岸坡平顺无突变，在平面上向下游收缩的峡谷段。坝端下游侧要有足够的岩体支撑，以保证坝体的稳定，如图 3.1（b）所示。

坝址处河谷形状特征常用河谷“宽高比”L/H 以及河谷的断面形状两个指标来表示。L/H 值小，说明河谷窄深，拱坝水平拱圈跨度相对较短，悬臂梁高度相对较大，即拱的刚度大，梁的刚度小，坝体所承受的荷载大部分是通过拱的作用传给两岸，因而坝体可设计得较薄。反之，当 L/H 值很大时，河谷宽浅，拱作用较小，荷载大部分通过梁的作用传给地基，坝断面必须设计得较厚。一般情况下，在 $L/H<1.5$ 的窄深河谷中可修建薄拱坝；在 $L/H=1.5\sim3.0$ 的中等宽度河谷中修建中厚拱坝；在 $L/H=3.0\sim4.5$ 的宽河谷中多修建重力拱坝；在 $L/H>4.5$ 宽浅河谷中，一般只宜修建重力坝或拱形重力坝。随着近代拱坝建造技术的发展，已有一些成功的实例突破了这些界限。例如，中国安徽省陈村重力拱坝，高 76.3m，$L/H=5.6$；法国设计的南非亨德列·维乐沃特双曲拱坝，高 90m，河谷端面宽高比已达 10。

河谷横断面可以有外形较规则的河谷，也有外形不甚规则或者很不规则的河谷。规则河谷可分为V形、U形和梯形河谷。拱坝一般应尽量不选择不规则河谷作坝址；在规则河谷中，V形河谷最适宜于建造拱坝。在同宽条件下，V形河谷拱坝较U形和梯形河谷拱坝所承担的总水压力最小（图 3.2）。

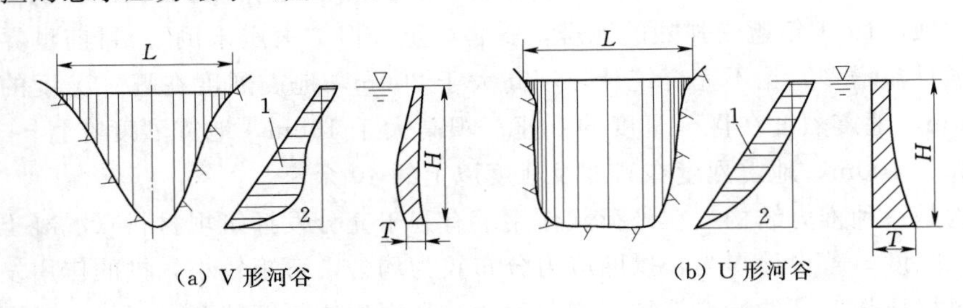

图 3.2 河谷形状对荷载分配和坝体剖面的影响
1—拱荷载；2—梁荷载

2. 对地质的要求

地质条件也是拱坝建设中的一个重要问题。拱坝地基的关键是两岸坝肩的基岩，它必须能承受由拱端传来的巨大推力，保持稳定，并不产生较大的变形，以免恶化坝体应力甚至危及坝体安全。理想的地质条件是：基岩均匀单一、完整稳定、强度高、刚度大、透水性小和耐风化等。但是，在实际应用中，理想的地质条件是不多的，应对坝址的地质构造、节理与裂隙的分布，断层破碎带的切割等认真查清。必要时应采取妥善的地基处理措施。

随着经验的积累和地基处理技术水平的不断提高，在地质条件较差的地基上也建成了不少高拱坝。我国的龙羊峡重力拱坝，基岩被8条大断层和软弱带所切割，风化深，地质条件复杂，且位于9度强震区，但经过艰苦细致的高坝基础处理，成功地建成了高达 178m 的混凝土重力拱坝。但当地质条件复杂到难以处理，或处理工作量太大不经济时，则应另选其他坝型。

3.1.3 拱坝的分类

按照不同分类原则，拱坝可分为以下类型。

(1) 按建筑材料和施工方法可分为常规混凝土拱坝（图 3.3）、碾压混凝土拱坝（图 3.4）和砌石拱坝。

(2) 按厚高比（即拱坝最大坝高处的坝底厚度 T 与坝高 H 之比 T/H）可分为：①薄拱坝，$T/H<0.2$；②中厚拱坝，$T/H=0.2\sim0.35$；③厚拱坝（或重力拱坝），$T/H>0.35$。

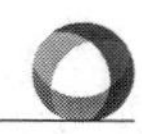

图 3.3 俄罗斯萨扬拱坝（常规混凝土）

图 3.4 溪洛渡（碾压混凝土）拱坝

（3）按坝面曲率可分为单曲拱坝和双曲拱坝。只有水平曲率，而各悬臂梁的上游面呈铅直的拱坝称为单曲拱坝；水平和竖直向都有曲率的拱坝称为双曲拱坝，如图 3.5 所示。

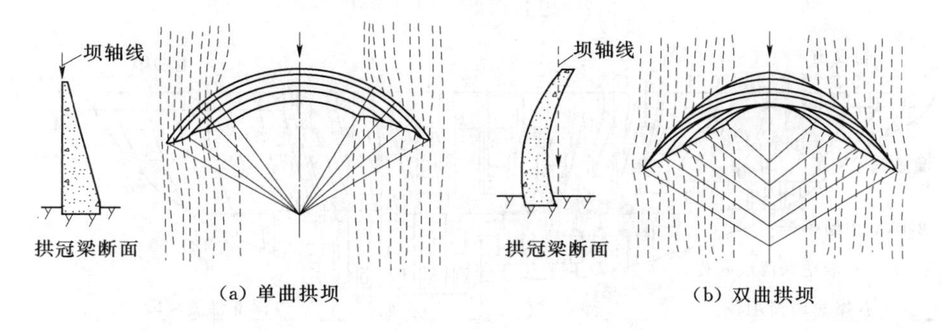

图 3.5 单、双曲拱坝

（4）按水平拱圈的型式可分为单圆心拱、多心拱（二心、三心、四心等）、抛物线拱、椭圆拱、对数螺旋线拱。水平拱圈的型式见图 3.6。

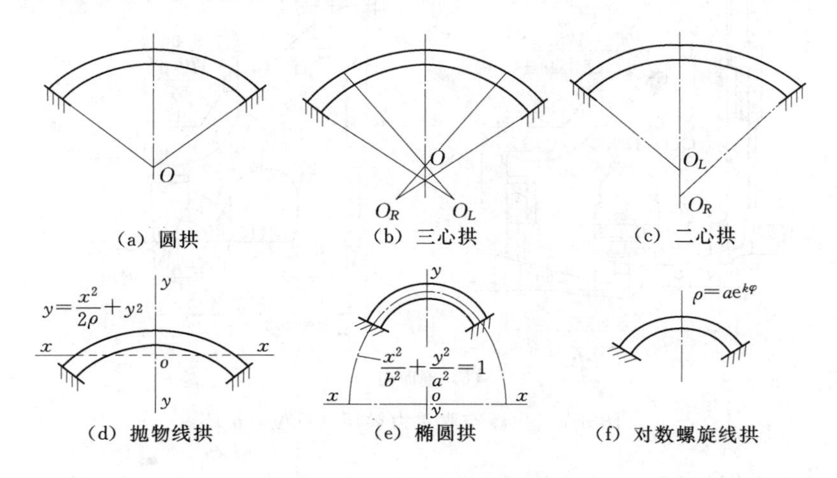

图 3.6 拱坝的水平拱圈型式

ρ—极半径；φ—极角

(5) 按拱坝的结构构造可分类为一般拱坝、周边缝拱坝、空腹拱坝等。通常拱坝多将拱端嵌固在岩基上。在靠近坝基周边设置永久缝的拱坝称为周边缝拱坝，如巴尔西斯拱坝，见图3.7；坝体内有较大空腔的拱坝称为空腹拱坝，如凤滩重力拱坝，见图3.8。

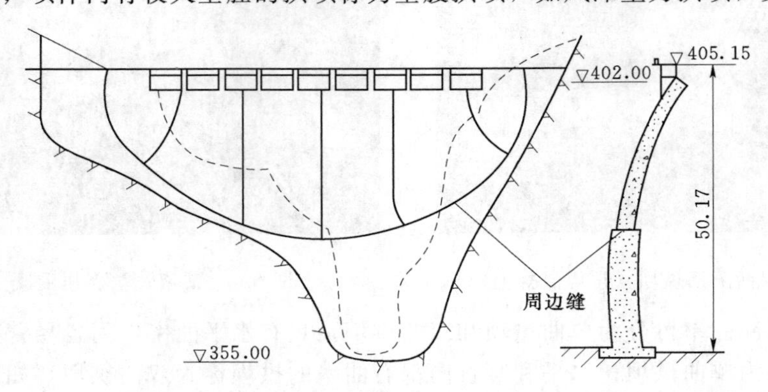

图3.7　巴尔西斯拱坝（单位：m）

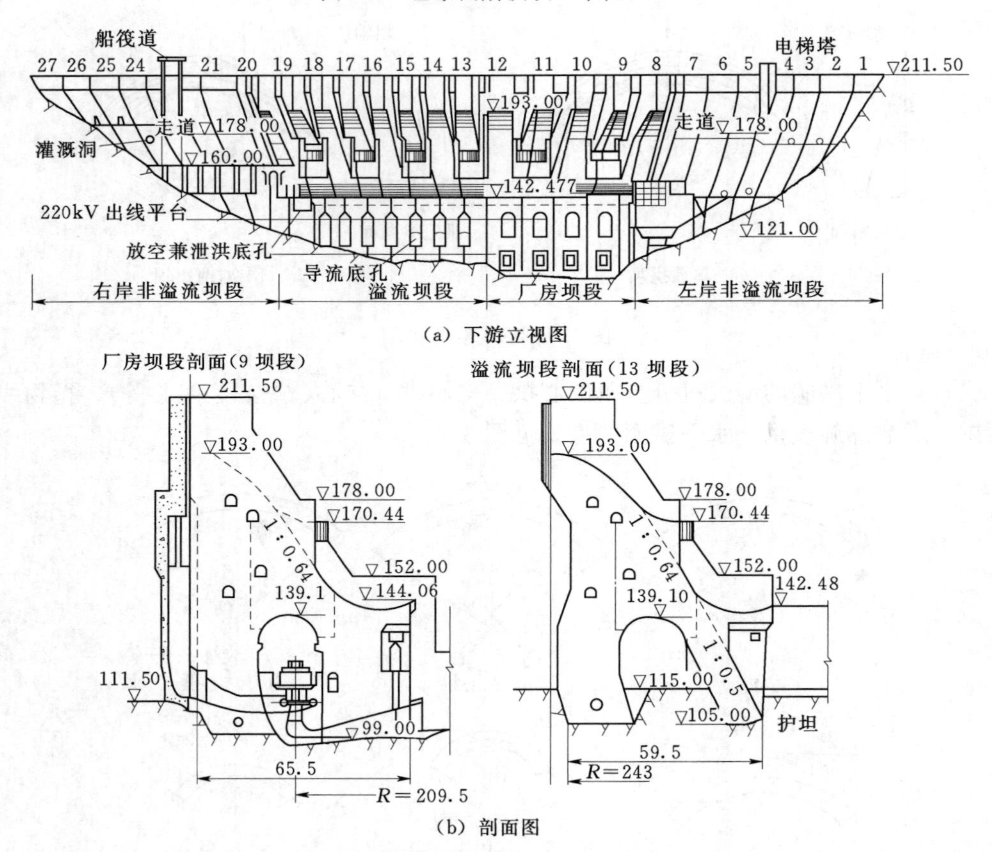

图3.8　凤滩空腹重力拱坝（单位：m）

3.1.4　拱坝的发展概况

拱坝起源于欧洲。早在古罗马时代，于现今的法国圣·里米省南部即建造了世界上第

一座拱坝——鲍姆拱坝。公元后邻接欧洲的中东地区开始出现了拱坝。自此至 20 世纪第二次世界大战前，拱坝技术先后由欧洲、美洲、大洋洲传播到世界各国。第一次世界大战前，世界拱坝建设的重心在欧洲，第一次世界大战后直至第二次世界大战前，拱坝建设的重心移到了北美，形成了世界范围内拱坝建设的第一个高峰时期。第二次世界大战后，拱坝建设的重心重又回到欧洲，拱坝取得了长足的发展，在世界范围内，形成了拱坝建设的第二个高峰时期，主要表现在：拱坝建设更加普遍，技术更先进的拱坝大量出现，模型试验技术快速发展。目前世界上最高的拱坝是格鲁吉亚的英古里双曲拱坝，最大坝高 272m，厚高比为 0.19，该坝位于烈度为Ⅷ～Ⅸ度的地震区。

近代中国才开始修建拱坝。1927 年我国第一座拱坝建造于福建，即厦门市的上里浆砌石拱坝，坝高 27m。20 世纪 50 年代，我国修建了坝高 20m 左右的拱坝 13 座，属于拱坝建设的初期。20 世纪 60 年代，拱坝开始被人们注意，但建成的也不过 40 余座。开始大量建设拱坝是在 20 世纪 70 年代和 80 年代，这个时期我国每 10 年建成的拱坝数超过 300 座。目前，我国已建拱坝最高的是二滩抛物线双曲拱坝，坝高 240m；最高的重力拱坝是青海省的龙羊峡拱坝，高 178m；最薄的拱坝是广东省的泉水双曲拱坝，高 80m，$T/H=0.112$。

目前我国建成的金沙江溪洛渡双曲拱坝（坝高 278m）、澜沧江小湾拱坝（坝高 292m）以及雅砻江锦屏一级（坝高 305m）双曲拱坝，均超过世界最高的格鲁吉亚英古里双曲拱坝，这在我国拱坝建设史上是空前的，标志着我国坝工建设的快速发展。

为了适应不同的地质条件和布置要求，还修建了一些特殊的拱坝，如湖南省的凤滩拱坝，采用了空腹型式（图 3.8）；贵州省的窄巷口水电站，采用拱上拱的工程措施，以跨过河床的深层砂砾层（图 3.9）。

3.1.5　拱坝的布置

拱坝布置是指拱坝体型选择及其坝体布置。布置设计的总要求是在满足坝体应力和坝肩稳定的前提下尽可能地使工程量最省、造价最低、安全度高和耐久性好。同时，拱坝应满足枢纽总体布置及运行要求。

3.1.5.1　水平拱圈布置

1. 拱中心角 $2\varphi_A$ 的确定

为了便于说明水平拱圈中心角对坝体应力及工程量的影响，取单位高度的等截面圆拱为例（图 3.10），设沿坝体外弧均布压力 p 作用下，由静力平衡条件可得“圆筒公式”，即

$$T=\frac{pR_u}{\sigma} \tag{3.1}$$

$$R_u=R+\frac{T}{2}=\frac{l}{\sin\varphi_A}+\frac{T}{2} \tag{3.2}$$

式中　T——拱圈厚度；

σ——拱圈截面的平均应力；

l——拱圈平均半径处半弦长；

R_u，R——外弧半径、平均半径。

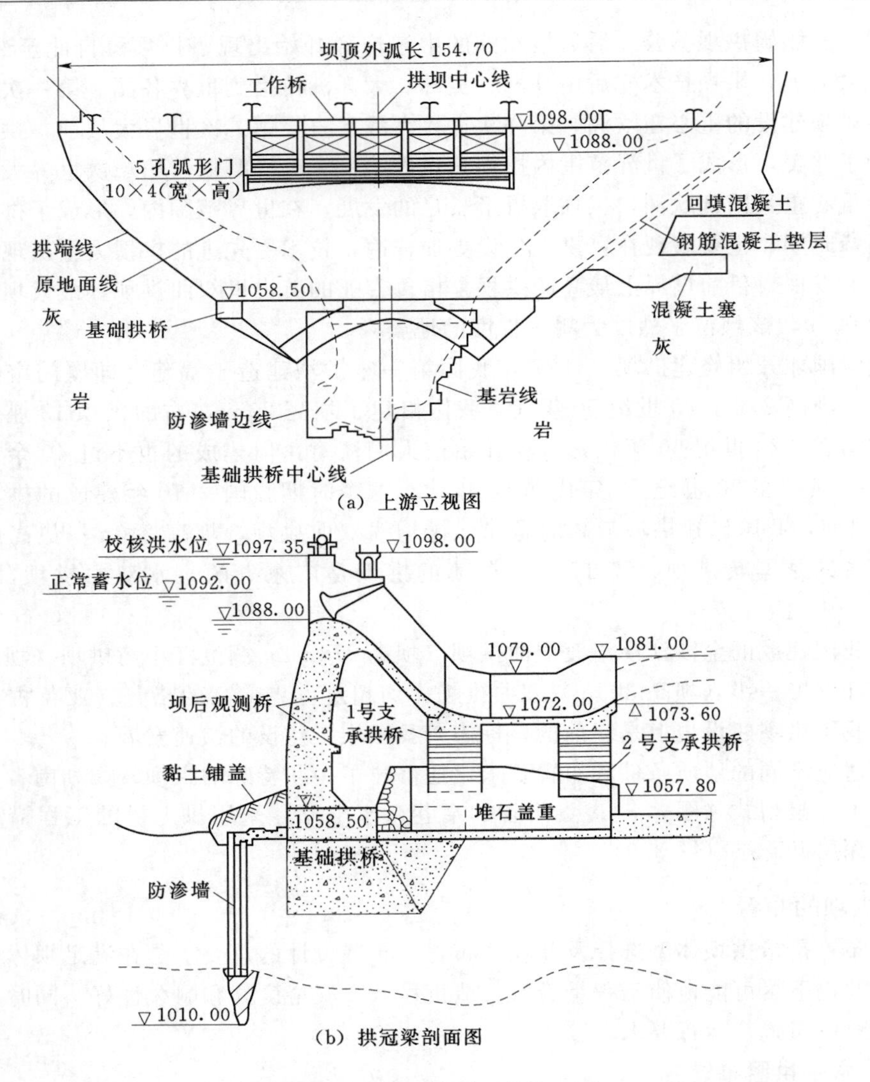

图 3.9 窄巷口拱坝（单位：m）

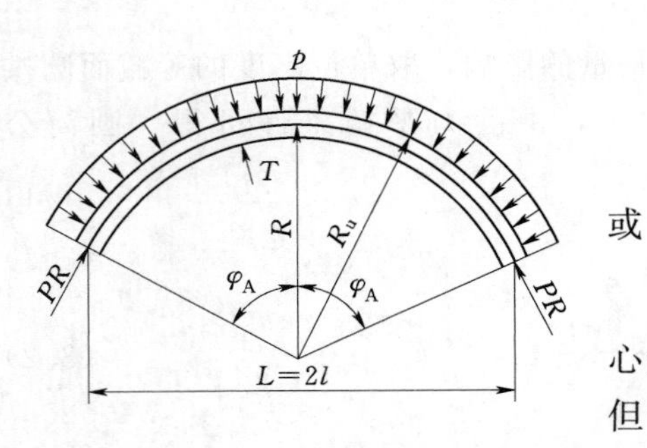

图 3.10 圆弧拱圈

上面圆筒式（3.1）还可以表示为

$$T=\frac{2lp}{(2\sigma-p)\sin\varphi_A} \tag{3.3}$$

或

$$\sigma=\frac{lp}{T\sin\varphi_A}+\frac{p}{2} \tag{3.4}$$

由式（3.3）可见，当应力条件相同时，拱圈中心角 $2\varphi_A$ 越大，拱圈厚度 T 越小，坝体就越经济。但中心角过大，拱圈弧线增长，相应坝体工程量就增大，在一定程度上也抵消了一部分由于减小拱厚所节省的工程量。经过计算，可以得出拱圈体积最小时的中心角 $2\varphi_A=133°34'$。由式（3.4）可见，当拱厚一定，在外荷载、河谷形状都相同的情况下，拱圈中心角 $2\varphi_A$ 越大，拱端

应力越小，应力条件越好。因而从经济和改善坝体应力条件考虑，选用较大的中心角是比较有利的，但从稳定条件考虑，选用过大的中心角将难以满足拱座稳定的要求。

因此，选择中心角时，应当是在满足坝肩稳定条件下，尽量加大中心角，保证坝体力学工作条件，使坝体体积最小。一般情况下，最大中心角在75°～110°的范围内选择。

由于拱坝的最大应力常在坝高的1/3～2/3处，所以，有的工程在坝的中下部采用较大的中心角，由此不论是向上还是向下中心角都减小。如我国的泉水拱坝，最大中心角为101.6°，约在2/5坝高处。

2. 水平拱圈型式的选择

合理的拱圈型式应当是压力线接近拱轴线，使拱截面的压应力分布趋于均匀。在河谷狭窄而对称的坝址，水压荷载的大部分靠拱的作用传到两岸，采用圆弧拱圈，在设计和施工上都比较方便。但从水压荷载在拱梁系统的分配情况看，拱所分担的水压荷载沿拱圈并非均匀分布，而是从拱冠向拱端逐渐减小（图3.1）。因此，最合理的拱圈型式应该是变曲率、变厚度、扁平的。

三心圆拱由3段圆弧组成，通常两侧弧段的半径比中间的大，从而可以减小中间弧段的弯矩，使压应力分布趋于均匀，改善拱端与两岸的连接条件，更有利于坝肩的岩体稳定。美国、葡萄牙等国采用三心圆拱坝较多，我国的白山拱坝和李家峡拱坝都是采用的三心圆拱坝。

椭圆拱、抛物线等变曲率拱，拱圈中段的曲率较大，向两侧逐渐减小，使拱圈中的压力线接近中心线，使拱端推力方向与岸坡线的夹角增大，有利于坝肩岩体的抗滑稳定。瑞士康脱拉采用的是椭圆拱坝，我国的二滩水电站采用的是抛物线拱坝。

3.1.5.2　拱冠梁的型式和尺寸

拱坝断面选择应根据河谷形状、坝高、混凝土的允许压应力等条件，先拟定拱冠梁的断面、基本尺寸及断面型式。

1. 坝顶及坝底厚度

坝顶厚度T_C基本上代表了拱顶的刚度，加大坝顶厚度不仅能改善坝体上部下游面的应力状态，还能改善拱冠梁附近的梁底应力，有利于降低坝踵拉应力。在选择拱冠梁顶部厚度时，应考虑工程规模、交通和运行要求。如无交通要求，T_C一般取3～5m。

（1）初拟拱冠梁厚度时可采用《水工设计手册》建议的公式

$$T_C=\frac{2\varphi_A R_{轴}\left(\frac{3R_f}{2E}\right)^{\frac{1}{2}}}{\pi} \tag{3.5}$$

$$T_B=\frac{0.7LH}{[\sigma]} \tag{3.6}$$

$$T_{0.45H}=0.385HL_{0.45H}/[\sigma] \tag{3.7}$$

式中　T_C，T_B，$T_{0.45H}$——拱冠顶厚、底厚和0.45H高度处的厚度，m；

φ_A——顶拱的中心角，rad；

$R_{轴}$——顶拱中心线的半径，m；

R_f——混凝土的极限抗压强度，kPa；

E——混凝土的弹性模量，kPa；

L——两岸可利用基岩面间河谷宽度沿坝高的平均值，m；

H——拱冠梁的高度，m；

$[\sigma]$——坝体混凝土的允许压应力，kPa；

$L_{0.45H}$——拱冠梁 0.45H 高度处两岸可利用基岩面间的河谷宽度，m。

（2）美国垦务局经验公式。

$$T_C = 0.01(H + 1.2L_1) \tag{3.8}$$

$$T_B = \sqrt[3]{0.0012HL_1L_2\left(\frac{H}{122}\right)^{H/122}} \tag{3.9}$$

$$T_{0.45H} = 0.95T_B \tag{3.10}$$

式中　L_1——坝顶高程处拱端可利用基岩面间的河谷宽度，m；

L_2——坝底以上 0.15H 处拱端可利用基岩面间的河谷宽度，m。

我国《水工设计手册》的公式是根据混凝土强度确定的，美国垦务局的公式是根据已建拱坝设计资料总结出来的，两者可以互相参考。

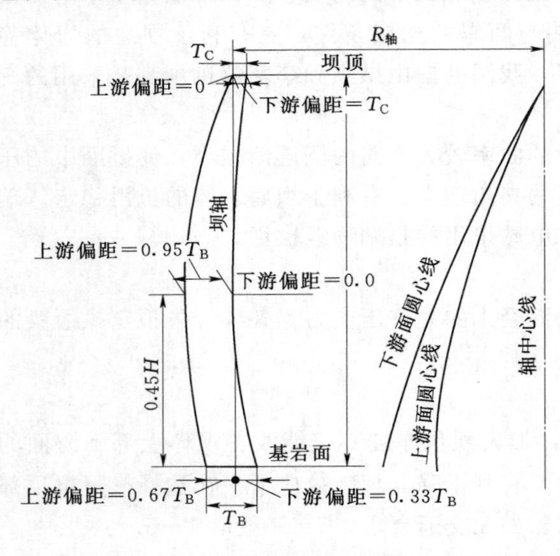

图 3.11　双曲拱坝拱冠梁剖面布置

2. 拱冠梁剖面形式

拱冠梁的剖面形式多种多样，选择剖面形式应根据拱坝坝体的体形、拱坝的运行要求以及施工条件等因素进行综合考虑，并参照已建类似工程，经过反复修改而确定。对于单曲拱坝多选用上游面近似铅直、下游面倾斜或曲线的形式，有时为了便于坝顶自由跌落泄水，也可将下游面做成铅直。对于双曲拱坝，拱冠梁剖面的曲率对坝体应力和两岸坝体倒悬影响较为敏感，并直接影响施工难易程度。

对于混凝土双曲拱坝，美国垦务局推荐的拱冠梁剖面形式及各部位尺寸如图 3.11 所示，其中 T_C、T_B 可用前面公式计算，其他各部位尺寸，可按表 3.1 参考选用，各控制厚度确定后，即可用光滑曲线绘出拱冠梁剖面。

表 3.1　　拱冠梁剖面参考尺寸

高　程	坝　顶	0.45H	坝　底
上游偏距	0	0.95T_B	0.67T_B
下游偏距	T_C	0	0.33T_B

3.1.5.3　拱坝的总体布置

1. 拱坝布置的原则

（1）基岩轮廓线连续光滑。开挖后的基岩面应无突出的齿坎；岩性均匀连续变化；开

挖后的河谷地形基本对称和连续变化。如天然河谷不满足要求时，可采用图 3.12 所示的工程措施进行适当处理。

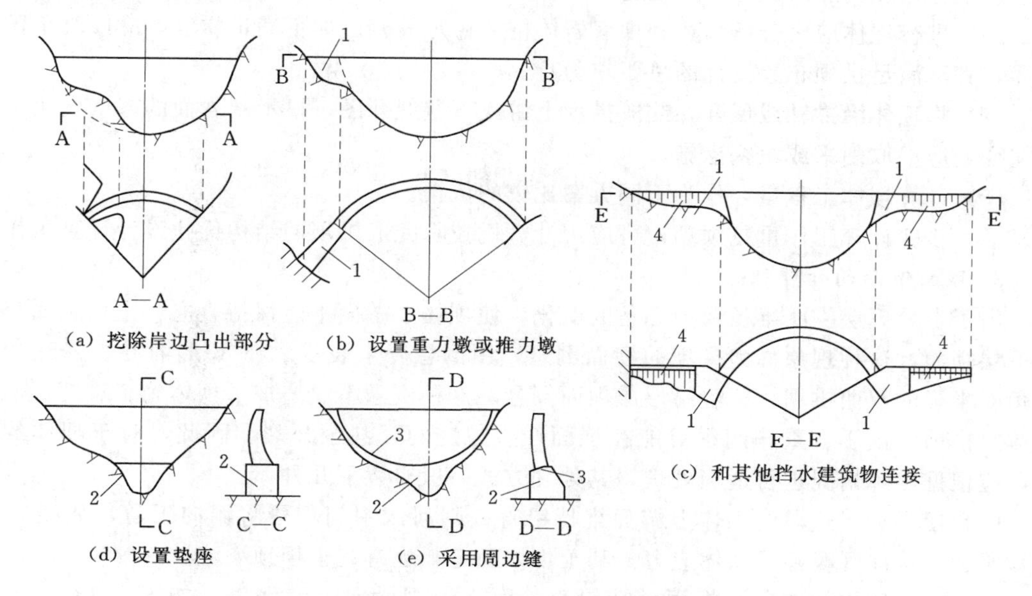

图 3.12　复杂断面河谷的处理

1—重力墩；2—垫座；3—周边缝；4—其他挡水建筑物

(2) 坝体轮廓线连续光滑。拱坝坝体轮廓应力求简单，光滑平顺，避免有任何突变。圆心连线、中心角和内外半径沿高程的变化也是光滑连续或基本连续，悬臂梁的倒悬度应满足拱坝设计的规范要求。规范规定，悬臂梁上游面的倒悬度不宜大于 0.3∶1。

2. 拱坝布置的步骤

拱坝的布置没有固定程序，而是一个反复调整和修改的过程。一般步骤如下。

(1) 根据坝址地形、地质资料，确定坝基开挖线，作出坝址可利用基岩面的等高线图。

(2) 在可利用基岩等高线图上，试定顶拱轴线的位置。为了方便，将顶拱轴线绘制在透明纸上，以便在地形图上移动、调整位置，尽量使拱轴线与基岩等高线在拱端处的夹角不小于 30°，并使两端夹角大致相同。按选定的半径、中心角及顶拱厚度画出顶拱内外圆弧线。

(3) 综合考虑坝址地形、地质、水文、施工及运行等条件，选择适宜的拱坝坝型，并按选定的坝型及工程规模初拟拱冠梁剖面形式及尺寸。

(4) 将拟定的拱冠梁剖面从顶到底分成若干层（一般选取 5～10 层），然后按照顶拱圈布置的原则，绘制出各层拱圈的平面图。一般在顶拱圈布置后即可布置底层拱圈，其次布置约 1/3 坝高处拱圈，然后再布置中间各层拱圈。布置时各层拱圈的圆心连线在平面上最好能对称于河谷两岸可利用基岩面的等高线，在竖直面上圆心连线应能够形成光滑的曲线。

(5) 自对称中心线向两岸切取铅直剖面，检查其轮廓线是否连续光滑，有无倒悬现象，确定倒悬度。为了检查方便，可将各层拱圈的半径、圆心位置以及中心角分别按高程

点绘制，连成上下游圆心线及中心角线。对不连续或有突变的部位，应适当修改此拱圈的半径、中心角和圆心的位置，直至连续光滑。

（6）进行坝体应力分析计算和坝肩岩体抗滑稳定校核。如不满足要求，应修改布置和尺寸，直至满足拱坝布置设计的总要求为止。

（7）将坝体沿拱轴线展开，绘成拱坝上游或下游展开图，显示基岩面的起伏变化，对于突变处应采取削平或填塞措施。

（8）计算坝体工程量，作为不同方案比较的依据。

上述步骤计算工作重复烦琐，可应用计算机技术完成拱坝的结构优化设计计算工作。

3. 坝面倒悬的处理

由于上、下层拱圈半径及中心角的变化，使坝体上游面不能保持直立，上层坝面突出于下层坝面，这种现象称为拱坝的坝面倒悬，用倒悬度来表示。在V形河谷中修建变中心角变半径的双曲拱坝，很容易形成坝面倒悬。这种倒悬不仅增加了坝体施工难度，而且坝体封拱前，由于自重作用很可能在坝面产生拉应力，甚至开裂。因此，对于坝体的倒悬，应根据实际情况进行适当处理，其处理方式一般有以下几种。

（1）使靠近岸边段的坝体上游面维持铅直，则河床中间坝段将俯向下游，如图3.13（a）所示。这样既改善了坝体应力，利于坝体稳定，也有利于坝顶溢流。

（2）使河床中间的上游坝面维持铅直，而岸边坝段向上游倒悬，如图3.13（b）所示。这种处理方式由于倒悬集中在岸边坝段，在施工期坝体下游面可能出现较大的拉应力或出现裂缝，甚至影响坝身稳定。

（3）协调前两种处理方案，使河床段坝体稍俯向下游，岸坡段坝体向上游倒悬，如图3.13（c）所示。这样将倒悬分散到各个悬臂梁剖面上，减少了局部坝面的倒悬度，既解决了倒悬问题，又改善了坝体应力，提高了坝体稳定性。因此，设计宜采用该处理方式。

对于向上游倒悬的岸坡坝体，为了其下游面不产生过大的拉应力，必要时在上游坝脚处加设支墩，或在开挖时留下部分基坑岩壁作为支撑，如图3.13（d）所示。

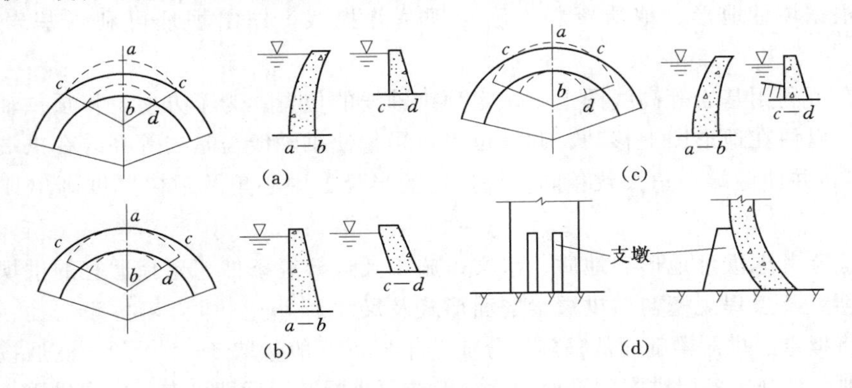

图3.13　拱坝倒悬的处理

3.1.6　拱坝的泄流和消能

3.1.6.1　拱坝坝身泄流方式

拱坝坝身常用的泄水方式有自由跌流式、鼻坎挑流式、滑雪道式及坝身孔口泄流

式等。

1. 自由跌流式

对于较薄的双曲拱坝或小型拱坝，常采用自由跌流式，如图 3.14 所示。泄流时，水流经坝顶自由跌入下游河床。这种泄水方式适用于基岩良好，单宽泄洪量较小的小型拱坝。由于落水点距坝趾较近，坝下应设置必要的防护措施。

2. 鼻坎挑流式

为了使泄水跌落点远离坝脚，常在溢流堰顶曲线末端以反弧段连接成为挑流鼻坎，如图 3.15 所示。挑流鼻坎多采用连续式结构，堰顶至鼻坎之间的高差一般不大于 6～8m，大致为设计水头的 1.5 倍，反弧半径约等于堰上设计水头，鼻坎挑射角一般为 10°～25°。过堰水流经鼻坎挑射后，落水点距坝趾较远，可适用于泄流量较大的轻薄拱坝。格鲁吉亚的英古里双曲拱坝，坝高 272m，就是采用坝顶鼻坎挑流的泄流方式。

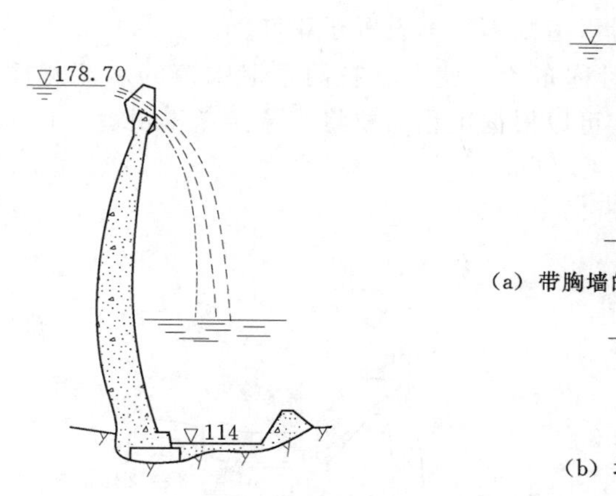

图 3.14 自由跌流与护坦布置（单位：m）

235.00 ▽240.00 ▽230.00 ▽219.00 观测井 廊道 ▽180.00 ▽171.50 160.0

(a) 带胸墙的坝顶表孔挑流坎

(b) 坝顶表孔挑流孔

(c) 流溪河拱坝溢流表孔

图 3.15 拱坝溢流表孔挑流鼻坎（高程：m）

我国凤滩重力拱坝是目前世界上拱坝坝身泄洪量最大的，泄洪量达 $32600m^3/s$，单宽流量为 $183.3m^3/(s·m)$。经过方案比较和试验研究，采用高低鼻坎挑流互冲消能，共有 13 孔，其中高坎 6 孔，低坎 7 孔，见图 3.8。高低坎水流以 50°～55°交角互冲，充分掺气，效果良好。

3. 滑雪道式

滑雪道式泄流是拱坝特有的一种泄洪方式，其溢流面由溢流坝顶和与之相连接的泄槽组成。水流经过坝以后，流经泄槽，由槽末端的挑流鼻坎挑出，使水流在空中扩散，下落到距坝趾较远的地点。挑流坎一般都较堰顶低很多，落差较大，因而挑距较远，适用于泄洪量较大的拱坝。

滑雪道式泄流结构因滑雪道支垫型式的不同，有重叠式泄流和支撑结构泄水两种布置型式。

(1) 重叠式泄流。重叠式泄流（图 3.16）布置系指坝身泄水建筑物与发电主厂房在顺河向呈依次布置，在高度上呈双层布置。属于这种布置的有厂房顶溢流和厂房前挑流等。这种布置的最大优点在于布置紧凑，解决了狭窄河谷中拱坝、厂房及泄洪建筑物布置

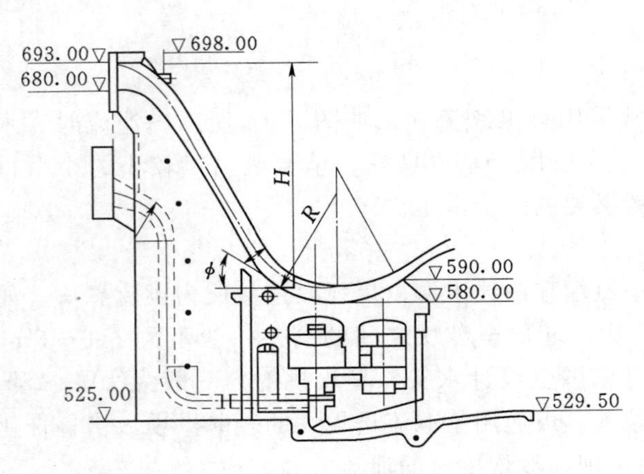

图 3.16　重叠式泄流布置剖面（单位：m）

问题。另外，这种布置也可以将水流挑送得比较远，落点和水舌的空中轨迹比较容易控制。

（2）支撑结构泄水。支撑结构泄水是指在拱坝下游用支撑结构架设滑雪道的泄水布置。作为支撑结构，既可以是混凝土支墩，如图 3.17（a）所示的天堂山拱坝的滑雪道式泄水道，也可以是混凝土拱桥，如图 3.17（b）所示。有时也可以用实体混凝土作为支撑结构。支撑结构滑雪道可以布置于坝后厂房的一侧或两侧，与厂房并列布置，但当坝后河床满布厂房时，滑雪道则不得不设置于岸坡上。如果厂房的两侧或两岸岸坡上都设置滑雪道，一般都采取对称布置，使左、右两条泄水道的水流碰撞对冲消能。这种结构的优点是布置相对灵活，可以根据工程需要将水流挑送得很远，较重叠式泄流结构明确简单，施工相对容易。

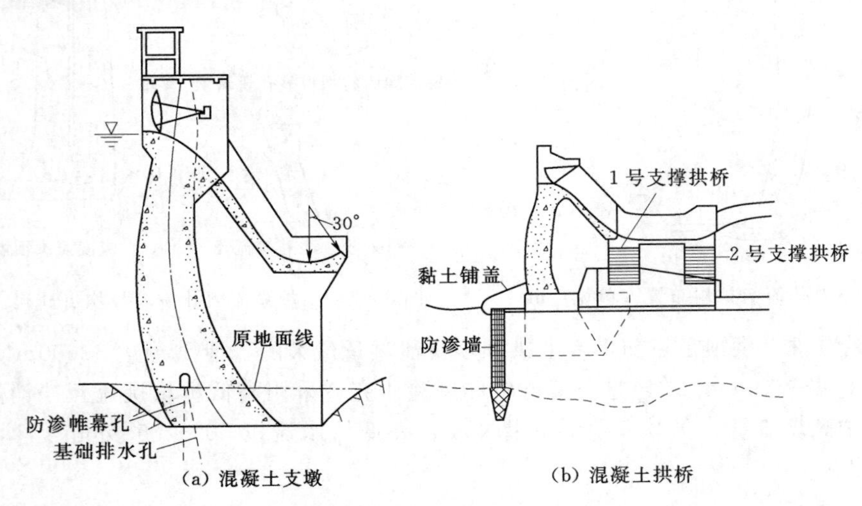

图 3.17　支撑结构泄水剖面布置

4. 坝身孔口泄流式

在拱坝的中部、中高部或低部开设孔口用来辅助泄洪、放空水库或排沙的均属坝身孔口泄流。位于拱坝坝体中部偏上的泄水孔称为中孔，位于坝体中部偏下的孔称为深孔，位于底部附近的孔，称为底孔。

坝身孔口的泄水通道通常布置为水平或大体水平的，但有时因某种要求，如下游落点控制、立面水流碰撞或结构布置要求，也可设计成上仰或下俯的。图 3.18 所示的罗克斯拱坝泄水孔就设计成上仰的。

如果拱坝坝身设有多个泄水孔，为取得下游消能的效果，各泄水孔的出口高程可以相

互错开，不一定非处在同一高程。

坝身开孔泄流的优点是能够将射出的水流送得很远，可以对水流的落点、挑射轨迹进行人为控制；高速水流流道短、初泄流量大，对调洪排沙有利。

3.1.6.2　拱坝的消能和防冲

拱坝泄流具有以下特点：水流过坝后具有向心集中现象，水舌入水处单位面积能量大，造成集中冲刷；拱坝河谷一般比较狭窄，当泄流量集中在河床中部时，两侧形成强力回流，淘刷岸坡。因此，消能防冲设计要防止发生危害性的河床集中冲刷以及防止危及两岸坝肩的岸坡冲刷或淘刷。

1. 拱坝消能形式

（1）水垫消能。水流从坝顶表孔或坝身孔口直接跌落到下游河床，利用下游水深形成的水垫消能。水舌入水点距坝趾较近，需采取相应的防冲措施，一般在坝下游一定距离处设置消力坎、二道坝（图3.19）或挖深式消力池。

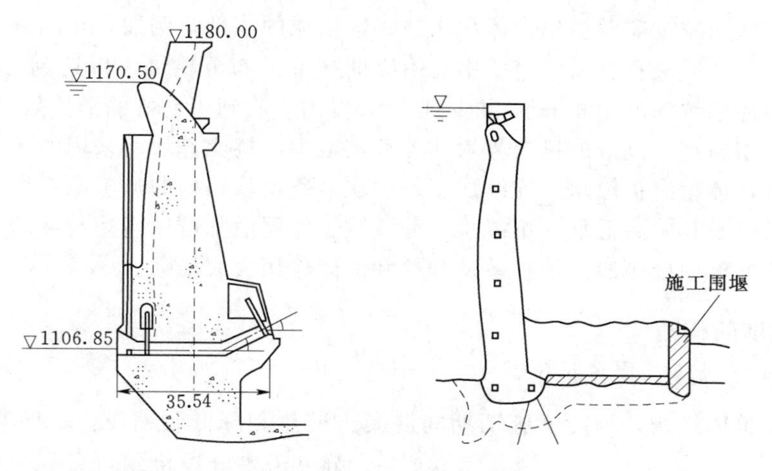

图3.18　罗克斯拱坝泄水孔的布置　　图3.19　利用施工围堰做成二道坝

（2）挑流消能。这是拱坝采用最多的消能形式。鼻坎挑流式、滑雪道式和坝身孔口泄流式大都采用各种不同形式的鼻坎，使水流扩散、冲撞或改变方向，在空中削减部分能量后再跌入水中，以减轻对下游河床的冲刷。

为了减小水流向心集中，工程中将布置在拱坝两侧或一侧的溢洪道的挑流鼻坎做成窄缝式或扭曲挑坎，使挑射出的水舌能沿河谷纵向拉开，既减少落点处单位面积能量又不冲两岸。

（3）空中冲击消能。对于狭窄河谷中的中、高拱坝，可利用过坝水流的向心作用特点，在拱冠两侧各布置一组溢流表孔或泄水孔，使两侧的水舌在空中交汇，冲击掺气，沿河槽纵向激烈扩散，从而消耗大量的能量，减轻对下游河床的冲刷。实际操作中应注意两侧闸门必须同步开启；否则射流将直冲对岸，危害更大。

在大流量的中、高拱坝上，采用高低坎大差动形式，形成水股上下对撞消能。这种消能形式不仅把集中的水流分散成多股水流，而且由于通气充分，有利于减免空蚀的破坏。我国的白山重力拱坝采用高差较大的溢流面低坎和中孔高坎相间布置，形成挑流水舌相互穿射、横向扩散、纵向分层的三维综合消能，效果很好，但对撞水流的“雾化”程度更为严重，应适当加以控制。

(4) 底流消能。对重力拱坝，也可以采用底流消能，我国拱坝采用较少。

泄水拱坝的下游一般都需采取防冲加固措施，如护坦、护坡、二道坝等。护坦、护坡的长度、范围以及二道坝的位置和高度等，应由水工模型试验确定。

2. 提高消能效果的工程措施

(1) 从总体布局上采取措施。第一类措施是在拱坝不同高程、不同位置都布置泄水建筑物，组成立体泄洪体系，充分利用表孔、中孔、深孔各自的优势，调动整个泄水空间，使射流水股能在立面或平面上发生碰撞，互相冲击散裂，从而使各水股所含动能在进入下游水垫前，在空气中就能被大量消散。例如，我国白山重力拱坝采用挑坎多层次（表孔、中孔）挑射碰撞消能，起到了良好的消能作用。

另一类措施是尽量将泄洪水流的落水点在平面上拉开，以减少下游单位面积上进入水垫的水量，从而减少需要被单位体积水垫扩散削减的能量。例如，我国龙羊峡拱坝，采取了使水流由深孔、底孔、溢流道、中孔沿纵向拉开的布置格局，以达到分散消能的目的，从而使下游冲刷坑深度由40m多减少到20m以内，收到了良好的消能效果。

(2) 采用新型、高效的挑流鼻坎。工程实践中，挑流鼻坎所采用的形式多种多样，目前常用的挑坎体型有扩散坎、连续坎、差动坎、斜挑坎、扭曲坎、高低坎、窄缝坎、分流墩和宽尾墩等。其中高低坎、窄缝坎、分流墩、宽尾墩都可使高速射流的水股产生强烈变形，从而使空气中挑距段内的扩散、分散和消能作用大大增强。

3.1.7　拱坝的构造

1. 坝体的分缝、接缝处理

拱坝是整体结构，为便于施工期间混凝土散热和降低收缩应力，防止混凝土产生裂缝，需要分段浇筑，各段之间设有收缩缝，在坝体混凝土冷却到年平均气温左右，混凝土充分收缩后，再用水泥浆封堵，以保证坝的整体性。

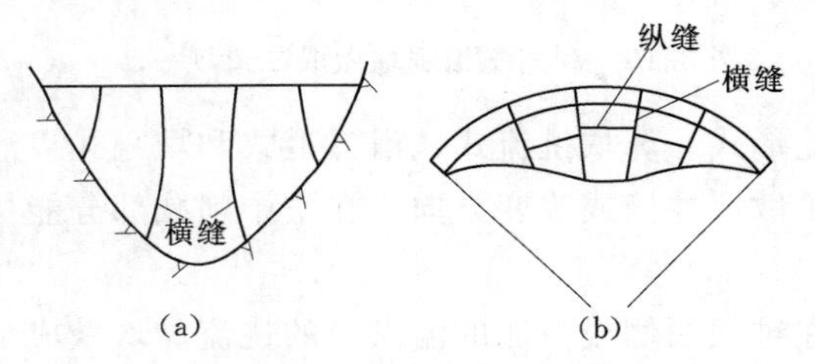

图3.20　拱坝的横缝和纵缝

收缩缝有横缝和纵缝两类，如图3.20所示。

拱坝横缝宜采用径向或接近径向布置，间距为15～25m。对于定中心拱坝，径向布置的横缝为一铅直平面，对于变半径的拱坝，为了使横缝与半径向一致，必然会形成一个扭曲面。有时为了简化施工，对不太高的拱坝，也可仅用与1/2坝高处拱圈的半径向一致的铅直面来分缝。横缝上游侧应设止水片，止水的材料和做法与重力坝相同。横缝底部缝面与建基面或垫座面的夹角不得小于60°，并应尽可能正交。缝内设铅直向的梯形键槽，以提高坝体的抗剪强度。

拱坝厚度较薄，一般可不设纵缝。对厚度大于40m的拱坝，经分析论证可考虑设置纵缝。相邻坝块间的纵缝应错开，纵缝的间距为20～40m。为便于施工，一般采用铅直纵

缝到缝顶附近应缓转与下游坝面正交，避免浇筑块出现尖角。

收缩缝是两个相邻坝段收缩后自然形成的冷缝，缝的表面做成键槽，预埋灌浆管与出浆盒，在坝体冷却后进行压力灌浆。收缩缝的灌浆工艺和重力坝相同。

2. 坝顶

拱坝坝顶（或防浪墙顶）高程的确定与重力坝相同。坝顶的宽度应根据剖面设计和满足运行、交通要求确定。当无交通要求时，非溢流坝的顶宽不宜小于3m，溢流坝段坝顶布置应满足泄洪、闸门启闭、设备安装、交通、检修等的要求。

3. 廊道

为满足检查、观测、灌浆、排水和坝内交通等要求，需要在坝体内设置廊道和竖井。廊道的布置、断面尺寸和配筋基本上和重力坝相同。对于高度不大、厚度较薄的拱坝，为避免对坝体削弱过多，在坝体内可只设一层灌浆廊道，而将检查、观测、交通和坝缝灌浆等工作移到坝后桥上进行，桥宽一般为1.2～1.5m，上下层间隔20～40cm，在与坝体横缝对应处留有伸缩缝，缝宽为1～3cm。

4. 坝体防渗和排水

拱坝上游面应采用抗渗混凝土，其厚度为坝高的1/15～1/10。对于薄拱坝，整个坝厚都应采用抗渗混凝土。

坝内一般设置竖向排水管，排水管与上游面的距离为坝高的1/15～1/10，一般不小于3m。管间距宜为2.5～3.5m，管内径宜为15～20cm。排水管应与纵向廊道分层连接，把渗水排入廊道的排水沟内。各层纵向廊道的渗漏水，与基础排水统筹安排形成一个排水系统，或自流排到坝外，或集中引到排水井，再抽排至下游。

5. 垫座与周边缝

对地形不规则或局部有深槽时，可在基岩与坝体之间设置垫座，在垫座和坝体之间形成周边缝。周边缝一般做成二次曲线或卵形曲线，使垫座以上的坝体尽量接近对称。

垫座作为一种人工基础，可以减小河谷地形的不规则性和地质上局部软弱带的影响，改进拱坝的支承条件。拱坝设置周边缝后，梁的刚度有所减弱，相对加强了拱的作用，改变了拱梁分载的比例。周边缝还可以减小坝体传至垫座的弯矩，从而减小甚至消除坝体上游面的竖向拉应力，使坝体和垫座接触面的应力分布趋于均匀，并可利用垫座增大与基岩的接触面积，调整和改善地基的应力状态。

周边缝的构造一般是在大坝垫座浇筑后，混凝土表部不打毛，作为老混凝土，在其上浇筑坝体。缝的上游面设置钢筋混凝土塞，该塞与其周围混凝土之间涂以沥青等防渗填料，缝面设止水铜片。为防止止水片漏水后增加坝体渗压，在其下游又设置排水管，并在缝的两侧布设钢筋。

6. 重力墩

重力墩是拱坝拱端的人工支座。对复杂的河谷形状，通过设重力墩可改善支承坝体的河谷断面形状，当河谷一岸或两岸较宽阔，可利用重力墩过渡到其他形式坝段。

重力墩承受拱端推力和上游库水压力作用，靠本身重力和适当的断面来保持墩的抗滑稳定和强度。

任务 3.2　橡　胶　坝

3.2.1　橡胶坝概述

橡胶坝国外称为尼龙坝、织物坝、可充胀坝等，我国通常称橡胶坝，它是 20 世纪 50 年代随着高分子合成材料工业的发展而出现的一种新型水工建筑物。橡胶坝是用胶布按设计要求的尺寸，锚固于底板上的封闭坝袋，通过连接坝袋和充胀介质的管道及控制设备，用水（气）将其充胀形成的袋式挡水坝（图 3.21）。需要挡水时用水（气）充胀，形成挡水坝；不需要挡水时，泄空坝袋内的水（气），便可恢复原有河（渠）的过水断面。坝高调节自如，溢流水深可控，起到闸门、滚水坝和挡水坝的作用，可用于防洪、灌溉、发电、供水、航运、挡潮、地下水回灌及城市园林美化等工程中。

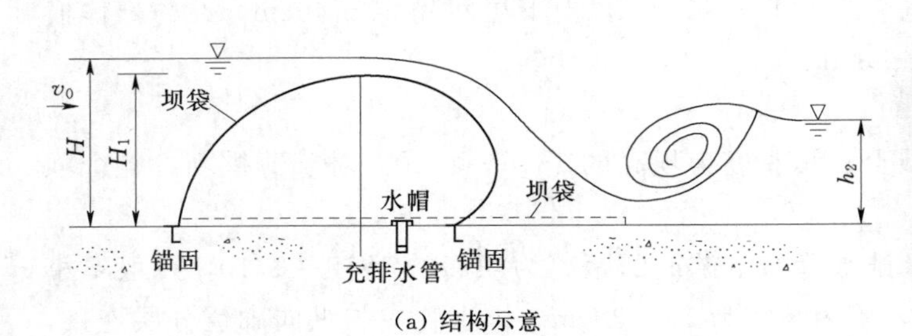

(a) 结构示意

(b) 实例图

图 3.21　橡胶坝

1. 橡胶坝的主要优点

橡胶坝的结构简单新颖，坝袋是以石油副产品用现代工业技术生产的合成材料，原材料来源丰富，坝的跨度大，适用范围广，还具有造价低、节省三材（钢、木、水泥）、施工期短、抗震性能好、不阻水和止水效果好、操作灵活、管理运行费用低等优点。

（1）结构简单、节省三材、造价低。橡胶坝的坝袋是用合成纤维织物和合成橡胶制成的薄壁柔性结构，代替钢和钢筋混凝土结构，不需要修建中间闸墩、工作桥、机架桥等钢或钢筋混凝土结构，结构简单，只用一条通长的坝袋横卧河道，橡胶坝作用在底板上的荷载属均布荷载，且坝底板的承载比常规闸坝的要小，因此坝基础底板、上游防渗、下游消能等结构可适当简化，可大大节省工程投资。国内橡胶坝与同规模的钢闸门的造价相比，一般为 1∶1.5～1∶3。在橡胶坝工程费用组成中，坝袋造价一般为工程总造价的 20%～50%。建在水库溢洪道上的橡胶坝，由于混凝土基础底板工程量小，坝袋造价一般为总造价的 50%；建在河道上的橡胶坝，由于基础处理较为复杂，混凝土基础底板的工程量较大，坝袋的造价一般为总造价的 20%。

（2）施工期短。橡胶坝工程总工期的长短主要取决于土建工程的复杂程度和难易程度。由于橡胶坝没有闸门那样的启闭机、工作桥、闸墩等结构，橡胶坝的底板基础承担的荷载小，且属于均布荷载。与闸门比较，橡胶坝的底板、上游防渗及下游防冲等土建工程的施工难度低，技术要求也低，相应地施工期也短。用于挡水的坝袋，可安排有关厂家先行按设计图纸生产加工，然后运至施工现场进行安装。正常情况一般 5～10d 便可安装调

试完坝袋。橡胶坝工程可安排在一个非汛期内施工完毕，随即投入运行。

（3）抗震和抗冲击性能好。橡胶坝结构简单，其坝体为柔性薄壳结构，富有弹性，可适应基础的不均匀沉陷，能较好地承受地震波和水流的剧烈冲击。例如，1976年河北唐山发生了7.9级大地震后，修建于1968年的唐山市陡河橡胶坝却安然无恙。

（4）不阻水、止水效果好。橡胶坝体内的水泄空后，坝袋紧贴在底板上，不缩小原有河床的过水断面。橡胶坝跨度大，一般无需建中间闸墩和机架桥等结构物，不阻碍水流。橡胶坝将坝袋周边密封锚固在底板和岸墙上，可以达到滴水不漏，止水效果好。

（5）管理方便，运行费用低。橡胶坝的挡水主体为充满水（气）的坝袋，通过向坝袋内充排水（气）来调节坝高的升降，控制系统仅由水泵（空压机）、阀门等设备组成，简单可靠，管理方便，还可以配置自行充坍的自控装置。坝袋材料平时几乎不需要维修，避免了像闸门那样需定期涂刷防锈漆。

2. 橡胶坝的不足

橡胶坝作为一种新型的水工建筑物有其突出的优点，但也有其自身的缺点。

（1）坝袋坚固性较差。坝袋仅为几毫米厚的胶布制品，虽然具有重量轻和柔性好的优点，但是其坚固性无法和钢、石、混凝土等相提并论，在使用中容易受砂石磨损、漂浮物刺破等。故在坝袋的运输、安装和运行管理中应精心保护。

（2）坝袋容易老化，使用寿命比较短。坝袋材料是高分子合成聚合物，在日光、大气、水以及交变应力的作用下，坝袋会逐渐失去原有的优良性能，强度和弹性降低，出现老化现象。根据工程经验，一般坝袋使用寿命可达20年左右。随着科技的进步及坝袋材料制造工艺的完善与提高，橡胶坝坝袋的使用寿命会随之延长。

（3）坝高受到限制。因橡胶坝坝袋材料的特点，橡胶坝的高度受到了限制。我国《橡胶坝技术规范》（SL 227—98）只适用于不大于5m的袋式橡胶坝工程，如需建造大于5m的橡胶坝，还需进行专题试验研究和技术论证。目前，世界上最高的橡胶坝为2003年建成的荷兰拉姆斯波水气双充橡胶坝，坝高为8m。相信随着高分子合成材料的发展和建坝技术的提高，为建设更高的橡胶坝开拓了广阔的前景。

3. 橡胶坝的应用

橡胶坝以其自身的诸多特点，在低水头、大跨度的坝工程中得到了广泛的应用。

（1）改善城市水生态环境。人类择水而栖，喜水而居。而我国城市河流大多遭受不同程度污染，尤其北方城市季节性河流，枯水季节河底杂物污泥裸露，满目极尽凄凉。随着经济的发展，人民生活水平的改善，人们对生活环境的要求日益提高，对生存、生态环境有了更高的追求。在城市河道中建造橡胶坝，可以利用其充坝蓄水，坍坝过洪，利用自然又不破坏自然。橡胶坝在城市园林美化工程中得到越来越多的应用。例如，山西省太原市汾河城市段建造了若干橡胶坝，拦蓄上游来水，形成水面景观，不仅为市民提供了休闲娱乐场所，还对净化空气、消除水体污染、调节气温、增加空气湿度产生了重要作用。

（2）利用溢洪道或溢流堰抬高水头。将橡胶坝用于水库溢洪道的增高，可以充分利用水资源，发挥水库或水电站的潜在效益，尽可能多蓄水，取得较高的发电水头，且溢洪道下游一般紧接陡坡段，无回流顶托现象，坝袋体不易产生颤动；大量推移质在水库沉积，过流时不致磨损坝袋；不挡水或溢流时上下游均无水，有利于对坝袋进行全面检查维修；

充坝挡水时，下游无水，可检修坝袋下游部分。因此，橡胶坝在水库溢洪道上被广泛采用。例如，广东省流溪河大型水库，在溢洪道上利用原有桥墩建造了充气式橡胶坝工程。

(3) 沿海挡潮和防浪工程。橡胶坝袋是用高分子材料制成的，目前多数采用氯丁橡胶为主要材料，并用少量天然橡胶、氧化镁等其他材料配方，这种配方加工的坝袋在淡水中使用寿命已超过20年。橡胶坝袋耐海水和海生物的性能，曾在广东湛江南海投入了30多个配方的试片，观测资料表明，其耐海水老化的性能比较好，橡胶坝可适用于沿海防廊或挡潮，可以克服钢铁闸门容易锈蚀的缺点。例如，山东烟台市为解决夹河河口的海水入侵修建了高为2.5m的橡胶坝，全长195m，有效地阻挡海水入侵。河北北戴河橡胶坝，主要作用是用来防潮蓄淡。

(4) 回灌地下水。橡胶坝升坍自如，汛期洪水来临时，可坍坝行洪；之后升坝拦截汛末洪水。河道蓄水后不仅可美化环境，还可将水回灌地下，补充地下水。例如，北京市几年来在潮白河上修建了10余座橡胶坝，将降雨和排泄下来的水分段蓄在沿线的拦河橡胶坝中，让其渗到地下，以补充地下水。

3.2.2 橡胶坝布置

3.2.2.1 基本资料收集

橡胶坝进行工程规划设计时，应搜集和掌握建坝地址的水文、气象、地形、地质、社会经济、生态环境等基本资料以及有关地区的水利规划，为设计提供依据。

1. 水文气象资料

(1) 工程地质和流域的自然地理情况资料。

(2) 坝址所在河段的有关河川径流量，洪水流量和洪水位，枯水流量及枯水位；河流泥沙来源、多年平均输沙量及月分配；冰凌情况以及分水、引水流量资料等；河道水质、漂浮物等；在潮汐地区建坝还应收集潮汐风暴潮等资料。

(3) 气温、无霜期和冰冻期，日照、风力、风速和风向等气象资料。

2. 地形资料

地形测量的范围一般为上游测至回水区的末端，下游测至可能冲刷范围之外，一般情况下至少测至坝址上、下游各100～300m处。在水库溢洪道建造橡胶坝，上游测至库区，下游测至陡坡消力池以外约100m。地形图的比例尺一般采用1：200～1：500，具体应能满足工程规划及布置的需要。

3. 工程地质资料

橡胶坝轴线钻探的深度，至少应是挡水高度的1～2倍，并测定基础土层、岩层的物理力学性能，作为选定坝基承载力和透水性能等参数，确定基础处理的措施、施工方法和开挖深度的依据。

4. 生态环境及社会经济资料

保持生态环境的良好与和谐已成为人类社会各项活动必须遵守的准则，橡胶坝工程建设也应进行环境影响评价，如工程地区的自然景观、生态环境状况和存在的主要问题与发展趋势以及工程兴建后可能引起的生态环境变化等情况。

水利工程是地域性强的工程。对社会方面的资料，应收集能体现橡胶坝工程兴建后对

保持社会稳定，促进社会和谐和与可持续发展方面的资料；对经济方面的资料，应从经济评价的角度收集工程投资、费用、效益等方面的资料，以便为橡胶坝工程建设提供科学依据。

3.2.2.2　坝址选择

橡胶坝坝址选择应根据橡胶坝的特点及运用要求，综合考虑地形、地质、水流、泥沙、施工、运行管理及其他因素，经过技术经济比较和环境评价的基础上确定。

（1）橡胶坝坝址应尽可能选在岩石坚硬完整或沉积紧密的地基上。橡胶坝由于坝体重量轻，且基础受力均匀，与其他坝相比，对地基的要求相对要低一些，但是，因地基不好造成的工程失事屡见不鲜。必要时应做人工处理，确保坝体安全。

（2）橡胶坝坝址应选择在水流平顺及河床岸坡稳定的河段。为使过坝水流平稳，不形成强烈的回流和旋涡，应尽可能避免在河流的转弯处修建橡胶坝，防止冲刷和淤积，减轻坝袋振动和磨损。实践表明，水流不稳是引起坝袋振动的主要因素，而振动又是坝袋磨损破坏的主要原因。橡胶坝坝址应选在河流平顺段。

（3）在多泥沙河流建坝，坝址应避免选在纵坡突然变缓的河段。为了减少泥沙淤积，坝址应避开纵坡变缓河段，如难以避开，应将坝基底板的高程适当提高，并在底板高程以下设置排沙泄流孔，或者使水流过坝紧接陡坡段，利于泥沙排泄，避免泥沙淤积，防止坝袋被泥沙覆盖。

（4）选择坝址应利于枢纽建筑物布置。考虑施工导流、交通运输、供水供电、工程运行管理、坝袋检修等因素。橡胶坝跨度大，一般不设检修闸门，选择坝址时要为检修创造条件。

3.2.2.3　橡胶坝结构布置

1. 橡胶坝组成

橡胶坝工程一般由坝基土建工程、挡水坝体、控制与观测系统等组成，如图 3.22 所示。

（1）土建部分包括坝底板、边墩（墙）、上下游翼墙、上下游护坡、上游防渗铺盖或截渗墙、下游消力池、海漫等。其基本作用是将上游水流平稳而均匀地引入并流经橡胶坝，并保证过坝水流不产生淘刷。固定橡胶坝坝袋的基础底板要能抵抗通过锚固系统传递到底板的推力，使坝体保持稳定。

（2）挡水坝体包括橡胶坝坝袋和锚固结构，用水（气）将坝袋充胀后即可起到挡水作用，并可调节水位和控制流量。

（3）控制和观测系统包括充胀坝体的充排设备、安全观测装置等。充水式橡胶坝的充排设备有控制室、蓄水池、水泵、管路、阀门等，充气式橡胶坝的充排设备是用空气压缩机（鼓风机）代替水泵，不需要蓄水池。观测设备有压力表、水封管、U 形管、水位计或水尺等。

2. 橡胶坝布置

橡胶坝的坝轴线应与所处河段水流方向垂直，土建、坝体、充排方式和安全观测系统等的布置应做到科学合理、结构简单、安全可靠、运行方便，并考虑美观因素。

（1）坝基底板高程，应根据地形、地质、水位、流量、泥沙、施工及检修条件等确

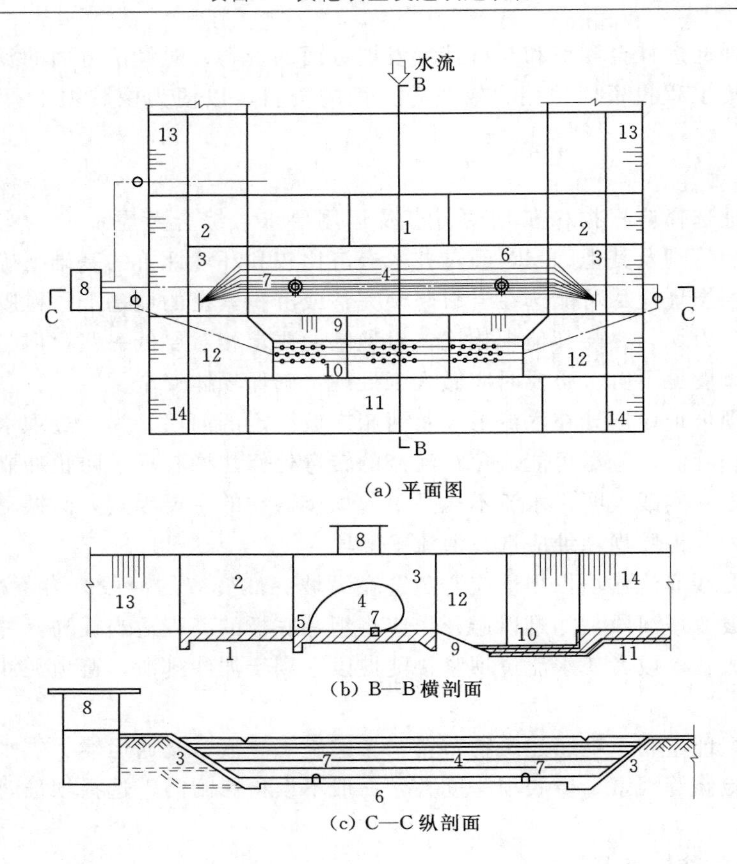

图3.22　橡胶坝枢纽布置

1—铺盖；2—上游翼墙；3—岸堰；4—坝袋；5—锚固；6—基础底板；7—充排水管路；8—操作室；9—陡坡段；10—消力池；11—海漫；12—下游翼墙；13—上游护坡；14—下游护坡

定，在不影响河道泄洪情况下，底板高程应适当抬高，一般比上游河床平均高0.2～0.4m。坝底板厚度应满足充排水（气）管路及锚固结构布置要求。顺水流向的坝底板宽度应按照坝袋坍平宽度以及安装和检修的要求确定。

(2) 坝袋设计高度，根据综合利用和工程规划的要求确定，一般情况下坝顶高程高于上游正常水位0.1～0.2m。

(3) 坝长应与河（渠）宽度相适应，坍坝时应能满足河道行洪要求。单跨坝长度，应满足坝袋制造、运输、安装、检修以及管理运行要求。

(4) 坝袋与两岸连接，应使过坝水流平顺。上、下游翼墙与岸墙两端应平顺连接，其顺水流方向的长度应根据水流和地质条件确定，边墙顶高程应根据校核洪水位加安全超高确定。

(5) 多跨橡胶坝之间应设置隔墩，墩高应不低于坝顶溢流水头，墩长应大于坝袋工作状态时的长度。

(6) 防渗排水布置，应根据坝基地质条件和坝上游和下游水位差等因素，结合底板、消能和两岸布置综合考虑，构成完善的防渗、排水系统。承受双向水头的橡胶坝，其防渗

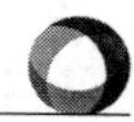

排水布置应以水位差较大的一方为控制条件，合理选择双向布置形式。

（7）消能防冲设施的布置，应根据地基情况、运行工况等因素确定。在枯水期流量较大河流上的橡胶坝工程，应考虑检修时的导流方式。坝袋充排控制设备及安全观测装置均应设置在控制室内，控制室布置应考虑运行管理方便和操作人员的安全。在严寒或潮湿的地区，注意做好防冻防潮措施。

3.2.3　坝袋设计

坝袋是橡胶坝工程的主体性挡水建筑物，坝袋的重要性显而易见。

3.2.3.1　坝袋形式的选择

坝袋按充胀介质可分为充水式、充气式。其剖面对比如图3.23所示。工程实践中，应按运用要求、工作条件等综合分析确定。

充水式橡胶坝在坝顶溢流时袋形比较稳定，振动小、过水均匀，对下游河床冲刷较小。充气式橡胶坝在坝顶溢流时，由于气体有比较大的压缩性，会出现凹坑现象，造成水流集中，对下游河道冲刷较强。但在冰冻的地区，充气式橡胶坝内的介质没有冰冻的问题，而充水式橡胶坝没有这一优点。充气式橡胶坝比充水式橡胶坝对坝袋的气密性要求高。在确定选用充水式橡胶坝还是充气式橡胶坝时，应根据运用要求和工作条件等综合分析，来进行坝型选择。充水式和充气式橡胶坝的主要特点对比见表3.2，供选择坝型时参考。

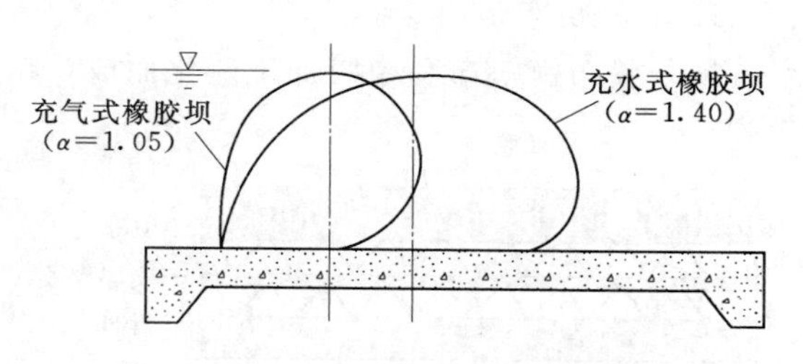

图3.23　充水（充气）式橡胶坝剖面示意图

表3.2　充水式和充气式橡胶坝特点对比

项　目	充水式橡胶坝	充气式橡胶坝
充坝介质	需要有水源	充坝气体容易得到
坝袋有效周长	坝体横断面为椭圆曲线，有效周长较长	坝体横断面近似圆形曲线，有效周长较短，一般为充水式的70%左右
气温影响	在寒冷地区，坝袋内水有结冰的危险	在温差大的地区，坝袋内压将发生明显变化
基础底板	基础底板比较长；坝体内水重为均布荷载，可以增加基础底板的稳定性	基础底板比较短，坝袋可安装在曲线型堰顶上；因充气式坝袋锚固处的集中荷载，对基础底板要求高，需采取措施来提高底板的稳定性，基础处理费用比较高
锚固结构	坝袋拉力小，气密性要求低，可采用螺栓压板锚固、楔块锚固	坝袋拉力相对充水式大一些，对气密性要求高，宜采用螺栓压板锚固
操作稳定性	在充坍坝及正常挡水时坝体稳定	当坝袋内压下降，就会产生局部凹坑现象，最好以全升全坍模式运行
水位调节	调节范围比较大	当发生凹坑现象时，难以调节水位
消能防冲	常规处理即可	因易发生凹坑现象，消能防冲比充水式要求高
充排时间	充排时间较长	充排时间短
抗振动性	抗溢流振动能力好	抗溢流振动能力相对较差

续表

项　目	充水式橡胶坝	充气式橡胶坝
耐老化	在日照时坝袋热量可传向坝袋内水体而扩散，坝体表面温度低，可延缓坝袋老化	在日照时坝袋表面温度升高很快，容易加速坝袋的老化
维修	坝袋破损漏水点容易找出，且可以在不坍坝的情况下修补	坝袋破损漏气点难找出，需在坍坝情况下修补

3.2.3.2　坝袋胶布材料结构

坝袋胶布应达到强度高、耐老化、耐腐蚀、耐磨损、抗冲击、耐屈挠、耐寒等性能要求，能满足工程使用。

1. 坝袋胶布结构

坝袋胶布由帆布和橡胶加工硫化而成，帆布是橡胶坝坝袋胶布的骨架，橡胶是用来保护和连接各层帆布，并与帆布共同承载。把合成纤维按一定编织结构进行编织，织成坝袋用的帆布，然后在帆布上浸胶、贴胶、硫化，使帆布与橡胶黏合在一起，就可以做成单层或多层的坝袋用胶布，如图 3.24 所示。

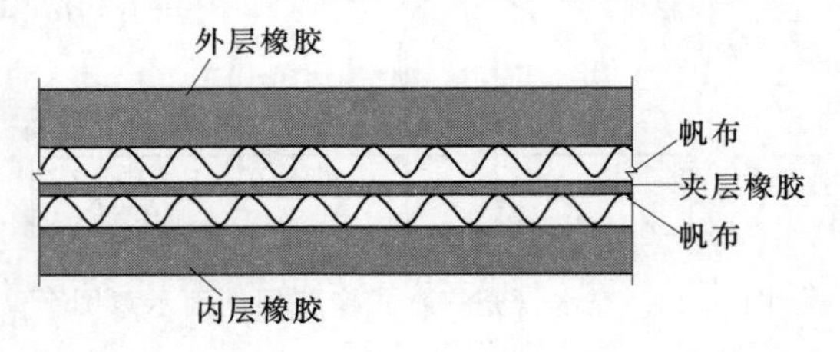

图 3.24　坝袋胶布构造示意图

2. 帆布材料

帆布是橡胶坝坝袋承载的主体，也起着维持坝袋胶布尺寸的作用，其强度的大小影响着橡胶坝的规模、安全和稳定等。国内橡胶坝坝袋用的帆布是由锦纶丝束按方平结构编织，橡胶容易渗入网眼起到“钉子”作用。锦纶又名尼龙，具有很好的强度和耐磨性。

3. 橡胶材料

橡胶起到保护和连接帆布的作用，其性能的优劣决定了坝袋使用寿命的长短。目前橡胶坝坝袋的制造主要采用氯丁橡胶，也有采用乙丙或彩色等橡胶的。胶布中各层橡胶应起到以下作用。

(1) 外层橡胶应具有良好的水气密封性能，能耐河流中泥沙、漂浮物的磨损，能耐日晒、耐热、耐臭氧老化等。

(2) 夹层橡胶应能很好地连接各层帆布，由于夹层橡胶能填满骨架材料之间的缝隙，使整个帆布层连接成密实的整体。

(3) 内层橡胶也应具有良好的水气密封性能，还应有一定的耐臭氧性能。

3.2.3.3　坝袋设计

橡胶坝坝袋的设计，首先要确定坝袋的设计内压比和坝袋强度设计安全系数，然后分析计算坝袋断面内力，按照坝袋的几何形状推导出坝袋断面周长、容积以及坝袋贴地长度等参数。

1. 坝袋设计内压比及强度设计安全系数

坝袋设计内压比为 $\alpha=H_0/H_1$，其中 H_0 为坝袋内压水头，H_1 为设计坝高。当 H_1 一

定时，α 值越大，坝袋外形越挺拔，所需要的坝袋胶布周长和坝袋容积越小，同时，坝袋贴地长度短，充胀容积小，所需基础底板和充排设备的投资可降低，但 α 值越大，坝袋胶布拉力也越大，坝袋投资就相应增加，工程实际中应综合分析比较，一般情况下，充水式橡胶坝推荐值 $\alpha=1.3\sim1.6$，充气式橡胶坝推荐值 $\alpha=0.75\sim1.1$。

坝袋强度设计安全系数为坝袋抗拉强度与坝袋设计计算强度的比值。《橡胶坝技术规范》（SL 227—98）规定，充水式橡胶坝坝袋强度设计安全系数不小于6.0，充气式橡胶坝坝袋强度设计安全系数不小于8.0。在确定坝袋强度设计安全系数时还应考虑坝袋材料加工时的强度损失、材料强度的不均匀性以及在使用中的老化损失等因素。

2. 坝袋计算基本公式

1）基本假定：

（1）按平面问题考虑。坝袋锚固于垂直水流向的底板上，跨度比较长，袋壁在中间部位受力条件相同，基本上不受端部约束的影响，轴线方向变形小，变形主要发生在垂直轴线的平面内，可以近似按平面问题考虑，将坝袋的计算简化为坝袋断面的计算。

（2）按薄膜理论计算。袋壁为柔性材料，其厚度远远小于坝袋长度及宽度，可以按薄膜理论来考虑，袋壁只承受均匀的径向拉力，不产生弯矩和剪力。

（3）假定坝袋只承受静水压力作用，不考虑动荷载的影响，而且不计坝袋自重和受力后伸长的影响。

根据上述假定，可以导出坝袋断面上任一点处的内力基本公式，即

$$T=Rp \tag{3.11}$$

式中　T——任一点处的内力，kN/m；

R——任一点处的曲率半径，m；

p——任一点处的内外压力差，kN/m^2。

2）橡胶坝坝袋计算：

（1）充水式橡胶坝径向计算强度。根据平衡条件，可推导出充水坝袋径向计算强度常用公式，即

$$T=\frac{1}{2}\gamma\left(\alpha-\frac{1}{2}\right)H_1^2 \tag{3.12}$$

式中　T——坝袋径向计算强度，kN/m；

γ——水的重度，$10kN/m^3$；

α——坝袋内外压比，$\alpha=H_0/H_1$；

H_0——内压水头，m；

H_1——设计坝高，m。

（2）充气式橡胶坝径向计算强度。同样，根据平衡条件，可推导出充气坝袋径向计算强度 T(kN/m) 的常用公式：

$$T=\frac{1}{2}\alpha\gamma H_1^2 \tag{3.13}$$

式中　T——坝袋径向计算强度，kN/m；

γ——水的重度，$10kN/m^3$；

α——坝袋内充气压力与相当于坝高的水柱压强之比；

H_1——设计坝高，m。

在设计中，还可以根据充水式或充气式坝袋的断面尺寸，进一步计算坝袋断面周长、单宽容积以及坝袋贴地长度等，具体可参考相关资料。

3.2.4　橡胶坝锚固

橡胶坝是将坝袋安装锚固在基础底板和边坡（墙）上，用水（气）将坝袋充胀，构成可升高挡水和可降低泄流的工程。锚固结构是橡胶坝工程的关键组成部分，工程中应切实做好锚固结构选择、锚固线布置及锚固结构强度试验研究等工作。

3.2.4.1　锚固线布置

锚固线是指用锚固构件将坝袋锚紧时，锚固构件沿坝底板和两岸边坡（岸墙）的布置线。锚固线如果布置不当，会引起坝袋局部应力集中，造成坝袋撕裂，故锚固线的布置对橡胶坝工程很重要。按坝袋与坝底板和两岸边坡的连接方式不同，可有不同的锚固线型式。

1. 单锚固线

单锚固线是将坝袋胶布安装锚固在基础底板上，只有底板上游一条锚固线，如图3.25所示。其锚线短，锚固件少，安装简单，密封和防漏性能好。但坝袋周长较长，坝袋胶布用量相对较多。由于单锚固线仅在上游锚固，坝袋可动范围大，对坝袋防振防磨不利，尤其当坝顶溢流时，在下游坝脚处产生负压，将泥沙吸进坝袋底部，造成坝袋磨损。一般充气式橡胶坝或坝高较低的充水式橡胶坝可采用单锚固线进行坝袋锚固。

2. 双锚固线

双锚固线是用两条锚线将坝袋胶布分别锚固于四周（图3.26）。其锚线长，锚固件多，安装工作量大，相应处理密封的工作量也大，但坝袋四周被锚固，坝袋可动范围小，对坝袋防振防磨有利。由于在上、下游锚固线间的贴地段可用纯胶片代替坝袋胶布防渗，从而可节省坝袋胶布约1/3，可降低坝袋的投资，在工程中普遍采用。

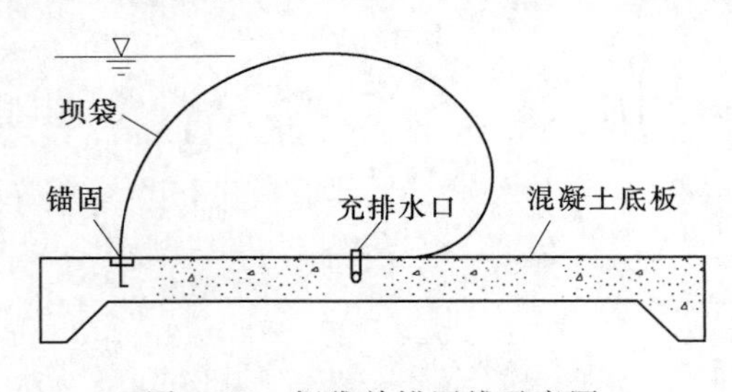

图3.25　坝袋单锚固线示意图

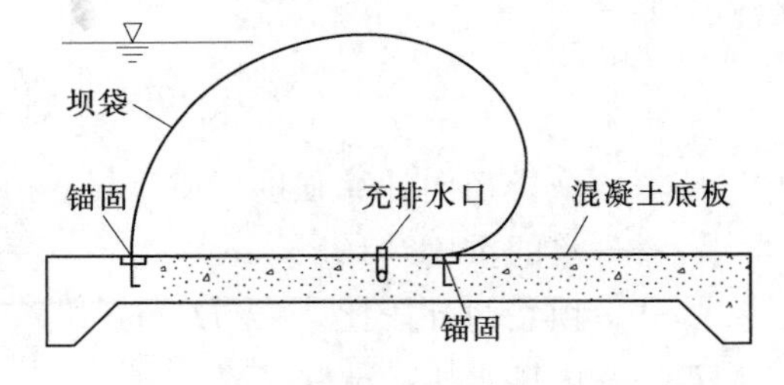

图3.26　坝袋双锚固线示意图

3. 堵头式橡胶坝锚固线

如岸墙或中墩为直墙，为改善坝袋应力集中，宜采用堵头式坝袋，上、下游的锚固线仍布置在底板两侧，其位置与双锚固线相同，两侧端头沿岸墙或中墩底脚顺水流向布置两条锚固线，组成矩形封闭的锚固线。

堵头式坝袋的两侧端一般采用外锚固，这样底板处的坝袋与直墙之间就会有空隙，充胀后的坝袋难以挤紧底板与直墙间的这个直角死角部位，容易引起漏水。工程中应注意做

好封堵工作。

4. 岸墙（中墩）斜坡段锚固线

岸墙锚固线布置，应满足坍坝时坝袋平整不阻水，充坝时坝袋褶皱较少。当岸墙（中墩）为斜坡时，为改善坝袋局部受力状态，一般设渐变爬坡段成为斜坡连接。斜坡段锚线最好按坝袋设计充胀断面与斜坡相交形成的空间曲线布置，这样坝袋边端须加工成相应曲线，锚固件也应做成曲线形，加工制作困难。实际工程中，一般上游侧多采用相切于坝袋设计外形的折线布置，下游侧为直线布置。上游锚线在边坡上要延长一段，然后分布若干段折线向上布置，便于坝袋在充胀时减少端部的法向应力（图 3.27）。

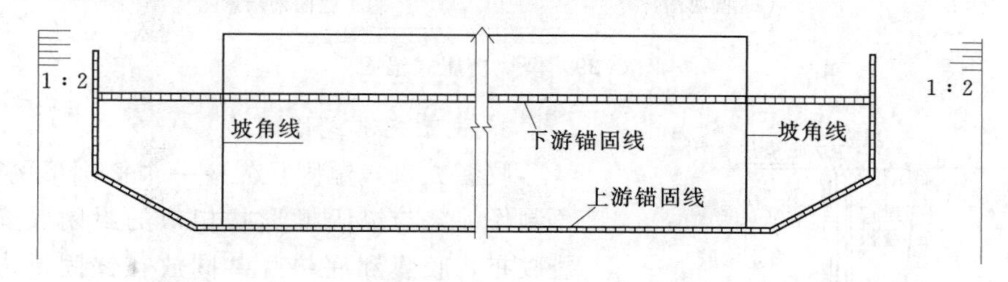

图 3.27 斜坡段锚固线示意图

总之，工程中应合理选择坝袋的锚固线形式，以改善坝袋的受力情况，确保坝袋运用过程中的安全可靠性和延长坝袋寿命。

3.2.4.2 锚固结构型式

橡胶坝的锚固是用锚固构件将坝袋胶布沿其周边安装固定在坝底板和岸墙（中墩）上，构成一个密封的袋体。工程中锚固结构型式多种多样，按锚固构件的材料来分，可分为螺栓压板式锚固、楔块挤压式锚固和胶囊充水式锚固 3 种。

1. 螺栓压板式锚固

螺栓压板式锚固的锚固构件由螺栓、压板及垫板组成，如图 3.28 所示。螺栓压板式锚固的锚固力可控，安装止水效果好，国内自橡胶坝建设之初就采用该种构件锚固，是应用最广泛的一种坝袋锚固型式。

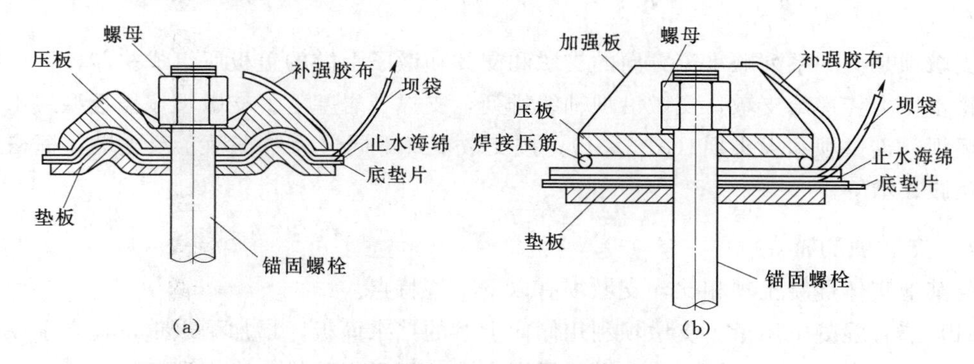

图 3.28 螺栓压板式锚固

2. 楔块挤压式锚固

楔块挤压式锚固构件由前楔块、后楔块和压轴组成，如图 3.29 所示。锚固槽有靴形

和梯形两种，施工时用压轴将坝袋胶布卷入槽中，用楔块挤紧。

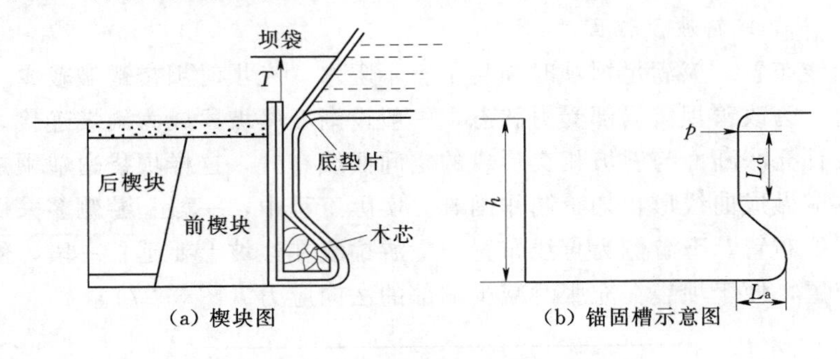

(a) 楔块图　　(b) 锚固槽示意图

图3.29　楔块挤压式锚固

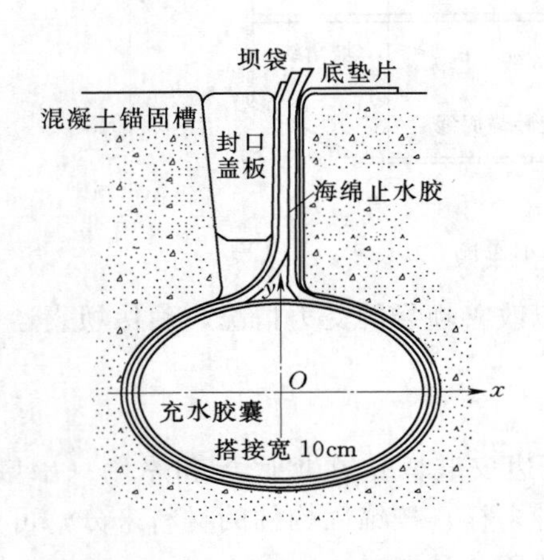

图3.30　胶囊充水式锚固

3. 胶囊充水式锚固

胶囊充水式锚固是先建一个椭圆形的锚固槽，再制作一条与锚固槽形状相似的封闭胶囊，将坝袋胶布、胶囊和底垫片共同放在锚固槽内，胶囊充水后使坝袋胶布受到挤压，利用坝袋胶布与锚固槽之间产生的摩擦力来抵抗坝袋的拉力（图3.30）。

在工程实践中，可根据工程实际情况，综合分析并适当选择锚固方式。一般情况下，锚固施工绝大多数采用经验的方法对锚固楔块进行夯击，或对螺母进行拧紧。但对于重要的橡胶坝工程，应做专门的锚固结构试验，以达到牢固可靠的密封性要求。

任务3.3　支　墩　坝

支墩坝是由一系列顺水流方向的支墩和支撑在墩子上游的盖板所组成。盖板形成挡水面，将水压力传递给支墩，支墩沿坝轴线排列，支撑在岩基上。支墩坝按盖板型式不同分为平板坝、连拱坝和大头坝（图3.31）；按支墩型式不同分为单支墩、双支墩、框格式支墩、空腹支墩等。

3.3.1　支墩坝的特点

与其他实体混凝土坝相比，支墩坝有以下一些特点。

(1) 节省混凝土用量。支墩坝利用倾向上游的挡水面板，增加了水重，提高了坝体的抗滑稳定性；支墩坝的支墩较薄，墩间留有空隙，便于坝基排水，作用于坝底面的扬压力小，混凝土用量小。与实体重力坝相比，大头坝可节约混凝土20%～40%，平板坝和连拱坝可节省混凝土40%～60%。

(2) 能充分利用材料的强度。支墩可随受力情况调整厚度，可以充分利用混凝土材料

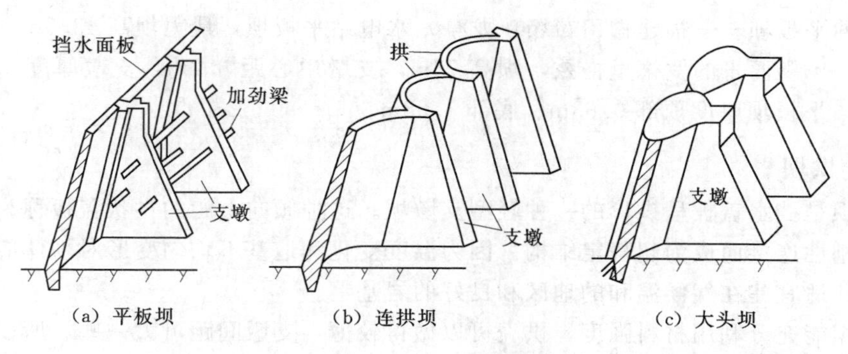

图 3.31 支墩坝的型式

的受压强度。

(3) 侧向稳定性差。支墩本身单薄又相互独立，侧向稳定性差，当作用力超过纵向稳定临界值时，支墩可能因丧失纵向稳定而破坏；在受到平行于坝轴线方向的地震力时，其抗侧向倾覆的能力较差。

(4) 部分型式的支墩坝对地质和气候条件要求高。连拱坝和连续式平板坝都是超静定结构，其内力受地基变形和气温变化的影响大，其适用于基岩好、气候温和的地区。

(5) 施工条件不同。因支墩间存在空隙，减少了地基的开挖量，便于布置底孔和施工导流，同时，施工散热面增加，坝体温度控制措施简易。但施工时模板用量大、立模复杂，施工难度加大。

3.3.2 平板坝

平板坝是支墩坝中结构最简单的型式，其上游挡水面板为钢筋混凝土平板，并常以简支的形式与支墩连接。以避免面板上游面产生的拉应力，并可适应地基变形。

面板的顶部厚度必须满足气候、构造和施工要求，一般不小于0.3～0.6m。支墩多采用单支墩，中心距一般为5～10m，顶厚为0.3～0.6m，向下逐渐加厚。

基本剖面的上下游坡度及支墩厚度由抗滑稳定和支墩上游面的拉应力条件决定。在支墩体积相同的前提下，上游坡度越缓对抗滑稳定越有利，但也越易产生拉应力。为了利用水重增加坝的抗滑稳定性，往往将上游坝面做成一定的倾斜度，其倾角常为40°～60°，下游坡角为60°～80°。

对单支墩，为增加其侧向稳定性，在支墩之间用刚性梁加强。

支墩的水平断面基本上呈矩形，但为支承面板，在上游面需加厚成悬臂式的墩肩，其宽度一般为0.5～1.0倍的支墩厚度。墩肩断面一般为折线形。墩肩与支墩连接处，为了避免应力集中，也可做成圆弧形，半径1～2m。

平板坝可以做成非溢流坝或溢流坝。既可建在岩基上，也可建在非岩基上或软弱岩基上（此时需将2～3个坝段连在一起，在坝底做成有排水孔的连续底板）。溢流面板的厚度根据板上静水、动水压力及自重等荷载计算确定，一般不小于0.8～1.0m。溢流堰面一般采用非真空实用堰，使溢流时坝面不产生负压和振动。

平板坝由于跨中弯矩大，一般适用于气候温和地区且高度小于40m的中、低坝。20世纪初用得较多，后来较少，主要是考虑到钢筋用量多，侧身稳定性及耐久性差。

我国的平板坝——福建古田二级（龙亭）水电站平板坝，最大坝高43.5m。世界最高的平板坝——墨西哥的罗德里格兹，坝高73m，支墩中心距6.7m，支墩厚度0.48m，底部1.68m，平板坝厚度顶部0.63m、底部1.68m。

3.3.3　连拱坝

连拱坝是挡水盖板呈拱形的一种轻型支墩坝。这种倾向上游的拱状盖板称为拱筒。拱筒与支墩刚性连接而成为超静定结构。因为温度变化和地基不均匀变形对坝体应力的影响显著，因此适宜建在气候温和的地区和良好的岩基上。

连拱坝能充分利用材料强度，拱壳可以做得较薄，支墩间距可大一些。所以在支墩坝中，以连拱坝的混凝土方量最小。但施工复杂，钢筋用量也多。

由于坝身比较单薄，施工、温度及运行期的不利荷载作用都会引起混凝土开裂并有可能进一步扩展。因此，对拱壳混凝土的抗拉防渗性能要求较高。在严寒地区，坝体还受冰冻和风化的破坏，修建薄连拱坝时，一定要在下游面设防寒隔墙。

连拱坝的拱壳一般采用圆弧形。支墩有单、双支墩两种，双支墩侧向刚度较大，多用在高坝中。

连拱坝的基本尺寸包括支墩间距、墩厚、上下游边坡、拱中心角和厚度等。

(1) 支墩间距随坝高而变。当坝高小于30m时，间距为10～18m；当坝高等于30～60m时，间距为15～25m；当坝高等于60～120m时，间距为20～40m。

(2) 支墩厚度。对实体式支墩，顶部厚度一般为0.4～2.0m，也有将支墩顶部加厚至2.5～3.0m或更厚，底部厚度一般为1.5～7.0m。对空腹式支墩，厚度一般为4.0～8.0m，隔墙间距一般为6.0～12.0m。

(3) 边坡。上游坡度n一般为0.6～0.9；下游坡度m一般为1.1～1.3。

(4) 拱中心角一般为135°～180°。拱中心角越大，受温度变化及地震时支墩的相对位移的影响越小，拱座处的剪力越小。常用180°。

(5) 拱的厚度沿高度变化。顶部厚度一般为0.5～0.6m，底部厚度则取决于坝高、支墩间距和拱内含筋率，应由结构计算确定。一般为1.0～3.0m。当支墩间距很大时，可达8.0m。

我国的梅山连拱坝，空腹双墩式。拱圈为180°中心角的等厚半圆拱，顶拱拱圈厚0.60m，底拱拱圈厚2.30m，内半径为6.75m，支墩间距为20m，最大坝高为88.24m。

加拿大的丹尼尔·约翰逊连拱坝，世界最高的连拱坝，最大坝高为214m。坝长1220m，河谷中间一跨最大，跨距162m，顶拱圈厚6.7m，底拱圈厚25.3m。

3.3.4　大头坝

大头坝的头部和支墩连成整体，即头部是由上游面的支墩扩大形成。大头坝接近于宽缝重力坝，其支墩间距比宽缝更宽。

大头坝的头部主要有平头式、圆弧式和折线式。平头式施工简便，但头部应力条件较差，容易在坝面产生拉应力，出现劈头裂缝。圆弧式的受力条件合理，但施工模板比较复杂。折线式则兼有两者优点，只要设计合理是能够达到施工简便、受力条件合理的目的。

1. 大头坝的型式

大头坝的支墩根据其组合共有 4 种型式。

(1) 开敞式单支墩。结构简单，施工方便，便于观察检修，但是侧向刚度较低，保温条件差。

(2) 封闭式单支墩。侧向刚度较高，墩间空腔被封闭，保温条件好，便于坝顶溢流，采用最广泛。

(3) 开敞式双支墩。侧向刚度高，但施工较复杂，多用于高坝。

(4) 封闭式双支墩。侧向刚度最高，但施工最复杂。

2. 大头坝的基本尺寸

大头坝的基本尺寸包括大头跨度、支墩平均厚度、上下游坡度等。

(1) 大头跨度。对于单支墩来说，坝高小于 45m，跨度为 9～12m；坝高 45～60m，跨度为 12～16m；坝高大于 60m，跨度为 16～18m。

对于双支墩来说，坝高在 50m 以上时，跨度为 18～27m。

确定大头跨度还需考虑：①溢流大头坝可把支墩伸出溢流面作为闸墩。此时大头跨度必须与溢流孔口尺寸相一致；②如有厂房坝段，电站引水管由支墩穿出，大头跨度必须与机组间距相协调。

(2) 支墩平均厚度。支墩过于单薄，侧向刚度不足，抗冻耐久性也差。跨厚比（$S=L/B$）常用范围如下。

坝高小于 40m，$S=1.4\sim1.6$；坝高为 40～60m，$S=1.6\sim1.8$；坝高为 60～100m，$S=1.8\sim2.0$；坝高在 100m 以上，$S=2.0\sim2.4$。

支墩厚度增加可提高侧向刚度，便于机械化施工；但是相应大头面积增加，混凝土方量增加，要求提高浇筑能力，施工散热相对困难，温度应力大。

(3) 上下游坡度。上下游坡度根据抗滑稳定和上游面不出现拉应力的要求确定。表 3.3 列出了几项已建工程的基本尺寸。

表 3.3 大头坝的工程实例

工程名称	支墩形式	坝高/m	上游坡率	下游坡率	大头跨度/m
伊泰普	双	180	0.58	0.46	34
柘溪	单	104	0.45	0.55	16
桓仁	单	100	0.40	0.55	16
磨子潭	双	82	0.50	0.40	18
双牌	双	58.8	0.60	0.50	18.23
涔天河	双	43	0.50	0.50	18.23

任务 3.4 过 坝 建 筑 物

3.4.1 船闸

船闸是河流上水利枢纽中常用的一种过船建筑物，它是利用闸室中水位的升降将船舶

浮运过坝的，通船能力大，安全可靠。

3.4.1.1　船闸的组成和工作原理

1. 船闸的组成

船闸由闸室、上下游闸首、上下游引航道等三部分组成（图 3.32）。

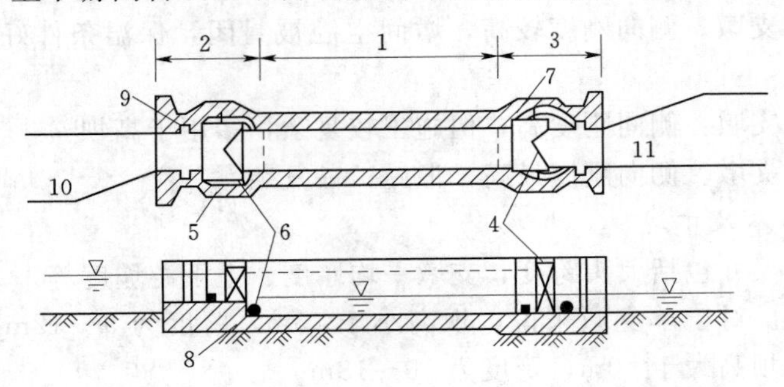

图 3.32　船闸组成示意图

1—闸室；2—上闸首；3—下闸首；4—闸门；5—阀门；6—输水廊道；7—门槛；8—帷墙；9—检修门槽；10—上游引航道；11—下游引航道

闸室是由上、下游闸首内的闸门与两侧闸墙构成的一个长方体空间，是供过闸船只临时停泊的场所。当船闸充水或泄水时，闸室内水位就自动升降，船舶在闸室中也随水位而升降。为了保证闸室充泄水时船舶的稳定停泊，在两侧闸墙上常设有系船柱和系船环等设备。

闸首是分隔闸室与上、下游引航道并控制水流的建筑物，位于上游的称为上闸首，位于下游的称为下闸首。在闸首内设有工作闸门、输水系统、启闭机械等设备。

引航道内设有导航建筑物和靠船建筑物，导航建筑物与闸首相连接，其作用是引导船舶顺利地进出闸室，靠船建筑物与导航建筑物相连接，供等待过闸船舶停靠使用。

2. 船闸的工作原理

当船队（舶）从下游驶向上游时，其过闸程序如图 3.33 所示。首先关闭上、下游闸门及上游输水阀门；开启下游输水阀门，将闸室内的水位泄放到与下游水位相齐平；开启下游闸门，船舶从下游引航道驶向闸室内；关闭下游闸门及下游输水阀门；打开上游输水阀门向闸室内充水，直到闸室内水位与上游水位齐平；最后将上游闸门打开，船舶即可驶

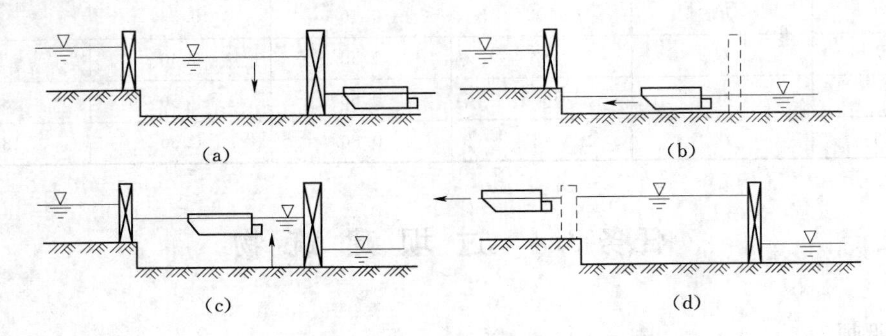

图 3.33　船闸工作原理示意图

出闸室，进入上游引航道。

船舶从上游驶向下游时，其过闸程序与此相反。

3.4.1.2　船闸的类型

1）闸室按级数可分为单级船闸和多级船闸：

（1）单级船闸只建有一级闸室，如图 3.32、图 3.33 所示。船舶通过这种船闸只需经过一次灌水、泄水即可克服上下游水位的全部落差。单级船闸的水头一般不超过 15～20m。但近年来国内外已在岩基上建成一些水头超过 20m 的单级船闸，如水头达 27m、闸室长 280m、宽 34m 的葛洲坝巨型船闸。

（2）多级船闸是建有两级以上闸室的船闸（图 3.34）。当水头较大，采用单级船闸在技术上有困难、经济上不合理时，可采用多级船闸。船舶通过多级船闸时，需进行多次闸门启闭以及灌水、泄水过程才能调节上、下游水位的全部落差。

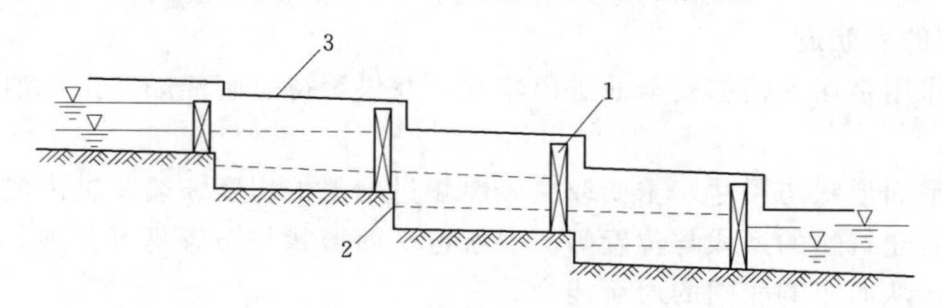

图 3.34　多级船闸示意图

1—闸门；2—帷墙；3—闸墙顶

2）船闸按船闸线数可分为单线船闸和多线船闸。单线船闸是在一个枢纽中只建有一条通航线路的船闸。多线船闸即在一个枢纽中建有两条或两条以上通航线路的船闸。

船闸线路的确定取决于货运量与船闸的通航能力，通常情况下只建单线船闸。只有当通过枢纽的货运量巨大，单线船闸的通航能力不能满足需求时才修建多线船闸。如葛洲坝水利枢纽采用三线船闸，如图 3.35 所示。在有些水利枢纽中，水头高，航运货运量巨大，常采用多级多线船闸。三峡工程通航建筑物包括永久船闸和升船机，均位于左岸的山体中。永久船闸为双线五级连续梯级船闸，单级闸室有效尺寸长 280m、宽 34m，坎上最小

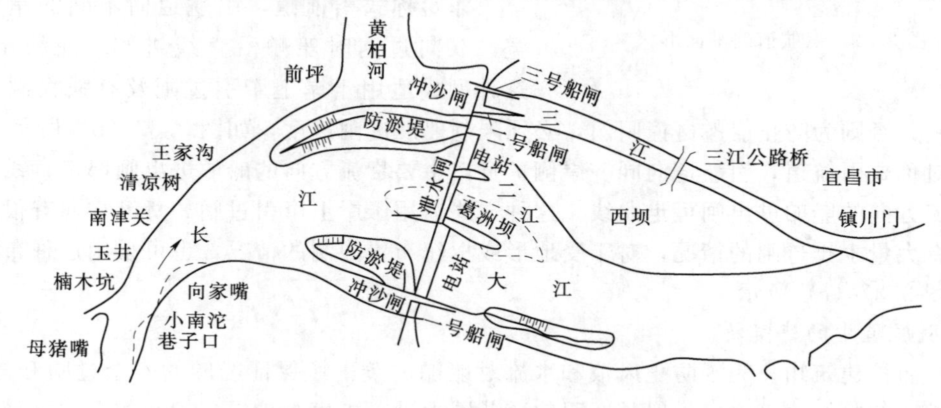

图 3.35　葛洲坝水利枢纽船闸布置

水深5m，可通过万吨级船队，如图3.36所示。

图3.36　三峡双线五级连续船闸

3.4.1.3　船闸的引航道

引航道的作用是保证船舶安全地进出船闸，并供等待过闸船舶安全停泊，使进出闸船舶能交错避让。

引航道的平面形状与尺寸，主要取决于船舶过闸繁忙程度、船队进出船闸的行驶方式以及靠船和导航建筑物的型式与位置等。引航道平面形状与布置是否合理，直接影响船舶进出闸的时间，从而影响船闸的通航能力。

1. 引航道的平面形状

单线船闸引航道的平面形状可分为对称式和非对称式两类（图3.37）。

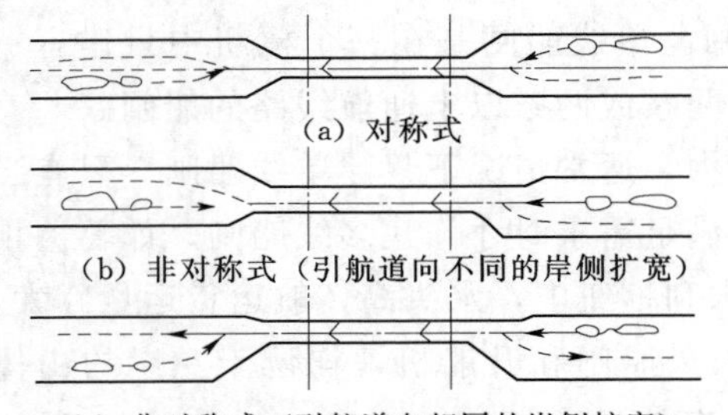

(a) 对称式

(b) 非对称式（引航道向不同的岸侧扩宽）

(c) 非对称式（引航道向相同的岸侧扩宽）

图3.37　引航道的平面形状

（1）对称式引航道的轴线与闸室的轴线相重合。当双向过闸时，为了进出闸船舶相交错避让，船舶进出闸都必须曲线行驶。因此，进出闸速度较慢，过闸时间较长，对提高船闸通过能力不利，如图3.37（a）所示。

（2）非对称式引航道的轴线与闸室轴线不相重合，其布置方式通常有两种。

非对称式引航道，引航道向不同的岸侧扩宽，双向过闸时船舶沿直线进闸，曲线出闸。这种型式适用于岸上牵引过闸及有强大制动设备的船闸；否则为防止船舶碰撞闸门，必须限制船舶进闸速度，如图3.37（b）所示。

非对称式引航道，引航道向同一岸侧扩宽，主要货流方向的船舶进出闸都走直线，而次要货流方向的船舶进出闸可走曲线。这种方式适用于岸上牵引过闸、货流方向有很大差别以及有大量木排过闸的情况，对于受地形或枢纽布置限制的情况，也可采用这种布置型式，如图3.37（c）所示。

2. 引航道中的建筑物

（1）防护建筑物。为了防止风浪和水流对船舶的袭击，保证船舶的安全过闸和停靠，应修建必要的防护建筑物。一般是在引航道范围内进行护底与护岸，护底的常用材料多为干砌块石，护岸一般为浆砌块石。

(2) 导航建筑物。导航建筑物的主要作用是为了保证船舶能从宽度较大的引航道安全、顺利地进入较窄的闸室。导航建筑物一般包括主、辅导航建筑物两种类型。主导航建筑物位于进闸航线一侧，用以引导船舶进闸；辅导航建筑物位于出闸航线一侧，用以引导受侧向风、水流和主导航建筑物弹力作用而偏离航线的船舶，使其循正确方向行驶。

(3) 靠船建筑物。靠船建筑物的主要作用，是专门等待过闸的船舶停靠使用。其布置特点是均靠近闸船舶航线的一侧，即进闸航行方向的右侧。

3.4.1.4 船闸的布置

在水利枢纽中，除坝与船闸外，还有电站、取水建筑物、鱼道、筏道等建筑物，在进行枢纽布置时，应合理确定船闸与各建筑物间的相互位置。

1. 船闸与坝的布置

(1) 闸坝并列式。船闸布置于河床中，多用于低水头枢纽中。当河床宽度大，足以布置溢流坝和水电站时，宜将船闸设在水深较大、地质条件较好的一岸，当枢纽处于微弯河段时，大多将船闸布置在凹岸。这样可使船闸及其引航道的挖方减少，而且引航道的进出口通航水深也易于保证。但是，施工时必须修筑围堰，工期较长，而且还需在上、下游引航道中靠河一侧修建导堤，把引航道与河流隔开，以保证船舶的安全，如图 3.38 (a) 所示。

(2) 闸坝分离式。船闸布置于河岸凸岸的裁直引河中。船闸的施工条件较为优越，一般都可干地施工，无需修筑围堰，施工质量也易于得到保证。由于船闸布置在引河中，远离溢流坝，引航道进、出口处流速较小，便于船舶航行。但是，这种布置需挖引河，土石方开挖量大。选用这种方案时，为保证航行方便，引河长度不应小于 4 倍闸室长度，下游引航道的出口应布置在河流凹岸水深较稳定处，同时，引航道的轴线与河道水流方向夹角应尽量减小，如图 3.38 (b) 所示。

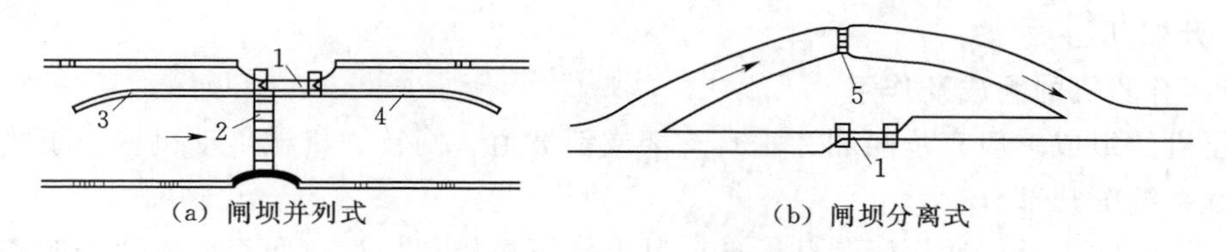

图 3.38 船闸布置示意图

1—船闸；2—泄水闸；3—上导航墙；4—下导航墙；5—节制闸

2. 船闸与其他建筑物的布置

(1) 船闸、电站分设两岸。当船闸、电站并列于同一河床断面内时，电站下泄的尾水不会影响船舶进出船闸，可将它们分别布置在河流的两岸，使电站远离船闸，两者的施工和管理互不干扰。但须在两岸布置施工场地，费用较大。

(2) 船闸、电站均设同岸。将电站与船闸布置在河流的同一岸，最好将电站布置于靠河一侧，而船闸靠岸一侧，并使二者间隔开一定距离。这样既可在二者之间设置变电所，又可改善引航道水流条件。如河床宽度不足，难以使船闸与电站之间隔开一定距离，也可将电站与船闸布置成一定的交角，使电站尾水远离航道。

(3) 船闸、取水建筑物分设两岸。如果水利枢纽中有取水建筑物，也可将船闸与取水

建筑物分别布置于河流的两岸，以避免取水建筑物运行时影响船闸引航道的水流条件，而且取水建筑物也不致受到船舶、木筏的撞击而被损坏。

3.4.1.5　船闸闸室结构

闸室是由两侧的闸室墙和闸底板组成。闸室墙主要承受墙后土压力和水压力。由于闸室内水位是经常变化的，闸室墙前后有水位差，因此闸室的墙和底板除了满足稳定和强度要求外，还要满足防渗的要求。

闸室的结构型式与各地的自然、经济和技术条件有关。按闸室的断面形状，可将闸室分为斜坡式和直立式两大类。

(1) 斜坡式闸室结构是将河流的天然岸坡和底部加以砌石保护而成，如图3.39 (a) 所示。斜坡式闸室结构简单，施工容易，造价较低。但是，灌水体积大，灌水时间长，过闸耗水量大，由于闸室内水位经常变化，两侧岸坡在动水压力作用下容易坍塌，故需修筑坚固的护坡工程。

这种型式主要适用于水头和闸室平面尺寸较小，河流水量较为充沛的小型船闸。

(2) 直立式闸室结构，如图3.39 (b) 所示。一般适用于大、中型船闸中，根据地基的性质，这种结构又分为非岩基上的闸室和岩基上的闸室结构两大类。

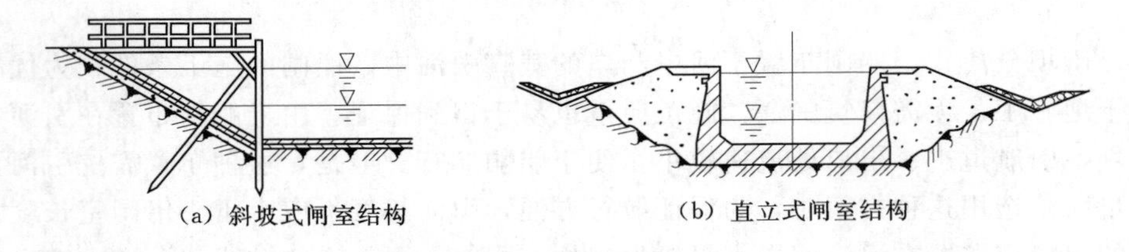

(a) 斜坡式闸室结构　　(b) 直立式闸室结构

图3.39　闸室的结构型式

3.4.2　升船机

3.4.2.1　升船机的组成及作用

升船机的组成一般有承船厢、垂直支架或斜坡道、闸首、机械传动机构、事故装置和电气控制系统等几部分。

(1) 承船厢。承船厢用于装载船舶，其上、下游端部均设有厢门，以使船舶进出承船厢体。

(2) 垂直支架或斜坡道。垂直支架一般用于垂直升船机的支承，并起导向作用，而斜坡道则是用于斜面升船机的运行轨道。

(3) 闸首。闸首用于衔接承船厢与上、下游引航道，闸首内一般设有工作闸门和拉紧(将承船厢与闸首锁紧)、密封等装置。

(4) 机械传动机构。机械传动机构用于驱动承船厢升降和启闭承船厢的厢门。

(5) 事故装置。事故装置当发生事故时，用于制动并固定承船厢。

(6) 电气控制系统。电气控制系统主要是用于操纵升船机的运行。

3.4.2.2　升船机的工作原理

升船机的工作原理与船闸的工作原理基本相同。以斜面升船机为例，船舶通过升船机的主要程序：当船舶由下游驶向上游时，先将承船厢停靠在厢内水位同下游水位齐平的位

置上；操纵承船厢与闸首之间的拉紧、密封装置，并充灌缝隙水；打开下闸首的工作闸门和承船厢的下游厢门，并使船舶驶入承船厢内；关闭下闸首的工作闸门和承船厢的下游厢门；将缝隙水泄除，松开拉紧和密封装置，提升承船厢使厢内水位相齐平；开启上闸首的工作闸门和承船厢的上游厢门，船舶即可由厢体驶入上游。

当船舶由大坝上游向下游驶入时，则按上述程序进行反向操纵（图3.40）。

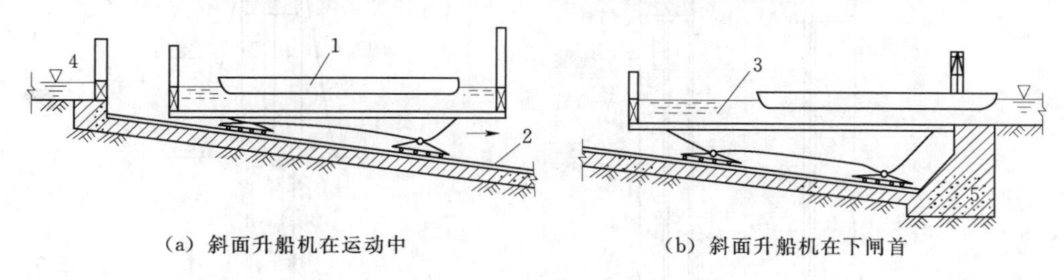

图3.40 斜面升船机工作原理

1—船只；2—轨道；3—船厢；4—上闸首

3.4.2.3 升船机的类型

按承船厢的运行线路，一般将其分为垂直升船机和斜面升船机两大类。

1. 垂直升船机

垂直升船机按其升降设备特点，可以分为提升式、平衡重式和浮筒式等型式。

(1) 提升式升船机。提升式升船机类似桥式升降机，船舶驶进船厢后，由起重机进行提升，经过平移，然后下降过坝。由于垂直提升所需动力较大，故一般只用于提升中小船只。我国丹江口水利枢纽中就采用了这种垂直升船机（图3.41），其最大提升高度为83.5m，最大提升力为4500kN，提升速度为11.2m/min，承船厢可湿运150t级驳船或干运300t级驳船。

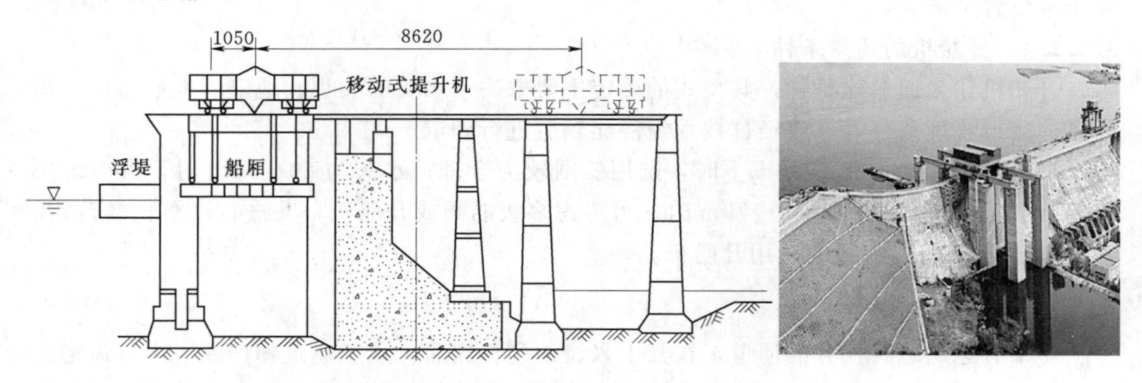

图3.41 丹江口水利枢纽垂直升船机（单位：cm）

(2) 平衡重式升船机。平衡重式垂直升船机是利用平衡重来平衡承船厢的重量（图3.42）。提升动力仅用来克服不平衡重及运动系统的阻力和惯性力，运动原理与电梯相似。

其主要特点是可节省动力，过坝时间短，通航能力大，耗费电量小，运行安全可靠，进出口条件较好；但是工程技术较复杂，工程量较为集中，耗用钢材也较多。

(3) 浮筒式升船机。浮筒式升船机的特点是将金属浮筒浸在充满水的竖井中（图

3.43），利用浮筒的浮力来平衡船厢的总重量，提升动力仅用来克服运动系统的阻力和惯性力。这种升船机的支承平衡系统简单，工作可靠。但是，因受到浮筒所需竖井深度的限制，其提升高度不宜太大，并且一部分设备长期处于竖井的水下，检修较为困难。

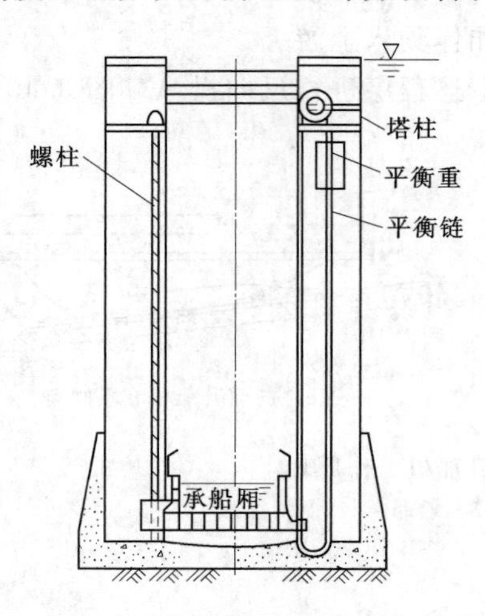

图 3.42　平衡式垂直升船机

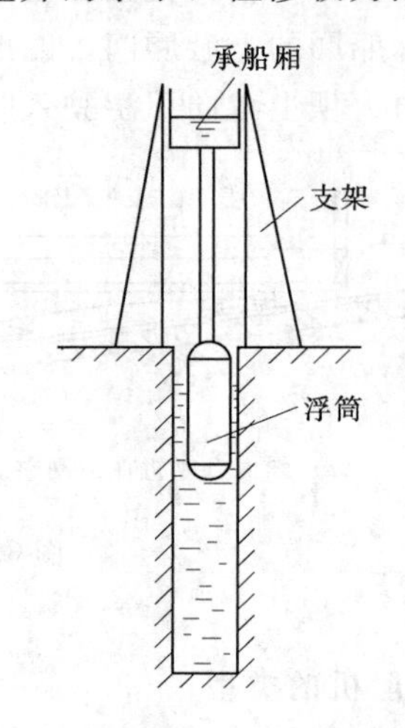

图 3.43　浮筒式垂直升船机

2. 斜面升船机

斜面升船机是在斜坡上铺设升降轨道，将船舶置于特制的承船车中干运或在承船厢中湿运过坝，如图 3.40 所示。这种升船机按照运行方式不同，可以分为牵引式、自行式；按照运送方向与船只行驶方向的关系，又可分为纵向行驶和横向行驶两种。其中，牵引式纵向行驶的升船机应用最为广泛。

斜面升船机一般由承船厢、斜坡轨道和卷扬设备等组成。为了减小牵引动力，斜面升船机多设置平衡重块。

3.4.2.4　升船机的适用条件

升船机作为通航建筑物，其型式的确定主要取决于水头的大小、地形、地质条件、运输量、运行管理条件等，应经过技术经济比较后进行确定。

一般来说，水头在 10m 以下时，选用船闸较为合理；水头为 10～40m 时，可考虑单级船闸或升船机；水头为 40～70m 时，可考虑多级船闸或升船机，并进行经济比较确定；水头超过 70m 时，一般应选用升船机。

3.4.3　过木建筑物

对于有运送木材任务的河道，在其上兴建水利枢纽后，水工建筑物切断了木材运输的通道。为解决木材过坝问题，需要在枢纽中修建过木建筑物。常用的过木建筑物主要包括筏道、漂木道和过木机 3 种。

3.4.3.1　筏道

筏道是一种泄水的陡槽，用于浮运木排。筏道的运量大，使用方便，建筑技术要求低，运费便宜，故应用较为广泛。一般由上下游引筏道、进口段、槽身段及出口段等几部分组成，如图 3.44 所示。

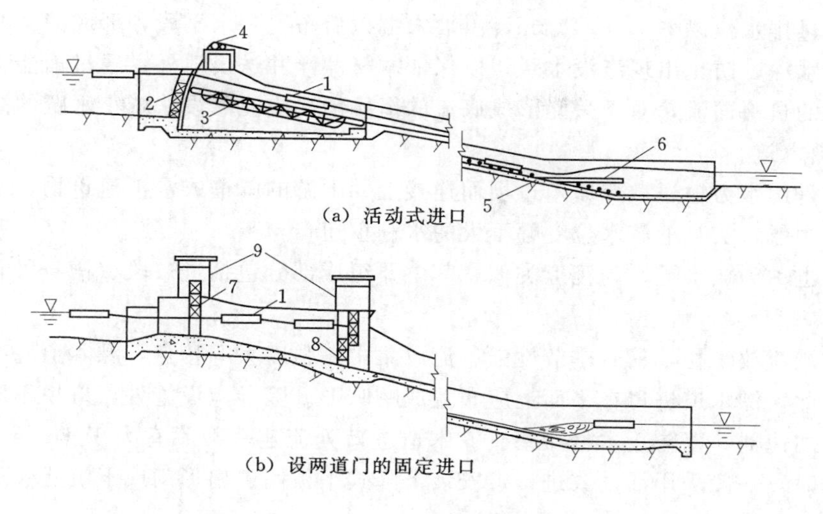

图3.44　筏道型式

1—木筏；2—叠梁闸门；3—活动筏槽；4—卷扬机；5—糙齿；6—消能栅；7—上闸门；8—下闸门；9—启闭机室

1. 进口段

筏道的进口段必须适应水库水位的变化，准确调节筏道流量，使得木排安全过筏。根据上游水位变化幅度，进口段通常采用以下两种型式。

(1) 固定式进口。进口段设有两道闸门，和船闸相似，在两道闸门之间形成一个筏闸室，如图3.44 (b) 所示。这种筏道结构简单，用水量少，但运送效率较低，水位变动也不宜太大。

(2) 活动式进口。由活动筏槽及叠梁闸门两部分组成。叠梁闸门可以调整不同挡水高度，活动筏槽则由起重机控制。叠梁闸门除用于挡水及检修活动筏槽外，主要是与活动筏槽联合运行，调节过筏流量，如图3.44 (a) 所示。

2. 槽身段

槽身是一个宽而浅的陡槽，其结构的主要建筑材料为混凝土或钢筋混凝土，也可以采用浆砌石或木材建造。

槽身的宽度不宜太大，常用的槽宽为4～10m。槽中水深，一般为木筏厚度的2/3，常用水深为0.3～0.8m。槽中水深不宜过小，否则木筏不能浮运；若过大，则流速加大，运行不安全，而且耗水量也大。

筏道纵坡一般采用3%～6%，人工加粗的筏道纵坡可达到8%～14%。为了使槽内各段水深和流速都能满足安全运行的要求，槽身纵坡可采用几种不同的坡度，但坡度变化不宜太大，相邻两段的变化夹角应小于1.5°。槽中的排速，在保证安全的前提下，可尽量选得大些，一般选用5m/s左右，最大可达7～8m/s。

3. 出口段

出口段应靠近水流，布置在河道顺直且水深较大的地方，以保证在下游水位变化范围内顺利流放木排，既不能搁浅，又不能产生壅水现象。筏道的出口部分，一般按原有坡度

延长至最低过排水位以下1.5～2.5m，斜坡末端以后布置一水平段，形成消力池的水深最好接近临界水深，防止出现淹没水跃，以保证木材漂浮并送出池外，通过消能工，最好可以形成扩散的自由面流，对于只能形成底流的衔接情况应注意设法减小水跃的高度。

3.4.3.2 漂木道

漂木道是用水力输送散漂原木过坝而连接上、下游的斜槽式水工建筑物。多用于不通航河流上的中低水头且上游水位变幅不大的水利枢纽。

漂木道也称为放木道，与筏道类似，其主要组成部分包括进口段、槽身段和出口段。

1. 进口段

河流散漂流放木材，具有季节性强、流放集中、强度大等特点，漂木道应有较大的通过能力。为此，漂木道进口在平面上应布置成喇叭形。除导漂设施外，应视不同情况设置机械或水力加速器，以防止木材滞塞。漂木道进口处流速一般不宜大于1m/s。当水库水位变幅较大时，一般采用活动式进口，安装下降式平板门、扇形门或下沉式弧形门等。

2. 槽身段

漂木道的槽身也是一个顺直的陡槽，多为混凝土或钢筋混凝土结构。按照木材通过的方式，可将漂木道分为全浮式、半漂式和湿润式3种类型。其主要差别在于过木时的用水量不同。全浮式可基本避免木材与槽底的碰撞，但是耗水量较多；而半漂式和湿润式可以节省水量，但木材与槽底存在着摩擦和碰撞，损耗较大。实际工程中，全浮式应用较多。

槽身的宽度一般应略大于最大的原木长度；槽内水深稍大于原木直径的0.75倍；槽身的纵坡多在10%以下。槽内流速可以超过2～4m/s。

3. 出口段

下游出口的位置宜选在河流顺直的岸边，避开回流区，应做到水流顺畅，以利木材顺利下漂。对于消能工的要求，可以略低于筏道，一般要求水流呈波状跃或面流式与下游水面相衔接。

3.4.3.3 过木机

通过高坝修建筏道及漂木道有困难或不经济时，可以采用机械设备输送木材过坝。我国的一些水利枢纽采用的过木机有链式传送机、垂直和斜面卷扬提升式过木机、桅杆式和塔式起重机、架空索道传送机等。

链式过木机由链条、传动装置、支承结构等主要部分组成。

架空索道是把木材提离水面，用封闭环形运动的空中索道将其传送过坝，适用于运送距离较长的枢纽。它具有不耗水、受大坝施工及电站运行干扰少、投资省的优点，但运送能力低。

除了上述各种过木设施外，在航运量不大、水量充沛的水利枢纽中，也可利用船闸过筏。对于过木量特别大的枢纽，也可专门修建筏闸运送木材过坝。

3.4.4 过鱼建筑物

在河道中兴建水利枢纽后，为库区养殖提供了有利条件，同时也使鱼类生活的水域生态环境发生了变化，给渔业生产带来了不利影响。其一，阻隔了洄游路线，使鱼类无法上溯产卵，在上游繁殖的幼鱼也无法洄游到下游或回归大海。其二，使鱼类区系的组成发生

了变化，使坝上洄游、半洄游性鱼类显著减少，土著性鱼类相对增加。其三，由于水库淹没了原有鱼类的天然产卵场，而且水温下降，使鱼类的繁殖受到影响。为此，需要在水利枢纽中修建过鱼建筑物，以作为沟通鱼类洄游路线的一项重要补救措施。

枢纽中的过鱼建筑物主要包括鱼道、鱼闸、举鱼机等，其中以鱼道最为常用。

3.4.4.1　鱼道

鱼道是用水槽或渠道做成的水道，水流顺着水道上游而向下游流动，使鱼类在水道中逆水而上或顺水而下。鱼道按结构型式可分为池式、槽式和隔板式。

1. 池式鱼道

池式鱼道由一连串连接上、下游的水池组成（图3.45）。水池间用短渠或低堰进行连接，水池间水位差为0.5～1.5m，这类鱼道一般都是绕岸开挖而成的。池式鱼道很接近天然河道，有利于鱼类生活或通过。但是，其适用水头很小，必须有合适的地形和地质条件；否则土方工程量很大。现在已较少采用。

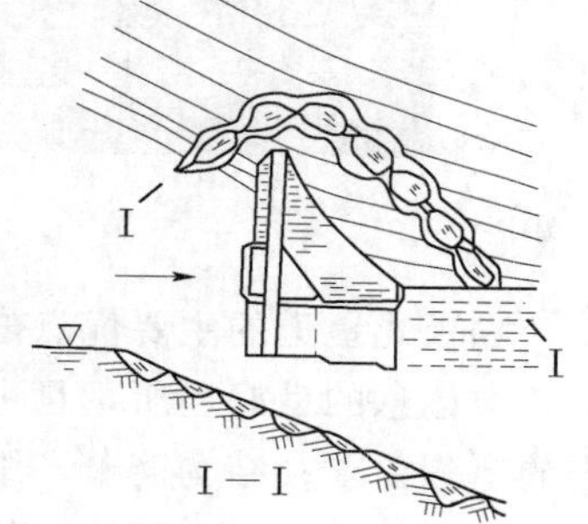

图3.45　池式鱼道

2. 槽式鱼道

槽式鱼道是一条人工建成的斜坡式或阶梯式水槽。按其消能方式又可分为简单槽式鱼道和丹尼尔式鱼道两种型式。

（1）简单槽式鱼道。它仅为一条连接上、下游的水槽，槽中没有任何消能设施，仅靠延长水流途径、增大槽身周边糙率进行简单的消能。这种型式的鱼道长度往往很大，坡度很缓，能适用的水头很小，实际的工程中应用较少。

（2）丹尼尔式鱼道。由比利时工程师丹尼尔（Daniel）提出，是一条加糙的水槽。在侧壁和槽底设有间距很密的阻板或砥坝，水流通过时形成反向水柱冲击主流，减小流速，如图3.46所示。

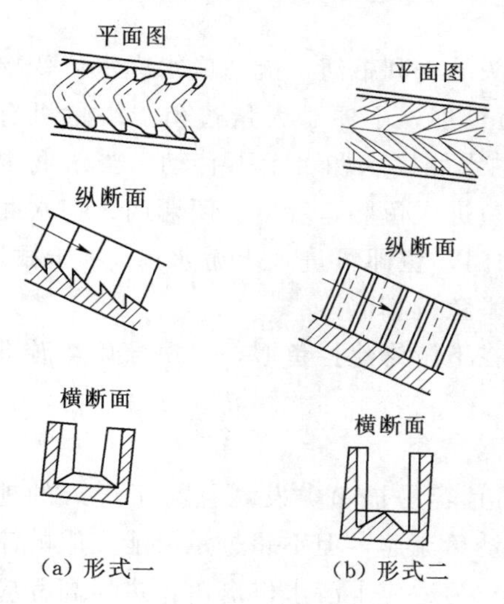

图3.46　丹尼尔式鱼道

其主要优点在于：尺寸小（宽度一般在2m以内），坡度陡，长度短，比较经济；鱼类可以在任意水深中通过，途径不弯曲，所以过鱼速率快。缺点是水流掺气，紊动剧烈，对于上下游水位变动的适应能力差，加糙部件结构复杂，不便维修。这种鱼道主要适用于水位差不大，鱼类能力较强劲的情况。

3. 隔板式鱼道

隔板式鱼道利用横隔板将鱼道上、下游的总水位差分成若干个小的梯级，隔板上设有“过鱼孔”，并利用水垫、沿程摩阻及水流对冲、扩散来消能，达到改善流态、降低“过鱼孔”流速的目的。这类鱼道的一系列横隔板中，水面逐级跌落，形成许多梯级，故又称为梯级鱼道（图3.47）。

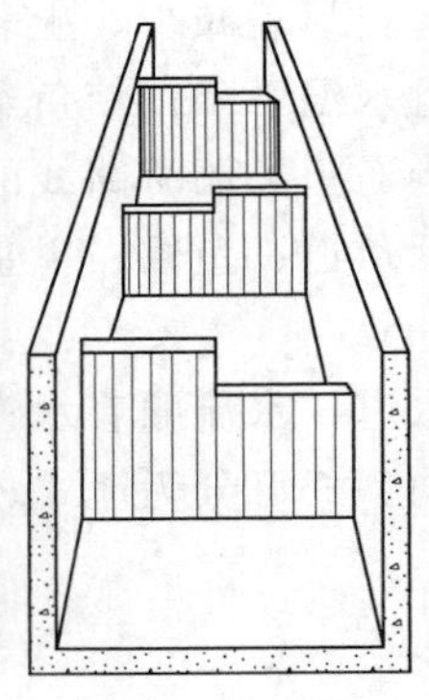

图 3.47　隔板式鱼道

隔板式鱼道的主要优点是：水流条件易于控制，能用于水位差较大的地方；各级水池是鱼类休息的良好场所，且可通过调整“过鱼孔”的型式、位置、大小来适应不同习性鱼类的上溯要求；结构简单，维修方便。

隔板式鱼道的主要缺点是：鱼类需要逐级克服“过鱼孔”中的流速方能上溯，过鱼速度较慢；断面尺寸较大，造价较高。

3.4.4.2　鱼闸

鱼闸的工作原理与船闸相似。其上、下游各有一段导渠与闸室相连，水流经过放水管进入闸室与导渠中，引诱鱼类进入导渠，用驱鱼栅将鱼推入闸室；关闭下游闸门，随着闸室内水位上升，提升闸室底板上的升降栅，迫使鱼随水位一起上升，待闸室水位与上游水位齐平后，打开上游闸门，启动上游驱鱼栅，将鱼推入水库内。

3.4.4.3　举鱼机

举鱼机是利用机械设备举鱼过坝。可适用于高水头的水利枢纽，能适应水库水位变幅较大的情况；但机械设备易发生故障，可能耽误举鱼过坝，不便于大量过鱼。举鱼机有“湿式”和“干式”两种。前者是一个利用缆车起吊的水厢，水厢可上下移动，当水厢中水面与下游水位齐平时，开启与下游连通的厢门，诱鱼进入鱼厢，然后关闭厢门，把水厢水面提升到与上游水位齐平后，打开与上游连通的厢门，鱼即可进入上游水库。“干式”举鱼机是一个上下移动的渔网，工作原理与“湿式”举鱼机相似。

举鱼机的使用关键在于下游的集鱼效果，一般常在下游修建拦鱼堰，以诱导鱼类游进集鱼设备。

3.4.4.4　过鱼建筑物的布置

过鱼建筑物的进口应布置在不断有活水流出，而且容易被鱼类发现且易于进入的地方；进口的流速应比附近的水流流速略大，造成一种诱鱼流速，但不超过鱼所能克服的流速；一般要求水流平稳顺直，没有旋涡、水跃等现象；为适应下游水位涨落，进口高程应当适宜，要保证过鱼季节在进口处有一定的水深，当水位变化较大时可设置不同高程的几个入口；进口常布置在岸边或电站、溢洪道出口附近。

过鱼建筑物的出口与溢流坝和水电站进水口之间应留有足够的距离，以防止过坝的鱼再被水流带回下游；出口应靠近岸边且水流平顺，以便鱼类能沿着水流和岸边线顺利上

溯；出口应远离水质有污染的水区，防止泥沙淤塞，并有不小于1.0m的水深和一定的流速，以确保鱼类能迅速地被引入水库内。对于幼鱼的洄游，也可以通过鱼道、船闸、中低水头的溢洪道以及直径较大的水轮机过坝。

思　考　题

3-1　拱坝对地形地质条件的要求是什么？

3-2　拱坝的工作原理是什么？

3-3　查阅有关资料，了解拱坝的结构分析。

3-4　查阅有关资料，了解橡胶坝的溢流特性。

3-5　查阅有关资料，了解橡胶坝袋用料计算方法。

3-6　查阅有关资料，了解橡胶坝的启闭系统和特性。

3-7　支墩坝都有哪些类型？每种类型的结构型式是怎样的？

3-8　船闸的工作原理是什么？

3-9　升船机由哪几部分组成？升船机的工作原理是什么？

3-10　过鱼建筑物与过木建筑物主要包括哪几种型式？

项目4 水　闸

学习要求：理解掌握水闸的基本概念、作用、类型及组成部分；熟知水闸设计各个阶段的主要任务、内容和要求；了解水闸上的荷载及其组合；了解闸室渗流计算、稳定计算、结构计算的方法及要求。

任务4.1 概　述

4.1.1 水闸的作用和类型

水闸是一种利用闸门的开启和关闭来调节水位、控制流量的低水头水工建筑物，具有挡水和泄水的双重作用，它常与堤坝、船闸、鱼道、水电站、抽水站等建筑物组成水利枢纽，以满足防洪、灌溉、排涝、航运以及发电等水利工程的需要。

1. 按照水闸所承担的任务分类

（1）进水闸。建在河道、湖泊的岸边或渠道的渠首（灌溉渠系的进水闸又称渠首闸），用来引水灌溉、发电或其他用水需要。灌溉渠系中建于干渠以下各级渠道渠首的进水闸，其作用是把上一级渠道的水分进下一级渠道。位于下一级渠首的进水闸叫做分水闸；位于斗、农渠渠首的又称为斗、农门。

（2）节制闸。在河道或在渠道上建造，枯水期用以抬高水位，以满足上游取水和航运等要求，洪水期用以控制下泄流量，以保证下游河道安全。拦河建造的节制闸又称拦河闸，一般选择在河道顺直、河势相对稳定的河段。灌溉渠系中的节制闸一般建于支渠分水口的下游，用以抬高闸前水位，满足支渠引水时对水位的要求。

（3）冲沙闸。常建在多泥沙河道上引水枢纽或渠系中沉沙池的末端，也可设在引水渠内布置有节制闸的分水枢纽处，常与节制闸并排布置。用于排除进水闸、节制闸前河道或渠道中淤积的泥沙，减少引水水流中的含沙量。冲沙闸又称为排沙闸。

（4）分洪闸。为了减轻洪水对江河下游的威胁，通常在泄洪能力不足的河段上游河岸的适当位置建分洪闸，洪峰来临时开闸分泄一部分洪水进入湖泊、洼地等滞洪区。进入滞洪区的水，待外河水位低落时，再由排水闸流入原河道。

（5）排水闸。多修建在江河沿岸排水渠道末端，用以排除河道两岸低洼地区的积水。当外河上涨时，可以关闸防止洪水倒灌，避免洪灾；当外河水位退落时，开闸排水防止涝害。其特点是具有双向挡水的作用。

（6）挡潮闸。在河流入海的河口地段，为防止海水倒灌，常建有挡潮闸。同时还可用来抬高内河水位，满足蓄淡灌溉的需要。内河感潮河段两岸受涝时，可用其在退潮时排涝。建有通航孔的挡潮闸，可在平潮时开闸通航。

各种水闸的布置如图4.1所示，典型水闸如图4.2所示。

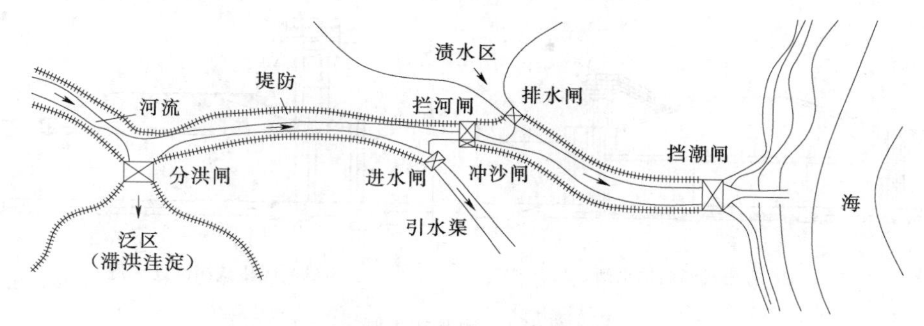

图4.1 水闸的分类及布置示意图

图4.2 水闸

2. 按照闸室的结构型式分类

(1) 开敞式水闸。水闸闸室上面没有填土，是开敞的。这种水闸又分为胸墙式和无胸墙式两种。当上游水位变幅较大而过闸流量又不是很大时，即挡水位高于泄水位时，可采用胸墙式，如进水闸、挡潮闸及排水闸等。有泄洪、通航、排冰、过木要求的水闸常采用无胸墙的开敞式水闸，如图4.3所示。

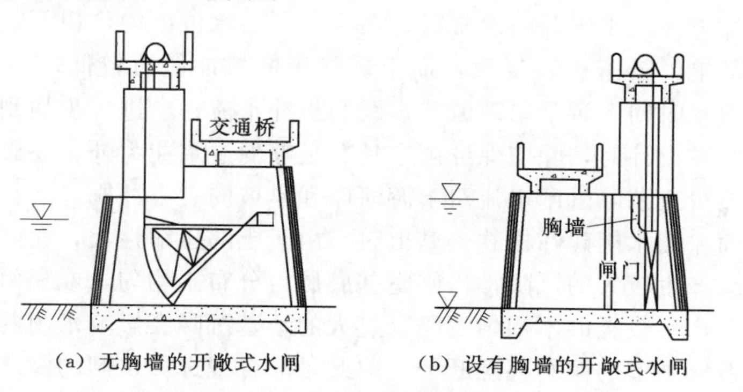

(a) 无胸墙的开敞式水闸　(b) 设有胸墙的开敞式水闸

图4.3 开敞式水闸

(2) 涵洞式水闸。水闸修建在河（渠）堤之下，闸（洞）身上面填土封闭的则成为涵洞式水闸。它的适用条件基本上与胸墙式水闸相同。根据水力条件的不同，涵洞式水闸分为有压式和无压式两类，如图 4.4 所示。

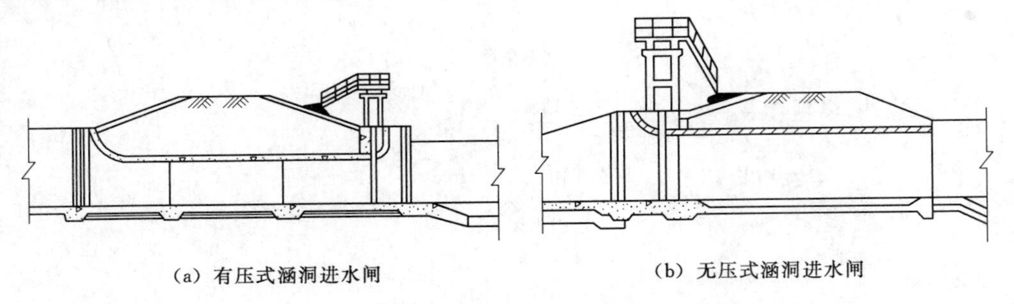

(a) 有压式涵洞进水闸 (b) 无压式涵洞进水闸

图 4.4 涵洞式水闸

3. 按照最大过闸流量分类

水闸按最大过闸流量分为：流量不小于 $5000m^3/s$ 为大（1）型；流量 $5000 \sim 1000m^3/s$ 为大（2）型；流量 $1000 \sim 100m^3/s$ 为中型；流量 $100 \sim 20m^3/s$ 为小（1）型；流量小于 $20m^3/s$ 为小（2）型。

4.1.2 水闸的工作特点及设计要求

水闸可以修建在土基或岩基上，但多数建于软土地基上。地基条件差和水头低且变幅大是水闸工作条件比较复杂的两个主要原因。因而它具有许多与其他水工建筑物不同的工作特点，主要表现在抗滑稳定性、防渗、消能防冲和沉降等方面。

（1）稳定方面。水闸关门挡水时，水闸上、下游形成较大的水头差，造成较大的水平推力，使水闸有可能沿闸基产生向下游的滑动，为此，水闸必须具有足够的重力，以维持自身的稳定。

（2）防渗方面。由于上、下游水位差的作用，水将透过地基和两岸向下游产生渗流。渗流会引起水量损失，同时在渗流作用下容易引起闸基及两岸土壤产生渗透变形，严重时闸基和两岸连接建筑物的地基土会被淘空，危及水闸安全。渗流对闸室和两岸连接建筑物的稳定不利。因此，在水闸设计中，应采取合理的防渗排水措施，尽可能减小闸底渗透压力，防止闸基及两岸土体发生渗透变形，以保证闸的抗滑及抗渗稳定性。

（3）消能防冲方面。水闸开闸泄水时，在上、下游水位差的作用下，过闸水流往往具有较大的流速及动能，流态也较复杂，而土质河床的抗冲能力较低，容易引起冲刷。另外，由于水闸在泄水时闸下游常出现波状水跃和折冲水流，会进一步加剧对河床和两岸的淘刷。因此，水闸在设计时，除应保证闸室具有足够的过水能力外，还必须采取有效的消能防冲措施，以减少或消除过闸水流对下游河床和岸坡的有害冲刷。

（4）沉降方面。当水闸建在松软土基上时，由于土的压缩性大，在闸室自重及其他荷载作用下，往往会产生较大的沉降；当闸室基底压力分布不均匀，或相邻结构的基底压力相差较大时，还会产生较大的不均匀沉陷。过大的地基沉降会影响水闸的正常使用，严重的不均匀沉降会造成闸室的倾斜甚至断裂。因此，应合理选择水闸的型式、构造，确定合理的施工程序及地基处理措施，以减小地基的沉降。

4.1.3 水闸的组成

开敞式水闸由闸室段、上游连接段和下游连接段三部分组成，如图 4.5 所示。

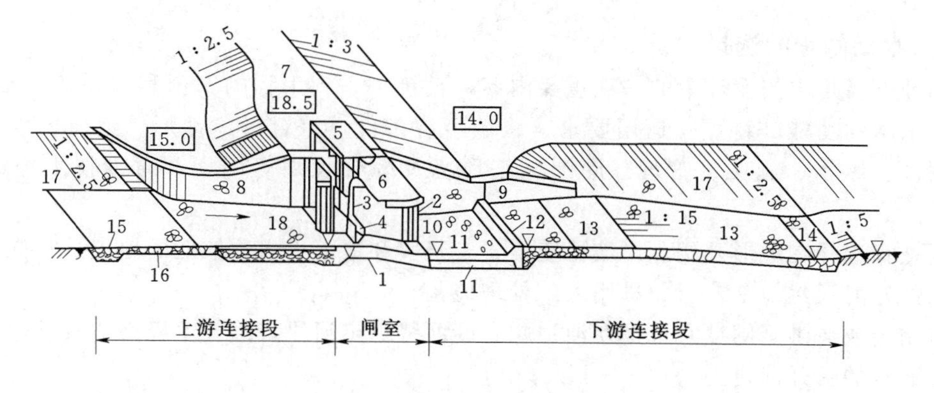

图4.5 开敞式水闸

1—闸室底板；2—闸墩；3—胸墙；4—闸门；5—工作桥；6—交通桥；7—堤顶；8—上游翼墙；9—下游翼墙；10—护坦；11—排水孔；12—消力坎；13—海漫；14—下游防冲槽；15—上游防冲槽；16—上游护底；17—上、下游护坡；18—上游铺盖

（1）闸室段。闸室是水闸的主体，通常包括底板、闸墩、闸门、胸墙、工作桥及交通桥等。底板是闸室的基础，承受闸室的全部荷载，将荷载较均匀地传给地基，并利用底板与地基土之间的摩擦阻力来维持闸室的抗滑稳定，同时还有防冲、防渗等作用。闸墩的作用是分隔闸孔、支承闸门和工作桥等上部结构。闸门的作用是挡水和控制下泄水流。工作桥供安置启闭机和工作人员操作之用。交通桥的作用是连接两岸交通。岸墙是闸室与河岸的连接结构，主要用于挡土及侧向防冲、防渗等作用。

（2）上游连接段。其主要作用是引导水流平顺地进入闸室，同时起防冲、防渗、挡土等作用。一般包括上游翼墙、铺盖、护底、上游防冲槽及护坡等部分。上游翼墙的作用是引导水流平顺进闸，并起挡土、防冲及侧向防渗作用。铺盖主要起防渗作用，并兼有防冲作用。护坡及护底的作用是保护河岸及河床不受冲刷。上游防冲槽主要是保护护底的头部，防止河床冲刷向护底方向发展。

（3）下游连接段。其主要作用是将下泄水流平顺引入下游河道，具有消能、防冲、防止渗透破坏及扩散水流的功能。下游连接段包括消力池、海漫、下游防冲槽、下游翼墙及护坡等。消力池是消能的主要设施，并具有防冲作用。海漫的作用是进一步消除水流余能，扩散水流，调整流速分布，以免河床受到冲刷。下游防冲槽是海漫末端的防冲设施，防止海漫下游河床的冲刷向上游发展。下游翼墙的作用是引导过闸水流均匀扩散，并保护两岸免受冲刷。在海漫和防冲槽范围内，两侧岸坡均应砌筑护坡，防止冲刷。

4.1.4 水闸设计的内容

水闸设计的内容包括：闸址选择，水闸等级划分及洪水标准确定，进行水闸枢纽布置，水闸孔口形式和尺寸确定，消能防冲设计，防渗、排水设计，闸室稳定计算、沉降校核和地基处理，两岸连接建筑物的型式和尺寸的确定，水闸结构计算等。

水闸设计时所需要的基本资料主要包括闸址处地形、地质资料，水文、气象资料，工程施工条件、建筑材料、河流规划状况、运用要求、所在地区的生态环境及社会经济状况等资料。

4.1.5　水闸闸址的选择

闸址选择是水闸设计中的一项重要内容，直接关系到工程的安全和效益的正常发挥。应根据水闸的功能、特点、运用要求、区域经济条件，综合考虑地形、地质、水流、潮汐、泥沙、冰情、施工、管理、周围生态环境及综合规划等因素，通过技术经济比较确定。

闸址宜选择在地形开阔、岸坡稳定、岩土坚实和地下水水位较低的地点，宜优先选用地质条件好的天然地基，避免采用人工处理地基。

节制闸或泄洪闸闸址宜选择在河道顺直、河势稳定河段，经技术经济比较后也可选择在裁弯取直的新开河道上。

进水闸、分水闸或分洪闸宜选择在河岸稳定的顺直河段或弯道凹岸顶点稍偏下游处，分洪闸不宜选择在险工堤段和被保护重要城镇的下游堤段。

排水闸（排涝闸）或泄水闸（退水闸）宜选择在地势低洼、出水通畅处，排水闸（排涝）宜选择在靠近主要涝区和容泄区的老堤堤线上。

挡潮闸宜选择在岸线和岸坡稳定的潮汐河口附近，泓滩冲淤变化较小、上游河道有足够的蓄水容积的地点。

多支流汇合口下游河道上建闸，闸址与汇合口之间宜有一定的距离。

在铁路桥或Ⅰ、Ⅱ级公路桥附近建闸，闸址与铁路桥或Ⅰ、Ⅱ级公路桥的距离不宜太近。

选择闸址应考虑材料来源、交通、施工导流、场地布置、基坑排水、施工水电供应等条件及建成后工程管理和防汛抢险等条件。选择闸址还应考虑占地少、拆迁房屋少、尽量利用周围已有公路、航运、动力、通信等公用设施；利于绿化、美化环境、水土流失治理和生态环境保护，利于综合管理、经营等。

4.1.6　水闸等级划分及洪水标准的确定

1. 工程等别及建筑物级别

平原区水闸枢纽工程应根据水闸最大过闸流量及其防护对象的重要性划分等别，其等别应按表4.1确定。

规模巨大或在国民经济中占有特殊重要地位的水闸枢纽工程，其等别应经论证后报主管部门批准确定。

表4.1　平原区水闸枢纽工程分等指标

工程等别	Ⅰ	Ⅱ	Ⅲ	Ⅳ	Ⅴ
规模	大（1）型	大（2）型	中型	小（1）型	小（2）型
最大过闸流量/(m^3/s)	≥5000	5000～1000	1000～100	100～20	＜20
防护对象的重要性	特别重要	重要	中等	一般	—

注　当按表列最大过闸流量及防护对象重要性分别确定的等别不同时，工程等别应经综合分析确定。

水闸枢纽中的水工建筑物应根据其所属枢纽工程等别、作用和重要性划分级别，其级别应按表4.2确定。

表 4.2　　　　水闸枢纽建筑物级别划分

工程等别	永久性建筑物级别		临时性建筑物级别
	主要建筑物	次要建筑物	
Ⅰ	1	3	4
Ⅱ	2	3	4
Ⅲ	3	4	5
Ⅳ	4	5	5
Ⅴ	5	5	—

山区、丘陵区水利水电枢纽中的水闸，其级别可根据所属枢纽工程的等别及水闸自身的重要性按表 4.2 确定。山区、丘陵区水利水电枢纽工程等别按国家现行的《水利水电工程等级划分及洪水标准》（SL 252—2017）的规定确定。

灌排渠系上的水闸，其级别可按现行的《灌溉与排水工程设计规范》（GB 50288—99）的规定确定。

位于防洪（挡潮）堤上的水闸，其级别不得低于防洪（挡潮）堤的级别。

对失事后造成巨大损失或严重影响，或采用实践经验较少的新型结构的 2～5 级主要建筑物，经论证并报主管部门批准后可提高一级设计；对失事后造成损失不大或影响较小的 1～4 级主要建筑物，经论证并报主管部门批准后可降低一级设计。

2. 洪水标准的确定

平原区水闸的洪水标准应根据所在河流流域防洪规划规定的防洪任务，以近期防洪目标为主，并考虑远景发展要求，按表 4.3 所列标准综合分析确定。

表 4.3　　　　平原区水闸洪水标准

水闸级别		1	2	3	4	5
洪水重现期/a	设计	100～50	50～30	30～20	20～10	10
	校核	300～200	200～100	100～50	50～30	30～20

山区、丘陵区水利水电枢纽中的水闸，其洪水标准应与所属枢纽中永久性建筑物的洪水标准一致。山区、丘陵区水利水电枢纽中永久性建筑物的洪水标准应按国家现行规范的规定确定。

任务 4.2　水闸的孔口尺寸确定

水闸的孔口尺寸可根据已知的设计流量、上下游水位、初步选定的闸孔及底板型式和底板高程，参考单宽流量数值，利用水力学公式计算闸孔总宽，拟定闸孔数量及单孔尺寸。

4.2.1　闸孔及底板型式的选择

水闸闸孔型式有开敞式和涵洞式两大类，其适用条件已在水闸类型中说明。

闸室底板的型式通常有宽顶堰底板和低实用堰底板两种。

宽顶堰的闸孔以采用平底板宽顶堰的最为广泛。平底板宽顶堰的优点是结构简单、施工方便、有利于冲淤排沙，自由泄流的范围较大，泄洪能力比较稳定。其缺点是自由泄流时流量系数较小，闸后比较容易产生波状水跃，如图4.6（a）所示。

闸底板通常采用的低实用堰有梯形堰、驼峰堰和WES堰等，见图4.6（b）、（c）、（d）。

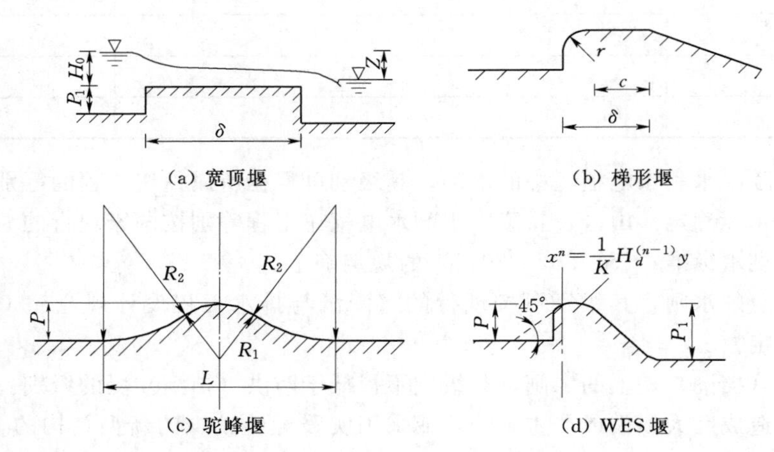

图4.6 闸室底板堰型

低实用堰型底板的优点是自由泄流时流量系数较大，可以缩短闸孔总宽度和减小闸门高度，并能拦截泥沙入渠。当上游水深较大而又需限制下泄单宽流量时，可考虑采用低实用堰。由于闸址处地基表层为软弱土基需要降低闸底高程又要避免闸门高度过大时，或有拦沙要求时，常采用低实用堰底板。它的缺点是泄洪能力受下游水位变化的影响较为显著，淹没度增加到一定程度时，泄洪能力急剧降低。

4.2.2 上下游水位差的确定

上下游水位差的确定关系到水闸的上游淹没影响和工程造价。采用较大的上下游水位差，可缩减闸孔总净宽，降低工程造价，但抬高了闸的上游水位，从而可能增加上游的淹没损失。因此，选用水闸的上下游水位差时，要认真处理好水闸的工程造价、上游堤防工程量及淹没影响等方面的关系，设计中结合水闸所承担的任务、特点、运用要求等具体情况综合选定，一般采用0.1～0.3m。

4.2.3 闸底板高程的确定

水闸底板高程的确定不仅对闸上游水位、闸孔尺寸、闸室稳定等有决定性影响，也直接关系到水闸的工程造价。若将底板高程定得低些，过闸水深和过闸单宽流量都要加大，但闸室总宽减小，降低了工程造价。如果水闸底板高程定得太低，闸室和两岸建筑物的高度就会增加，闸门增高，启闭设备随之加大，同时单宽流量也会加大，增加了下游消能防冲的困难，这都会提高工程造价。因此，闸底板高程的确定应综合考虑运用、地形、地质和施工条件等因素，结合堰型和闸孔型式，经过方案比较确定。

一般情况下，拦河闸底板高程可与河底齐平。进水闸的底板高程常等于或略高于闸后的渠底；为了拦沙防淤，应高出上游河床一定高度，但必须满足最低取水引水流量的要

求。排水闸的底板高程，应尽量布置得低一些，以利排水，一般略低于或齐平闸前排水渠的渠底。分洪闸可比闸前河底高一些，以防止洪水冲刷河床，但应满足最低分洪水位时的泄量要求。

4.2.4　过闸单宽流量的选择

在确定闸室总宽时，过闸单宽流量是一个重要参数，直接影响到水闸的工程造价和下游消能防冲设施的安全。它的选择主要取决于河床的地质条件，同时考虑水闸的上下游水位差、下游水深和出闸水流的扩散情况等因素的影响，要兼顾泄洪能力和消能防冲两个方面。在不致造成下游消能防冲设施破坏的条件下，一般选用较大的过闸单宽流量。根据实践经验，对粉砂、细砂、粉土和淤泥地基，单宽流量可取 5～10m³/(s・m)，砂壤土地基取 10～15m³/(s・m)，壤土地基取 15～20m³/(s・m)，黏土地基取 15～25m³/(s・m)。

4.2.5　闸孔尺寸的计算

根据已确定的过闸流量、上下游水位、底板高程、闸孔型式和堰型，用水力学公式即可计算水闸的闸孔尺寸。首先计算闸孔总净宽 B_0，再根据运用要求确定单孔净宽 b_0 及孔数 n，然后对初步拟定的闸孔尺寸进行校核。

1. 闸孔总净宽 B_0 的确定

实际工程中水闸常采用的闸底坎型式是平底板宽顶堰，本任务只列出该堰型闸孔总净宽的计算公式。设有其他堰型的水闸闸孔总净宽的计算，可参考有关规范及水力计算手册。

(1) 过闸水流为堰流时。对于平底坎水闸，当水流为堰流时，如图 4.7 所示，闸孔总净宽 B_0 可按式 (4.1) 计算，即

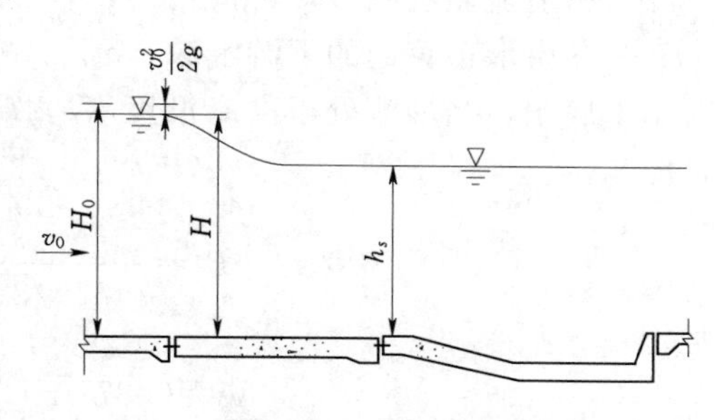

图 4.7　平底板宽顶堰水闸堰流示意图

$$B_0=\frac{Q}{\sigma\varepsilon m\sqrt{2gH_0^3}} \tag{4.1}$$

对于单孔闸，有

$$\varepsilon=1-0.171\times\left(1-\frac{b_0}{b_s}\right)\sqrt[4]{\frac{b_0}{b_s}} \tag{4.2}$$

对于多孔闸，闸墩墩头为圆弧形时，有

$$\varepsilon=\frac{\varepsilon_z(n-1)+\varepsilon_b}{n} \tag{4.3}$$

$$\varepsilon_z=1-0.171\times\left(1-\frac{b_0}{b_0+d_z}\right)\sqrt[4]{\frac{b_0}{b_0+d_z}} \tag{4.4}$$

$$\varepsilon_b=1-0.171\times\left(1-\frac{b_0}{b_0+\frac{d_z}{2}+b_b}\right)\sqrt[4]{\frac{b_0}{b_0+\frac{d_z}{2}+b_b}} \tag{4.5}$$

$$\sigma=2.31\times\frac{h_s}{H_0}\left(1-\frac{h_s}{H_0}\right)^{0.4} \tag{4.6}$$

式中　B_0——闸孔总净宽，m；

Q——过闸流量，m^3/s；

H_0——计入行近流速水头的堰上水深（总水头），m；

g——重力加速度，可采用 $9.81m/s^2$；

m——堰流流量系数，可采用0.385；

ε——堰流侧收缩系数，对于单孔闸可按式（4.2）计算求得；对于多孔闸可按式（4.3）计算求得；

b_0——闸孔净宽，m；

b_s——上游河道一半水深处的宽度，m；

n——闸孔数；

ε_z——中闸孔侧收缩系数，可按式（4.4）计算；

d_z——中闸墩厚度，m；

ε_b——边闸孔侧收缩系数，可按式（4.5）计算；

b_b——边闸墩顺水流向边缘线至上游河道水边线之间的距离，m；

σ——堰流淹没系数，可按式（4.6）计算；

H_s——由堰顶算起的下游水深，m。

对于平底闸，当堰流处于高淹没度（$h_s/H_0 \geqslant 0.9$）时，闸孔总净宽也可按式（4.7）计算，即

$$B_0=\frac{Q}{\mu_0 h_s\sqrt{2g(H_0-h_s)}} \tag{4.7}$$

$$\mu_0=0.877+\left(\frac{h_s}{H_0}-0.65\right)^2 \tag{4.8}$$

式中　μ_0——淹没堰流的综合流量系数，可按式（4.8）计算。

（2）过闸水流为孔流时。平底坎水闸，过闸水流为孔流时，如图4.8所示，闸孔总净宽 B_0 可按式（4.9）、式（4.10）计算，即

$$B_0=\frac{Q}{\sigma'\mu h_s\sqrt{2gH_0}} \tag{4.9}$$

$$\mu=\varphi\varepsilon'\sqrt{1-\frac{\varepsilon' h_e}{H}} \tag{4.10}$$

$$\varepsilon'=\frac{1}{1+\sqrt{\lambda\left[1-\left(\frac{h_e}{H}\right)^2\right]}} \tag{4.11}$$

$$\lambda=\frac{0.4}{2.78^{16\frac{r}{h_e}}} \tag{4.12}$$

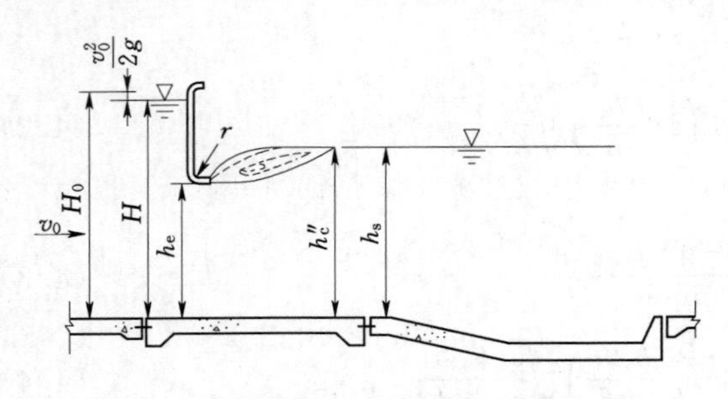

图4.8　平底板宽顶堰水闸孔流示意图

式中　h_e——孔口高度，m；

μ——孔流流量系数，可按式（4.10）计算求得；

H_0——闸孔出流的总水头，m；

φ——孔流流速系数，可采用0.95～1.0；

ε'——孔流垂直收缩系数，可由式（4.11）计算求得；

λ——计算系数，可由式（4.12）计算求得，该公式适用于 $0<r/h_e<0.25$ 范围；

r——胸墙底圆弧半径，m；

σ'——孔流淹没系数，可由表 4.4 查得，表中 h_c'' 为跃后水深，m。

表 4.4　　σ' 值

$\frac{h_s-h_c''}{H-h_c''}$	≤0	0.1	0.2	0.3	0.4	0.5	0.6	0.7	0.8	0.9	0.92	0.94	0.96	0.98	0.99	0.995
σ'	1.00	0.86	0.78	0.71	0.66	0.59	0.52	0.45	0.36	0.23	0.19	0.16	0.12	0.07	0.04	0.02

2. 单孔净宽 b_0 与闸孔数目 n 的确定

闸孔总净宽 B_0 求出后，即可根据水闸使用要求（包括排冰、过木等特殊要求）、闸门型式、启闭设备和工程投资等因素，参照闸门系列尺寸选定闸孔的孔宽。我国大中型水闸采用的单孔宽度一般为 8～12m，目前最大单孔宽度已达 30m；小型水闸单孔宽一般为 3～5m。

单孔宽度 b_0 确定后，孔数 $n\approx B_0/b_0$，n 值取略大于计算值的整数，但实际采用的闸孔总净宽不宜超过计算值的 3%～5%。闸孔孔数少于 8 孔时，宜采用奇数孔，以利于对称开启闸门，改善下游水流条件。

3. 闸室总宽度的确定

闸室总宽度 $B=nb_0+(n-1)d_z+2d_b$，其中 d_z 为中墩厚度，d_b 为边墩厚度。闸室总宽度应与上下游河道或渠道宽度相适应，一般应不小于河（渠）道宽度的 0.6～0.85 倍（河道底宽为 50～100m 时），河（渠）道宽度较大时取较大值。

考虑闸墩形状等因素影响，孔宽、孔数和总宽度确定后，应再结合闸孔具体条件验算水闸的过水能力。设计水位和校核水位情况下计算的过水能力与相应设计流量的差值，一般不得超过±5%；否则须重新调整闸孔尺寸，直至满足要求为止。

任务 4.3　水闸的消能防冲设计

水闸泄水时部分势能转为动能，流速增大，具有较强的冲刷能力，而土质河床一般抗冲能力较低。因此，为了保证水闸的安全运行，必须采取适当的消能防冲措施。要设计好水闸的消能防冲措施，应先了解过闸水流的特点，进而采取妥善的防范措施。

4.3.1　过闸水流的特点及闸下游发生冲刷的原因

（1）闸下出流形式和下游流态比较复杂，初始泄流时，闸下游水深较浅，随着闸门开度的增加而逐渐加深，过闸水流由孔流到堰流，由自由出流到淹没出流都会发生，当闸下不能形成淹没水跃或水跃淹没过大时，会造成垂直扩散不良，急流沿底部推进，易形成严重的脉动现象，加剧对水闸下游的冲刷。

（2）一般闸宽较原河道窄，水流过闸时先收缩，出闸后再扩散，如设计布置不合理或操作运行不当，出闸水流不能均匀扩散，就会形成主流集中、左冲右撞、蜿蜒蛇行的折冲水流冲刷河床及河岸。

(3) 由于上下游水位差较小，过闸水流的弗劳德数通常很小（$Fr=1\sim1.7$ 时），下泄水流容易形成波状水跃，特别是平底板的水闸更加严重。波状水跃无强烈的水跃旋滚，消能效果较差，并严重影响闸后水流的扩散，增加了对下游的冲刷。

4.3.2　消能防冲设计条件的确定

1. 闸下水流的衔接与消能方式

水闸的消能防冲设施应能在各种水流条件下保证下泄水流与下游较好地衔接，才能避免产生冲刷破坏。水闸的消能方式一般有底流式消能、挑流消能和面流消能。水闸大多修建在平原地区的土基上，最常采用的消能方式为底流式。当水闸承受水头较高且闸下河床及岸坡为坚硬岩体时，可采用挑流消能。当下游河道有足够的水深且变化较小，河床及河岸的抗冲能力较强时，可采用面流式消能。在夹有较大砾石的多泥沙河流上的水闸，不宜设消力池，可采用抗冲耐磨的斜坡护坦与下游河道连接，末端应设防冲墙。在高速水流部位，还应采取抗冲磨与抗空蚀的措施。

2. 消能设计条件的选择

水闸在泄水（或引水）过程中，随着闸门开启度不同，闸下水深、流态及过闸流量也随之改变，设计条件较难确定。一般采用上游水位高、闸门部分开启、单宽流量大作为控制条件。为保证水闸既能安全运行又不增加工程造价，设计时应以闸门的开启程序、开启孔数和开启高度进行多种组合计算，通过分析比较确定。

上游水位一般采用开闸泄流时的最高挡水位。选用下游水位时，应考虑水位上升滞后于泄量增大的情况，计算时可选用相应于前一开度泄量的下游水位。下游起始水位应选择在可能出现的最低水位。同时还应考虑水闸建成后上下游河道可能发生淤积或冲刷以及尾水位变动的不利影响。

4.3.3　底流式消能设计

4.3.3.1　消力池

1. 消力池的型式

底流消能是利用消力池使过闸水流产生稍有淹没的淹没式水跃来消除水流能量。消力池的形式有3种，即下挖式、突槛式和综合式，如图4.9所示。

下挖式消力池由降低下游护坦高程形成。当闸下尾水深度小于跃后水深时，可采用下挖式消力池消能。消力池可采用斜坡面与闸底板相连接，斜坡面的坡度不宜陡于1∶4。常用于水闸下游地基较为容易开挖的情况。

突槛式消力池是在闸室下游适当位置建消力坎形成，当闸下尾水深度略小于跃后水深时，可采用突槛式消力池消能。常用于水闸下游地基较坚硬、不易开挖的情况。

综合式消力池是指部分挖深、部分建消力坎形成。当闸下尾水深度远小于跃后水深，且计算消力池深度又较深时，可采用下挖消力池与突槛式消力池相结合的综合式消力池消能。

当水闸上下游水位差较大且尾水深度较浅时，宜采用二级或多级消力池消能。

消力池一般紧接闸室底板之后布置。但如闸室高度不大、地基较为密实且上下游河底

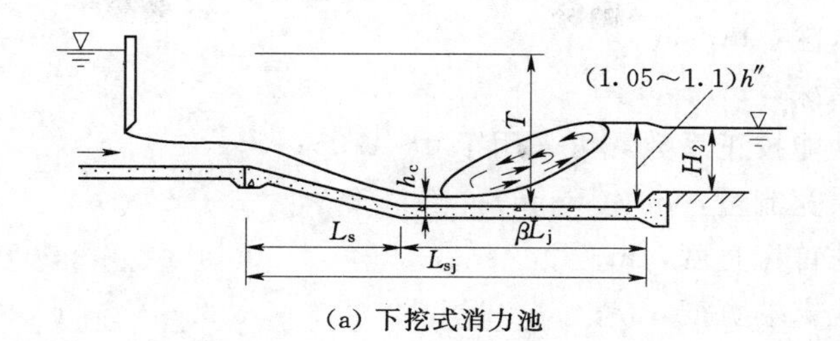

(a) 下挖式消力池

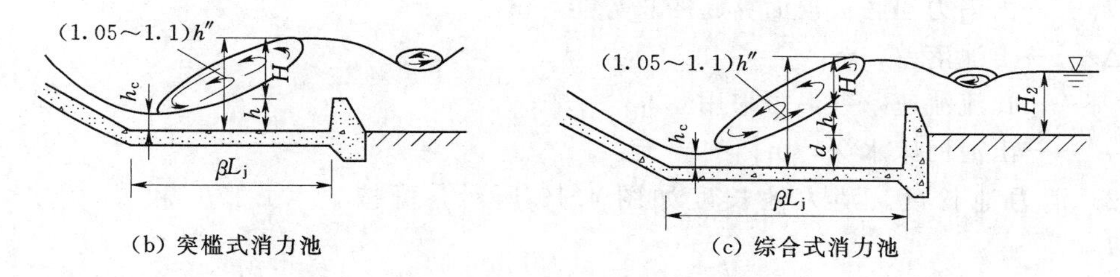

(b) 突槛式消力池　　(c) 综合式消力池

图 4.9　消力池形式示意图

高差较大时，可将部分消力池向前布置到闸室内，以节省投资。这种情况下的闸室底板成为折线底板。

2. 消力池尺寸的确定

消力池的尺寸包括消力池的深度、长度及消力池底板的厚度。

(1) 消力池深度。消力池深度如图 4.10 所示，可按式 (4.13) 计算。

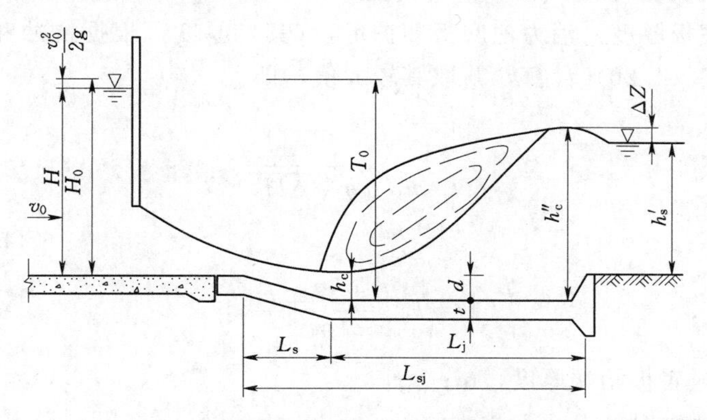

图 4.10　消力池尺寸计算示意图

$$d=\sigma_0 h''_c - h'_s - \Delta z \tag{4.13}$$

$$h''_c=\frac{h_c}{2}\left(\sqrt{1+\frac{8\alpha q^2}{g h_c^3}}-1\right)\left(\frac{b_1}{b_2}\right)^{0.25} \tag{4.14}$$

$$h_c^3 - T_0 h_c^2 + \frac{\alpha q^2}{2g\varphi^2}=0 \tag{4.15}$$

$$\Delta z=\frac{\alpha q^2}{2g\varphi^2 h'^2_s}-\frac{\alpha q^2}{2g h''^2_c} \tag{4.16}$$

式中　d——消力池深度，m；

σ_0——水跃淹没系数，可采用 1.05～1.10；

h_c''——跃后水深，m；

h_c——收缩水深，m；

α——水流动能校正系数，可采用1.0～1.05；

q——过闸单宽流量，$m^3/(s \cdot m)$；

b_1——消力池首端宽度，m；

b_2——消力池末端宽度，m；

T_0——由消力池底板顶面算起的总势能，m；

Δz——出池落差，m；

φ——孔流流速系数，可采用0.95～1.0；

h_s'——出池河床水深，m。

（2）消力池长度。消力池长度如图4.10所示，可按式（4.17）和式（4.18）计算，即

$$L_{sj}=L_s+\beta L_j \tag{4.17}$$

$$L_j=6.9(h_c''-h_c) \tag{4.18}$$

式中　L_{sj}——消力池长度，m；

L_s——消力池斜坡段水平投影长度，m；

β——水跃长度校正系数，可采用0.7～0.8；

L_j——水跃长度，m。

（3）消力池底板厚度。消力池底板即护坦，（其）厚度可根据抗冲和抗浮要求，分别按式（4.19）和式（4.20）计算，并取其较大值，即

对于抗冲，有

$$t=k_1\sqrt{q\sqrt{\Delta H'}} \tag{4.19}$$

对于抗浮，有

$$t=k_2\frac{U-W\pm p_m}{\gamma_b} \tag{4.20}$$

式中　t——消力池底板始端厚度，m；

$\Delta H'$——闸孔泄水时的上、下游水位差，m；

k_1——消力池底板计算系数，可采用0.15～0.20；

k_2——消力池底板安全系数，可采用1.1～1.3；

U——作用在消力池底板底面的扬压力，kPa；

W——作用在消力池底板顶面的水重，kPa；

p_m——作用在消力池底板上的脉动压力，kPa，其值可取跃前收缩断面流速水头值的5%；通常计算消力池底板前半部的脉动压力时取“＋”号，计算消力池底板后半部的脉动压力时取“－”号；

γ_b——消力池底板的饱和重度，kN/m^3。

消力池底板一般是等厚的，但也可采用不同的厚度，始端厚度大，向下游逐渐减小。

如果采用不等厚度护坦，消力池末端厚度可取 $t/2$。消力池底板厚度不宜小于 0.5m。

3. 消力池的构造

由于消力池底板要承受水流的冲击力、水流的脉动压力和底部扬压力等作用，需要具有足够的重量、强度和抗冲耐磨的能力。消力池底板厚度按前面的方法确定，材料一般采用 C15 或 C20 混凝土浇筑而成，并按构造配置 $\phi10\sim12$mm、间距为 25～30cm 的纵横向钢筋。大型水闸消力池底板的顶面、底面均需配筋，中、小型水闸一般可只在顶面配置钢筋。

为了降低护坦底部的渗透压力，可在水平护坦的后半部设置排水孔，孔下铺设反滤层，防止地基土流失。排水孔孔径一般为 5～10cm，间距为 1.0～3.0m，呈梅花形布置，如图 4.11 所示。

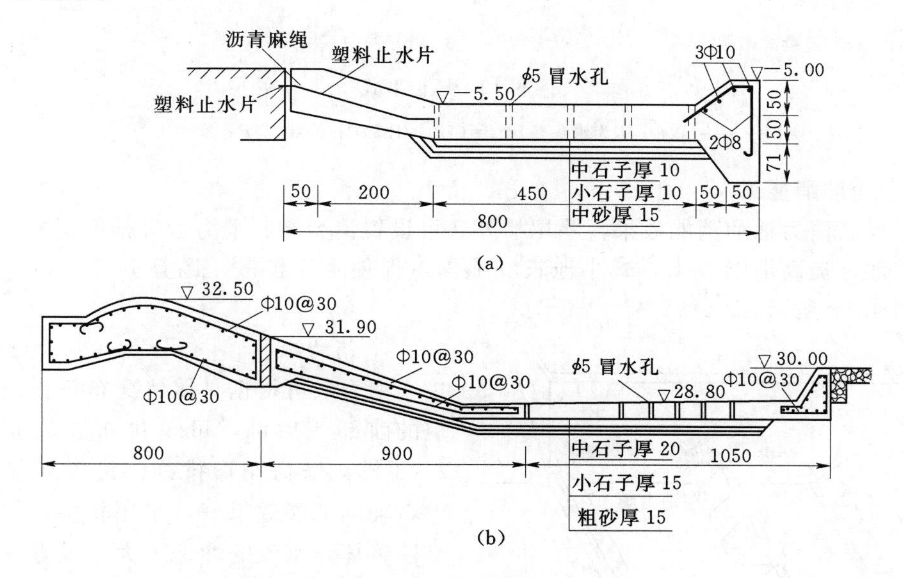

图 4.11　消力池构造（单位：高程为 m；尺寸为 cm）

护坦与闸室、岸墙及翼墙之间，以及其本身沿顺水流方向均应用缝分开，以适应不均匀沉陷和温度变形。护坦自身的缝距可取 10～20m，靠近翼墙的消力池缝距应取得小一些。护坦在垂直水流方向通常不设缝，以保证其稳定性。缝宽 2.0～2.5cm。缝的位置如在闸基防渗范围内，缝中应设止水设备；在实际工程中一般都铺贴沥青油毛毡。

消力池的末端通常设有尾槛，用来稳定水跃，调整铅直断面的流速分布，减少池后淘刷，促使水流的均匀扩散。尾槛不宜过高，一般为 0.5～1.0m。消力槛多采用混凝土或钢筋混凝土结构，并与护坦连成整体，以增加其稳定性。尾槛的型式一般分为连续式的实体槛和差动式齿型尾槛，如图 4.12 所示。一般多采用连续式尾槛，也有的采用差动式的，差动式尾槛在改善水流分布方面优于连续式，但当尾槛淹没较深时，其消能效果与前者无甚差异。

为增强护坦的抗滑稳定性，常在消力池的末端设置齿墙，墙深一般为 0.8～1.5m、宽为 0.6～0.8m。

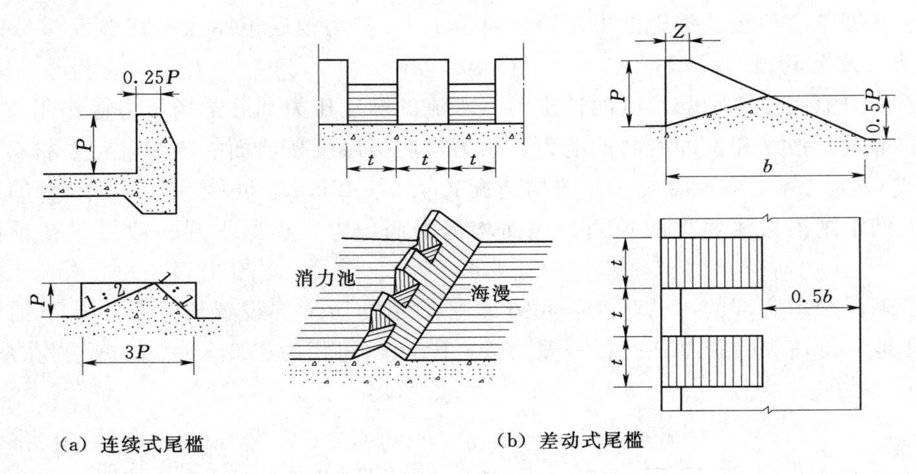

(a) 连续式尾槛　　　　(b) 差动式尾槛

图 4.12 尾槛型式

注：$P=\left(\frac{1}{8}\sim\frac{1}{12}\right)H$（$H$ 为水头差）；$t=(1.1\sim1.5)P$；$b=0.25P$；$Z=(0.1\sim0.35)P$

4.3.3.2 辅助消能工

为了提高消力池的消能效果，除尾槛外还可设置消力墩、消力齿等辅助消能工，以加强紊动扩散，提高消能效果，减小池长和池深，促使水流扩散，调整流速分布和稳定水跃，如图 4.13 所示。

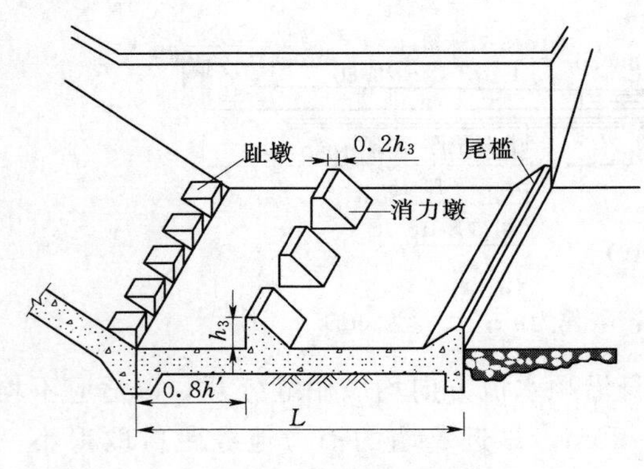

图 4.13 辅助消能工布置

1. 消力墩

消力墩可根据具体情况布置在消力池护坦的前部或后部，可单排布置，也可设置2～3 排，呈梅花形排列。设置在前部的消力墩辅助消能效果好，采用较多，但易发生空蚀破坏，水流的冲击力大。设置在后部的消力墩消能作用较小，主要用于改善水流流态，在出闸水流流速较高的情况下，宜采用设置在后部的消力墩。墩高可取池中水深的 0.15～0.5 倍，墩宽及墩的净距一般采用墩高的一半，前后排的净距可比墩高稍大些。消力墩的型式如图 4.14 所示。

2. 消力齿

消力齿适用于下游水深较小的情况，一般布置在消力池的陡坡坡脚处，其主要作用是改善水闸开门放水的始流条件。既可将部分高速水流挑起，促使水流在池内形成水跃，避免射流冲击尾槛，又可分散入池水流，各股水流在齿槛后互相冲击产生漩涡，消去一部分动能。齿的型式常采用梯形或三角形断面，为避免在高速水流中发生空蚀作用，多将齿顶削成半圆形，如图 4.15、图 4.16 所示。

辅助消能工既要受到水流的直接冲击，又可能遭受过大负压而产生振动和空蚀破坏，工作条件十分复杂。另外，即使采用同样布置的辅助消能工，其消能效率将因池中水深、

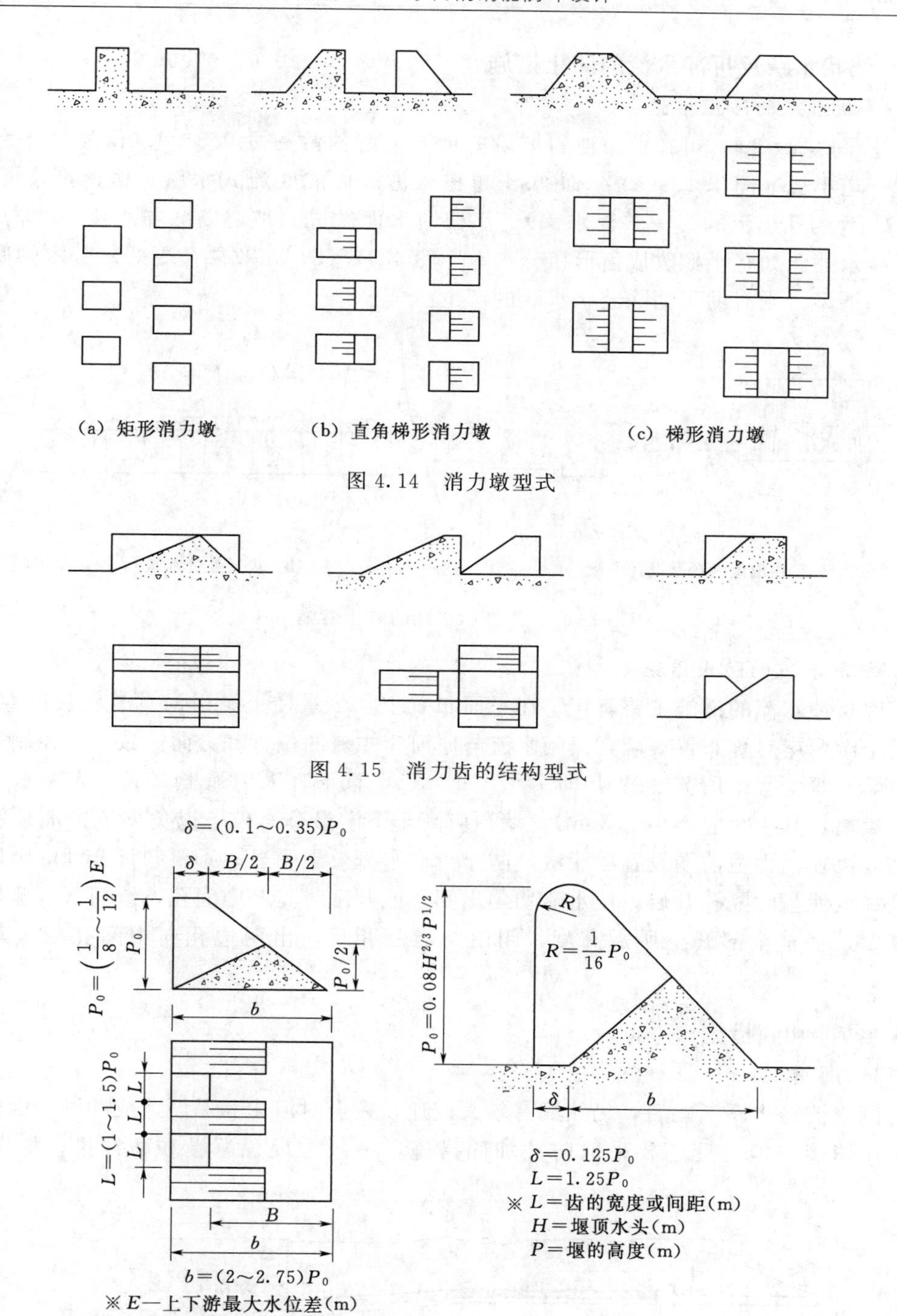

图 4.14　消力墩型式

图 4.15　消力齿的结构型式

图 4.16　消力齿的结构尺寸

泄量变化等而有所不同；布置不妥时，不仅消能效果不显著，反而造成下游水流波动，冲刷岸坡。低水头水闸已很少采用。对大型水闸，辅助消能工的型式、尺寸和布置也应通过水工模型试验确定。

4.3.4　波状水跃及折冲水流的防止措施

1．波状水跃的防止措施

对于平底板水闸，可在消力池斜坡段的顶部上游预留一段0.5～1.0m宽的平台，其上设置一道小槛［图4.17（a）］，使水流越槛入池，促成底流式水跃。槛的高度C约为$h_1/4$（h_1为闸孔出流的第一共轭水深）。小槛迎水面做成斜坡，以减弱水流的冲击作用，槛底设排水孔。如将小槛改成齿形槛分水墩［图4.17（b）］，效果会更好。若水闸底板采用低实用堰型，则有助于消除波状水跃的产生。

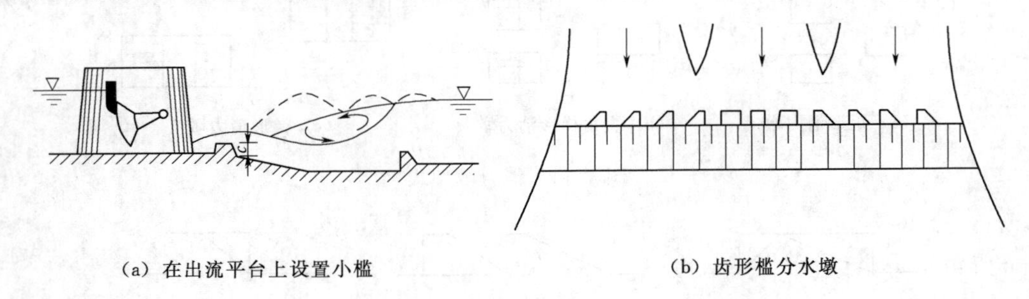

（a）在出流平台上设置小槛　　（b）齿形槛分水墩

图4.17　波状水跃的防止措施

2．折冲水流的防止措施

消除折冲水流的措施主要有：①在平面布置上，尽量使上游引河具有较长的直线段，并能在上游两岸对称布置翼墙，出闸水流与原河床主流的位置和方向一致；②控制下游翼墙扩散角，每侧宜采用7°～12°，即1∶8～1∶15，且不宜采用弧形翼墙（大型水闸如采用弧形翼墙，其半径应不小于30m），墙顶应高于下游最高水位，以免回流由墙顶漫向消力池；③可在消力池前端设置散流墩，防止折冲水流效果明显；④要制订合理的闸门开启程序，如低泄量时隔孔开启，使水流均匀出闸，或开闸时先开中间孔，继而开两侧邻孔至同一高度，直至全部开至所需高度，闭门与启门相反，由两边孔向中间孔依次对称地操作。

4.3.5　防冲加固措施

4.3.5.1　海漫

过闸水流经水跃消能后，仍然具有较大流速，还会对河床和岸坡造成冲刷。因此，土基上水闸紧接护坦之后还要采取防冲加固措施，一般是设置海漫和防冲槽，如图4.18所示。

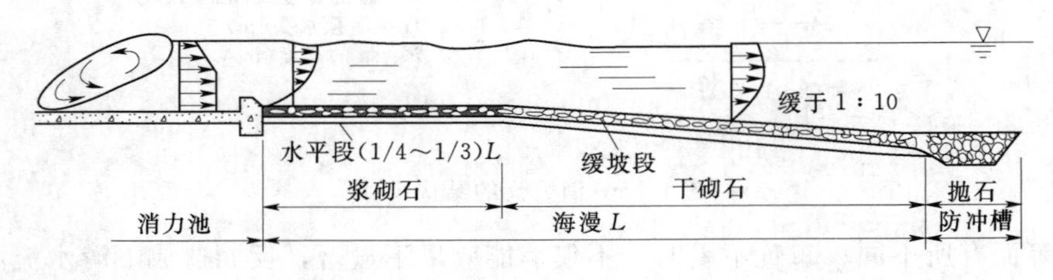

图4.18　防冲加固措施

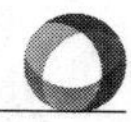

1. 海漫长度计算

海漫的长度取决于水流余能的大小、水流扩散情况以及河床土质的抗冲能力等因素。一般按式（4.21）计算，即

$$L_p = K_s \sqrt{q_s \sqrt{\Delta H'}} \tag{4.21}$$

式中　L_p——海漫长度，m；

q_s——消力池末端单宽流量，$m^3/(s \cdot m)$；

K_s——海漫长度计算系数，可由表4.5查得。消能设备及下游翼墙扩散条件较好时，可取其中较小值；反之取大值。

表4.5　**K_s值**

河床土质	粉砂、细砂	中砂、粗砂、粉质壤土	粉质黏土	坚硬黏土
K_s	14～13	12～11	10～9	8～7

式（4.21）的适用范围是当$\sqrt{q_s \sqrt{\Delta H'}}=1\sim9$且消能扩散良好时。计算海漫长度时，应根据可能出现的最不利水位流量组合情况进行计算。

2. 海漫的构造

海漫一般采用整体向下游倾斜的型式或将起始段做5～10m长的水平段，其顶面高程可与护坦齐平或在消力池尾槛顶以下0.5m左右，水平段后做成不陡于1∶10的斜坡，同时沿水流方向在平面上向两侧逐渐扩散，以使水流均匀扩散，调整流速分布，以获得更好的防冲效果。

海漫在构造上要求：要有一定的柔性，以适应地基的变形；要有一定的粗糙性，以加强消除水流余能；要有一定的透水性，以排出地基的渗透水流。常用的海漫型式有以下几种。

（1）干砌块石海漫。一般由粒径大于30cm的块石砌筑而成，厚度为0.4～0.6m，下面铺设碎石、粗砂垫层，每层厚为10～15cm，如图4.19（a）所示。

干砌石海漫的抗冲流速为3～4m/s。为了加大其抗冲能力，可每隔6～10m设一浆砌石埂。干砌石常用在海漫的中后段。

（2）浆砌石海漫。采用强度等级为M5或M8的水泥砂浆砌块石而成。砌石粒径大于30cm，厚度为0.4～0.6m，砌石内设排水孔，下面铺设反滤层或垫层，如图4.19（b）所示。

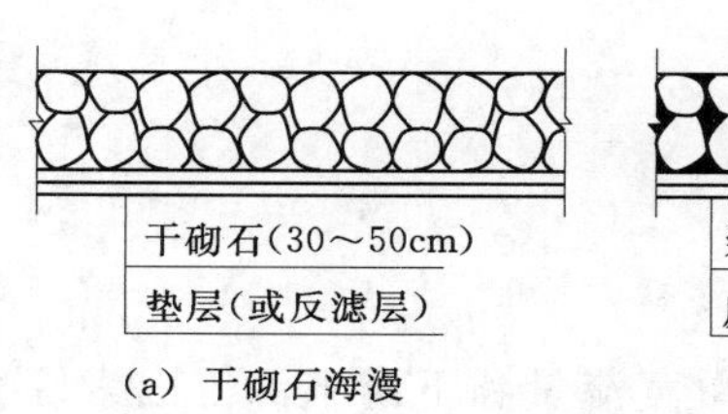

（a）干砌石海漫

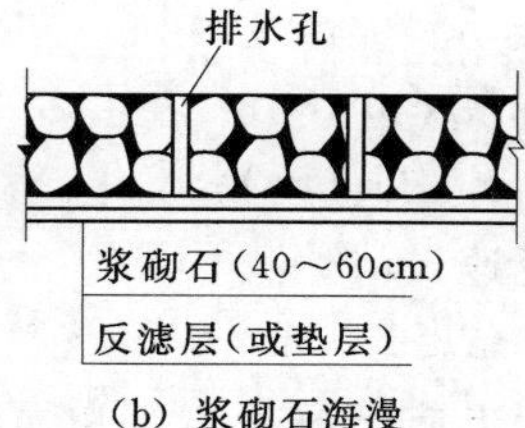

（b）浆砌石海漫

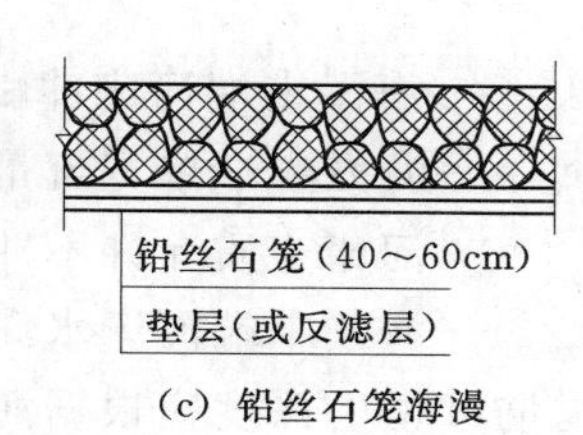

（c）铅丝石笼海漫

图4.19　海漫结构型式示意图

浆砌石海漫的抗冲流速可达 3～6m/s，但柔性和透水性较差，一般用于海漫的前部 5～10m 长的范围内。为节约砌料，也有工程采用小石子拌和的低标号混凝土砌块石海漫。

(3) 混凝土板、钢筋混凝土板海漫。整个海漫由混凝土或钢筋混凝土板块拼铺而成；每块板的边长 2～5m，厚度为 0.1～0.3m，板中设有排水孔，下面铺设垫层或反滤层。混凝土板海漫的抗冲流速可达 6～10m/s，但造价较高。有时为增加表面糙率，可采用斜面式或城垛式混凝土块体。板块砌筑时，顺水流方向的缝要错开，不宜有通缝。

(4) 其他形式海漫。实际工程中为了增加海漫的抗冲性和整体性，也有的采用铅丝石笼海漫或土工格栅石笼海漫，如图 4.19 (c) 所示。

4.3.5.2 防冲槽

水流径过海漫后，能量虽得到进一步消除，但海漫末端水流仍具有一定的冲刷能力，河床仍难免遭受冲刷。故需在海漫末端采取加固措施，即设计防冲槽。常见的防冲槽有抛石防冲槽（图 4.20）和齿墙或板桩式抛石防冲槽（图 4.21），其中抛石防冲槽应用最广。

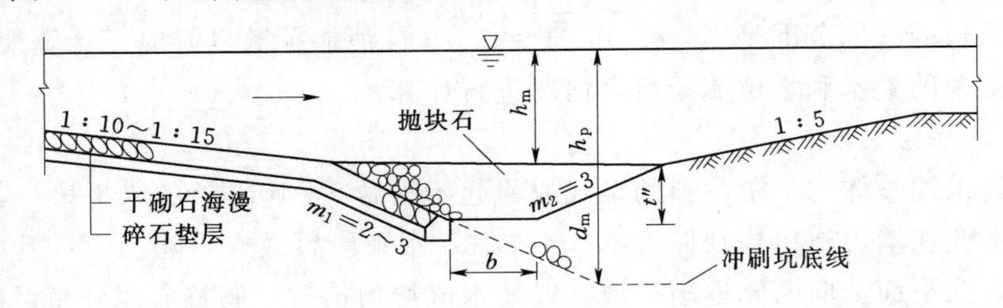

图 4.20 抛石防冲槽

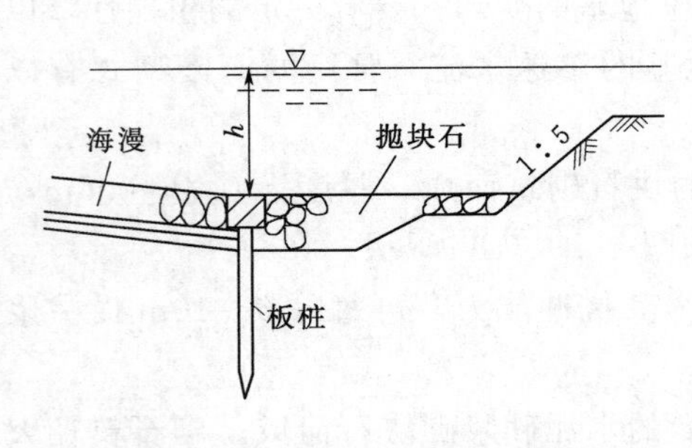

图 4.21 板桩式抛石防冲槽

1. 抛石防冲槽

在海漫末端处挖槽抛填预留足够的石块，当水流冲刷河床形成冲坑时，预留在槽内的石块沿斜坡陆续滚下，铺盖在冲坑的上游斜坡上，防止冲刷坑向上游扩展，保护海漫安全。

抛石体积可根据下游河床冲至最深时，石块坍塌在冲刷坑上游面所需要的方量而定。海漫末端河床可能冲刷深度按式（4.22）计算，即

$$d_m = 1.1\frac{q_m}{[v_0]} - h_m \tag{4.22}$$

式中 d_m——海漫末端河床冲刷深度，m；

q_m——海漫末端单宽流量，$m^3/(s\cdot m)$；

$[v_0]$——河床土质允许不冲流速，m^3/s；

h_m——海漫末端河床水深，m。

下游防冲槽的深度应根据河床土质、海漫末端单宽流量和下游水深等因素综合确定，且不应小于海漫末端的河床冲刷深度。工程上多开挖成宽浅式梯形断面防冲槽，槽深为 1.5～2.0m，梯形断面的两侧边坡按河床土质的安全坡度确定。

2. 齿墙（或板桩）式抛石防冲槽

在防冲槽上游设置齿墙或板桩等刚性结构物，埋深大于可能冲刷深度。易冲刷的地基，可在板桩墙下游增设堆石保护，如图 4.21 所示。

4.3.5.3　上游河床防护

水流从上游河道流向闸室，流速逐渐加大，对河床可能产生冲刷，必须加强防护。一般采用浆砌石或干砌块石护底，其长度与水头、单宽流量及土质情况有关，为 3～5 倍堰顶水头（不包括防渗铺盖的长度），厚为 0.3～0.5m。土质河床抗冲能力比较低时，护底上游端还应设置厚度约 1.0m 的防冲槽。护底下面设垫层。

4.3.5.4　上下游河岸的防护

为了保证上下游翼墙附近河岸不受水流冲刷，通常用块石护坡。在靠近闸身一段距离内，由于流速较大，常用浆砌石护坡。上游护坡一般自铺盖起始端向上游延伸 2～3 倍水头，下游自防冲槽末端向下游延伸 4～6 倍水头。

干砌块石护坡厚 0.3～0.4m，其下铺砂卵石及砂垫层，厚度均为 10cm，以防岸坡土在水位降落时被渗透水流带出。无论是纵向还是横向，每隔 8～10m 设置混凝土或浆砌石石埂一道，断面尺寸约 0.3m×0.4m。护坡坡脚处应做混凝土齿墙嵌入地基土中，增加护坡的稳定性。

现浇混凝土护坡，厚度一般为 0.2～0.3m，寒冷地区宜加厚至 0.3～0.5m。若为预制的混凝土板护坡，厚度一般为 0.1～0.2m。

近年来，随着土工合成材料的发展，很多水闸工程中采用了土工织物做护岸和防冲材料。防护用土工合成材料主要有无纺土工织物、织造土工织物、土工模袋等，具体见《水利水电工程土工合成材料应用技术规范》(SL/T 225—1998)。

任务 4.4　水闸的防渗排水设计

水闸在上下游水位差的作用下，将在水闸基底及两岸形成渗流。渗流产生的渗透压力将降低闸室的抗滑稳定性，绕渗不利于翼墙和边墩的侧向稳定；渗流会引起土基产生渗透变形，使闸基淘空、沉陷，严重时导致水闸断裂和倒塌；渗流还会损失水量；地基内若有可溶性物质存在，渗流将会使其溶解，导致闸基破坏。防渗排水设计的目的就是经济合理地确定水闸的地下轮廓线并采取必要、可靠的防渗排水措施，以减小或消除渗流的不利影响，保证水闸安全。

水闸防渗排水设计的一般步骤：①根据水闸的作用水头、地基地质条件和下游排水情况，初步拟定地下轮廓线和防渗排水设施的布置；②通过渗流分析，计算闸底板渗透压力，验算地基土的渗透稳定性；③若抗滑稳定和渗透稳定均满足要求，即可采用初拟的地下轮廓线，否则需进一步修改地下轮廓线，直至满足要求为止。

4.4.1　闸基防渗长度及地基地下轮廓线的布置

4.4.1.1　闸基防渗长度的确定

水闸在上下游水位差作用下，上游的水从河床入渗，绕过上游防渗铺盖、板桩、闸底板，经过反滤层由排水孔排至下游。其中铺盖、板桩和闸底板等不透水部分与地基的接触线，称为地下轮廓线。它是闸基渗流的第一根流线，其长度即为闸基防渗长度（又称渗径长度）。图 4.22 中 0—1—2—3—…—16 的折线就是该水闸的地下轮廓线。

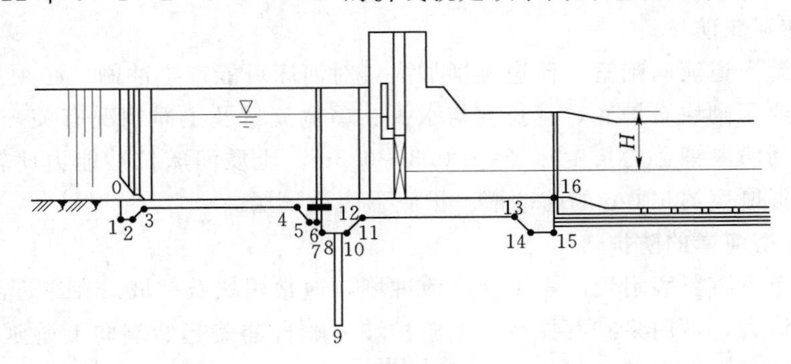

图 4.22 水闸地下轮廓线

初步拟定闸基防渗长度可按式（4.23）计算。在工程初步设计或施工图设计阶段，按公式初拟的闸基防渗长度，还应采用改进阻力系数法校验。

$$L \geqslant C\Delta H \tag{4.23}$$

式中 L——闸基防渗长度，即闸基轮廓线防渗部分水平段和垂直段长度的总和，m；

C——允许渗径系数值，见表 4.6，当闸基设板桩时可采用表中规定值的小值；

ΔH——上、下游水位差，m。

表 4.6 中对壤土和黏土以外的地基，只列出了有反滤层时的渗径系数，在这些地基上建闸通常必须设反滤层。

表 4.6 **允许渗径系数值**

排水条件	地基类别									
	粉砂	细砂	中砂	粗砂	中砾、细砾	粗砾夹卵石	轻粉质砂壤土	轻砂壤土	壤土	黏土
有滤层	13～9	9～7	7～5	5～4	4～3	3～2.5	11～7	9～5	5～3	3～2
无滤层	—	—	—	—	—	—	—	—	7～4	4～3

4.4.1.2 闸基防渗排水的布置

闸基防渗排水布置，即水闸地下轮廓线布置，主要是确定水闸地下轮廓线形状及尺寸。考虑因素主要有闸基地质条件、水闸上下游水位差、闸室的布置情况、消能防冲和两岸连接建筑物的布置等，并可参考条件类似的已建工程综合分析确定。

1. 布置原则

闸基防渗排水布置的原则是“高防低排”。“高防”就是在高水位一侧布置防渗设施，尽量阻滞水流渗入闸基，或延长渗径，降低渗透坡降，减小底板上的渗透压力，以防止发生渗透变形。“低排”则是在低水位一侧布置排水设施，尽快安全排走已渗入闸基的渗流，以防渗流出口附近的土壤颗粒被渗透水流带走而发生渗透变形，同时减小闸底板上的渗透压力，增加闸室的抗滑稳定性。防渗设施包括铺盖、板桩、齿墙、混凝土防渗墙及灌浆帷

幕等；排水设施有排水孔、排水井、反滤层等。

2. 布置方式

不同的地质条件，闸基防渗排水布置方式也不同。现分述如下。

（1）黏性土地基。黏土地基不易发生管涌，主要是降低渗透压力，增加闸室稳定性。黏性土地基不打板桩，以免破坏土体的天然结构，造成集中渗流，而是在闸室上游侧设置防渗铺盖，闸室下游渗流出口处设置反滤层。这种平铺式的布置是高防低排的一种比较典型而又简单的方式，施工方便且较经济。排水设施可前移到闸底板下，以降低底板上的渗透压力并有利于黏性土的加速固结，如图 4.23（a）所示。

当闸基为较薄的壤土层，其下卧层为深厚的相对透水层时，还应验算覆盖土层的抗渗、抗浮稳定性。必要时可在闸室下游设置深入相对透水层的排水井或排水沟，并采取措施以防淤堵。

（2）砂性土地基。砂性土的突出问题是渗漏与渗透变形。当砂性土地基厚度较大时，宜采用铺盖和悬挂式板桩（或防渗墙）相结合的布置型式。板桩宜布置在闸室底板的上游端，如图 4.23（b）所示，作为垂直渗径，其防渗效果比水平铺盖为好。

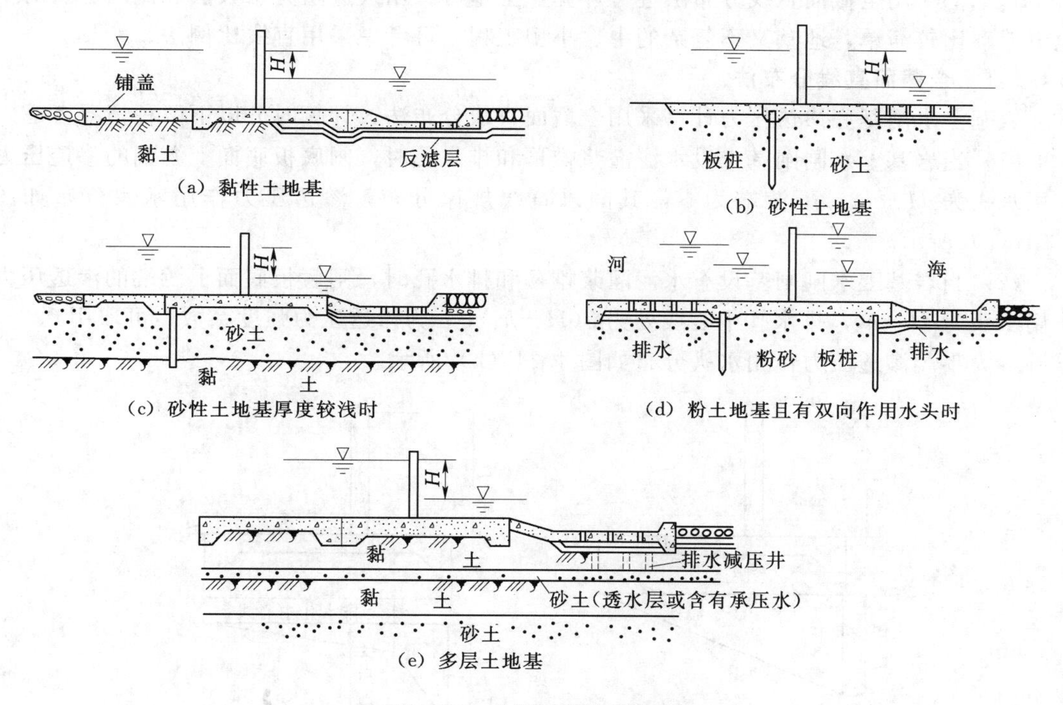

图 4.23　水闸地下轮廓布置

对于粉沙地基，为了防止地基土液化，宜采用封闭式布置，即将闸基四周用板桩封闭起来。对于厚度较大的砂砾石地基，地下轮廓线的布置与前面相似，仅将板桩改为防渗墙。

砂类土层较薄，其下有相对不透水层时，可在上游一侧用截水墙或板桩切断砂土层，如图 4.23（c）所示，其嵌入不透水层的深度不得小于 1.0m。承受双向水头的水闸，其防渗排水布置应以水位差较大一侧为主，合理地选择双向布置，图 4.23（d）所示为一双向水头水闸的防渗排水布置型式。

砂性土地基易发生管涌，地下轮廓线和两岸侧向渗径都应有足够的长度，并在渗流出口处铺设级配良好的反滤层。

（3）多层土地基。如图 4.23（e）所示，黏性土基夹有透水砂层且含有承压水时，应首先验算黏土覆盖层的抗渗、抗浮稳定性。稳定性不够时，可在闸室下游设置深入透水层的排水减压井或排水沟，并采取防止被淤堵的措施。

（4）岩石地基。岩基上的水闸可在闸室底板上游设防渗铺盖，或在底板上游端设灌浆帷幕，闸后设排水设施。

4.4.2　闸基渗流计算

渗流计算的目的是计算闸底板所受的渗透压力和验算地基土的抗渗稳定性，如果初拟的地下轮廓线不满足抗滑稳定和渗透稳定的要求，地下轮廓线要重新修改设计。计算渗透压力的方法有直线比例法、流网法和改进阻力系数法等。

岩基上采用全截面直线分布法进行计算，土基可采用改进阻力系数法和流网法。对于地下轮廓比较简单，地基又不复杂的中、小型工程，可考虑采用直线比例法。

4.4.2.1　全截面直线分布法

岩基上水闸基底渗透压力计算采用全截面直线分布法，计算时分以下两种情况考虑。

（1）当岩基上水闸闸基未设水泥灌浆帷幕和排水孔时，闸底板底面上游端的渗透压力作用水头为 $H-h_s$，下游端为零，其间以直线规律分布，渗透压力作用水头分布如图 4.24（a）所示。

（2）当岩基上水闸闸基设有水泥灌浆帷幕和排水孔时，闸底板底面上游端的渗透压力作用水头为 $H-h_s$，排水孔中心线处为 $\alpha(H-h_s)$，α 为渗透压力强度系数，可取用 0.25，下游端为零。渗透压力作用水头分布如图 4.24（b）所示。

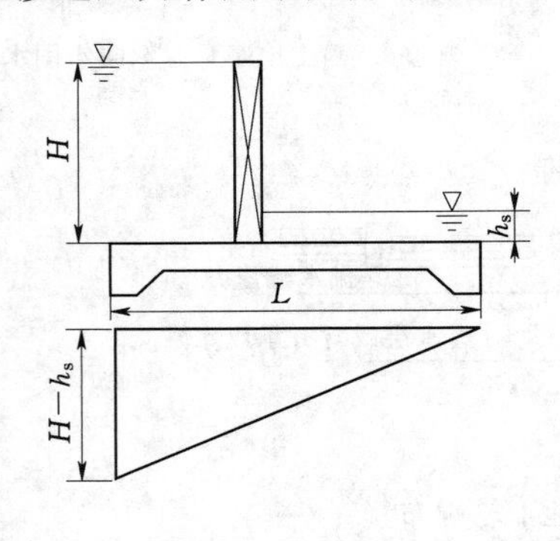

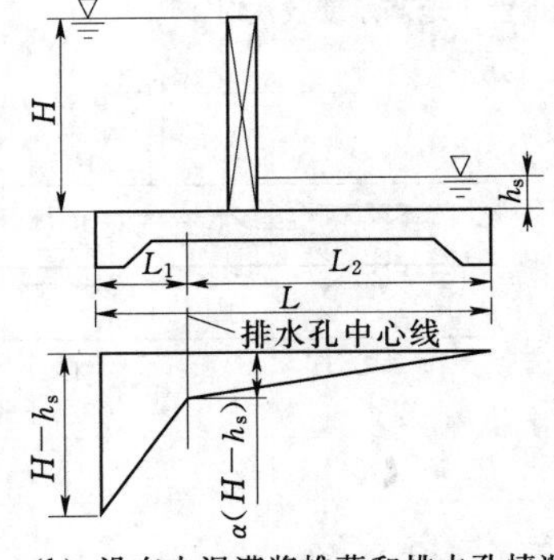

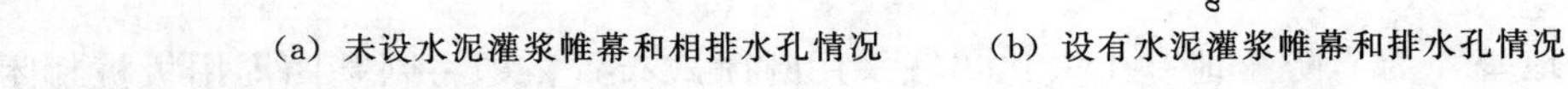
(a) 未设水泥灌浆帷幕和相排水孔情况　　(b) 设有水泥灌浆帷幕和排水孔情况

图 4.24　全截面直线分布法渗透压力计算图

依据渗透压强分布图形，可计算出作用在闸底板底面上的渗透压力值。

4.4.2.2　直线比例法

直线比例法（渗径系数法）的原理是假定渗流沿地下轮廓线流动时，其渗透水头是成

直线比例逐渐减小的，即沿程渗透坡降的大小相同。当总水头 ΔH 及防渗长度 L 已定时，即可按直线比例关系求出防渗长度上各点（即沿地下轮廓上各点）的渗透压力水头值。这种方法计算精度不高，计算渗透压力及出逸坡降时误差较大。

按照防渗长度确定的方法不同，直线比例法又分为勃莱法和莱因法两种。

（1）勃莱法。勃莱认为地基渗流沿防渗长度各点的渗透坡降相同，即水头损失是均匀的。将地下轮廓线展开，按比例绘一直线，在渗流开始点 1 作一长度为 ΔH 的垂线，并由垂线顶点用直线和渗流逸出点 8 相连，即得地下轮廓线展开成直线后的渗透压力分布图，如图 4.25 所示。距地下轮廓线下游端为 x 处的渗透压力 h_x 可按式（4.24）计算，即

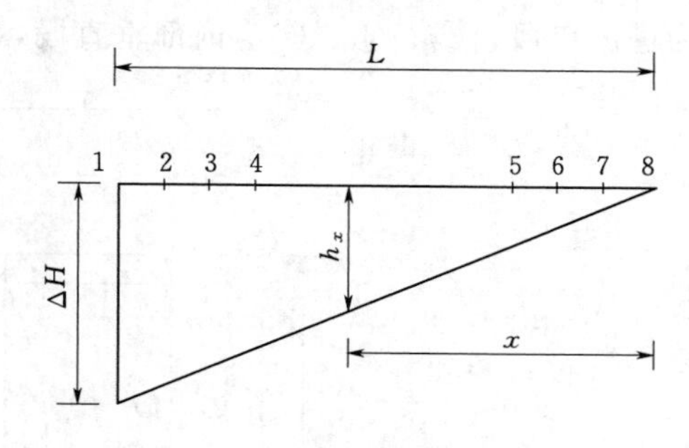

图 4.25　直线比例法计算图

$$h_x=\frac{\Delta H}{L}x \tag{4.24}$$

（2）莱因法。莱因认为水平渗径不如铅直渗径的防渗效果好，水平渗径的防渗效果只有铅直渗径的 1/3。在防渗长度展开为一直线时，应将水平渗径除以 3，再与垂直渗径相加，即得折算后的总渗径长度，然后按式（4.24）计算。

勃莱法没有考虑地下轮廓形状的影响，不符合实际情况，但方法简便。莱因法虽提出修正，但垂直渗径防渗效果也不一定是 3 倍于水平渗径的固定关系，而且没有考虑板桩、防渗墙等垂直渗径的具体位置对削杀水头效果的影响。因此，直线比例法是一种十分简单而近似的计算方法，一般用于小型水闸。

4.4.2.3　改进阻力系数法

这种方法是综合了独立函数法、分段法和阻力系数法等常用近似计算方法的优点，改进创立的一种精度较高的计算方法，也是《水闸设计规范》（SL 265—2016）推荐的计算方法。

该法把具有复杂地下轮廓的渗流区域分成若干简单的段，对每个分段可用精确解答求解，最后综合叠加，即可得出地基渗流的有关解答。

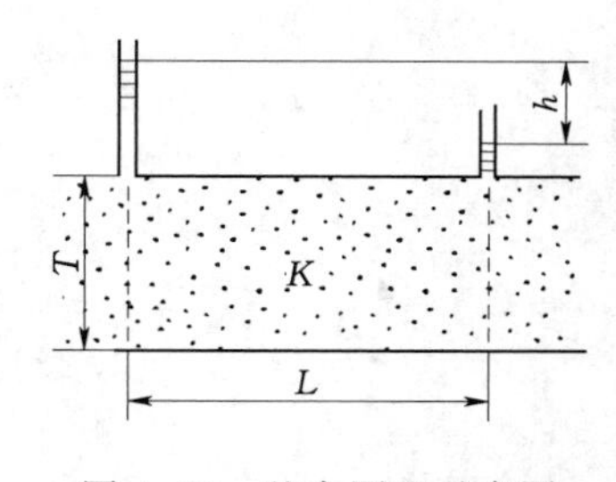

图 4.26　基本原理示意图

1. 基本原理

图 4.26 所示为一矩形渗流区，渗流段长度为 L，透水层厚度为 T，地基渗透系数 K，两断面间的水头差为 h。根据达西定律，渗流区的单宽流量 q 为

$$q=K\frac{h}{L}T \tag{4.25}$$

令 $\frac{L}{T}=\zeta$，则得

$$h=\zeta\frac{q}{K} \tag{4.26}$$

式中　ζ——阻力系数，ζ 值与渗流区的几何形状有关，它是渗流边界条件的函数。

对于实际工程中的水闸，可将实际的地下轮廓进行适当简化，使之成为垂直和水平两个主要部分，如图 4.27（a）所示。由简化的地下轮廓线上各角点和板桩尖端引出等水头线（等势线），将渗流区划分为若干个简单的段，这些渗流区段都可归纳为 3 种基本段形式，即进出口段、内部垂直段和水平段。如图 4.27（b）所示，共分为 7 段，其中①、⑦为进出口段，②、④、⑤为内部垂直段，③、⑥为水平段。

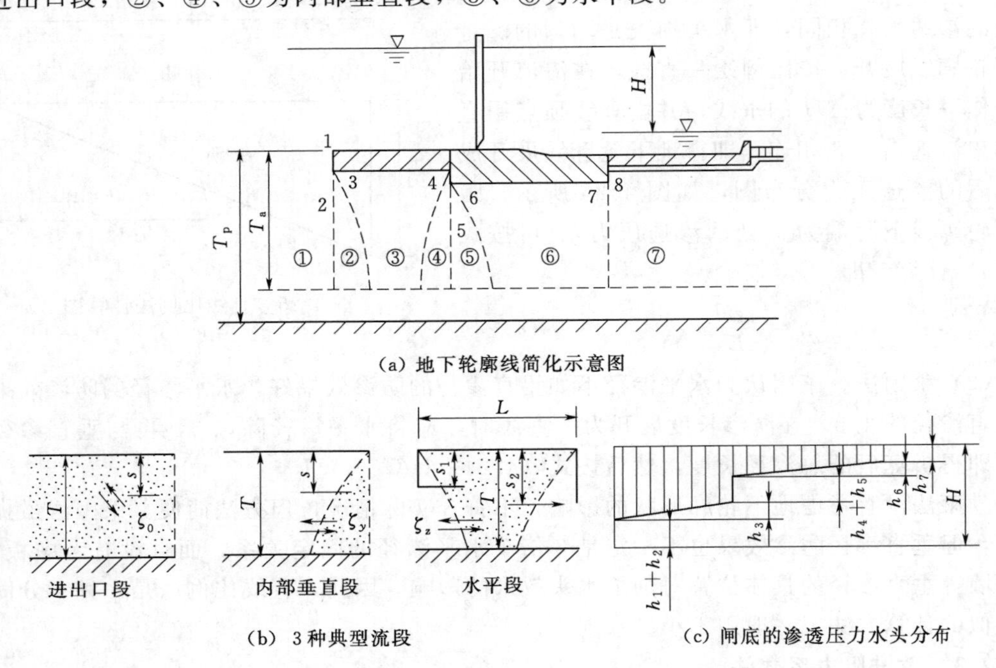

图 4.27 改进阻力系数法参数示意图

根据水流运动的连续性原理，经过各段的单宽渗流量均应相等。如果渗流区划分为 n 段，则任一段的水头损失 h_i 为

$$h_i=\zeta_i \frac{q}{K} \tag{4.27}$$

式中 ζ_i——各分段的阻力系数。

由于总水头差 H 是各分段水头损失之和，故

$$H=\sum_{i=1}^{n} h_i=\frac{q}{K}\sum_{i=1}^{n}\zeta_i \tag{4.28}$$

式中 $\sum_{i=1}^{n}\zeta_i$——各分段阻力系数之和。

由式（4.27）及式（4.28）可得出各分段水头损失为

$$h_i=\zeta_i \frac{H}{\sum_{i=1}^{n}\zeta_i} \tag{4.29}$$

由渗流出口处向上游叠加各分段的水头损失，即可得出各段分界线（即前面所说的等水头线）处的渗透压力水头值。沿地下轮廓水平段的水头损失近似地按直线规律变化，即

可绘出闸底的渗透压力水头分布图，如图 4.27（c）所示。

2. 计算步骤

1）确定地基有效深度 T_e。地基有效深度是从各等效渗流段地下轮廓最高点垂直向下算起的地基透水层有效深度，可按式（4.30）或式（4.31）计算。

当$\frac{L_0}{S_0} \geqslant 5$时，有

$$T_e = 0.5L_0 \tag{4.30}$$

当$\frac{L_0}{S_0} < 5$时，有

$$T_e = \frac{5L_0}{1.6\frac{L_0}{S_0} + 2} \tag{4.31}$$

式中　T_e——土基上水闸的地基有效深度，m；

L_0——地下轮廓的水平投影长度，m；

S_0——地下轮廓的垂直投影长度，m。

当计算的 T_e 值大于地基实际深度时，T_e 值应按地基实际深度采用。

2）地下轮廓分段，计算各段的水头损失 h_i。先将实际的地下轮廓适当简化，再根据地下轮廓形状将渗流区分成若干个典型渗流区域，利用表 4.7 计算各段的阻力系数 ζ_i 和各段的水头损失 h_i。

表 4.7　　典型流段的阻力系数

区段名称	典型流段型式	阻力系数 ζ 的计算公式
进口段与出口段		$\zeta_0 = 1.5\left(\frac{S}{T}\right)^{\frac{3}{2}} + 0.441$
内部垂直段		$\zeta_y = \frac{2}{\pi}\ln\cot\left[\frac{\pi}{4}\left(1-\frac{S}{T}\right)\right]$
内部水平段		$\zeta_x = \frac{L-0.7(S_1+S_2)}{T}$

注　S 为板桩或齿墙的入土深度；T 为地基透水层深度；L 为内部水平段的长度。

如果计算某一水平段的阻力系数 $\zeta_x \leqslant 0$，说明该段水平距离太短，即可判断其不合理，可将该水平段与附近的渗流段合并后再进行计算。

3）用直线连接相邻拐点的渗压水头，便可绘出渗透压强分布图。

4）对进、出口段水头损失值和渗透压力强度分布图进行局部修正。当进、出口底板

埋深及板桩长度较小时，进、出口附近的水力坡降呈曲线形式，如图 4.28 所示。为精确考虑，应予以局部修正。进、出口段修正后的水头损失值可按式（4.32）～式（4.34）计算，即

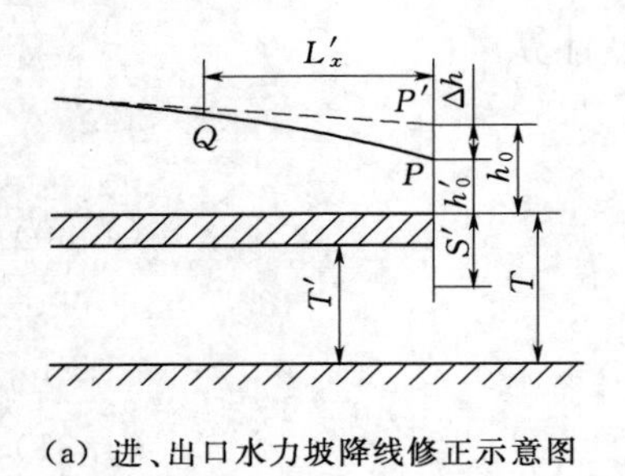

（a）进、出口水力坡降线修正示意图

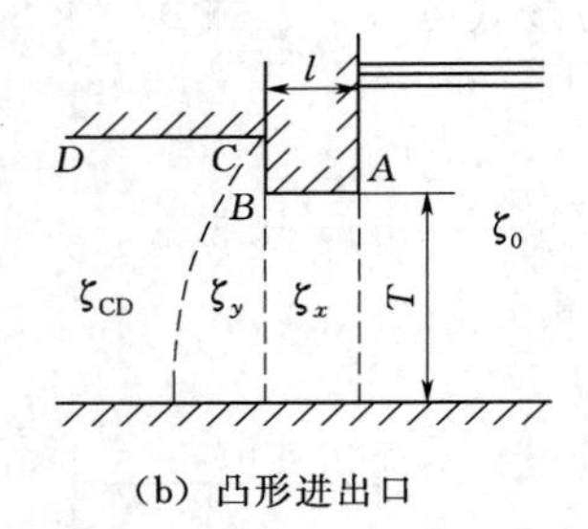

（b）凸形进出口

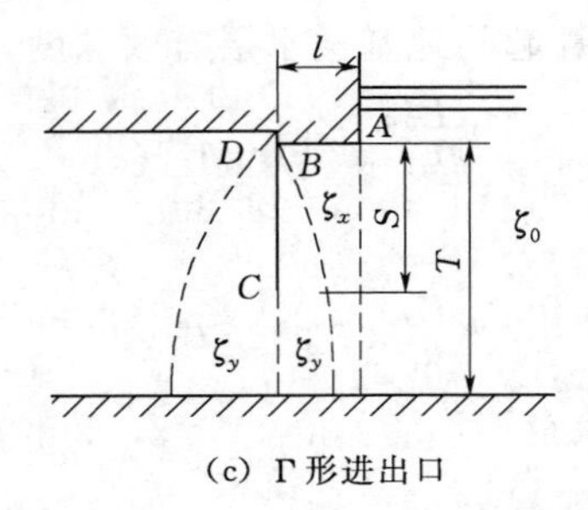

（c）Γ形进出口

图 4.28 水头损失的局部修正

$$h_0'=\beta' h_0 \tag{4.32}$$

$$h_0=\sum_{i=1}^{n} h_i \tag{4.33}$$

$$\beta'=1.21-\frac{1}{\left[12\left(\frac{T'}{T}\right)^2+2\right]\left(\frac{S'}{T}+0.059\right)} \tag{4.34}$$

式中 h_0'——进、出口段修正后的水头损失值，m；

h_0——进、出口段水头损失值，m；

β'——阻力修正系数，当计算的 $\beta'\geqslant 1.0$ 时，采用 $\beta'=1.0$；

S'——底板埋深与板桩入土深度之和，m；

T'——板桩另一侧地基透水层深度，m。

若 $\beta'\geqslant 1$，表示不需要修正，取 $\beta'=1$；若 $\beta'<1$，需作修正，修正后的进、出口水头损失应减小，减小的值由式（4.35）计算可得，即

$$\Delta h=h_0-h_0'=(1-\beta')h_0 \tag{4.35}$$

水力坡降线呈急变曲线段的长度 L_x' 可按式（4.36）计算，即

$$L_x'=\frac{\dfrac{\Delta h}{\Delta H}T}{\sum_{i=1}^{n}\zeta_i} \tag{4.36}$$

如图 4.28（a）所示，从原有水力坡降线的 P' 点，向下截取 Δh 得 P 点，水平方向截取 L_x' 得 Q 点，连接 PQ 即得修正后的水力坡降线。

工程中常见到图 4.28（b）、（c）所示的齿墙布置形式，修正计算方法如下。

（1）当 $h_x\geqslant\Delta h$ 时（h_x 为修正前水平段的水头损失值），可修正为 $h_x'=h_x+\Delta h$。

（2）当 $h_x<\Delta h$ 时，按以下两种情况分别修正：

a. 当 $h_x+h_y\geqslant\Delta h$ 时（h_y 为内部垂直段的水头损失值），则水平段和内部垂直段的水头损失值分别修正为

$$h_x'=2h_x \tag{4.37}$$

$$h'_y = h_y + \Delta h - h_x \tag{4.38}$$

b. 当 $h_x + h_y < \Delta h$ 时，水平段的水头损失仍按式（4.37）修正为 $h'_x = 2h_x$，内部垂直段和图 4.28（b）中 CD 段的水头损失值修正为

$$h'_y = 2h_y \tag{4.39}$$

$$h'_{CD} = h_{CD} + \Delta h - (h_x + h_y) \tag{4.40}$$

式中　h_{CD}，h'_{CD}——CD 段修正前、修正后的水头损失值。

渗透压力分布图的进、出口处，按修正后的各分段点的水头用直线连接得出。

5）出口段渗流坡降 J 可按式（4.41）计算，即

$$J = \frac{h'_0}{S'} \tag{4.41}$$

水平段和出口段的渗流坡降要满足表 4.8 的允许渗流坡降的要求，才能防止地基土的渗透变形。

表 4.8　水平段和出口段允许渗流坡降值

地基类别	允许渗流坡降值		地基类别	允许渗流坡降值	
	水平段	出口段		水平段	出口段
粉砂	0.05～0.07	0.25～0.30	砂壤土	0.15～0.25	0.40～0.50
细砂	0.07～0.10	0.30～0.35	壤土	0.25～0.35	0.50～0.60
中砂	0.10～0.13	0.35～0.40	软黏土	0.30～0.40	0.60～0.70
粗砂	0.13～0.17	0.40～0.45	坚硬黏土	0.40～0.50	0.70～0.80
中砾、细砾	0.17～0.22	0.45～0.50	极坚硬黏土	0.50～0.60	0.80～0.90
粗砾夹卵石	0.22～0.28	0.50～0.55			

注　当渗流出口处设滤层时，表列数值可加大 30%。

【项目案例 4.1】　某水闸地下轮廓线如图 4.29（a）所示。根据钻探资料知，地面以下 12m 深处为相对不透水的黏土层。用改进阻力系数法计算渗流要素。

解：

1. 简化地下轮廓

简化后的地下轮廓如图 4.29（b）所示，划分 10 个基本段。

2. 确定地基的有效深度

由于 $L_0 = 24\text{m}$，$S_0 = 25.5 - 20 = 5.5(\text{m})$，$L_0/S_0 = 24/5.5 = 4.36 < 5$，按式（4.31）得 $T_e = 13.36 > T_p = 12.0\text{m}$，故按实际透水层深度 $T = T_p = 12.0\text{m}$ 进行渗流计算。

3. 计算阻力系数

按表 4.7 计算各渗流段的阻力系数。

（1）进口段：$S = 1.0\text{m}$，$T = 12\text{m}$，得 $\zeta_{01} = 0.477$。

（2）水平段：$S_1 = S_2 = 0$，$L = 0.5\text{m}$，$T = 11.0\text{m}$，得 $\zeta_{x2} = 0.045$。

（3）内部垂直段：$S = 0.6\text{m}$，$T = 11.6\text{m}$，得 $\zeta_{y3} = 0.052$。

（4）水平段：$S_1 = 0.6\text{m}$，$S_2 = 5.1\text{m}$，$T = 11.6\text{m}$，$L = 12.25\text{m}$，得 $\zeta_{x4} = 0.712$。

（5）内部垂直段：$S = 5.1\text{m}$，$T = 11.6\text{m}$，得 $\zeta_{y5} = 0.479$。

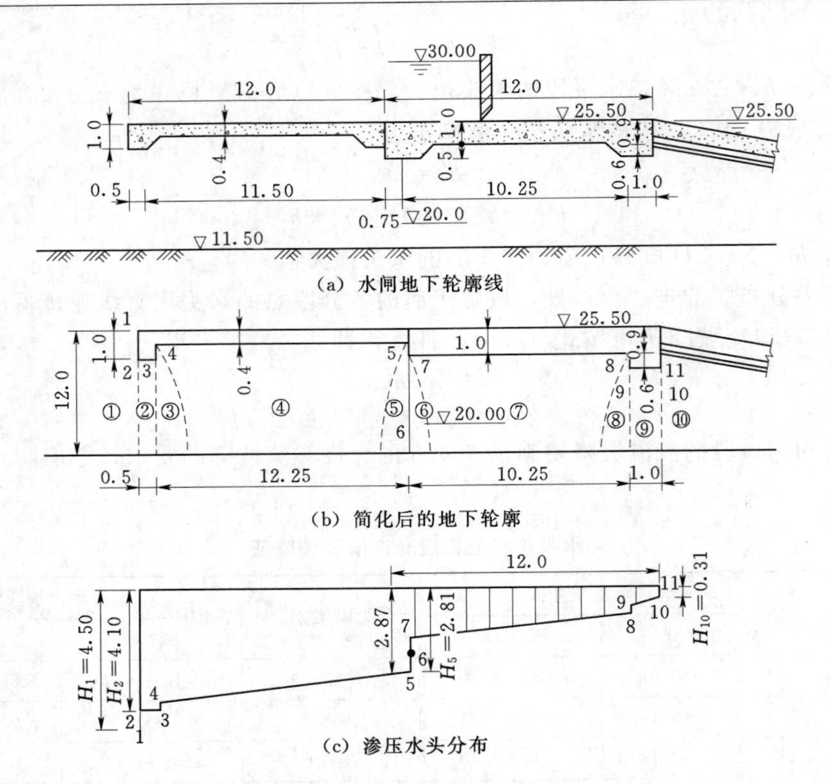

图 4.29 某水闸地下轮廓线及渗流计算简图（单位：m）

(6) 内部垂直段：$S=4.5$m，$T=11.0$m，得 $\zeta_{y6}=0.441$。

(7) 水平段：$S_1=4.5$m，$S_2=0.5$m，$T=11.0$m，$L=10.25$m，得 $\zeta_{x7}=0.614$。

(8) 内部垂直段：$S=0.5$m，$T=11.0$m，得 $\zeta_{y8}=0.045$。

(9) 水平段：$S_1=S_2=0$，$T=10.5$m，$L=1.0$m，得 $\zeta_{x9}=0.095$。

(10) 出口段：$S=0.6$m，$T=12.0-0.9=11.1$m，得 $\zeta_{010}=0.460$。

各段的阻力系数之和 $\sum_{i=1}^{10}\zeta_i=3.42$。

4. 计算各段水头损失

总水头 $H=30-25.5=4.5$(m)，按式 (4.29) 计算各段的水头损失，得 $h_{01}=4.5/3.42\times0.477=0.628$m，$h_{x2}=0.059$m，$h_{y3}=0.068$m，$h_{x4}=0.937$m，$h_{y5}=0.630$m，$h_{y6}=0.581$m，$h_{x7}=0.808$m，$h_{y8}=0.059$m，$h_{y9}=0.125$m，$h_{010}=0.605$m。

5. 进、出口段水头损失修正

(1) 进口段水头损失修正。已知 $T'=12.0-1=11.0$(m)，$T=12.0$m，$S'=1.0$m，按式 (4.34) 计算得 $\beta_1'=0.629<1.0$，则进口段修正为 $h_0'=0.628\times0.629=0.395$(m)。水头损失减少值 $\Delta h=0.628-0.395=0.233$(m)。因 $(h_{x2}+h_{y3})=0.059+0.068=0.127<\Delta h$，故第②、③、④段分别按式 (4.37)、式 (4.39)、式 (4.40) 修正：$h_{x2}'=2h_{x2}=2\times0.059=0.118$(m)，$h_{y3}'=2h_{y3}=2\times0.068=0.136$(m)，$h_{x4}'=h_{x4}+\Delta h-(h_{x2}+h_{y3})=0.937+0.233-(0.059+0.068)=1.043$(m)。

(2) 出口段水头损失修正。已知 $T'=10.5\text{m}$，$T=11.1\text{m}$，$S'=0.6\text{m}$，得 $\beta_2'=0.516<1.0$，则出口段修正为 $h_{010}'=0.605\times0.516=0.312(\text{m})$，水头损失减少值 $\Delta h=0.605-0.312=0.293(\text{m})$。因 $h_{x9}+h_{y8}=0.125+0.059=0.184<\Delta h$，故按式 (4.37)、式 (4.39)、式 (4.40) 修正该段各水头损失：$h_{x9}'=2h_{x9}=2\times0.125=0.25(\text{m})$，$h_{y8}'=2h_{y8}=2\times0.059=0.118(\text{m})$，$h_{x7}'=h_{x7}+\Delta h-(h_{x9}+h_{y8})=0.808+0.293-(0.125+0.059)=0.917(\text{m})$。

(3) 验算。$H=0.395+0.118+0.136+1.043+0.630+0.581+0.917+0.118+0.250+0.312=4.5(\text{m})$，计算无误。

6. 计算各角点或尖端渗压水头

由上游进口段开始，逐次向下游从总水头 $H=4.5\text{m}$ 减去各分段水头损失值，即可求得各角点或尖端渗压水头值：$H_1=4.5\text{m}$，$H_2=4.5-0.359=4.105(\text{m})$，$H_3=4.105-0.118=3.987(\text{m})$，$H_4=3.987-0.136=3.851(\text{m})$，$H_5=3.851-1.043=2.808(\text{m})$，$H_6=2.808-0.630=2.178(\text{m})$，$H_7=2.178-0.581=1.597(\text{m})$，$H_8=1.597-0.917=0.680(\text{m})$，$H_9=0.680-0.118=0.562(\text{m})$，$H_{10}=0.562-0.250=0.312(\text{m})$，$H_{11}=0.312-0.312=0$。

7. 绘制渗压水头分布图

根据计算结果绘出渗压水头分布图如图 4.29 (c) 所示。

8. 计算渗流出口平均坡降

按式 (4.41) 求得 $J=h_0'/S'=0.312/0.6=0.52$。

4.4.3　防渗排水设备

水闸的防渗设施包括水平防渗（铺盖）和垂直防渗设施（板桩、齿墙、防渗墙、灌注式水泥砂浆帷幕、高压喷射灌浆帷幕及防渗土工膜等），而排水设施则是指铺设在护坦、浆砌石海漫底部或闸底板下游段起导渗作用的砂砾石层。排水体常与反滤层结合使用。

4.4.3.1　防渗设备

1. 铺盖

实际工程中水闸常用黏土、混凝土、钢筋混凝土或土工膜等材料做防渗铺盖。其长度可根据闸基防渗需要确定，一般取上下游最大水位差的 3～5 倍。

(1) 黏土铺盖。常用渗透系数 $K=10^{-6}\sim10^{-8}\text{cm/s}$ 的黏土填筑，一般要求其渗透系数应比地基土的渗透系数至少要小 100 倍。黏土铺盖的厚度应根据铺盖土料的允许水力坡降值计算确定，上游端的最小厚度不宜小于 0.6m，逐渐向闸室方向加厚，且任一截面厚度不应小于 $(1/4\sim1/6)\Delta H$（ΔH 为该截面顶、底面的水头差）。为了防止铺盖在施工期被损坏和运用期被水流冲刷，应在其表面铺砂层保护，砂层上再铺设单层或双层块石护面，或铺设混凝土板保护层。

铺盖与底板连接处为防渗薄弱部位，必须妥善处理，通常采取的措施是在连接处将铺盖加厚，将底板前端做成倾斜面，使黏土能借自重及其上的荷载与底板紧贴；在连接处铺设油毛毡等止水材料，一端用螺栓固定在斜面上，另一端埋入黏土中，如图 4.30 所示。

砂砾石地基上做黏土铺盖，还应考虑在两者之间设置反滤层。

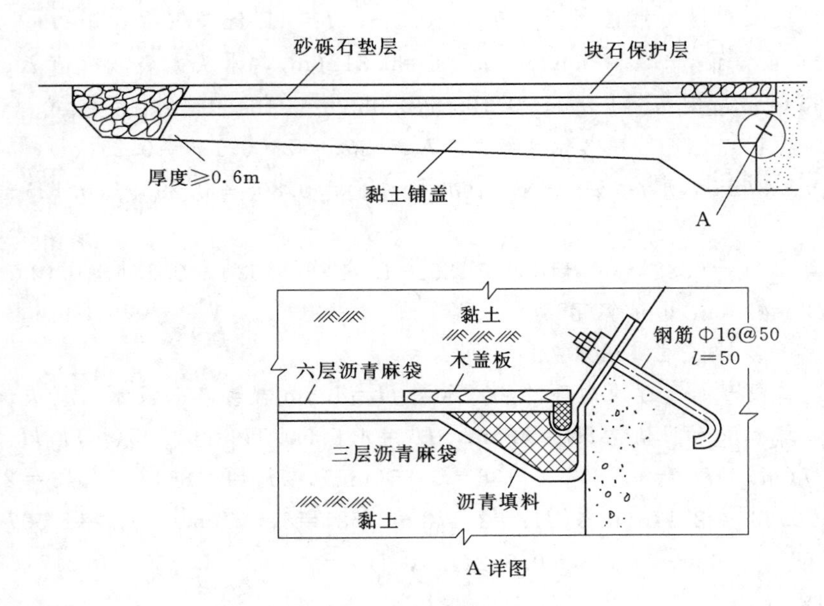

图 4.30 黏土铺盖构造

(2) 混凝土或钢筋混凝土铺盖。如当地缺乏黏土、黏壤土或要用铺盖兼作阻滑板以提高闸室抗滑稳定性时，可采用混凝土或钢筋混凝土铺盖，如图 4.31 所示。其厚度一般根据构造要求确定，最小厚度不宜小于 0.4m，一般做成等厚度型式。与底板连接的一端加厚至 1.0m 左右，做成浅齿墙。为了减小地基不均匀沉降和温度变化的影响，其顺水流方向应设永久缝，缝距可采用 8～20m，地质条件好的取大值，靠近翼墙的铺盖缝距宜采用小值。

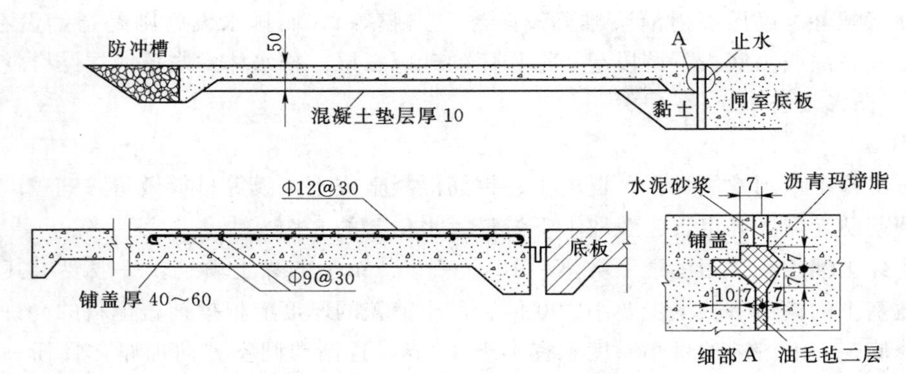

图 4.31 混凝土及钢筋混凝土铺盖构造（单位：cm）

铺盖与闸底板、翼墙之间也要分缝。缝宽可采用 2～3cm，缝内均应设止水。混凝土铺盖中应配置构造筋，对于起阻滑作用的钢筋混凝土铺盖则要根据受力情况配置受拉钢筋。受拉钢筋与闸室在接缝处应采用铰接的构造型式。铺盖的混凝土强度等级一般不低于 C20。

(3) 土工膜防渗铺盖。水闸防渗铺盖也可用土工膜代替传统的弱透水土料。用于防渗

的土工合成材料主要有土工膜或复合土工膜。其厚度应根据作用水头、土工膜所受的荷载、膜下土体可能产生裂隙宽度、膜的抗拉和抗顶破强度等因素确定，但不宜小于0.5mm。土工膜上下均应设砂垫层以防刺破，顶层可采用水泥砂浆、砌石、预制混凝土板块等作防护层。

2. 板桩

采用板桩主要是为了增加垂直渗径，其防渗作用随布置位置不同而异。设在铺盖前端或闸室底板上游端时，主要是为了降低底板下的渗透压力，且按前者布置更为有利。设在闸室底板下游端的板桩主要为减小出口处的渗透坡降，防止出口处土壤产生渗透变形。

根据所用材料不同，板桩可分为钢筋混凝土板桩、钢板桩及砂浆板桩、木板桩等类型。目前采用最多的是钢筋混凝土板桩，考虑防渗要求、结构刚度要求和打桩设备等条件，其最小厚度不宜小于0.2m、宽度不宜小于0.4m，其入土深度多数采用3～5m，最长达8m。板桩之间应采用梯形榫槽连接，它适合于各种地基。

板桩与闸室连接形式有两种：一种是把桩板紧靠底板前缘，顶部嵌入黏土铺盖一定深度；另一种是把板桩顶部嵌入底板底面特设的凹槽内，桩顶填塞可塑性较大的不透水材料，如图4.32所示。前者适用于闸室沉降量较大，而板桩尖已插入坚实土层的情况；后者则适用于闸室沉降量小，而板桩尖未达到坚实土层的情况。

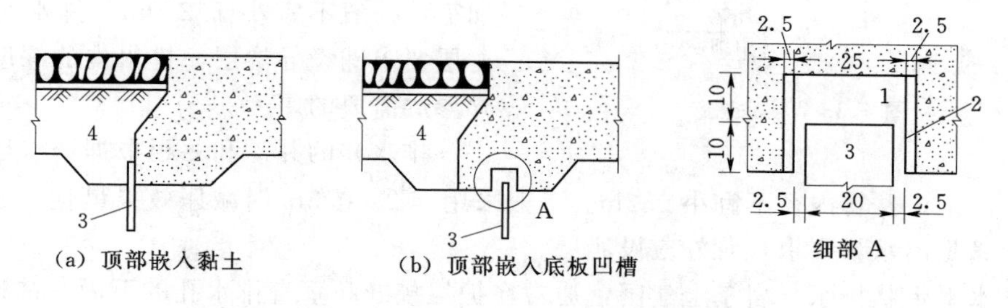

图4.32　板桩与底板的连接（单位：cm）

1—沥青；2—预制挡板；3—板桩；4—铺盖

3. 齿墙

闸底板的上下游端一般都设有浅齿墙，辅助防渗，并有利于抗滑。齿墙深度一般为0.5～1.5m，最大不宜超过2.0m。当地基为粒径较大的砂砾石或卵石，不宜打板桩时，可采用深齿墙或混凝土防渗墙。混凝土防渗墙的厚度主要根据成槽器开槽尺寸确定，其厚度一般不小于0.2m；否则混凝土浇筑较难，影响工程质量。

4. 水泥砂浆帷幕、高压喷射灌浆帷幕及垂直防渗土工膜

近年来，灌注式水泥砂浆帷幕和高压喷射灌浆帷幕等垂直防渗体被广泛应用，根据防渗要求和施工条件，它们的最小厚度一般不宜小于0.1m。

当地基内强透水层埋深在开槽机能力范围内（一般在12m内），且透水层中大于5cm的颗粒含量不超过10%（以重量计）、水位能满足泥浆固壁的要求时，也可考虑采用土工膜垂直防渗方案。地下垂直防渗土工膜可采用聚乙烯土工膜、复合土工膜或防水塑料板等。根据工程经验，其最小厚度一般不宜小于0.25mm，太薄可能产生气孔，且在施工中容易受损，防渗效果不好。重要工程可采用复合土工膜，其厚度不宜小

于0.5mm。

4.4.3.2 排水体与反滤层

闸基设置排水设施的目的是将闸底渗透水流尽快排到下游，以减小渗透压力。因此，要求排水设施透水性好，并与下游畅通。排水型式通常有以下几种。

(1) 平铺式排水。土基上水闸多采用平铺式排水体，即用透水性较强的粗砂、砾石或卵石，平铺在闸底板、护坦等下面，渗流由此与下游连通，降低闸基底上的渗透压力。排水体越向上游布置，削减渗压水头的效果越显著，但渗流坡降大为增加，为防止地基土的渗透变形，应在渗流进入排水体处设置反滤层。

一般平铺式排水在护坦和浆砌石海漫的底部或伸入底板下游齿墙稍前方，平铺粒径为1～2cm的砾石、碎石或卵石等透水材料而成，其厚为0.2～0.3m。排水体一般不作专门设置，而将滤层中颗粒粒径最大的一层厚度加大，构成排水体，如图4.33所示。

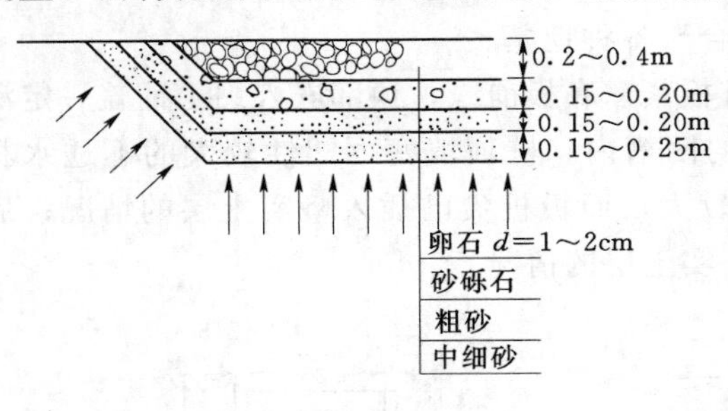

图4.33 反滤层

(2) 垂直排水。在地基内有承压水层时，用垂直排水可有效降低承压水头。垂直排水和土的接触面应设置反滤层，防止产生渗透变形。垂直排水的型式有排水沟和排水井。排水沟的宽度应随透水层的厚度增大而加宽，一般不宜小于2.0m。排水沟内应按滤层要求铺设导渗层，排水沟的深度取决于导渗层需要的厚度。

排水井的井深和井距根据透水层埋藏深度及厚度确定，井管内径不宜小0.2m。一般采用0.2～0.3m时减压效果最佳。滤水管的开孔率应满足出水量要求，管外应设滤层。

(3) 水平带状排水。岩基上建闸，通常在护坦接缝和垂直排水孔的下面，铺筑沟状排水体，纵横呈网状排列。

4.4.4 侧向绕渗

水闸建成挡水后，除闸基渗流外，渗水还从上游绕过翼墙、岸墙和刺墙等流向下游，称为侧向绕渗，如图4.34所示。侧向绕渗具有自由水面，为无压渗流。绕渗对岸墙、翼墙产生渗水压力，加大了墙底扬压力和墙身的水平水压力，对翼墙、边墩或岸墙的结构强度和稳定产生影响；并有可能引起渗流出口处发生危害性渗透变形，增加渗漏损失。因此，应做好侧向防渗排水设施。

侧向防渗排水布置，应根据墙后地层和地下水位变化及回填土性质等综合考虑，并与闸基防渗排水布置协调，使在空间上形成防渗整体。防渗设备除利用翼墙和岸墙外，还可根据需要，在岸墙或边墩后面靠近上游处增设板桩或刺墙，以增加侧向渗径。刺墙与边墩或岸墙之间需用沉陷缝分开，缝中设止水设备。为避免填土与边墩、翼墙的接触面上产生集中渗流，常需设一些短的刺墙，并使边墩与翼墙的挡土面稍成倾斜，使填土借自重紧压在墙背上。为排除渗水，单向水头的水闸可在下游翼墙和护坡设置排水孔，并在挡土一侧孔口处铺设反滤层，防止发生渗透变形，如图4.35所示。

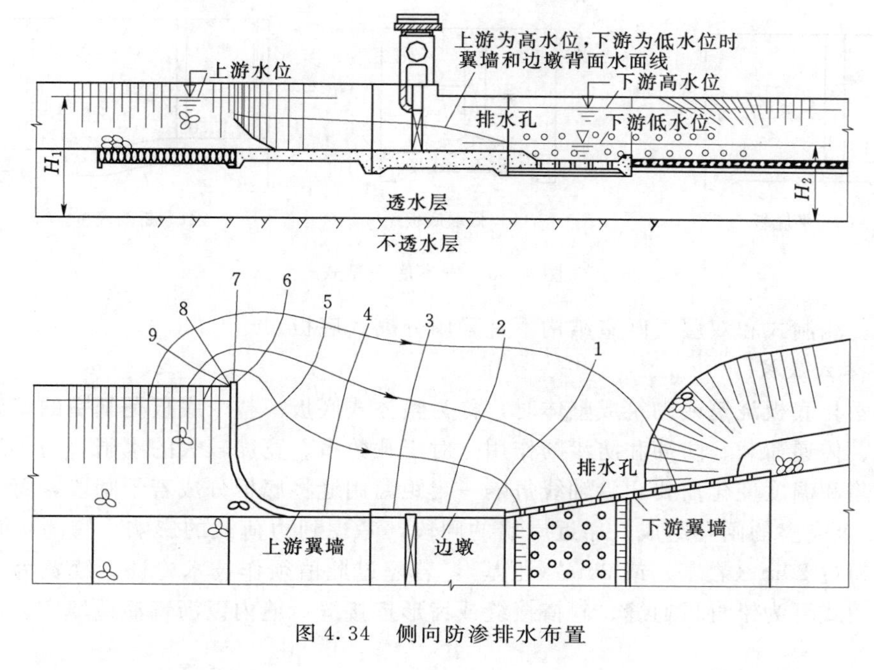

图4.34 侧向防渗排水布置

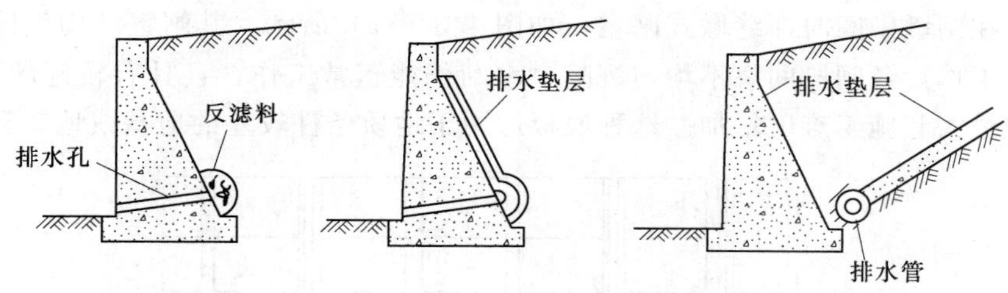

图4.35 下游翼墙后的排水设施

任务4.5 闸室的布置与构造

闸室结构布置包括底板、闸墩、边墩、胸墙、闸门、启闭机、工作桥、交通桥等结构布置和尺寸的初步拟定。应根据水闸挡水、泄水条件和运行要求，结合考虑地形、地质等因素，做到结构安全可靠、布置紧凑合理、施工方便、运用灵活及经济美观。

4.5.1 底板

闸室底板型式通常有平底板、低堰底板及折线底板，如图4.36所示。其型式可根据地基、泄流等条件进行选用。一般情况下，宜采用平底板；在松软地基上且荷载较大时也可采用箱式平底板。当限制单宽流量而闸底高程不能抬高，或要降低闸底高程，或有拦沙要求时，可采用低堰底板。在坚实或中等坚实地基上，当闸室高度不大，但上下游河（渠）底高差较大时，可采用折线底板，其后部可作为消力池的一部分。

开敞式闸室结构的底板按照闸墩与底板的连接方式不同又可分为整体式底板和分离式

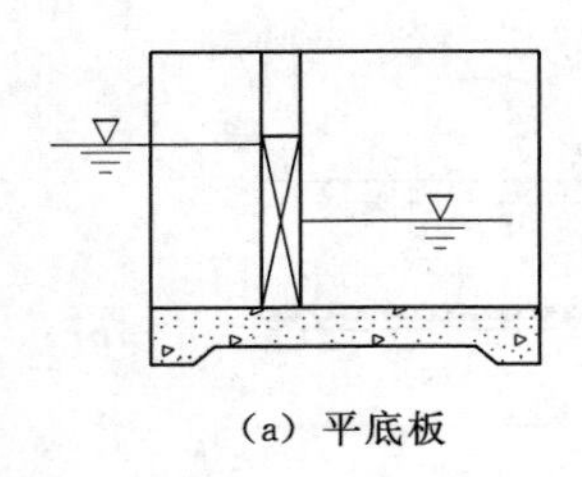

(a) 平底板

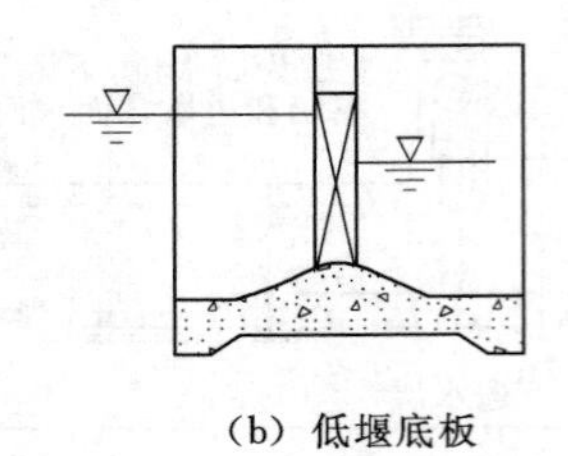

(b) 低堰底板

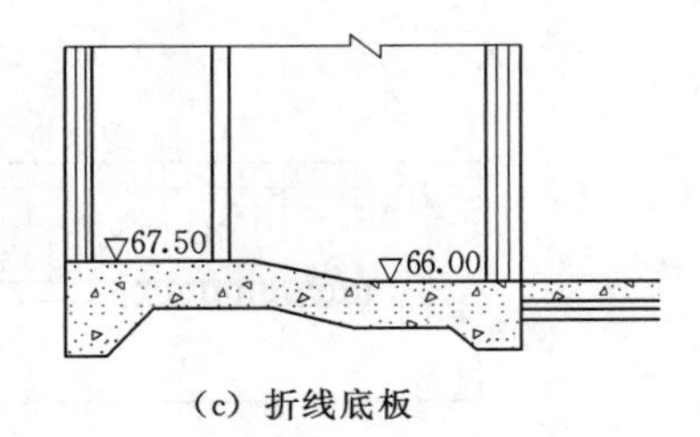

(c) 折线底板

图 4.36 闸室底板型式

底板两种。涵洞式和双层式闸室结构不宜采用分离式底板。

1. 整体式底板

当闸墩与底板浇筑或砌筑成整体时，称为整体式底板。整个底板是闸室的基础，起着承受荷载、传递荷载、防冲和防渗的作用。对于孔数多、宽度较大的水闸，为了适应地基不均匀沉陷和温度变化需要，沿轴线每隔一定距离用缝将底板分成若干闸段，每个闸段一般由 2～4 个完整的闸孔组成，靠近岸墙的闸段，考虑到边荷载的影响，宜为单孔。缝距一般不宜超过 20m（岩基）或 35m（土基），若超过此值须作技术论证。缝宽为 2～3cm，缝的结构型式可为铅直贯通缝、斜搭接缝或齿形搭接缝，缝内以沥青油毡填实。缝中应设止水。

将缝设在闸墩中间时即缝墩式闸室，如图 4.37（a）所示。其闸室结构整体性好，缝间闸段独立工作，各闸段间有不均匀沉陷时水闸仍能正常工作，且具有较好的抗震性能；但闸墩工程量大和施工难度增加。这种底板适用于地质条件较差的地基或地震区。

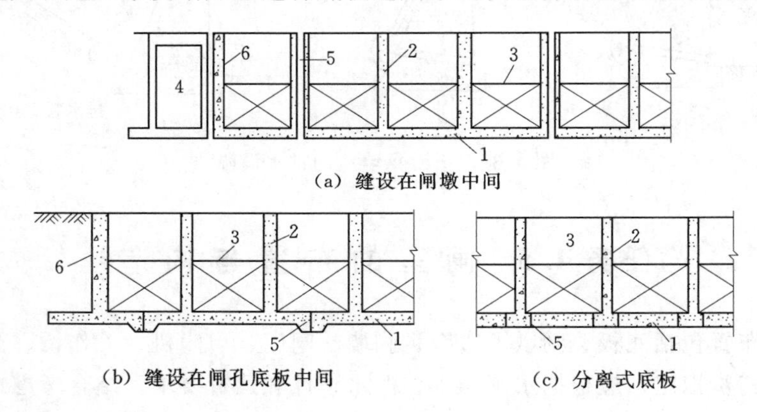

(a) 缝设在闸墩中间

(b) 缝设在闸孔底板中间

(c) 分离式底板

图 4.37 整体式、分离式平底板

1—底板；2—闸墩；3—闸门；4—空箱式岸墙；5—温度沉陷缝；6—边墩

对于地质条件较好的地基，也可将缝设在闸孔中间的底板上，如图 4.37（b）所示。可隔孔设缝，甚至每孔都设缝。缝中除设水平止水外，还应在闸门位置布置短的垂直止水。这种整体式底板属双悬臂式结构，与上述型式比较，它可缩短工期，减小了闸的总宽度和底板的跨中弯矩，但必须确保闸门启闭安全可靠。

2. 分离式底板

在闸墩附近设缝，将闸室底板与闸墩断开的，称为分离式底板，如图 4.37（c）所

示，缝中设止水。闸孔部分的底板又称小底板，另一部分是闸墩的底板，其闸室上部结构的重量将直接由闸墩或连同部分底板传给地基。闸孔部分底板仅起防冲、防渗和稳定的作用，其厚度根据自身稳定的需要确定。分离式底板的优点是结构受力明确、设计计算简单、工程量小；缺点是底板接缝较多，闸室结构的整体性较差，给止水防渗和浇筑分块带来不利和麻烦，且不均匀沉陷将影响闸门启闭，故对地基要求较高。这种底板适用于地质条件较好、承载能力较大的地基。

3. 底板尺寸及要求

底板顺水方向的长度，根据闸室稳定和地基应力分布较均匀的条件以及上部结构的布置需要而定。水头越大，地质条件越差，底板就越长。初拟时可根据已建工程的经验数据选取。当地基为碎石土和砾（卵）石时，底板长度取（1.5～2.5）ΔH（ΔH 为水闸上、下游最大水位差）；砂土和砂壤土取（2.0～3.5）ΔH；粉质壤土和壤土取（2.0～4.0）ΔH；黏土取（2.5～4.5）ΔH。由工程实践可知，大型水闸闸室底板顺水流方向长度一般受闸室上部结构布置要求限制，多数为15～20m。如果为了增加闸基防渗长度而增加闸室底板长度，往往是不经济的。

底板厚度必须满足强度和刚度的要求，通常采用等厚度的，也可采用变厚度的（后者在坚实地基情况下有利于改善底板的受力条件）。应根据闸室地基条件、作用荷载及闸孔净宽等因素计算确定，同时满足构造要求。大中型水闸平底板厚度可取为闸孔净宽的1/8～1/6，一般为1.0～2.0m，最小厚度不宜小于0.7m；小型水闸不宜小于0.3m。

闸室底板还应具有足够的整体性、坚固性、抗渗性和耐久性，通常采用钢筋混凝土结构，小型水闸底板也可采用混凝土浇筑。常用的强度等级为C15、C20。

4.5.2　闸墩和胸墙

1. 闸墩

闸墩的结构型式应根据闸室结构抗滑稳定性和闸墩纵向刚度要求确定，一般宜采用实体式。闸墩的外形轮廓设计应满足过闸水流平顺、侧向收缩小、过流能力大的要求。上游墩头可采用半圆形，以减小水流的进口损失；下游墩头宜采用流线形，以利于水流的扩散。

闸墩上游部分的顶面高程，应高出最高水位并有一定的超高，应满足挡水和泄水两种运用情况的要求。挡水时，闸顶高程不应低于水闸正常蓄水位（或最高挡水位）加波浪计算高度与相应安全超高值之和；泄水时，不应低于设计洪水位（或校核洪水位）与相应安全超高值之和。水闸安全超高下限值可根据表4.9查得。确定闸顶高程时，还应考虑闸室沉降、闸前河渠淤积、潮水位壅高等影响以及在防洪大堤上的水闸闸顶高程应不低于两侧堤顶高程。下游部分的闸顶高程可根据需要适当降低，但应保证下游的交通桥底部高出泄洪水位0.50m以上及桥面能与闸室两岸道路衔接。

闸墩长度取决于上部结构布置和闸门的型式，一般与底板同长或稍短些。闸墩上、下游面常为铅直面；如上部结构布置后有富余，两端可做成10∶1～5∶1的竖坡。如果上部结构布置不下，顶部可做成向外挑出的牛腿。一般弧形闸门的闸墩长度比平面闸门的闸墩长。

表 4.9　　水闸安全超高下限值　　单位：m

运用情况		水闸级别			
		1	2	3	4、5
挡水时	正常蓄水位	0.7	0.5	0.4	0.3
	最高挡水位	0.5	0.4	0.3	0.2
泄水时	设计洪水位	1.5	1.0	0.7	0.5
	校核洪水位	1.0	0.7	0.5	0.4

闸墩厚度必须满足稳定和强度要求，根据闸孔孔径、受力条件、结构构造要求、闸门型式和施工方法等确定。弧形闸门的闸墩，因为没有门槽，可采用较小的厚度。平面闸门的闸墩厚度受门槽深度的控制，闸墩门槽处最小厚度不宜小于0.4m。

平面闸门的门槽尺寸应根据闸门的尺寸确定，门槽宽深比一般取1.6～1.8。检修闸门门槽与工作闸门门槽之间应留有不小于1.5m的净距，以便工作人员检修。弧形闸门的闸墩不需设置主门槽，或仅设置很浅的门槽，以供布置止水滑道。有的工程需在闸墩上下游均设置检修门槽。

2. 胸墙

胸墙多为板式或梁板式钢筋混凝土结构。当孔径不大于6.0m时可采用板式，墙板也可做成上薄下厚的楔形板，如图4.38（a）所示。其顶部厚度一般不小于0.2m。当孔径大于6.0m时，宜采用梁板式，它由墙板、顶梁和底梁组成，如图4.38（b）所示，其板厚一般不小于0.12m；顶梁梁高一般为胸墙跨度的1/15～1/12，梁宽常取0.4～0.8m；底梁由于与闸门顶接触，要求有较大的刚度，梁高为胸墙跨度的1/9～1/8，梁宽为0.6～1.2m。当胸墙高度大于5.0m且跨度较大时，可增设中梁及竖梁构成肋形结构，如图4.38（c）所示。各结构尺寸应根据受力条件和边界支撑情况计算确定。

胸墙与闸墩的连接方式有简支式和固接式两种，如图4.39所示。

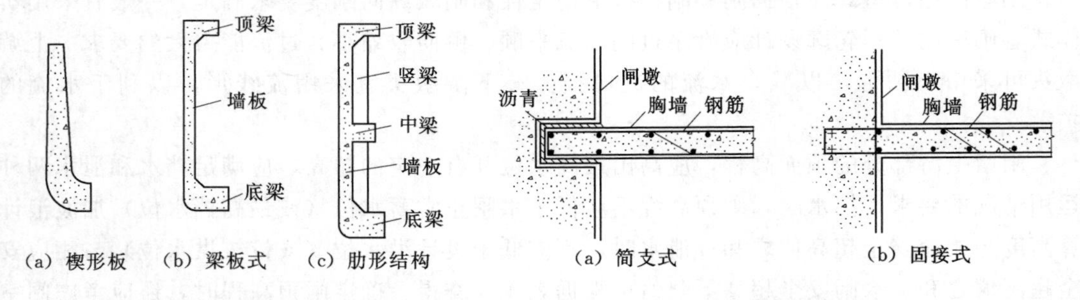

图4.38　胸墙的结构型式

图4.39　胸墙与闸墩的连接方式

胸墙相对于闸门的位置取决于闸门的型式。采用弧形闸门时，胸墙设在闸门上游侧；若采用平面闸门，胸墙可设在闸门上游侧，也可设在闸门下游侧。一般情况下，大中型水闸的胸墙可设在闸门前，因门顶上无水重，可减小启门力；小型水闸的胸墙设在闸门的下游侧，除便于止水外，还可利用门顶上水重增加闸室的稳定。

4.5.3　工作桥与交通桥

为了安装启闭设备和便于工作人员操作的需要，通常在闸墩上设置工作桥。桥的位置

由启闭设备、闸门类型及布置和启闭方式而定。工作桥的高程与闸门和启闭设备的型式、闸门高度有关，桥的高度必须保证闸门开启后不影响泄放最大流量，同时要有利于将闸门从孔中取出检修。对于平面直升门，若采用固定启闭设备，桥的高度（即横梁底部高程与底板高程的差值）为门高的两倍加上1.0～1.5m的超高；若采用活动式启闭设备，则桥高可以低些，但也应大于1.7倍的闸门高度。对于弧形闸门及升卧式平面闸门，工作桥高度可以降低很多，具体应视工作桥的位置及闸门吊点位置等条件而定。工作桥的宽度，小型水闸为2.0～2.5m、大中型水闸为2.5～4.5m。

建闸后为便于行人或车马通行，通常也在闸墩上设置交通桥。交通桥的位置应根据闸室稳定及两岸交通连接的需要而定，一般布置在闸墩的下游侧。

工作桥、交通桥可采用板式、梁板式或板拱式，其与闸墩的连接型式应与底板分缝位置及胸墙支承型式统一考虑。有条件时可采用预制构件，现场吊装。

工作桥、交通桥的梁（板）底高程均应高出最高洪水位0.5m以上；如果有流冰，则应高出流冰面0.2m。

4.5.4 分缝与止水

1. 分缝方式与布置

水闸除按整体式底板或分离式底板的分缝原则分缝外，凡相邻结构荷重相差悬殊或结构较长、面积较大的部位都要设缝分开，如铺盖与底板、消力池与底板及消力池与翼墙等连接处都要分别设缝。此外，混凝土铺盖、翼墙及消力池本身也应设缝分段分块，以适应地基的不均匀沉陷，如图4.40所示。

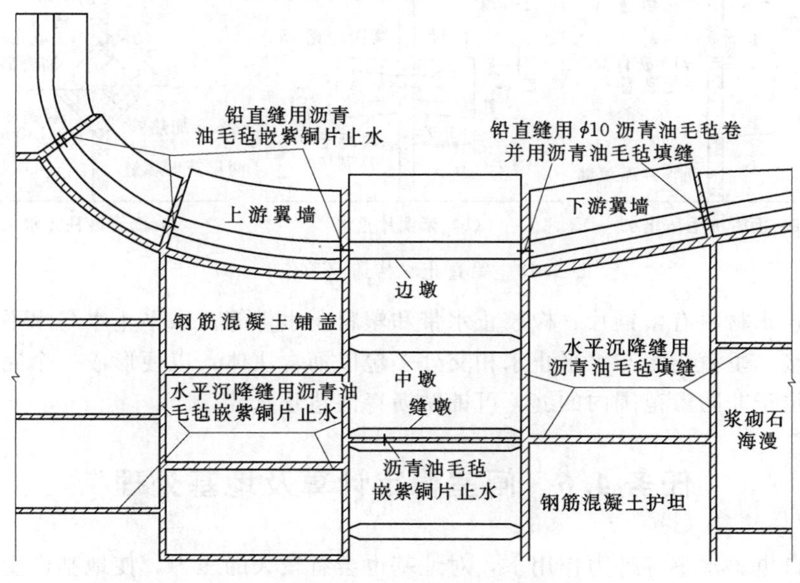

图4.40 水闸的分缝与止水布置

2. 止水设备

凡是具有防渗要求的缝中都应设置止水设备。对止水设备的要求：①防渗可靠；②具有适应混凝土收缩变形及地基不均匀沉降的性能；③结构简单，施工维修方便。

按照止水的位置不同可分为水平止水和铅直止水两种。水平止水设在铺盖、消力池与底板和翼墙、底板与闸墩间以及混凝土铺盖及消力池本身的缝内，常用的水平止水构造如图4.41所示。水平止水多布置在距上面0.1～0.3m处，水平止水一般只设一道，重要的大型水闸应设两道。所有水平止水应布置在同一高程上，不可能时，可以缓坡相接，切忌陡弯。铅直止水设在闸墩中间、边墩与翼墙间及上游翼墙内，如图4.42所示。垂直止水应在距临水面0.2～0.5m处布置。缝墩内的止水宜靠近闸门并略偏上游。重要的水闸在垂直止水之后还要设检查井，以检查止水和缝的工作情况。

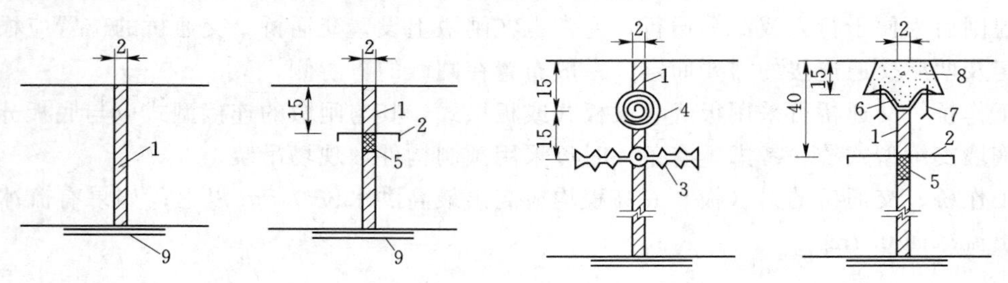

图4.41 水平止水构造（单位：cm）

1—沥青填料；2—紫铜片或镀锌片铁片；3—塑料止水片；4—沥青油毛毡卷；
5—灌沥青或沥青麻索填塞；6—橡皮；7—鱼尾螺栓；8—沥青混凝土；
9—2～3层沥青油毛毡或麻袋浸沥青，宽50～60cm

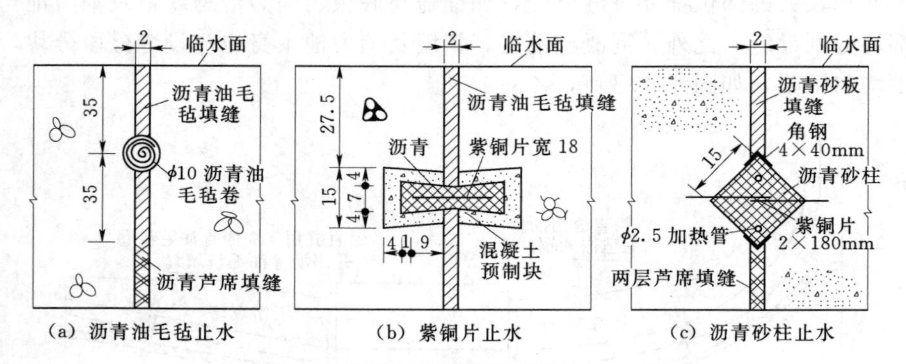

(a) 沥青油毛毡止水　(b) 紫铜片止水　(c) 沥青砂柱止水

图4.42 铅直止水构造（单位：cm）

常用的止水材料有紫铜片、橡胶止水带和塑料止水带等。水平止水与水平止水相交处一般采用焊接。垂直止水与水平止水相交处多包以沥青块体，以便形成一个完整、密封的止水体系。位于非防渗范围内的缝，可铺贴沥青油毡止水片。

任务4.6 闸室稳定计算及地基处理

水闸在自重、水重等外力作用下，对地基也会有较大的压力，使地基产生沉降。过大的沉降，特别是不均匀沉降，将导致闸室倾斜甚至断裂，影响水闸正常运行。当地基承受的荷载过大，超过其允许承载力时，会使地基发生整体破坏。水闸在运用期间受水平推力的作用，有可能沿地基面或深层产生滑动。因此，必须分别计算水闸在各种工作情况下的稳定性。

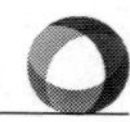

对于孔数少又未分缝的小型水闸，可取整个闸室（包括边墩）作为计算单元；对于孔数较多设有沉降缝的水闸，闸室稳定计算宜取两相邻顺水流向永久缝之间的闸段作为计算单元计算。

4.6.1 荷载及其组合

1. 水闸的荷载计算

作用在水闸上的荷载主要有自重、水重、水平水压力、扬压力、浪压力、土压力、淤沙压力等。

(1) 自重（包括其上部填料和永久设备的重量）。水闸结构及其上部填料应按其几何尺寸及材料重度计算确定，闸门、启闭机及其他永久设备应尽量采用实际重量。

(2) 水重。它指闸室范围内作用在底板顶面上的水体重量。应按其实际体积及水的重度计算确定。多泥沙河流上的水闸，还应考虑含沙量对水的重度的影响。

(3) 水平水压力。它指作用在胸墙、闸门及闸墩上的水平水压力。上游与下游的水平水压力数值不同，方向相反。

作用在铺盖与底板连接处的水平水压力因铺盖所用材料不同而略有差异。对于黏土铺盖，如图 4.43 (a) 所示，a 点处压强按静水压强计算，b 点处则取该点的扬压力强度值，两点之间按直线分布进行计算。混凝土或钢筋混凝土铺盖如图 4.43 (b) 所示，止水片以上的水平水压力仍按静水压力分布计算，止水片以下按梯形分布计算，c 点的水平水压力强度等于该点的浮托力强度值加上 e 点的渗透压力强度值，d 点则取该点的扬压力强度值，c、d 点之间按直线分布计算。

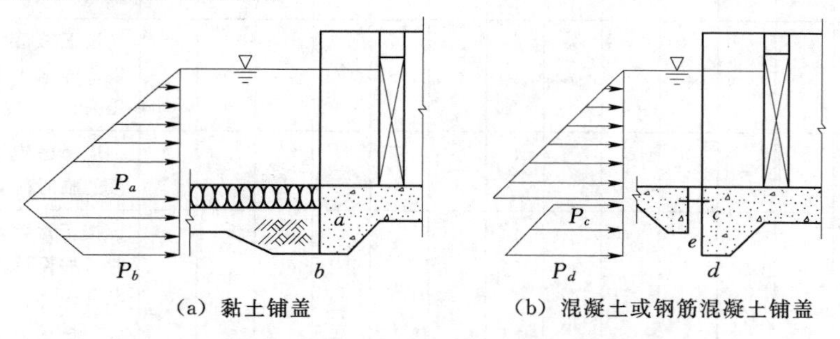

(a) 黏土铺盖　　(b) 混凝土或钢筋混凝土铺盖

图 4.43 作用在铺盖与底板连接处的水平水压力计算图

(4) 扬压力。它指作用在底板底面的渗透压力与浮托力之和，计算方法参见防渗设计一节。

(5) 浪压力。波长、波高和波浪中心线高出静水位高度等波浪要素的计算，《水闸设计规范》(SL 256—2016) 要求按莆田试验站公式进行计算；根据风区范围内平均水深、波浪破碎的临界水深及半波长之间的关系，判别属深水波、浅水波或破碎波，分别用相应公式进行浪压力计算。

(6) 土压力。应根据填土性质、挡土高度、填土内的地下水位、填土顶面坡角及超载等计算确定。对于向外侧移动或转动的挡土结构，可按主动土压力计算；对于保持静止不动的挡土结构，可按静止土压力计算。

(7) 淤沙压力。应根据水闸上、下游可能淤积的泥沙厚度及泥沙重度计算确定。

作用在水闸上的地震荷载、冰压力、土的冻胀力及其他荷载的计算可具体见《水闸设计规范》(SL 265—2016)。施工中各个阶段的临时荷载应根据工程实际情况确定。

2. 荷载组合

设计水闸时应将可能同时作用的各种荷载进行组合。荷载组合分为基本组合与特殊组合两类。基本组合由基本荷载组成；特殊组合由基本荷载和一种或几种特殊荷载组成，但地震荷载只应与正常蓄水位情况下的相应荷载组合。每种组合中所包含的计算情况及每种情况所涉及的荷载见表4.10。计算闸室稳定和应力时的荷载组合可按表4.10采用。必要时也可考虑其他可能不利组合。

表4.10　荷载组合表

荷载组合	计算情况	荷载												说明
		自重	水重	静水压力	扬压力	土压力	淤砂压力	风压力	浪压力	冰压力	土的冻胀力	地震荷载	其他	
基本组合	完建情况	√	—	—	—	√	—	—	—	—	—	—	√	必要时，可考虑地下水产生的扬压力
	正常蓄水位情况	√	√	√	√	√	√	√	√	—	—	—	√	按正常蓄水位组合计算水重、静水压力、扬压力及浪压力
	设计洪水位情况	√	√	√	√	√	√	√	√	—	—	—	—	按设计洪水位组合计算水重、静水压力、扬压力及浪压力
	冰冻情况	√	√	√	√	√	√	√	—	√	√	—	√	按正常蓄水位组合计算水重、静水压力、扬压力及冰压力
特殊组合	施工情况	√	—	—	—	√	—	—	—	—	—	—	√	应考虑施工过程中各个阶段的临时荷载
	检修情况	√	—	√	√	√	√	√	√	—	—	—	√	按正常蓄水位组合（必要时可按设计洪水位组合或冬季低水位条件）计算静水压力、扬压力及浪压力
	校核洪水位情况	√	√	√	√	√	√	√	√	—	—	—	—	按校核洪水位组合计算水重、静水压力、扬压力及浪压力
	地震情况	√	√	√	√	√	√	√	√	—	—	√	—	按正常蓄水位组合计算水重、静水压力、扬压力及浪压力

注　表中“√”号为需要考虑的荷载；“—”号为不需要考虑的荷载。

4.6.2　闸室抗滑稳定计算

4.6.2.1　闸室抗滑稳定计算

1. 基本公式

土基上沿闸室基底面的抗滑稳定安全系数，应按式(4.42)或式(4.43)计算。土基

上的水闸，一般情况下闸基面的法向应力较小，只验算沿地基面的抗滑稳定性。当地基面的法向应力较大时，还需要核算深层抗滑稳定性。

$$K_c=\frac{f\sum G}{\sum H} \tag{4.42}$$

$$K_c=\frac{\tan\varphi_0\sum G+c_0A}{\sum H} \tag{4.43}$$

式中　K_c——沿闸室基底面的抗滑稳定安全系数；

f——闸室基底面与地基之间的摩擦系数，可按表 4.11 采用；

$\sum H$——作用在闸室上的全部水平向荷载，kN；

φ_0——闸室基础底面与土质地基之间的摩擦角，(°)，可按表 4.12 采用；

c_0——闸室基底面与土质地基之间的黏结力，kPa，可按表 4.12 采用。

表 4.11　　f 值

地基类别		f
黏土	软弱	0.20～0.25
	中等坚硬	0.25～0.35
	坚硬	0.35～0.45
壤土、粉质壤土		0.25～0.40
砂壤土、粉砂土		0.35～0.40
细砂、极细砂		0.40～0.45
中砂、粗砂		0.45～0.50
砂砾石		0.40～0.50
砾石、卵石		0.50～0.55
碎石土		0.40～0.50
软质岩石	极软	0.40～0.45
	软	0.45～0.55
	较软	0.55～0.60
硬质岩石	较坚硬	0.60～0.65
	坚硬	0.65～0.70

表 4.12　　φ_0、c_0 值（土质地基）

土质地基类别	φ_0/(°)	c_0/kPa
黏性土	0.9φ	$(0.2\sim0.3)c$
砂性土	$(0.85\sim0.9)\varphi$	0

注　φ 为室内饱和固结快剪（黏性土）或饱和快剪（砂性土）试验测得的内摩擦角（°）；c 为室内饱和固结快剪试验测得的黏结力（kPa）。

其中式（4.42）计算简便，在水闸设计中，特别是在初步设计阶段采用较多。式（4.43）是根据现场混凝土板的抗滑试验资料进行分析研究后得出，既考虑了混凝土板底面与地基土之间的摩阻力，也考虑了两者之间的黏聚力对闸室抗滑稳定性的影响，所以其计算结果能够较真实地反映黏性土地基上水闸的实际情况。对于黏性土地基上的大型水闸，沿闸室基底面的抗滑稳定安全系数宜按式（4.43）计算。

对于土基上采用钻孔灌注桩基础的水闸，若验算沿闸室底板底面的抗滑稳定性，应计入桩体材料的抗剪断能力。

岩基上沿闸室基底面的抗滑稳定安全系数，应按式（4.42）或式（4.44）计算，即

$$K_c=\frac{f'\sum G+c'A}{\sum H} \tag{4.44}$$

式中 f'——闸室基底面与岩石地基之间的抗剪断摩擦系数，可按表4.13采用；

c'——闸室基底面与岩石地基之间的抗剪断黏结力，kPa，可按表4.13采用。

当闸室承受双向水平荷载作用时，应验算其合力方向的抗滑稳定性，其抗滑稳定安全系数应按土基或岩基分别不小于表4.14或表4.15规定的允许值。

表4.13　f'、c'值（岩石地基）

岩石地基类别		f'	c'/MPa
硬质岩石	坚硬	1.5～1.3	1.5～1.3
	较坚硬	1.3～1.1	1.3～1.1
软质岩石	较软	1.1～0.9	1.1～0.7
	软	0.9～0.7	0.7～0.3
	极软	0.7～0.4	0.3～0.05

注　如岩石地基内存在结构面、软弱层（带）或断层的情况，f'、c'值应按现行《水力发电工程地质勘察规范》（GB 50287—2016）的规定选用。

2. 闸室基底面抗滑稳定安全系数允许值

沿闸室基底面抗滑稳定安全系数的计算值应不小于《水闸设计规范》（SL 265—2016）规定的允许值；否则要采取抗滑措施进行处理，以提高闸室抗滑稳定性。

土基上沿闸室基底面抗滑稳定安全系数的允许值见表4.14。

表4.14　土基上沿闸室基底面抗滑稳定安全系数的允许值

荷载组合		水闸级别			
		1	2	3	4、5
基本组合		1.35	1.30	1.25	1.20
特殊组合	Ⅰ	1.20	1.15	1.10	1.05
	Ⅱ	1.10	1.05	1.05	1.00

注　1. 特殊组合Ⅰ适用于施工情况、检修情况及校核洪水位情况。
2. 特殊组合Ⅱ适用于地震情况。

岩基上沿闸室基底面抗滑稳定安全系数的允许值见表4.15。

表4.15　岩基上沿闸室基底面抗滑稳定安全系数的允许值

荷载组合		按式（4.42）计算时			按式（4.43）计算时
		水闸级别			
		1	2，3	4，5	
基本组合		1.10	1.08	1.05	3.00
特殊组合	Ⅰ	1.05	1.03	1.00	2.50
	Ⅱ	1.00			2.30

注　1. 特殊组合Ⅰ适用于施工情况、检修情况及校核洪水位情况。
2. 特殊组合Ⅱ适用于地震情况。

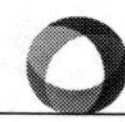

4.6.2.2 提高抗滑稳定性的措施

当沿闸室基底面抗滑稳定安全系数的计算值小于允许值时，可在原有结构布置的基础上，结合工程的具体情况，采用下列一种或几种抗滑措施：①将闸门位置移向低水位一侧，或将水闸底板向高水位一侧加长；②适当增大闸室结构尺寸；③增加闸室底板的齿墙深度；④增加铺盖长度或帷幕灌浆深度，或在不影响防渗安全的条件下将排水设施向水闸底板靠近；⑤利用钢筋混凝土铺盖作为阻滑板，但闸室自身的抗滑稳定安全系数不应小于1.0（计算由阻滑板增加的抗滑力时，阻滑板效果的折减系数可采用0.80），阻滑板应满足抗裂要求；⑥增设钢筋混凝土抗滑桩或预应力锚固结构。

利用上游钢筋混凝土铺盖作阻滑板时，阻滑板只能作为补充安全措施，闸室本身的抗滑稳定安全系数不应小于1.0。阻滑板与闸底板之间在接缝处应配置连接钢筋，其面积按阻滑板承受的最大阻滑力确定，交叉布置，以起到铰接作用。阻滑板应满足抗裂要求。

阻滑板所增加的抗滑力可由式（4.45）计算，即

$$S=0.8f(G_1+G_2-V) \tag{4.45}$$

式中 G_1，G_2——阻滑板上的水重和自重，kN；

V——阻滑板下的扬压力，kN；

f——阻滑板与地基间的摩擦系数。

4.6.3 基底应力计算

闸室稳定包括两个方面：一方面要求闸室具有一定的抗滑稳定性；另一方面指在各种情况下闸室地基不致发生剪切破坏而失去稳定，导致水闸发生倾覆或过大的沉降差引起局部断裂。也就是闸室基底压力要满足地基承载能力方面的要求。计算单元的取法同闸室抗滑稳定计算。

1. 计算公式

闸室基底应力应根据结构布置及受力情况，分别按下列规定进行计算。

（1）当结构布置及受力情况对称时，考虑到闸墩和底板在顺水流方向的刚度很大，闸室基底应力可近似地认为呈直线分布，采用偏心受压公式计算，即

$$P_{\substack{max\\min}}=\frac{\sum G}{A}\pm\frac{\sum M}{W} \tag{4.46}$$

式中 $P_{\substack{max\\min}}$——闸室基底应力的最大值或最小值，kPa；

$\sum G$——作用在闸室上的全部竖向荷载（包括闸室基础底面上的扬压力在内），kN；

$\sum M$——作用在闸室上的全部竖向和水平向荷载对于基础底面垂直水流方向的形心轴的力矩，kN·m；

A——闸室基底面的面积，m^2；

W——闸室基底面对于该底面垂直水流方向的形心轴的截面矩，m^3。

（2）当结构布置及受力情况不对称时，如多孔水闸的边闸孔或左右不对称的单闸孔应按双向偏心受压公式计算闸室基底应力，即

$$P_{\substack{max\\min}}=\frac{\sum G}{A}\pm\frac{\sum M_x}{W_x}\pm\frac{\sum M_y}{W_y} \tag{4.47}$$

式中 $\sum M_x$，$\sum M_y$——作用在闸室上的全部竖向和水平向荷载对于基础底面形心轴 x、y 的力矩，kN·m；

W_x，W_y——闸室基底面对于该底面形心轴 x、y 的截面矩，m^3。

2. 安全指标

闸室基底应力在各种计算情况下应满足以下要求，土基上闸室的平均基底应力不大于地基允许承载力，最大基底应力不大于地基允许承载力的1.2倍；闸室基底应力的最大值与最小值之比 η 不大于《水闸设计规范》（SL 265—2016）规定的允许值，见表4.16。岩基上，闸室最大基底应力不大于地基允许承载力；非地震情况下，闸室基底不出现拉应力；在地震情况下，闸室基底拉应力不大于100kPa。

表4.16　土基上闸室基底应力最大值与最小值之比的允许值

地基土质	荷载组合	
	基本组合	特殊组合
松软	1.50	2.00
中等坚实	2.00	2.50
坚实	2.50	3.00

注 1. 对于特别重要的大型水闸，其闸室基底应力最大值与最小值之比的允许值可按表列数值适当减小。
2. 对于地震区的水闸，闸室基底应力最大值与最小值之比的允许值可按表列数值适当增大。
3. 对于地基特别坚实或可压缩土层甚薄的水闸，可不受本表的规定限制，但要求闸室基底不出现拉应力。

岩石地基的允许承载力可根据岩石类别及其风化程度按表4.17确定。

表4.17　岩石地基允许承载力　　单位：kPa

岩石类别	风化程度				
	未风化	微风化	弱风化	强风化	全风化
硬质岩石	≥4000	4000～3000	3000～1000	1000～500	<500
软质岩石	≥2000	2000～1000	1000～500	500～200	<200

注 1. 岩石风化程度的鉴别见《水闸设计规范》（SL 265—2016）附录F。
2. 强风化岩石改变埋藏条件后，如强度降低，宜按降低程度选用较低值。

碎石土地基的允许承载力可根据碎石土的密实度按表4.18确定。

表4.18　碎石土地基允许承载力　　单位：kPa

颗粒骨架	密实度		
	密实	中密	稍密
卵石	1000～800	800～500	500～300
碎石	900～700	700～400	400～250
圆砾	700～500	500～300	300～200
角砾	600～400	400～250	250～150

注 1. 碎石土密实度的鉴别见《水闸设计规范》（SL 265—2016）附录F。
2. 表中数值适用于骨架颗粒孔隙全部由中砂、粗砂或坚硬的黏性土所充填的情况。
3. 当粗颗粒为弱风化或强风化时，可按其风化程度适当降低允许承载力；当颗粒间呈半胶结状时可适当提高允许承载力。

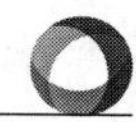

对于土质地基，地基允许承载力的计算方法详见《水闸设计规范》（SL 265—2016）附录 H。

4.6.4　闸基沉降及减少沉降的措施

在土质地基上建闸，当其承受荷载后，由于地基土的压缩性大，将产生沉降及不均匀沉降。沉降过大会使闸顶高程降低，达不到设计要求；不均匀沉降过大时，会使底板倾斜，甚至断裂及止水破坏，严重地影响水闸正常工作。因此，水闸应计算闸基的沉降，以便分析和了解地基的变形情况，作出合理的设计方案。

计算地基沉降时，应根据水闸各部分结构的特点和地质情况等选择有代表性的点作为计算点。如在闸室中心底板和与岸墙相邻的底板上，选择有代表性的断面 2～3 个，每个断面选 3～5 个计算点（至少选 3 个计算点，包括两端点和中心点）。若基底压力分布较均匀，计算点一般选在底板中央；若基底压力分布不均匀，地质情况较复杂或受边荷载影响较大的边闸孔（段），沉降点应选在底板四角，以便比较底板本身或相邻底板之间的沉降差。计算点确定后，用分层总和法计算其最终沉降量。

土质地基允许最大沉降量和最大沉降差，应以保证水闸安全和正常使用为原则，根据具体情况研究确定。天然土质地基上水闸地基最大沉降量不宜超过 15cm，相邻部位的最大沉降差不宜超过 5cm。

对于软土地基上的水闸，当计算地基最大沉降量或相邻部位的最大沉降差超过规定的允许值时，宜采用下列一种或几种措施：①变更结构型式（采用轻型结构或静定结构等）或加强结构刚度；②采用沉降缝隔开；③改变基础型式或刚度；④调整基础尺寸与埋置深度；⑤必要时对地基进行人工加固；⑥安排合适的施工程序，严格控制施工速率。

4.6.5　地基处理

水闸应尽可能利用天然地基。当天然地基不能满足要求时，就要根据工程具体情况进行地基处理，以提高地基的承载能力和稳定性；减小或消除地基的有害沉陷，防止地基渗透变形。岩基的处理方法一般根据具体情况，通常有风化带及软弱夹层的清除、固结灌浆、混凝土回填、灌浆帷幕等。

土基常用的处理方法见表 4.19，可根据水闸地基情况、结构特点和施工条件等，采用一种或多种处理方法。

表 4.19　　　土基常用处理方法

处理方法	基本作用	适用范围	说　明
垫层法	改善地基应力分布，减少沉降量，适当提高地基稳定性和抗渗稳定性	厚度不大的软土地基	用于深厚的软土地基时，仍有较大的沉降量
强力夯实法	增加地基承载力，减少沉降量，提高抗振动液化的能力	透水性较好的松软地基，尤其适用于稍密的碎石土或松砂地基	用于淤泥或淤泥质土地基时，需采取有效的排水措施
振动水冲法	增加地基承载力，减少沉降量，提高抗振动液化的能力	松砂、软弱的砂壤土或砂卵石地基	（1）处理后地基的均匀性和防止渗透变形的条件较差 （2）用于不排水抗剪强度小于 20kPa 的软土地基时，处理效果不显著

续表

处理方法	基本作用	适用范围	说　明
桩基础	增加地基承载力，减少沉降量，提高抗滑稳定性	较深厚的松软地基，尤其适用于上部为松软土层、下部为硬土层的地基	(1) 桩尖未嵌入硬土层的摩擦桩，仍有一定的沉降量 (2) 用于松砂、砂壤土地基时，应注意渗透变形问题
沉井基础	除与桩基础作用相同外，对防止地基渗透变形有利	适用于上部为软土层或粉细砂层、下部为硬土层或岩层的地基	不宜用于上部夹有蛮石、树根等杂物的松软地基或下部为顶面倾斜度较大的岩基

注　深层搅拌法、高压喷射法等其他处理方法，经论证后也可采用。

对于地基中的液化土层，可采用挖除置换、强力夯实、振动水冲、板桩（连续墙）围封或沉井基础等常用处理方法。当采用板桩（连续墙）围封或沉井基础处理时，桩（墙、井壁）体必须嵌入非液化土层。

随着科学技术的发展，逐渐出现的一些新的地基处理方法，如深层搅拌法、高压喷射法、硅化法和电渗法等，虽然设计或施工技术还不成熟、造价高，没有在实际工程中全面推广使用，但在一定条件下经过论证也可采用。

任务4.7　闸室结构计算

水闸闸室各组成部分的结构型式和尺寸，在闸室布置时已经初步确定，但在自重及其他荷载作用下是否安全合理，应通过结构计算来验证，以便最后确定各构件的型式、尺寸及构造。由于闸室为空间结构，受力情况比较复杂，一般将其分为几个部分（如底板、闸墩、胸墙、工作桥、交通桥等）单独分析，并考虑它们之间的相互作用。这里主要介绍闸墩和底板。

4.7.1　底板

闸室底板是整个闸室结构的基础，是全面（部）支承在地基上的一块受力条件复杂的弹性基础板。其应力分布状况属空间结构问题，在实际工程中，为计算简便，近似地将其简化成平面问题，采用“截板成梁”的方法进行计算，即沿垂直水流方向截取单位宽度的板条作为（按）梁来进行计算。由于闸门前后水重相差悬殊，底板所受荷载不同，常以闸门为界，分别在闸门上下游段的中间处截取单宽板条及墩条。

水闸闸室底板的应力分析（与计算）按照不同的地基情况可以采用不同的计算方法。对于相对密度不大于0.50的砂土地基，可采用反力直线分布法；对于黏性土地基或相对密度大于0.50的砂土地基，可采用弹性地基梁法。对小型水闸，常采用倒置梁法计算。岩基上水闸闸室底板的应力分析可按基床系数法计算。

1. *倒置梁法*

该法假定地基反力在顺水流方向直线分布，在垂直水流方向均匀分布，如图4.44(a)、(b) 所示。计算时先用偏心受压公式求出顺水流方向的地基反力（与基底压力大小相等、方向相反），然后在闸门上游和下游的底板上各取单宽板条，作为倒置在闸墩和边

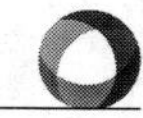

墩上的梁来计算，梁上的计算荷载为

$$q=\text{地基反力}+\text{扬压力}-\text{板自重}-\text{板上水重}$$

最后按图 4.44（c）所示计算图，用结构力学方法计算连续梁的内力，再进行配筋计算。

倒置梁法计算简便，但由于没有考虑底板与地基的变形协调条件，假定垂直水流向的地基反力均匀分布与实际不符，因此内力计算成果与实际出入较大，求出的支座反力与实际的垂直荷载也不相等。故该法只在小型水闸设计中采用。

2. 弹性地基梁法

该法认为底板和地基都是弹性体，由于两者紧密接触，故变形是相等的，地基反力在垂直水流方向按曲线形（或弹性）分布。同时梁在荷载及地基反力作用下仍然保持平衡。根据变形协调和静力平衡条件，确定地基反力和梁的内力，并且还计及底板范围以外的边荷载对梁的影响。由于底板受闸墩的影响，沿顺水流向的刚度较大，故假定这一方向地基反力呈直线变化。

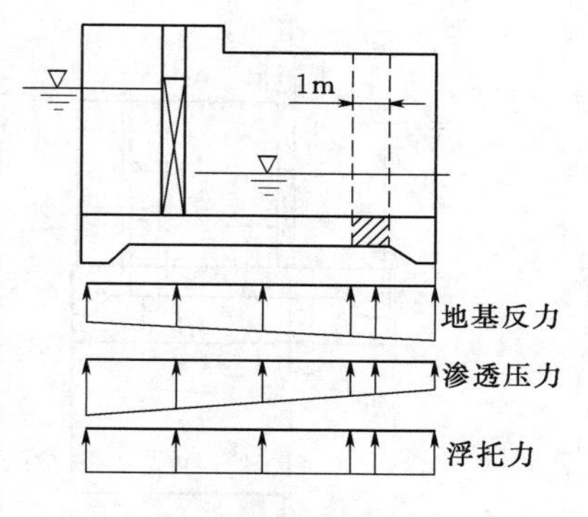

(a) 顺水流方向地基反力分布

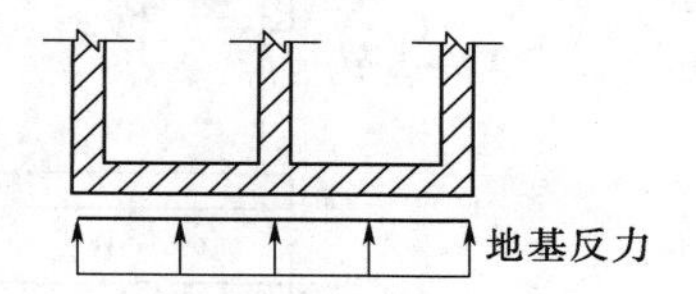

(b) 垂直水流方向地基反力分布

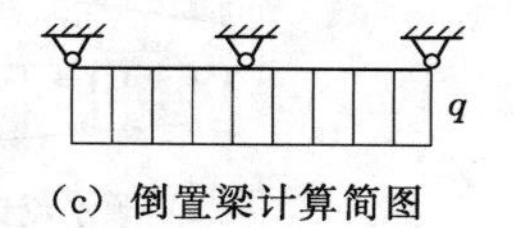

(c) 倒置梁计算简图

图 4.44 倒置梁法计算示意图

当采用弹性地基梁法分析水闸闸室底板应力时，应考虑可压缩土层厚度 T 与弹性地基梁半长 $L/2$ 之比值的影响。当比值 $2T/L<0.25$ 时，边荷载的影响甚微，可按基床系数法（文克尔假定）计算；当 $2T/L>2.0$ 时，可按半无限深的弹性地基梁法计算；当 $2T/L=0.25\sim2.0$ 时，可按有限深的弹性地基梁法计算。

采用弹性地基梁法计算底板内力的步骤如下：

1）计算闸底板顺水流向的地基反力。用求基底压力的方法和公式计算闸底的地基反力，计算时应以底板底面为基面，但仍可计入上下游齿墙的重力。

2）计算单宽板条上的不平衡剪力。闸墩及上部结构的荷载在顺水流方向的分布是不均匀的，特别是闸门前后水压力相差悬殊，而地基反力是连续变化的，因此板条上的铅直荷载是不平衡的。计算时通常以闸门上游面或胸墙与闸门的结合面为界，将底板分为上下游两段脱离体，如图 4.45（a）所示。截面Ⅰ—Ⅰ上必然产生剪力 Q 来维持脱离体的平衡，该剪力就称为不平衡剪力。取Ⅰ—Ⅰ截面以右（下游）为脱离体，作用在脱离体上的荷载还有底板自重 $W_{底}^{下}$、水重 $W_{水}^{下}$、中墩及缝墩重 $W_{墩}^{下}$，桥及闸门自重 $W_{桥}^{下}$、$W_{门}^{下}$。在底板的底面有扬压力 $W_{扬}^{下}$ 及地基反力 $W_{反}^{下}$。假定不平衡力 $Q_{下}$ 的方向向下，根据平衡条件有

$$Q_{下}+W_{墩}^{下}+W_{桥}^{下}+W_{底}^{下}+W_{水}^{下}-W_{扬}^{下}-W_{反}^{下}+W_{门}^{下}=0$$

即

$$Q_{下}=-\sum W^{下} \tag{4.48}$$

同理，取Ⅰ—Ⅰ截面以左（上游）为脱离体，可得

$$Q_{上}=-\sum W^{上} \text{ 且 } Q_{上}=-Q_{下}$$

3）不平衡剪力 Q 的分配。上述不平衡剪力应由闸墩和底板共同承担，二者各分配多

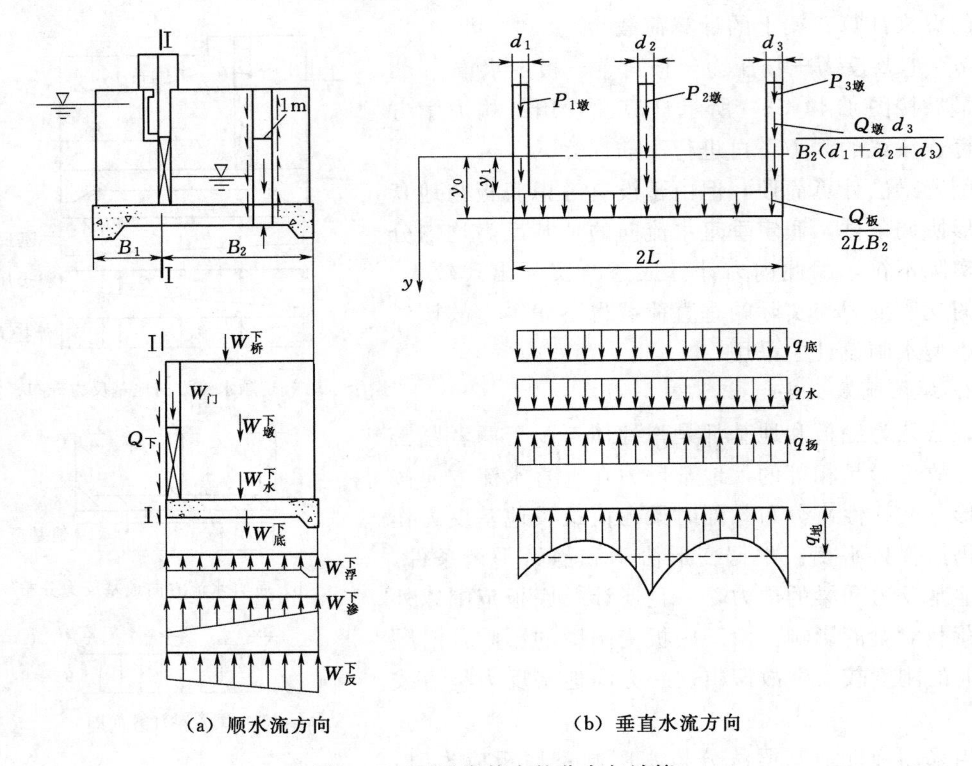

(a) 顺水流方向　　(b) 垂直水流方向

图 4.45 不平衡剪力的分布与计算

少，可根据剪应力分布图面积按比例确定。绘制剪力分布图时，假定闸墩和底板在顺水流方向为一组合截面梁，其截面上的剪力分布近似地用下列材料力学公式计算，即

$$\begin{cases}\tau_y=\dfrac{QS}{bI}\\[2ex] b\tau_y=\dfrac{QS}{I}\end{cases}\tag{4.49}$$

式中 I——截面惯性矩，m^4；

S——计算截面以下的面积对全截面形心轴的面积矩，m^3；

b——计算截面宽度，（底板部分 $b=2L$，底板以上 b 等于各墩的厚度之和），m；

τ_y——距截面形心轴 y 处某点的剪应力，kN/m^2；

$b\tau_y$——距形心轴 y 处整个宽度 b 上的剪力，kN/m。

当截面比较简单时，如图 4.45（a）、（b）所示。可用下列积分法求得闸墩和底板所承担的不平衡剪力 $Q_{墩}$ 和 $Q_{板}$，即

$$Q_{板}=\int_{y_1}^{y_0}\tau 2L\mathrm{d}y=\frac{Q}{I}\int_{y_1}^{y_0}2(y_0-y)L\left(y+\frac{y_0-y}{2}\right)\mathrm{d}y=\frac{QL}{I}\left(\frac{2}{3}y_0^3-y_0^2y_1+\frac{1}{3}y_1^3\right)\tag{4.50}$$

$$Q_{墩}=Q-Q_{板}$$

根据工程经验，一般底板承担的不平衡剪力为 10%～15%，闸墩分担的为 85%～90%。

式（4.50）求出的$Q_{板}$可均匀分配于单宽板条上，并认为沿板条垂直水流方向是均匀分布的，故分配于单宽板条的不平衡剪力强度为$\pm Q_{板}/[2LB_1(或B_2)]$。

同样，各个闸墩每米长度（顺水流方向）上的不平衡剪力（集中力）为$\pm Q_{墩}d_i/[B_1(或B_2)\sum d_i]$（$d_i$为某一闸墩的厚度，$\sum d_i$为所有闸墩厚度的总和）。

4）单宽板条上的荷载计算。

（1）由闸墩传来的集中荷载为

$$P_i=P_{i墩}\pm\frac{Q_{墩}d_i}{B_1(或B_2)\sum d_i} \tag{4.51}$$

式中　$P_{i墩}$——顺水流向单位长度某闸墩的重力（包括上部结构的重量，运用期还应扣除计算均布荷载时多算了的水的重力）。

（2）作用于底板上的均布荷载为

$$q=q_{底}+q_{水}-q_{扬}\pm\frac{Q_{板}}{B_1(或B_2)2L} \tag{4.52}$$

式中　$q_{扬}$，$q_{底}$，$q_{水}$——单宽板条上的扬压力、底板自重及水重强度。

不论是黏性土地基还是砂性土地基，都可以不考虑底板自重对其应力的影响。但当不计底板自重致使作用在基底面上的均布荷载为负值时，则仍应计及底板自重的影响，计及的百分数以使作用在基底面上的均布荷载值等于零为限度确定。

5）确定边荷载。边荷载是指计算闸段的底板两侧的闸室或边闸墩（岸墙）以及墩（墙）后回填土作用于地基上的荷载，如图4.46所示。由于边荷载对底板应力的影响较复杂，主要与地基土质、边荷载大小以及边荷载施加程序等因素有关，在工程设计中只能作一些原则性的考虑。

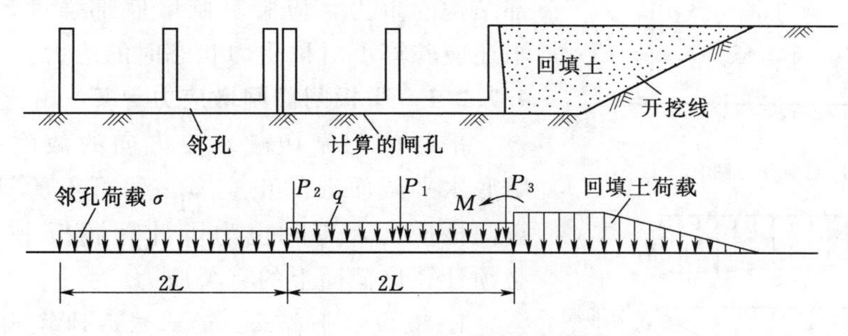

图4.46　边荷载的确定

《水闸设计规范》（SL 265—2016）规定，当边荷载使底板内力增加时，全部计及其影响；当边荷载使底板内力减少时，黏性土地基不考虑其影响，砂性土地基仅考虑50%。无须考虑边荷载是在计算闸段底板浇筑之前还是之后施加的问题。

岩基上闸底板可按弹性地基梁法中的基床系数法计算。

6）底板内力计算及配筋。根据$2T/L$判别所需采用的计算方法，然后利用已编制好的数表计算地基反力和梁的内力，进而验算强度并进行配筋。

由上述可知，底板可不配置横向钢筋，则面层、底层采用分离式配筋方式，如图4.47所示。受力钢筋直径一般为ϕ12～25mm，间距不超过300mm。构造钢筋直径一般为ϕ10～12mm。底板底层如计算不需配筋，施工质量有保证时可不配置。面层若根据计算不需配筋，每米可配 3～4 根构造钢筋。垂直于受力钢筋方向配置，配置直径为 ϕ10～12mm 的分布钢筋，间距为 200～400mm。受力钢筋在中墩处不切断，相邻两跨直通至边墩或缝墩外侧处切断，并留保护层。构造筋伸入墩下 30 倍直径。

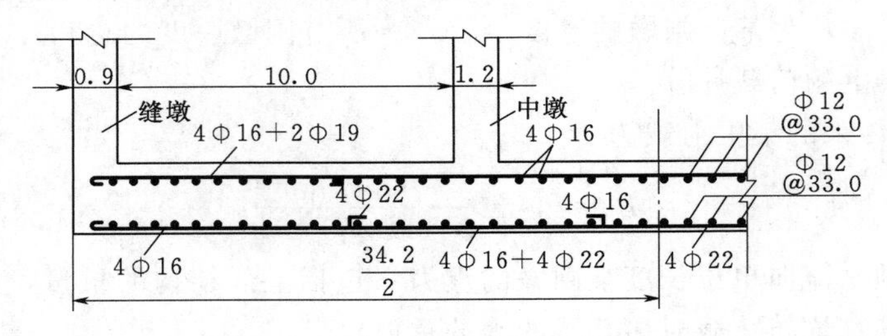

图 4.47　底板的钢筋配置图实例

（长度：m；钢筋直径：mm；钢筋间距：mm）

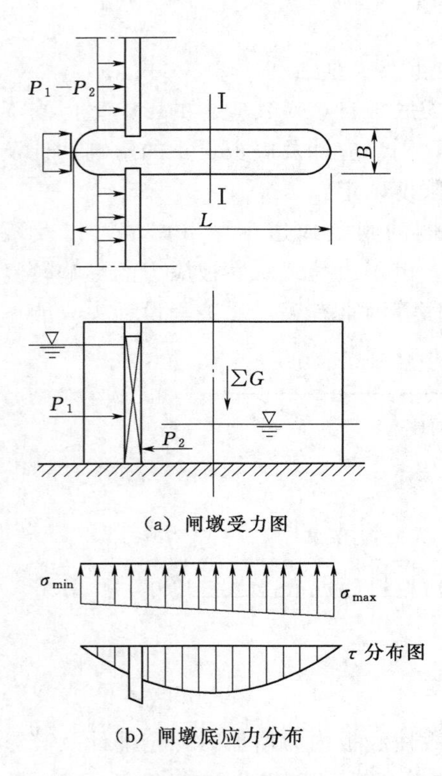

图 4.48　墩底运用期应力计算

4.7.2　闸墩结构计算

闸墩的计算情况有：①运用期，两边闸门都关闭时，闸墩承受最大水头时的水压力（包括闸门传来的水压力）、墩自重及上部结构重量，此时，对平面闸门闸墩应验算墩底应力和门槽应力，弧形闸门闸墩除验算墩底应力以外，还须验算牛腿强度及牛腿附近闸墩的拉应力；②检修期，一孔检修而邻孔过水或关闭时，闸墩承受侧向水压力、闸墩及其上部结构的重力，应验算闸墩底部强度，弧形闸门闸墩还应验算不对称受力状态时的应力。

4.7.2.1　平板闸门闸墩应力计算

平板闸门闸墩顺水流方向的截面惯性矩较大，墩底水平截面上的正应力一般可不验算，但为了计算门槽应力，有时也为了计算底板上荷载的需要，必须计算该截面上的有关应力。

1. 墩底水平截面上的正应力计算

运用期应力计算如图 4.48 所示，闸门关闭，闸墩承受上下游最大水头差的水压力，对墩底应力最不利，可将其视为固结于闸底板上的悬臂结构，按偏心受压公式计算应力，即

$$\sigma_{\substack{max\\min}}=\frac{\sum W}{A}\pm\frac{\sum M}{I_{\mathrm{I}}}\frac{L}{2} \tag{4.53}$$

式中　$\sigma_{\substack{max\\min}}$——墩底正应力的最大值和最小值，kPa；

$\sum W$——作用在闸墩上全部垂直力（包括自重）之和，kN；

A——墩底水平截面面积，m^2；

$\sum M$——作用在闸墩上的全部荷载对墩底水平截面中心轴（近似地作为形心轴）

Ⅰ—Ⅰ的力矩之和，kN·m；

L——墩底长度，m；

I_{I}——墩底截面对Ⅰ—Ⅰ轴的惯性矩，近似地取为 $I_{\mathrm{I}}=B(0.98L)^3/12$，$\mathrm{m}^4$；

B——墩厚，m。

2. 墩底水平截面上的剪应力计算

剪应力 τ 按式（4.54）计算，即

$$\tau=\frac{QS_{\mathrm{I}}}{I_{\mathrm{I}}b} \tag{4.54}$$

式中　Q——作用在墩底水平截面上的剪力，kN；

S_{I}——剪应力计算截面处以外的各部分面积对Ⅰ—Ⅰ轴的面积矩之和，m^3；

b——剪应力计算截面处的墩宽，m。

3. 墩底水平截面上的横向正应力计算

检修期应力计算荷载如图4.49所示，是横向计算的最不利条件，其横向正应力按式（4.55）计算，即

$$\sigma_{\substack{\max\\\min}}=\frac{\sum W}{A}\pm\frac{\sum M}{I_{\mathrm{II}}}\frac{B}{2} \tag{4.55}$$

式中　$\sum M$——横向水压力对墩底水平截面中心轴Ⅱ—Ⅱ的力矩之和，kN·m；

I_{II}——墩底截面对Ⅱ—Ⅱ轴的惯性矩，m^4。

4. 边墩、缝墩墩底主拉应力计算

当边墩和缝墩闸孔闸门关闭承受最大水头时，边墩和缝墩受力不对称，如图4.50所示，墩底受纵向剪力和扭矩的共同作用，可能产生较大的主拉应力。半扇闸门传来的水压力 P 不通过缝墩底面形心，产生的扭矩为 $M_n=Pb_1$，其中 b_1 为 P 至形心轴Ⅲ—Ⅲ的距离。扭矩 M_n 在 A 点（1/2墩长的边界处）产生的剪应力近似值为

$$\tau_1=\frac{M_n}{0.4B^2L} \tag{4.56}$$

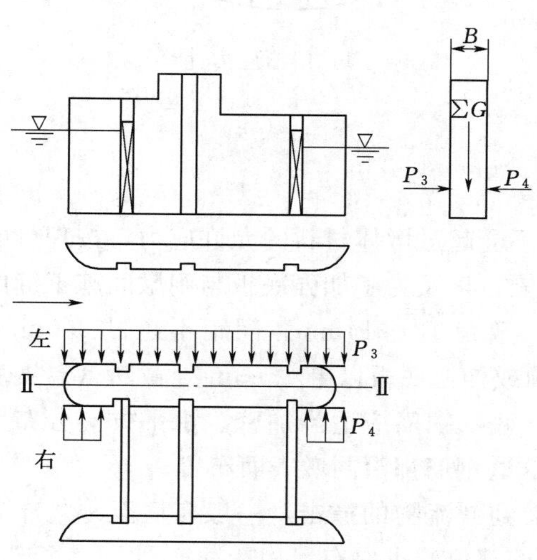

图4.49　墩底检修期应力计算

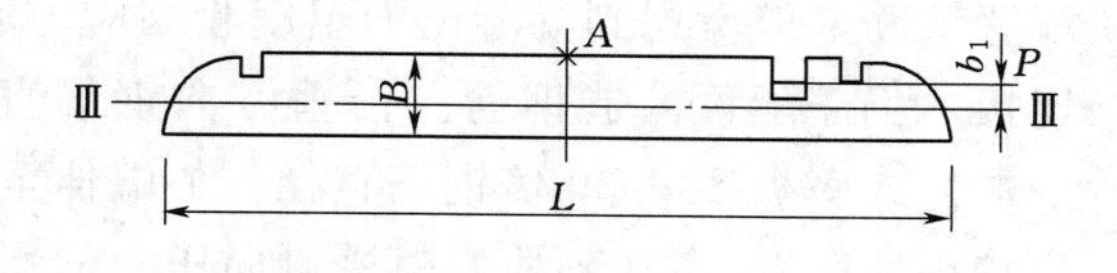

图4.50　边墩、缝墩应力计算

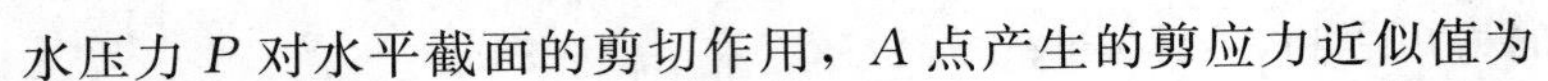

水压力 P 对水平截面的剪切作用，A 点产生的剪应力近似值为

$$\tau_2=\frac{3}{2}\frac{p}{BL} \tag{4.57}$$

A 点的主拉应力 σ_{zl} 为

$$\sigma_{zl}=\frac{\sigma}{2}+\frac{1}{2}\sqrt{\sigma^2+4(\tau_1+\tau_2)^2} \tag{4.58}$$

式中　σ——边墩或缝墩在 A 点的正应力（以压应力为负）。

σ_{zl} 不得大于混凝土的允许拉应力；否则应配受力钢筋。

5. 门槽应力计算

门槽颈部因受闸门传来的水压力而可能受拉，应进行强度计算，以确定配筋量。计算时在门槽处截取脱离体（取下游段或上游段底板以上闸墩均可），如图 4.51 所示。将闸墩及其上部结构重量、水压力及闸墩底面以上的正应力和剪应力等作为外荷载施加在脱离体上。根据平衡条件，求出作用于门槽截面 BE 中心的力 T_0 及力矩 M_0，然后按偏心受压公式求出门槽应力 σ，即

$$\sigma=\frac{T_0}{A}\pm\frac{M_0\dfrac{h}{2}}{I} \tag{4.59}$$

式中　T_0——脱离体上水平作用力的总和；

A——门槽截面面积，$A=b'h$；

M_0——脱离体上所有荷载对门槽截面中心 O' 的力矩之和；

I——门槽截面对中心轴的惯性矩，$I=b'h^3/12$；

b'，h——门槽截面宽度和高度。

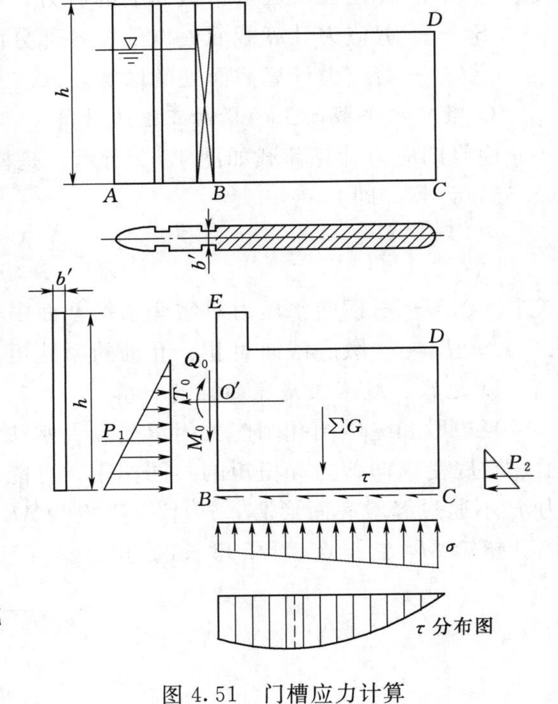

图 4.51　门槽应力计算

6. 闸墩配筋

（1）闸墩配筋。闸墩的内部应力不大，一般不会超过墩体材料的允许应力，按理可不配置钢筋，但考虑到混凝土的温度收缩应力的影响，以及为了加强底板与闸墩间施工缝的连接，仍需配置构造钢筋。铅垂方向钢筋直径一般为 10～14mm，间距不超过 300mm。下端伸入底板 25～30 倍钢筋直径，上端伸至墩顶或伸至底板以上 2～3m 处截断（温度变化较小地区）；考虑到检修时受侧向压力的影响，底部钢筋应适当加密。水平方向分布钢筋直径一般为 8～12mm，间距不超过 300mm。这些钢筋都沿闸墩表面布置。

闸墩的上下游端部（特别是上游端），容易受到漂流物的撞击，一般自底至顶均布置构造钢筋，呈网状分布。闸墩墩顶支承上部桥梁的部位，也要布置构造钢筋网。

（2）门槽配筋。一般情况下，门槽顶部为压应力，底部为拉应力。若拉应力超过混凝

土的允许拉应力时，则按全部拉应力由钢筋承担的原则进行配筋；否则配置构造钢筋。布置在门槽两侧，呈水平排列，直径较之墩面水平分布钢筋适当加大，间距不超过300mm，如图4.52所示。

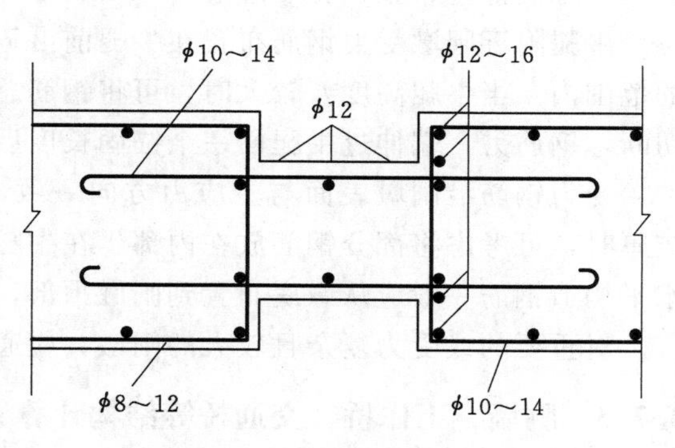

图4.52 闸墩、门槽配筋

4.7.2.2 弧形闸门闸墩应力计算

弧形闸门通过牛腿支承在闸墩上，牛腿一般布置在闸门下游最高水位以上，其轴线应尽量与闸门关闭时门轴传来的水压力方向一致。牛腿宽度 b_1 一般不小于0.5～0.7m，高度 $h \geqslant 0.8 \sim 1.0$m，并在其另一端做成45°的斜坡。闸门门轴传来的水压力 R 可分解为法向力 N 和切向力 T，如图4.53(a)所示。将牛腿看作一短悬臂梁，分力 N 对牛腿引起弯矩和剪力，分力 T 使牛腿产生剪力和扭矩，从而可计算出牛腿的受力钢筋，如图4.53(b)所示，并可对牛腿与闸墩连接处的面积进行抗裂验算。

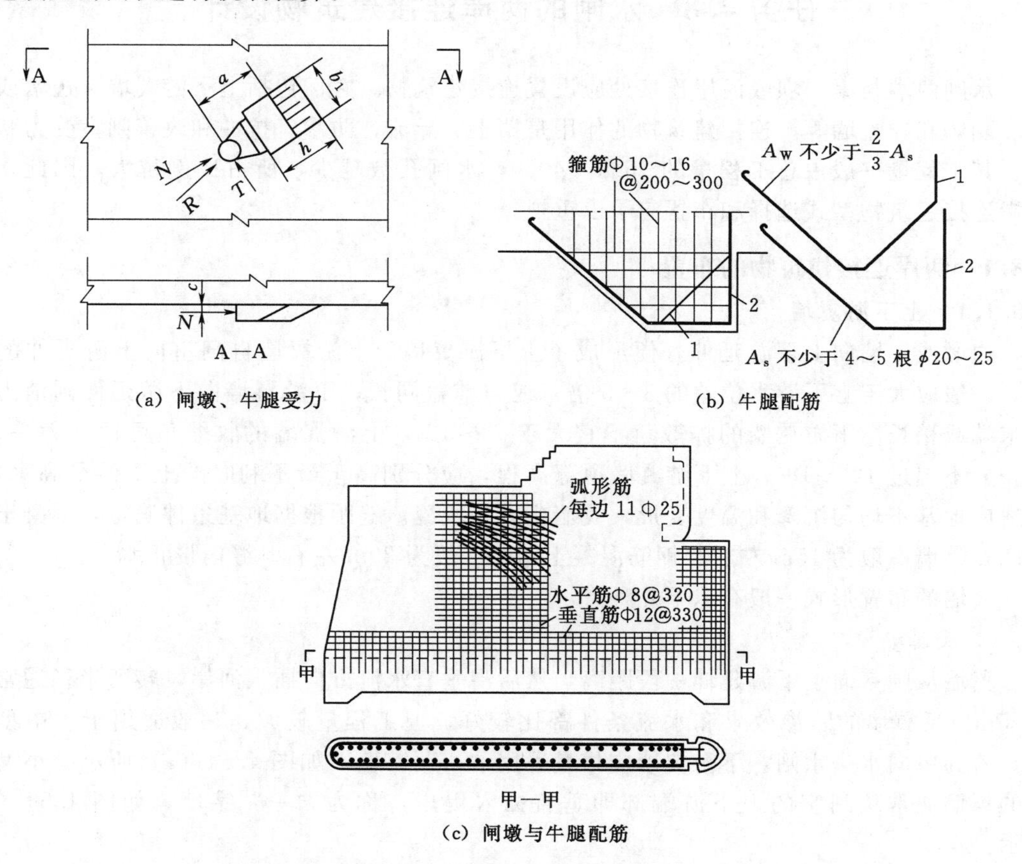

图4.53 弧形闸门闸墩牛腿的受力与配筋

牛腿受弯钢筋，直径一般采用20～25mm，间距不超过200mm。弯起钢筋按构造要求布置，面积应不少于受弯钢筋的2/3，并不少于3根，布置在靠门一边牛腿上半部。箍筋两个方向都应布置，直径采用10～16mm，间距200～300mm。

牛腿附近闸墩受力钢筋布置在牛腿前沿宽约$2b$、长$(2～2.5)h$（墩厚较小时取大值）的范围内。当牛腿高度h较大时，可将钢筋总面积的1/4～1/3的钢筋在牛腿底面$1.0h$处切断，钢筋另一端伸过牛腿面一个锚固长度后即可切断。

受力钢筋沿闸墩表面与主应力方向一致，即大致平行于N，并作辐射形布置。闸墩较厚时，可考虑将部分钢筋放在内部。在牛腿附近受力钢筋布置范围内，闸墩中的垂直和水平构造钢筋一般应从墩底布置到闸墩顶部，如图4.53（c）所示。

对重要的或受力复杂且较大的闸墩，应通过专门的试验确定钢筋的布置。

4.7.3　胸墙、工作桥、交通桥等结构计算

胸墙、工作桥、交通桥等部分的结构计算根据支承和结构情况按板或板梁系统进行结构计算。

任务4.8　水闸的两岸连接建筑物设计

水闸两端与堤、坝或河岸连接处应设置连接建筑物。它们包括上下游翼墙、边墩或岸墙、刺墙和导流墙等。连接建筑物的作用是挡土、导流、防渗、抗冲和改善闸室受力状况等。其工程量一般占总工程量的15%～40%，水闸孔数越少，所占比例越大。因此，对两岸连接建筑物型式选择和布置应予以重视。

4.8.1　两岸连接建筑物的布置

4.8.1.1　上下游翼墙

边墩或岸墙向上下游延伸，便形成了上下游翼墙。上游翼墙自闸室向上游延伸的距离，一般应大于上下游水位差的3～5倍，或与铺盖同长；下游翼墙向下游延伸到消力池的末端或稍长。下游翼墙的扩散角不宜大于7°～12°，上游翼墙的收缩角可适当大一些，但一般不超过12°～18°。上下游翼墙顶部高程，应分别高于最不利时的上下游最高水位。为适应地基不均匀沉降和温度变形，翼墙应设分段缝。缝距根据地基条件确定，混凝土及浆砌石翼墙一般为15m左右，钢筋混凝土结构一般为20m左右。缝内设止水。

翼墙的布置形式一般有以下几种。

1. 反翼墙

翼墙从闸室向上下游延伸一段距离，然后沿垂直水流方向插入河岸，转弯半径通常为2～5m。反翼墙的防渗效果和水流条件都比较好，但工程量较大，一般适用于大中型水闸。若为单向水头水闸，下游翼墙应尽量采用“八”字墙，如图4.54（a）所示。小型水闸的翼墙通常从闸室的上下游端部即垂直插入堤岸，称为“一”字墙，如图4.54（b）所示。

2. 扭曲面翼墙

翼墙迎水面是由与闸墩连接处的铅直面，向上下游延伸的同时而逐渐变为倾斜面，分

别与上下游河岸（或渠道）的护坡相同，如图4.54（c）所示。翼墙在闸室端为重力式挡土墙断面，另一端为护坡形式。这种布置形式的水流条件好且工程量小，但施工较为复杂，墙后填土质量不好时墙身易产生裂缝。这种布置形式在渠系工程中应用最广。

3. 斜降翼墙

翼墙在平面上布置成“八”字形，随着翼墙向上下游延伸，其高度逐渐降低，最后与河底齐平，如图4.54（d）所示。这种布置形式工程量省，施工简单，但防渗条件差，泄流时闸孔附近易产生立轴漩涡，冲刷两侧岸坡，一般用于较小水头的小型水闸。

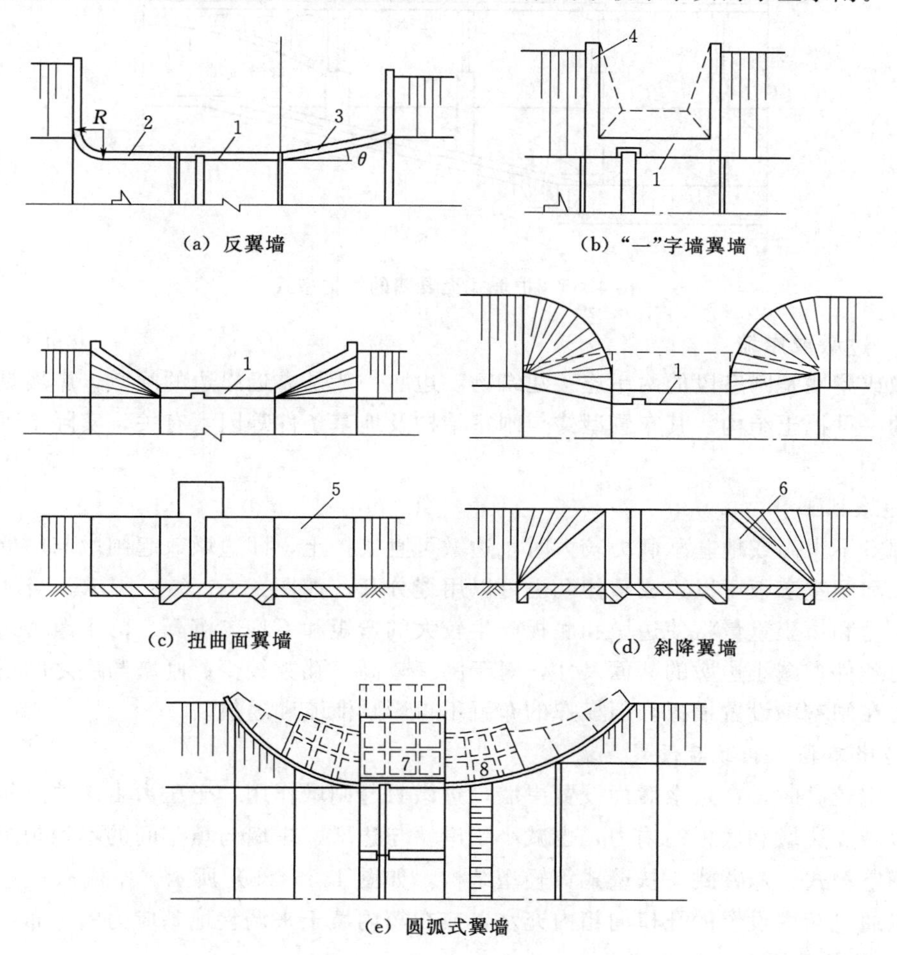

图4.54　翼墙的布置形式

1—边墩；2—反翼墙；3—“八”字墙；4—“一”字墙；5—扭曲面；6—斜降墙；7—空心岸墙；8—空心翼墙

4. 圆弧式翼墙

该布置形式是从边墩开始，向上下游用圆弧形的铅直翼墙与河岸连接。上游圆弧半径为15～30m，下游圆弧半径为35～40m，如图4.54（e）所示。翼墙横断面多采用扶臂式、空箱式或连拱空箱式结构。这种布置的优点是水流条件好；但模板用量大，施工复杂。适用于上下游水位差及单宽流量较大、闸身较高、地基承载力较低的大中型水闸。

5. 护坡式

在治理海河工程中，很多水闸采用了护坡式无翼墙的结构型式，如图 4.55 所示。这种结构的特点是边墩不直接挡土，既不设岸墙也不设翼墙，而是在两岸设置倾斜的河岸护坡，用引桥与两岸相连，在岸坡段引桥墩间设固定闸门挡水。适用于闸身较高且地基条件较差的水闸工程。缺点是防渗、防冲及防冻条件差。

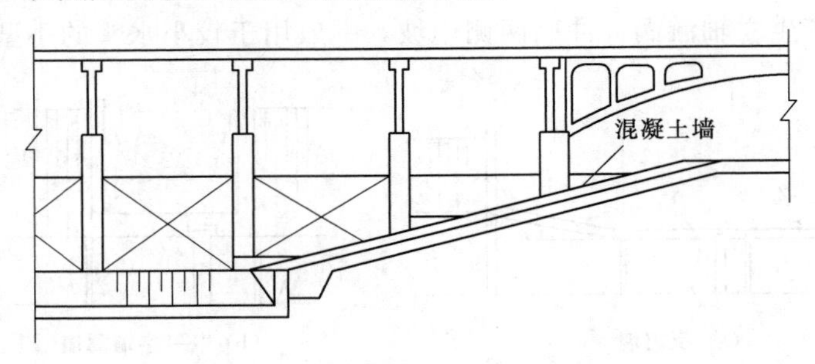

图 4.55 护坡式无翼墙的结构型式

4.8.1.2 边墩或岸墙

边墩或岸墙是闸室段的两岸连接建筑物，边墩一般是靠近岸边的闸墩，岸墙是设在边墩后面的一种挡土结构。其布置型式与闸室结构及地基条件等因素有关，实际工程中通常有以下几种。

1. 边墩挡土

当闸室不太高或地基承载力较大时，边墩可直接挡土，即边墩兼起闸墩与岸墙双重作用。边墩和闸室底板可以连成整体，也可以用缝分开，如图 4.56 (a) 所示。当闸室较高时，土压力和填土重量将使边墩和底板产生较大的弯矩和不均匀沉降。为了改善边墩和底板的受力条件，减小边墩的断面尺寸，对于闸室较高、孔数较少、闸墩与底之间不分缝的水闸，可在闸室中设置横撑，但横撑的布置不得影响泄流和通航。

2. 边墩不挡土、墩后设置岸墙

当闸室较高时，在边墩后面设置岸墙，边墩只起闸墩作用，土压力由岸墙承担。这种布置可以减少边墩和底板的内力，也减小了岸墙与边墩、岸墙与填土间的不均匀沉降。岸墙常采用空箱式、悬臂式、扶壁式等轻型结构，如图 4.56 (b) 所示。空箱式或连拱式岸墙还可以通过箱内设置的孔口向箱内充水，或在箱内填土来调整地基应力的分布。

3. 边墩部分挡土、刺墙挡水

当填土较高且地基较差时，常在边墩的后面设置垂直于边墩的挡水刺墙，如图 4.56 (c) 所示。墩后填土至一定高度后，留一平台浇筑刺墙底板，然后砌筑墙身。挡水刺墙底板可分段成台阶状，筑墙至顶；或将挡水刺墙底板做成缓斜坡，再筑墙至顶。这种型式的边墩只起到部分挡土的作用。前者可插入两岸一定深度，还能满足绕流防渗要求；后者防渗作用不够理想。刺墙可采用悬臂式、扶壁式等型式。墙的上下游应采取必要的防渗设施，并与闸基防渗设备连接成整体。

这种布置型式可以有效地控制两岸地基应力分布情况，使闸室边孔受力状态得到改

善，但需要增加交通桥的长度。

上述挡水刺墙实质上是一种固定的钢筋混凝土闸门。如将刺墙改为活动闸门，则过水边孔即成为阶梯式或斜升式，如图 4.56（d）所示。前者采用平底闸门，后者为斜底闸门且泄流条件较好。

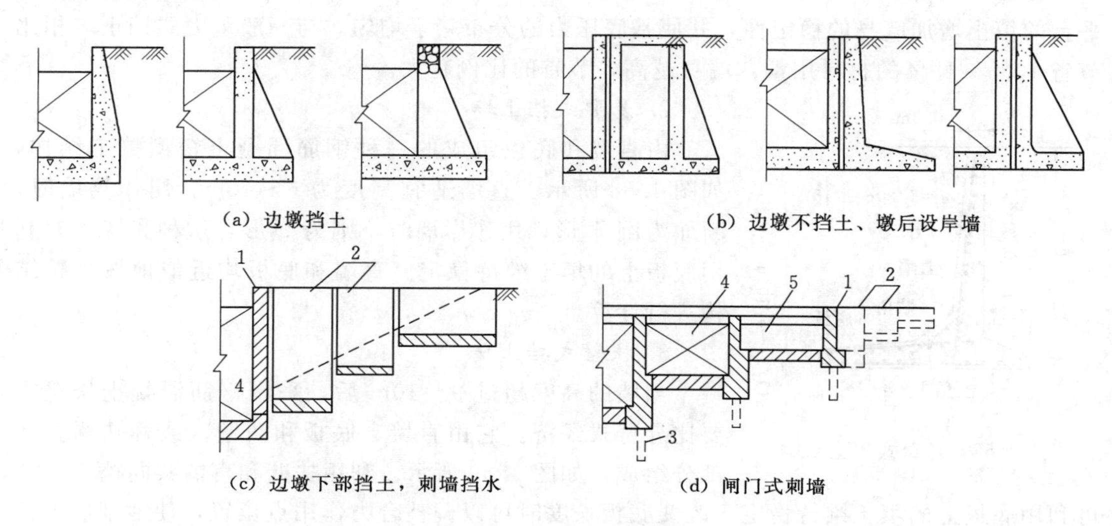

（a）边墩挡土　（b）边墩不挡土、墩后设岸墙

（c）边墩下部挡土，刺墙挡水　（d）闸门式刺墙

图 4.56　两岸连接建筑物

1—边墩；2—挡水刺墙；3—灌注桩；4—闸门；5—固定闸门

4.8.2　两岸连接建筑物的结构型式与特点

两岸连接建筑物的受力状态和结构型式与挡土墙相似，常用的有重力式、悬臂式、扶壁式和空箱式等几种型式。

1. 重力式挡土墙

重力式挡土墙依靠自身重力维持稳定，常用混凝土和浆砌石建造。对于需做成扭曲面或其他曲线型式的翼墙，采用该形式比较方便。重力式挡土墙断面尺寸大，材料用量多，建在土基上时其墙高一般不宜超过 5～6m，顶宽一般取 0.4～0.8m。边坡系数 m 为 0.25～0.50。底板常用混凝土浇筑，如图 4.57（a）所示，厚为 0.4～0.8m，两端悬出 0.3～

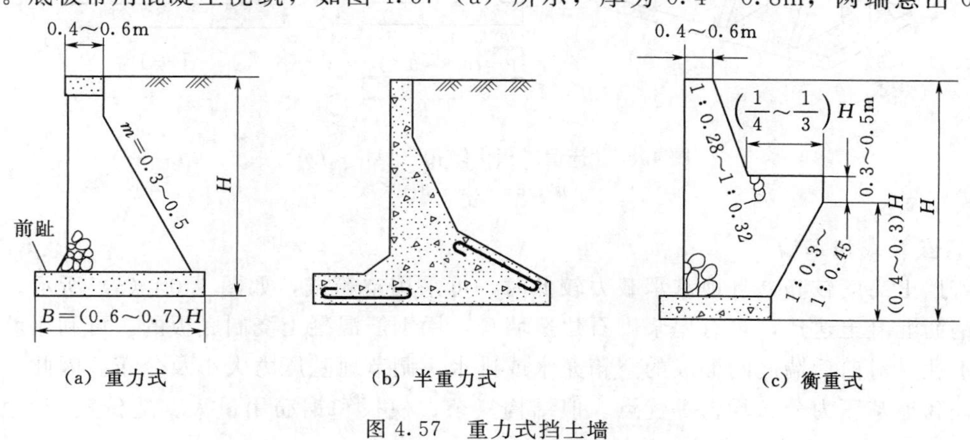

（a）重力式　（b）半重力式　（c）衡重式

图 4.57　重力式挡土墙

0.5m，前趾按悬臂梁计算，常需配置钢筋。墙身较高时可做成半重力式挡土墙，如图4.57（b）所示，用混凝土建造，墙身断面尺寸较小，一般将其前趾外伸，使合力作用点落在底板三分点内。必要时设置少量的钢筋。

在土质均匀、较坚硬的地基上可修建衡重式挡土墙，图4.57（c）所示。可利用衡重平台的填土增加墙身的稳定性，并使基底压力的分布趋于均匀。与一般重力式挡土墙相比节省10％～15％的材料用量，墙身越高，节省的比例越大。

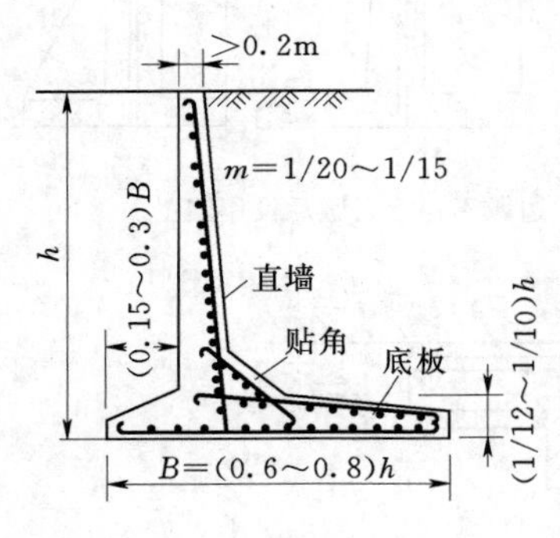

图4.58　悬臂式挡土结构

2. 悬臂式挡土墙

由直墙和底板组成的一种钢筋混凝土轻型挡土结构，如图4.58所示。直墙适宜高度为6～10m。用作翼墙时，断面为倒T形；用作岸墙时，则为L形。这种翼墙主要利用底板上的填土维持稳定。直墙和底板均近似地按悬臂结构进行计算。

3. 扶壁式挡土墙

当墙的高度超过9～10m后，采用钢筋混凝土扶壁式要比悬臂式经济。它由直墙、底板和扶壁（或称扶垛）三部分组成，如图4.59所示。利用扶壁和直墙共同挡土，并可利用底板上的填土维持稳定，改变底板长度时可以调整合力作用点位置，使地基反力趋于均匀。钢筋混凝土扶壁间距一般为3～4.5m，扶壁厚度为0.3～0.4m；底板用钢筋混凝土结构，厚度由计算确定，一般不小于0.4m；直墙顶端厚度不小于0.2m，下端由计算确定。悬臂段长度b为（1/5～1/3）B。直墙高度在6.5m以内时，直墙和扶壁可采用浆砌石结构，直墙顶厚0.4～0.6m，临土面可做成1∶0.1的坡度；扶臂间距2.5m，厚0.5～0.6m。

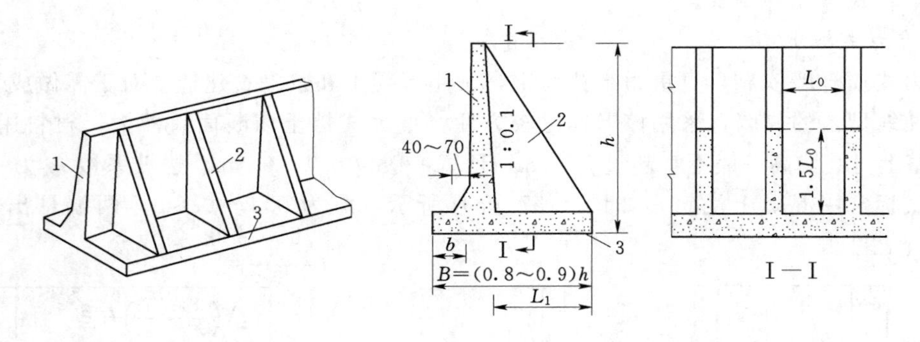

图4.59　扶壁式挡土结构（单位：cm）
1—立墙；2—扶壁；3—底板

4. 空箱式挡土墙

若挡土高度较高，且地基承载力较低时，可采用空箱式，如图4.60（a）所示。空箱多用钢筋混凝土建造，也有用浆砌石建造墙身，用钢筋混凝土浇制底板的。可利用墙身上的通水孔，对前后墙之间形成的空箱充水或排水，调节地基压力大小及分布。因此，具有重量轻和地基压力分布均匀等优点。但结构复杂、模板和钢筋用量大、造价较高。所以，

仅在某些地基松软的大型水闸中使用。

连拱空箱式由前墙、横隔墙、拱圈和底板组成，如图 4.60（b）所示。利用拱圈和隔墙承受土压力，用控制空箱内的填土高度调节基底压力和墙的抗滑稳定性。前墙和隔墙采用浆砌石结构，厚 0.5～0.7m。隔墙净跨 2～3m。底板和拱圈用混凝土建造。拱圈采用预制装配式结构，其矢跨比常取 0.2～0.3，厚度 0.1～0.15m。底板厚 0.3～0.5m，前后可做齿墙。

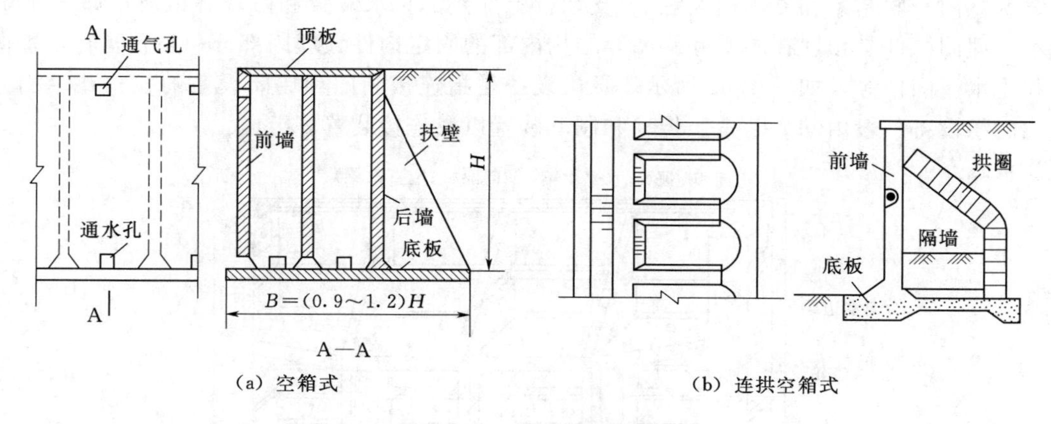

图 4.60　空箱式挡土结构

任务 4.9　闸门与启闭机

闸门是水闸的主要组成部分之一，利用它的开启和关闭可以达到控制水位和调节流量的目的。

4.9.1　闸门的类型

闸门按其工作性质分为工作闸门、事故闸门和检修闸门等；按结构型式分为平面闸门和弧形闸门等，其中平面闸门按提升方式又分为直升式和升卧式两种；按门叶的材料分为木闸门、钢闸门、钢筋混凝土闸门等；按闸门顶缘与挡水位的相对位置分为露顶式闸门和深孔闸门（潜孔闸门）。采用较多的是钢闸门，但需做好防锈蚀保护。

水闸一般只设工作闸门和检修闸门。工作闸门是水闸正常运行时使用的，又称为主闸门，能在动水中启闭。检修闸门是当工作闸门及有关设备检修时短期关闭闸孔的闸门，一般在静水中启闭。事故闸门主要用于水电站和水泵站中，当建筑物或设备出现事故时，能在动水中快速关闭孔口。

直升式平面闸门沿门槽轨道铅直方向升降，闸门工作可靠，能承受很大水压力。为降低平面闸门工作桥的高度提高抗震性能，也有使用升卧式平面闸门的。这种闸门的特点是：当闸门开启时，向上提升到一定高程后，闸门靠自重产生倾覆力矩，逐渐向下游（或上游）倾斜，当闸门全开时门体平卧于闸墩顶部。

弧形闸门是采用最为广泛的工作闸门型式。与直升式平面闸门比较，优点是：启门力小，可以封闭相当大面积的孔口；无影响水流流态的门槽，闸墩厚度较薄，机架桥的高度

较低，埋设件的数量较少。缺点是需要较长的闸墩，闸门不能提出孔口以外进行检修维护，也不能在孔口之间互换；承受的水压力集中于支铰处，使闸墩受力比较复杂。

4.9.2　平面闸门的组成

实际工程中使用较多的是平面钢闸门。平面钢闸门由活动部分（即门叶）、埋固部分和悬吊设备三部分组成。其中，门叶由承重结构［包括面板、梁格、竖向联结系或隔板、门背（纵向）联结系和支承边梁等］、支承行走部件、止水装置和吊耳等组成，如图4.61所示。埋固构件是预埋在闸墩和胸墙等结构内部的固定构件，埋固部分一般包括行走埋固件和止水埋固件等，如图4.62所示。悬吊设备是指连接闸门和启闭设备的拉杆或牵引索等。启闭设备一般由动力装置、传动和制动装置以及连接装置等组成。

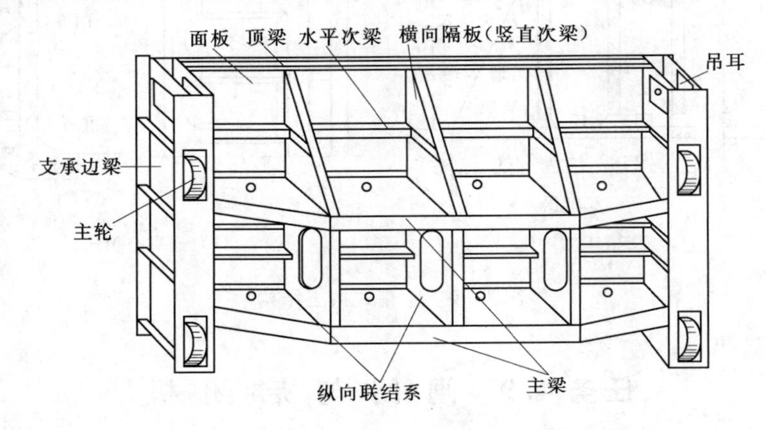

图4.61　直升式平面闸门门叶结构

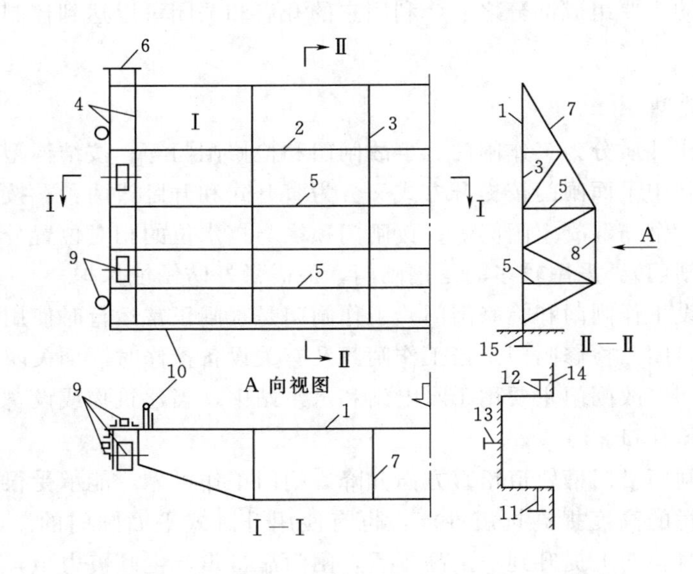

图4.62　直升式平面闸门及埋设部件结构布置示意图

1—面板；2—小横梁；3—小纵梁；4—边柱；5—主横梁；6—吊耳；7—竖向联结系；8—横向联结系；9—支承行走部件；10—止水装置；11—主轨；12—侧轨；13—反轨；14—止水导轨；15—底槛

4.9.3 弧形闸门的组成

弧形钢闸门的承重结构由弧形面板、主梁、次梁、竖向联结系或隔板、起重桁架、支臂和支铰组成，如图 4.63 所示。面板将水压力传至梁系、支臂，经由支铰传给闸墩。多数情况下闸门旋转中心与弧形面板的圆心重合，面板上所受铅垂方向水压力通常向上，与平面闸门相比可较大程度减小启门力。

露顶式弧形闸门弧面半径常取 $R=(1.1\sim1.5)H$（H 为门高），潜孔闸门 $R=(1.2\sim2.2)H$。

弧形闸门支铰应尽量布置在过流时支铰不受水流及漂浮物冲击的高程上。溢流坝上的露顶式闸门，支铰位于 $(1/2\sim3/4)H$ 附近；对于水闸可布置在 $(2/3\sim1)H$ 附近。

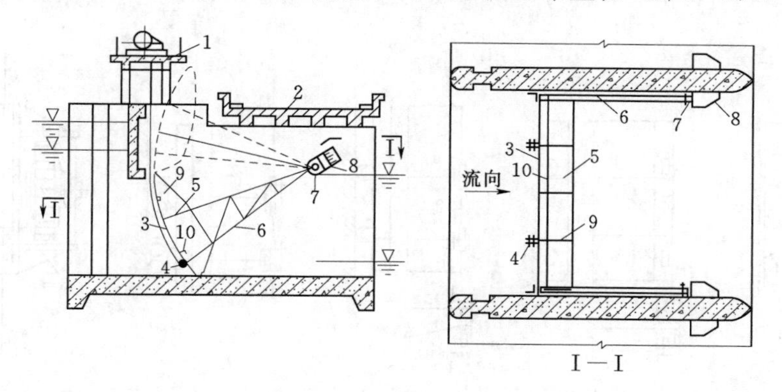

图 4.63 弧形闸门的结构组成

1—工作桥；2—公路桥；3—面板；4—吊耳；5—主梁；6—支臂；7—支铰；8—牛腿；9—竖隔板；10—水平次梁

弧形闸门根据闸孔的宽高比可布置成主横梁式或主纵梁式结构。主横梁式以水平横梁（或桁架）为主梁，适用于扁而宽的弧形闸门，如露顶式弧门；主纵梁式以支臂前的竖向纵梁为主梁，适于高而窄的弧形门，如潜孔弧门。

主横梁式弧门通常采用两根主横梁与两侧的支臂刚接，构成框架。主框架按照支臂布置分为斜支臂式、直支臂式和主横梁带双悬臂的直支臂式 3 种形式，如图 4.64 所示。斜支臂式与直支臂式比较，其优点是主横梁弯矩小，用钢量省，故常被采用；缺点是斜向支臂使侧推力加大，构造复杂，闸墩常需加厚。主横梁带双悬臂的直支臂式具有斜支臂式的优点，构造也较简单，但加设的门墩既受水流冲击又影响泄流。

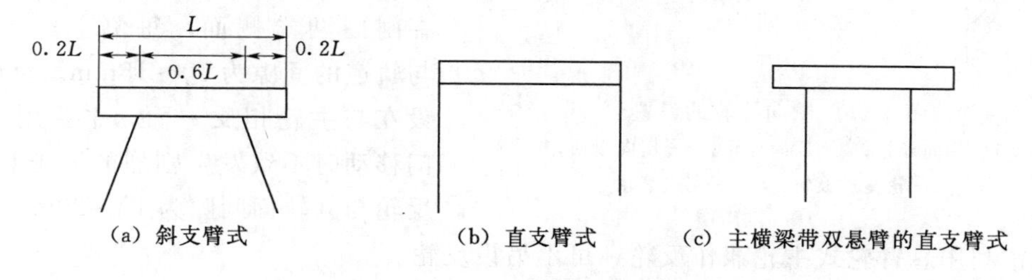

图 4.64 主框架支臂布置形式

4.9.4　闸门的行走支承和埋件

1. 平面闸门的行走支承和埋件

为保证闸门的安全运行，在闸门边梁上除设置主要行走支承外，还需设导向装置，如反轮、侧轮等辅件，以防止闸门升降时发生前后碰撞、歪斜等故障；在门槽相应部位，应安设埋件。

（1）行走支承。平面闸门支承型式应根据工作条件、荷载和跨度选定。工作闸门和事故闸门一般选用滚轮或胶木滑动支承；检修闸门和启闭力不大的工作闸门，可采用钢或铸铁等材料制造的滑动支承（图4.65），常用的滚轮（又叫定轮）支承有悬臂式、简支轮式、轮座式、台车式、滚轮支承式等。

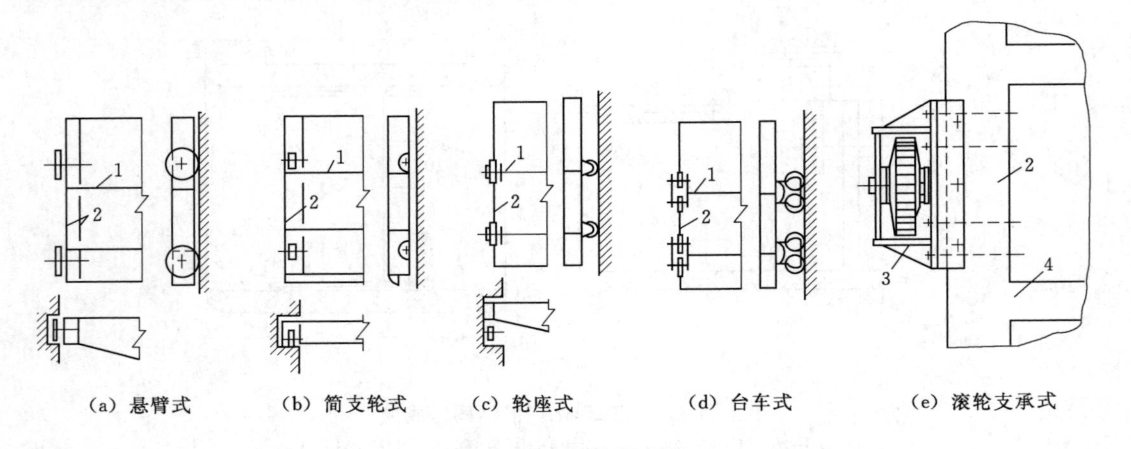

图4.65　滚轮支承型式
1—主梁；2—边柱；3—支架；4—横梁

实际工程中也有采用胶木滑道或胶木滑块等一些材料做滑动式行走支承装置的。

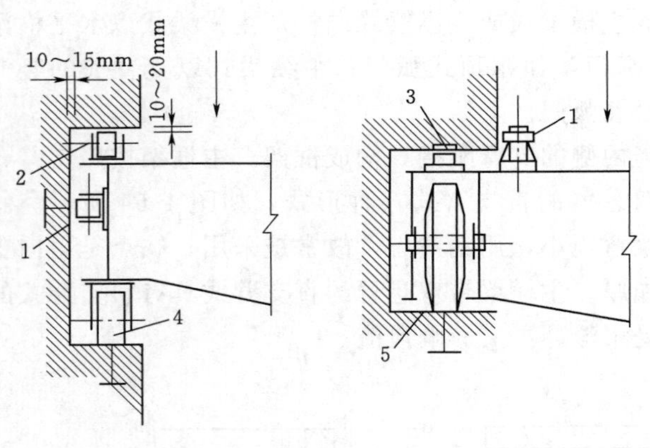

图4.66　侧向导轮的设置
1—侧向导轮；2—反向导轮；3—反向滑块；
4—轮座式滚轮；5—简支式滚轮

为了防止闸门行走支承部分脱轨，以及门叶与门槽相碰卡在槽内，保证门叶在门槽内顺利运行，需设置侧向导轮和反向导轮（或侧向、反向滑块）作导向装置，如图4.66所示。侧轮设在闸门两端侧面，每侧上、下两个，与轨道的间隙为10～15mm。反向导轮设在与主轮相反一面，主要用来使闸门移动时不致发生剧烈的撞击和振动。反轮与其轨面间隙为10～20mm。中小型闸门常利用悬臂轮式主轮兼作反轮，可不另设反轮。

（2）埋固部件。平面闸门的埋固部件有主轨、侧向及反向导轮轨道、止水座等。根据

闸孔和水头的大小，轨道用“工”字形截面钢、T形截面和扁钢等铸铁或钢材构成；护角多用角钢，止水座除大型工程用不锈钢外，中小型工程多用钢板、水磨石等。

埋固件一般用浇二期混凝土的办法安装。如能保证施工和安装质量，也可采用一期混凝土安装；有条件时也可用预制门槽安装。对于安装、调整和固定轨道用的螺栓，直径一般不宜小于16mm。对于低水头、小孔口闸门的门槽埋件，一般用预埋在一期混凝土内并伸出一定长度的钢筋固定，直径不小于12mm。

闸门底槛埋固件一般用“工”字形截面钢。在中小型露顶式闸门中，可采用水磨石面层（厚约2cm）代替底槛埋件。

2. 弧形闸门的支承铰和埋固件

弧形闸门的支臂通过支承铰连接闸墩。支承铰包括轴、支铰和支座三部分。按支承轴的结构型式，支承铰有图4.67所示的3种类型。圆柱铰有水平的圆柱形轴，结构简单，安全可靠，制造安装均方便，跨度不大的表孔闸门普遍采用。圆锥铰适于跨度较大（≥10m）的斜支臂弧形闸门，优点是轴承的锥形承压面垂直于斜支臂，能承受较大的支臂压力，并能保证与锥形轴套接触良好。球铰转动灵活，但制造比较困难，承载能力较低，故很少使用。

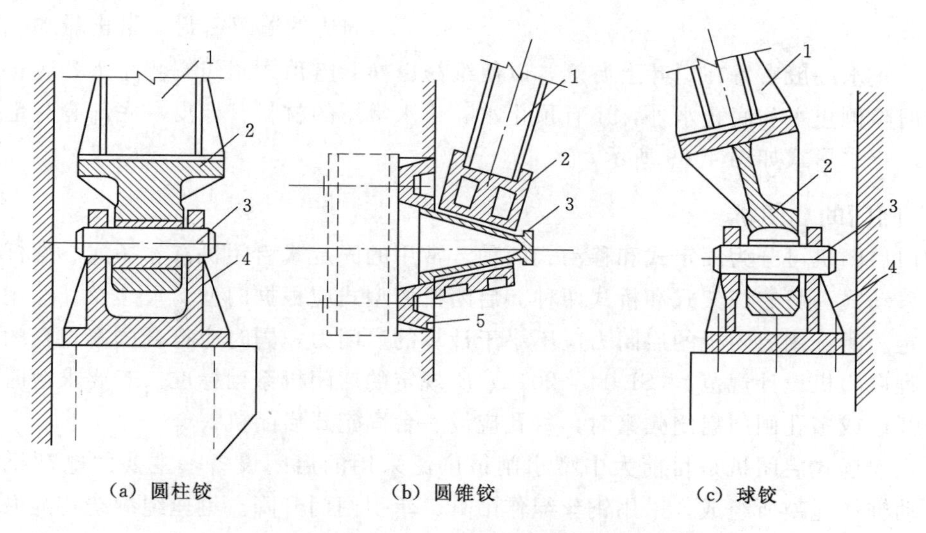

图4.67 支承铰的结构型式

1—支臂；2—支铰；3—轴；4—支座；5—支承环

小型弧形闸门的支承铰一般直接布置在钢筋混凝土支承梁即牛腿上。通过支承梁内的钢筋将闸门作用力传给闸墩，闸墩内布置受拉钢筋或锚栓。闸门受力较大时，可用组合钢梁支承梁，墩内用锚栓、型钢拉杆锚固。

4.9.5 闸门的吊耳和止水装置

1. 吊耳

吊耳是闸门同启闭机的吊具（如螺杆、钢丝索具或动滑轮组等）连接的部件。闸门的吊耳用单吊点还是双吊点需根据闸门的孔口大小、高宽比及启闭机的要求等因素确定。一

般当孔宽大于5m或宽高比大于1.0时，宜采用双吊点。

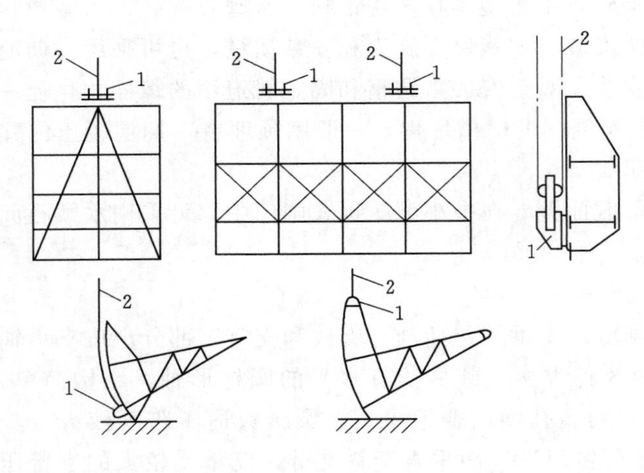

图4.68　吊耳的布置形式
1—吊耳；2—吊具

直升式平面闸门的吊耳一般布置在隔板或边柱的顶部，如图4.68所示，并尽量使之在闸门重心的铅直面内，以免闸门悬挂时偏斜而挤坏止水橡皮。升卧式平面闸门的吊耳布置在横隔板或边柱下部，当弧斜轨设在下游侧时，吊点应设在闸门上游面；否则在下游面。露顶式弧形闸门的吊耳布置在主横梁同支臂相交处的面板上游面，用螺杆式或油压式启闭机时，布置在横隔板顶部或支臂上部。潜孔弧形闸门多布置在门顶处。

2. 止水装置

止水装置的作用是将门叶与闸孔周边的缝隙密封，阻止漏水，所以又称水封。止水一般布置在门叶上游侧，以便维修更换。露顶式闸门有侧止水和底止水，潜孔式闸门除侧止水和底止水外，还有顶止水。止水常用的材料有橡皮，底部有时也采用方木止水。止水形式如图4.69所示。

4.9.6　闸门的启闭机

闸门启闭机可分为固定式和移动式两种。常用的固定式启闭机有卷扬式、螺杆式和油压式。移动式一般有门架式和桥式两种。启闭机的型式应根据门型、尺寸及其运用条件等因素选定。所选用启闭机的启闭力应不小于计算的启闭力，同时应符合国家现行的《水利水电工程启闭机设计规范》（SL 41—2011）所规定的启闭机系列标准。若要求短时间内全部均匀开启或多孔闸门启闭频繁时，每孔应设一台固定式启闭机。

固定卷扬式启闭机是目前大中型水闸最广泛采用的启闭设备，主要由电动机、减速箱、传动轴和绳鼓所组成。采用钢丝绳作吊具，牵引闸门升降。钢丝绳缠绕在绳鼓上，启闭闸门时，通过电动机、减速箱和传动轴使绳鼓转动，进而钢丝绳牵引闸门升降，并通过滑轮组的作用，使用较小的钢丝绳拉力，便可获得较大启门力。固定卷扬式启闭机适用于闭门时不需施加压力，且要求在短时间内全部开启的闸门。一般每孔布置一台。

螺杆式启闭机主要由摇柄、主机和螺杆组成。一般小容量的启闭机采用手摇，大容量的可以手摇电动两用，使螺杆连同闸门上下移动，从而启闭闸门。螺杆式启闭机结构简单、价格低廉，但启闭速度慢，启闭力小，一般用于小型水闸。当水压力较大、门重不足时，可通过螺杆对闸门施加下压力，使闸门孔口关闭到底。当螺杆长度较大（如大于3m）时，可在胸墙上每隔一定距离设支承套环，以防止螺杆受压失稳。

油压式启闭机近年来被很多工程采用。其主体部分由油缸和活塞两部分组成。活塞经活塞杆或连杆与闸门连接，改变油管中的压力即可使活塞带动闸门升降。油压式启闭机的

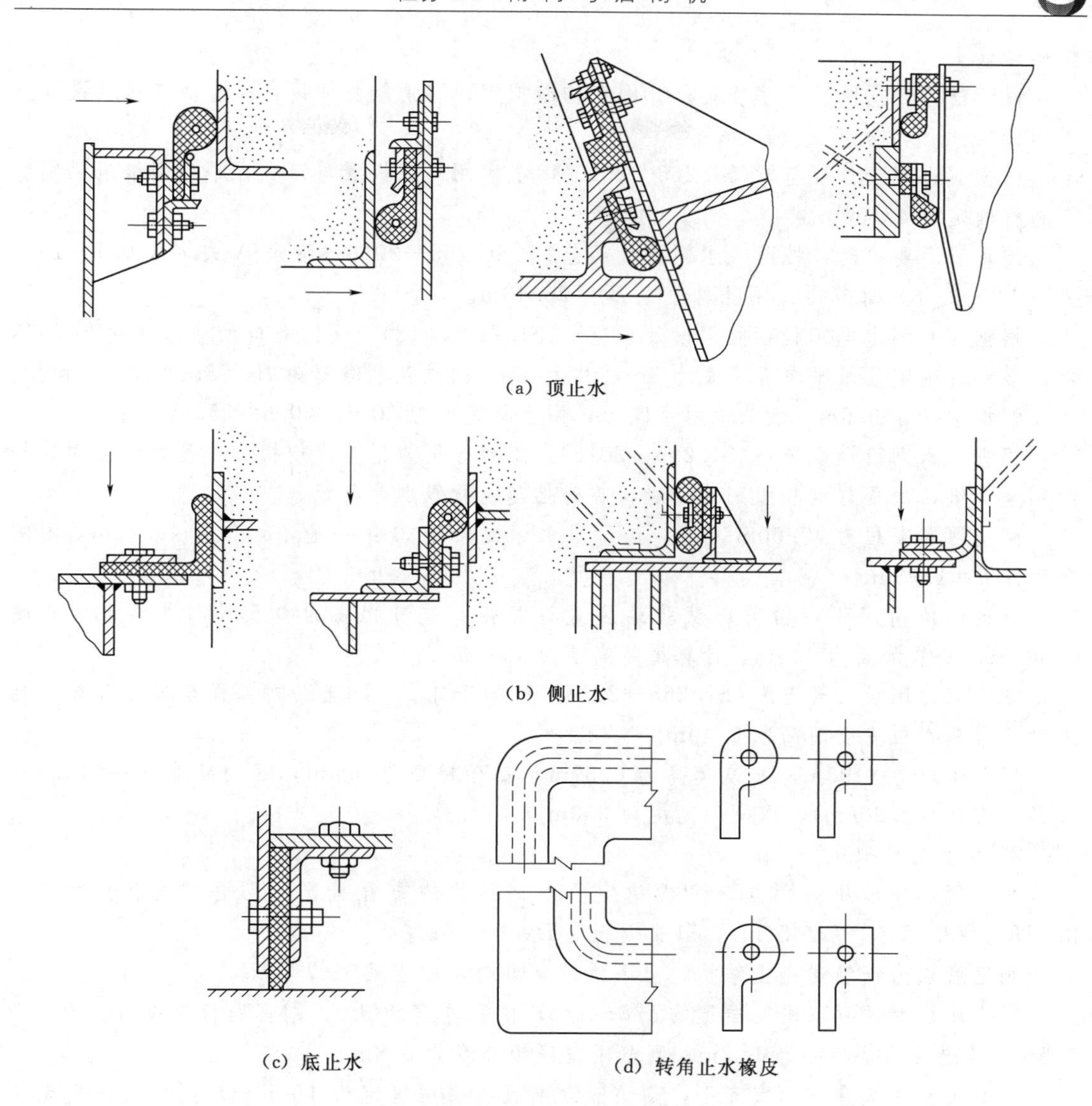

图4.69 止水装置

优点是利用液压原理，可用较小的动力获得很大的启门力；液压传动比较平稳和安全；机体体积小、重量轻，当闸孔较多时，可以降低机房、管路及工作桥的工程造价；较易实现遥测、遥控和自动化。其主要缺点是对金属加工条件要求较高，质量不易保证，造价较高。同时设计选用时要注意解决闸门起吊同步的问题；否则会发生闸门歪斜卡阻的现象。采用油压式启闭机，为防止机械部件失灵而发生突然事故，同时也为了避免柱塞杆或柱塞长期暴露在大气中被污染、锈蚀，应在闸门或闸墩上设置锁定装置。

【项目案例4.2】 沈阳×××泄洪闸设计

沈阳×××泄洪闸，灌溉期挡水，蓄水灌溉，汛期用以泄洪，排泄上游牤牛河水，防止客水进入市区，造成城市内涝。闸前河底高程为47.50m左右，设计洪水标准采用20年一遇，水位为49.43m，流量为232m^3/s。上下游最大水位差为3.15m，地基土质为轻粉质砂壤土。

设计任务：①闸孔尺寸确定；②闸室构造拟定；③消能防冲设计；④防渗排水设计。

1. 闸孔尺寸确定

根据《水闸设计规范》(SL 265—2016)，泄洪闸闸底板宜与河底齐平，则该泄洪闸底板高程确定为47.50m。

满足泄洪要求时，按照《水闸设计规范》(SL 265—2016) 附录A式 (A.0.1-1)～式 (A.0.1-6) 计算得：闸孔总净宽 $B_0=26.40$m。

根据《水利水电工程钢闸门设计规范》(SL 74—2013)，闸门孔口尺寸系列标准规定，经综合考虑确定泄洪闸单孔净宽为3m，共10孔，则闸孔总净宽为 $B_0=3\text{m}\times10=30\text{m}$。

初拟中墩厚0.6m，墩头采用半圆形，闸室总宽度为 $30+9\times0.6=35.4$(m)。

根据《水闸设计规范》(SL 265—2016)，工程等别为Ⅲ等，规模为中型，主要建筑物级别为3级，次要建筑物级别为4级，临时性建筑物级别为5级。

闸前河底高程为47.50m左右，设计洪水标准采用20年一遇，水位为49.43m，则闸前水深 $h=1.93$m。

设计水位情况下，由莆田试验站公式计算得：波浪爬高为0.57m，风壅水面高度0.003m，安全加高为0.6m，计算得超高值为1.17m。

依据《水闸设计规范》(SL 265—2016) 中的表4.2.4，泄洪闸工程等级为3级，挡水时正常蓄水位安全超高取0.40m。

闸前水深为1.93m，波浪爬高为0.57m，安全超高为0.4m，闸门高度 $h_{门}=1.93+0.57+0.40=2.90$(m)，取闸门高度为3.0m。

2. 闸室构造拟定

根据闸址处地质条件同时考虑稳定及上部结构的布置需要，取闸室底板长度 $L=3.0H_{max}=3.15\times3=9.45$(m)，取底板长度 $L=10.00$m。

闸室底板为钢筋混凝土结构。上下游设有齿墙，齿墙深度1.00m。

闸室底板厚度可取闸孔净宽的1/8～1/6，闸孔净宽为3m，闸室底板厚度可为0.4～0.5m，构造要求不宜小于0.7m，则取闸室底板厚度为0.8m。

泄洪闸闸底板宜与河底齐平，则该泄洪闸底板高程确定为47.50m，闸底坎采用无底坎的宽顶堰。

为使水流平顺及便于施工，闸墩头部采用半圆形钢筋混凝土闸墩。

依据泄洪闸的运行要求，结合堤防顶部高程，闸墩高为4.50m，则闸墩墩顶高程为52.00m。闸墩长度与底板长度一致，为10.00m，闸墩厚度为0.60m。

边墩采用重力式挡土墙结构，长度10.00m，高度4.50m，顶宽0.60m，底宽1.00m。

拟定启闭室底板高程为56.00m，布置10台8t单吊点手、电两用启闭机。

闸门选用3.00m×3.00m钢板闸门。

3. 消能防冲设计

1) 消力池深度、长度拟定。

计算依据为《水闸设计规范》(SL 265—2016) 附录B式 (B.1.1-1)～式(B.1.1-4) 及附录B式 (B.1.2-1) 和式 (B.1.2-2) 计算得，消力池池深为0.44m，消力池池

长为14.13m。

综合考虑，采用挖深式消力池，确定消力池池深为1.0m，斜坡段坡度1：4，水平投影长度4.0m，水平段长10.5m，消力池总长14.5m。

2）消力池底板厚度及构造拟定。

消力池底板厚度可根据抗冲和抗浮要求，分别按附录B式（B.1.3-1）和式（B.1.3-2）计算，取其大值。经计算，求得消力池底板始端厚度为0.454m，取消力池底板厚0.5m。

消力池采用C25钢筋混凝土结构，顺水流方向总长14.50m，池深1.0m。消力池底板顶部高程46.50m，底板厚0.50m，与闸底板采用1：4斜坡衔接，水平投影长度4.0m，消力池水平段长10.5m，总长度为14.5m。消力池两侧翼墙采用重力式挡土墙，顶高程为52.00m。

3）海漫设计。

依据《水闸设计规范》（SL 265—2016）附录B式（B.2.1）计算得海漫长度为24.99m，取海漫长度为25m。

海漫采用格栅石笼结构，海漫顶高程为47.50～47.00m、厚0.40m，格栅石笼下铺设土工布及0.10m厚砂垫层。

海漫段左、右岸为钢筋混凝土板护坡，板厚100mm，护坡顶高程为52.00～51.53m。

4）防冲槽设计。

（1）上游防冲槽。依据《水闸设计规范》（SL 265—2016）附录B式（B.3.2）计算，上游护底起始端冲刷深度为3.19m，按该深度设计上游防冲槽不经济，且施工难度也较大。参照已建工程经验，采用抛石结构防冲槽，深度一般为1.00～1.50m，该水闸上游防冲槽深度取1.00m，底宽取1.00m，边坡系数均取2，则防冲槽顶部宽5.00m。

上游护底采用格栅石笼结构，长5.00m，护底顶高程为47.50m，厚0.40m，护底下铺设土工布。

上游防冲槽及护底范围内两侧均采用混凝土护坡，边坡系数均为1：2。

（2）下游防冲槽。由于河床土质较差，允许不冲流速较小，海漫末端的河床冲刷深度计算值很大，近8m左右，按此深度设计防冲槽不经济，施工难度非常大，参照已建工程的实践经验，下游防冲槽深度一般为1.50～2.50m，该水闸下游防冲槽深度取2.50m，底宽1.5m，下游边坡系数均取2，则防冲槽上口宽11.5m。

下游防冲槽两侧均采用混凝土护坡，边坡系数均为1：2。

4. 防渗排水设计

1）上游铺盖设计。

根据《水闸设计规范》（SL 256—2016），上游铺盖长度一般取上下游最大水位差的3～5倍，结合闸址处的工程地质条件及正常运行时上下游水位关系，上下游最大水位差取3.00m，综合确定上游铺盖长度为10.00m。

铺盖采用C25钢筋混凝土结构，长10.00m、宽36.00m、厚0.4m。铺盖上下游设有齿墙，齿墙深度为0.8m。铺盖顶部高程为47.50m，混凝土铺盖下依次铺设0.1m厚素混凝土垫层、0.1m厚砂垫层。

2）渗透稳定计算。

（1）防渗长度验算。依据《水闸设计规范》（SL 265—2016）要求，初步拟定的闸基防渗长度应满足公式（4.3.2）要求。

$$L=C\Delta H$$

式中　L——闸基防渗长度，m；

ΔH——上下游水位差，$\Delta H=3.15$m；

C——允许渗径系数，查《水闸设计规范》（SL 265—2016）表4.3.2，地基土质为轻粉质砂壤土，取9。

经计算，$L=9\times3.15=28.35$m，$L_{实}=31.07\text{m}>28.35$m，渗径长度满足要求。

（2）出口渗流坡降。查《水闸设计规范》（SL 265—2016）表6.0.4，$[J]_{允}=0.4\sim0.5$，有

$$J_{实}=\frac{H}{L}=\frac{3.00}{31.07}=0.097<[J]_{允}$$

通过计算，闸基满足抗渗稳定要求。

思　考　题

4-1　什么是水闸？按其承担的任务和结构形式分为哪些类型？

4-2　水闸的工作特点有哪些？设计中有哪些要求？

4-3　画图说明开敞式水闸的组成及各组成部分的作用。

4-4　水闸孔口设计的任务是什么？设计方法、设计步骤如何？

4-5　闸孔型式有哪些？如何进行闸孔型式选择？

4-6　水闸消能防冲设计的目的及任务分别是什么？

4-7　过闸水流的特点有哪些？

4-8　水闸下游的消能方式有哪些？如何选择？

4-9　底流式消能的原理是什么？具体有哪几种结构型式？

4-10　水闸下游可能发生的不利流态有哪些？防止措施有哪些？

4-11　海漫的作用是什么？对其要求有哪些？有哪些结构型式？

4-12　防冲槽的作用是什么？如何确定防冲槽的抛石体积及断面尺寸？

4-13　闸基渗流计算的目的是什么？分别说明各种计算方法的基本原理、步骤。

4-14　水闸防渗设计的目的是什么？闸基渗流及侧向绕渗的危害有哪些？

4-15　什么是水闸的地下轮廓线？布置原则是什么？布置型式有哪些？

4-16　水闸的防渗排水设施有哪些？各适用于什么情况？

4-17　闸底板的结构型式有哪些？各有什么优、缺点？适用于什么情况？

4-18　闸墩尺寸包括哪些？如何确定？

4-19　水闸的分缝有哪些？作用是什么？哪些缝中需要设止水？止水的构造型式有哪些？

4-20　作用在闸室上的荷载主要有哪些？为什么要进行荷载组合？荷载组合的种类有哪些？分别包括哪些荷载？

4-21　闸室沿闸基面的抗滑稳定计算公式有哪些？各适用于什么情况？

4-22　提高闸室抗滑稳定性的措施有哪些？

4-23　水闸稳定计算的内容有哪些？

4-24　闸室基底应力验算应满足哪些要求？为什么？

4-25　水闸地基处理的方法有哪些？

4-26　闸底板结构计算的方法有哪些？说明每种方法的基本原理、适用情况。

4-27　叙述弹性地基梁法的计算步骤。用弹性地基梁法进行闸底板的结构计算时，其底板自重如何取？边荷载的影响如何考虑？

4-28　什么叫不平衡剪力？如何计算？

4-29　水闸两岸连接建筑物有哪些？其作用是什么？其平面布置型式有哪些？适用于什么情况？

4-30　闸门的作用是什么？有哪些种类？

4-31　直升式平面闸门和弧形闸门比较各有哪些优、缺点？

4-32　为什么弧形闸门的启门力比平面闸门的小？

4-33　启闭机的种类有哪些？分别适用于什么情况？

项目5 河岸溢洪道

学习要求：了解溢洪道作用和工作特点，掌握正槽溢洪道设计的基本步骤和方法，熟悉溢洪道的细部构造和地基处理方法。

任务5.1 概　　述

泄水建筑物是在水利枢纽中必须设置的用于排泄水库的多余水量、必要时放空水库以及施工期导流，以满足安全和其他要求的建筑物。河岸溢洪道是一种最常见的泄水建筑物。

溢洪道可以与坝体结合在一起，也可以设在坝体以外（图5.1）。混凝土坝一般适用于经坝体溢洪或泄洪，如各种溢流坝。此时，坝体既是挡水建筑物又是泄水建筑物，枢纽布置紧凑、管理集中，这种布置一般是经济合理的。但对于土石坝、堆石坝以及某些轻型坝，一般不允许从坝身溢流或大量泄流；或当河谷狭窄而泄流量大，难以经混凝土坝泄放全部洪水时，需要在坝体以外的岸边或天然垭口处建造河岸溢洪道或开挖泄水隧洞。

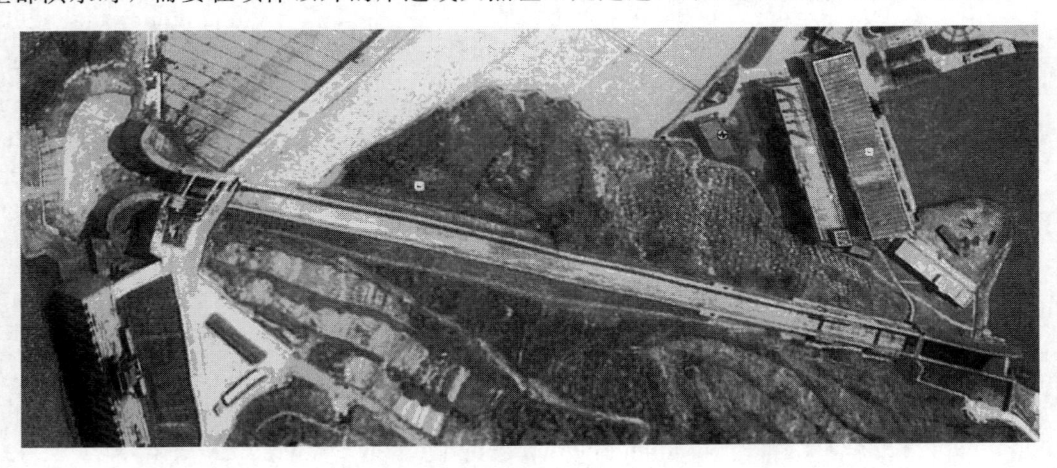

图5.1　紫坪铺水库溢洪道

河岸溢洪道和泄水隧洞一起作为坝外泄水建筑物，适用范围很广，除了以上情况外，还可以适用于以下两种情况。

(1) 坝型虽适于布置坝身泄水道，但由于其他条件的影响，仍不得不用坝外泄水建筑物的情况是：①坝轴线长度不足以满足泄洪要求的溢流前缘宽度时；②为布置水电站厂房于坝后，不允许同时布置坝身泄水道时；③水库有排沙要求，而又无法借助坝身泄水底孔或底孔尚不能胜任时（如三门峡水库，除底孔外又续建两条净高达13m的大断面泄洪冲

沙隧洞)。

(2)虽完全可以布置坝身泄水道,但采用坝外泄水建筑物的技术经济条件更有利时,也会用坝外泄水建筑物。如:①有适于修建坝外溢洪道的理想地形、地质条件,如刘家峡水利枢纽高148m的混凝土重力坝除坝身有一道泄水孔外,还在坝外建有高水头、大流量的溢洪道和溢洪隧洞;②施工期已有导流隧洞,结合作为运用期泄水道并无困难时。

河岸溢洪道按泄洪标准和运用情况,可分为正常溢洪道(包括主、副溢洪道)和非常溢洪道。

正常溢洪道的泄流能力应满足宣泄设计洪水的要求。超过此标准的洪水由正常溢洪道和非常溢洪道共同承担。正常溢洪道在布置和运用上有时也可分为主溢洪道和副溢洪道,但采用这种布置是有条件的,应根据地形、地质条件、枢纽布置、坝型、洪水特征及其对下游的影响等因素研究确定,主溢洪道宣泄常遇洪水,常遇洪水标准可在20年一遇至设计洪水之间选择。非常溢洪道在稀遇洪水时才启用,因此运行机会少,可采用较简易的结构,以获得全面、综合的经济效益。

岸边溢洪道按其结构型式可分为正槽溢洪道、侧槽溢洪道、井式溢洪道和虹吸式溢洪道等。在实际工程中,正槽溢洪道被广泛应用,也较典型,为本章的重点,其他型式的溢洪道仅在此作简要介绍。

1. 井式溢洪道

井式溢洪道通常由溢流喇叭口、渐变段、竖井、弯道段、泄水隧洞和出口消能段等部分组成,如图5.2所示。

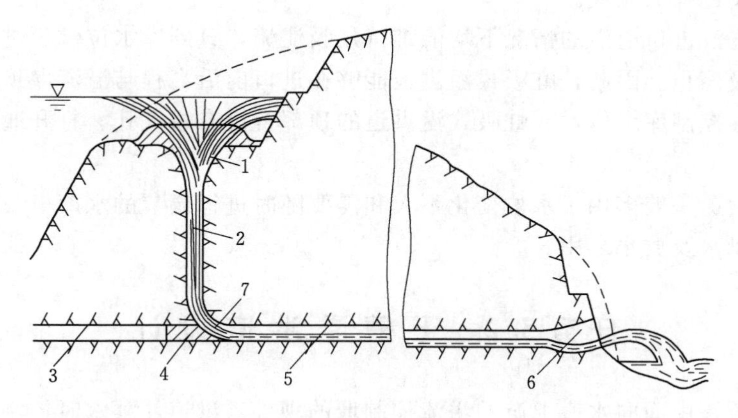

图5.2　井式溢洪道

1—溢流喇叭口;2—竖井;3—导流隧洞;4—混凝土塞;5—水平泄洪隧洞;6—出口段;7—弯道段

当岸坡陡峭、地质条件良好、又有适宜的地形布置环形溢流喇叭口时,可以采用井式溢洪道。这样可避免大量的土石方开挖,造价可能较其他型式溢洪道低。当水位上升,喇叭口溢流堰顶淹没后,堰流即转变为孔流,所以井式溢流道的超泄能力较小。当宣泄小流量、井内的水流连续性遭到破坏时,水流很不平稳,容易产生震动和空蚀,我国目前较少采用。

溢流喇叭口的断面型式有实用堰和平顶堰两种,前者较后者的流量系数大。在两种溢流堰上都可以布置闸墩，安设平面或弧形闸门。在环形实用堰上，由于直径较小，为了避免设置闸墩，有时可采用漂浮式的环形闸门，溢流时闸门下降到堰体以内的环形门室，但在多泥沙的河道上，门室易被堵塞，不宜采用。在堰顶设置闸墩或导水墙可起导流和阻止发生立轴漩涡的作用。

2. 虹吸式溢洪道

虹吸式溢洪道是一种封闭式溢洪道，封闭式进口的前沿低于溢流堰顶，如图5.3所示。

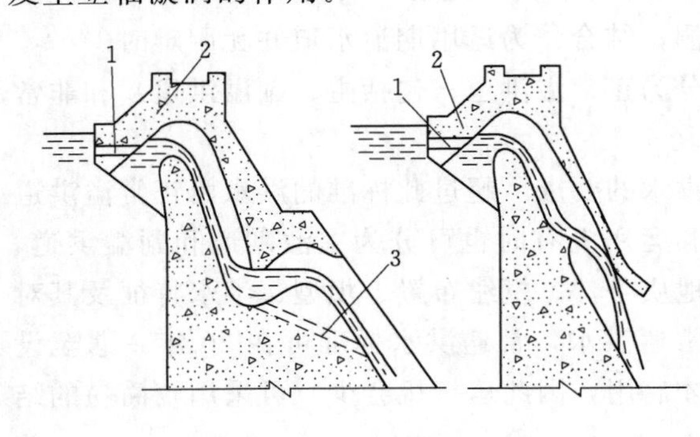

图5.3 虹吸式溢洪道
1—通气孔；2—顶盖；3—泄水孔

库水位淹没进口前沿且低于溢流堰顶，溢洪道不会发生泄水。当库水位上升到略超过溢流堰顶时，堰顶开始溢流，下泄水流逐渐带走空气，使通道内部分形成真空，泄流量增加。当水流全部充满整个水道后，完全成为虹吸泄流，利用虹吸作用泄水，属于孔流流态。虹吸式溢洪道在稳定泄流的情况下，水位落差加大，流量也明显增加。

虹吸式溢洪道从开始溢流到完全成为虹吸状态的过渡过程中，水流流态不稳定，且不利于建筑物的安全。因此，虹吸式溢洪道中往往设置挑流坎，使水流迅速封堵管道，形成真空，加速过渡过程的完成。

库水位在淹没进口前沿的情况下均能维持虹吸泄流，直到库水位低于进口前沿，空气进入水道，虹吸停止。因此，虹吸式溢洪道能够在进口前沿高程与溢流堰顶之间自动控制水位。为了能够控制库水位，在虹吸式溢洪道的顶部常设有通气孔。打开通气孔就能随时中止虹吸状态。

虹吸式溢洪道一般多用于水位变化不大和需要随时进行调节的水库以及发电、灌溉的渠道上，作为泄水及放水之用。

任务5.2 正槽溢洪道设计

正槽溢洪道是由面向水库上游的溢流控制堰的坝外溢洪道，蓄水时控制堰（其上有闸门或无闸门）与拦河坝一起组成挡水前缘，泄洪时堰顶高程以上的水由堰顶溢流而下。这种溢洪道的泄槽轴线与溢流堰轴线垂直（与过堰水流方向一致），过堰水流平顺稳定。另外，它结构简单，施工方便，因而大、中、小型工程广泛采用，特别是拦河坝为土石坝的水库。

5.2.1 正槽溢洪道的位置选择

溢洪道在水利枢纽中位置的选择关系到工程的总体布置，影响到工程的安全、工程量、投资、施工进度和运用管理，原则上应通过拟定各种可能方案，全面考虑，择优选定。其位置选择主要考虑以下因素。

(1) 地形条件。溢洪道应位于路线短和土石方开挖量少的地方。比如坝址附近有高程合适的马鞍形垭口，则往往是布置溢洪道较理想之处。拦河坝两岸顺河谷方向的缓坡台地上也适于布置溢洪道。

(2) 地质条件。溢洪道应尽量位于较坚硬的岩基上。当然土基上也能建造溢洪道，但要注意，位于好岩基上的溢洪道可以减轻工程量，甚至不衬砌；而土基上的溢洪道，尽管开挖较岩基为易，而衬砌及消能防冲工程量可能大得多。此外，无论如何应避免在可能坍滑的地带修建溢洪道。

(3) 泄洪时的水流条件。溢洪道应位于水流顺畅且对枢纽其他建筑物无不利影响之处，通常应注意以下几个方面：①控制堰上游应开阔，使堰前水头损失小；②控制堰如靠近土石坝，其进水方向应不致冲刷坝的上游坡；③泄水陡槽在平面上最好不设弯段；④泄槽末端的消能段应远离坝脚，以免造成坝身的冲刷；⑤水利枢纽中如尚有水力发电、航运等建筑物时，应尽量使溢洪道泄水时不造成电站水头的波动，不影响过船筏的安全。

(4) 施工条件。使溢洪道的开挖土、石方量具有好的经济效益，如将其用于填筑土石坝的坝体；在施工布置时，应仔细考虑出渣路线及弃渣场的合理安排，此外，还要解决与相邻建筑物的施工干扰问题。

5.2.2 正槽溢洪道的组成及各部分设计

正槽溢洪道通常由进水渠、控制段、泄槽、出口消能段及出水渠5个部分组成，如图5.4所示。其中，控制段、泄槽及出口消能段是溢洪道的主体，是每个溢洪道工程不可缺少的。进水渠和出水渠则是主体部分同上游水库及下游河道的连接段，这两个组成部分是否需要设置，视主体部分与上下游的连接情况而定。

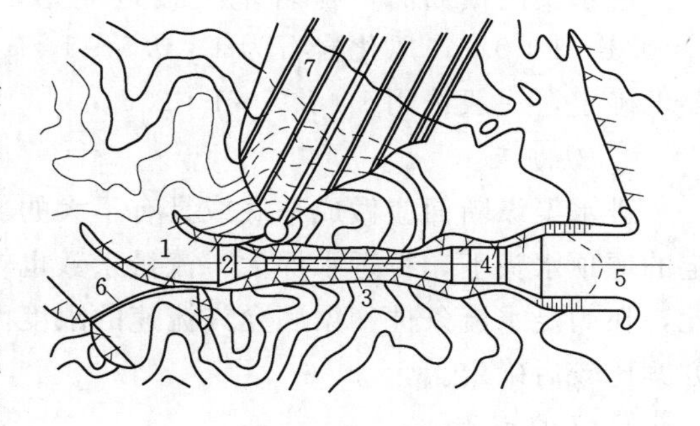

图5.4 正槽溢洪道平面布置

1—进水渠；2—溢流堰；3—泄槽；4—出口消能段；5—出水渠；6—非常溢洪道；7—土石坝

5.2.2.1 进水渠

进水渠的作用是将水库的水平顺地引至溢流堰前。由于地形、地质条件限制，溢流堰往往不能紧靠库岸，需在溢流堰前开挖进水渠，将库水平顺地引向溢流堰，当溢流堰紧靠库岸或坝肩时，此段只是一个喇叭口（图5.5）。

1. 平面布置

进水渠布置时应尽量短而直，其轴线方向应有利于进水，在平面上最好布置成直线，以减小水头损失。如需设置弯道，其轴线的转弯半径一般为4～6倍渠底宽度。弯道至控制堰之间宜设置直线段，其长度不小于2倍堰上水头。

2. 横断面

引水渠的横断面应有足够大的尺寸，以降低流速、减小水头损失。渠道中的流速应大于悬移质不淤流速，小于渠道中不冲流速，且不宜大于4m/s，如因条件限制，流速超过此值，应进行论证。例如，碧口水电站的岸边溢洪道，经技术经济比较，其进水渠的水流

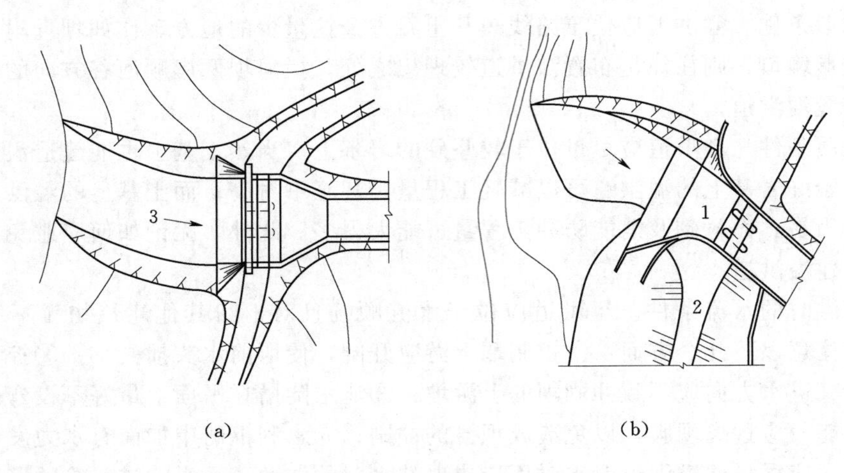

图5.5　溢洪道进水渠的型式

1—喇叭口；2—土石坝；3—进水渠

流速，在设计情况下选用了5.8m/s。

进水渠的横断面，在岩基上接近矩形，边坡根据岩层条件确定，新鲜岩石一般为1∶0.1～1∶0.3，风化岩石为1∶0.5～1∶1.0；在土基上采用梯形，边坡根据土坡稳定要求确定，一般选用1∶1.5～1∶2.5。

3. 纵断面

进水渠纵断面应做成平底或具有不大的逆坡。渠底高程要比堰顶高程低些，因为在一定的堰顶水头下，行近水深大，流量系数也较大，泄放相同流量所需的堰顶长度要短。因此，在满足水流条件和渠底允许流速的限度内，如何确定进水渠的水深和宽度，需要经过方案比较后确定。

4. 渠底衬护

进水渠应根据地质情况、渠线长短、流速大小等条件确定是否需要砌护。岩基上的进水渠可以不砌护，但应开挖整齐。对长的进水渠，则要考虑糙率的影响，以免过多地降低泄流能力。在较差的岩基或土基上，应进行砌护，尤其在靠近堰前的区段，由于流速较大，为了防止冲刷和减少水头损失，可采用混凝土板或浆砌石护面。保护段长度，视流速大小而定，一般与导水墙长度相近。砌护厚度一般为0.3m。当有防渗要求时，混凝土砌护还可兼作防渗铺盖。

5.2.2.2　控制段

控制段的主要作用是控制溢洪道的泄流能力，它由溢流堰及其两侧的连接建筑组成，是控制溢洪道泄流能力的关键部位，因此必须合理选择溢流堰段的型式和尺寸。

1. 溢流堰的型式

溢流堰通常选用宽顶堰、实用堰，有时也用驼峰堰。溢流堰体型设计的要求是：尽量增大流量系数，在泄流时不产生空穴水流或诱发危险振动的负压等。

(1) 宽顶堰。宽顶堰的特点是结构简单、施工方便，但流量系数较低（为0.32～0.385）。由于宽顶堰堰矮、荷载小、对承载力较差的土基适应能力强，因此，在泄流不大

或附近地形较平缓的中、小型工程中，应用广泛（图5.6）。宽顶堰的堰顶通常需进行砌护。对于中、小型工程，尤其是小型工程，若岩基有足够的抗冲刷能力，也可以不加砌护，但应考虑开挖后岩石表面不平整对流量系数的影响。

（2）实用堰。实用堰的优点是流量系数比宽顶堰大，在相同泄流量条件下，需要的溢流前缘较短，工程量相对较小，但施工较复杂。大、中型水库，特别是岸坡较陡时，多采用此种型式（图5.7）。

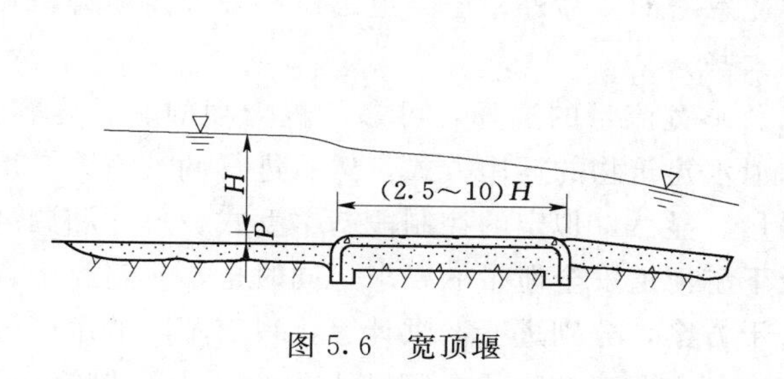

图5.6 宽顶堰

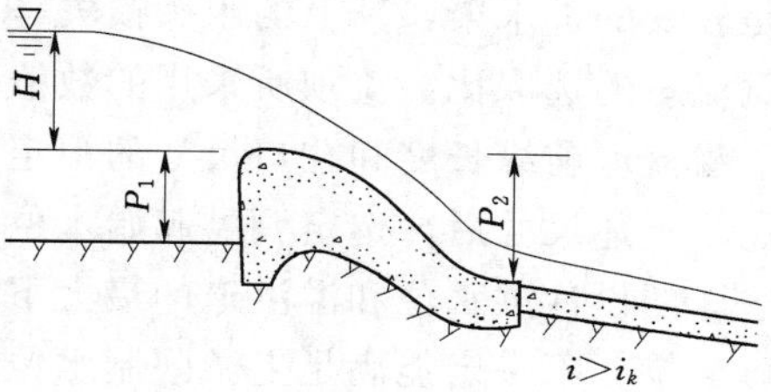

图5.7 实用堰

实用堰的断面型式很多，在溢洪道设计规范中建议优先选择WES型堰。为了使溢流堰具有较大的流量系数，在设计和施工中，堰高、堰面坐标、堰面曲线长度和下游堰坡均需满足规定要求；否则，将影响流量系数或使堰面压强降低，有产生空蚀的危险。当上游堰高 P_1 和堰面曲线定型水头 H_d 的比值 $P_1/H_d>1.33$ 时，流量系数接近一个常数，不受堰高的影响，为高堰。对于低堰的标准，一般认为 $0.3<P_1/H_d<1.33$，流量系数将随 P_1/H_d 的减小而降低，因此堰高 P_1 不能过低，建议 P_1 以不低于 $0.3H_d$ 为宜。低堰的流量系数还受下游堰高 P_2 的影响，随 P_2 减小过堰水流受顶托甚至淹没，为保证堰的自由泄流状态，下游堰高 P_2 建议不低于 $0.6H_d$。下游堰面坡度宜陡于1∶1。

对于低堰，因下游堰面水深较大，堰面一般不会出现过大的负压，不致发生破坏性空蚀和振动。因此，在设计低堰时可选择较小的定型设计水头 H_d，使高水位时的流量系数加大，建议采用0.65～0.85倍的堰顶最大水头。

（3）驼峰堰。驼峰堰是一种复合圆弧的低堰，一般由2～3段圆弧组成，是我国从工程实践中总结出来的一种新堰型（图5.8）。驼峰堰的堰体低，堰高一般小于3m，流量系数较大，一般为0.40～0.46，但流量系数随堰上水头增加而有所减小。设计与施工简便，对地基要求低，适用于软弱地基。

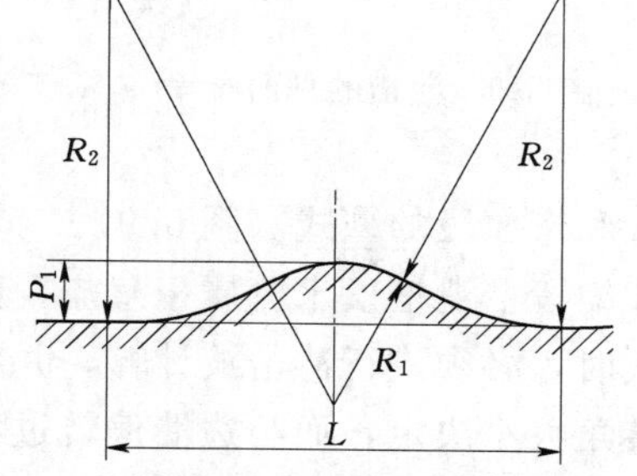

$P_1=0.24H_d$　$R_1=2.5P_1$　$R_2=6P_1$　$L=8P_1$

$P_1=0.34H_d$　$R_1=1.05P_1$　$R_2=4P_1$　$L=6P_1$

图5.8 驼峰堰

2. 闸门的布置与选型

溢流堰顶可设置闸门，也可不设置闸门。不设闸门时堰顶高程就是水库的正常蓄水位；设闸门时堰顶高程低于水库的正常蓄水位。

一般情况下，对于大、中型水库的溢洪道一般都设置闸门，小型水库对上游水位稍有增高所加大的淹没损失和加高坝身及其他建筑物的工程费用都不是很大，从施工简单、管

理方便以及节省工程费用等各方面考虑，一般都不设置闸门。

关于溢流堰设计的一些主要问题，如闸墩、边墩、防渗、排水、工作桥、交通桥等的设计，与水闸相类似。

3. 堰顶高程和孔口尺寸的确定

确定了溢洪道位置、堰型并确定是否设置闸门之后，即可进一步确定堰顶高程、孔口尺寸（或前缘长度）。其设计方法和溢流坝相同。值得说明的是，由于进水渠的存在，特别是较长的进水渠，其上的水头损失是不能忽略的。另外，溢洪道出口一般远离坝脚，其单宽流量的选取比溢流坝所采用的数值更大些。

溢流堰前缘长度和孔口尺寸的拟定以及单宽流量的选择，可参考重力坝的有关内容。拟定了上述尺寸后，选定调洪起始水位和泄水建筑物的运用方式，然后进行调洪演算，得出水库的设计洪水位和溢洪道的最大下泄量。显然，拟定的控制段基本型式、尺寸和调洪演算成果，不一定能满足上游限制水位及下游河道安全泄量的要求，同时也不一定经济合理。在此基础上，通过分析研究再拟定若干方案，分别进行调洪计算，得出不同的水库设计洪水位和最大下泄量，并相应定出枢纽中各主要建筑物的布置尺寸、工程量和造价。最后，从安全、经济及管理、运用等方面进行综合分析论证，从而选出最优方案。

5.2.2.3 泄槽

正槽溢洪道在溢流堰后多用泄水陡槽与出口消能段相连接，以便将过堰洪水安全地泄向下游河道。泄槽一般位于挖方地段，设计时要根据地形、地质、水流条件及经济等因素合理确定其形式和尺寸。由于泄槽内水处于急流状态，高速水流带来的一些特殊问题，如冲击波、水流掺气、空蚀和压力脉动等，均应认真考虑，并采取相应的措施。

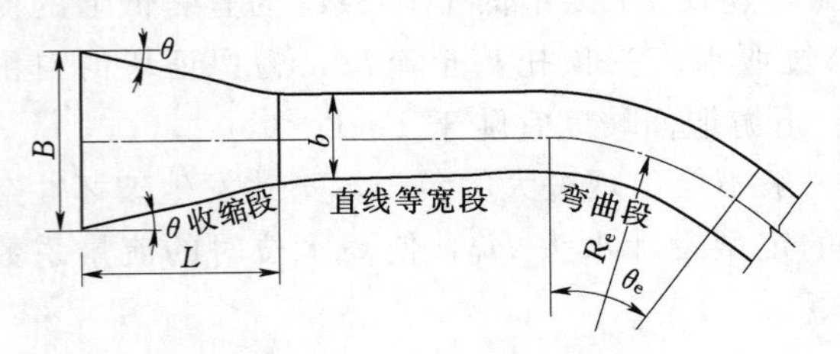

图 5.9 泄槽的平面布置

1. 泄槽的平面布置

泄槽在平面上宜尽量成直线、等宽、对称布置，使水流平顺，避免产生冲击波等不良现象。但实际工程中受地形、地质条件的限制，有时泄槽很长，为减少开挖、衬砌工程量或避免地质软弱带等，往往做成带收缩段和弯曲段的型式（图 5.9）。

（1）收缩段。泄槽段水流属于急流，如必须设置收缩段时，其收缩角也不宜太大。当收缩角太大时，必须进行冲击波计算，并应通过水工模型试验验证。收缩段最大冲击波波高由总偏转角大小决定，而与边墙偏转过程无关。因此，为了减小冲击波高度，采用直线形收缩段比圆弧形收缩段为好。

当收缩角较小时，冲击波较小，不一定要进行冲击波计算，可直接采用经验公式计算收缩角。泄槽边墙收缩角 θ 可按经验公式（5.1）确定，即

$$\tan\theta=\frac{1}{kFr}=\frac{\sqrt{gh}}{kv} \tag{5.1}$$

式中 θ——收缩段边墙与泄槽中心线夹角，(°)；

Fr——收缩段首、末断面的平均弗劳德数；

h——收缩段首、末断面的平均水深，m；

v——收缩段首、末断面的平均流速，m/s；

k——经验系数，可取 $k=3.0$。

工程经验和试验资料表明，收缩角在 6°以下具有较好的水流状态。

(2) 弯曲段。泄槽段如设置弯道，由于离心力及弯道冲击波作用，将造成弯道内外侧横向水面差，流态不利。根据地形、地质或布置上的需要，泄槽在平面上必须设弯道时，弯道应设置在流速较小、水流平稳、底坡较缓且无变坡处。

泄槽弯曲段通常采用圆弧曲线，弯曲半径应大于 10 倍槽宽。

2. 纵剖面布置

泄槽纵剖面设计主要是决定纵坡。主要根据自然条件及水力条件确定。

泄槽纵坡必须保证泄流时溢流堰下为自由出流和槽中不发生水跃，使水流始终处于急流状态。因此，泄槽纵坡必须大于临界坡度（即 $i>i_k$），并且宜采用单一纵坡。但为了减小工程量，泄槽沿程可随地形、地质变坡，但变坡次数不宜过多，而且在两种坡度连接处要用平滑曲线连接，以免在变坡处发生水流脱离边壁引起负压或空蚀。当坡度由缓变陡时，宜采用符合水流轨迹的抛物线来连接（图 5.10）。抛物线方程为

$$y=x\tan\theta+\frac{x^2}{K(4H_0\cos^2\theta)} \tag{5.2}$$

$$H_0=h+\frac{v^2}{2g} \tag{5.3}$$

式中　x，y——抛物线横、纵坐标，以上段陡槽末端衔接点 O 为原点，m；

θ——变坡处上段陡坡的坡角，(°)；

K——系数，对于重要工程且落差大者，可取 1.5，落差小者可取 1.1～1.3；

H_0——抛物线起始断面的比能，m；

h——抛物线起始断面的水深，m；

v——抛物线坡始断面的平均流速，m/s。

当坡度由陡变缓时，可采用半径为 $(6\sim12)h$ 的反圆弧连接，流速大时宜选用较大值。

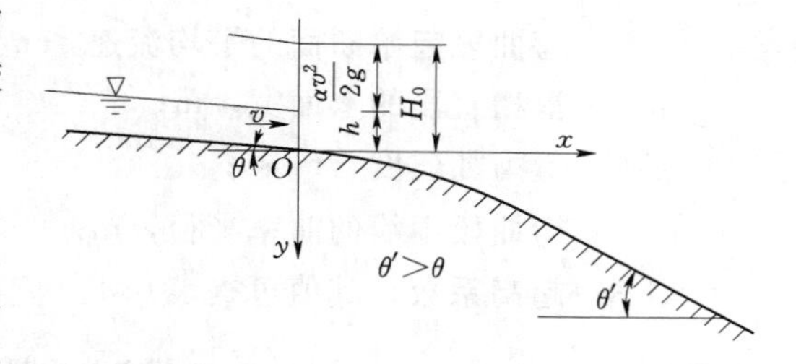

图 5.10　底坡由缓变陡时抛物线连接曲线

3. 横断面

泄槽横断面形状与地质情况紧密相关。在非岩基上，一般做成梯形断面，边坡比为 1∶1～1∶2；在岩基上的泄槽多做成矩形或近于矩形的横断面，边坡坡比为 1∶0.1～1∶0.3。泄槽的过水断面通过水力计算确定。

由于水流条件的复杂性，有许多问题在理论上还不够成熟，不能建立确定的解析关系。对于重要工程还应通过模型试验进行选型和确定尺寸。

泄槽边墙高度根据水深并考虑冲击波、弯道及水流掺气的影响，再加上一定的超高来确定，边墙超高一般取 0.5～1.5m。

计算水深为宣泄最大流量时的槽内水深。

当泄槽水流表面流速达到10m/s左右时，将发生水流掺气现象而使水深增加。掺气程度与流速、水深、边界糙率以及进口形状等因素有关，掺气后水深可按式（5.4）估算，即

$$h_b=\left(1+\frac{\xi v}{100}\right)h \tag{5.4}$$

式中　h，h_b——泄槽计算断面的水深及掺气后的水深，m；

v——不掺气情况下泄槽计算断面的平均流速，m/s；

ξ——修正系数，可取1.0～1.4s/m，视流速和断面收缩情况而定，当流速大于20m/s时，宜采用较大值。

在泄槽转弯处的横断面，由于弯道离心力和急流冲击波共同作用而产生的横向水面超高，外侧水深加大，内侧水深减小，造成断面内流量分布不均，如图5.11（a）所示。

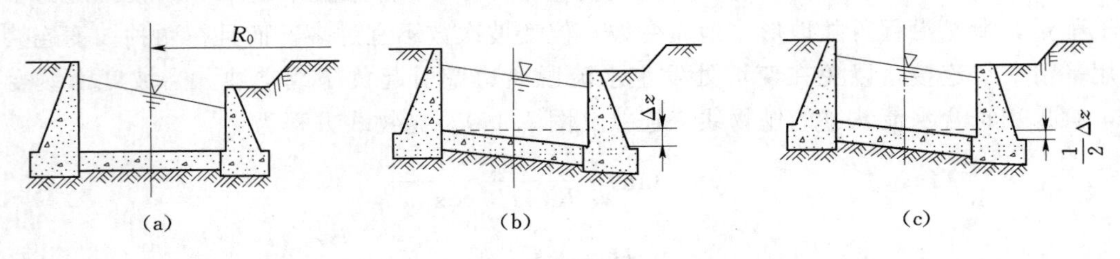

图5.11　泄槽横断面形式

槽底超高法即将外侧渠底抬高，造成一个横向坡度，如图5.11（b）所示。利用重力沿横向坡度产生的分力，与弯曲段水体的离心力相平衡，以调整横剖面上的流量分布，使之均匀，改善流态，减小冲击波和保持弯曲段水面的稳定性。泄槽弯曲段外侧相对内侧的槽底超高值Δz可用一个由离心力方程导出的公式来表达，即

$$\Delta z=C\frac{v^2 b}{g r_c} \tag{5.5}$$

式中　v——弯曲段起始断面的平均流速，m/s；

b——泄槽直段的水面宽，m；

g——重力加速度，m/s²；

r_c——弯曲段中线的曲率半径，m；

C——超高系数，其值可查表5.1。

表5.1　横向水面超高系数C值

泄槽断面形状	弯道曲线的几何形状	C
矩形	简单圆曲线	1.0
梯形	简单圆曲线	1.0
矩形	带有缓和曲线过渡段的复曲线	0.5
梯形	带有缓和曲线过渡段的复曲线	1.0
矩形	既有缓和曲线过渡线，槽底又横向倾斜的弯道	0.5

为了保持泄槽中线的原底部高程不变，以利于施工，常将内侧渠底较中线高程下降 $1/2\Delta z$，而外侧渠底则抬高 $1/2\Delta z$，见图5.11（c）。

4. 泄槽的构造

（1）泄槽的衬砌。为了保护槽底不受冲刷和岩石不受风化，防止高速水流钻入岩石裂隙，将岩石掀起，泄槽都需要进行衬砌。对泄槽衬砌的要求：衬砌材料能抵抗水流冲刷；在各种荷载作用下能够保持稳定；表面光滑平整，不致引起不利的负压和空蚀；做好底板下排水，以减小作用在底板上的扬压力；做好接缝止水，隔绝高速水流侵入底板底面，避免因脉动压力引起的破坏，要考虑温度变化对衬砌的影响，在寒冷地区对衬砌材料还应有一定的抗冻要求。

岩基上泄槽的衬砌可以用混凝土、水泥浆砌条石或块石以及石灰浆砌块石水泥浆勾缝等型式。石灰浆砌块石水泥浆勾缝，适用于流速小于10m/s的小型水库溢洪道。水泥浆砌条石或块石，使用与流速小于15m/s的中、小型水库溢洪道。但对抗冲能力较强的坚硬岩石，如果砌得光滑平整，做好接缝止水和底部排水，也可以承受20m/s左右的流速。混凝土衬砌的厚度主要是根据工程规模、流速大小和地质条件决定。目前，衬砌厚度的确定尚未形成成熟的计算方法和公式，在工程应用中主要还是采用工程类比法确定，一般取0.4～0.5m，不应小于0.3m。当单宽流量或流速较大时，衬砌厚度应适当加厚，甚至可达0.8m。为了防止温度变化应力引起温度裂缝，重要的工程常在衬砌临水面配置适量的钢筋网，纵横布置，每方向的含钢率为0.1%～0.2%。岩基上的衬砌，在必要的情况下可布置锚筋插入新鲜岩层，以增加衬砌的稳定。锚筋的直径在25mm以上，间距为1.5～3.0m，插入岩基1.0～1.5m。

土基上的衬砌通常采用混凝土衬砌，由于土基的沉降量大，土基与衬砌之间基本无黏着力，而且不能采用锚筋，所以衬砌厚度一般要比岩基上的大，通常为0.3～0.5m。当单宽流量或流速比较大时，也可用到0.7～1.0m。为增加衬砌的稳定，可适当增加衬砌厚度或增设上下游齿墙，嵌入地基内，以防止衬砌底板沿地基面滑动。齿墙应配置足够的钢筋，以保证强度，如图5.12所示。

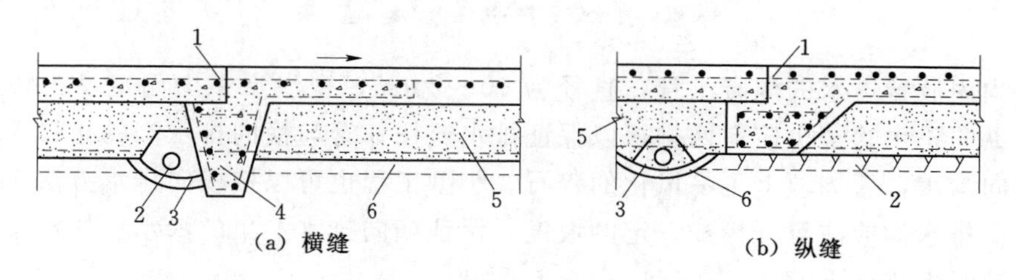

图5.12　土基上泄槽底板的构造

1—止水；2—横向排水管；3—灰浆垫座；4—齿墙；5—透水垫层；6—纵向排水管

如果底板不够稳定或为了增加底板的稳定性，可在地基中设置锚筋桩，使底板与地基紧密结合，利用土的重力增加底板的稳定性。图5.13所示为岳城水库溢洪道锚筋桩布置。

（2）衬砌的分缝、止水。为了控制温度裂缝的发生，除了配置温度钢筋外，泄槽衬砌还需要在纵、横方向分缝，并与堰体及边墙贯通。岩基上的混凝土衬砌，由于岩基对衬砌

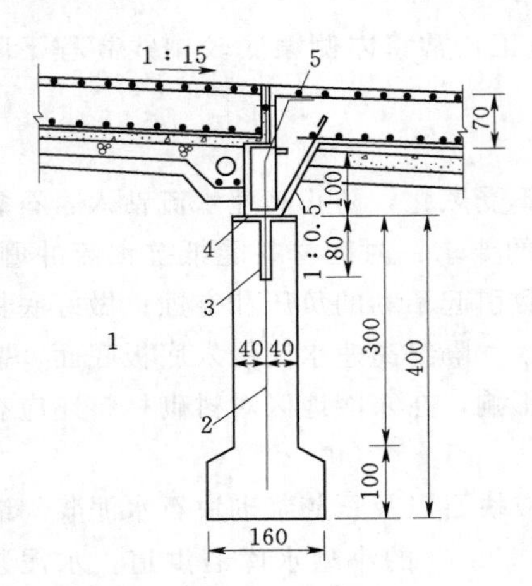

图5.13　岳城水库溢洪道锚筋桩布置（单位：cm）

1—第三纪沙层；2—15kg/m钢桩；3—涂沥青厚2cm，包油毡一层；4—沥青油毡厚1cm；5—Φ32螺纹钢筋

的约束力大，分缝的间距不宜太大，一般采用10～15m，衬砌较薄时对温度影响较敏感应取小值。衬砌的接缝有搭接缝、键槽缝、平接缝等多种型式，如图5.14（a）、（b）、（c）所示。垂直于流向的横缝比纵缝要求高，宜采用搭接式，岩基较坚硬且衬砌较厚时也可采用键槽缝；纵缝可采用平接的型式。

为防止高速水流通过缝口钻入衬砌底面，将衬砌掀动，所有的伸缩缝都应布置止水，其布置要求与水闸底板基本相同。

（3）衬砌的排水。为排除地基渗水，减小衬砌所受的扬压力，须在衬砌下面设置排水系统，如图5.15所示。排水系统由若干道横向排水沟及几道纵向排水沟所组成。岩基上的横向排水，通常在岩基开挖沟槽并回填不易风化的碎石形成。沟槽尺寸一般取0.3m×0.3m，顶面盖上木板或沥青油毛毡，防止浇筑衬砌时砂浆进入而影响排水效果。纵向排

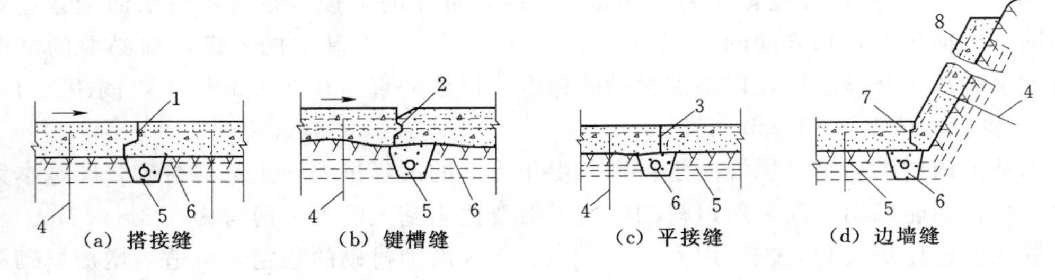

图5.14　衬砌的接缝型式

1—搭接缝；2—键槽缝；3—平接缝；4—锚筋；5—横向排水管；6—纵向排水管；7—边墙缝；8—通气孔

水一般在沟内放置透水的混凝土管，直径为10～20cm，视渗水多少而定。为防止排水管被堵塞，纵向排水管至少应有两排，以保证排水流畅。管与横向排水沟的接口不封闭，以便收集横向渗水，管周填上不易风化的碎石。小型工程也可以按横向排水方法布置。施工时，纵、横排水沟应注意开挖成一定的坡度，保证横向排水汇集的渗水尽快汇集到纵向排水管，并顺畅地排往下游。

土基或是破碎软弱的岩基上，需要在衬砌底板下设置平铺式排水，排水可采用厚约30cm的卵石或碎石层。如地基是黏性土，应先铺一层厚0.2～0.5m的砂砾垫层，垫层上再铺卵石或碎石排水层；或在砂砾层中做纵横排水管，管周做反滤。对于细砂地基，应先铺一层厚0.2～0.4m的粗砂，再做碎石排水层，以防渗流破坏。

这里还须指出，泄槽的止水和排水都是为防止动水压力引起底板破坏和降低扬压力而采取的有力措施，对保证安全是很重要的。但在工程实践中往往因对其认识不足而被忽视，以致造成工程事故。所以必须认真做好泄槽的构造设计，认真施工。

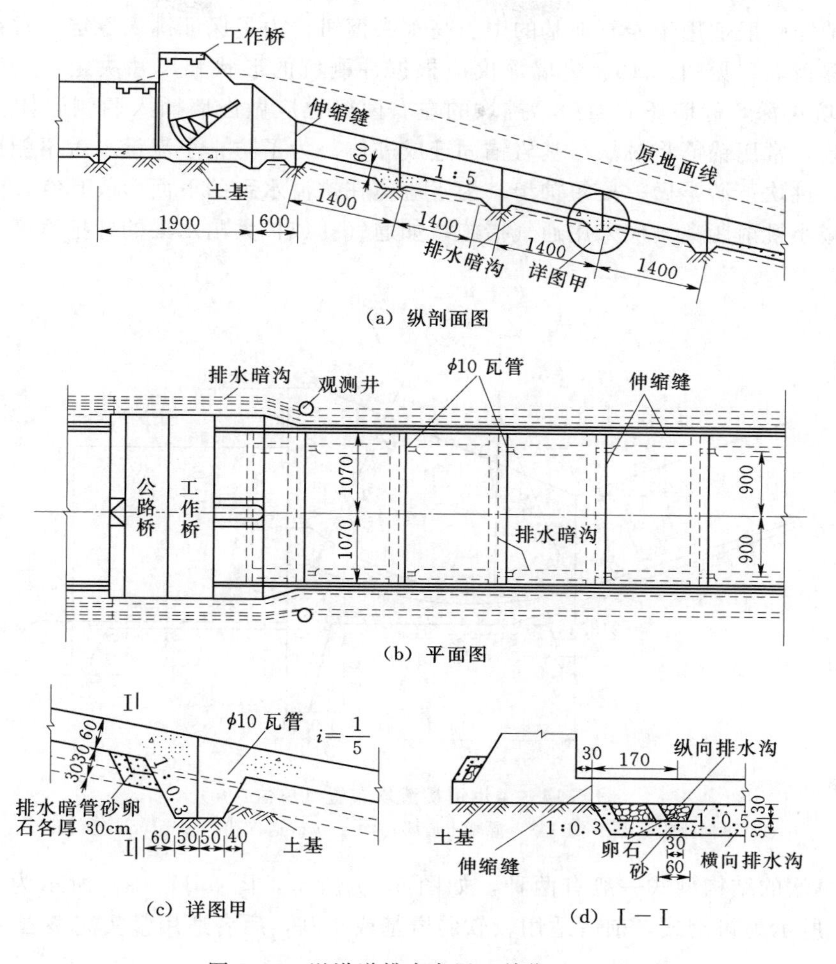

图 5.15　溢洪道排水布置（单位：cm）

（4）泄槽的边墙。边墙的主要作用是保护墙后山坡或坝体免受槽内水流的冲刷。同时，也起挡土的作用，并保证两侧山坡的稳定。非岩基上的泄水槽多加衬砌护坡。在岩基上侧护面可以薄些，如果岩石坚硬完整，则只需用薄层混凝土按设计断面将岩石加以平整衬护即可。护面也需设温度缝，缝间距可为 4～15m，缝内设止水，护面下设排水，并与底板下的排水管连通，以减小作用于护面的渗透压力。为了使排水畅通，在排水管靠近边墙顶部的一端应设通气孔，如图 5.14（d）所示。

5.2.2.4　出口消能段

溢洪道泄洪，一般是单宽流量大、流速高、能量集中，如果消能设施考虑不当，出槽的高速水流与下游河道的正常水流不能妥善衔接，下游河床和岸坡就会遭受冲刷，甚至危及河岸溢洪道的安全。

河岸溢洪道的消能设施一般采用挑流消能或底流消能，有时也可采用其他型式的消能措施，当地形地质条件允许时，应优先考虑挑流消能，以节省消能防冲设施的工程投资。

挑能消能一般适用于岩石地基的中、高水头枢纽。为了保证挑坎稳定，常在挑坎的末端做一道深齿墙，见图5.16。齿墙深度应根据冲刷坑的形状和尺寸决定，一般可达5～8m。如冲坑再深，齿墙还应加深。挑坎的左右两侧也应做齿墙插入两侧岩体。为了加强挑坎的稳定，常用锚筋将挑坎与基岩锚固连成一体。为了防止小流量水舌不能挑射时产生贴壁冲刷，挑坎下游常做一段短护坦。为了避免在挑流水舌的下面形成真空，产生对水流的吸力，减小挑射距离，应采用通气措施，如通气孔或扩大出水渠的开挖宽度，以使空气自由流通。

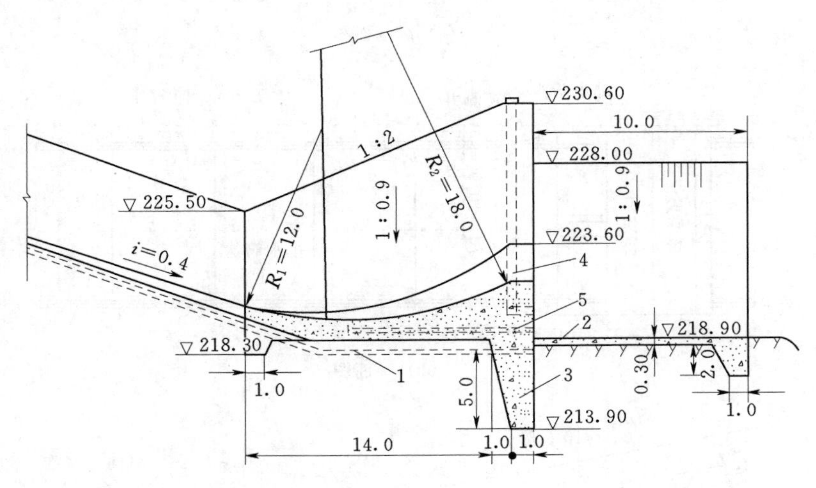

图5.16 溢洪道挑流坎布置（单位：m）

1—纵向排水；2—护坦；3—混凝土齿墙；4—ϕ50cm通气孔；5—ϕ10cm通气孔

挑流鼻坎的结构型式一般有两种，如图5.17所示，图5.17（a）所示为重力式，图5.17（b）所示为衬砌式，前者适用较软弱岩基或土基，后者适用坚实完整岩基。

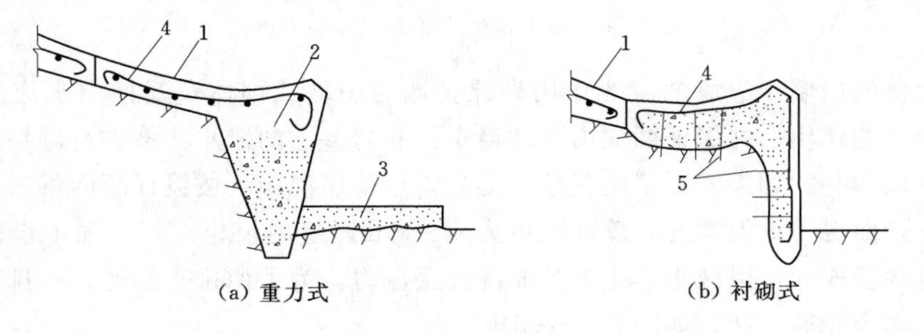

（a）重力式　　（b）衬砌式

图5.17 挑流鼻坎的型式

1—面板；2—齿墙；3—护坦；4—钢筋；5—锚筋

5.2.2.5 出水渠

由溢洪道下泄的水流应与坝脚和其他建筑物保持一定距离，且应和原河道水流获得妥善衔接，以免影响坝和其他建筑物的安全和正常运行。在有些情况下，当下泄的水流不能直接归入原河道时，需要布置一段出水渠。出水渠要短、直、平顺，底坡尽量接近下游原河道的平均坡降，以使下泄的水流能顺畅、平稳地归入原河道。

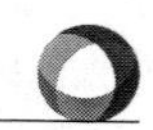

任务5.3　侧槽溢洪道设计

5.3.1　侧槽溢洪道的特点

侧槽溢洪道一般由溢流堰、侧槽、泄水道和出口消能段等部分组成。溢流堰大致沿河岸等高线布置，水流经过溢流堰泄入与堰大致平行的泄槽后，在槽内转向约90°，经泄槽或泄水隧洞流入下游，见图5.18。

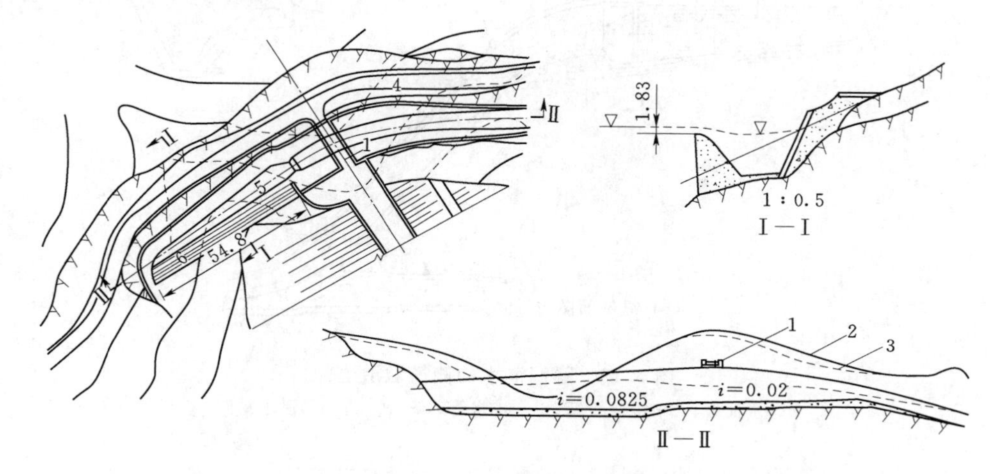

图5.18　明渠泄水的侧槽溢洪道（单位：m）
1—公路桥；2—原地面线；3—岩石线；4—上坝公路；5—侧槽；6—溢洪道

当坝址处山头较高、岸坡陡峭时，可选用侧槽溢洪道（图5.19）。与正槽溢洪道相比较，侧槽溢洪道具有以下优点：①可以减少开挖方量；②能在开挖方量增加不多的情况下适当加大溢流堰的长度，从而提高堰顶高程，增加兴利库容；③使堰顶水头减小，减少淹没损失，非溢流坝的高度也可适当降低。

侧槽溢洪道的水流条件比较复杂，过堰水流进入侧槽后，形成横向漩滚，同时侧槽内沿程流量不断增加，漩滚强度也不断变化，水流脉动和撞击都很强烈，水面极不平稳。而侧槽又多是在坝头山坡上劈山开挖的深槽，其运行情况直接关系到大坝的安全。因此侧槽多建在完整坚实的岩基上，且要有质量较好的衬砌。除泄量较小者外，不宜在土基上修建侧槽溢洪道。

侧槽溢洪道的溢流堰多采用实用堰。泄水道可以是泄槽，也可以是无压隧洞，视地形、地质条件而定。如果施工时用隧洞导流，则可将泄水隧洞与导流隧洞相结合。

5.3.2　侧槽设计

侧槽设计的要求是满足泄洪条件，保持槽内流态良好、造价低廉和施工管理方便，设计的任务是确定侧槽的槽长（堰长）、断面型式、起始断面高程、槽底纵坡和断面宽度，有关尺寸参数如图5.20所示。

1. 堰长

侧槽堰长 L（即溢流前缘长度）与堰型、堰顶高程、堰顶水头和溢洪道的最大设计流

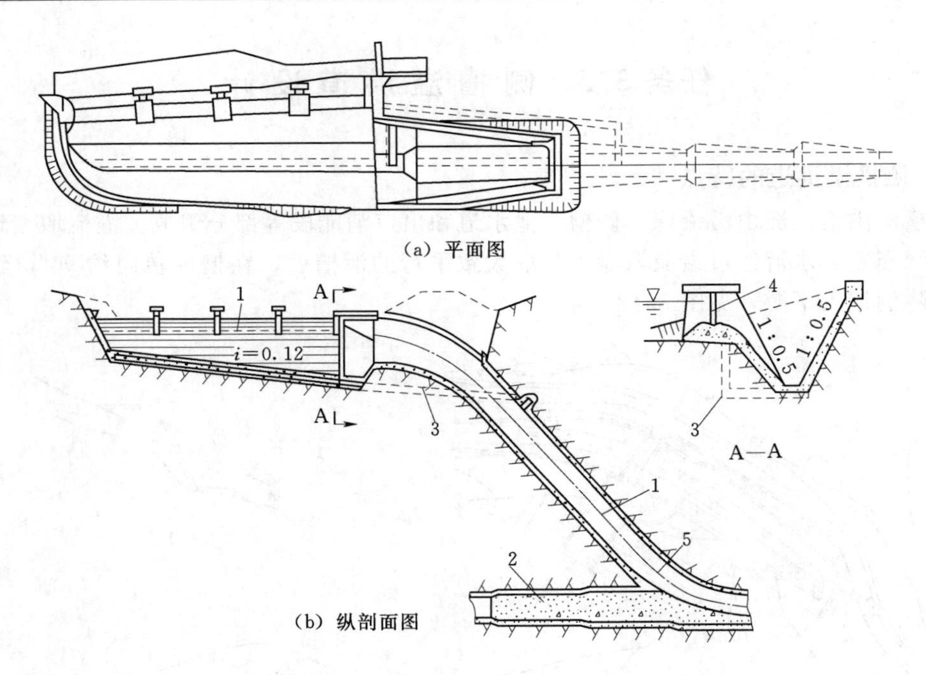

图 5.19　隧洞泄水的侧槽溢洪道

1—水面线；2—混凝土塞；3—排水管；4—闸门；5—泄水隧洞

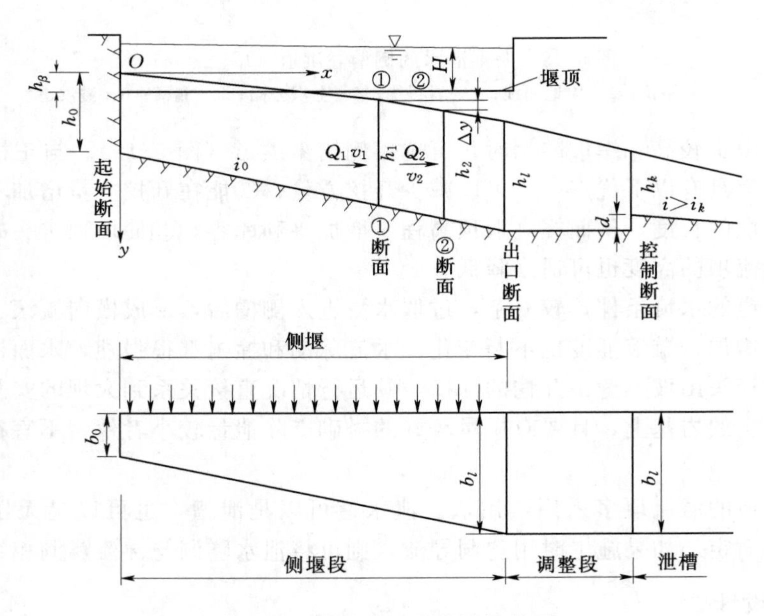

图 5.20　侧槽水面曲线计算简图

量有关。堰型应根据工程规模、流量大小选择，对于大、中型工程一般选择实用堰。溢流堰长度可按式（5.6）计算，即

$$L=\frac{Q}{m\sqrt{2g}H^{\frac{3}{2}}} \tag{5.6}$$

式中　Q——溢洪道的最大泄流量，m^3/s；

H——堰顶水头，m，行近流速水头可忽略不计；

m——流量系数，与堰型有关。

2. 槽底纵坡

侧槽应有适宜的纵坡以满足泄洪要求。由于水流经过溢流堰泄入侧槽时，水冲向对面槽壁，水的大部分能量消耗于水体间掺混撞击，对沿侧槽方向的流动并无帮助，完全依靠重力作用向下游流动，因此，槽底必须要有一定的坡度。当纵坡 i 较陡时，槽内水流为急流，水流不能充分掺混消能，并且槽中水深很不均匀，最大水深可高于平均水深的5%～20%。因此，槽底纵坡应取单一纵坡，且小于槽末断面水流的临界坡。当槽底纵坡 i 较缓时，槽内水流为缓流，水流流态平衡均匀，并可较好地掺混消能。初步拟定时，一般采用槽底纵坡为0.01～0.05。

3. 侧槽横断面底宽

为了适应流量沿程不断增加的特点，侧槽横断面底宽应沿侧槽轴向自上而下逐渐加大。首先，根据地形地质条件，通过工程类比法初选若干起始断面底宽 b_0 并经过经济比较确定。采用机械施工时，应满足施工最小宽度要求。侧槽末端断面底宽 b_l 可按比值 b_0/b_l 确定。一般来说，b_0/b_l 值越小，侧槽开挖量越省。但是，b_0/b_l 过小时，由于槽底需要开挖较深，将增加紧接侧槽末端水流调整段的开挖量。因此，经济的 b_0/b_l 值应根据地形、地质等具体条件计算比较后确定，一般 b_0/b_l 采用0.5～1.0。

4. 侧槽横向边坡系数

对于岸坡陡峭的情况，窄深断面要比宽浅断面节省开挖量。在工程实践中，多将侧槽做成窄而深的梯形断面（图5.21）。靠岸一侧的边坡在满足水流和边坡稳定的条件下，以较陡为宜，一般采用1∶0.3～1∶0.5；对于靠溢流堰一侧，溢流曲线下部的直线段坡度（即侧槽边坡）一般采用1∶0.5。根据模型试验，过水后侧槽水面较高，一般不会出现负压。

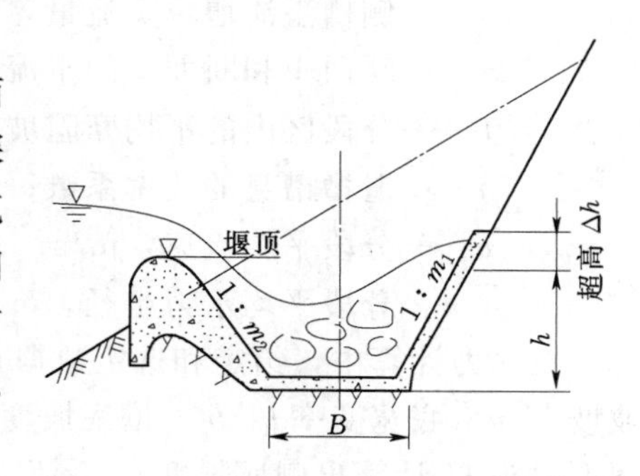

图5.21　侧槽内流态示意图

5. 侧槽始端槽底高程

侧槽的槽底高程以满足溢流堰为非淹没出流和减少开挖量作为控制条件。由于侧槽沿程水面为一降落曲线，因此，确定槽底高程的关键所在是首先确定侧槽起始断面的水面高程，并由该水面高程减去断面水深求得该处的槽底高程。试验研究结果表明，当起始断面附近有一定的淹没时，仍不至于对整个溢流堰的过堰流量有较大的影响，此时仍可认为溢流堰沿程出流属于非淹没出流。为节省开挖量，适当提高渠底高程，一般侧槽首端超过堰顶的水深（h_s）应小于堰上水头（H）的一半。

6. 侧槽水面线的计算

为了调整侧槽内的水流，改善泄槽内的水流流态，水流控制断面一般选在侧槽末端，有调整段时则应选在调整段末端。调整段的作用是使尚未分布均匀的水流，在此段得到调整后能够较平顺地流入泄槽。水工模型试验表明，这样可使泄槽内的冲击波和折冲水流明

显减小。调整段一般采用平底梯形断面，其长度按地形条件决定，可采用 $(2\sim3)h_k$（h_k 为侧槽末端的临界水深）。由缩窄槽宽的收缩段或用调整段末端底坎适当壅高水位，底坎高度 d 一般取 $(0.1\sim0.2)h_k$，使水流在控制断面形成临界流，而后流入泄槽或斜井和隧洞。

根据以上要求，在初步拟定侧槽断面和布置后即可进行侧槽的水力计算。水力计算的目的在于根据溢流堰、侧槽（包括调整段）和泄水道三者之间的水面衔接关系，定出侧槽的水面曲线和相应的槽底高程。利用动量原理，侧槽沿程水面线可按下列公式逐段推求，计算简图如图5.20所示。

$$\Delta y=\frac{(v_1+v_2)}{2g}\left[(v_1-v_2)+\frac{Q_1-Q_2}{Q_1+Q_2}(v_1+v_2)\right]+\overline{J}\Delta x \tag{5.7}$$

$$Q_2=Q_1+q\Delta x \tag{5.8}$$

$$\overline{J}=\frac{n^2\,\overline{v}^2}{\overline{R}^{4/3}} \tag{5.9}$$

$$\overline{v}=(v_1+v_2)/2 \tag{5.10}$$

$$\overline{R}=(R_1+R_2)/2 \tag{5.11}$$

式中 Δx——计算段长度，即断面1与断面2之间的距离，m；

Δy——Δx 段内的水面差，m；

Q_1，Q_2——通过断面1和断面2的流量，m^3/s；

q——侧槽溢流堰单宽流量，$m^3/(s\cdot m)$；

v_1，v_2——断面1和断面2的水流平均流速，m/s；

$\overline{J}$——分段区内的平均摩阻坡降；

n——泄槽槽身的糙率系数；

$\overline{v}$——分段平均流速，m/s；

$\overline{R}$——分段平均水力半径，m。

在水力计算中，给定和选定数据有设计流量 Q、堰顶高程、允许淹没水深 h_s、侧槽边坡坡率 m、底宽变率 b_0/b_l、槽底坡度 i_0 和槽末水深 h_l。计算步骤如下：①由给定的 Q 和堰上水头 H 计算出侧堰长度 l；②列出侧槽断面与调整段末端断面（控制断面）之间的能量方程，计算控制断面处底板的抬高值 d；③根据给定的 m、b_0/b_l、i_0 和 h_l，以侧槽末端作为起始断面，按式（5.7）用列表法逐段向上游推算水面高差 Δy 和相应水深；④根据 h_s 定出侧槽起始断面的水面高程，然后按步骤③计算成果，逐段向下游推算水面高程和槽底高程。

5.3.3 侧槽溢洪道的应用

与正槽溢洪道相比，侧槽溢洪道的水流流态复杂，如果设计不当会影响工程安全，且侧槽体形相对复杂、计算繁琐。但侧槽溢洪道的侧堰可沿等高线布置，所以引渠段较短，水流从溢洪道轴线近90°交角的侧堰上流入槽，不仅有良好的入流条件，而且侧堰开挖量较小。采用侧槽溢洪道可不设闸门，既减少了闸门投资，又避免了闸门的频繁启闭，减少了运行操作工序，符合偏远山区陡涨陡落的洪水特点，给管理带来了很大方便，为水库安全运行打下了良好的基础。

随着西部大开发战略目标的实施，新建水库逐步向偏远山区转移，因河谷山坡陡峻，普遍存在坝高库小、溢洪道开挖量大等问题，而适合侧槽式溢洪道的地形、地质条件较容易满足，因此，从减少溢洪道的开挖量、降低坝高、减少淹没损失及节省投资方面看，侧槽式溢洪道具有明显的优势。

任务5.4 非 常 溢 洪 设 施

泄水建筑物选用的洪水设计标准应当根据有关规范确定。当校核洪水与设计洪水的泄流量相差较大时，应当考虑设置非常泄洪设施。目前常用的非常泄洪设施有非常溢洪道和破副坝泄洪。在设计非常泄洪设施时，应注意以下几个问题：①非常泄洪设施运行机会很少，设计所用的安全系数可适当降低；②枢纽总的最大下泄量不得超过天然来水最大流量；③对泄洪通道和下游可能发生的情况，要预先做出安排，确保能及时启用生效；④规模大或具有两个以上的非常泄洪设施，一般应考虑能分别先后启用，以控制下泄流量；⑤非常泄洪设施应尽量布置在地质条件较好的地段，要做到既能保证预期的泄洪效果，又不致造成变相垮坝。

5.4.1 非常溢洪道

在大、中型水库和重要的小型水库中，除平时运用的正常溢洪道之外，还建有非常溢洪道。这种非常溢洪道是一种保坝的重要措施，仅在发生特大洪水，正常溢洪道宣泄不及致使水库水位将要漫顶时才启用。由于超设计标准的洪水是稀遇的，故非常溢洪道的使用概率少，但要求运用灵活可靠，为此非常溢洪道应该是结构简单、便于修复、启闭及时，并能控制下泄流量。常用的非常溢洪道一般分为漫流式非常溢洪道、自溃式非常溢洪道和爆破引溃式非常溢洪道。

1. 漫流式非常溢洪道

漫流式非常溢洪道的布置与正槽溢洪道类似，堰顶高程应选用与非常溢洪道启用标准相应的水位高程。控制段（溢流堰）通常采用混凝土或浆砌石衬砌，设计标准应与正槽溢洪道控制段相同，以保证泄洪安全。控制段下游的泄槽和消能防冲设施，如行洪过后修复费用不高时可简化布置，甚至可以不做消能设施。控制段可不设闸门控制，任凭水流自由宣泄。溢流堰过水断面通常做成宽浅式，故溢流前缘长度一般较长。因此，这种溢洪道一般布置在高程适宜、地势平坦的山坳处，以减少土石方开挖量。

2. 自溃式非常溢洪道

自溃式非常溢洪道有漫顶溢流自溃式和引冲自溃式两种型式。漫顶溢流自溃式非常溢洪道由自溃坝（或堤）、溢流堰和泄槽组成。自溃坝布置在溢流堰顶面，坝体自溃后露出溢流堰，由溢流堰控制泄流量，如图5.22所示。自溃坝平时可起挡水作用，但当库水位达到一定的高程时应能迅速自溃行洪。为此，坝体材料宜选择无黏性细砂土，压实标准不高，易被水流漫顶冲溃。当溢流前缘较长时，可设隔墙将自溃坝分隔为若干段，各段坝顶高程应有差异，形成分级分段启用的布置方式，以满足库区出现不同频率稀遇洪水的泄洪要求。浙江南山水库自溃式非常溢洪道，采用2m宽的混凝土隔墙将自溃坝分为3段，各

段坝顶高程均不同，形成三级启用形式，除遇特大洪水时需三级都投入使用外，其他稀遇洪水情况只需启用一级或两级，则行洪后的修复工程量也可减少。

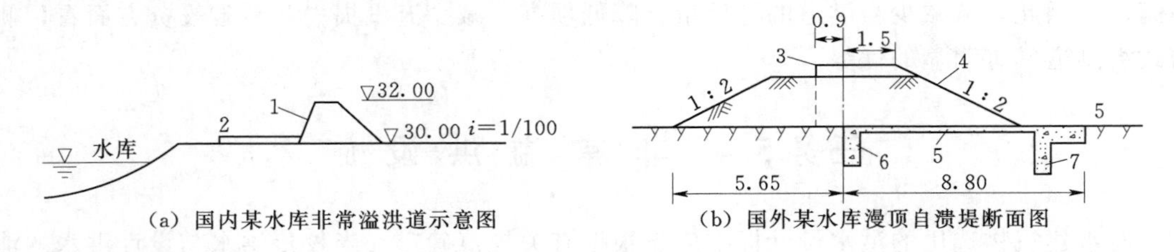

(a) 国内某水库非常溢洪道示意图　(b) 国外某水库漫顶自溃堤断面图

图5.22　漫顶自溃式非常溢洪道进水口断面图（单位：m）

1—土堤；2—公路；3—自溃堤各段间隔墙；4—草皮护面；5—0.3m厚混凝土护面；6—0.6m厚、1.5m深的混凝土截水墙；7—0.6m厚、3.0m深的混凝土截水墙

自溃式非常溢洪道的优点是结构简单、施工方便、造价低廉；缺点是运用的灵活性较差，溃坝时具有偶然性，可能造成自溃时间的提前或滞后。所以，自溃坝的高度常有一定的限制，国内已建工程一般在6m以下。

引冲自溃式非常溢洪道也是由自溃坝、溢流堰和泄槽组成，在坝顶中部或分段中部设引冲槽，如图5.23所示。当库水位超过引冲槽底部高程后，水流经引冲槽向下游泄放，并把引冲槽冲刷扩大，使坝体自溃泄洪。这种自溃方式在溃决过程中流量逐渐加大，对下游防护较为有利，故自溃坝体高度可以适当提高。对于溢流前缘较长的坝，也可以按分级分段布置。引冲槽槽底高程、尺寸和纵向坡度可参照已建工程拟定。

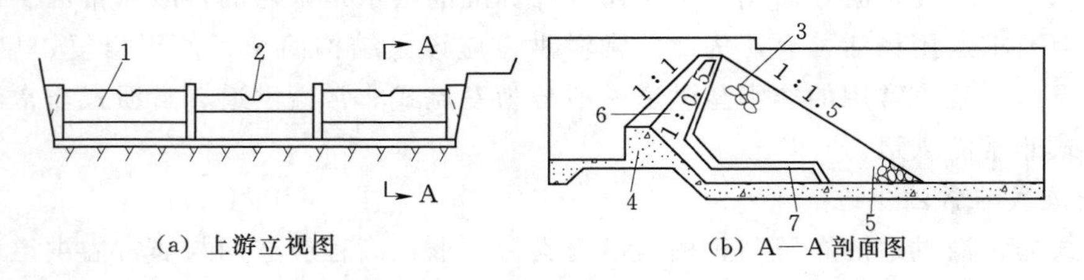

(a) 上游立视图　(b) A—A剖面图

图5.23　某水库引冲自溃坝式溢洪道

1—自溃堤；2—引冲槽；3—引冲槽底；4—混凝土堰；5—卵石；6—黏土斜墙；7—反滤层

应当指出，自溃式非常溢洪道在溃坝泄洪后，需在水位降落后才能修复，如果堰顶高程较低，还会影响水库当年的蓄水量。但是，非常溢洪道的启用机遇是很小的，故这种影响一般不大。关键问题是保证自溃土坝在启用时必须能按设计要求被冲溃，为此应参照已建工程经验进行布置，并应通过水工模型试验验证。

3. 爆破引溃式非常溢洪道

与自溃式非常溢洪道类似，爆破引溃式非常溢洪道是由溢洪道进口的副坝、溢流堰和泄槽组成。当溢洪道启用时，引爆预先埋设在副坝廊道或药室的炸药，利用爆破的能量把布置在溢洪道进口的副坝强行炸开决口，并炸松决口以外坝体，通过快速水流的冲刷，使副坝迅速溃决而泄洪。如果这种溢洪措施的副坝较长，也可分段爆破。爆破的方式、时间可灵活、主动掌握。由于这种引溃方式是由人工操作的，因而使坝体溃决有可靠的保证。图5.24所示为我国沙河水库溢洪道的副坝药室布置图。

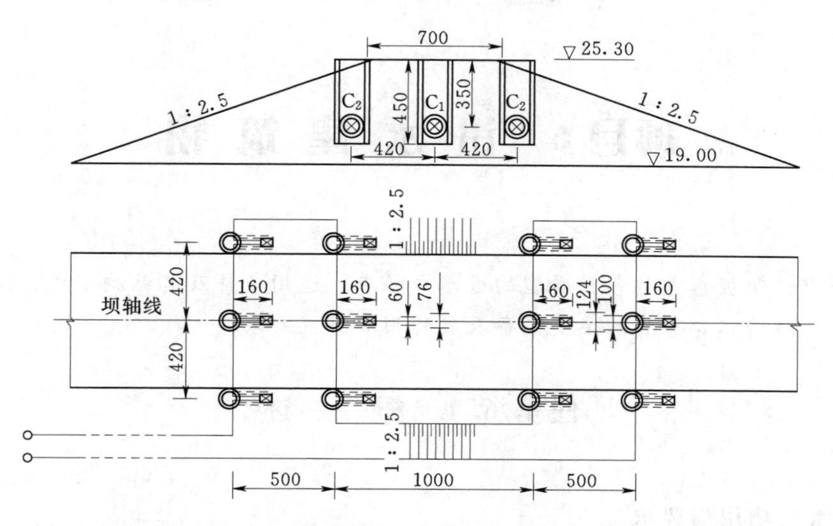

图 5.24　沙河水库副坝药室及导洞布置图（单位：高程为 m，尺寸为 cm）

5.4.2　破副坝泄洪

当水库没有开挖非常溢洪道的适宜条件，而有适于破开的副坝时，可考虑破副坝的应急措施，其启用条件与非常溢洪道相同。

被破的副坝位置应综合考虑地形、地质、副坝高度、对下游影响、损失情况和汛后副坝恢复工作量等因素慎重选定。最好选在山坳里，与主坝间有小山头隔开，这样的副坝溃决时不会危及主坝。

破副坝时应控制决口下泄流量，使下泄量的总和（包括副坝决口流量及其他泄洪建筑物的流量）不超过入库流量。如副坝较长，除用裹头控制决口宽度外，也可预做中墩，将副坝分成数段，遇到不同频率的洪水可分段泄洪。

应当指出，由于非常泄洪设施的运用概率很少，至今经过实际运用考验的还不多，尚缺乏实践经验。因而目前在设计中对如何确定合理的非常洪水标准、非常泄洪设施的启用条件、各种设施的可靠性以及建立健全指挥系统等，尚待进一步研究解决。

思　考　题

5-1　如何确保溢洪道控制段水闸为自由出流？

5-2　溢洪道水面线如何计算？

5-3　查阅有关资料，了解泄槽由缓变陡时应如何连接？

5-4　溢洪道出口消能方式如何确定？

5-5　泄槽底板排水的作用及其措施是什么？

项目6 进水建筑物

学习要求：掌握水电站各种类型的进水口特点、适用条件及其结构形式、结构组成和布置要求；了解进水口布置的主要设备及其作用和布置要求。

任务6.1 概 述

6.1.1 进水口功用与要求

1. 进水口功用

在水利水电工程中，为了从天然河道或水库中取水而修建的专门水工建筑物，称为进水建筑物，简称进水口，其功用为引进符合发电要求的用水。进水口也可以修建成综合利用的形式，如发电灌溉或发电泄洪功用的进水口。

如为满足地区供电而专门修建的进水建筑物，称为水电站的进水口。

2. 进水口的基本要求

进水口的设计应满足下列要求。

(1) 足够的进水能力且水头损失小。在任何工作水位下，进水口都能保证按照负荷要求引进所需的流量且水头损失要小。为此，在枢纽的总体布置中要合理安排水电站进水建筑物的位置和高程，进水建筑物要有平顺的外形轮廓、足够的断面尺寸，还应避免出现吸气漩涡。

(2) 水质符合要求。为防止污物进入引水道和水轮机，需在进水口设置拦污设备。在寒冷地区和多泥沙河流上还需设置排冰设施和拦沙、冲沙等设备。应妥善处理结冰、淤积和污塞等问题。

(3) 可控制流量。进水口需设置闸门，以便给进水口和引水道的检修创造条件，并在必要时进行紧急事故关闭，截断水流，避免事故扩大。对于无压引水式电站，有时还需用进口闸门来控制流量。

(4) 满足水工建筑物的一般要求。进水口要有足够的强度、刚度和稳定性，结构简单，施工方便，造型美观，造价低廉，便于运行、检修和维护等。若为综合利用形式还应满足综合利用要求，必要时应设置专门的设备。

3. 进水口类型

按水流流态，水电站进水口可分为有压进水口和无压进水口。其特征见表6.1。

表 6.1 水电站进水口类型特征表

进水口类型	特征
有压进水口	也称为深式进水口或潜没式进水口。进水口位于最低死水位以下一定深度，在一定的水压之下工作，以引进深层水为主，适用于从水位变化幅度较大的水库中取水。它可以单独布置，也可以和挡水建筑物结合在一起，进水口后常接有压隧洞或管道。有压引水式水电站、坝后式水电站的进水口大都属于这种类型
无压进水口	进水口的水流具有自由水面，处于无压状态，进水口以引进表层水为主，适用于从天然河道或者水位变化不大的水库中取水。进水口后一般接无压引水建筑物，一般用于无压引水式水电站

任务6.2 无压进水口

6.2.1 开敞式进水口

无压进水口也称为开敞式进水口，一般适用于无压引水式电站。特点是进水口水流为无压流。从枢纽组成来说，无压进水口分为有坝进水口和无坝进水口两种。当水电站的引用流量占河流流量的一小部分时，在河流上可不建坝。这种取水方式称为无坝取水。如果电站的引用流量占河流流量的较大部分，或者需要拦蓄一部分水量进行日调节时，就要在河流上建造低坝。这种取水方式称为有坝取水。由于无坝进水口只能引用河道流量的一部分，不能充分利用河流资源，故较少采用。以下主要介绍开敞式有坝进水口。

1. 开敞式进水口的位置选择

无压进水口多为低坝引水，上游没有大的水库，洪水期河道中流量、流速较大，水流挟带大量泥沙与各种漂浮物直至进水口前。因此，拦沙、排沙和拦截漂浮物的问题，较有压进水口更为突出。考虑到上述情况，无压进水口位置应该选择比较稳定的河段，并布置在河道的凹岸（图 6.1）。由于横向环流的作用，凹岸不会形成回流，泥沙、漂浮物不易堆积，且表层水是流向凹岸的。这样可以减少进入进水口的泥沙，还可以利用进水口前的主流，将拦污栅前的漂浮物冲向下游。

当无合适的稳定河段可以利用时，可采取工程措施造成人工弯道。在布置上也可采取一些减沙排污的工程措施。图 6.2 所示为无压进水口的布置实例。

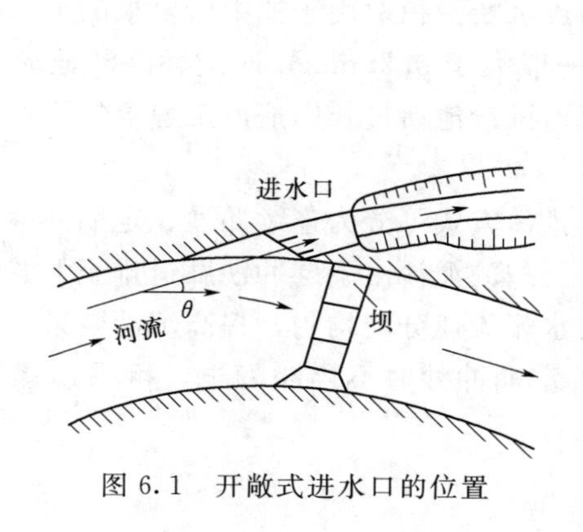

图 6.1 开敞式进水口的位置

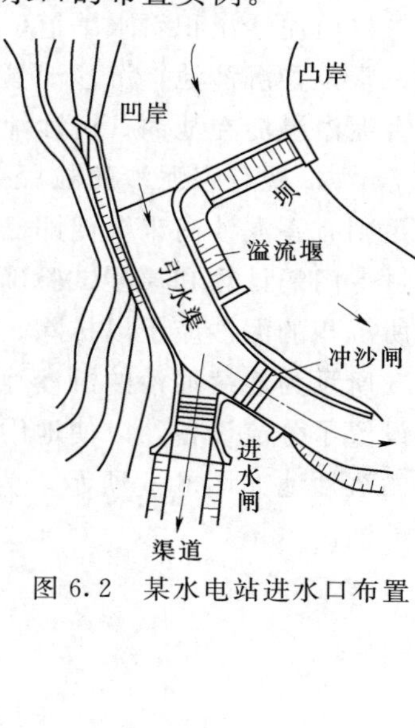

图 6.2 某水电站进水口布置

2. 开敞式进水口的组成建筑物及其布置

有坝无压进水口的组成建筑物一般有拦河低坝（或拦河闸）、进水闸、冲沙闸及沉沙池等。这些组成建筑物的总体布置形式多样，但都应符合水工建筑物的要求。进水闸与冲沙闸的相对位置应以“正面进水，侧面排沙”的原则进行布置，应根据自然条件和引水流量的大小确定最佳引水角度，条件许可时应尽量减少引水角度。冲沙闸与溢流坝之间常设分水墙，以形成冲沙槽，如图 6.3 所示。此外，也可设置冲沙廊道，排除进口前的淤沙，如图 6.4 所示。冲沙廊道中的流速一般应达到 4～6m/s。进水闸的低坎高程应高于冲沙闸和冲沙廊道进口的底面高程，其高差一般不宜小于 1.0m，这样可防止底沙进入引水道。另外，还可以设置拦沙坎，在非洪水期，引水系数较大而河道推移质较多的情况下，防止底沙进入引水道。拦沙坎高度一般为冲沙槽设计深度的 1/4～1/3，最好不小于 1.0～1.5m。

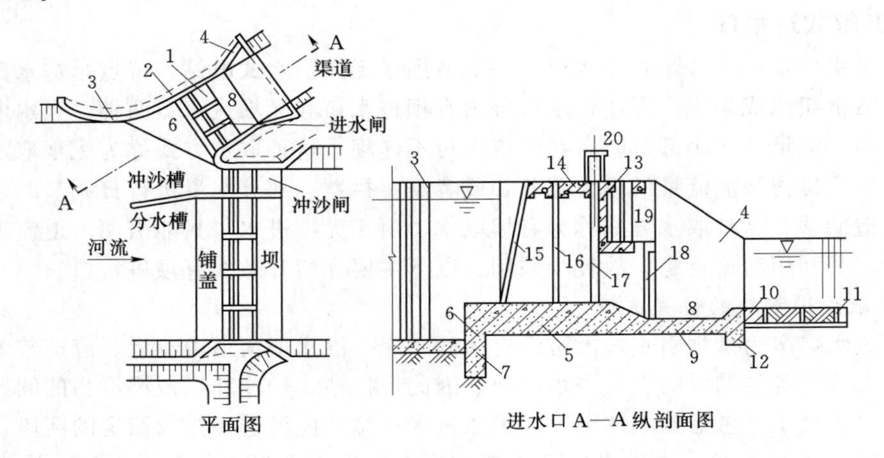

图 6.3　设有冲沙槽的进水口布置

1—闸墩；2—边墩；3—上游翼墙；4—下游翼墙；5—闸底板；6—拦沙坎；7—截水墙；8—消力池；9—护坦；10—穿孔混凝土板；11—乱石海漫；12—齿墙；13—胸墙；14—工作桥；15—拦污栅；16—检修门；17—工作闸门；18—下游检修门；19—下游闸板存放槽；20—启闭机

为了防止悬移质泥沙淤积引水渠道，降低渠道的过水能力，并将磨损水轮机转轮及导叶等过流部件，常设置沉沙池，沉沙池具有加大的过水断面和一定的长度，以减小水流的流速，并使有害泥沙沉淀在池内。沉沙池的过水断面积取决于池中所要求的平均流速，一般为 0.25～0.7m/s，视有害泥沙的粒径（一般大于 0.25mm）而定。沉沙池应有需要的长度，长度不足则有害泥沙尚未沉淀即已流出沉沙池；过长则造成工程上的浪费，通常沉沙池的长度通过专门的计算和模型试验确定。

沉沙池中所沉积的泥沙应予以排除。其排沙方式可分为连续冲沙、定期冲沙和机械排沙 3 种。图 6.5 所示为连续冲沙的沉沙池。沉积的泥沙由下层冲沙廊道排至下游河道。在沉沙池进口处设置了分流设备，以使池中的水流流速分配均匀，提高沉沙效果。

定期冲沙的沉沙池如图 6.6 所示，为了定期冲沙时不停止发电，可采用多室式沉沙池，各室轮流冲沙。

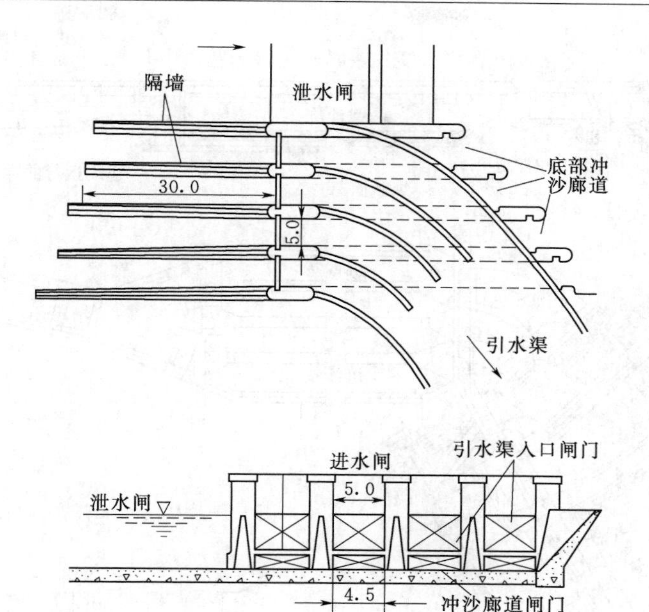

图 6.4 设有冲沙廊道的进水口

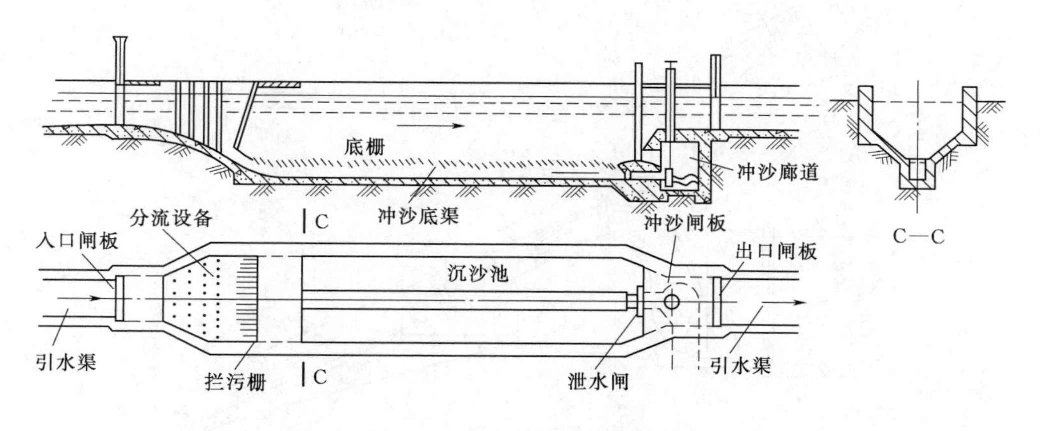

图 6.5 连续式冲沙的沉沙池

冲沙时多采用射流，即先关闭沉沙池进口闸门，用冲沙廊道将池水放空，然后再稍开进口闸门，利用闸底形成的射流将泥沙冲走。

6.2.2 虹吸式进水口

对于水头在20～30m前池水位变幅不大的水利工程及无压引水式电站，采用虹吸式进水口可简化布置、节约投资。在小型水电站及水利工程中采用较多，如图6.7所示。

虹吸式进水口是利用虹吸原理将水从前池引向压力管道，由于这种进水口能迅速切断水流而无需闸门及启闭机等设备，使布置简化，操作简便，停机可靠，节省投资。但虹吸管的型体较复杂，施工质量要求较高。由于水流要越过压力墙顶进入压力管道，故引水道比闸门式进水口长，工程量相应增多。

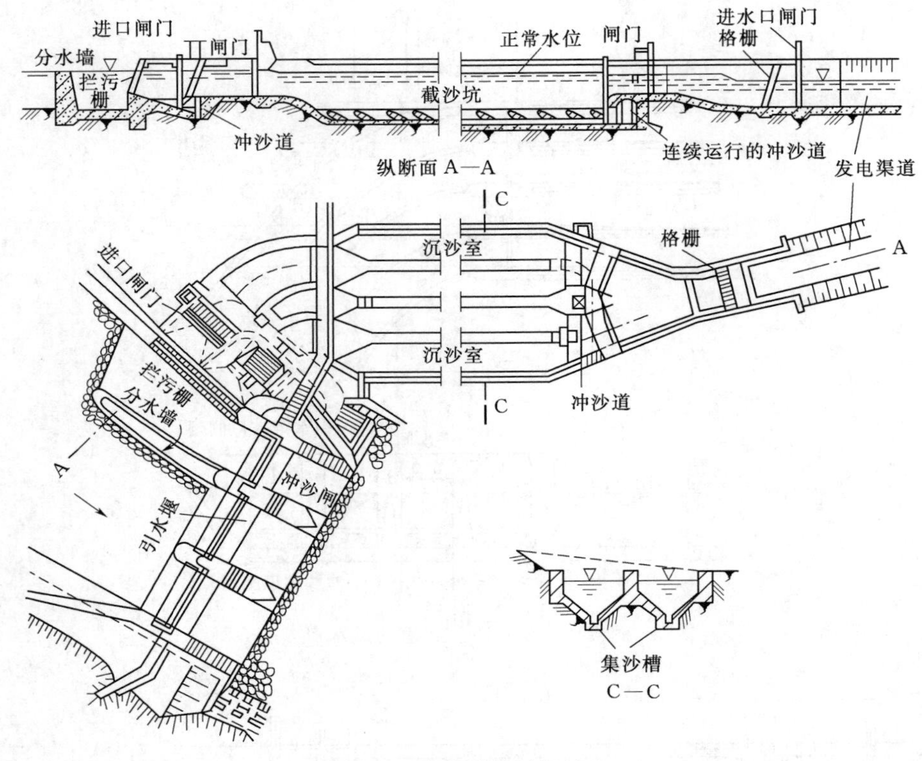

图6.6 定期冲沙的沉沙池

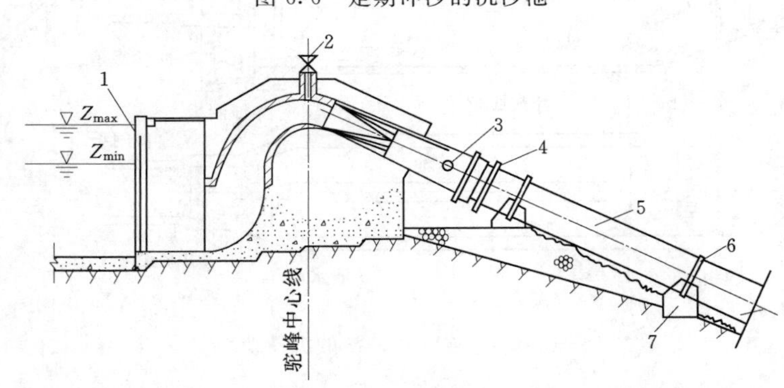

图6.7 虹吸式进水口

1—拦污栅；2—真空破坏阀；3—进人孔；4—伸缩节；5—钢管；6—支承环；7—支墩

虹吸式进水口一般由进口段、驼峰段、渐变段三部分组成。进口段的进口淹没在上游一定的水深下，并安装拦污栅。进口流道光滑平顺，为矩形断面的管道，以曲线与驼峰衔接，流道可采用象鼻形、S形等型式，驼峰段经常处于负压下工作，驼峰高程最高，压力最低。为减小驼峰顶点的负压，断面形式一般采用扁方形。渐变段为扁方形驼峰段和圆形管道的过渡段，在水平方向逐渐收缩，在垂直方向逐渐扩散，以便使水流平顺进入压力管道。为了减小水头损失，两个方向的收缩一般控制在8°～10°，驼峰顶点装有真空破坏阀，并布置有抽气管道、旁通管及阀门等。抽气机或射流气泵可布置在附近机房内。虹吸式进水口的进口段、驼峰段和渐变段都是埋置在大体积混凝土或浆砌石中的钢筋混凝土结构，

如图6.7所示。

电站在引水发电时，为了使虹吸管内形成满管流，必须先抽空管内空气，为了减少驼峰下游侧的抽气量，常需设置充水管，向压力管内充水，充水管段设在拦污栅后面。机组启动前先关闭水轮机导叶，同时打开驼峰段上面的真空破坏阀，使充水时压力管内的空气由此排除，再开启充水阀使压力管充水，直至管内水位与压力前池水位齐平，然后关闭充水阀，抽气充水。

任务6.3　有压进水口

6.3.1　有压进水口的主要类型及适用条件

有压进水口的类型主要取决于水电站的开发和运行方式、引用流量、枢纽布置要求以及地形地质条件等因素，可分为竖井式、墙式、塔式、坝式4种主要类型。各类有压进水口特征见表6.2。

表6.2　　有压水口类型特征表

有压进水口类型	特　征
竖井式进水口	竖井式进水口的闸门井布置于山体竖井中，竖井的顶部布置启闭设备和操作室
墙式进水口	墙式进水口的进口段和闸门段均布置在山体外，形成一个紧靠在山岩上的墙式建筑物
塔式进水口	塔式进水口的进口段和闸门段组成一个竖立于水库边的塔式结构，通过工作桥与岸边相连
坝式进水口	坝式进水口指的是布置在挡水坝或挡水建筑物上的整体结构进水口，进口段和闸门段常合二为一，布置紧凑

1. 竖井式进水口

竖井式进水口的进口段和闸门井均从山体中开凿而成，如图6.8所示。进口段开挖呈喇叭形，以使入水平顺。闸门段经渐变段与引水隧洞衔接。这种进水口适用于地质条件较好、地形坡度适中的情况。当地质条件不好，扩大进口和开挖竖井会引起塌方，地形过于平缓，不易成洞，或过于陡峻，难以开凿竖井时，都不宜采用。竖井式进水口充分利用了岩石的作用，钢筋混凝土工程量较少，是一种既经济又安全的结构形式，因而应用广泛。

2. 墙式进水口

墙式进水口的进口段和闸门段均布置在山体之外，形成一个紧靠在山岩上的墙式建筑物，如图6.9所示。这种进水口适用于洞口附近地质条件较差或地形陡峻因而不宜采用竖井式进水口时。墙式建筑物承受水压力，有时也承受山岩压力，因而需要足够的强度和稳定性，有时可将墙式结构连同闸门槽依山做成倾斜的，以减小或免除山岩压力，同时使水压力部分或全部传给山岩承受，这时的墙式进水口称为斜卧式进水口。

3. 塔式进水口

塔式进水口的进口段和闸门段组成一个竖立于水库边的塔式结构，通过工作桥与岸边相连，如图6.10所示。这种进水口适用于洞口附近地质条件较差或地形平缓从而不宜采用竖井式进水口时。当地材料坝的坝下涵管也常采用塔式进水口。塔式结构要承受风浪压力及地震力，必须有足够的强度及稳定性。塔式进水口可由一侧进水，也可由四周进水，然后将水引入塔底岩基的竖井中。

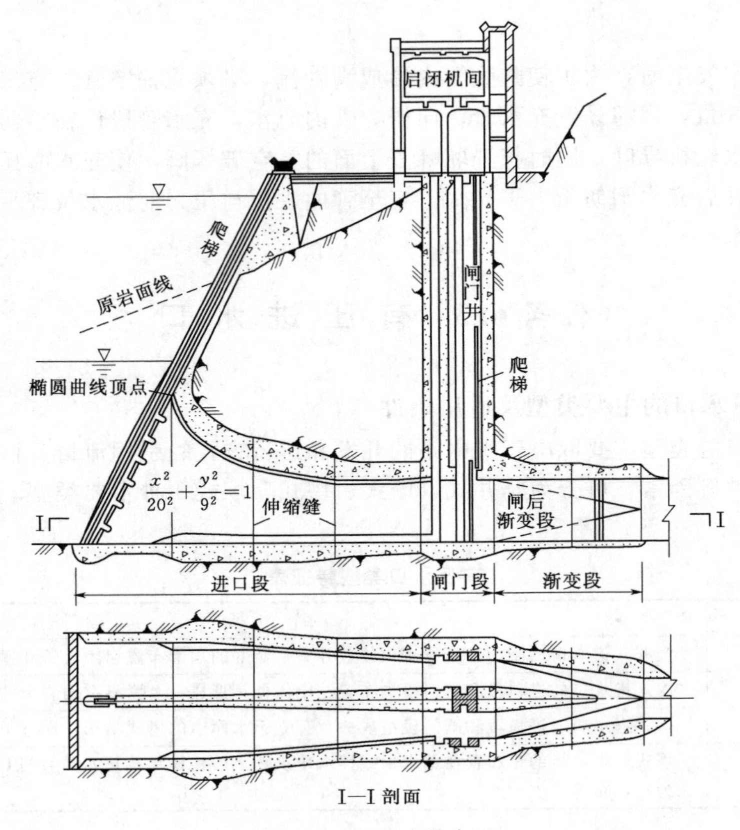

图 6.8 竖井式进水口

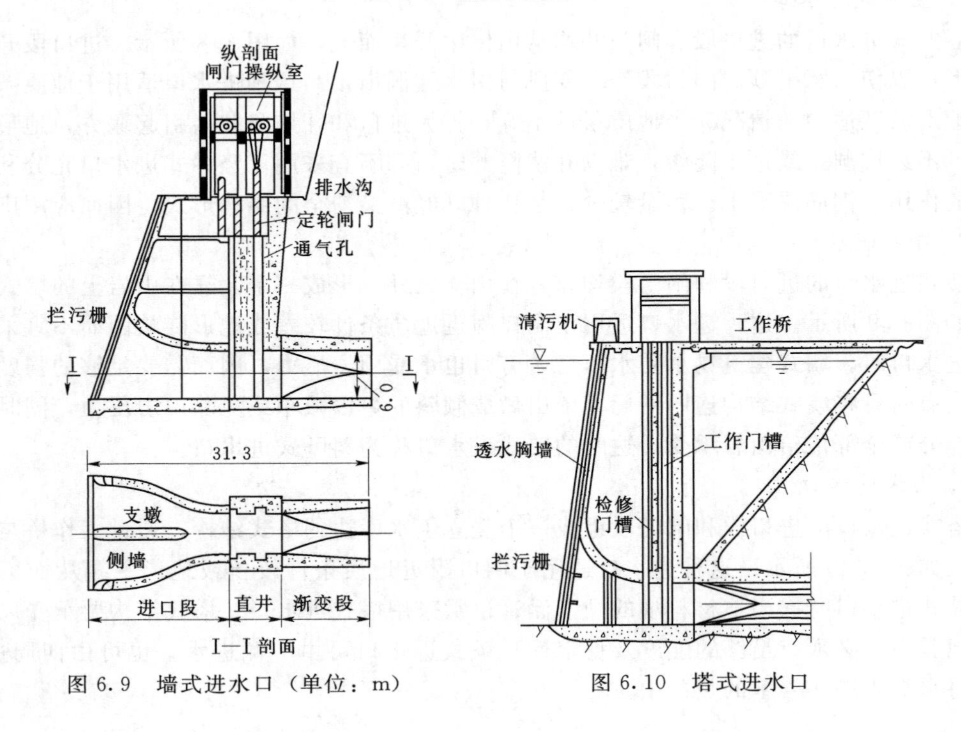

图 6.9 墙式进水口（单位：m）

图 6.10 塔式进水口

4. 坝式进水口

坝式进水口的基本特征是进水口依附在坝体上，进口段和闸门段常合二为一，布置紧凑，如图6.11所示。当水电站压力管道埋设在坝体内时，只能采用这种进水口，坝式进水口的布置应与坝体协调一致，其形状也随坝型不同而异。

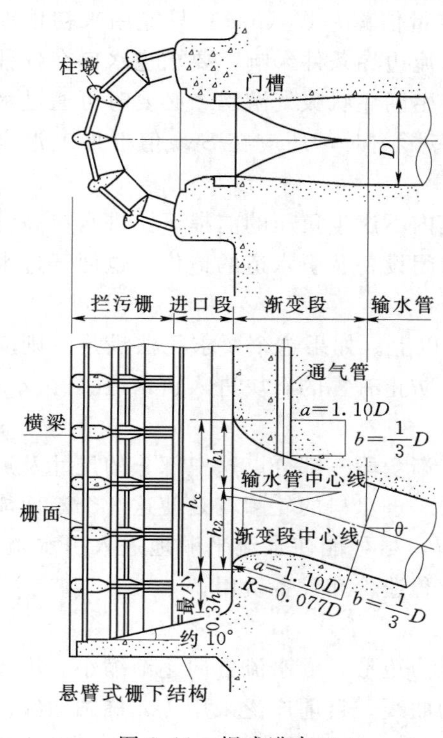

图6.11　坝式进水口

6.3.2 有压进水口的布置

6.3.2.1 基本资料

布置进水口所需要的基本资料与数据有以下内容。

(1) 水利枢纽的总体布置方案，进水口范围内的地形、地质资料，建筑物等级等。

(2) 水文气象条件、上游漂浮物的性质与来量、泥沙淤积情况、河道冰凌情况。

(3) 电站的运行水位与引用流量。

(4) 引水道的直径、长度和控制方式，水轮机特性。

(5) 地震烈度等。

6.3.2.2 位置选择

有压进水口位置的选择应当从水库地形地质条件、水位变幅、引水路线、进水口型式以及其他进水口位置等方面来综合考虑。运行时应能保证进水口的水流平顺、对称、水力损失小、不产生回流和漩涡、不产生淤积和聚集漂浮物等现象。同时，在其他进水口通过水量或泄洪时不影响该进水口的进水量。而且与其后的压力引水隧洞路线应协调一致，布置在地形、地质及水流条件均合适的地点。

6.3.2.3 高程选择

为保证水库的发电、灌溉等效益，需要取水口在死水位情况下能够取到足够的设计流量，因此，有压进水口的顶高程应低于死水位一定深度，这个深度称为淹没深度。淹没深度不仅是为保证取到足够的引用流量，在发电引水中，还应以不产生漏斗状吸气漩涡为原则。漏斗状漩涡不仅会带入空气，而且会吸入漂浮物，引起噪声和振动，减少实际流量，增大汽蚀，影响水电站的正常发电。

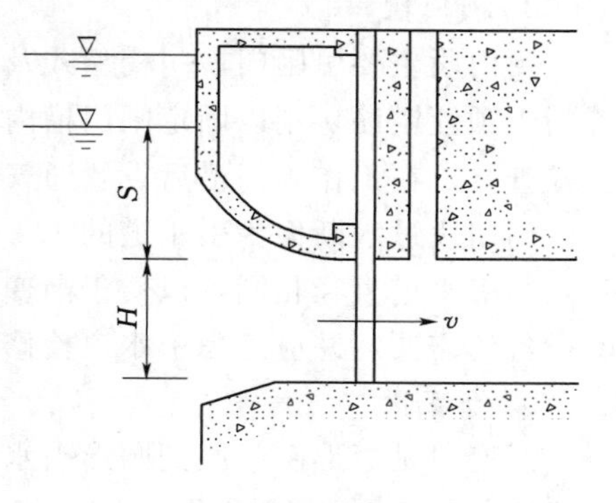

图6.12　临界淹没深度

根据已建工程的原型观测分析表明，不出现吸气漩涡的临界淹没深度（图6.12）可按下面的戈登（J. L. Gordon）经验公式估算，即

$$S_{临界}=Cv\sqrt{H} \tag{6.1}$$

式中 $S_{临界}$——闸门顶低于最低水位的淹没深度，m；

C——经验系数，$C=0.55\sim0.73$，对称进水时取小值，侧向进水时取大值；

v——闸门断面处的流速，m/s；

H——闸门孔口净高，m。

由于影响漩涡产生的因素很多，有些因素无法定量估算，式（6.1）只能用来初估淹没深度。在工程实践中，受地形限制及复杂的行近水流边界条件影响，要求进水口在各种运行情况下完全不产生漩涡是困难的，关键是不应产生漏斗状吸气漩涡，必要时可通过水力模型试验，研究采取措施消除。当风浪对库水位有影响时，还应在$S_{临界}$值上加上浪高的1/2。

在满足进水口前不产生漏斗状吸气漩涡及引水道内不产生负压的前提下，进水口高程应尽可能抬高，以改善结构受力条件，降低闸门、启闭设备及引水道的造价，也便于进水口运行维护。

有压进水口的底部高程应高于设计淤积高程1m以上。如果这个要求无法满足，则应在进水口附近设排沙孔，以保证进水口不被淤塞，并防止有害的石块进入引水道。

6.3.2.4 有压进水口轮廓尺寸

有压进水口沿水流方向可分为进口段、闸门段、渐变段三部分。这三部分的尺寸及形状，主要与拦污栅断面、闸门尺寸和引水道断面有关。进水口的轮廓就是使这3个断面能平顺地连接起来，在保证引进发电所需流量的前提下，尽可能使水流平顺地进入引水道，使水头损失小，避免因水流脱壁而产生负压，降低工程造价和设备费用。

1. 进口段

进口段为连接拦污栅与闸门段的部分，其断面常为矩形，顺水流方向逐渐缩小。进口段一般为平底，两侧稍有收缩，纵断面的顶板位置为曲线，目前广泛采用1/4椭圆曲线。

由于两侧水流较之顶板水流要平顺，因而两侧边墙的水力平滑曲线要求比顶板曲线低，一般中小型工程以圆弧曲线为主，这样两侧及顶板就围成了矩形喇叭口形状。

进口流速不宜过大，在喇叭口外缘流速一般控制在0.8～1.2m/s，以便于拦污栅清污。

进口段长度无一定标准，以工程地形地质情况及水流平顺的原则布置，力求布置紧凑，以节省工程量。

2. 闸门段

闸门段主要由闸门、门槽型式及受力条件而定，一般为矩形断面，闸门槽四周以二期混凝土预埋锚筋，用以固定闸门槽内安装的止水封座及闸门滚轮导轨。在检修闸门槽后设置检查孔，在工作闸门槽后设置通气孔，有时还根据需要设置测量设备。

闸门段过水断面为引水道的1.1倍左右。高度一般略大于或等于引水道直径；而宽度一般与引水道直径相同，以便于渐变段的布置及水流平顺。闸门段的长度取决于闸门及启闭设备的需要，并应考虑引水道检修通道的要求。

3. 渐变段

渐变段是矩形闸门段到圆形引水道的过渡段。通常采用圆角过渡，圆角半径r按直线规律变化，如图6.13所示。

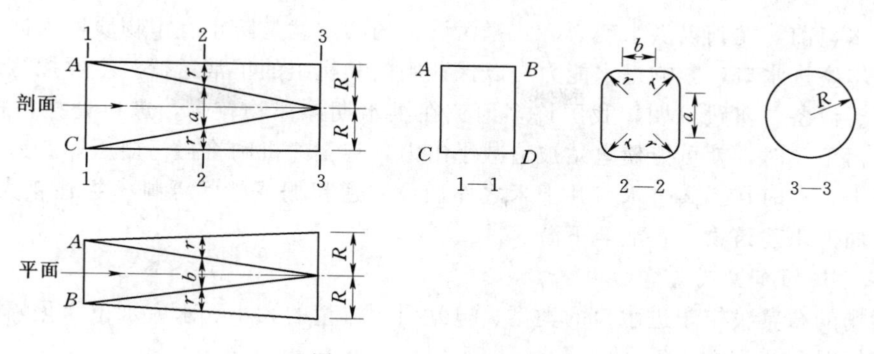

图 6.13 进水口渐变段

渐变段长度一般取引水道直径的 1.5～2 倍，对于狭窄的取水口为方便布置也可取 1.0～1.5 倍，收缩角不超过 10°，以 6°～8°为宜。

为了使水流平顺，渐变段轴线一般布置成直线，地形及布置形式限制时也可布置成曲线，但要注意避免流速过高使底板与水流分离而产生负压现象。

竖井式、岸塔式及塔式进水口的进口段、闸门段和渐变段划分比较明确，坝式进水口为了适应坝体的结构要求，进水口长度要缩短，进口段与闸门段常合二为一。坝式进水口一般都做成矩形喇叭口状，水头较高时，喇叭开口较小，以减小闸门尺寸以及孔口对坝体结构的影响；水头较低时，孔口开口较大，以降低水头损失。喇叭口的形状常由试验决定，以不出现负压、漩涡且水头损失最小为原则。进水口的中心线可以是水平的，也可以是倾斜的，视与压力管道的连接条件而定。开口较小时工作闸门可设于喇叭口的中部，而将检修闸门置于喇叭口上游，如图 6.11 所示。该图中还表示了为保证水流平顺各部分所需的最小尺寸。

6.3.3 有压进水口的主要设备

有压进水口应根据运用条件设置拦污设备、闸门及启闭设备、通气孔以及充水阀等主要设备，见表 6.3。

表 6.3 **有压进水口主要设备一览表**

有压进水口主要设备		作 用
拦污设备		防止有害物质进入进水口，并不使污物堵塞进水口，影响过水能力，以保证闸门和机组的正常运行。主要拦污设备是拦污栅
闸门及启闭设备	事故闸门	当机组或引水道发生事故时紧急关闭，以防事故扩大
	检修闸门	当检修事故闸门及其门槽时用以挡水
通气孔		当引水道充水时用以排气，当事故闸门关闭放空引水道时，用以补气以防出现有害的真空
充水阀		开启闸门前向引水道充水，平衡闸门前后水压，以便静水开启闸门

6.3.3.1 拦污设备

1. 拦污设备的作用

在河流及水库中，常有漂木、树枝、树叶、杂草、垃圾、浮水物等漂浮物顺流而下，

聚集于进水口前，尤其以洪水期为甚。拦污设备的功用就是防止有害物质进入进水口，并不使污物堵塞进水口，影响过水能力，以保证闸门和机组的正常运行。主要拦污设备是拦污栅和清污设备。实践表明，我国许多河流在洪水期漂浮物较多，进口处拦污栅易于堵塞，若清污不及时，就可能使电站被迫减小出力，甚至停机和将拦污栅压坏。为了减小对拦污的压力，有时在远离进水口几十米之外加设一道粗栅或拦污浮排，拦住粗大漂浮物，并将其引向泄水建筑物，宣泄至下游。

2. *拦污栅的布置及支撑结构*

拦污栅的布置决定于进水口的类型、电站引用流量的大小、水库水位变化幅度、被拦截污物的情况和清污方法等。

拦污栅在立面上可布置成垂直的或倾斜的。倾斜的优点是过水断面大且易清污，倾角一般为60°～70°，广泛应用于竖井及墙式进水口。而塔式及坝式进水口由于工程量限制，进口处一般不设置成倾斜面，因而拦污栅也相应地为垂直或接近垂直的。

拦污栅的平面形状可以是多边形（或半圆形）的，也可以是平面的。平面拦污栅的优点是便于用清污机清污，竖井式及压力墙式进水口一般采用平面拦污栅，而塔式和坝式进水口则两种形状均有采用。坝式进水口多边形拦污栅可见图6.11。由图6.11中可以看出，在进口底部伸出的悬臂板上立着5根柱墩，柱墩两侧留有栅槽，拦污栅片即插在槽内。柱墩的间距一般不大于2.5m，柱墩之间用水平的横梁连接成整体框架，并与坝体相连接。

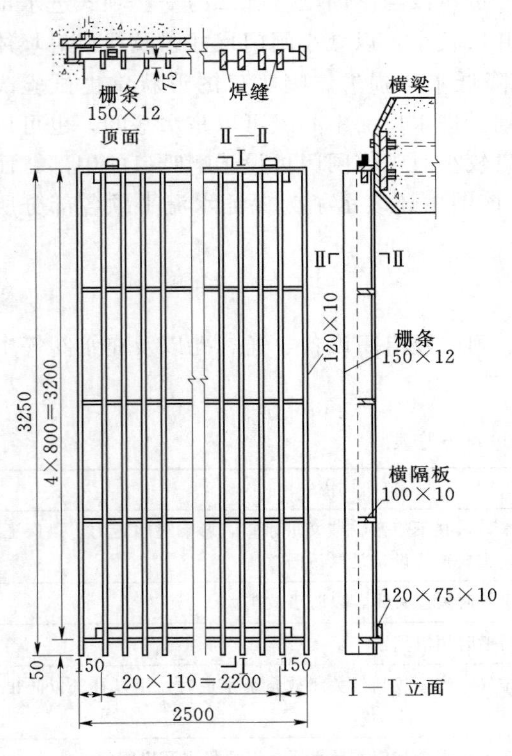

图6.14　拦污栅片结构

栅片的上下端支承在上下两横梁上，横梁的间距一般不大于4.0m。间距过大会加大栅片的横断面，间距过小会增大水头损失。拦污栅框架高度常取决于库水位和清污要求。在不需要经常清污的情况下，拦污栅框架的顶部只需要高出经常出现的水库低水位，以便有机会可以清理与维护拦污栅。如污物较多，需要经常清污，此时拦污栅顶部应高于清污的水位。拦污栅顶部用顶板封闭。进水口采用平面拦污栅的情况可见图6.8和图6.9，所有水电站进水口共用一个整体的平面拦污栅，充分利用了进水口之间的空间，使拦污栅有足够的过水断面，而且建构简单，便于机械清污。在部分栅面被污物堵塞时，仍可通过邻近的栅面进水。

3. *拦污栅的结构与构造*

拦污栅由若干块栅片组成，每块栅片的宽度一般不超过2.5m，高度不超过4m，整块栅片看起来像一扇百叶窗。栅片如同闸门一样放在支承结构的栅槽中，必要时可将栅片一片一片地提起检修。栅片的结构如图 6.14 所示，四周用角钢或槽钢焊成边框，中间用扁钢做栅条。栅条上下端焊在边框上，沿栅条的长度方向每隔一定的距离设置带有槽口的横隔板，栅条背水的一边嵌入横隔板的槽口中并加焊。横隔板的作用是使栅条保持固定的位置，并增加栅条的侧向稳定性。栅片顶部设有吊环。栅条的厚度及宽度由强度计算确定。一般厚度为 6～12mm，宽度为 100～200mm，栅条间净距取决于水轮机的型号及尺寸。要保证通过拦污栅的污物不会卡在水轮机的过流部件中。栅条净距 b 一般由水轮机制造厂提供。混流式水轮机 $b \approx D_1/30$，其中 D_1 为水轮机转轮直径；轴流式水轮机 $b \approx D_1/20$；冲击式水轮机 $b \approx d/5$，其中 d 为喷嘴直径。

4. 拦污栅的清污与防冻

拦污栅被污物堵塞时水头损失将加大，可通过观察栅前栅后的水位差来判明被堵塞的程度。拦污栅堵塞时要及时清污，以免造成额外的水头损失。堵塞不多时清污方便，堵塞过多则过栅流速加大，污物被水压力紧压在栅条上，清污困难。为了保证拦污栅结构的安全和正常工作，及时观测污物堵塞程度，应在栅前栅后埋设压差量测设备，以观察水位差或压力差。清污方式有人工清污和机械清污两种。中、小型水电站常采用人工齿耙扒掉拦污栅上污物的人工方法，应用在浅水、倾斜的拦污栅较合适。大、中型水电站常用清污机清污，如图 6.15 所示，在污物较多的河流上，若清污很困难，可将拦污栅吊出来清污，为在清污时不使水电站停机，则可设前、后两道拦污栅，一道吊出清污时，另一道可以拦污。

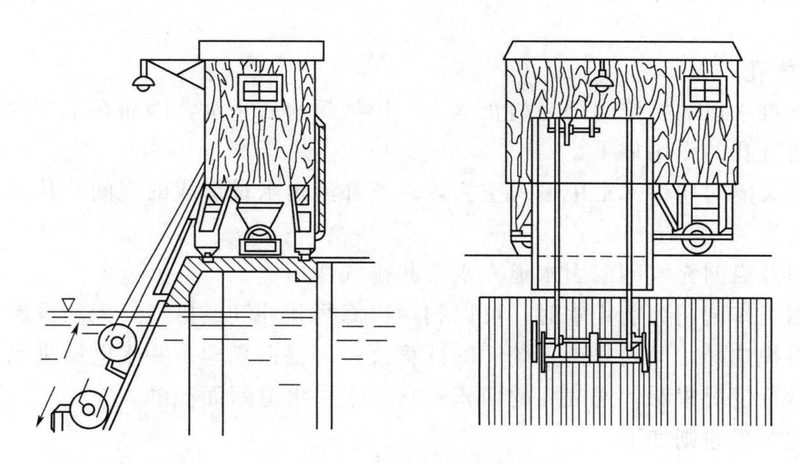

图 6.15 清污机

在严寒地区要防止拦污栅结冰。如冬季仍能保证全部栅条完全埋在水下，则水面形成冰盖后，下层水温高于 0℃，栅面不会结冰。如栅条露出水面，则要设法防止栅条结冰：一种方法是在栅面上通过 50V 以下的电压，形成回路使栅条发热；另一种方法是将压缩空气用管道通到拦污栅上游面的底部，从均匀布置的喷嘴中喷出，形成自下而上的夹气水流，将下层温水带至栅面，并增加水流的紊动，以防止栅面结冰。这时要减少电站的引用流量，以免吸入大量气泡。在特别寒冷地区，有时要将进水口（包括拦污栅）全部建在室内，以便保温。

6.3.3.2 闸门及启闭设备

为控制水流，进水口必须设置闸门。闸门可分为工作闸门（事故闸门）和检修闸门。工作闸门的功用主要是当机组或引水道正常开启和关闭，或当发生事故时紧急关闭，以防事故扩大。检修闸门设在事故闸门之前，它的功用是当检修工作闸门及其门槽时用以堵水。

工作闸门一般要求在动水中能够迅速关闭，开启时则为静水中开启。即先用充水阀向门后充水，待闸门前后水压基本平衡后，再行开启闸门，以减少启门力并避免闸门在开启的瞬间高速水流冲入引水道而引起振动。由于引水道末端闸门会漏水，特别是水轮机导叶漏水量较大，所以要求工作闸门能在3～5m水压差下开启。小型进水口的工作闸门一般为平板门，它占据的空间小。如果水深较浅压力较小，一般以卷扬式启闭机启闭；如果闸门位于水下较深，启门力过大，则采用螺杆式启闭机；大中型进水口可以为弧形闸门，以油压启闭机启闭，启门力大而且操作便利，减少了上部启闭平台结构特别是柱结构的巨大启闭荷载。一般每个工作闸门配一套启闭机，以便随时操作闸门。闸门操作应尽可能自动化，闸门应能吊出进行检修。

检修闸门与工作闸门相比，启门力是很小的，因此一般采用平板门，对中小型水电站还可以采用更简单的叠梁门。周边进水的塔式进水口多采用圆筒闸门。检修闸门为静水启闭，可以几个进水口合用一套。启门机也可用移动式的，或用临时启闭设备，如为坝式进水口则可利用门机来操作检修闸门。检修闸门平时放在专设的储门室内或锁定在检修门槽的上方。

6.3.3.3 通气孔

一般有压进水口的检修闸门为前止水，工作闸门为后止水，因而在工作闸门之后需设置通气孔，通气孔的作用如下。

（1）闸门关闭时向引水道中输入空气，以填补流走水量形成的空间，从而防止引水管道发生真空失稳。

（2）闸门开启前充水阀向引水道充水时起排气作用。

注意，当工作闸门为前止水时，可以利用检修竖井补气或排气，无须设置专门的通气孔。通气孔面积选择，国内外尚无统一的计算公式，根据我国一些水电站进水口通气孔的原型观测与运行情况来看，通气孔的面积不宜小于引水道断面积的5%。

通气孔的布置原则如下。

（1）通气孔出口端应高于上游水位，通气孔的布置应与启闭室分开，外口应设置防护罩，并应防止冬季结冰。

（2）通气孔的内口应尽量靠近工作闸门下游面的引水道顶部，以能在任何情况下均能充分通气，减少负压。

（3）通气孔体形应平顺，避免突变，在必须转弯的部位，应具有较大的转弯半径，以减少气流阻力。

6.3.3.4 充水阀

充水阀的作用是在工作闸门开启前向引水管道充水。闸门上下游水压力基本平衡后，闸门在静水中开启。如果不向引水道充水而直接打开工作闸门，则高速水流倾泻而下引起

巨大振动及冲刷，破坏引水道及压力钢管。在工作闸门的上下游侧以旁通管连接，用充水阀控制。对于布置旁通管有困难的进水口，可以考虑在工作闸门上设置充水阀，利用吊杆启闭，开启时先将吊杆提升一段距离，打开充水阀，此时闸门本体不动，待充水完毕后再继续提升吊杆开启闸门本体。关闭闸门时，吊杆在自重力及充水阀的作用下下压，充水阀关闭。

思　考　题

6-1　进水口的基本要求有哪些？

6-2　什么是无压进水建筑物？

6-3　有压进水口有哪几种型式？

6-4　有压进水口主要有哪些设备？

6-5　通气孔的主要作用是什么？

6-6　严寒地区防止拦污栅结冰有哪些措施？

6-7　清污机主要有哪些作用？

6-8　进水口防止泥沙进入的主要措施有哪些？

项目7 引水建筑物

学习要求：掌握渠道工程、渡槽、倒虹吸管、涵洞、水工隧洞的选线与布置、组成及各部分的型式与构造；了解渡槽的设计要点；了解倒虹吸管的水力计算。

任务7.1 渠 道 工 程

7.1.1 概述

输配水渠道一般线路长，沿线地形起伏变化大，地质情况复杂，为了准确调节水位、控制流量、分配水量、穿越各种障碍，满足灌溉、水力发电、工业及生活用水的需要，需要在渠道上修建的水工建筑物统称为渠系建筑物。

1. 渠系建筑物的种类和作用

渠系建筑物的种类很多，一般按其作用分类，主要有以下几种。

(1) 渠道。它是指为农田灌溉、水力发电、工业及生活输水用的、具有自由水面的人工水道。一个灌区内的灌溉或排水渠道，一般分为干、支、斗、农四级，构成渠道系统，简称渠系。

(2) 调节及配水建筑物。用以调节水位和分配流量，如节制闸、分水闸等。

(3) 交叉建筑物。渠道与山谷、河流、道路、山岭等相交时所修建的建筑物，如渡槽、倒虹吸管、涵洞等。

(4) 落差建筑物。在渠道落差集中处修建的建筑物，如跌水、陡坡等。

(5) 泄水建筑物。为保护渠道及建筑物安全或进行维修，用以放空渠水的建筑物，如泄水闸、虹吸泄洪道等。

(6) 冲沙和沉沙建筑物。为防止和减少渠道淤积，在渠首或渠系中设置的冲沙和沉沙设施，如冲沙闸、沉沙池等。

(7) 量水建筑物。用以计量输配水量的设施，如量水堰、量水管嘴等。

渠系中的建筑物，一般规模不大，但数量多，总的工程量和造价在整个工程中所占比例较大。为此，应尽量简化结构，改进设计和施工，以节约原材料和劳动力、降低工程造价。

2. 渠系建筑物的特点

各种渠系建筑物的作用虽各有不同，但具有较多的共同点。

(1) 量大面广、总投资多。单个工程的规模一般都不很大，但数量多，总的工程量往往很大。

(2) 同类建筑物较为相似。建筑物位置分散在整个渠道沿线，同类建筑物的工程条件

常相近。因此，宜采用定型化结构和装配式结构，以简化设计、加快施工进度、缩短工期、降低造价、节省劳力和保证工程质量。

（3）受地形环境影响较大。渠系建筑物的布置主要取决于地形条件，与群众的生产、生活环境密切相关。

3. 渠系建筑物的布置原则

（1）灌溉渠道的渠系建筑物应按设计流量设计、加大流量校核。排水沟道的渠系建筑物仅按设计流量设计。同时，应满足水面衔接、泥沙处理、排泄洪水、环保和施工、运行、管理的要求，并适应交通和群众生产、生活的需要。

（2）渠系建筑物应布置在渠线顺直、地质条件良好的缓坡渠段上。在底坡陡于临界坡的急坡渠段上不应布置改变渠道过水断面形状、尺寸、纵坡和设有阻水结构的渠系建筑物。

（3）渠系建筑物应避开不稳定场地和滑坡、崩塌等不良地质渠段，对于不能避开的其他特殊地质条件应采用适宜的布置形式或地基处理措施。

（4）顺渠向的渡槽、倒虹吸管、陡坡与跌水、节制闸等渠系建筑物的中心线与所在渠道的中心线重合。跨渠向的渡槽、倒虹吸管、涵洞等渠系建筑物的中心线宜与所跨渠道的中心线垂直。

（5）除倒虹吸管和虹吸式溢洪堰外，渠系建筑物宜采用开敞式布置或无压明流流态。

（6）在渠系建筑物的水深、流急、高差大、邻近高压电线及有毒有害物质等开敞部位，应针对具体情况分别采取留足安全距离、设置防护隔离设施或醒目明确的安全警示标牌等安全措施。

（7）渠系建筑物设计文件中应包含必要的安全运行规程、操作制度和安全监测设计。

7.1.2 引水渠道

7.1.2.1 引水渠道的基本要求

水电站的引水渠道与一般灌溉和供水渠道不同。这是因为电力系统中的负荷随时间变化很大，水电站通常在系统中承担调峰作用，要求引水渠道的引用流量随负荷变化而变化，引起渠道中的水位、压强也不断变化，通常称水电站的引水渠道为引水渠道。

水电站引水渠道应满足以下基本要求。

（1）有足够的输水能力。当电站负荷发生变化时，机组的引用流量也随之变化。为使引水渠道能适应由于负荷变化而引起流量变化的要求，渠道必须有合理的纵坡和过水断面。一般按水电站的最大引用流量设计。

（2）水质要符合要求。应防止有害污物和泥沙进入渠道，渠道进口、沿线及渠末要采取拦污、防沙、排沙措施。

（3）运行安全可靠、经济合理。应尽可能减少输水过程中的水量和水头损失，因此渠道要有防冲、防淤、防渗漏、防草、防凌功能。渠道应能放空和维护检修，并有排洪设施，结构布置合理，便于施工和运行。

7.1.2.2 引水渠道的类型

根据引水渠道的水力特性，可分为自动调节渠道和非自动调节渠道两种类型。

1. 自动调节渠道

自动调节渠道如图 7.1 所示。其主要特点是渠顶高程沿渠道全长不变，且高出渠内可能的最高水位；渠底按一定坡度逐渐降低，断面也逐渐加大；在渠末压力前池处不设泄水建筑物，以满足引水渠道的运行要求，当渠中通过设计流量时，水流为恒定均匀流，水面线平行于渠底，水深为正常水深 h_0；当水电站出力减小，水轮机引用流量小于渠道设计流量时，水流为恒定非均匀流，水面形成壅水曲线，引用流量越小，渠末水深越大；当水电站停止工作，引用流量为零时，渠末水位与渠首水位齐平，渠道堤顶应高于渠内最高水位，避免发生漫顶溢流现象。

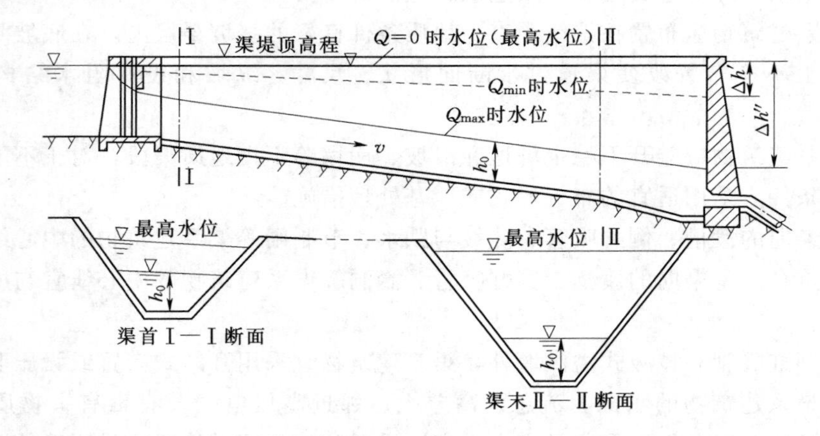

图 7.1 自动调节渠道

自动调节渠道无溢流水量损失。渠道最低水位与最高水位之间的容积可用以调节水量，当电站引用流量发生变化时，可由渠内水深和水面比降的相应变化来自动调节，不必运用渠首闸门的开度来控制，故称为自动调节渠道，在引用流量较小时，渠末能保持较高的水位，因而可获得较高的水头。由于渠道顶部高程沿渠线相等，故工程量较大。只有在渠线较短、地面纵坡较小时，采用此种类型的渠道才可能是经济合理的。

2. 非自动调节渠道

非自动调节渠道如图 7.2 所示。其主要特点是渠顶沿渠道长度有一定的坡度，坡度一般与渠底坡度相同。在渠末压力前池处（或压力前池附近）设有泄水建筑物，一般为溢流

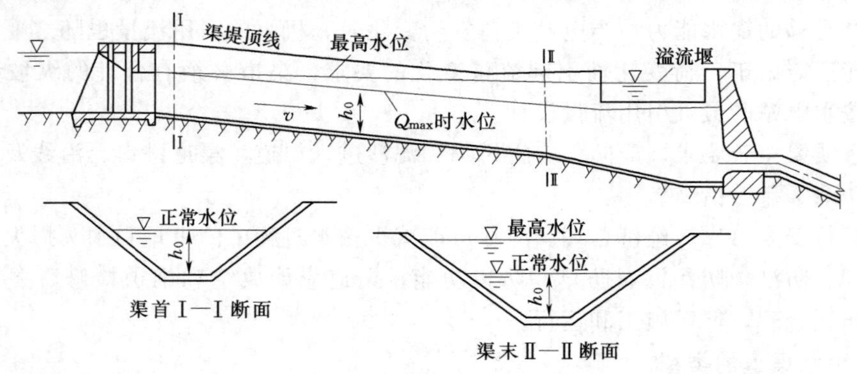

图 7.2 非自动调节渠道

堰或虹吸式溢水道，用来控制渠道水位的升高和宣泄水量。当渠道通过设计流量时，水流为恒定均匀流，渠内水深为正常水深 h_0，渠末水位略低于溢流堰顶；当水电站出力减小，引用流量小于设计流量时，渠末水位升高，超过溢流堰顶后，多余水量将通过溢流堰泄向下游；当引用流量为零时，全部流量均经溢流堰泄向下游。渠道末端的顶部高程应高于全部流量下泄时的渠末水位。为了减少无益弃水，应根据电站负荷的变化，运用渠首闸门的开度调节入渠流量。这种类型的渠道有弃水损失，引用流量较小时渠末水位自动调节渠道的水位低，但渠道工程量较小，对于渠道线路较长的电站或电站停止运行后仍需向下游供水时，广泛采用非自动调节渠道。

7.1.2.3　引水渠道路线选择

渠道的选线是根据确定的引水高程和水电站厂房位置，选择一条从进水口至压力前池的渠道中心线。选线一般应遵循以下原则。

（1）渠线应尽量短。

（2）渠道大致沿等高线布置，以期减小工程量。根据需要可修建渠系建筑物（无压隧洞、渡槽、倒虹吸等）。在渠末应有较陡峭的倾斜地形，以利于集中落差和布置压力水管。

（3）渠线应选择在地质较好的地段。需转弯时，其转弯半径不小于 5 倍渠道设计水面宽度。

7.1.2.4　引水渠道的断面形式和护面类型

1. 渠道的断面形式

由于引水渠道沿线的地形和地质条件不同，渠道的断面形式也有所不同，盘山修建的渠道多采用窄深式的矩形断面，在土基上一般采用梯形断面。另外，渠道按其建筑条件又可分为挖方渠道和半挖方渠道，如图 7.3 所示。

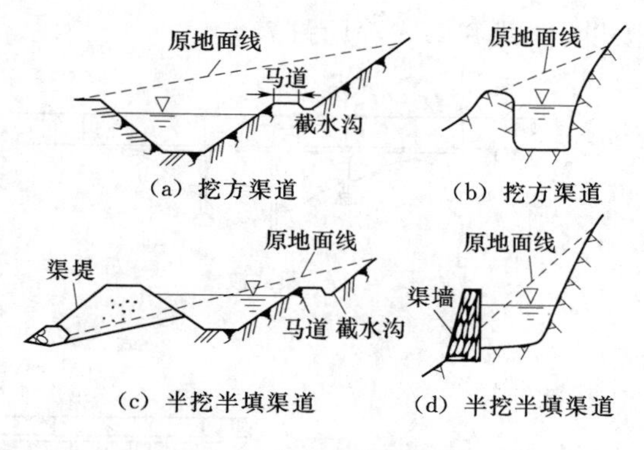

图 7.3　引水渠道断面形式

渠道断面的高度等于最大水深加安全超高。渠道堤顶宽度和超高可参考表 7.1 确定，当堤坝顶有交通要求时视需要确定，渠道边坡可根据土质条件和开挖深度或填筑高度确定，边坡系数可参考表 7.2 确定。

表 7.1　渠堤超高和顶宽

流量/(m^3/s)	50～10	10～5	5～2	2～0.5	<0.5
渠堤超高/m	1.0～0.6	0.45	0.40	0.30	0.20
渠堤顶宽/m	2～1.5	1.5～1.25	1.25～1.0	1.0～0.8	0.8～0.5

2. 渠道护面

在渠道的表面用各种材料做成的保护层叫做渠道护面。护面的作用如下。

（1）减少渠道的渗漏损失，加强渠道的稳定性。

（2）减小渠道的糙率，从而降低水头损失。

（3）防止渠中长草和穴居动物对渠道的破坏。

表 7.2 渠道断面边坡系数表

土壤种类	$m=\cot\varphi$		土壤种类	$m=\cot\varphi$	
	水下	水上		水下	水上
粉沙	3～3.5	2.5	黏壤土、黄土、黏土	1.25～1.5	0.5～0.75
细沙			卵石和砾石	1.25～1.5	1.0
疏松和中等密实的细沙	2.0～2.5	2.0	半岩性的抗水性土壤	0.5～1.0	0.5
密实细沙	1.5～2.0	1.5	风化岩石	0.25～0.5	0.25
沙壤土	1.5～2.5	1.5	未风化岩石	0.1～0.25	0

渠道护面的类型根据所用材料不同，有混凝土护面、砌石护面、砾石护面、黏土和灰土护面等。

任务 7.2 渡 槽

7.2.1 形式和组成

当渠道跨越山谷、河流、道路时，为连接渠道而设置的过水桥称为渡槽。渡槽常见的型式为梁式和拱式，见图 7.4。

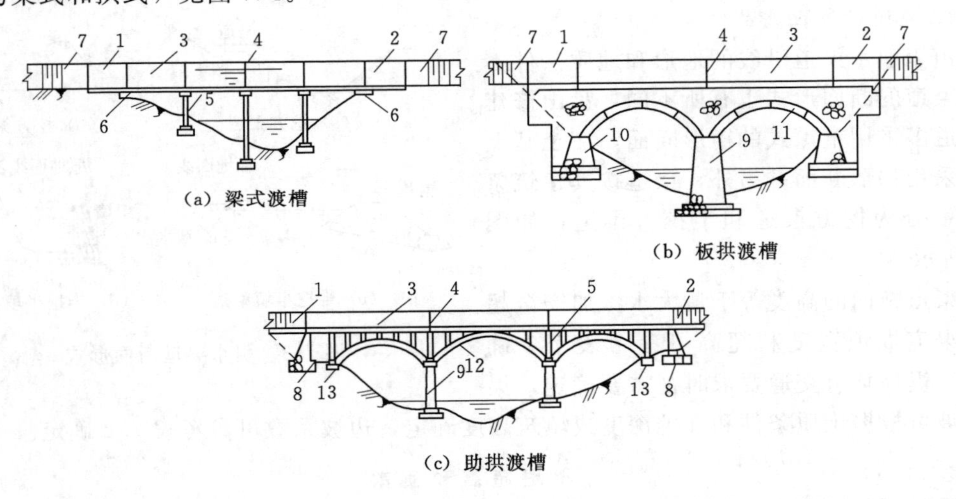

(a) 梁式渡槽

(b) 板拱渡槽

(c) 助拱渡槽

图 7.4 各式渡槽

1—进口段；2—出口段；3—槽身；4—伸缩缝；5—排架；6—支墩；7—渠道；8—重力式槽台；9—槽墩；10—边墩；11—砌石板拱；12—肋拱；13—拱座

渡槽由进口段、出口段、槽身及其下部支承结构等部分组成。

1. 进、出口段

渡槽的进出口段应与渐变段、渠道平顺连接，渐变段可用直立翼墙式和扭曲翼墙的形式，防止冲刷和渗漏。一般将槽身伸入两岸 2～5m。出口段比进口段的扩散角应平缓些，见图 7.5。

2. 槽身

一般为矩形或U形，包括底板、侧墙和间隔设置的拉梁。由浆砌块石和钢筋混凝土构成。

3. 下部支承结构

一般与农桥相同，常用浆砌石或钢筋混凝土材料做成。常用重力墩、空心重力墩、排架和支承拱做成。

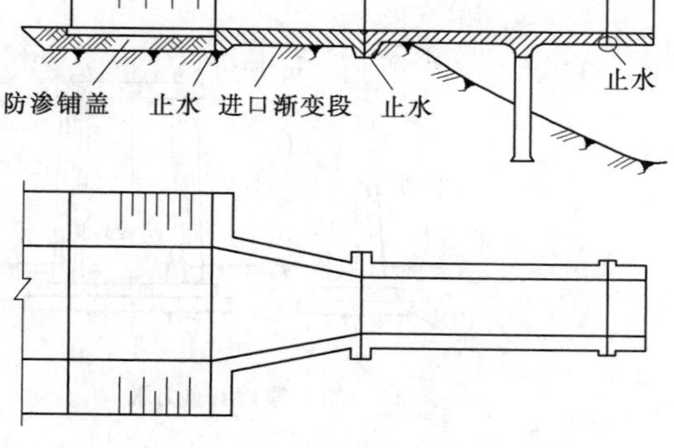

图7.5　渡槽进、出口段连接

7.2.2　渡槽总体布置及型式选择

（1）渡槽宜布置在地质条件良好、地形有利地段。应尽量缩短槽身，降低槽墩高度。

（2）跨越河流时，渡槽轴线与河道水流方向应尽量正交。槽下须有足够高度以满足通航要求。

（3）渠道进出口与槽身应在平面上尽量成直线，切忌急剧转变，并以渐变段连接。

（4）波槽跨越深窄山谷、河道，且地质条件良好时，宜选用大跨度拱式渡槽。地形平坦、高度不大时，宜采用梁式渡槽。河流滩地段可采用中、小跨度拱式或梁式渡槽。

7.2.3　渡槽设计要点

1. 梁式渡槽

梁式渡槽按支承不同可分为简支、单悬臂、双悬臂或连续梁等几种。前者跨度常为8～15m，后者可达30～40m。

（1）支承结构可用重力墩或排架。重力墩可为空心或实心，用浆砌石或混凝土建造。排架可为单排、双排、A字形排架等。单排架高度可达15m，双排架高度为15～25m。A字形排架应用较少，见图7.6。

（2）支承结构的基础形式与上部荷载和地质条件有关，对于浅基础一般为1.5～2.0m，且应位于冻土层以下不少于0.3m、冲刷线以下0.5m、坡地稳定线以下、耕作地以下0.5～0.8m。对于深基础，入土深度同样要考虑上述因素，一般多用桩基础和沉井。

（3）槽身横断面一般为矩形或U形，用浆砌石或钢筋混凝土建造。对无通航要求的渡槽，为增强侧向刚度，可沿槽顶每隔1～2m设置拉杆。若有通航要求可适当增加侧墙厚度或沿槽长每隔一定距离设加劲肋，见图7.7。顶部有交通要求的可作封闭式（箱形）渡槽。

矩形槽身的深宽比为0.6～0.8，侧墙在横向计算中作悬臂梁，纵向计算时作纵梁考虑。

U形槽的深宽比为0.7～0.8，对有拉杆的，槽身壁厚与高度的比值常为1/15～1/10。

（4）槽身纵向结构计算按满槽水情况设计。横向结构计算沿槽长方向取单位长度，按平面问题分析。

（5）为适应因温度变化引起的伸缩变形和允许的沉降位移，应在各节槽身之间设置沉降缝。缝内用沥青止水、橡皮压板止水等。近年来可用PT胶泥、聚氯乙烯塑料止水。

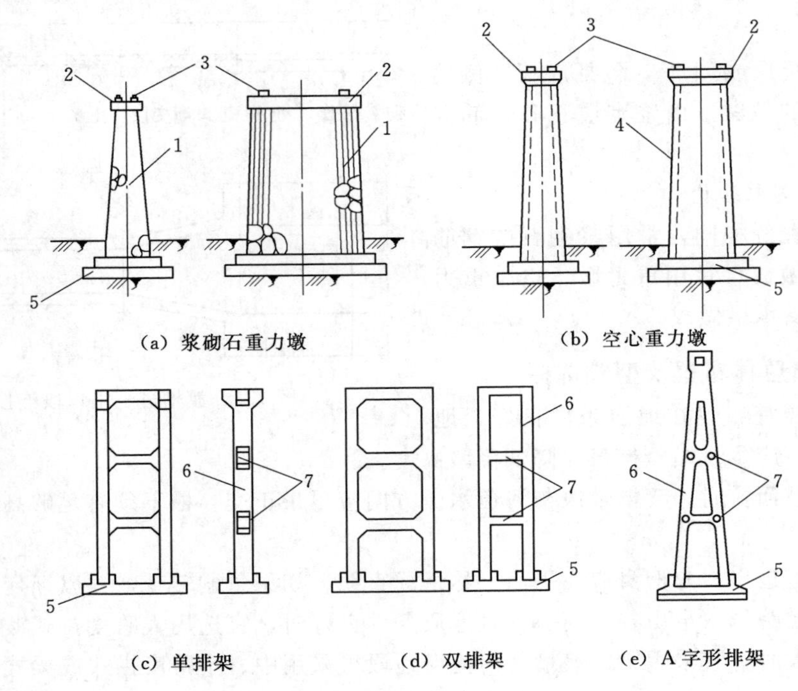

图 7.6 重力墩及排架

1—浆砌石；2—混凝土墩帽；3—支座钢板；4—预制块砌空心墩身；5—基础；6—排架柱；7—横梁

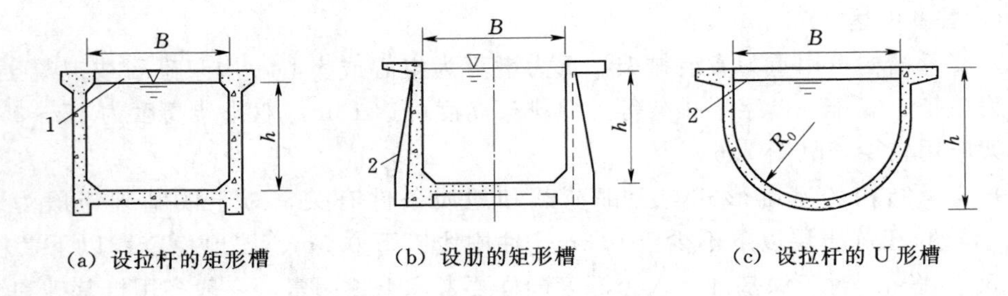

图 7.7 矩形及U形槽身横断面

1—拉杆；2—肋

2. 拱式渡槽

拱式渡槽按主拱圈的型式不同可分为板拱、肋拱、双曲拱等。

(1) 板拱渡槽主拱圈的径向截面多为矩形。拱圈宽度一般与槽身宽度相同，同时应不小于拱跨度的1/20，以保证拱圈有足够的刚度与稳定性，具体见表7.3。拱圈材料可用浆砌石、钢筋混凝土、砌筑时拱圈径向截面应砌成通缝，使其结合良好，均匀传递轴力。

表 7.3　　拱式渡槽主拱圈拱顶厚度

拱圈净跨/m	6.0	8.0	10.0	15.0	20.0	30.0	40.0	50.0	60.0
拱顶厚度/m	0.30～0.35	0.30～0.35	0.35～0.40	0.40～0.45	0.45～0.55	0.55～0.65	0.70～0.80	0.90～0.95	1.00～1.10

（2）拱上结构可做成实腹式和空腹式，见图7.8和图7.9。

实腹式多用于小跨度渡槽，空腹式多用于大跨度渡槽。

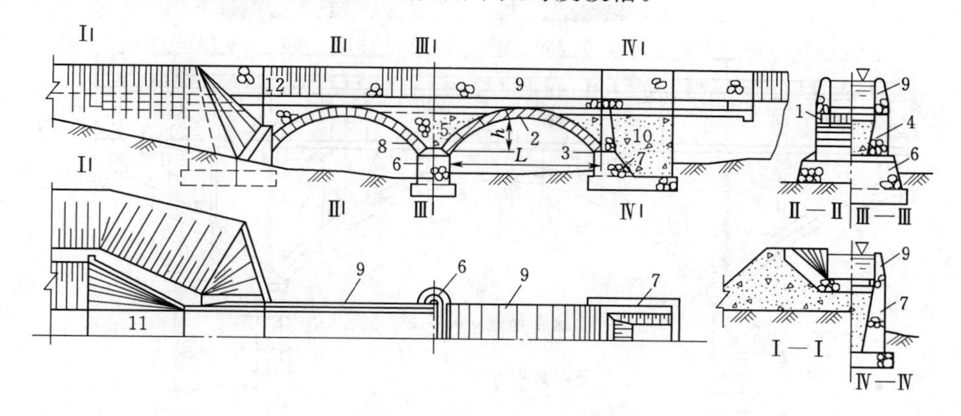

图7.8　实腹式拱渡槽

1—拱圈；2—拱顶；3—拱脚；4—边墙；5—拱上填料；6—槽墩；7—槽台；8—排水管；9—槽身；10—垫层；11—渐变段；12—变形缝

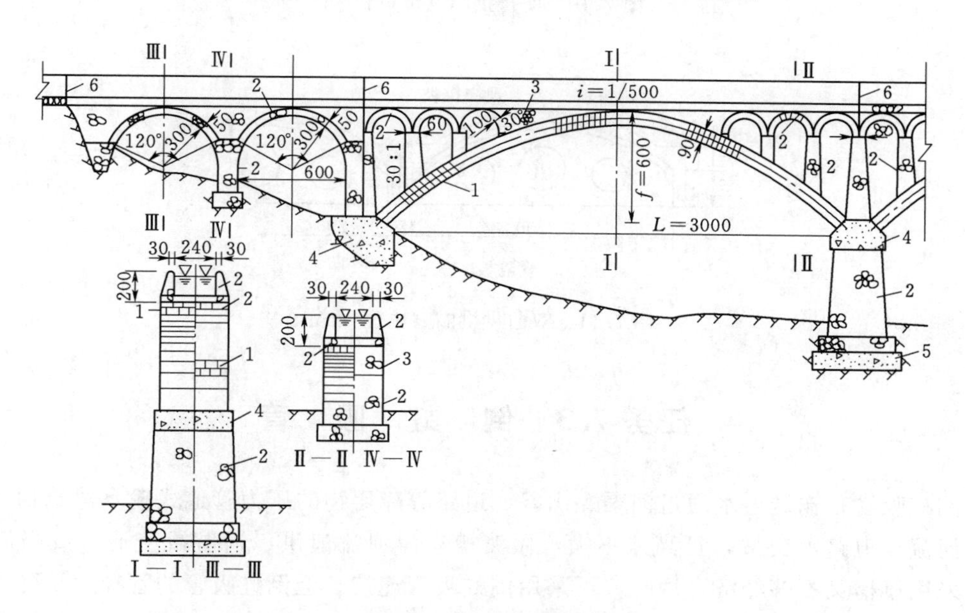

图7.9　空腹式拱渡槽（单位：cm）

1—水泥砂浆砌条石；2—水泥砂浆砌块；3—水泥砂浆砌块石；4—C20混凝土；5—C10混凝土；6—伸缩缝

（3）肋拱渡槽的主拱圈为肋拱框架结构，即拱肋分离，肋间用横系梁连接以加强整体性，槽上结构为排架式，槽身为梁式结构，断面常为矩形或U形，是大、中型渡槽的常见形式，见图7.10。一般用钢筋混凝土建造。

（4）双曲拱渡槽也是常采用的拱式渡槽，造型美观，节省材料。主拱圈可分块预制吊装施工，适用于大跨度渡槽，主要由拱肋、拱和横系梁组成。拱上结构一般采用空腹式，

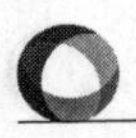

见图 7.11。

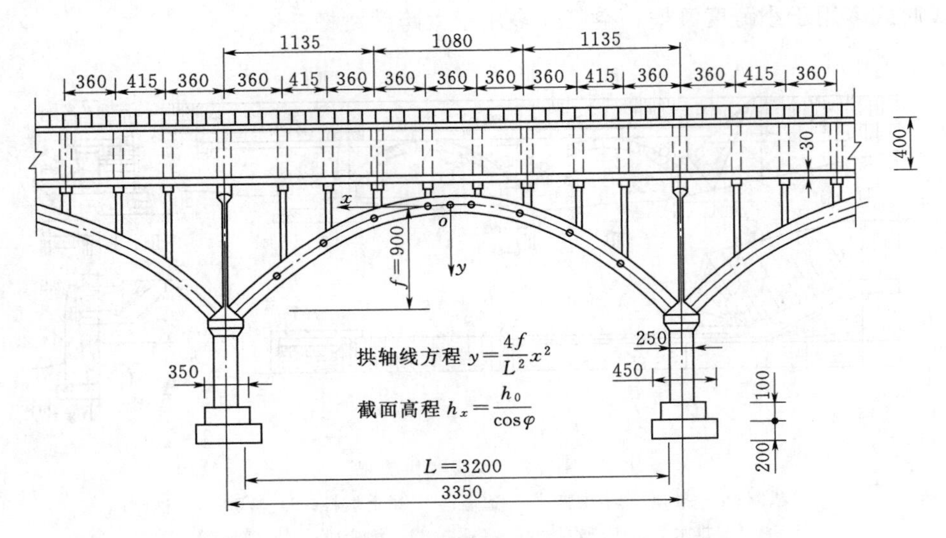

图 7.10 肋拱拱圈（单位：cm）

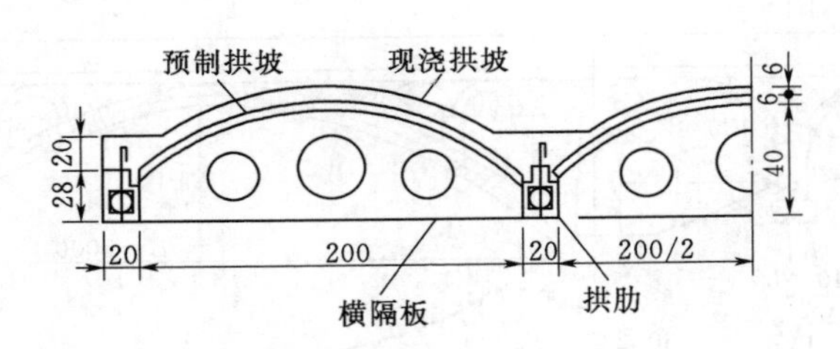

图 7.11 双曲拱拱圈（单位：cm）

任务 7.3 倒 虹 吸 管

倒虹吸管是输送渠水通过河渠、山谷、道路等障碍物的压力管道式输水建筑物。当渠道与河流、道路等交叉，且高差不大，做渡槽有碍河流泄洪、通航或交通；或当高差较大，采用渡槽又不够经济合理时，可采用倒虹吸管连接。但倒虹吸管的管径大小受一定限制，且水头损失较大，故在引水流量较小且高差在 10m 以上时，用倒虹吸管比渡槽有优势。

7.3.1 倒虹吸管布置

当高差不大时可以从渠道、河流或公路的底部穿过；当渠道穿过较深的洪沟时，可以沿岸坡设，在满水的沟槽段采用建桥成支墩渡管的方式，或直接埋设于沟底。穿过河底的顶部应低于河谷冲刷线以下 0.7m，穿过路底的管顶填土厚度应不小于 1.0m。

管线布置应考虑地形、地质、施工、水流工作条件。管线与所通过的山谷、河流或道路正交，尽量避免埋在填方地段。进出口一般均设渐变段。进口前常设闸门和拦污栅或沉

沙池，便于清淤、检修以及阻挡漂浮物。

7.3.1.1 布置形式

（1）对高差不大，压力水头较小（$H<3\sim5\text{m}$），穿越道路、河流时可用竖井式（图7.12）和斜管式（图7.13），施工方便。竖井式水力条件差，斜管式条件较好。管身断面为矩形或圆形。

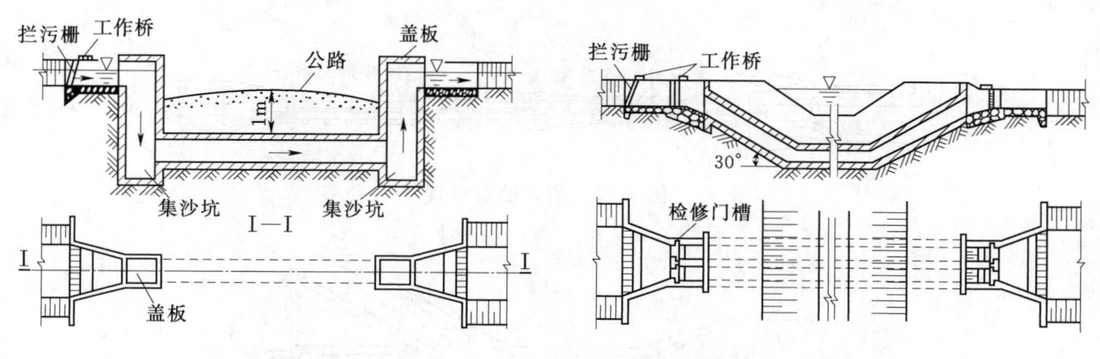

图7.12 竖井式倒虹吸管　　图7.13 斜管式倒虹吸管

（2）当岸坡较缓，管道可沿坡面或折线形设置，管身断面应为圆形混凝土管或钢筋混凝土管，管道转折处应设置镇墩，见图7.14。

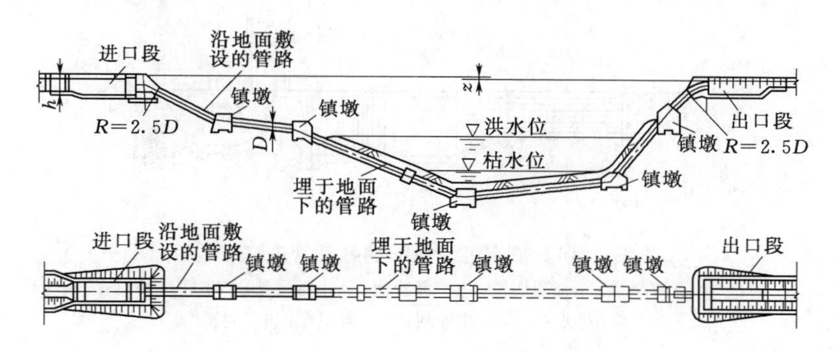

图7.14 曲线式倒虹吸管

（3）当渠道穿过深河谷时，为降低管道承受的压力水头，减少水头损失，可在深槽部位建桥，管道敷设于桥面上，见图7.15。

7.3.1.2 倒虹吸管的组成（图7.16）

进口段。包括进口渐变段、拦污栅、闸门启闭台及沉沙池等。进口段应与渠道水流平顺相接，以减少水头损失。渐变段可做成扭曲面或八字墙等形式。长度宜为上游的3～4倍渠道设计水深。进口段应修建在地质较好、渗透性较小的地段上。进水口段与管身常用弯道连接，曲线半径一般为2.5～4.0倍管径。倒虹吸管一般不设闸门。有闸门主要用于清淤和检修。常用的为平板门或叠梁闸门。拦污栅用于拦污和防止人畜落于池内被吸入虹吸管，拦污栅应有一定坡度，栅条用扁钢做成。启闭闸门的启闭台或工作桥，高出闸墩顶的高度为闸门高加1～1.5m。沉沙池设在闸门和拦污栅前，防止渠道水流携带的大粒沙石

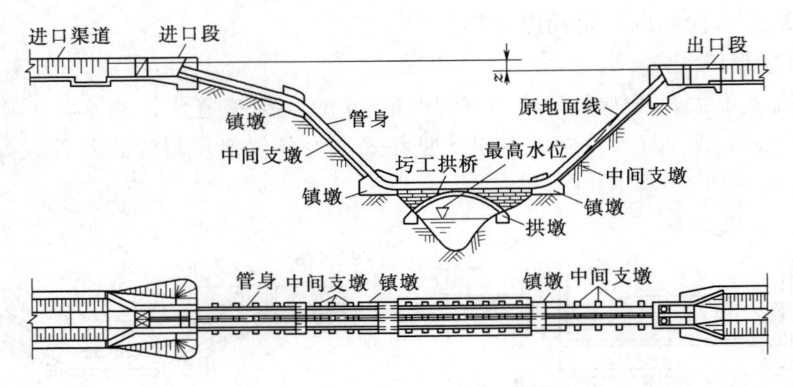

图 7.15 桥式倒虹吸管

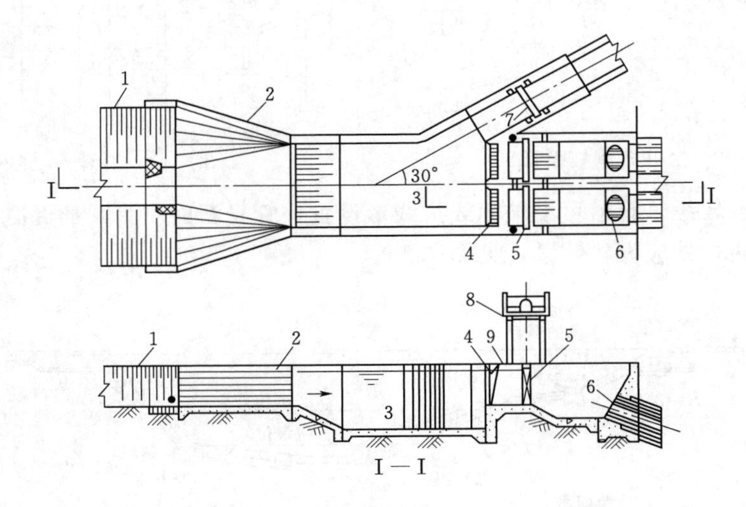

图 7.16 带有沉沙池的倒虹吸管进口布置

1—上游渠道；2—渐变段；3—沉沙池；4—拦污栅；5—进口闸门；
6—进水口；7—冲沙闸；8—启闭台；9—便桥

进入倒虹吸管引起淤积阻塞。泥沙大的渠道，可在沉沙池侧面设冲沙闸。

7.3.1.3 管身型式和构造

管身断面一般为圆形或矩形。圆形管因水力条件好，多用于流量较小、高差大、埋深大的地区；矩形管仅用低水头，中、小型工程与流量大、高差小的平原地区渠系上。管道材料常为混凝土、钢筋混凝土、铸铁和钢材等。混凝土管用于水头为 4～6m 情况，钢筋混凝土管用于 30m 水头左右，有的可达 50～60m。铸铁管及钢管多用于高水头地段，但因耗用金属材科多，目前应用较少。

在较好的土基上修建小型倒虹吸管可不设连续座垫，而设中间支墩，其间距视地基、管径大小等情况而定，一般采用 2～8m。

为防止温度、冰冻、耕作、河水冲刷等不利因素影响，管道应埋设在耕用层以下；在冰冻区，管顶应布置在冰层以下；穿越河道时，管道应布置在冲刷线以下 0.5m；当穿越公路时，为改善管身的受力条件，管顶应埋设在路面以下 1.0m 左右。

对于现场浇筑的钢筋混凝土管，因为温度变化在纵向产生伸缩变形，以及管外垂直压力纵向分布不均匀或地基不均匀沉陷，可能引起管道的环向裂缝。因此，一般每隔适当距离设缝一道，缝内设止水。对于预制管，每个管节就是一道缝，无须另加。缝的间距应根据地基、材料、施工、气温等条件确定。现浇钢筋混凝土管缝的间距，在土基上一般为15～20m，在岩基上一般为10～15m。如果管身与岩基之间设置油毛毡垫层等措施，且管身采用分段间隔浇筑时，缝的间距可增大至30m。伸缩缝的型式主要有平接、套接、企口接以及预制管的承插式接头等。缝的宽度一般为12cm，缝中填塞沥青麻绒、沥青麻绳、柏油杉板或胶泥等（图7.17）。

平接式［图7.17（a）、（b）］：这种型式施工简单，但止水效果差，适用于内水压力不大的现浇或预制混凝土及钢筋混凝土管。其中图7.17（b）比图7.17（a）止水效果好，适用于现浇的且管壁厚度大于8cm的钢筋混凝土管，但内水压力也不宜过大；否则会将止水金属片撕裂。这种接头使整个管道的整体性较强。为了避免温度变化产生裂缝，应将管子埋在土下。

套管式［图7.17（c）］：在管件接头处外加一钢筋混凝土套管，用石棉水泥作填料，填料石棉粉和水泥的配比是3：7（重量比），和以适量的水（占总量的10%～12%），拌和均匀，达到用手抓挤能成一团，放开又能松散为宜。这种型式止水效果好，适应变形性能好，用于内水压力较大和各种管径的接头。

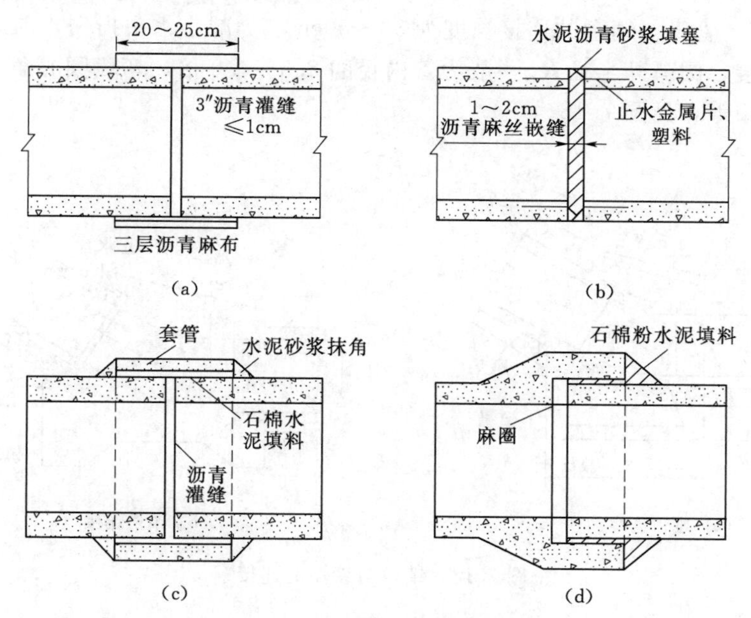

图7.17　伸缩缝型式

承插式［图7.17（d）］：这种型式适用于管径较小的预制钢筋混凝土管或铸铁管。接头处用麻绳浸水后塞入两圈，再以石棉粉水泥填料塞紧承插口。这种接头型式能适应较大的内水压力和温度变化。

现浇管一般采用环氧或套接，缝间止水用金属止水片等。近几年用塑料止水带代替金属止水片；以及使用环氧基液贴橡皮已很普遍；PT胶泥防渗止水材料在山东省“引黄济

青”工程中被广泛应用，效果良好。

7.3.1.4 镇墩、座垫的型式及选择

在倒虹吸管的变坡及转弯处都应设置镇墩，其主要作用是连接和固定管道。在斜坡管段，若坡度陡、长度大，为防止管身下滑，保证管道稳定，也应在斜坡段设置镇墩，一般每隔20～30m设一个，其设置位置视地形、地质条件而定。

(1) 镇墩的材料主要为砌石、混凝土或钢筋混凝土。砌石镇墩多用于小型倒虹吸工程。岩基上的镇墩可加锚杆与岩基连接，以增加管身的稳定性。镇墩承受管身传来的荷载及水流产生的荷载，以及填土压力、自身重力等，为了保持稳定，镇墩一般是重力式的。

(2) 镇墩与管道的连接形式有两种，即刚性连接和柔性连接，见图7.18。

刚性连接是把管端与镇墩混凝土浇在一起，砌石镇墩是将管端砌筑在镇墩内。这种型式施工简单，但适应不均匀沉降的能力差。由于镇墩的重量远大于管身，当地基可能发生不均匀沉降时而使管身产生裂缝。所以一般多用于斜管坡度大，地基承载力较大的情况。

柔性连接是用伸缩缝将管身与镇墩分开，缝内设止水，预防漏水。柔性连接施工比较复杂，但适应不均匀沉降能力好，常用于斜坡较缓的土基上。

斜坡段上的中间镇墩，其上部与管道多为刚性连接，下部多为柔性连接。

(3) 镇墩的形式和各部分尺寸，可参考下列经验数据：镇墩的长度为管道内径的1.5～2.0倍；底部最小厚度为管壁厚度的2～3倍；镇墩顶部及侧墙最小厚度为管壁厚度的1.5～2.0倍；管身与镇墩的连接长度为30～50cm。为减小水头损失，前后管在镇墩内用圆弧管段连接，圆弧外半径R_1一般为管内径的2.5～4.0倍，弯段圆心角α与前后管段的中心线夹角相等，见图7.18。

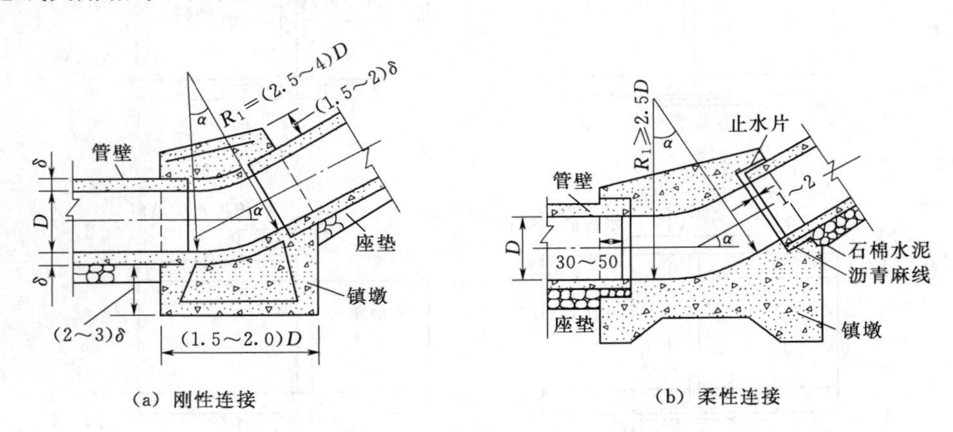

图7.18 镇墩与管端的连接

砌石镇墩在砌筑时可在管道周围包一层混凝土，其尺寸应考虑施工及构造要求。

(4) 敷设圆形管道时一般都设座垫，座垫有连续式（即沿管长都有）和间隔支墩式（即沿管长每隔一定距离设支墩一个），后者只有在管外垂直荷载很小，沿管长的纵向弯曲应力许可的条件下才允许采用，它一般适用于铸铁管或钢管，连续式座垫一般适用于混凝土管。座垫的作用是使管道在垂直压力作用下减少管底单位面积上的反力和地基应力，减少不均匀沉陷。对于管外填土高度小、垂直压力小的倒虹吸管座垫可以用三合土或分层夯

实的碎石座垫，甚至不专设座垫，而在原地基上挖出一条弧形槽铺管，对于管外填土较高，垂直压力较大的倒虹吸管，可以作成浆砌石座垫，见图7.19。

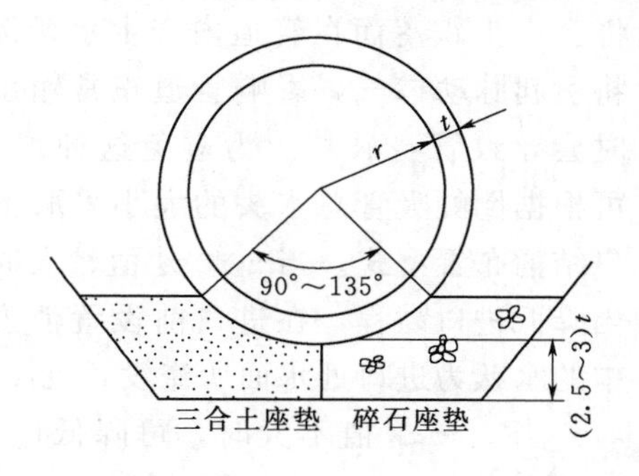

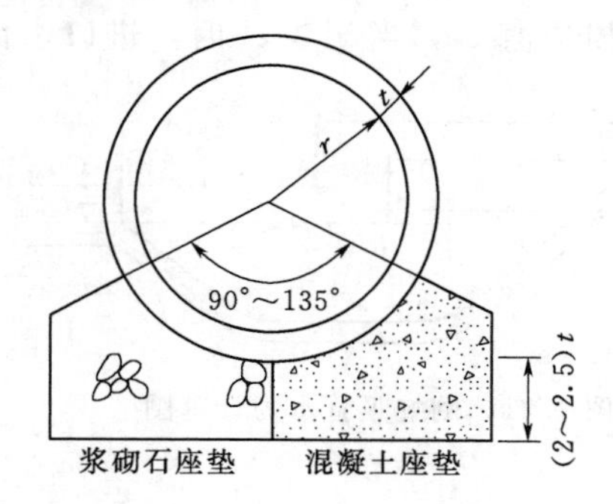

图7.19　座垫型式

箱形基础的倒虹吸管，常常在底部铺一层8～10cm厚的素混凝土或20～30cm厚的三合土。如果土基软弱也有用夯实的碎石层做垫层的。

7.3.2　倒虹吸管的水力计算

倒虹吸管的水力计算具体有以下3种情况，见图7.20。

第一种情况：上游渠道已建成，它的高程和需要通过的流量已知，选定倒虹吸管后管径已知，需要确定倒虹吸管进出口的高差，从而定出下游渠道的高程。

第二种情况：渠道已建成，通过的流量已知，因受地形条件的限制或浇筑要求，上下游渠底高程已定，也就是倒虹吸管进出口的高差已知，需要确定管径，从而选择管子。

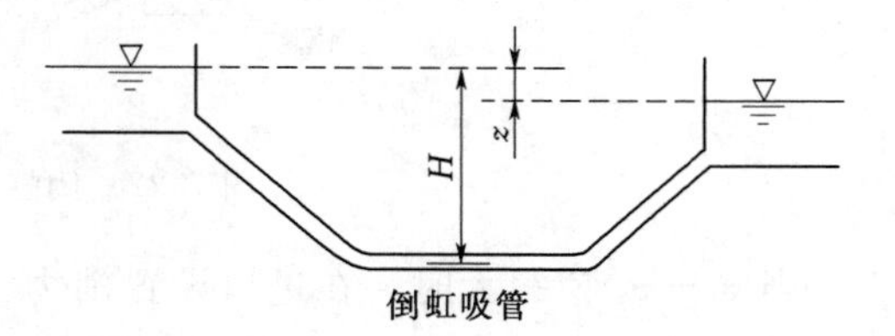

图7.20　倒虹吸管水力计算

第三种情况：倒虹吸管设计后，管子大小和进出口高差已知，需要校核一下能否通过渠道的流量。

在这几种情况下，主要是第一种情况，即确定倒虹吸管的落差。落差的大小决定于通过倒虹吸管的水头损失。

$$h_f=\frac{\lambda l}{d\,\frac{v_2}{2g}} \tag{7.1}$$

管内流速应根据技术经济比较和管道不淤条件选定。

当通过设计流量时，管内流速通常为1.5～3.0m/s，最大流速一般按允许水头损失值控制，在允许水头损失值范围内应尽量选择较大的流速，以减小管径。

当倒虹吸管的断面尺寸和下游渠道底部高程确定后，应核算小流量时管内流速是否满足不淤要求，即不小于管内挟沙流速。若计算出的管身断面尺寸较大或通过小流量时管内流速过小，可考虑双管或多管布置。

当通过加大流量时，进口水面可能壅高，应核算其壅水高度是否超过挡水墙顶和上游渠顶，以及有无一定的超高值。

当通过小流量时，应验算上下游渠道水位差值 z_1 是否大于管道通过小流量时计算得出的水头损失值 z_2，当 $z_1>z_2$ 时，进口水面将会产生跌落而在管道内产生水跃衔接，这将引起脉动掺气，影响管道正常输水，严重时会导致管身破坏。为避免这种现象发生，可根据倒虹吸管总水头的大小采取不同的进口结构布置型式。当 z_1-z_2 值较大时，可适当降低进口高程，在进口前设置消力池，池中的水跃为进口处水面所淹没，见图7.21。

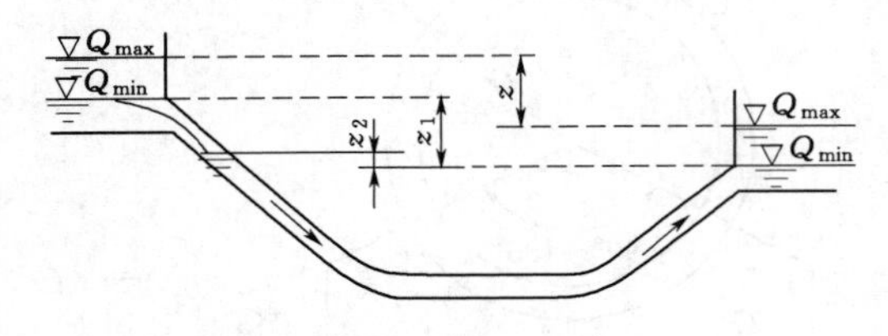

图7.21　倒虹吸管水力计算图

当 z_1-z_2 值不大时，可降低进口高程，在管道口前设斜坡段或曲线段，见图7.22。

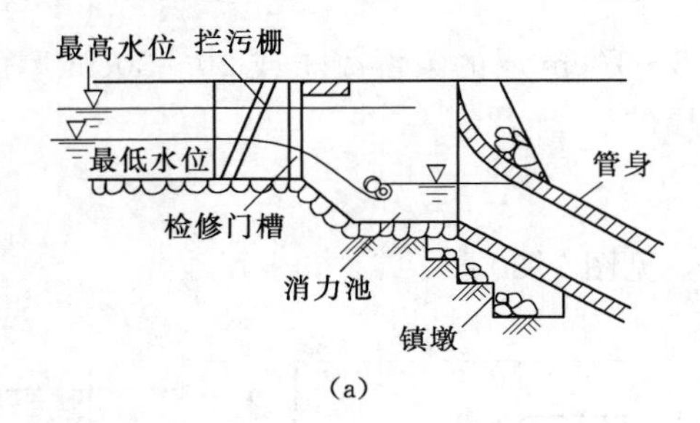

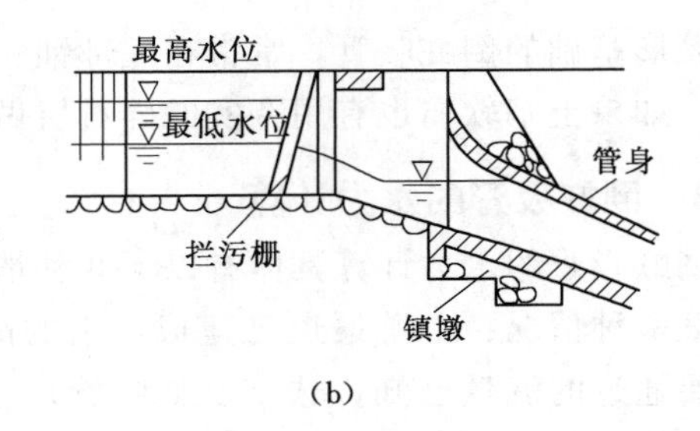

图7.22　倒虹吸管进口水面衔接

当 z_1-z_2 值很大时，在进口设置消力池不便于布置或不经济时，可考虑在出口处设置闸门，以抬高出口水位，使倒虹吸管进口淹没，消除管内水跃现象。此时应加强运行管理，以保证倒虹吸管正常工作。

当通过加大流量时，上下游渠道水位差值 z 小于倒虹吸管通过加大流量时所需的水位差值时，应通过计算适当加高挡水墙及上游渠道堤顶的高度，以增加超高值。

任务7.4　涵　　洞

填土下过水的管道称为涵洞。当渠道穿过填方公路或渠道且高程较低时，可修涵洞从填方下通过。当渠道穿过小溪或洪沟，渠底高程比沟底高时，可修填方渠道，让涵洞宣泄溪沟中的来水量，见图7.23和图7.24。

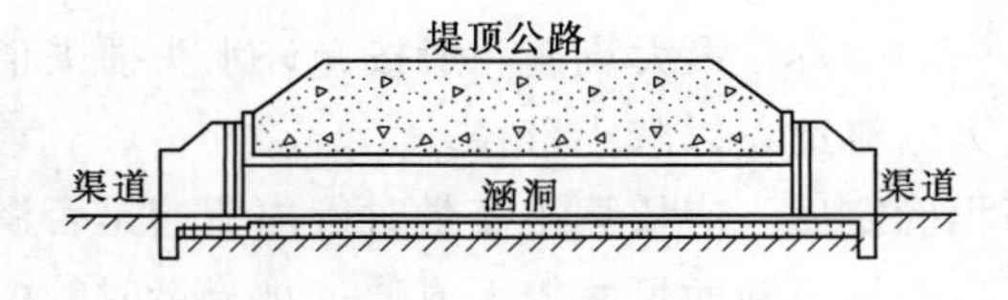

图7.23　填方公路下的过水涵洞

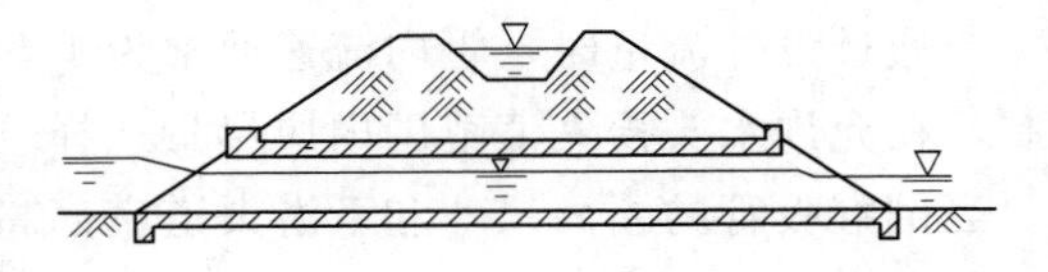

图7.24　填方渠道下的涵洞

涵洞的走向一般应与渠堤或道路正交，以缩短洞身的长度，并尽量与原沟溪渠道水流

方向一致，以保证水流顺畅，为防止冲刷或淤积，洞底高程应等于或接近于原渠道水底高程，坡度稍大于原水道坡度。

7.4.1 工作特征及类型

涵洞按水流通过时的形态可以分为无压涵洞、半有压涵洞、有压涵洞，见图7.25。

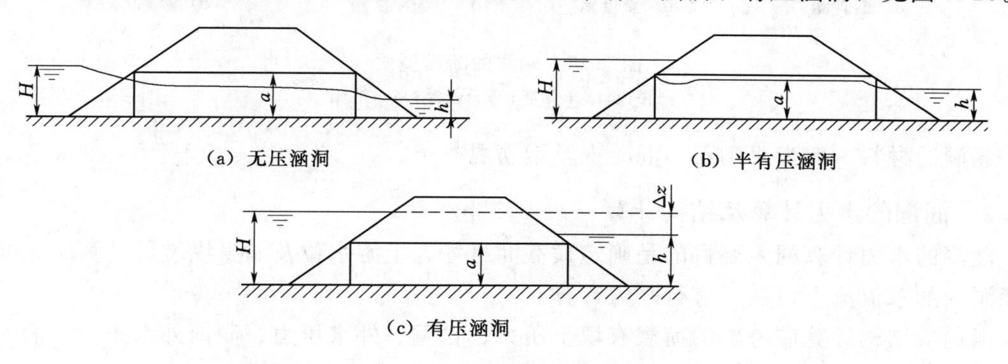

图7.25 涵洞的流态

无压明流涵洞水头损失较少，一般适用于平原渠道。高填方土堤下的涵洞可用压力流。半有压流的状态不稳定，周期性作用时对洞壁产生不利影响，一般情况下设计时应避免这种流态。

涵洞由进口、洞身和出口部分组成。进出口是洞身与填土边坡相连接的部分，其结构型式和布置应保证水流平顺、工程量小，见图7.26。

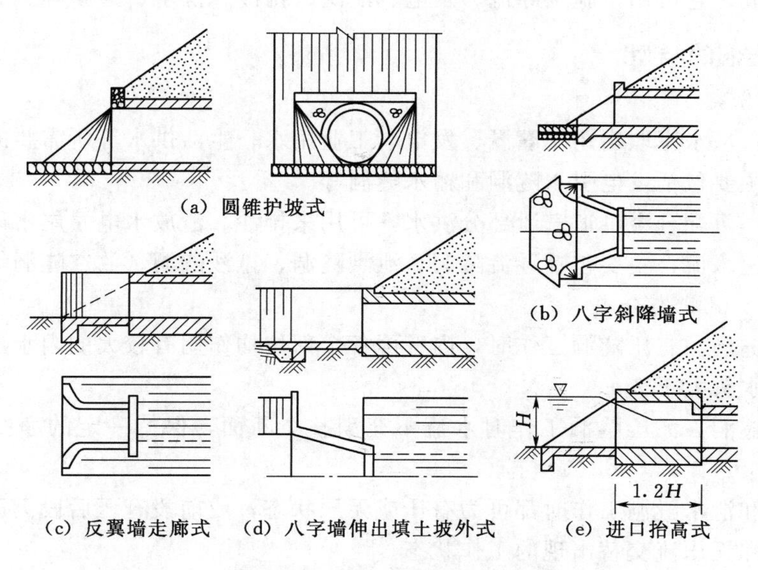

图7.26 涵洞的进出口型式

洞身断面型式可分为圆形、方形及拱形。圆形适用于顶部垂直荷载大的情况，可以是无压，也可以是有压，见图7.27。拱形适用于洞顶垂直荷载较大，跨径大于1.57m的无压涵洞；方形适用于洞顶垂直荷载小，跨径小于1m的无压明流涵洞。

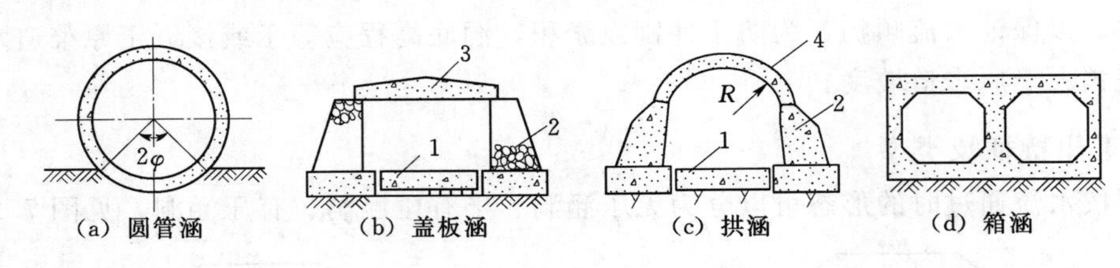

图 7.27 涵洞的断面型式

1—底板；2—侧墙；3—盖板；4—拱圈

涵洞的材料一般为浆砌石、混凝土及钢筋混凝土。

7.4.2 涵洞的水力计算及结构计算

涵洞的水力计算的主要目的是确定横截面尺寸、上游水位及洞身纵坡。计算时先要判别涵洞内的水流流态，然后进行水力计算。

涵洞的结构计算应考虑的荷载有填土压力、自重、外水压力、洞内外水压力、洞内水重，填土上的车辆行人荷载。

涵洞的进出口结构计算与其型式有关，一般按挡土墙设计。

任务 7.5 水 工 隧 洞

水工隧洞是水利水电工程在山体中或地下开凿的过水洞，一般由进口段、洞身段和出口段三部分组成。它可用于施工导流、发电、泄洪、排沙、供水、灌溉等。

7.5.1 水工隧洞的类型

1. 按用途分类

取水隧洞：从水库取出用于灌溉、发电、工业用水、生活供水等所需要的水量，其流速一般较低，主要包括发电引水隧洞和输水隧洞等。

泄水隧洞：可配合溢洪道宣泄部分洪水，可用来排沙、泄放水电站尾水以及放空水库等，一般为高速水流，主要包括导流隧洞、泄洪隧洞、排沙隧洞、放空隧洞等。

2. 按洞内水流状态分类

(1) 有压隧洞。有压隧洞工作时，内壁面各个部位均作用有较大的内水压力，并保证洞顶的测压管水头大于 2m。

(2) 无压隧洞。无压隧洞工作时水流不充满整个断面，保持一定的净空，具有自由水面。

取水隧洞和泄水隧洞工作时都可为有压或无压状态，或前段有压后段无压状态，但必须避免有压流和无压流交替出现的工作状态。

7.5.2 水工隧洞的特点

结构特点：隧洞开挖后，引起洞孔附近应力重新分布，岩体产生新的变形。围岩除了产生作用在衬砌上的围岩压力以外，同时又具有承载能力，可以与衬砌共同承受内水压力等荷载。

水流特点：作用在隧洞上的水头较高，流速较大，能量集中，在出口处有较强的冲刷能力。

施工特点：隧洞洞身断面小，施工场地狭窄，洞线长，施工作业工序多，干扰大，工期一般较长。

7.5.3 水工隧洞的线路选择

洞线的选择是隧洞工程设计中一个根本性的问题，它直接关系到隧洞的投资，工程的安全可靠，施工进度的快慢与难易程度，影响洞线选择的因素很多，应在认真勘测的基础上，根据隧洞的用途，综合考虑工程地质、水文地质、运行、沿线建筑物、地形、水力学、施工、枢纽布置等因素，拟定几条洞线，通过技术经济比较选定。力争获得地质条件好、线路短直、水流顺畅、施工方便、工期短，枢纽布置协调的洞线。

隧洞的线路选择主要考虑以下几个方面的因素。

（1）地形地质条件的影响。隧洞路线应力求短而直，但应尽量避开破碎软弱的岩层和地下水位很高，水量很大以及可能发生滑坡的地带。隧洞应有足够的埋置深度，一般要求洞深周围的岩层厚度不小于3倍开挖直径。洞线需要转弯时其转弯半径宜大于5倍洞径。

（2）施工条件的影响。在洞线选择中应考虑便于布置工支洞（平洞或竖井）。另外，应注意避免施工掘进时，因爆破而影响附近建筑物的地基。有压隧洞的坡度常由施工要求确定：有轨运输时坡度小于1%为宜，一般为0.1%～0.5%，以便施工排水和放空隧洞。

（3）枢纽总体布置的影响。选择洞线时，应与大坝、进水口、调压室和厂房等布置统一考虑。有时还应考虑发电洞、导流洞、泄洪洞、灌溉洞互为利用的因素。满足枢纽总体布置和运行要求，避免在隧洞施工和运行中对其他建筑物产生干扰。

7.5.4 洞身的断面形式

水工隧洞洞身断面形式选择涉及的因素很多，其主要取决于隧洞过水流量及水流流态、地质条件、施工条件及运用要求等。

1. 无压隧洞

根据地质条件和施工条件，无压隧洞的断面形状常采用方圆形、马蹄形和高拱形，如图7.28所示，无压隧洞水面以上的空间一般不小于隧洞断面积的15%，顶部净空高度不小于0.4m。各种断面形状的隧洞，从施工需要考虑，其断面宽度不小于1.5m，高不小于1.8m。为了防止隧洞漏水和减小洞壁糙率，并防止岩石风化，无压隧洞大都采用全部或部分衬砌。

2. 有压隧洞

有压隧洞的断面形状常采用圆形，这是因为隧洞能承受较大、均匀的力的缘故。圆形断面的内径一般不小于1.8m，有压隧洞的水力计算包括恒定流计算与非恒定流计算两部分，前者是研究隧洞断面、引用流量、水头损失之间的关系，用以选择断面尺寸；后者是为了确定最高和最低内水压力线，作为隧洞衬砌强度计算和洞线高程布置的依据。要避免在隧洞中交替出现无压和有压的水流状态。有压引水隧洞一般采用钢筋混凝土衬砌，衬砌厚度与钢筋配置由计算确定。初估衬砌厚度时，可取洞径的1/16～1/12，但根据施工要求，对于单层布筋断面，厚度不小于0.2m，对于双层布筋断面，厚度不小于0.25m。

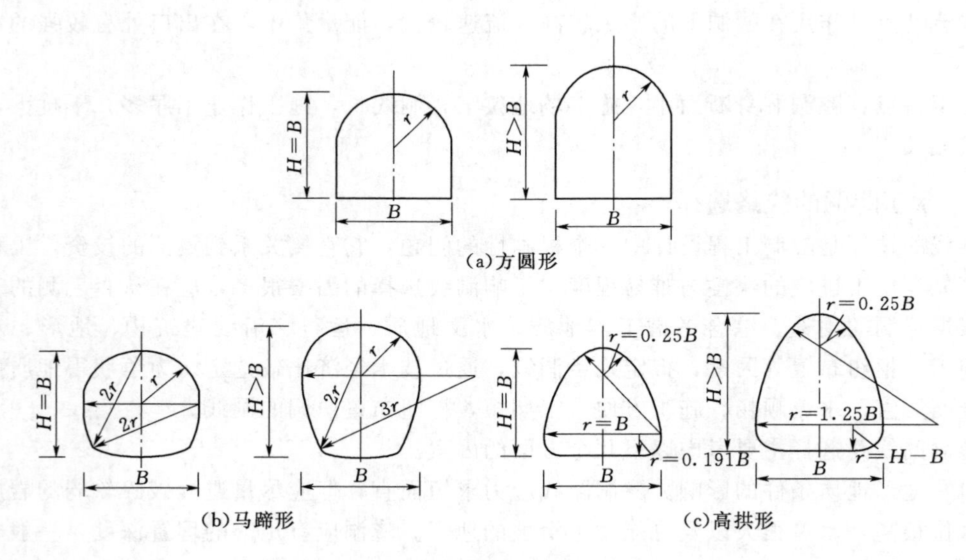

图 7.28　无压隧洞的断面形状

7.5.5　出口建筑物的形式

出口建筑物的形式及其与下游水面的衔接方式，与隧洞的功用、流态和出口附近的地形、地质等条件有关。当泄水洞全程为有压流的要求时，出口常设置工作闸门及启闭室，门前有渐变段，出口后为消能设备，见图 7.29。

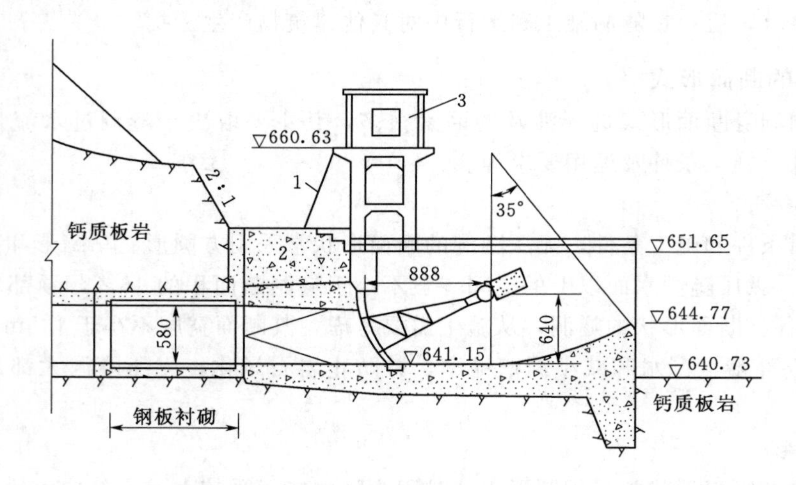

图 7.29　有压隧洞的出口结构（单位：高程为 m，尺寸为 cm）
1—钢梯；2—混凝土块压重；3—启闭机操纵室

无压隧洞出口仅设有门框，其作用是防止洞脸及其以上岩石崩塌，并与扩散消能设施的两侧边墙相衔接，见图 7.30。

隧洞出口断面小，单宽流量大，能量集中，故常在出口外布置扩散段，扩散水流、减小单宽流量，其后再以适宜方式进行消能。

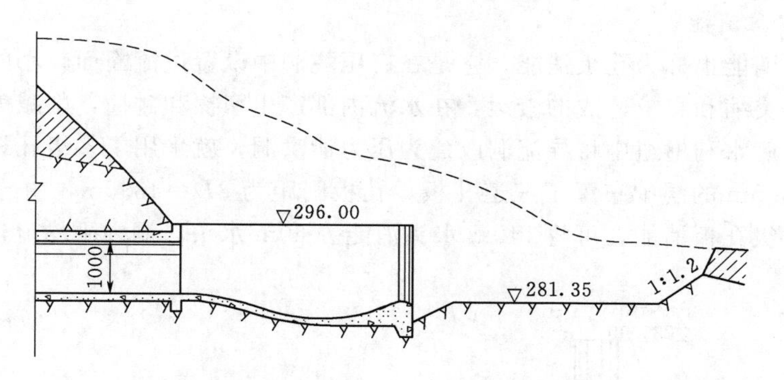

图 7.30 无压隧洞的出口布置（单位：高程为 m，尺寸为 cm）

7.5.6 隧洞出口常用的消能方式

1. 挑流消能

当隧洞出口高程高于或接近下游水位，且地形地质条件允许时，采用扩散式挑流消能比较经济合理，因为它结构简单，施工方便，国内外泄洪、排沙隧洞广泛采用这种消能方式。

2. 底流消能

当隧洞出口高程接近下游水位时，也可采用扩散式底流水跃消能。底流消能具有工作可靠、消能比较充分、对下游水面波动影响范围小的优点；缺点是开挖量大、施工复杂、材料用量多、造价高，见图 7.31。

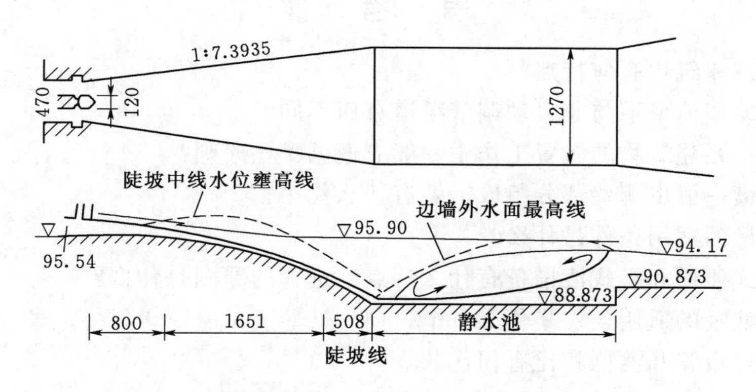

图 7.31 底流水跃消能布置图（单位：cm）

3. 窄缝式挑坎消能

窄缝式挑坎消能为挑坎处采用收缩成窄缝的布置形式。窄缝式挑坎与等宽挑坎不同之处在于，它的挑角很小，一般取 0°，顺水流方向，两侧边墙向中心的显著收缩使出水口处水流迅速加深，水舌的出射角在底部和表层差别很大，底部约 0°，表层可达 45°左右，因此水舌下缘挑距缩短，上缘挑距加大，水流挑射高度增加，使水流纵向扩散加大，减小了对河床单位面积上的冲击动能，同时水舌在空中扩散时及入水时大量掺气，在水舌进入水垫后气泡上升，大大减轻了对下游河床的冲刷。

4. 洞中突扩消能

洞中突扩消能也称为孔板消能，它是在有压隧洞中设置过流断面较小的孔板，利用水流流经孔板时突缩和突扩造成的漩滚，在水流内部产生摩擦和碰撞，削减大量能量。

黄河小浪底水利枢纽中将导流洞改建为压力泄洪洞，就采用了多级孔板消能方案，在直径为 D＝14.5m 的洞中布置了三道孔板，孔板间距为 $3D$＝43.5m，由导流洞改建的泄洪洞，经过三级孔板消能，可将140m水头消能去60m水头，洞内平均流速仅10m/s，见图7.32。

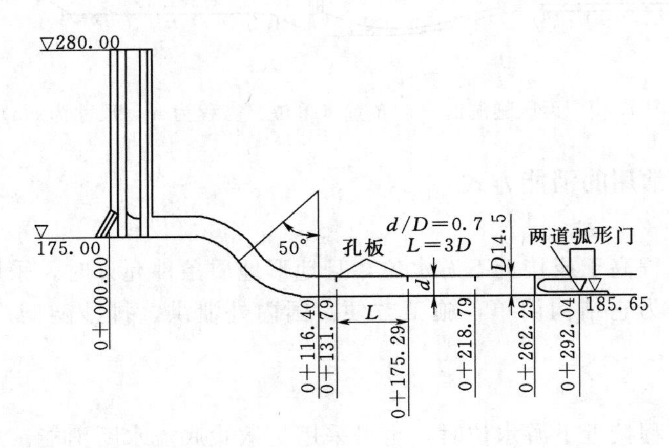

图7.32 小浪底1号孔板泄洪洞剖面（单位：m）

思考题

7－1 渠系建筑物有何特点？

7－2 自动调节渠道与非自动调节渠道有何不同？

7－3 在渠系建筑物的布置工作中一般应遵循哪些原则？

7－4 渡槽一般由哪些部分组成？各有什么作用？

7－5 渡槽的适用条件是什么？

7－6 梁式渡槽和拱式渡槽各有什么特点？选择的原则是什么？

7－7 倒虹吸的适用条件是什么？

7－8 倒虹吸管和渡槽相比有何优缺点？

7－9 涵洞有哪几种类型？各自的适用条件是什么？

7－10 涵洞进出口形式有哪些种？各自的适用条件是什么？

7－11 涵洞布置时应注意什么问题？

7－12 隧洞路线选择应注意哪些问题？

项目8 泵站建筑物

学习要求：熟悉泵站的定义及分类；熟悉泵房的分类及结构型式；掌握泵房尺寸确定及稳定分析计算；熟悉泵站进出水建筑物的结构及尺寸确定方法；掌握泵站管道的要求及相关配件。

任务8.1 概　述

8.1.1 泵站的定义

水泵站是指由机电设备、建筑设施和管道部分等构成，将水由低处抽提至高处的综合体，常简称为泵站。机电设备主要为水泵和动力机（通常为电动机和柴油机），辅助设备包括充水、供水、排水、通风、压缩空气、供油、起重、照明和防火等设备。建筑设施包括进出水建筑物、泵房、变电站和管理用房等。

进出水建筑物主要有引渠、前池、进水池、进水流道、出水流道和出水池等。水泵站的管道包括进水管和出水管（分别代替大型泵站的进水流道和出水流道）。

水泵站投入运行后，水流就经进水建筑物或进水管进入水泵，通过水泵加压后，经出水流道或出水管被送往出水池或管网，从而达到提水或输水的目的。

水泵站作为取水输水工程的一个重要部分，已在抽水蓄能、机电排灌、跨流域调水、城乡给排水、工矿企业供排水等工农业生产和水利工程建设等各方面得到了广泛应用。

8.1.2 水泵站的分类

水泵站的分类根据水泵站的不同特点，可对水泵站分类如下。

1. 根据功能分类

(1) 供水泵站。其功能是供水，包括农田灌溉泵站、工业供水泵站、城镇居民供水泵站等。

(2) 排水泵站。其功能是排水，将农田、城镇、工矿企业多余的雨水、污水排除，或降低过高的水位。包括农田排水泵站、矿山排水泵站、工业排水泵站等。

(3) 加压泵站。在长管道输水的情况下，在中途加压，以克服管道水力损失。如城市给水工程总是需要加压泵站将水送到管网。

(4) 调水泵站。指跨流域调水的泵站，实现沿途的供水、灌溉、排水和航运等。

(5) 蓄能泵站将水从低处（下游）抽送到高处（上游），供用电高峰时发电。这种泵站有时称为抽水蓄能电站。

2. 根据动力分类

(1) 电力泵站。以电动机为动力机的泵站。因电机启动、停机以及运行管理等都比较方便。因此，近代大中型泵站都是电力泵站。

（2）机动泵站以煤、汽油、柴油等为燃料的蒸汽机和内燃机为动力机的泵站。由于振动和噪声较大，其使用范围在不断减少，目前主要以移动泵站方式用于应急排水场合。在日本等台风较多的国家和地区，为防止停电后泵站不能工作，常采用这种泵站。

（3）水轮泵站。安装了水轮泵的泵站。水轮泵是由水轮机带动水泵抽水的。可以利用山区溪流、潮汐河道、渠道跌水的水位差工作，机组结构简单、投资小、运行费用低，在我国西北、东北、福建等地应用较多。

（4）风力泵站以风车为动力机的泵站。这是一种环保泵站，但从发展经验看，风力泵站应该走提水与发电并举的道路。

（5）太阳能泵站以太阳能为动力的泵站。目前我国光伏产业发展迅速，太阳能的能量转化率较高，很多技术都达到了世界先进水平。因此，在注重环境保护的现今，太阳能泵站将有很好的发展前景。

3. 根据所使用水泵的类型分类

（1）离心泵站。工作主泵为离心泵的泵站，多用于高扬程灌溉、加压等。

（2）轴流泵站。工作主泵为轴流泵的泵站，多用于低扬程的调水、排水等。

（3）混流泵站。工作主泵为混流泵的泵站，多用于扬程变化幅度大、轴流泵站无法满足要求的场合。

4. 按特殊结构型式分类

由于水泵吸水性能的局限性，水泵的安装高程受到一定的限制，泵站建设的基准高程往往都是靠近水源地的水面。为适应水源水位变化幅度在10m以上时所构建的泵站，可根据水位涨落的速度，分为竖井式泵站、缆车式泵站、浮船式泵站和潜没式泵站等。

任务8.2 泵　　房

泵房是安装水泵、动力机、电气设备及其他辅助设备的建筑物，是泵站建筑物中的主体工程。它的主要作用是为水泵机组及运行人员提供良好的工作条件，合理地设计泵房对发挥设备效益、节省工程投资、延长机电设备的寿命和安全运行都具有重要意义。

8.2.1 分基型泵房

分基型泵房是指泵房的基础和机组基础分开建设，各自独立，结构型式一般与单层工业厂房相似。

根据泵房进水侧岸边形式，分基型泵房可分为斜坡式（图8.1）和立墙式（图8.2）两种。斜坡式分基型泵房是将进水侧岸边做成有砌护的斜坡形式，坡面用混凝土板或块石护砌。这种型式施工简单、挖方少，对进水管路的安装检修都比较方便。如果在深挖方中或在地基条件较差的场合下建站，为了减少土方开挖及岸边加固的工程量，以及为了增加泵房的稳定，可以将进水侧岸边建成直立的挡土墙，即采用立墙式分基型泵房。这种泵房可以缩短进水管路的长度。

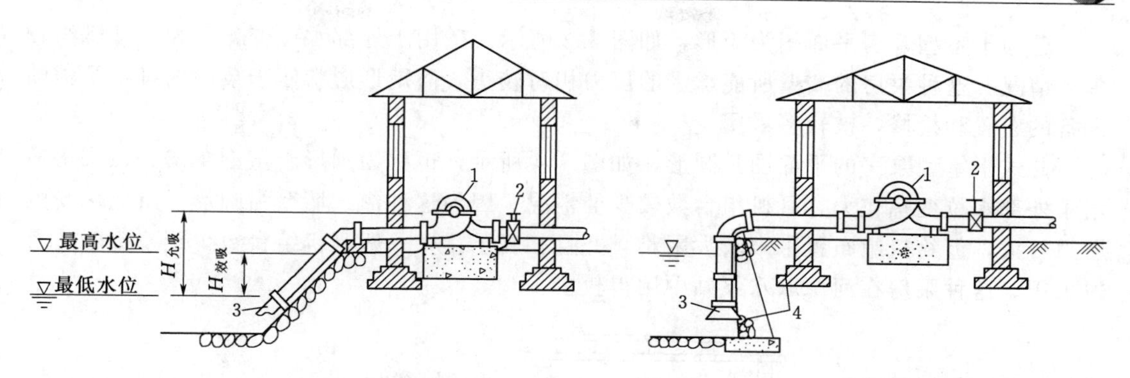

图 8.1 斜坡式分基型泵房剖面
1—水泵；2—闸阀；3—喇叭口

图 8.2 立墙式分基型泵房剖面
1—水泵；2—闸阀；3—喇叭口；4—挡土墙

泵房与进水池之间通常保留有一段水平距离，作为检修进水池、进水管、拦污栅等的工作通道。同时，这对机房稳定、施工以及水流平稳地进入叶轮都会提供有利的条件。但是，该段水平距离不可过大，否则会提高工程造价；该水平段过短，也会使弯头距离水泵进口过近，致使由弯头引起的管中水流断面流速与压力分布不均匀，直接影响水流平稳地进入水泵叶轮进口，从而引起水泵的工作效率降低。因此，通常情况下，从水流条件来讲，最短的水平管段长度不应小于其管径的 3～5 倍。

分基型泵站适用条件如下。

(1) 安装单泵流量不大的中、小型卧式机组。

(2) 水源水位变化幅度小于水泵有效吸水高程。

(3) 水源岸边稳定，地质条件好，具有一定的地基承载能力。

(4) 站址处地下水位低，不至于因地下水位的渗入而影响泵房或地基。

8.2.2 干室型泵房

干室型泵房是指泵房四周的墙基础、泵房地板以及机组基础，用钢筋混凝土建成不透水的整体结构，形成一个干燥的地下室，故称为干室型泵房，如图 8.3 所示。

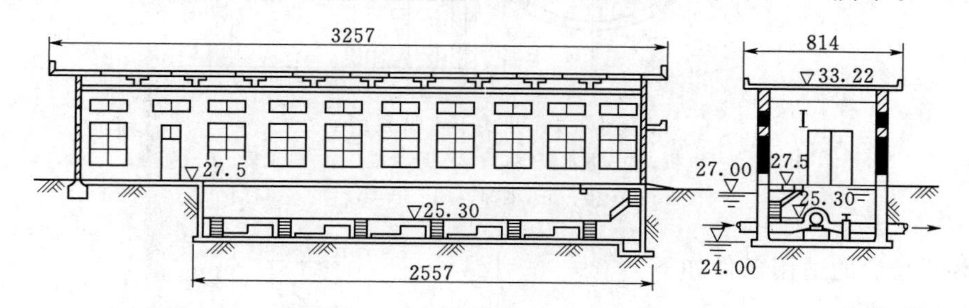

图 8.3 矩形干室型泵房剖面图（单位：高程 m，尺寸 cm）

当地基承载力不能满足要求，或地下水位较高，或水源水位变幅较大时，需要降低泵房的建筑高程；同时，为了减少基底压力，以及防止外水进入泵房就需要将机组基础和泵房基础建成一个封闭的干室。这类泵房通常将主机组安装在这样的干室内。

干室型泵房分普通干室型和井式干室型两种型式。

普通干室型泵房平面图为矩形，如图8.3所示。适用于外部水位变化不大，且机组较多的情况。这种泵房的墙壁所能承受的压力相对较小，而矩形形状便于泵房内机组及辅助设备的布置和检修，被较多采用。

井式干室型泵房的平面图是圆形，如图8.4所示，也称为圆形干室型泵房。该泵房适用于外部水位变幅较大，且机组台数较少的情况。因为这种形式墙壁为圆形，所能承受的压力较大，但给机组布置带来较大困难，并且相互干扰，一般当机组台数少于4台时才考虑采用。这种泵房在河源取水泵站中用得较多。

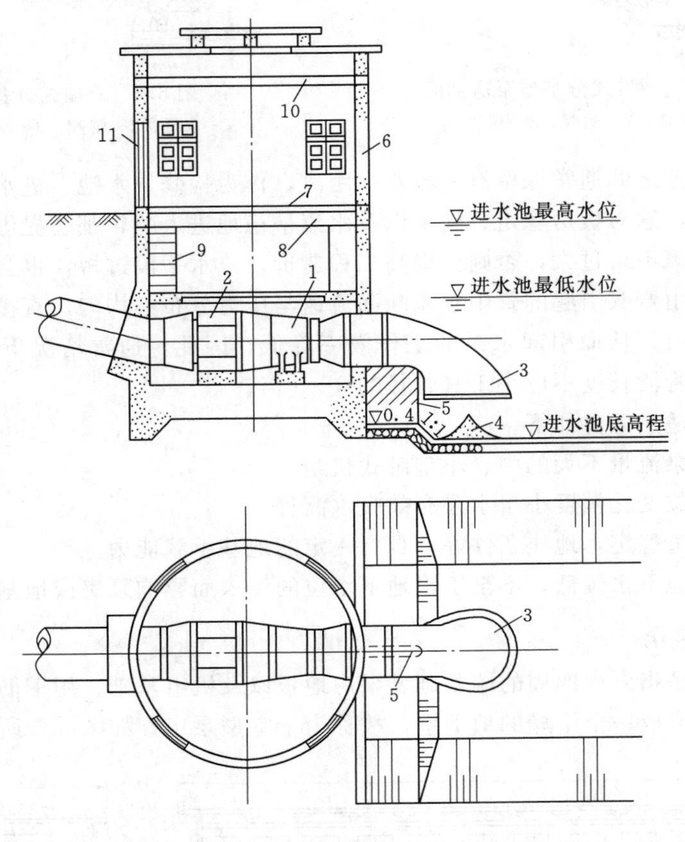

图8.4 井式干室型泵房

1—水泵；2—电机；3—进水喇叭口；4—导水锥；5—隔水板；6—泵房；7—楼板；8—梁；9—钢梯；10—吊车；11—入口门

干室型泵房的适用条件如下。

(1) 卧式机组。

(2) 水源水位变幅较大，最高洪水位加上安全超高高于泵房地面高程。

(3) 虽水源水位变幅不大，但经计算泵的允许吸水高度为负值，即要求水泵安装在进水池水面以下时。

(4) 采用分基型泵房在技术、经济上不合理。例如，当水源水位变幅较大时，为了采用分基型泵房，需要在引渠上建闸控制水位，建闸既增加工程投资，又加大了提水扬程，

使抽水成本增高。

（5）地基承载力较低，地下水位较高。

8.2.3　湿室型泵房

如果在以下场合采用干室型泵房，可能会出现问题：干室较深（水源水位变幅大时），不利于机组通风、照明和防潮；由于干室承受较大的浮托力，为了保证抗浮稳定，常常导致工程造价的提高。为此，可采用湿室型泵房，如图 8.5 所示。

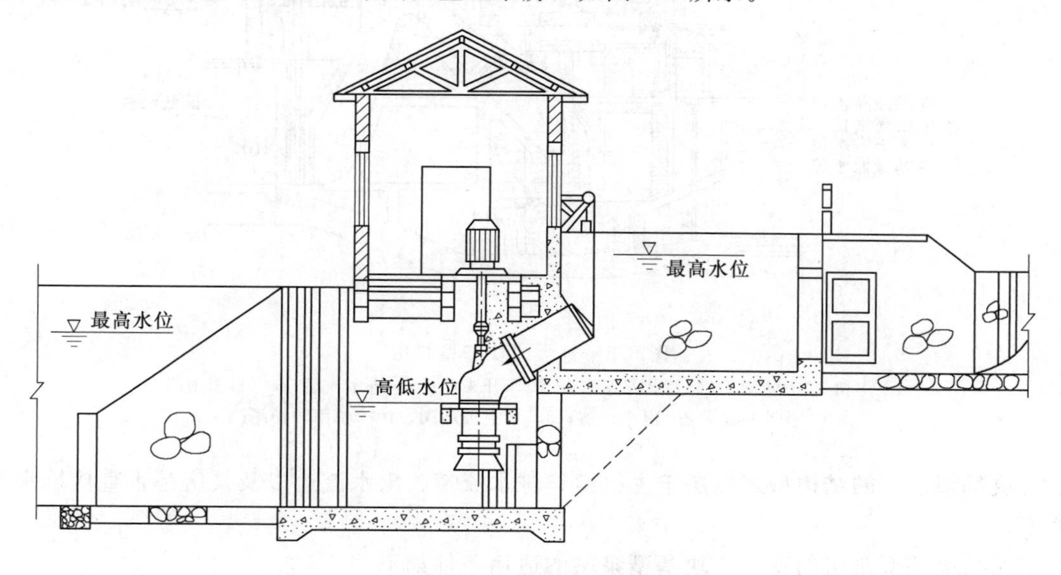

图 8.5　湿室型泵房

湿室型泵房是指在泵房的下部有一个与前池相通并充满水的地下室，即湿室。一方面，湿室起着进水池的作用；另一方面，湿室中的水重抵消一部分地下水对泵房整体的浮托力，可增强泵房的稳定性。

湿室型泵房一般分为两层：下层为湿室，也叫水泵层，水泵淹没在湿室的水面以下，直接从中吸水；上层安装动力机及其辅助设备，称为动力机层。这样不仅减小了泵房平面尺寸，同时解决了动力机的防潮、通风和照明等问题，并具有进水管短、水头损失小、启动前不需要灌水等优点，但水泵安装在湿室的水下，检修不便。

湿室型泵房的使用条件如下。

（1）口径在 1000mm 以下的立式泵。

（2）水源水位变幅较大（2～5m 时）。

（3）站址处地下水位较高。

也有个别卧式轴流泵和导叶式混流泵采用这种泵房。

8.2.4　块基型泵站

随着立式水泵口径的增大，水泵直接从进水池中吸水，就不容易满足水泵进水流态的要求，所以要求有专门的进水流道进行整流。同时，由于机组较大，为了增加泵房的整体稳定性，常将进水流道浇筑在混凝土之中，从而形成泵房的大块基础，这种泵房称为块基型泵房，如图8.6所示。

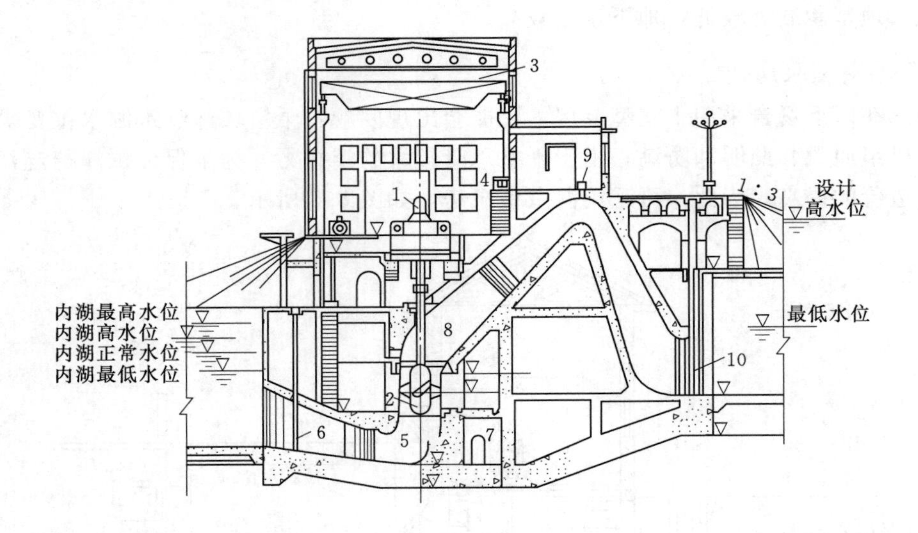

图8.6 虹吸式块基型泵房

1—电机；2—水泵；3—桥式吊车；4—高压开头柜；5—进水流道；6—检修闸门；7—排水廊道；8—出水流道；9—真空破坏阀；10—备用防护闸门

块基型泵房的结构型式取决于主机组、进水流道、出水流道以及泵房是否直接挡水等因素。

根据块基型泵房的特点，块基型泵站的适用条件如下。

（1）口径大于1200mm的大型机组。

（2）由于块基型泵房自重较大，具有较好的抗浮和抗滑稳定性，因此，在需要泵房直接抵挡外河水位压力时，采用块基型泵房比较有利。

（3）块基型泵房结构整体性好，地基应力均匀，故适合于各种地基条件。

任务8.3 泵房布置与尺寸的确定

一般来说，泵房主要由主厂房、副厂房和检修间三部分组成。主厂房用于布设主机组，副厂房又称配电间，用于布设配电设备，而检修间则是用于对机组及其他设备的检修。泵房布置的内容主要是这三部分相对位置的确定及其内部的布置。

泵房布置时应该考虑的因素有以下几个。

（1）泵站的总体布置要求和泵站站址的地质条件。

（2）泵站内机电设备型号和参数。

（3）泵站进、出水流道（或管道）。

（4）泵站电源进线方向。

（5）泵站对外交通的布置。

（6）泵房施工、机组安装、检修和工程管理等。

考虑以上因素的同时，还应经多方案的技术经济比较确定。通常，安装卧式机组的泵房，其主厂房为单层或多层建筑，而安装立式机组的主厂房均为多层建筑。

8.3.1　卧式机组设备及泵房尺寸的确定

卧式机组泵房设备布置主要针对分基型和干室型泵房，包括主机组、交通道、排水系统、充水系统、配电设备、检修间等的布置。单层泵房的布置如图 8.7 所示。

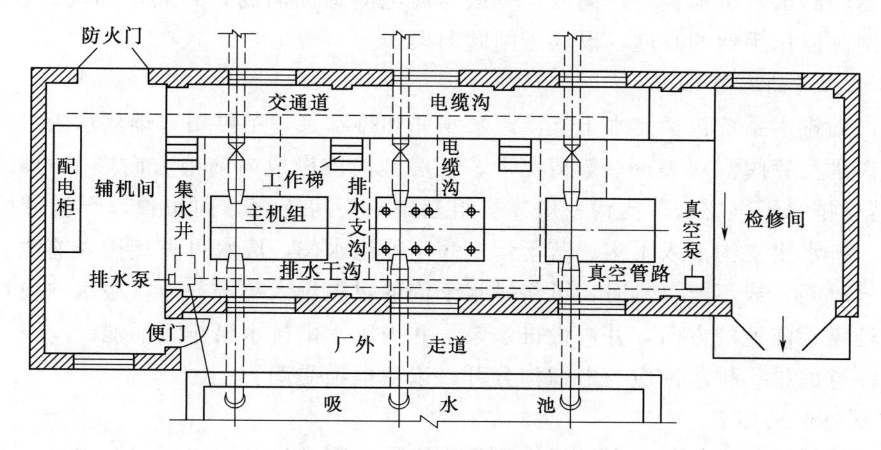

图 8.7　单层泵房布置示意图

1. 主机组的布置

按水泵的类型及数量，主机组一般有下列 3 种布置方式。

(1) 横向布置。各机组轴线位于一条直线上，如图 8.8 (a) 所示。这种布置方式优点是简单、整齐、泵房跨度小，既适用于卧式机组，也适用于立式机组。缺点是当机组数目太多时会增加泵房长度，前池及进水池也会相应加宽。

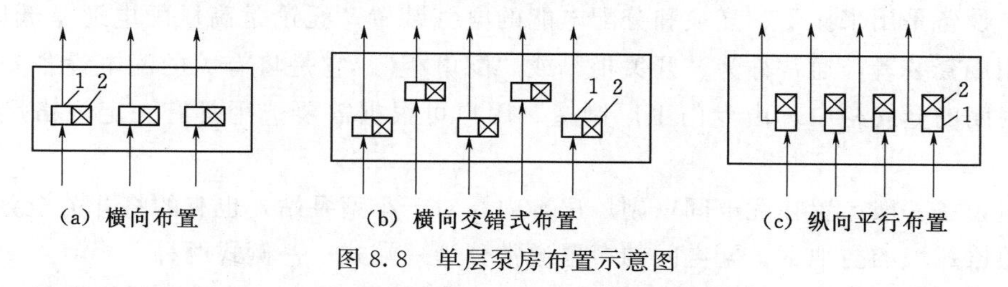

图 8.8　单层泵房布置示意图

(2) 横向交错式布置。将机组横向排成两列，而且相互交错布置，如图 8.8 (b) 所示。这种布置方式可以充分利用泵房的平面尺寸，其优点是缩短了泵房长度和前池、进水池的宽度。缺点是增加了跨度；泵房内部显得比较零乱，管理操作不便。当机组数目较多时，或者在深挖方中建站，为了减少工程量，可以采用这种布置方式。

(3) 纵向平行布置。各机组轴线互相平行的布置方式，如图 8.8 (c) 所示。这种布置方式与横向布置相比，机组间距较少，相应减小了泵房的长度及前池的宽度，但泵房的宽度较大。采用单吸式离心泵或者混流泵的泵房都可以采用。

2. 交通道的布置

泵房内的交通道沿泵房长度方向布置，分主要通道和一般通道，用于管理人员巡视及搬运货物。立式机组主泵房电动机层的进水侧或出水侧应设主通道，其他各交通道应设不少于一条的主通道。主通道宽度不宜小于1.5m，一般通道宽度不宜小于1.0m。卧式机组主泵房内宜在管道顶部设置交通道，进出水管要放在交通道下的沟槽内，沟上加盖，以便检修。对于干室型泵房，可直接在箱型基础的前后墙上设悬臂结构作交通道，进出水管在交通道的下部通过。

交通道应高出泵房地板一定高度，一般与配电间地面同高，当兼作闸阀的操作台时，还应计及闸阀操作手柄的高度，以利于闸阀的操作。

3. 排水系统的布置

泵房内的排水系统包括排水干支沟、集水井和排水泵，主要用来排除水泵水封用的废水、泵房渗水及管阀漏水等。一般情况下，泵房地面应做成向前池方向倾斜的坡度（2%左右），并设排水干、支沟。支沟一般靠机组基础沿厂房跨度方向布置，干沟沿厂房长度方向布置，排水由支沟汇入干沟，若干沟底高于前池水位，废水可直接排入前池。有时为了缩短排水时间，或不能自排时，可将排水干沟的水先流入集水井内，集水井设在泵房一端的较低处靠近前池的方向，井内设排水泵，井内废水由排水泵排入前池。

需要注意的是，排水沟应与电缆沟分开，以免电缆受潮。

4. 充水系统的布置

若前池最低运行水位低于泵轴线，泵房内必须设充水设备，以便水泵启动时充水。

充水系统包括充水设备（如真空泵）以及抽气干、支管。如使用真空泵，应有两台互为备用。充水系统的布置以不影响主机组检修、不增加泵房面积、便于工作人员操作为原则。一般布置在检修间或进水侧中部的空地上。抽气干管位于充水设备同侧，可沿机组基础的地面铺设，也可支承在高于地面的空间，然后再用抽气支管与每台水泵相连。

5. 配电设备装置

配电设备是用来接受、变换和分配电能的电气装置。无论是高压配电还是低压配电，现都采用成套装置，通常称为“开关柜”或“配电柜”。它是将有关的配电设备安装在封闭或半封闭的金属柜中，由专门工厂制造，用户可根据需要选用具有一定规格尺寸的开关柜。

配电设备一般布置在配电间（副厂房）内，对于小型泵站，也有的将开关柜分散布置在各机组段靠墙的空地上。配电间的布置通常分为一端式、一侧式两种。

一端式布置通常是在泵房进线端建配电间，如图8.9（a）所示。其优点是：泵房跨度小；泵房进、出水侧墙壁均可开窗，有利于通风采光。缺点是：当机组台数较多时，操作人员不便监视远离配电间的机组运行情况，电缆铺设较长。因此，适用于机组较少的泵站。

一侧式布置是将配电间布置在泵房的一侧，一般多布置在出水侧，以减少进水管路长度，并有利于配电设备的防潮，如图8.9（b）所示。其优、缺点与一端式布置相反。一侧式布置适用于机组较多的泵站。

为弥补使泵房跨度减小的不足，可以在泵房的一侧向外凸出布置，如图8.9（c）所示。

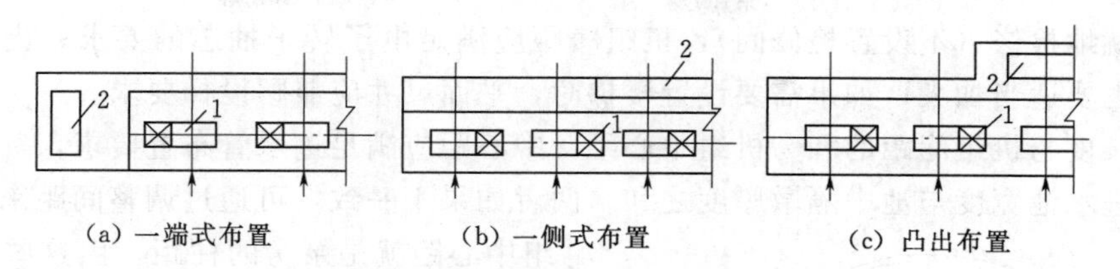

图 8.9　配电间布置示意图

1—机组；2—配电设备

6. 检修间的布置

检修间一般布置在主厂房内对外交通运输方便的一端或出水侧，其平面尺寸要求能够放下泵房内的最大设备或最大部件，并便于拆卸，部件之间应有 1.0～1.5m 的净距，并应留有一定的操作空间、通道、存放检修工具等杂物的空间和汽车开进泵房所必需的场地。立式机组在检修间放置的大件主要有电动机转子、上机架、水泵叶轮等。由于电动机层布置的辅助设备比较少，有足够的空地放置上机架及水泵叶轮，所以在检修间只需放置电动机转子。对于卧式机组，一般都在机组旁检修，检修间只作电动机转子抽芯或从泵轴上拆卸叶轮之用，利用率比较低，其长度只需满足设备进出如泵房的要求即可。

当机组容量较小，或机组间距较大时，一般不设检修间，可在机组附近就地检修。

8.3.2　泵房尺寸的确定

泵房的主要尺寸包括泵房的长度、跨度和高度。

1. 泵房长度

主泵房长度应根据主机组台数、布置方式、机组间距、边机组段长度和检修间的布置等因素确定。

对于横向布置，泵站长度如图 8.10 所示。

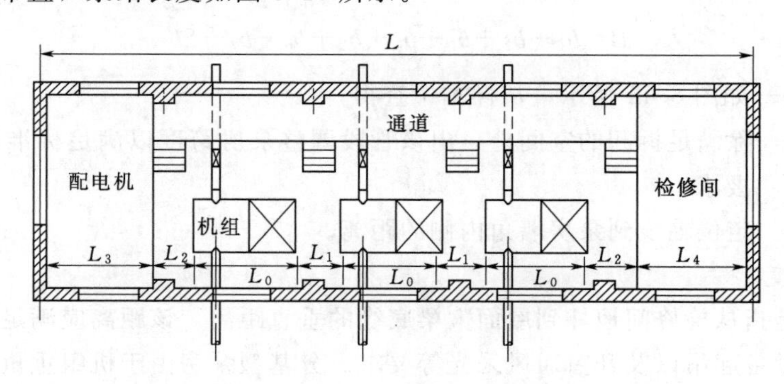

图 8.10　泵站长度组成示意图

$$L=nL_0+(n-1)L_1+2L_2+L_3+L_4 \tag{8.1}$$

式中　n——机组台数；

L_0——机组长度，由水泵样本查得；

L_1——机组间距，规范规定相邻机组之间的间距不小于 1.8～2.0m；

L_2——机组顶端到副厂房和检修间的距离，取 1.0～1.5m；

L_3，L_4——配电间、检修间长。

如果就地检修（不设置检修间），机组净距应满足电子转子抽芯的要求；当需放置辅助设备时也要适当加大；如果需要设置楼梯时，平面尺寸应兼顾设梯要求。

机组长度与机组间距的和为机组中心距。中心距应满足进水管布置要求，等于每台水泵要求的进水池宽度与池中隔墩厚度之和。两者如果不一致，可通过调整间距来解决。机组中心距就是泵房的柱距，由这些柱将整个泵房沿长度方向分成了若干个开间。柱距的确定应尽量采用标准值，以利于采用定型的标准吊车梁和屋面板。当需要的柱距与标准值相差太大时，应根据实际情况自行确定，不必强求标准，以免造成浪费。

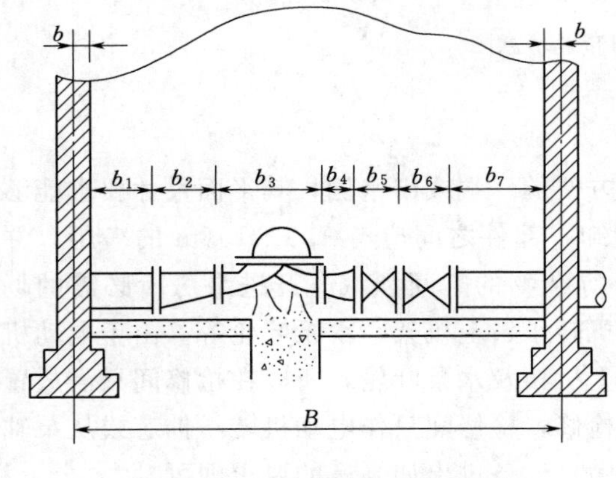

图 8.11 泵站跨度组成示意图

对于主机组的其他布置方式，泵房长度的确定方法同上，具体参照有关规范执行。

2. *泵房的跨度*

泵房的跨度是指泵房前墙与后墙之间的距离，其跨度组成如图 8.11 所示。

泵房跨度主要取决于以下几个条件。

(1) 泵体的大小、进出水管路及其阀件的长度、交通道的宽度以及安装检修和操作所必需的空间。

(2) 定型设备和构件的尺寸，如吊车的跨度、定型屋架或屋面梁的跨度。

(3) 泵房的建筑模数。

(4) 泵房的整体稳定要求。

泵房跨度计算公式为

$$B=b_1+b_2+b_3+b_4+b_5+b_6+b_7+2b \tag{8.2}$$

式中 $b_1\sim b_6$——如图 8.11 所示，从样本中查得；

b_7——除满足拆卸的空间外，由该管段调整泵房跨度以满足标准跨度等方面的要求；

B——定位轴线到泵房墙角内侧的距离。

3. *泵房高度*

泵房高度是指从检修间地坪到屋面大梁底缘的垂直距离。该距离应满足在检修间内由大型卡车进行设备起吊以及开窗通风采光等要求。分基型泵房由于机组重量较轻，通常不设吊车，此时泵房高度不宜小于 5.0m。泵房高度的组成如图 8.12 所示，泵房内各部分高程及泵房高度的确定方法如下。

(1) 泵房地面高程$\nabla_{地}$。在确定泵房内立面各部位高程时，应首先确定水泵的安装高程，然后由泵轴线高程减去泵轴线至水泵底座的距离，得水泵基础面高程，再减去基础高度，即可得水泵主机间地面高程，也即泵房地面高程。

根据图 8.13，泵房地面高程可按式 (8.3) 计算，即

$$\nabla_{地}=\nabla_{安}-h_1-h_2 \tag{8.3}$$

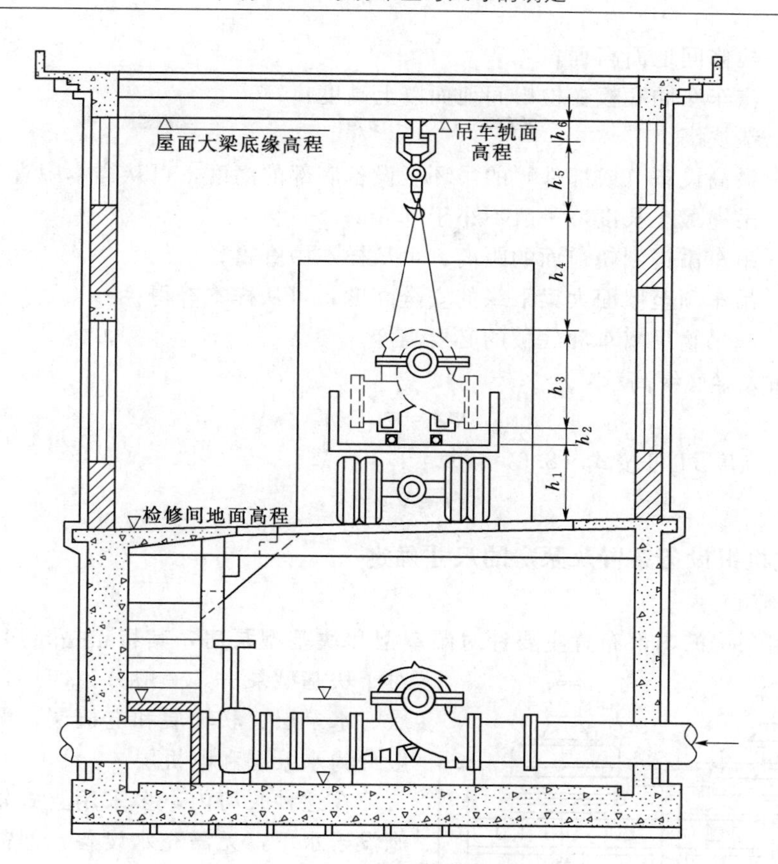

图 8.12　泵站高度组成示意图

式中　$\nabla_{地}$——泵房地面高程；

$\nabla_{安}$——水泵地面高程；

h_1——泵轴线至泵底座的距离；

h_2——机组基础顶面至地坪的距离，一般取 0.2～0.3m。

（2）检修间高程$\nabla_{检}$。检修间地面高程通常应高于泵房地面高程，一般与配电间地面高程及交通道高程相同。考虑到既要保证防洪安全，又要便于汽车运输设备，检修间地面高程应高出最高洪水位和泵房外地面 0.5m 左右。

（3）吊车轨面高程$\nabla_{轨}$。如图 8.12 所示，对装有吊车的泵房，应考虑载重汽车进入检修间装卸设备，所以吊车轨面高程的计算应以检修间地面高程为基点，按式（8.4）计算，即

$$\nabla_{轨}=\nabla_{检}+h_1+h_2+h_3+h_4+h_5+h_6+h_7 \tag{8.4}$$

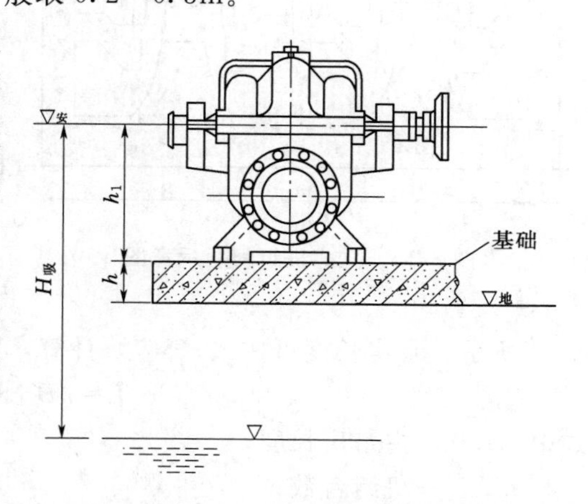

图 8.13　卧式泵泵房地面高程的确定

式中　$\nabla_{轨}$——吊车轨面高程；

$\nabla_{检}$——检修间地面高程；

h_1——汽车车厢底板在检修间地面以上高度；

h_2——垫块高；

h_3——最高设备（或部件）的吊环至设备底部的高度，可从样本中查得；

h_4——吊绳最小长度，一般不小于0.5m；

h_5——吊车吊钩到轨道面的距离，可从样本中查得；

h_6——吊车顶至屋面大梁下缘的安全高度，可从样本查得；

h_7——起吊物吊离车厢底板的必要高度。

（4）屋面大梁底缘高程$\nabla_{梁}$：

$$\nabla_{梁}=\nabla_{轨}+h_6 \tag{8.5}$$

（5）泵房高度H可按式（8.6）计算：

$$H=\nabla_{梁}-\nabla_{检} \tag{8.6}$$

8.3.3 立式机组设备布置及泵房的尺寸确定

1. 设备布置

立式机组泵房的内部布置主要针对湿室型和块基型泵房，其特点是泵房为多层结构。对于块基型泵房，一般分为四层，即进水流道层、水泵层、联轴层和电机层；湿室型泵房一般分为水泵层和电机层。

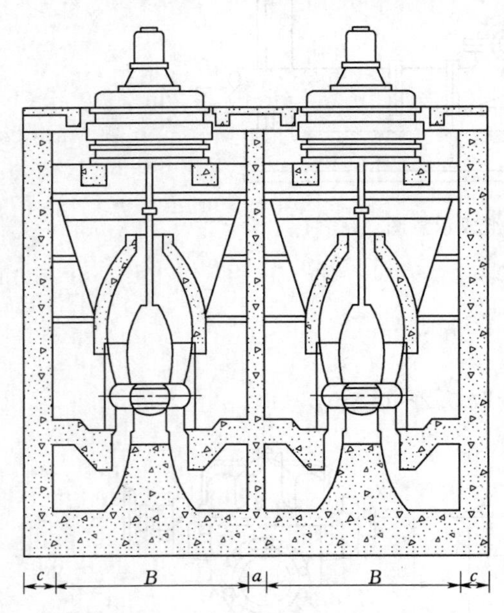

图8.14 立式机组间距示意图

在这种泵房内，多采用立式轴流泵，叶轮淹没于水下，无需充水设备，但需要有在启动前润滑上橡胶轴承的灌引水设备。另外，需设检修水泵时用以抽干湿室内部分积水的排水设备。泵房上、下层之间的设备运送是靠垂直吊运的，所以在上层楼板上应开吊物孔，其位置应在同一垂线上，并在起吊设备的工作范围之内。吊物孔的尺寸应按吊运的最大部件或设备外形尺寸各加0.2m的安全距离确定。

对于这种多层泵房，各层应设1～2道楼梯。主楼梯宽度不宜小于1.0m，坡度不宜大于40°，楼梯的垂直净空不宜小于2.0m。

2. 泵房尺寸的确定

1）泵房长度。一般为横向布置，如图8.14所示。泵房长度可按式（8.7）计算，即

$$L=nB+(n-1)a+2c \tag{8.7}$$

式中 L——主泵房长度；

n——机组台数；

B——进水流道进口宽度或湿室宽度；

a——两台机组间隔墩的厚度，一般为 0.8～1.0m。如设缝墩，隔墩数与机组数相等；

c——边墩厚度，一般为 1.0～1.2m。

式（8.7）是根据下部进水条件计算的主泵房长度。

此外，还需满足下列两个条件：一是在水泵层每一台水泵两侧的净距应能满足拆装叶轮等工作所需求的操作场地；二是高压电机间净距不小于 1.5m。

2）泵房跨度：

（1）电机层设备布置及宽度的确定。电机层主要包括驱动主水泵的电动机、配电设备、用于调节叶片角度和刹车的油压装置、吊物孔和楼梯孔等。在确定机组间距之后，主要通过调整电动机、配电设备以及吊物孔三者之间的相对位置来确定机房的宽度。

（2）联轴层设备布置及宽度的确定。联轴层内设备比较简单，主要布置油、气、水管道及电缆等。管道一般在进水侧靠墙架空布置，电缆布置在电机层楼板下的电缆室内。这些设备所占位置不大，因此，联轴层的尺寸不是由设备布置的要求决定的，而是根据安装检修的要求以及各层结构连接要求而定，一般与电机层宽度相同。

（3）水泵层设备布置及宽度的确定。水泵层的作用主要是安装和检修主水泵、供水泵及排水泵。主水泵的间距是根据进水流道宽度及电动机间的净距要求决定的。机组轴线在顺水流方向的位置与吊物孔及配电间的布置有关。如果吊物孔布置在电机层楼板内或检修间内靠进水侧时，则机组轴线偏向出水侧；吊物孔布置在检修间靠出水时，机组轴线则偏向进水侧。供水泵一般靠近前墙布置，排水泵靠后墙布置。水泵层前后墙的距离应根据上述不同的布置方式、设备尺寸和安装检修的要求来决定。

（4）进水流道层的布置。进水流道层包括进水流道及排水廊道，其尺寸应与水泵层及泵房底板相适应。泵房底板的尺寸是根据上部结构布置、稳定分析及基础设计来决定的。如果进水流道根据水力设计要求的长度大于泵房底板的宽度，其大于的部分可以用沉陷缝将水泵流道断开，这样既不影响进水条件，又能节省混凝土工程量。但应注意，检修闸门槽应与泵房的大块基础连成一体，沉陷缝以外可设拦污栅槽。

（5）泵房跨度。泵房跨度主要指电机层而言。泵房跨度应为泵房的前后墙的定位轴线的距离，应在电机层净宽基础上，按一定原则确定。跨度确定原则参见卧式机组部分。

可见，立式泵泵房的平面尺寸是以下层结构的尺寸为依据的，当然也要满足上层机电设备布置和定型设备等的要求。在设计泵房时两者要协调一致，如果电机层跨度要求比下层大，那么可以考虑将电机层在结构上做成悬臂。

3）泵房高度。这里以湿式泵房为例，讲解立式机组泵房高度的确定，如图 8.15 所示，各部分高程和泵房的高度确定如下。

（1）进水喇叭口高程$\nabla_{进}$。根据进水池最低运行水位$\nabla_{低}$和管口的临界淹没深度 h_1，按式（8.8）计算，即

$$\nabla_{进}=\nabla_{低}-h_1 \tag{8.8}$$

（2）泵房底板高程$\nabla_{底}$。根据管口高程$\nabla_{进}$和管口的悬空高度 h_2，按式（8.9）计算，即

$$\nabla_{底}=\nabla_{进}-h_2 \tag{8.9}$$

(3) 水泵梁高程$\nabla_{泵梁}$。根据管口到水泵顶梁的垂直距离 a，按式(8.10)计算，即

$$\nabla_{泵梁}=\nabla_{底}+a \tag{8.10}$$

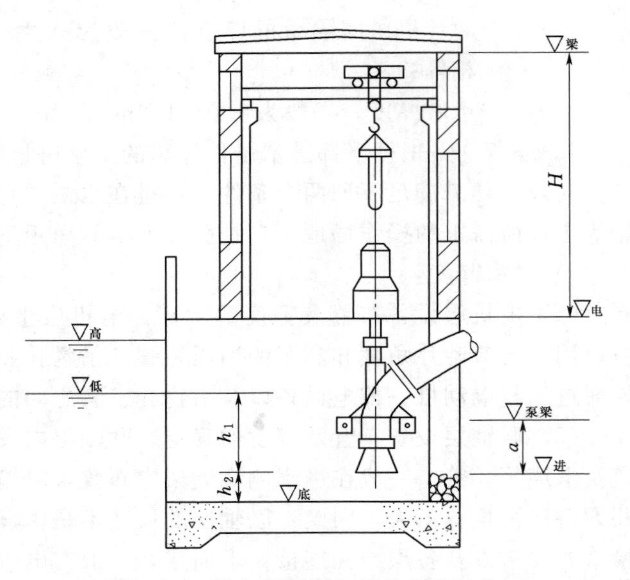

图 8.15 湿室型泵房各部分高程示意图

(4) 电机层楼板高程$\nabla_{电}$。电机层楼板高程的确定与卧式机组检修间地面高程要求相同，但须注意以下3点。

a. 按以上确定的楼板高程，如低于水泵样本中水泵和电动机间最小传动轴长所要求的高程，则应按后者确定。

b. 水泵厂生产的泵轴，其长度每隔 100mm 一档，确定楼板高程时应考虑这一因素。

c. 水泵层净空应考虑水泵整体吊装的要求。

电机层楼板以上各部分高程的确定方法见卧式机组部分。不同的是，电机层以上部分净高应满足水泵轴或电动机转子联轴的吊运要求。如果叶轮调节机构为机械操作，还应满足调节杆吊装要求。

(5) 泵房高度 H。该值为屋面大梁底缘高程与电机层楼板高程的差，即

$$H=\nabla_{梁}-\nabla_{电} \tag{8.11}$$

任务8.4 泵房整体稳定分析

8.4.1 泵房整体稳定分析计算情况的选择

在整体稳定分析之前，首先要选择可能出现的最不利的荷载组合，一般可按下列几种情况考虑。

(1) 竣工情况。指工程完建初期，但未拆除围堰，进出水侧无水，地下水位回升不大，位于底板下缘，但墙后（岸墙、后墙）已回填土。

(2) 设计情况。指泵站正常运行中经常出现的情况，如泵站进出水侧均为设计水位等。

(3) 校核情况。指泵站非常运行情况，如排水站出水侧发生设计洪水情况等。

(4) 施工情况。指泵房已施工到某一程度，如水下部分已施工完毕，周围尚未回填土等。

(5) 检修情况。指运行过程中某些水泵检修的情况。一般在低水位时进行检修，对于墩墙式湿室型泵房，在检修水泵时可逐孔检修，只抽空一孔进水池的水。前池和进水池清

淤时，需将池内的水全部抽空。

（6）地震情况。指地震发生时的情况。

必要时还应考虑其他可能的不利组合，如停机情况、止水失效情况等。

8.4.2　荷载及其组合

作用在泵房上的荷载包括自重、静水压力、扬压力、土压力、泥沙压力、波浪压力、地震作用和其他荷载。

湿室型泵房的荷载情况如图 8.16 所示。

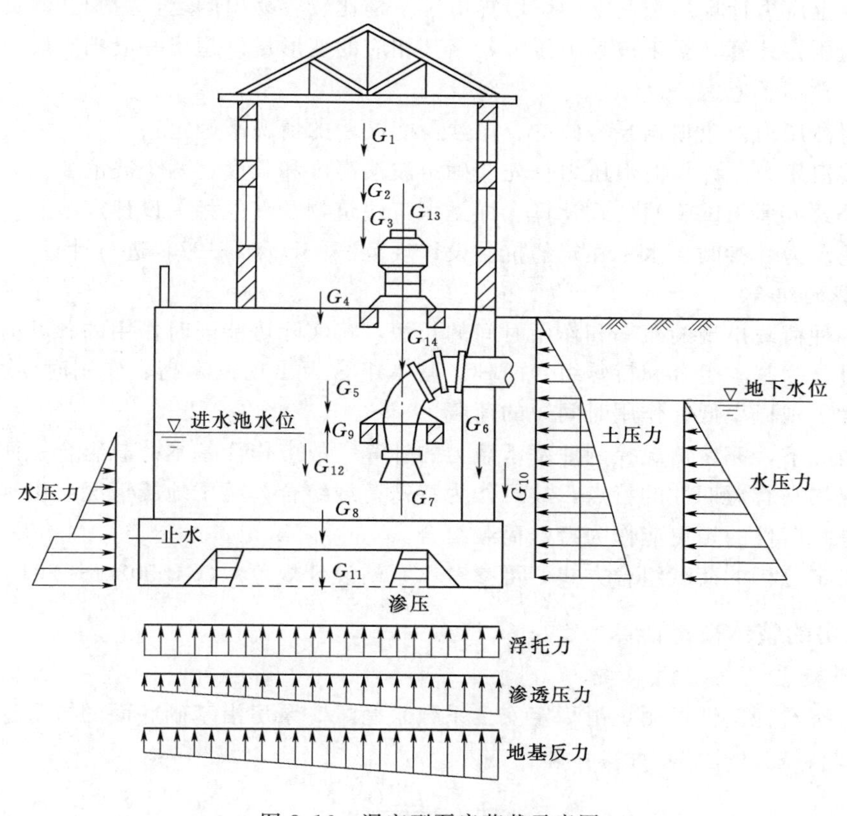

图 8.16　湿室型泵房荷载示意图

1. 荷载的计算

（1）自重。自重包括泵房结构、填料和永久设备重力。在图 8.16 中，若以整个泵房为计算单元，其重力有屋盖重力 G_1、砖墙重力 G_2、门窗重力 G_3、电机层梁板重力 G_4、站墩重力 G_5、后墙重力 G_6、水泵梁重力 G_7、底板上水重力 G_8、边墩土重力 G_9、底板上土重力 G_{10}、齿坎内土重力 G_{11}、底板上水重力 G_{12}、电机及传动装置重力 G_{13}、水泵重力 G_{14} 等。重力是根据各部件的尺寸、材料密度、设备重量等计算出来的。

（2）静水压力。泵房进水侧止水以上部分和泵房墙后水平水压力，需根据各种运行水位按水静力学公式计算，对于多泥沙河流，应考虑含沙量对水密度的影响。静水压力分布如图 8.16 所示。

(3) 扬压力。泵房底板的扬压力包括浮托力和渗透压力，如图 8.16 所示。浮托力等于泵房水下部分排开同体积水的重力。渗透压力主要根据地基类别、各种运行情况下的水位组合条件、泵房基础底部防渗排水设施的布置情况等因素确定。

(4) 土压力。作用在泵房侧面的土压力应根据地基条件、回填土性质、泵房结构可能产生的变形情况等因素，按主动土压力或静止土压力计算。计算时应计及填土面上的超载作用。土基上的泵房在土压力作用下可能产生背离填土方向的变形，因此，可按主动土压力计算；岩基上的泵房，由于结构底部嵌固在基岩中，且因结构刚度较大、变形较小，因此可按静止土压力计算。土基上的岸墙等由于结构比较容易出问题，为安全起见，有时也可按静止土压力计算。至于被动土压力，因其相应的变形量已超出一般挡土墙结构所允许的范围，故常不予考虑。

(5) 泥沙压力。应根据泵房位置、泥沙可能淤积的情况来确定。

(6) 波浪压力。计算波浪压力首先要确定波浪高度和长度这两个波浪要素，可采用官厅一鹤地公式或蒲田试验站公式计算。详见水工建筑物及其他相关设计规范。

(7) 地震力。参阅《水工建筑物抗震设计规范》(SL 203—97) 进行计算。

2. 荷载的组合

根据各种荷载出现的概率和作用时间的长短，将实际可能同时作用的各种荷载进行组合。组合可分为基本组合和特殊组合两种。基本组合为出现概率高、作用时间长的荷载，特殊组合为出现概率低、作用时间短的荷载。

一般情况下，完建情况控制地基承载力的计算，故应作为基本荷载组合；而施工情况和检修情况均具有短期性的特点，故可作为特殊荷载组合；至于地震情况，出现的概率很少，而且是瞬时性的，更应作为特殊荷载组合。

用于稳定分析的荷载组合方式，可参考《泵站设计规范》(GB 50265—2010) 确定。

8.4.3 泵房的整体稳定计算

1. 抗滑稳定

泵房的抗滑稳定性可用抗滑稳定安全系数来衡量。泵房沿基础底面的抗滑稳定系数可按式 (8.12)、式 (8.13) 计算，即

$$K_c=\frac{f\sum G}{\sum H} \tag{8.12}$$

$$K_c=\frac{f'\sum G+c_0 A}{\sum H} \tag{8.13}$$

式中 K_c——抗滑稳定安全系数；

$\sum G$——作用于泵房基础底面以上的全部竖向荷载，kN；

$\sum H$——作用于泵房基础底面以上的全部水平向荷载，kN；

A——泵房基础底面面积，m^2；

f——泵房基础底面与地基之间的摩擦系数；

f'——泵房基础底面与地基之间的摩擦角 φ_0 的正切值，即 $f'=\tan\varphi_0$；

c_0——泵房基础底面与地基之间的黏结力，kPa。

计算得出的 K_c 应大于抗滑稳定安全系数允许值 $[K_c]$。允许值 $[K_c]$ 可以从《泵站

设计规范》(GB 50265—2010) 中查得。

当泵房受双向水平力作用时，应核算其沿合力方向的抗滑稳定性。

当泵房地基持力层为较深厚的软弱土层，且其上竖直作用荷载较大时，还应核算泵房连同地基的部分土体，沿深层面滑动的抗滑稳定性。

对于基岩，若有不利于泵房抗滑稳定的缓倾角软弱夹层或者断裂面存在时，还应该核算泵房沿可能组合滑裂面滑动的抗滑稳定性。

2. 抗浮稳定

泵房抗浮稳定性可用抗浮稳定安全系数来衡量。抗浮安全稳定系数可按式 (8.14) 计算，即

$$K_f=\frac{\sum V}{\sum U} \tag{8.14}$$

式中 K_f——抗浮稳定系数；

$\sum V$——作用在泵房基础底面以上的全部重力，kN；

$\sum U$——作用在泵房基础底面上的扬压力，kN。

算得的应大于抗浮稳定安全系数的允许值 $[K_f]$，以保证泵房不浮起。规范规定，不分泵站级别和地基类别，基本荷载组合下 $[K_f]$ 为 1.10，特殊荷载组合下 $[K_f]$ 为 1.05。

3. 地基应力

泵房基础底面应力应根据泵房结构布置和受力情况等因素计算确定，使其不超过地基允许承载力。对于矩形或圆形基础，当单向受力时可按式 (8.15) 计算泵房基础底面应力，即

$$P_{\substack{max\\min}}=\frac{\sum G}{A}\pm\frac{\sum M}{W} \tag{8.15}$$

式中 $P_{\substack{max\\min}}$——泵房基础底面应力的最大值或最小值，kPa；

$\sum G$——计算单元内所有垂直力之和，kN；

$\sum M$——计算单元内所有作用力（垂直力和水平力）对底面形心轴的力矩之和，kN·m；

W——泵房基础底面对该底面形心轴的截面矩，m^3。

对于矩形或者圆形基础，当双向受力时，按式 (8.16) 计算，即

$$P_{\substack{max\\min}}=\frac{\sum G}{A}\pm\frac{\sum M_X}{W_X}\pm\frac{\sum M_Y}{W_Y} \tag{8.16}$$

式中 $\sum G_X$，$\sum M_Y$——作用于泵房基础底的所有作用力对于底面形心轴 X、Y 的力矩，kN·m；

W_X，W_Y——泵房基础底面对于该底面形心轴 X、Y 的截面矩，m^3。

对各种荷载组合情况所计算出的 $P_{\substack{max\\min}}$，必须满足下列要求。

(1) 泵房基础底面应力应不大于泵房地基允许承载力，即 $P<[R]$。其中，P 为基础底面平均应力；$[R]$ 为地基允许承载力，$[R]$ 由站址处地质勘察结果确定。

(2) 基础底面边缘的最大应力不大于 1.2 倍地基持力层允许承载力，即 $P_{max}<1.2[R]$。

（3）对于基岩上的泵房，为了避免基础底面与基岩之间脱开，要求基础底面边缘的最小应力不小于零，即基础底面不出现拉应力。

（4）对于在土基上的泵房基础，其底面应力的不均匀系数不应大于表8.1规定的允许值；否则，可能会发生地基不均匀沉陷。

表8.1 **地基应力不均匀系数允许值**

地质土质	荷载组合	
	基本荷载	特殊荷载
松软	1.5	2.0
中等坚实	2.0	2.5
坚实	2.5	3.0

（5）当泵房地基持力层内存在软弱夹层时，除应满足持力层的允许承载力外，还应对软弱夹层的允许承载力进行核算，即 $P_c+P_z<[R_z]$。其中，P_c 为软弱夹层顶面处的自重应力，P_z 为软弱夹层顶面处的附加应力，$[R_z]$ 为软弱夹层的允许承载力。

任务8.5 泵站进出水建筑物

泵站进出水建筑物一般包括引渠、前池、进水池和出水池。泵站进出水建筑物的形式和尺寸直接影响水泵性能、装置效率、工程造价及运行管理等，是泵站设计中的关键内容之一。

8.5.1 引渠

在引水工程中，引水明渠简称引渠，是指连接水源和前池的一段渠道，如图8.17所示。当泵房建于岸边直接从水源取水时，无需引渠。当泵站从渠道、水库或湖泊中取水，水源与灌区控制点距离较远且二者之间地势较为平坦时，一般采用引渠将水引入泵房。

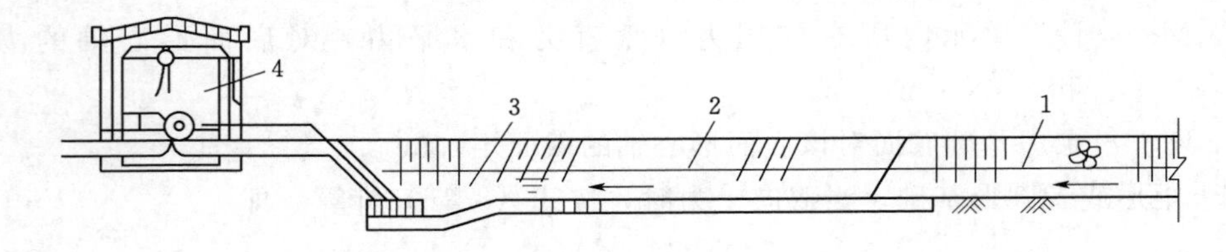

图8.17 有引渠的泵站示意图

1—引渠；2—前池；3—进水池；4—泵房

引渠的主要作用如下。

（1）使泵房尽可能接近灌区（或容泄区），以减小泵站输水管长度，节约工程投资和能量损耗。

（2）为水泵正向进水创造条件。

（3）避免泵房和水源直接接触，简化泵房结构和方便施工。

（4）对于从多泥沙水源取水的泵站，提供设置沉沙池的场地，并为前池自流冲沙提供

必要的高程。

关于引渠的相关内容与前面讲述的渠道相同，此处不再赘述。

8.5.2 前池

前池是连接引渠（或引水管）与进水池的建筑物，位于引渠和进水池之间。它的作用是为水泵吸水创造良好的水力条件。引水渠、前池、进水池与泵房的位置如图8.18所示。

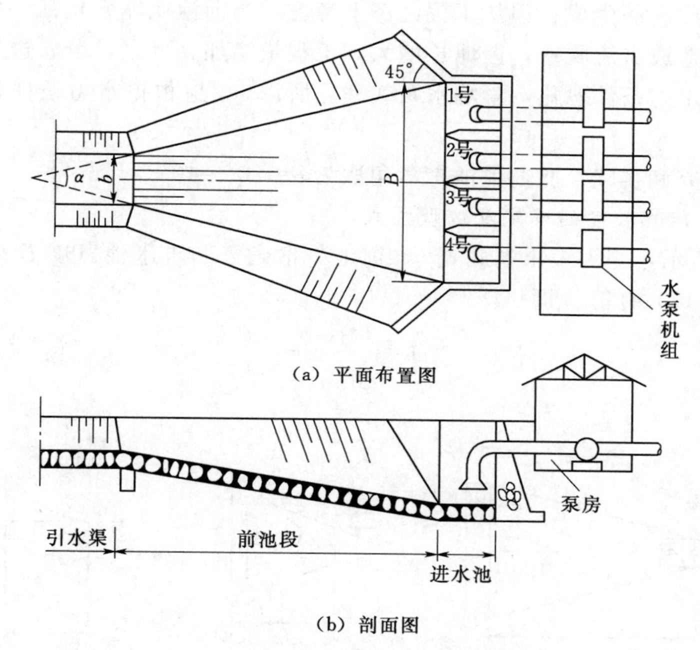

图8.18 引水渠、前池、进水池与泵房的位置示意图

1. 前池的类型

根据进水和出水方向，前池可以分为两种型式，即正向进水前池和侧向进水前池。正向进水前池是指前池的进水方向与前池出水方向（即进水池进水方向）相同，前池的过流断面是逐渐扩大的，如图8.19（a）所示；而侧向进水前池是指两者的水流方向不同，即水流方向正交或斜交，如图8.19（b）所示。

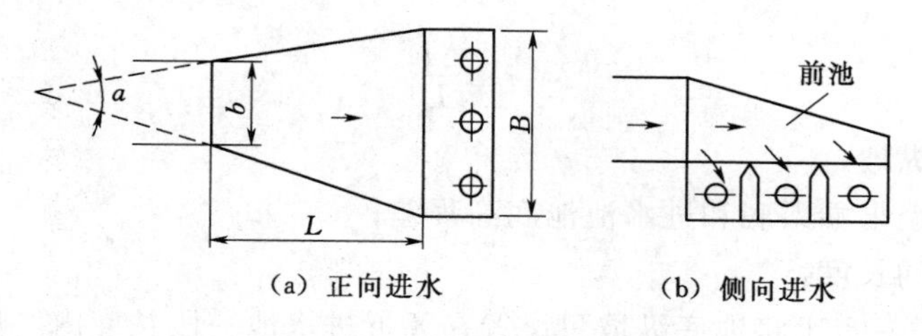

图8.19 前池的型式

正向进水前池结构简单，施工方便，池中水流也比较平稳，但有时由于地形条件的限制和机组台数较多时，这种型式的前池会使池长、池宽过大而导致工程量增加。这时，采

用侧向进水前池往往是经济合理的。侧向进水前池中的水流条件较差，由于流向的改变，容易形成回流、漩涡，造成流速分布不均匀，影响水泵吸水。当设计不良时，易使最里面的水泵进水条件恶化，甚至无法吸水。因此，在实际中较少应用。

2. 正向进水前池各部尺寸的确定

前池扩散角 α（图 8.18）是影响前池流态及尺寸大小的主要因素。水流在渐变段流动时有其固有的扩散角，如果前池扩散角小于或等于水流固有扩散角，则不会产生水流脱壁现象，并避免了回流的生成；但从工程经济上考虑，当前池底宽 b 和 B 一定时，如 α 取值过小，虽然不会造成水流脱壁，但池长增大，工程量增加；反之，若 α 过大，虽然可减少工程量，但池中水力条件恶化，影响水泵效率。所以，α 应根据水力条件和工程量小的原则确定。

根据试验研究和实践经验，前池扩散角取为 $\alpha=20°\sim40°$。

3. 正向进水前池长度的确定及边壁型式

如图 8.20 所示，当引渠末端底宽 b、前池扩散角 α 和进水池宽度 B 已知时，前池长度 L 可由式（8.17）计算，即

$$L=\frac{B-b}{2\tan\dfrac{\alpha}{2}} \tag{8.17}$$

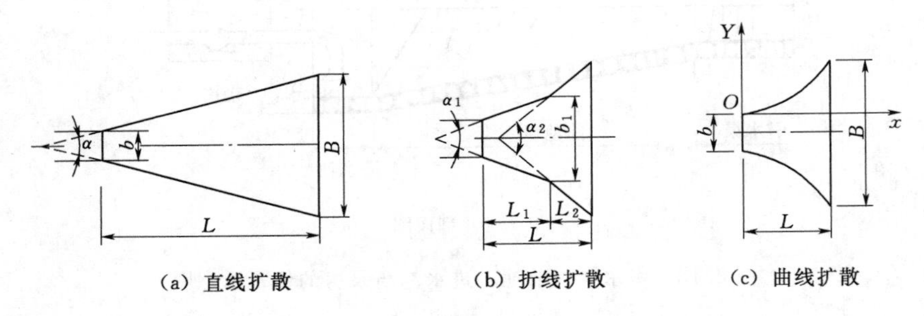

(a) 直线扩散　　(b) 折线扩散　　(c) 曲线扩散

图 8.20　前池池长与边壁型式

4. 正向进水前池池底纵向坡度 i

引渠的末端通常比进水池底高，因此当前池和进水池连接时，前池除进行平面扩散外，还需要有一个向进水池方向倾斜的纵坡，当纵坡沿池长方向不变时，由式（8.18）确定，即

$$i=\frac{\Delta H}{L} \tag{8.18}$$

式中　i——前池纵坡；

ΔH——引水渠末端渠底和进水池池底高程差；

L——前池的长度。

如果前池较长，也可将池底纵坡只设置在靠近进水池一段长度内，但进水池中水流流态将随底坡增加而恶化。另外，前池坡度越缓，为了保持进水池水深，土方开挖量越大。所以，从工程投资角度看，i 应选取较大值。综合水力和工程要求，实际工程中可采用 $i=1/5\sim1/3$。

5. 前池翼墙型式

前池翼墙多建成直立式并和中心线成45°夹角，如图8.18所示。该种型式的翼墙便于施工，水流条件也较好。根据需要也可采用扭坡、斜坡或圆弧形翼墙。

6. 侧向进水前池

侧向进水前池有单侧向（图8.21）和双侧向（图8.22）两类。一般机组数超过10台时多采用双侧向进水前池。

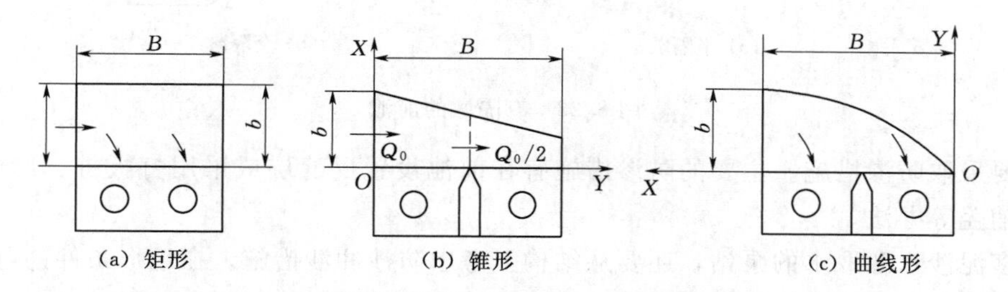

图8.21 前池池长与边壁型式

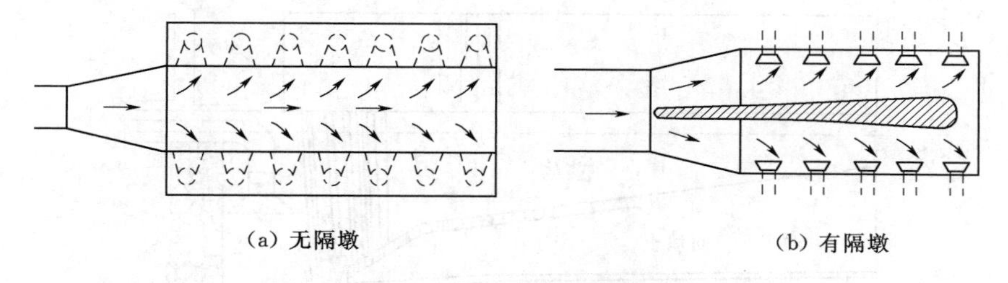

图8.22 双侧向前池示意图

根据边壁形状，单侧向进水前池可分为矩形、锥形和曲线形3种，如图8.21所示。矩形前池结构简单，施工方便，但工程量较大，同时流速沿池长减小，将在前池后部形成泥沙淤积，池长等于进水池宽B，池宽b可取为引水渠设计流量时的水面宽度。锥形和曲线形前池是对矩形前池的改进，其水流特点是随流量沿程减小，过流断面也相应减小，以保证池中流速和水深稳定。曲线形侧向进水前池，其外壁可采用抛物线、椭圆或螺旋线等型式。

7. 前池水流条件的改善措施

（1）前池中设隔墩。加设隔墩实际上减小了前池的扩散角，这样既可避免回流、偏流，又可缩短池长，同时加设隔墩后，减小了前池的有效过水断面面积，增大了池中流速，防止泥沙淤积。隔墩可只设于前池部分（称半隔墩）或一直延伸到后墙（称全隔墩），如图8.23所示。隔墩将各机组分开单独进水，墩端可设闸门，以阻断向不运行机组的进水池进水，防止泥沙淤积。

（2）在前池中设置底坎和立柱。横向底坎的作用是降低池底运动，防止产生回流。柱的作用是使水流收缩并均匀地流向两侧后再扩散到边壁，防止了边壁脱流。

8. 前池的结构

前池的边坡和池底一般用水泥沙浆块石护砌，护砌厚度为0.3～0.5m。

在地基为粉砂质土时，为了保证泵站的安全，常常进行基础渗透计算和防渗计算。必

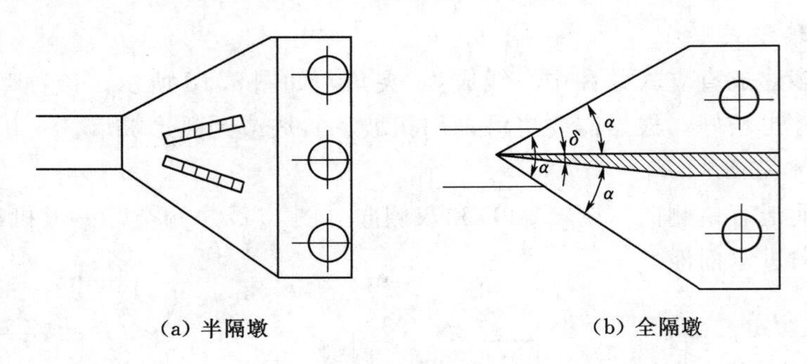

图 8.23　有隔墩的前池

要时，要采取防渗措施。主要的防渗措施有在前池设置反滤层或采用打板桩、加深齿墙、上游加铺盖等办法。

在多泥沙水源取水的泵站，还要从结构上考虑防沙冲沙措施。在地形条件许可的情况下，可在前池底部或边侧设冲沙孔或冲沙廊道。冲沙廊道的设置可参见图 8.24。

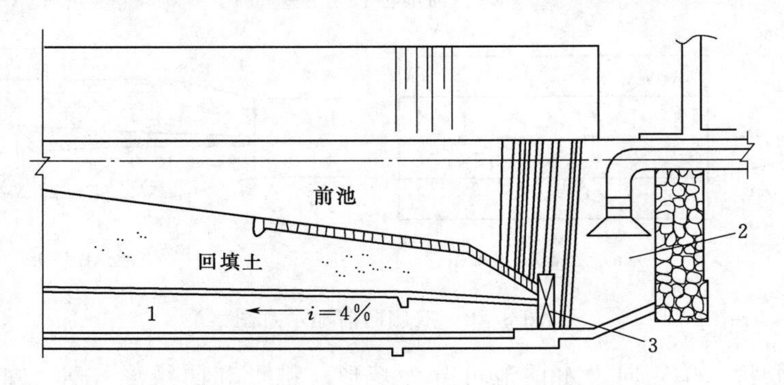

图 8.24　布置有冲沙廊道的前池底部

1—冲沙廊道；2—进水池；3—冲沙廊道闸门

8.5.3　进水池

进水池是水泵进水管直接从中取水的水工建筑物，一般布置在前池与泵房之间或在（湿室型）泵房之下。它的作用是为水泵提供良好的进水条件，在检修水泵或进水管路时截断水流，并在水泵运行时起拦污作用。

1. 进水池边壁形状及后墙距

进水池的边壁形状主要有矩形、多边形、半圆形、圆形、马鞍形和蜗壳形等几种，如图 8.25 所示。边壁型式的选用除满足水力条件良好外，还应考虑工程经济和施工方便。

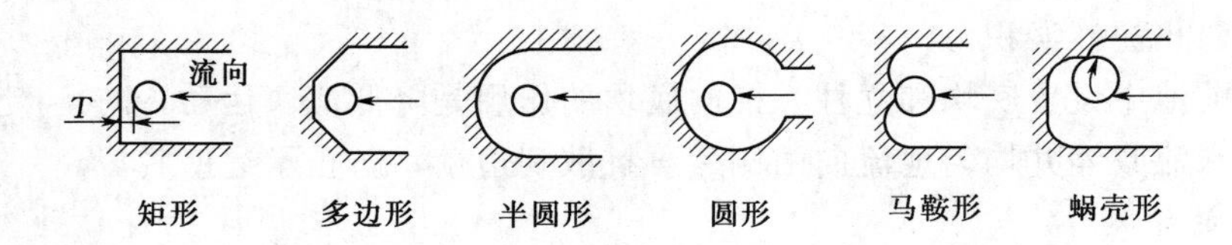

图 8.25　进水池边壁形状

在实际工程中，由于矩形边壁便于施工，所以在中小型泵站中采用较多。这种形式的进水池在拐角处和水泵的后壁容易产生漩涡，也容易受到前池流态的影响，在池中产生回流或圆周运动。为了改善流态，进水管口应靠近后墙，一般要求后墙距 $T=(0.3\sim0.5)D_{进}$（其中 $D_{进}$ 为管口直径）。

多边形和半圆形土壁有利于消除拐角处的漩涡，但同时也容易形成周向回流流动，因此，同样需要控制后墙距。但这两种形式的边壁在中小型泵站中应用还是比较广泛的。

圆形边壁容易形成漩涡和周向回流，同时因水流进入池后突然扩散，因此水流紊乱，但有利于防止泥沙淤积，所以在多泥沙泵站中采用较多。

马鞍形和蜗壳形边壁对防止漩涡和周向回流都有好处，但因设计和施工比较麻烦，目前仅用于大型轴流泵站。

2. 进水池的宽度

如果泵站只有一台机组，或机组之间有隔墩，则根据进水要求应使进水池宽等于进水管喇叭口的圆周长，即 $B=\pi D$，或采用整数取为

$$B=3D \tag{8.19}$$

试验表明，当 $B=(2\sim5)D$ 时，进水管过水能力和入口阻力系数变化不大。过大的池宽不仅增加了工程量，而且可促使漩涡的生成，恶化进水池水力条件。

如果泵站为多台卧式机组，进水池的宽度一般决定于机组间距。

3. 进水池的长度和深度

进水池必须有足够的有效容积；否则，水泵在启动时可能由于来水流量小于水泵进水流量造成进水池中水位急剧下降，导致进水管口淹没深度不足，而引起水泵启动困难，甚至使水泵无法启动。

进水池的适宜长度将保证池中水流稳定。进水池长度 L_g 一般根据进水池的水下容积与共用该池的水泵设计流量的比值（即秒换水系数）确定，即

$$L_g=\frac{KQ}{h_sB} \tag{8.20}$$

式中　L_g——进水池长度，m；

Q——水泵流量，m^3/s；

B——进水池宽度，m；

h_s——进水池深度，m；

K——秒换水系数，$K=30\sim50$。

注意在任何情况下，应保证从进水管口中心到进水池进口的距离至少为 $4D$。

进水池的深度除了应满足水泵吸水要求外，还应留有一定的超高。超高的大小除了考虑风浪影响外，对大型泵站还要考虑突然停泵所形成的涌浪（正波）。特别是对于具有长引水渠和梯级联合运行的泵站，由于引水渠和上一级泵站的继续来水，可能导致前池和进水池漫顶，因此，需要设置溢流设施或增大安全超高。涌浪的高度可根据明渠不稳定流理论计算。

4. 进水池的构造

进水池多为浆砌块石圬工结构，池壁一般为立式箱形，池底采用不小于 10cm 厚的水

泥砂浆抹面，以防止冲刷破坏和便于清淤。对于从多泥沙水源取水的泵站，进水池中还应考虑冲沙设施（如冲沙闸、冲沙廊道等），在池中最低部位应设置集水坑，以便检修时排净池中积水。

进水池的侧墙和后墙，除了采用立式结构外，还可采用斜坡式或直斜混合式。直立式边墙可采用浆砌石担土墙结构，斜坡式可采用浆砌石护坡。多机组泵站的进水池之间一般应设隔墩，隔墩是厚度为30～50cm的浆砌石。

8.5.4 出水池

出水池是泵站的出水建筑物，是连接水泵出水管和排灌干渠的扩散型水池，主要起消除出水管出流余能，使水流平顺而均匀地流入输水干渠，以及防止机组停机后干渠水倒流的功能。

1. 出水池的类型

(1) 按出水管出流方向，出水池可分为正向出流水池和侧向出流水池，如图8.26所示。

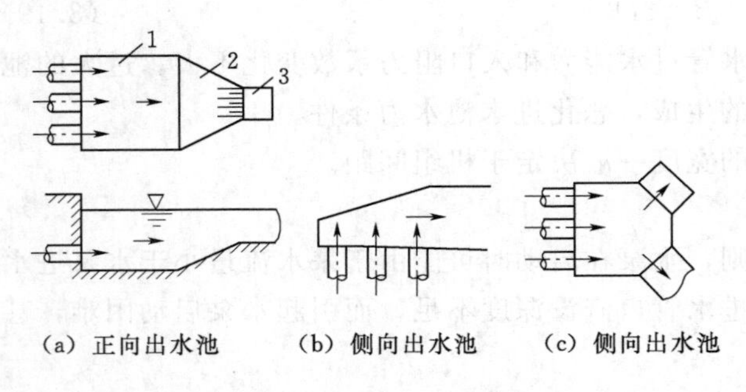

(a) 正向出水池　(b) 侧向出水池　(c) 侧向出水池

图8.26 正向与侧向出水池

1—出水池；2—过渡段；3—干渠

正向出水池是指水泵出水管口出流方向和池中水流方向一致。这种出水池出水流畅，在实际工程中应用较多；侧向出水池是指水泵出水管口出流方向和池中水流方向正交或斜交，由于出水水流改变方向，造成池中水流紊乱，不便于出水池与渠道衔接。所以，一般只在地形条件受到限制时采用侧向出水池。

(2) 根据出水管出流方式划分，可将出水池划分为倾斜淹没式出流、自由式出流和虹吸式出流3类，如图8.27所示。

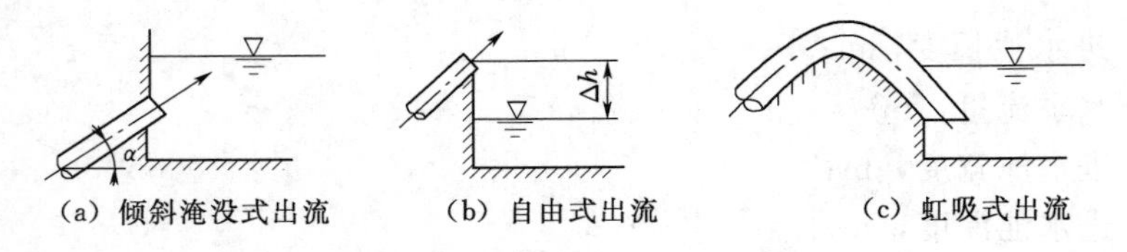

(a) 倾斜淹没式出流　(b) 自由式出流　(c) 虹吸式出流

图8.27 不同出流方式下的出水池

倾斜淹没式出流出水池是指水泵出水管口淹没在出水池水面以下，如图8.27 (a) 所示。出水管口可以水平，也可以倾斜，为了防止停泵时渠道中的水倒流，需在管道出口设置拍门、蝶阀或在池中修挡水溢流堰。

自由式出流出水池是指出水管口位于出水池水位以上，如图8.27 (b) 所示，这种出流方式浪费了高出水池水面的那部分水头，但由于施工、安装方便，停泵时又可防止池水倒流，所以在临时性或小型泵站中仍有应用。

虹吸式出流出水池如图8.27 (c) 所示，它兼有淹没式和自由式出流的特点，既充分利用了水头，又可防止池水倒流，但需要在驼峰管顶设置真空破坏装置，以阻止水回流。

这种出流方式多用于大型轴流泵站中。

2. 出水池的结构

出水池周壁可采用浆砌石圬工结构，按重力式或圬工挡土墙设计，池底和边坡通常为40～50cm厚的浆砌块石。池后渠首段可用混凝土板或块石护砌。出水口之间若设有隔墩或检修闸门，则通过应力与稳定计算确定其断面尺寸。若断面厚度较大，可考虑采用钢筋混凝土结构。

对地基承载能力较差，建筑重力式挡土墙和隔墩有困难时，池壁可采用钢筋混凝土结构，其结构可为扶壁式或整体的开敞式箱形结构。

出水池应尽可能修建在挖方地段上，如因地形条件限制出水池必须修在高填方上时，要严格控制填土质量，并将出水池做成整体结构型式，或加大砌置深度，或回填块石处理。尤其注意防渗和排水措施的计算，确保出水池结构安全。

对渗透性较大的地基，要注意基础的防渗和侧向绕渗的处理。对基础要进行防渗计算，并通过加深齿墙、刺墙，采用黏土混凝土底板作为止水设施等办法处理。在池后的渠首段也可采用加设黏土铺盖等措施。

任务8.6　管　道

泵站的管道分吸水管道和压水管道两部分。管道的布置、铺设和设计直接关系到泵站的建站投资和安全经济运行。

8.6.1　吸水管道

1. 吸水的敷设要求

水泵的进水管路一般较短，为使水泵高效、安全地运行，进水管道的布置应注意以下几点。

(1) 不积气。水泵吸水管内真空度达到一定值时，水中溶解气体就会因管路内压力减小而不断逸出，若吸水管路的设计考虑不当，就会在吸水管道的某段（或某处）上出现积气，形成气囊，影响过水能力，严重时会破坏吸水。

为了使水泵能及时排走吸水管路内的空气，吸水管应有沿水流方向连续上升的坡度，一般大于5‰，以免形成气囊。为了避免产生气囊，应使沿吸水管线的最高点在水泵吸入口的顶端。吸水管的断面一般应大于水泵吸入口的断面，这样可减小管路水头损失，吸水管路上的变径管可采用偏心渐缩管（即偏心大小头），保持渐缩管的上边水平，以免形成气囊。

(2) 确保叶轮进口的流态均匀。水泵进口处的流速和压力分布不均匀会降低水泵效率，增加能源消耗。当进水管路上有弯头时，应使弯头与水泵进口保持一定距离。应避免在进水管路上装设闸阀，若不得已而装闸阀，一定要保持常开状态，为避免闸阀上部存气，闸阀应水平安装。

(3) 尽量减小水头损失。为了提高管路效率，应尽量缩短进水管长度，减少不必要的管路附件，一般应使进水管长度不超过10m。

(4) 要求严格密封。对正值吸水的水泵装置，进水管中存在负压，若管壁裂缝或管道连接不良，则管口进气，会降低水泵效率，甚至吸不上水。如果进水管中存气，会使管道内压力不稳定，引起机组振动，降低水泵效率。

(5) 不吸气。要求管口在水下要有一定的淹没深度，防止管口进气。若吸水管进口淹没深度不够，则由于进口处水流产生漩涡，吸水时带进大量空气，严重时也将破坏水泵正常吸水。这类情形多见于取水泵房在河道枯水位情况下吸水。为了避免吸水井（建筑物）水面产生漩涡，防止水浆吸入空气，吸水管进口在最低水位下的淹没深度不应小于 0.5～1.0m，如图 8.28 所示。若淹没深度不能满足要求，则可在管子末端装置水平隔板，如图 8.29 所示。

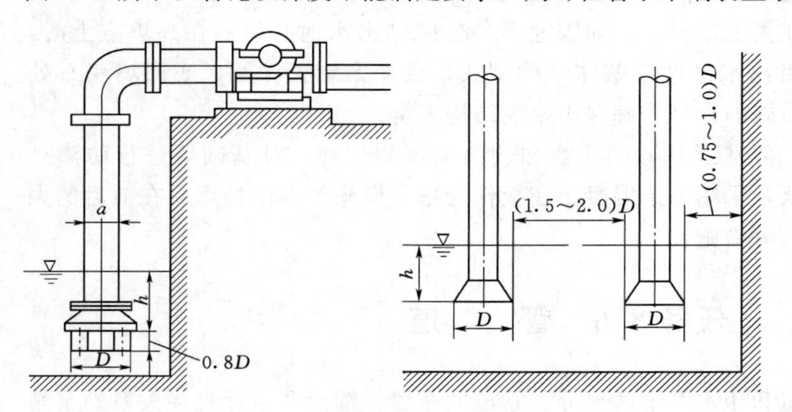

图 8.28 吸水管在吸水井中的位置

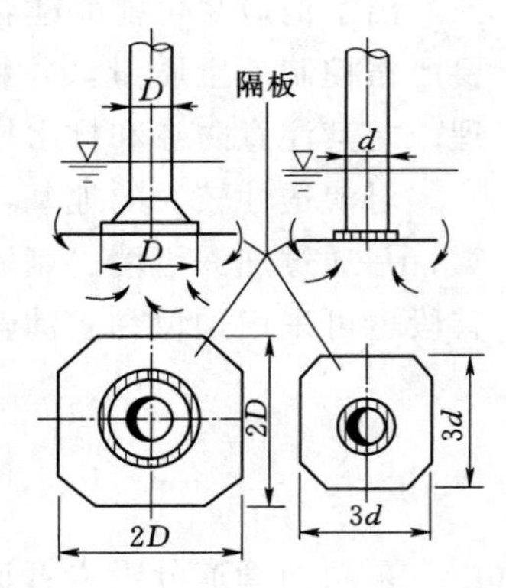

图 8.29 吸水管末端装置水平隔板

2. 吸水管道不合理布置产生的后果

进水管的作用是保证进水池中的水流平稳地引向水泵叶轮进口。设计不合理的进水管可能产生以下不良后果。

(1) 增加进水管的阻力损失，降低水泵的安装高程和管路效率，增加泵站的工程投资和运行费用。

(2) 使水泵叶轮进口的流速和压力分布不均匀，降低水泵效率，增加能源消耗。

(3) 管内存气或进气，引起机组振动，降低装置效率。

3. 吸水管道的布置和设计

1) 吸水管尺寸的确定。

(1) 管径确定。为了提高水泵的安装高程，进水管的直径不宜选得太小。管径越大，水头损失越小。但管径大了，管路的投资也大。一般采用比水泵吸入口径大一级的尺寸，或者使其管中流速控制在 1.5～2.0m/s 内。根据控制流速，管路的直径 $D_{进}$（m）用下列公式计算，即

$$D_{进}=\sqrt[2]{\frac{Q}{\pi v}}$$

或

$$D_{进}=(0.8\sim0.92)\sqrt{Q} \tag{8.21}$$

式中 v——管中控制流速，m/s，离心泵进水管道设计流速宜取 1.5～2.0m/s；

Q——管中流量，m^3/s。

按式（8.21）计算出管径后，查有关手册，选择与计算管径相近的标准管径。

（2）壁厚确定。吸水管的壁厚按刚度要求确定，即

$$\delta \geqslant \frac{D}{130}+(1\sim2) \tag{8.22}$$

式中　δ——吸水管壁厚，mm；

D——管道直径，mm；

1～2——预留锈蚀厚度，mm。

（3）长度选择。水管的长度不宜太长，一般为2～10m，宜控制在3～6m内。实际长度应考虑机组的类型和泵房的内部布置。

2）进口形式的选择。不同形式的进口阻力损失的差别比较大，进水管不同进口形式的阻力系数也不同。资料显示，选用喇叭口的进口形式，对水平进水或垂直进水都是有利的。所以，进水管进口应设喇叭管，喇叭口流速宜取1.0～1.5m/s。

3）管件。管件是从进水管口到出水管口将管子连接起来的连接件，有喇叭管、弯管、异径管（渐缩管）等。

a. 喇叭管与平削管。为减少进水管路进口的水头损失和改善叶轮进口的流态，垂直吸入的进口应做成圆形或椭圆形喇叭口。倾斜吸入的进口应做成平削管或特制喇叭口，喇叭口流速宜取1.0～1.5m/s，喇叭口直径宜不小于1.25D（D为进水管直径）。

b. 弯管。弯管又称弯头，常用的有90°、60°、45°、30°和15°等5种。弯管有预制和现场制作两种。预制管按照外径或公称直径（名义直径）从有关手册中选择。现场制作多用焊接弯头（又称虾米腰弯头）。弯管的弯曲半径R一般不低于管道公称直径加50mm。为减少水流流经弯管的水头损失，应尽量增大R值。

水流流经弯管，由于受离心力的作用，弯管出口断面流速和压力分布很不均匀。为确保叶轮进口的流态均匀，在进水管上布置弯头时应使弯管距水泵进口有不小于4D（D为管道直径）的距离。

c. 渐缩管。因为进水管的管径一般都比水泵进口大，因此水泵进口与进水管之间常常需要采用渐缩管连接。

渐缩管的收缩角和渐缩管前后断面面积的大小有关，一般来说，渐缩管的阻力系数并不是很大，但因进水管内常为负压，管道顶部容易存气。对于圆锥形的渐缩管，如果存气，空气可能停留在顶部，当水泵运行时该气体在管道内时而压缩、时而膨胀，使水泵运行很不稳定，因此要求水泵进口处的渐缩管采用偏心渐缩管为好。

4. 吸水管道上的阀件

（1）底阀。在小型抽水装置中，可以看到在吸水管的入口处装有底阀，底阀是个单向阀，是为水泵启动前灌水而设置的。底阀容易被水草堵塞、杂物卡住而关闭不严，因此常常出现漏水现象，给运行管理带来很大麻烦。此外，底阀有较大的阻力系数，由此造成较大的能量损失。根据有关资料介绍，底阀的能量损失占吸水管能量损失的50%～70%，占吸、压水管总能量损失的10%～50%。水泵扬程越低，底阀的能量损失所占比例越大，因此很早就有人提出取消底阀的问题。

抽水装置中的底阀能否取消，关键在于是否能够解决启动前灌注引水的问题。在大、中型泵站中，常用真空泵抽气充水。小型抽水装置的充水方法更多（如选用自吸泵利用柴油机进、排气过程进行自吸，倒灌充水等方法），并在小型排灌泵站中得到了一定程度的应用。

（2）闸阀。对于水泵安装在进水池最高水位以下的抽水装置中，常常在进水管上安装闸阀，以便水泵检修。但闸阀的上部为空腔，在运行时常常存有空气，从而引起机组振动，因此进水管的闸阀应该水平安装。另外，闸阀的开度减小会使其阻力系数明显增大，管中流态更加紊乱，运行时进水管中的闸阀应经常处于常开状态，有条件时最好不在进水管道上设置闸阀。

5. 穿墙管连接形式选择

（1）刚性连接。对于取水泵站，当机组采用落井式（水泵和动力机的基准面均低于校核洪水位）或半落井式（水泵的基准面低于校核洪水位，动力机的基准面高于校核洪水位）安装方式时，为了避免外水进入泵房，需要采用这种连接方式，即在预留孔内浇筑二期混凝土。

（2）柔性连接。对于正常安装（水泵和动力机的基准面均高于校核洪水位）的取水泵站和其他泵站，为了减小温度应力，穿墙管一般均采用柔性连接方式。预留孔内不浇筑二期混凝土。管道能够自由伸缩，不产生温度应力。

8.6.2 压水管道

从水泵至出水池之间的一段有压管路称为压力管道，有时也称为压力干管。出水管道的长度、数量和管径大小及其铺设对泵站的总投资影响较大，特别是高扬程泵站，出水管往往很长，在泵站总投资中所占比例很大，还影响到泵站的运行费用。出水管道应适应水泵不同工况下的安全运行。因此，正确合理地设计出水管道显得尤为重要。

1. 对压力管道的要求

（1）管道引起的能量消耗及投资最小。

（2）保证管道稳定。

（3）保证管道本身及其接头的强度与密封性能。

（4）在向管道内充水或泄空过程中保证空气能自由地排出或进入。

（5）能够在检修时放空管道。

（6）当管道突然破裂后能保证泵房的安全。

2. 压力管道的设计步骤

（1）选择压力管道的线路及铺设方式。

（2）确定管材、根数和管径。

（3）校核水锤压力。

（4）镇墩与支墩稳定校核及管道接头设计。

（5）管道应力计算及稳定校核。

3. 压力管道线路选择原则

压力管道线路选择的基本原则是工程安全可靠、经济合理及泵站效率高。具体原则

如下。

（1）管线应尽量垂直于等高线布置，以利管坡稳定，也可缩短管路长度。

（2）管线要尽可能地直线布置，减少转弯和曲折，以减少管道投资和阻力损失。但当地形坡度有较大变化时，管线应变坡布置，转弯角宜小于60°，转弯半径宜大于2倍管径。

（3）出水管道应避开地质不良地段，铺设在坚实的地基上，不能避开时应采取安全可靠的工程措施。

（4）铺设在填方上的管道，填方应压实处理，并做好排水设施。管道跨越山洪沟道时，应考虑排洪措施，设置排洪建筑物。

（5）管道在平面和立面上均须转弯且其位置相近时，宜合并成一个空间转弯角，管顶线宜布置在最低压力坡度线以下。当出水管道线路较长时，应在管线最高处设置排（补）气阀。

（6）管道尽量布置在最低压力线以下，避免水倒流时管内出现水柱断裂现象，防止引起管道的破坏。

4. 压力管道的材料选择

1）选材原则。

（1）满足用水要求，即在各设计水头下能通过对应的设计流量。

（2）水头损失小、能耗低，确保水泵在各种情况下均能在高效区内运行，年运行费用最低。

（3）确保管道在任何最不利的荷载组合下均能安全运行，不发生滚动、滑动、位移和水击破坏。

（4）节省三材（钢材、木材、水泥），工程投资最省。

（5）便于运输、安装、检修、维护和管理，利于以后的发展。

2）压力水管的材料。泵站中常用的压力水管有很多种，现对以下几种进行简单介绍。

（1）钢管。钢管的强度高，管壁薄，重量轻，产生的水头损失小，能承受很大的内水压力，宜作为高扬程的压力水管，但其易生锈、使用期限短、造价高，一般泵站从水泵出口到一号镇墩处的出水管道因附件多，为了安装方便均采用钢管。

（2）铸铁管。铸铁管性脆，管壁较厚，自重较大，易生锈，产生的水头损失较大。根据承受压力的不同，铸铁管分为低压管、普压管、高压管3种。一般采用承插式接头，管道明铺时可采用法兰接头。铸铁管的寿命一般为20～30年。

（3）普通钢筋混凝土管。这种水管按混凝土不允许开裂设计，无法充分发挥钢筋的作用，故一般适用于50m以下的水头。

（4）预应力钢筋混凝土管。这种水管适用于较高的水头，一般规格的最大工作压力为1176kPa，有的承受水头高达2000kPa。

（5）自应力钢筋混凝土管。自应力钢筋混凝土管的管径在600mm以内时，承压能力一般为588kPa。

（6）钢丝网水泥管。这种水管的优点是管壁薄、重量轻、用钢量少、造价低以及抗渗、抗裂性能好。承压水头一般不超过400kPa，若采用自应力钢丝网水泥管，承压水头可达700～800kPa。

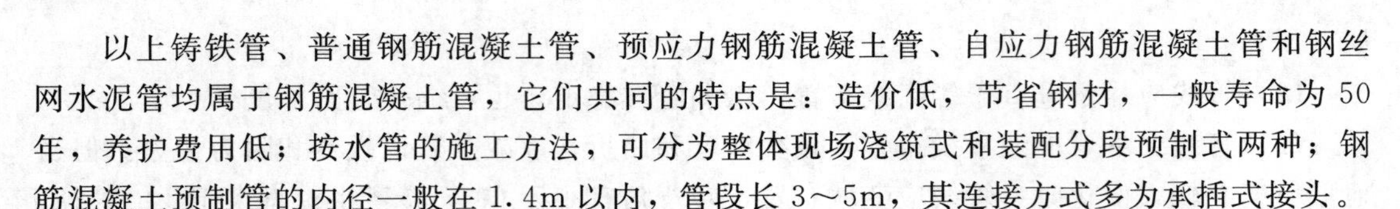

以上铸铁管、普通钢筋混凝土管、预应力钢筋混凝土管、自应力钢筋混凝土管和钢丝网水泥管均属于钢筋混凝土管，它们共同的特点是：造价低，节省钢材，一般寿命为50年，养护费用低；按水管的施工方法，可分为整体现场浇筑式和装配分段预制式两种；钢筋混凝土预制管的内径一般在1.4m以内，管段长3～5m，其连接方式多为承插式接头。

(7) 橡胶管。橡胶管移动方便，水头损失小，寿命长，但造价高，主要用于临时泵站。从管道水头损失来看，钢管水头损失小，铸铁管的水头损失随使用时间的延长而增大。由于钢筋混凝土管内壁不会积垢，输水能力与使用时间的关系不大，故管道较长的泵站采用钢筋混凝土管和钢管可相对节省能耗。对高扬程泵站，为了降低造价、节省钢材，可根据管段出力的大小分段配管，包括：高压力段配钢管，中、低压力段配钢筋混凝土管。

压力管道一般为钢管、预应力钢筋混凝土管、预制钢筋混凝土管、现浇钢筋混凝土管等。目前，泵站的出水管道大多采用钢管和预应力钢筋混凝土管（国家有标准产品）。

预应力钢筋混凝土管与钢管相比，具有节省钢材、使用年限长、输水性能好等优点；与现浇钢筋混凝土管相比，具有安装简便、施工期限短等优点。泵站设计中，在设计压力允许的情况下，尽量选用预应力钢筋混凝土管。

5. 压力管道上的管件与阀件

(1) 管件。出水管道常用的弯管有90°、60°、45°、30°和15°等5种。水泵出口端用同心渐扩管。

(2) 逆止阀。逆止阀装在水泵出口附近的出水管路上，它是一个单向突闭阀，其作用是当事故停机时，阻止出水池和出水管中的水倒流，避免机组高速反转。但安装逆止阀后不仅增加水头损失，而且由于它的突然关闭会产生很大的水锤压力，可能导致机组损坏，甚至发生爆破事故，故一般不宜设置。扬程高、管路长的泵站，宜选用缓闭阀。该阀在事故停泵时能按一定的程序和时间关闭，以减小水锤压力，限制倒流。

(3) 拍门。中、小型泵站停机后的断流方式一般用拍门。它是一个单向活门，安装在出水管口，又称为出水活门。水泵开启后，在水流的冲击下拍门自动打开。由于它淹没于水下，停机后靠自重与倒流水力自动关闭。拍门材料有铸铁、铸钢、钢板焊接等。为减小水头损失，有的小型泵站用铝合金、玻璃钢等材料制成轻质拍门。拍门一般由水泵制造厂成套供应或专门生产企业供应。

(4) 闸阀。闸阀安装在出水管路上，它的作用是：低比转速泵关闸启动，可以降低启动功率；关闸停机，可防止水倒流；抽真空时关闭闸阀，以隔绝外界空气；水泵检修时关闭闸阀，以截断水流；调节水泵的流量或功率。

6. 压力管道的布置方式

出水管道的管线布置方式有管道平行布置、管道收缩布置和管道并联布置。

(1) 管道平行布置。管道平行布置（图8.30）的优点是管线直而短，水力损失小，管路附件少，安装方便；缺点是机组台数多时出水池宽度大。这种布置形式适用于机组大、台数少的情况。

(2) 管道收缩布置。管道收缩布置（图8.31）的优点是镇墩可以合建，出水池宽度可以减小，可节省工程投资。这种布置形式适用于机组台数较多的情况。

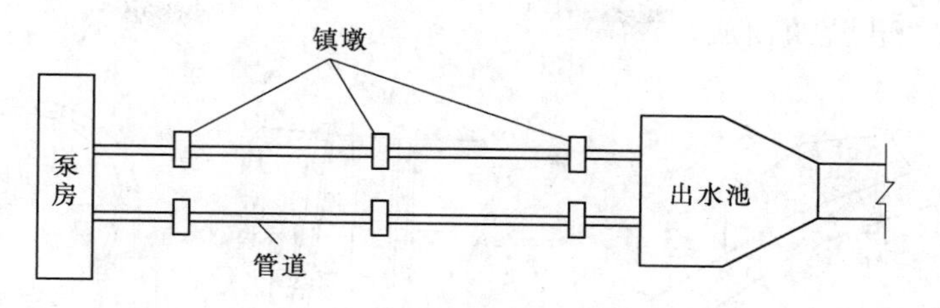

图 8.30 管道平行布置

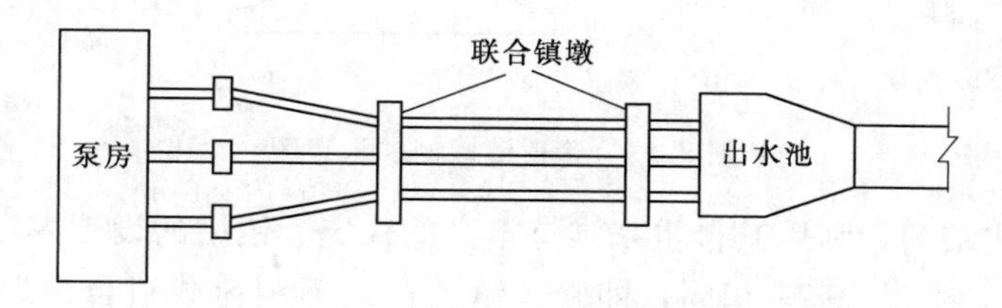

图 8.31 管道收缩布置

(3) 管道并联布置。当泵站机组台数比较多时，为了减少占地面积及出水池尺寸，可以将两管或数管并联布置，并联后压力管道可平行布置，也可收缩布置。管道并联布置时（图 8.32）管路附件增多，总管出故障后对泵站工作影响较大。

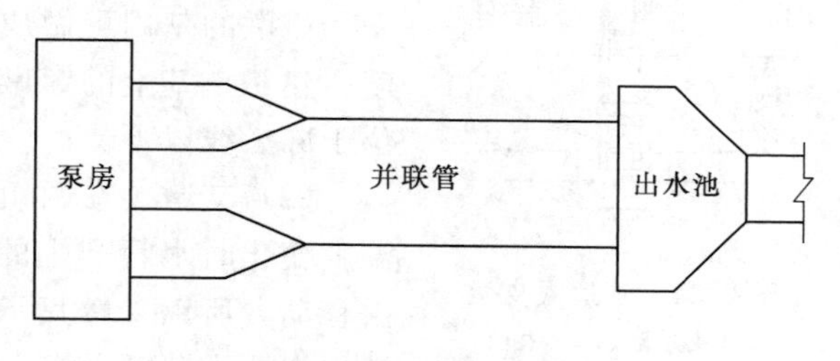

图 8.32 管道并联布置

7. 压力管道的敷设与支承

1) 出水管道的铺设。出水管道的铺设有明式和暗式两种。金属水管一般采用露天铺设，水管不易生锈，安装检修方便。其缺点是管内无水期间水管受温度变化影响较大，并且需要进行经常性的维护。为便于安装和检修，管间净距不应小于 0.8m，钢管底部要高出管槽地面 0.6m。预应力钢筋混凝土管应高出地面 0.3m。当管径不小于 1m 且管道较长时，应设检查孔，一般每条管道不应少于两个。

钢筋混凝土管可埋设于地下，也可露天铺设。暗式管道应在冻土层以下 0.3～0.5m，为保证非金属管道不因动荷载而破坏，管顶覆盖土的深度应不小于 1.0～1.2m。同时，为了便于安装和维修，暗管之间的净距不应小于 0.6m。管道应做好防腐处理，当地下水对管道有侵蚀作用时，应采取防侵蚀处理。暗管回填土地面，应做横向及纵向排水沟。暗管应设置检查孔，具体要求与明管相同。

2) 压力管道的支承及伸缩节。

(1) 镇墩。镇墩是出水管道的固定支座，用来消除管道在正常运行或事故停机时的位移和振动。它常设于管道的转弯处，在明管直线段上设置的镇墩，其间距不宜超过 100m。镇墩有封闭式和开敞式两种，如图 8.33 所示。封闭式镇墩管壁四周被镇墩密闭，所以受力均匀，锚固性能好，大、中型泵站一般都采用封闭式镇墩。开敞式镇墩易于检修，但管壁受力不均匀，一般在较长的水平段出水管道上或管基坡度很小的管段上使用。镇墩常用

混凝土或钢筋混凝土浇筑而成。

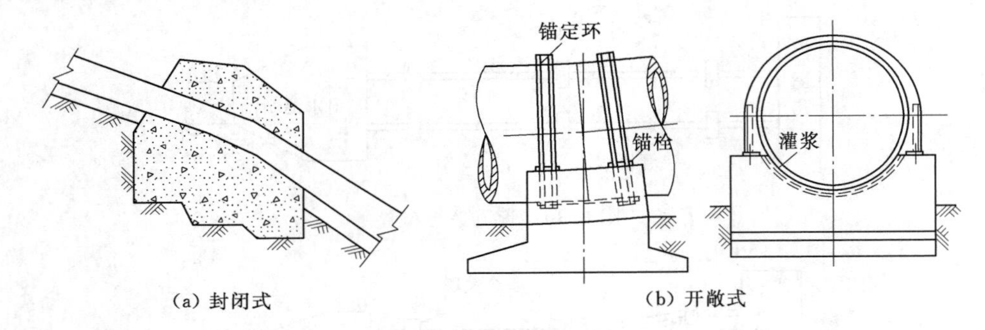

(a) 封闭式　　(b) 开敞式

图 8.33　管道镇墩型式示意图

镇墩是重力式结构，利用其自重来维持本身的稳定。镇墩的设计内容与重力式挡土墙基本相同，即验算镇墩在最不利荷载组合情况下的抗滑和抗倾覆稳定性、地基的稳定性及镇墩的结构强度。

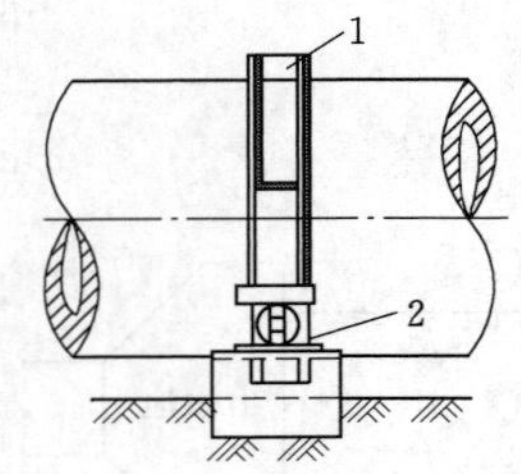

图 8.34　管道式支墩
1—支承环；2—银轴

镇墩的基础可做成倾斜的阶梯形状，以增大镇墩的抗滑强度。建于土基上的镇墩基础底面一般筑成水平状，且基底高程位于冻土线以下。

（2）支墩。在两镇墩之间，沿管身应设置支墩。为了适应温度变化时水管产生的伸缩，允许水管沿管轴方向在支墩上自由移动，所以支墩只承受垂直于管轴的法向力，而水管传来的轴向力要由镇墩承担。支墩的 h 部结构形式须使管道能保持正确位置，同时尽可能减小管壁与支墩的摩擦力（图 8.34）。支墩的常用结构形式有滚动式支墩和滑动式支墩，滑动式支墩又分为鞍式和刚性支承环式两种（图 8.35）。鞍式支墩适用于管径在 1m 以下的管道，水管支承在鞍形的混凝土支墩上，包角一般为 90°～120°。

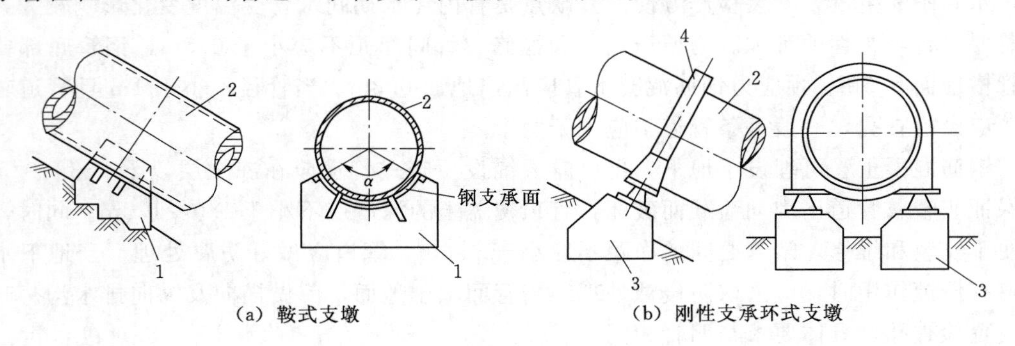

(a) 鞍式支墩　　(b) 刚性支承环式支墩

图 8.35　滑动式支墩
1—镇墩；2—压力管道；3—支墩；4—伸缩节

鞍座常用钢板做支承面，并加滑润剂，以减小鞍座与管壁间的摩擦力。刚性支承环式支墩适用于管径在 2～3m 以下的管道，在支墩处的管身四周加刚性支承环，支承环可沿支墩滑动，以减小摩擦力，并避免管壁磨损。镇墩及支墩的布置见图 8.36。

（3）伸缩节。露天钢管在两镇墩之间用伸缩节分开，当温度变化时，其可沿管轴方向

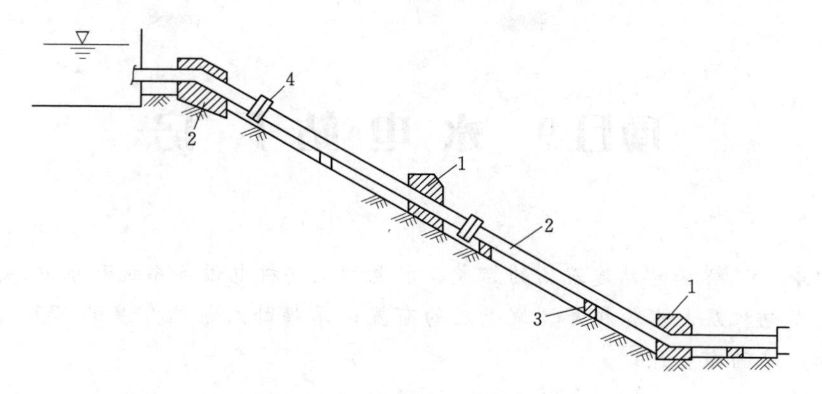

图 8.36　镇墩及支墩的布置

1—镇墩；2—压力管道；3—支墩；4—伸缩节

自由伸缩，以消除管壁的温度应力，减小作用在镇墩上的轴向力。伸缩节的结构见图8.37。另外，还有一种双作用的伸缩节，它允许两侧钢管产生微小的角位移，以适应地基的少量不均匀沉陷。为了减小伸缩节的内水压力，有利于镇墩的稳定，伸缩节一般布置在镇墩下面靠近镇墩处。根据具体情况的不同，可以调整伸缩节的位置，以改善上、下镇墩的受力情况。分段预制的钢筋混凝土压力水管多为橡皮圈密封的承插式接头，不需另设伸缩节。

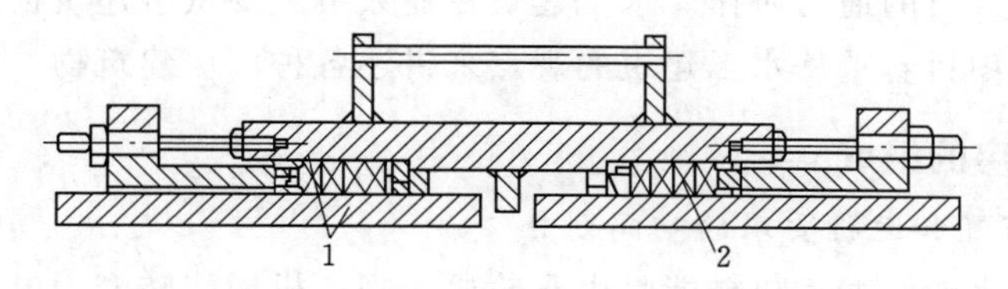

图 8.37　伸缩节结构

1—橡皮填料；2—石棉填料

思　考　题

8-1　泵站的定义是什么？

8-2　按照功能、动力和使用的水泵，泵站分别可以分为哪些类型？

8-3　泵房的长度、跨度和高度如何确定？

8-4　泵房整体稳定分析时需要考虑哪些计算情况？

8-5　前池的类型有哪些？有什么区别？

8-6　进水池的构造是怎样的？

8-7　对吸水管道和压水管道有什么要求？可以采用哪些材质？

8-8　管道中有哪些支承型式？

项目9 水电站厂房

学习要求：了解水电站建筑物的组成、水电站主要机电设备系统和水电站厂房的基本类型；掌握发电机层、水轮机层、蜗壳层的布置；掌握卧式机组厂房的布置及尺寸拟定。掌握水电站厂房的布置原则。

任务9.1 概 述

水电站厂房是水能转变为电能的生产场所，也是运行人员进行生产和活动的场所。其任务是通过一系列的工程措施，将水流平顺地引进水轮机，使水能转变成可供用户使用的电能，并将各种必需的机电设备安置在恰当的位置，创造良好的安装、检修及运行条件，为运行人员提供良好的工作环境。

水电站厂房是水工建筑物、机械及电气设备的综合体。在厂房的设计、施工、安装和运行中需要各专业人员的通力协作。水工建筑专业人员主要从事建筑物的设计、施工与运行管理。因此，本项目着重从水工建筑的观点来讲述各种厂房建筑物。

9.1.1 水电站厂房的组成

1. 根据设备布置和运行要求的空间划分

(1) 主厂房。水能转变为机械能是由水轮机实现，机械能转变为电能是由发电机来完成的，二者之间由传递功率装置连接，组成水轮发电机组。用来安装水轮发电机组及各种辅助设备的房间称为主厂房，是水电站厂房的主要组成部分。

(2) 副厂房。布置各种运行控制设备和检修管理设备的房间以及运行管理人员工作和生活的用房，统称副厂房。

(3) 主变压器场。安装升压变压器的地方称为主变压器场。水电站发出的电能经主变压器升压后，再经输电线路送给用户。

(4) 开关站（户外高压配电装置）。安装高压配电装置的地方称为开关站。为了按需要分配功率及保证正常工作和检修，发电机和变压器之间以及变压器与输电线路之间有不同电压的配电装置。发电机侧（低压侧）的配电装置，通常设在厂房内，而其高压侧的配电装置一般在户外，称为高压开关站。开关站装设高压开关、高压母线和保护设施，高压输电线由此将电能送给电网和用户。

水电站主厂房、副厂房、主变压器场和高压开关站及厂区交通等，组成水电站厂区枢纽建筑物，一般称为厂区枢纽。厂区是完成发电、变电和配电的主体。

2. 根据设备组成的系统划分

(1) 水流设备系统。它是指将水能转变为机械能的水轮机及其进出水设备系统，包括

压力管道、主阀（如蝴蝶阀）、水轮机引水室（如蜗壳）、水轮机、尾水管及尾水闸门等。

(2) 电流设备系统。它是指水电站进行发电、变电、配电的电气一次回路系统，包括发电机及其主引出线、发电机母线、发电机中性点引出线、发电机电压配电装置（户内开关室）、主变压器、高压配电装置（户外开关站）及各种电缆等。

(3) 电气控制设备系统。它是指操作、控制水电站运行的电气二次回路设备系统，包括机旁盘、励磁设备、中央控制室的各种电气设备，各种控制、监测及操作设备等。这些控制及操作设备如各种互感器、表计、继电器、控制电缆、自动及远动装置、通信及调度设备等直流系统。

(4) 机械控制设备系统。它是指操作、控制厂房内水力机械的一系列设备系统，包括水轮机的调速设备（如接力器及操作柜）、事故阀门的控制设备以及主阀、减压阀、进水口拦污栅和各种闸门的操作控制设备等。

(5) 辅助设备系统。它是指水电站安装、检修、维护、运行所必需的各种电气及机械辅助设备系统。包括：厂用电系统（厂用变压器、厂用配电装置、直流电系统等）；油系统（透平油和绝缘油的存放、处理及流通设备等）；气系统（高压和低压空气压缩机、储气筒、输气管及阀门等）；水系统（技术供水、生活供水、消防供水等供水系统以及渗漏和检修排水等排水系统等）；起重设备（厂房内外的桥式及门式起重机、各种闸门的启闭机等）；交通运输通道（门、运输轨道、过道、廊道、楼梯、斜坡、吊物孔、进人孔等）；各种机电维修和试验设备以及采光、通风、取暖、防潮、防火、防尘、保安、生活卫生等设备。

上述五大系统各有其不同的作用和要求，在布置时必须注意它们的相互联系，使其相互协调地发挥作用。水电站厂房的组成及其配合关系如图 9.1 所示。

3. 根据水电站厂房的结构组成划分

1）水平面上，可将厂房分为主机室和安装间（又称装配场）。主机室是运行和管理的主要工作场所，水轮发电机组及辅助设备布置在主机室；安装间是水电站机电设备卸货、拆箱、组装和机组检修时使用的地方。

2）垂直面上，根据工程习惯将主厂房以发电机层楼板地面为界分为上部结构和下部结构两部分。

(1) 上部结构。包括主机室和安装间，与工业厂房相似，基本上是板、梁、柱结构系统。

(2) 下部结构。为大体积混凝土的整体结构，是厂房的基础，主要布置水轮机的过流系统，其特点是尺寸大、结构复杂、防渗要求严格、基础深厚。

9.1.2 水电站厂房的基本类型

由于水电站的地形、地质、水文等自然条件和水能的开发方式、动能参数、机组型式、枢纽总体布置不同以及技术、经济和国防等因素的影响，水电站厂房的类型是多种多样的，并且各有其优缺点和适用条件。

1. 按厂房结构特征分类

按照水电站厂房的结构特征，厂房可分为下列几种基本类型。

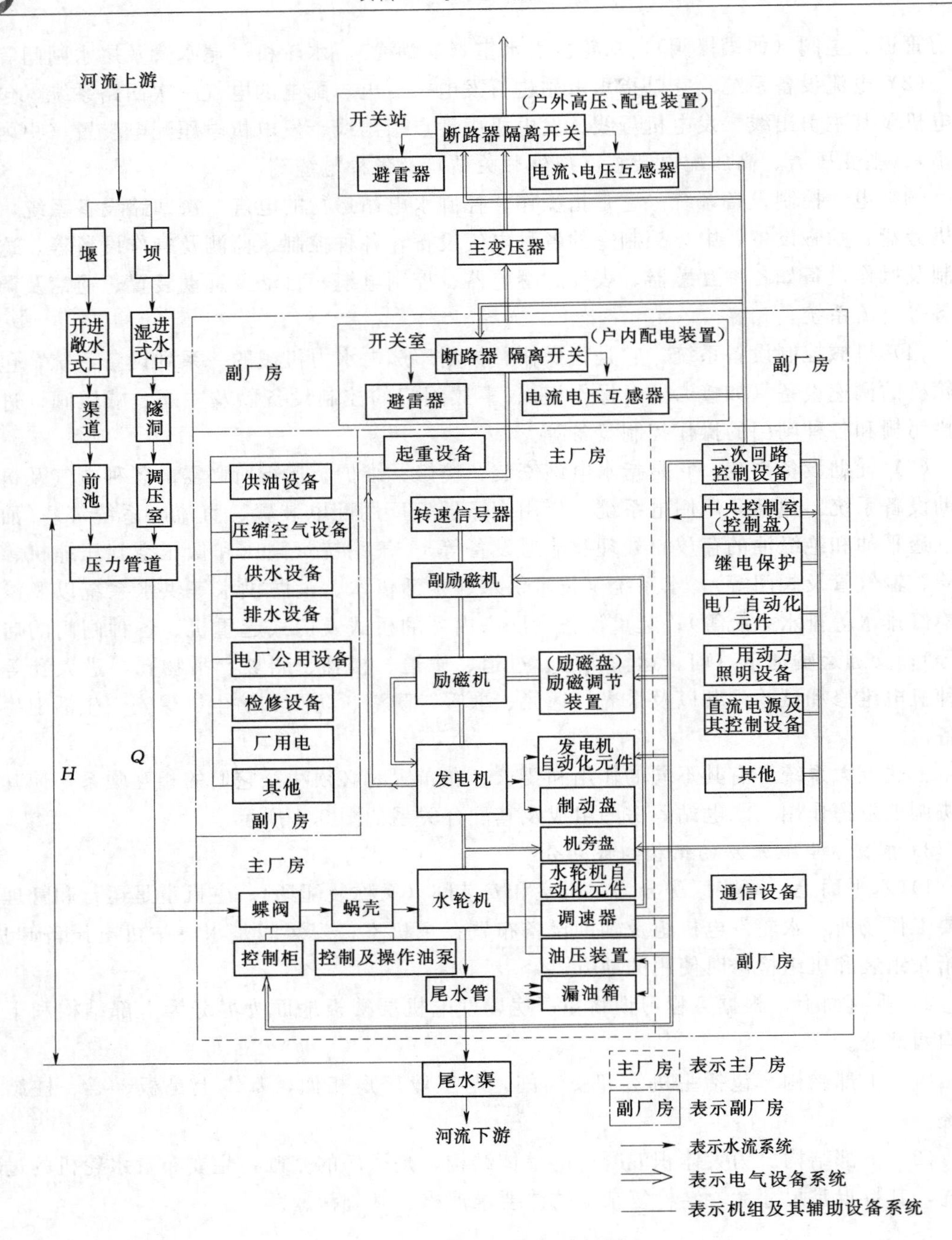

图9.1 水电站厂房组成框图

(1) 引水式厂房。发电用水来自较长的引水道，厂房远离挡水和进水建筑物，厂房上游不承受水压力，厂房布置在引水系统末端的河岸上，称为引水式厂房。它通常布置在地面上称为地面式厂房，也称河岸式厂房。为了减少开挖，这种厂房的纵轴常平行于河道，当有支汊、冲沟可以利用时，也可将厂房垂直河道布置，但要注意防止山洪危害问题。引水式地面厂房的水头变化范围大（十几米到两千多米），可以装置混流式水轮机，也可装

置冲击式水轮机，机组布置有立式和卧式两种，因此厂房结构型式和尺寸变化较大。当河谷狭窄、岸坡陡峻，或有人防要求，布置地面厂房有困难时，将厂房建在地下山体内则称为地下式厂房，如图9.2所示。福建棉花滩水电站厂房属于地下式厂房。

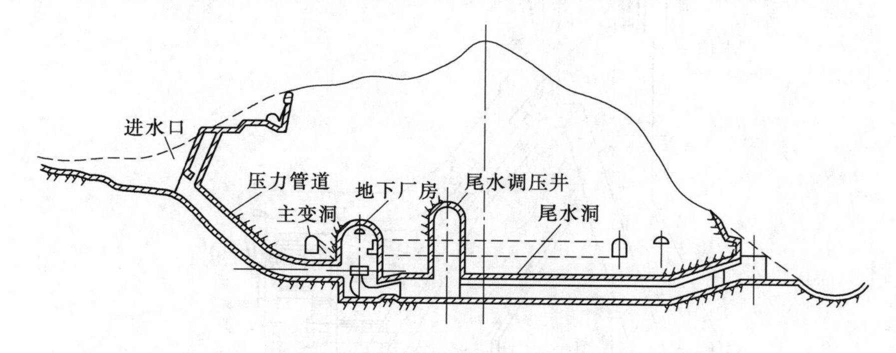

图9.2 地下厂房剖面图

（2）坝后式厂房。厂房布置在非溢流坝后，与坝体衔接，厂坝间用永久缝分开，厂房不起挡水作用，不承受上游水压力，发电用水由穿过坝体的高压管道引入厂房，称为坝后式厂房，如图9.3所示。这种厂房独立承受荷载和保持稳定，厂坝连接处允许产生相对变位，因而结构受力比较明确，压力管道穿过永久沉陷缝处应设置伸缩节。坝址河谷较宽，河谷中除布置溢流坝外还需布置非溢流坝时，通常采用这种厂房。闻名世界的三峡水电站厂房是目前世界上装机容量最大的坝后式厂房。

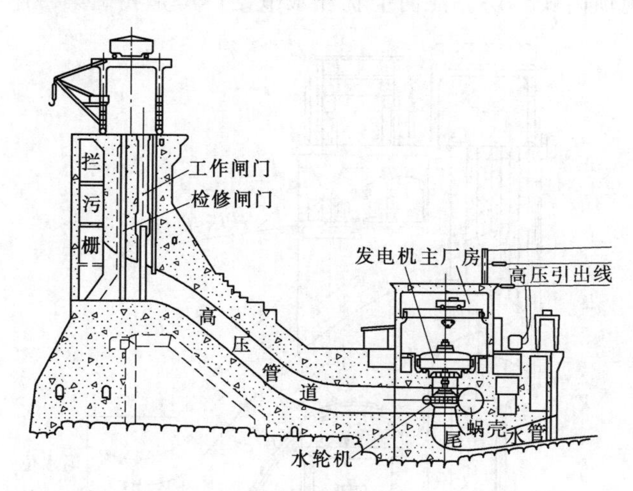

图9.3 坝后式厂房剖面图

有时，当河谷狭窄、泄洪流量大，又需采用河床泄洪方案时，为了解决河床内不能同时布置厂房建筑物和泄水建筑物之间的矛盾，可将厂房布置成以下形式。

（1）溢流式厂房。将厂房布置在溢流坝段下游，厂房顶作为溢洪道，称为溢流式厂房，如图9.4所示。溢流式厂房适用于中、高水头的水电站。坝址河谷狭窄，洪水流量大，河谷只够布置溢流坝，采用坝后式厂房会引起大量土石方开挖，这时可以采用溢流式厂房，其缺点是厂房结构计算复杂，施工质量要求高。浙江新安江水电站厂房是我国第一座溢流式厂房。

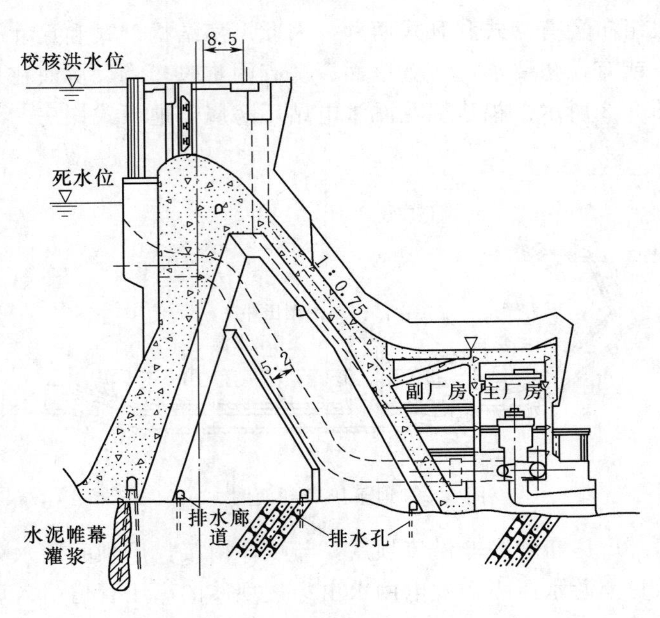

图 9.4 溢流式厂房剖面图

(2) 坝内式厂房。将厂房布置在坝体空腹内，坝顶设溢洪道，称为坝内式厂房，如图 9.5 所示。河谷狭窄不足以布置坝后式厂房，而坝高足够允许在坝内留出一定大小的空腔布置厂房时，可采用坝内式厂房。江西上犹江水电站厂房是我国第一座坝内式厂房。

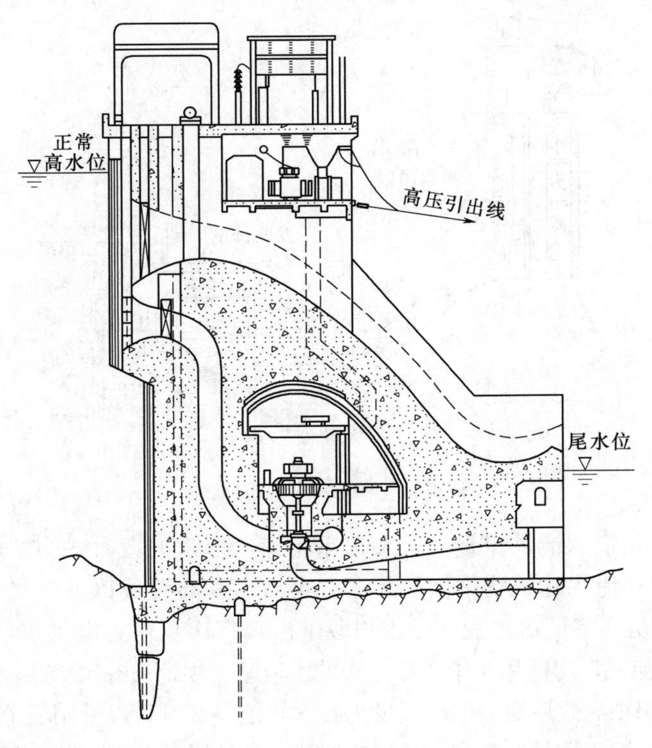

图 9.5 坝内式厂房剖面图

坝内式厂房布置在溢流坝内，泄洪以及洪水期的高尾水位不直接作用于厂房。但坝内空腔削弱了坝体，使坝体应力复杂化。空腔的大小和形状应结合坝型、坝高、厂房布置的要求，选择优化断面。坝内式厂房机组容量的确定、机电设备的选择和布置，必须与坝内空腔的大小相适应。应采取一定的措施尽量减小主厂房的高度或宽度，如采用双小车桥吊或双桥吊吊运转子以降低桥吊轨顶高程、采用伞式发电机以缩短水轮发电机的轴长等。

坝内式厂房布置需特别注意防渗、防潮、通风、照明等问题。坝内空腔周围须设有隔墙，空腔壁与隔墙间布置排水沟管，主厂房顶部设有顶棚，上铺防水层。坝内式厂房应有完善的通风、照明系统。

(3) 河床式厂房。厂房位于河床中，厂房与整个进水建筑物连成一体，厂房本身起挡水作用，称为河床式厂房，如图 9.6 所示。当电站水头低、流量大，单机容量较大，河床较宽，能同时布置厂房及泄水建筑物时可采用河床式厂房。葛洲坝水电站厂房是目前我国装机容量最大的河床式厂房。

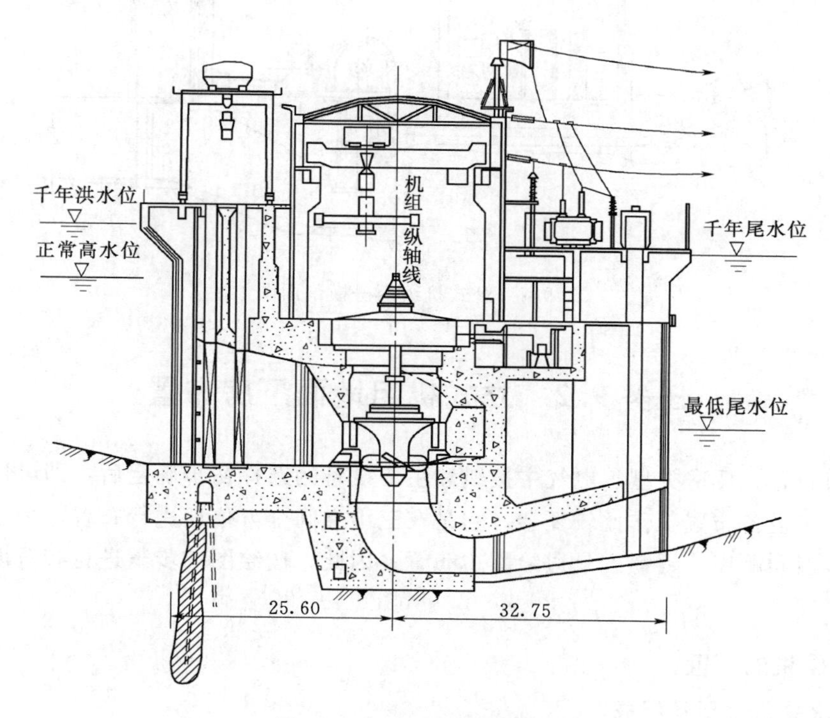

图 9.6 河床式厂房剖面图

2. 按机组主轴布置方式分类

(1) 立式机组厂房。水轮发电机组主轴呈垂直向布置的厂房称为立式机组厂房。立式机组厂房的高度较大，设备在高度方向可分层布置，厂房较宽敞整齐，平面面积较小，厂房下部结构为大体积混凝土，整体性强，运行、管理方便，振动、噪声较小，通风、采光条件好，但厂房结构较复杂，造价较高。适用于下游水位变幅大或下游水位较高的情况，如图 9.3 和图 9.6 所示。目前，装设流量较大的反击式水轮机（贯流式机组除外）的水电站，几乎都采用立式机组厂房。机组尺寸较大的冲击式水轮机，喷嘴数多于2～6个时，水电站厂房也采用立式机组厂房。

(2) 卧式机组厂房。水轮发电机组主轴呈水平向布置且安装在同一高程地板上的厂房，称为卧式机组厂房。卧式机组厂房的高度较小，设备布置紧凑，结构简单，造价较低，厂内大部分机电设备集中布置在发电机层，平面占用面积较大，但设备布置较拥挤，安装、检修、运行不便，噪声、振动较大，散热条件较差。中、高水头的中小型混流式水轮发电机组、高水头小型冲击式水轮发电机组及低水头贯流式机组均采用卧式机组厂房，如图9.7所示。

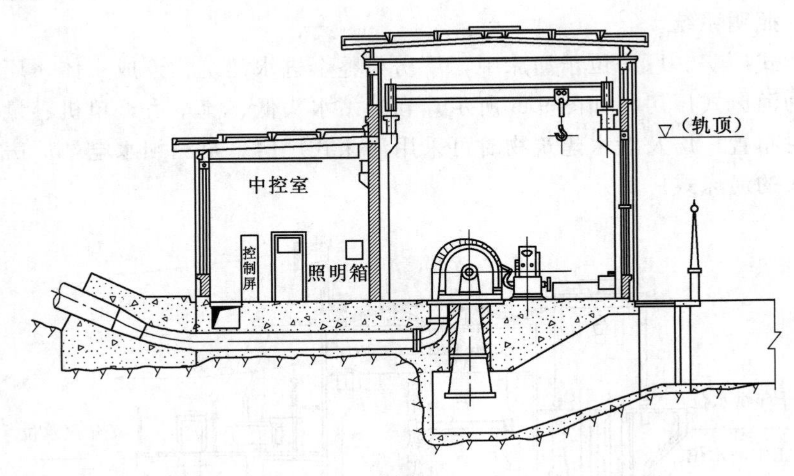

图9.7 卧式机组厂房横剖面图

任务9.2 立式机组地面厂房布置

在枢纽布置、厂房类型、电气主接线和主要设备的选择初步确定后，即可进行厂房设备布置。厂房设备布置工作比较复杂，它是在三维空间全方位地进行布置，一般来说它没有明确的步骤和顺序，习惯上是边绘图边布置。因此，按绘图的步骤进行布置设计是比较方便的。

9.2.1 水轮机的布置

9.2.1.1 水轮机类型及组成

水轮机是将水能转变为旋转机械能的水力原动机，是水电站厂房中主要的动力设备之一，用来带动发电机工作以获取电能。现代水轮机按水能转换的特征分为两大类，即反击式水轮机和冲击式水轮机。

1. 反击式水轮机

转轮利用水流的压力能和动能做功的水轮机，称为反击式水轮机。其特征是：压力水流充满水轮机的整个流道，水流流经转轮叶片时受叶片的作用而改变压力、流速的大小和方向，同时水流在转轮叶片正反面产生压力差，对转轮产生反作用力，形成旋转力矩使转轮旋转，故称为反击式。反击式水轮机按水流流经转轮方向的不同以及适应不同水头与流量的需要，又分为混流式、轴流式、斜流式和贯流式 4 种型式。

（1）混流式水轮机。混流式水轮机是指轴面水流径向流入、轴向流出转轮的反击式水轮机，又称法兰西斯式水轮机，如图 9.8 所示。混流式水轮机为固定叶片式水轮机，其结构简单，具有较高的强度，运行可靠，效率高，应用水头范围广，一般适用于中高水头水电站，大、中型混流式水轮机应用水头范围为 30～450m。可逆式混流式水轮机应用水头高达 700m。中、小型混流式水轮机的应用水头范围为 25～300m。

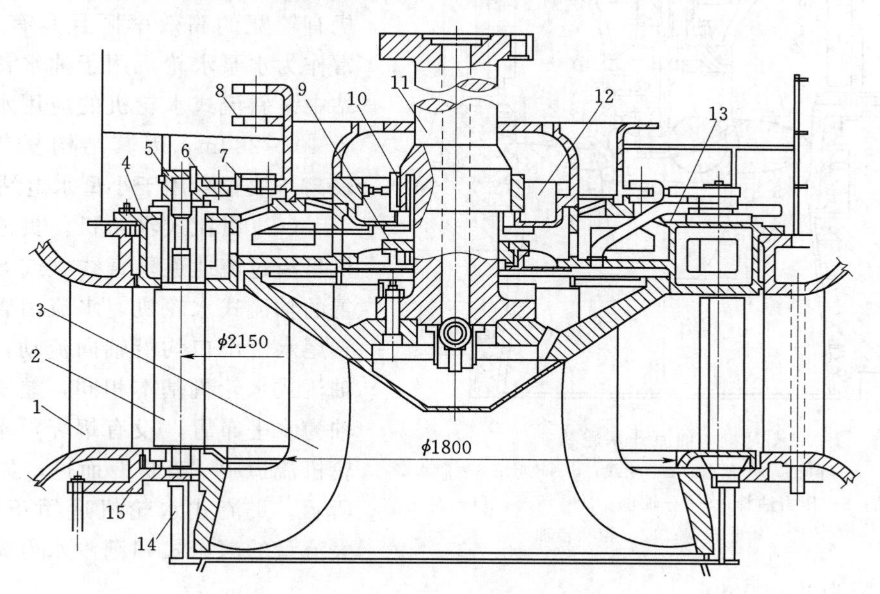

图 9.8　混流式水轮机

1—座环；2—活动导叶；3—转轮；4—顶盖；5—拐臂；6—键；7—连杆；8—控制环（调速环）；9—密封装置；10—导轴承；11—主轴；12—油冷却器；13—顶盖排水管；14—基础环；15—底环

（2）轴流式水轮机。轴流式水轮机是指轴面水流轴向进、出转轮的反击式水轮机，如图 9.9 所示。根据叶片在运行中能否自动转动角度，又分为转桨式、调桨式和定桨式 3 种。

轴流转桨式水轮机是指转轮叶片可与导叶协联调节的轴流式水轮机，又称为卡普兰式水轮机。

轴流调桨式水轮机是指仅转轮叶片可调节的轴流式水轮机，又称为托马式水轮机。

轴流定桨式水轮机是指转轮叶片不可调的（或停机可调的）轴流式水轮机。

由于轴流定桨式水轮机的转轮叶片固定在轮毂上，其结构简单，但当水头和流量变化时水轮机效率变化也大，特别是在偏离最优工况时效率会急剧下降。轴流定桨式和轴流调桨式适用于负荷及水头变幅较小的水电站，应用水头范围为 3～50m。

由于轴流转桨式水轮机可调整转轮叶片运行角度，实现导叶与转轮叶片双重调节，因此可扩大高效率区的范围，使水轮机有较好的运行稳定性。但它需要一套结构较复杂的操作机构来转动叶片。它适用于低水头、大流量和负荷变化较大的水电站，应用水头范围为

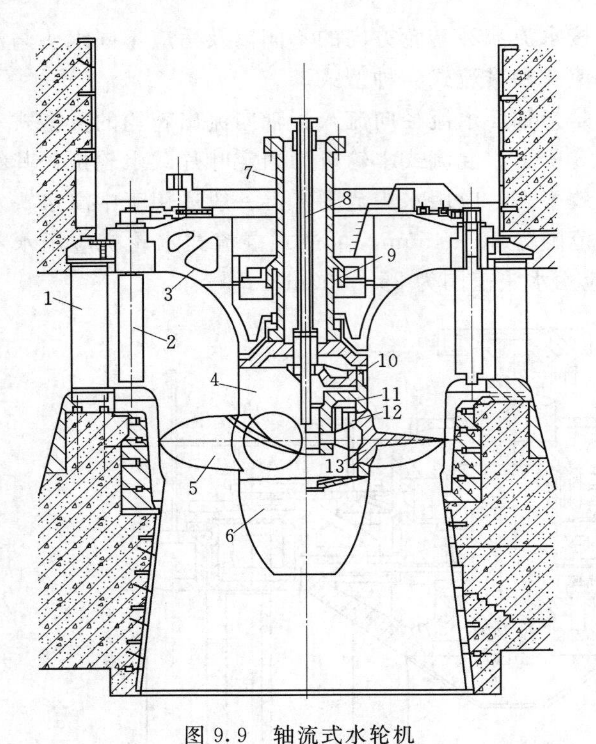

图 9.9　轴流式水轮机

1—座环；2—导叶；3—顶盖；4—轮毂；5—轮叶；6—泄水毂；7—主轴；8—压力油管；9—导轴承；10—活塞；11—连杆；12—轮叶转臂；13—轮叶转轴

3～80m。

(3) 斜流式水轮机。斜流式水轮机是指轴面水流以倾斜于主轴的方向进、出转轮的反击式水轮机，如图9.10所示。斜流式水轮机的叶片角度也可根据运行需要进行调整，实现导叶与转轮叶片双重调节。斜流式水轮机有较宽的高效率区且具有可逆性，常作为水泵水轮机用于抽水蓄能水电站中。斜流式水轮机的应用水头范围为40～200m，因其结构复杂、造价较高，故很少用于小型水电站。

(4) 贯流式水轮机。贯流式水轮机是指过流通道呈直线（或S形）布置的轴流式水轮机。水流由管道进口到尾水管出口均沿轴向流动，转轮与轴流式水轮机基本相同，差别在于主轴为水平布置，没有蜗壳，水流在水轮机流道中“直贯”而过，如图9.11所示。贯流式水轮机适用于低水头、大流量的河床式和潮汐水电站中，应用水头范围为2～30m。

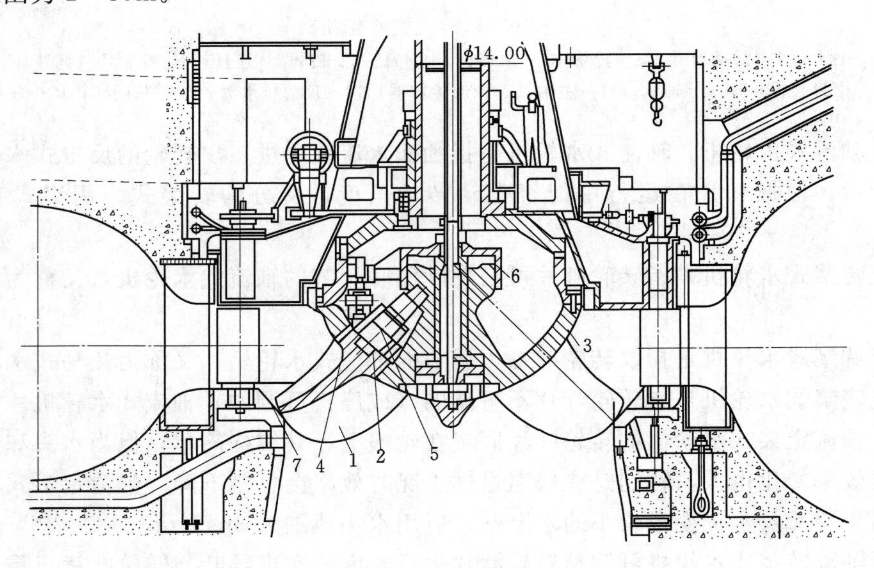

图 9.10　斜流式水轮机

1—轮叶；2—枢轴；3—轮毂；4—转臂；5—连杆；6—接力器；7—转轮室

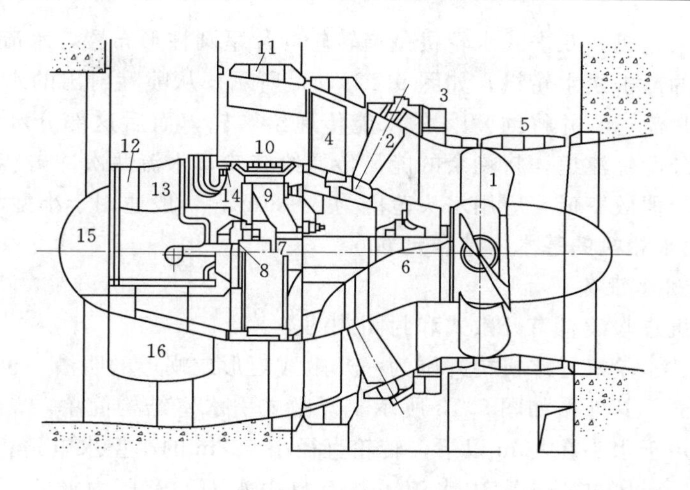

图 9.11　贯流式水轮机

1—转轮；2—导水机构；3—调速环；4—后支柱；5—转轮室；6，7—导轴承；8—推力轴承；9—发电机转子；10—发电机定子；11，13—检修进人孔；12—管道通道；14—母线通道；15—发电机壳体；16—前支柱

2. 冲击式水轮机

转轮只利用水流动能做功的水轮机称为冲击式水轮机。其特征是：有压水流先经过喷嘴形成高速自由射流，将压能转变为动能并冲击转轮旋转，故称为冲击式。在同一时间内水流只冲击部分转轮，水流是不充满水轮机的整个流道，转轮只是部分进水，转轮在大气压下工作。为适应水流动能做功的需要，冲击式转轮叶片一般呈斗叶状。冲击式水轮机按射流冲击转轮叶片的方向不同，又分为水斗式（切击式）、斜击式和双击式3种型式。

（1）水斗式水轮机。水斗式水轮机是指转轮叶片呈斗形，且射流中心线与转轮节圆相切的冲击式水轮机，又称贝尔顿水轮机，或称切击式水轮机，如图9.12（a）所示。水斗式水轮机有卧轴和立轴两种型式，按其喷嘴的数目又可分为单喷嘴和多喷嘴。应用于水头范围为100～2000m的高水头小流量水电站。

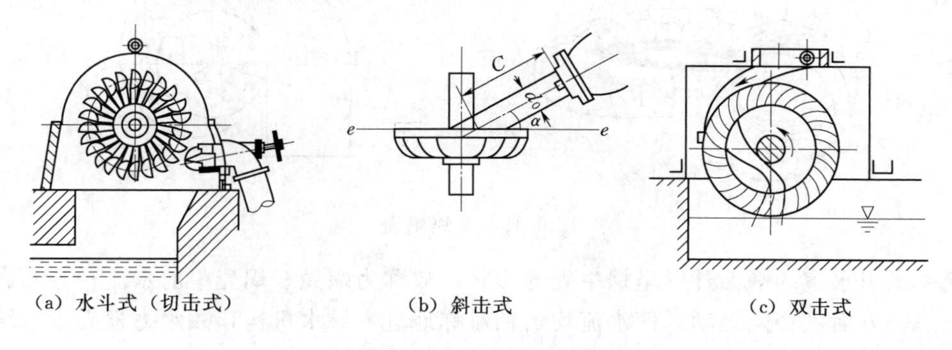

图 9.12　冲击式水轮机

（2）斜击式水轮机。斜击式水轮机是指转轮叶片呈碗形，且射流中心线与转轮转动平面呈斜射角度（一般约22.5°）的冲击式水轮机，如图9.12（b）所示。它的结构简单、造价低，应用水头范围为25～300m，一般适用于中小型水电站中。

（3）双击式水轮机。双击式水轮机是指转轮叶片呈圆柱形布置，水流穿过转轮两次作用到转轮叶片上的冲击式水轮机，如图9.12（c）所示。从喷嘴射出的水流首先从转轮的外周进入部分叶片流道，并将约80%的水能传递给转轮，而后这部分水流再从转轮内部二次进入另一部分叶片流道，将剩余的能量传递给转轮，水流两次冲击转轮叶片。它结构简单，制造方便，但效率低，应用水头范围为5～80m，一般适用于小型水电站。

9.2.1.2 反击式水轮机的基本构造和尺寸

1. 水轮机的进水设备

反击式水轮机进水设备有开敞式和封闭式两类。

（1）开敞式。水轮机导水机构外围为一开敞式矩形或蜗形的明槽，也称明槽式，槽中水流具有自由水面，其外形如图9.13所示。开敞式引水室结构简单，常用混凝土或浆砌石材料建造。适用于水头在10m以下、转轮直径小于2m的小型水电站。

（2）封闭式。封闭式引水室中水流不具有自由水面，有压力槽式、罐式和蜗壳式3种。压力槽式适用于水头8～20m的小型水轮机，如图9.14（a）所示。罐式适用于转轮直径小于0.5m，水头为10～35m，容量小于1000kW的小型水轮机，如图9.14（b）所示。通用的封闭式进水设备主要为蜗壳式，如图9.15、图9.16所示。

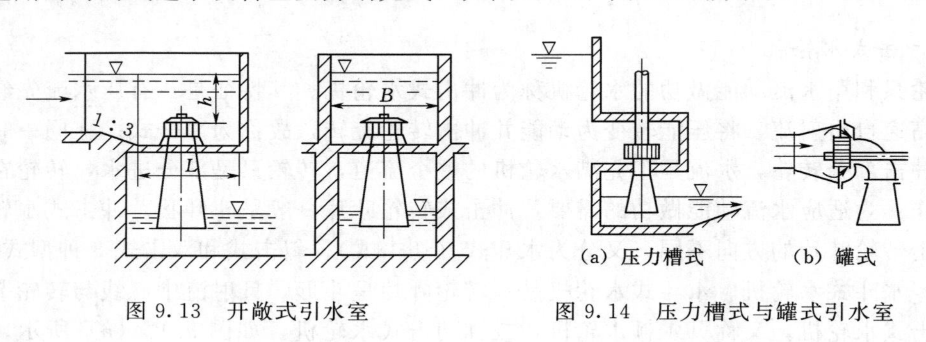

图9.13 开敞式引水室

图9.14 压力槽式与罐式引水室

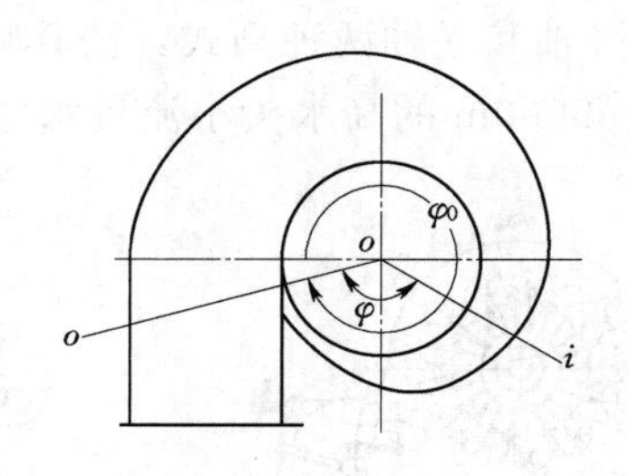

图9.15 金属蜗壳

蜗壳式引水室的平面外形呈蜗牛壳的形状，故称为蜗壳。蜗壳中的水流一方面做圆周运动，另一方面做径向运动，使水流均匀轴对称地进入导水机构，故水力损失小，结构紧凑，可减小厂房尺寸和降低土建投资，因而被广泛应用。

根据所用材料不同，蜗壳可分为金属蜗壳和混凝土蜗壳。金属蜗壳适用于较高水头（$H>40$m）的水电站和小型卧式机组，如图9.15所示。金属蜗壳可用铸铁、铸钢或钢板焊制而成。混凝土蜗壳一般适用于水头在40m以下的水电站，其过流断面为梯形，如图

9.16 所示。

2. 水轮机的出水设备

为了减小水电站厂房的基础开挖深度和便于水轮机安装检修，希望将水轮机尽可能地安装在较高的位置，并且最好高出下游水位，但由于此时转轮出口处水流的速度较大，具有一定的动能，同时转轮高出下游水位，将造成较大的动能和位能损失，且水流不能平顺地泄向下游，为解决这些问题就需要设置尾水管。尾水管的作用是将转轮出口的水流平顺地引向下游，回收转轮出口处水流的动能并利用转轮高出下游水位的位能。

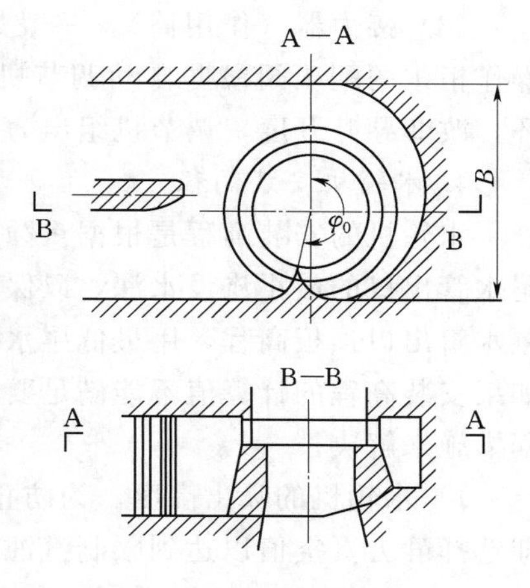

图 9.16 混凝土蜗壳

目前工程上常用的尾水管的型式有直锥形、弯锥形和弯曲形 3 种。

(1) 直锥形尾水管。尾水管为一扩散的圆锥管。其特点是结构简单、水力损失小、效率高，但尾水管较长，增加厂房下部开挖。一般适用于小型水电站（转轮直径 $D_1<0.5\sim0.8$m）。

(2) 弯锥形尾水管。由弯管和直锥管两部分组成，从转轮流出的水流先经过弯管后再进入直锥管，如图 9.17 所示。其特点是结构简单、水力损失大、效率较低。常用于小型卧轴混流式水轮机，一般随水轮机配套供应。

(3) 弯曲形尾水管。由直锥段、弯肘（管）段和水平扩散段三部分组成，如图 9.18 所示。直锥段为垂直的圆锥形扩散段；弯肘段是一段 90°的弯管，其断面由圆形过渡到矩形；水平扩散段是一个水平的矩形断面的扩散段。由于弯肘段使水力损失增加，其效率比直锥形低。适用于大中型立式机组水轮机。

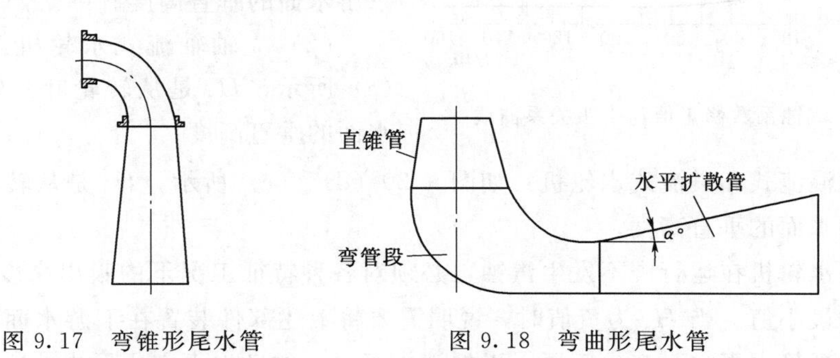

图 9.17 弯锥形尾水管　　图 9.18 弯曲形尾水管

3. 调速器

水轮机及其调速系统按部件来划分，调速系统是由三部分组成。调速系统的布置，就是要分别确定三部分部件的位置。

(1) 调速器操作柜。它是调速器的核心部分，可以实现自动或手动调节导叶开度，以满足运行的要求。

(2) 油压装置。提供有一定压力的透平油，通过油管与操作柜连接。通常压力油管为红色，回油管为黄色。

(3) 接力器（作用筒)。一般是油压活塞筒，通常设有两个，一推一拉转动调速环。操作柜中的配压阀根据自动调节机构的指令，控制通向接力器压力油的流向，推动调速环，改变导叶开度，调节机组出力。

4. 水轮机安装高程

水轮机的安装高程是根据汽蚀条件进行计算确定的，但在水轮机的布置中，还要校核尾水管出口的最小淹没水深，以保证尾水管的正常工作。根据计算的安装高程可以推算出尾水管出口顶板高程，用最低尾水位校核，一般尾水管出口最小淹没深度为0.3～0.5m。如果安装高程的计算值不能满足要求，可以适当降低安装高程，也可采用壅高尾水位的工程措施来解决。

1) 水轮机的吸出高度。为防止汽蚀破坏，在设计水电站时则可选择适宜的安装高程，即选择静力真空值以达到限制汽蚀的目的。为此必须限制水轮机的吸出高度 H_s，有

$$H_s=10.0-\frac{\nabla}{900}-(\sigma+\Delta\sigma)H \tag{9.1}$$

式中 ∇——水轮机安装处的海拔高程；

σ，$\Delta\sigma$——汽蚀系数及其修正；

H——工作水头。

汽蚀系数修正值 $\Delta\sigma$ 可由图9.19查得。σ 可根据水轮机厂家提供的技术资料、特性曲线图中查算。

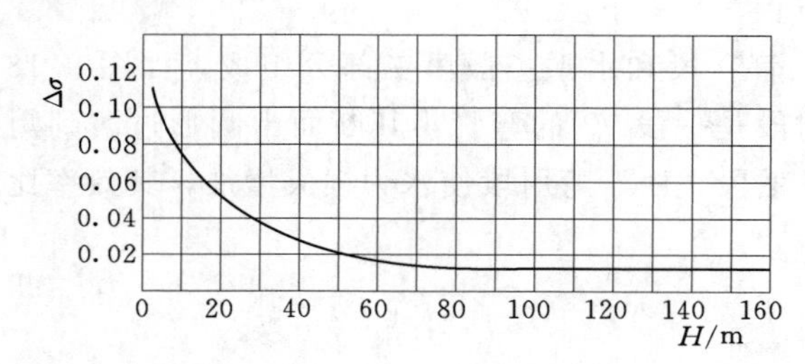

图9.19 汽蚀系数修正值与水头关系曲线

工程上对水轮机的吸出高度作以下规定。

(1) 立轴混流式水轮机：如图9.20 (b) 所示，H_s 是从导叶下部底环平面到下游水面的垂直高度。

(2) 立轴轴流式水轮机：如图9.20 (a) 所示，H_s 是从转轮叶片轴线到下游水面的垂直高度。

(3) 卧轴混流式和贯流式水轮机：如图9.20 (d)、(e) 所示，H_s 是从转轮叶片出口最高点到下游水面的垂直高度。

为了保证水轮机在运行中不发生汽蚀，必须对各种特征工况下的吸出高度 H_s 进行验算并选其中的最小值。当 H_s 为负值时，说明需要将上述部件装置在下游水面以下，使转轮出口不再出现静力真空而产生正压，以抵消由于过大的动力真空所形成的负压。

2) 水轮机的安装高程。水轮机安装高程是水电站设计的控制高程。立式机组的安装高程定义为导水机构中心线的高程；卧式机组的安装高程定义为机组主轴中心线高程。

在确定吸出高度 H_s 以后，可以按下列公式计算水轮机的安装高程 Z_a。

(1) 反击式水轮机。

对于立轴混流式水轮机，有

$$Z_a=\nabla_w+H_s+\frac{b_0}{2} \tag{9.2}$$

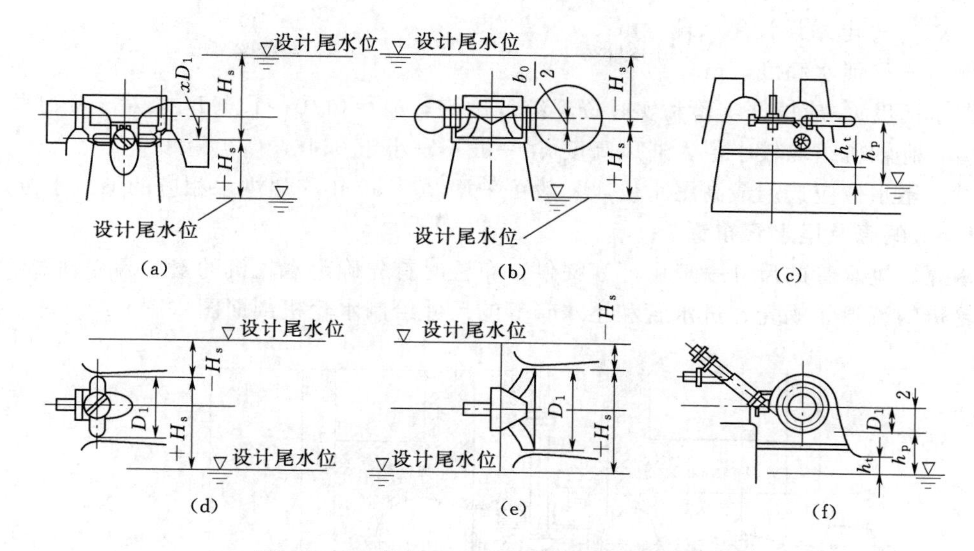

图 9.20　水轮机吸出高度和安装高程示意图

对于立轴轴流式水轮机，有

$$Z_a=\nabla_w+H_s+xD_1 \tag{9.3}$$

对于卧轴水轮机，有

$$Z_a=\nabla_w+H_s-\frac{D_1}{2} \tag{9.4}$$

式中　∇_w——电站设计尾水位，m；

b_0——水轮机导叶高度，m；

D_1——水轮机转轮标称直径，m；

x——轴流式水轮机高度系数，为转轮中心线至导叶中心距离与转轮直径的比，由水轮机制造厂家提供。一般为 0.38～0.46，初步计算时可取 0.41。

∇_w应选择下游设计最低尾水位，可根据水电站的运行方式和机组台数选择水轮机的过流量，从下游水位流量关系曲线查得。一般情况下，水轮机的过流量可根据电站装机台数按以下方法选用：电站装机 1～2 台时采用 1 台机组半负荷所对应的过流量；3 台或 4 台机组的电站采用 1 台机组满出力运行时对应的过流量；5 台机组及以上的电站采用 1.5～2 台机组满出力运行时对应的过流量。

(2) 冲击式水轮机。冲击式水轮机没有尾水管，除喷嘴、针阀和斗叶可能产生间隙气蚀外，其他部位均不产生叶型与空腔气蚀。所以冲击式水轮机安装高程的确定应在充分利用水头，又保证通风和落水回溅不妨碍转轮运转的前提下，尽量减小水轮机的泄水高度，如图 9.20 (c)、(f) 所示。

a. 立轴水斗式水轮机。安装高程规定为喷嘴中心线的高程，即

$$Z_a=\nabla_w+h_p \tag{9.5}$$

b. 卧轴水斗式水轮机。安装高程规定为主轴中心线的高程，即

$$Z_a=\nabla_w+h_p+\frac{D_1}{2} \tag{9.6}$$

式中　∇_w——电站设计尾水位，m；

h_p——泄水高度，m。

泄水高度 h_p 应根据实验和实际资料统计确定，$h_p=(1.0\sim1.5)D_1$，对于立轴机组取较大值，卧轴机组取较小值，通风高度 h_t 一般不宜小于 0.4m。

设计尾水位应选用最高尾水位，一般可采用 20～50 年一遇洪水相应的下游水位。

9.2.1.3　蜗壳及尾水管布置

蜗壳、尾水管的尺寸一般由厂家提供。布置时首先确定水轮机的安装高程轴线，再根据水轮机的流道、蜗壳、进水管和尾水管等的尺寸绘制水轮机剖面图（图 9.21）。

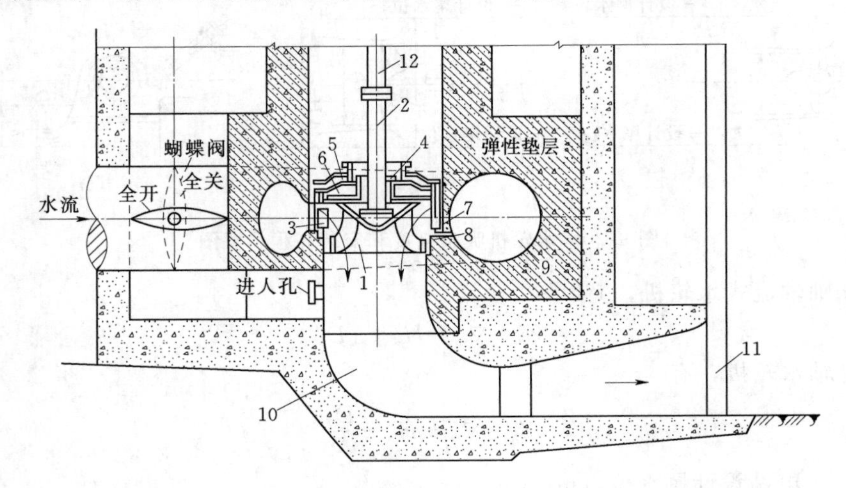

图 9.21　水轮机横剖面布置

1—转轮；2—水轮机主轴；3—导叶；4—水导轴承；5—导叶转动机构；6—顶盖；7—座环；8—基础环；9—蜗壳；10—尾水管；11—尾水闸门槽；12—发电机主轴

1. 蜗壳

蜗壳四周混凝土的厚度至少为 0.8～1.0m，要根据具体情况来确定。蜗壳顶部混凝土厚度由进口断面尺寸确定，要保证其厚度不小于最小值，一般为 1.0～2.0m，并由此确定水轮机层高程；蜗壳顶部混凝土还支承发电机墩，机墩内径与座环内径相近，厚度一般在 1.0m 以上。上游部分的混凝土厚度，在保证蜗壳混凝土结构需要的基础上，也要兼顾主阀室的布置要求，可适当小一些；下游部分的混凝土与尾水管顶板、下游防洪墙连成整体。

蜗壳进人孔可设在主阀后进水管处或蜗壳进口附近，也可在水轮机层地面开竖井进入蜗壳，进人孔直径不小于 0.45m。蜗壳的排水也布置在主阀后进水管底部。装设排水管，将水排至主阀室的排水沟中，或埋设排水管直通尾水管。

为了减小蜗壳的应力，金属蜗壳上半部分通常用弹性材料作垫层与混凝土适当隔开。

2. 进水管和主阀室

进水管通过主阀与蜗壳进口连接。进水管的中心轴线为水平线，与安装高程同高。在蜗壳上游混凝土层以外的空间布置主阀室，这一段水管尾架空管，中间安装主阀，长度为 4～5m，具体要根据主阀尺寸来确定。主阀室的上游布置防渗墙，厚度约 0.8m，由此决

定了厂房上游围墙位置，即厂房上游部分的宽度。

布置主阀时，要保证主阀四周有足够的工作空间和支墩布置位置，主阀安装检修所需的空间应不小于 1.0m。

主阀尺寸较大时，也可以设在厂外单独的主阀室内，这样必须增设独立的起重设备。

河床式水电站引水管比较短，一般不设主阀，由进口闸门代替，这样厂房的上游防洪墙在布置上不受主阀的影响，可根据上部结构的设备布置来确定。

3. 尾水管

立式机组的尾水管多数是弯曲形尾水管，少部分为直锥形尾水管。尾水管的尺寸由厂家提供，也可按水轮机手册进行计算。直锥段一般是金属结构，其余部分为钢筋混凝土结构。尾水管底板混凝土厚度为 1.0～2.0m，顶板出口处最小厚度为 0.5m，边墩厚度为 1.0～2.0m。

尾水管进人孔可设置在主阀室，通过直锥段进入尾水管，也可由尾水管出口的闸门前进入尾水或在水轮机层开竖井，再通过水平通道进入尾水管。进人口最小尺寸不小于 0.45m。

尾水管的排水是由埋设的排水管排至集水井。

4. 尾水平台

尾水管出口要设置检修闸门，闸门布置所需的闸墩长度为 1.0～2.0m，主要考虑闸门厚度和闸门前后的安装维修与安全的空间。所以，在尾水管出口处要设置 1.0～2.0m 长的闸墩，底板也相应延长。尾水闸墩的高度一般要高于下游正常水位，洪水位不高时，可高于洪水位；否则，要设置排架式工作平台。尾水平台高于下游洪水位，为方便交通，也可与发电机层同高。

9.2.2　发电机的布置

9.2.2.1　发电机的型式和布置方式

1. 发电机的型式

(1) 悬挂式发电机。如图 9.22 (a) 所示，推力轴承位于转子上方，支承在上机架上。悬挂式发电机组转动部分（包括发电机转子、水轮机转轮、主轴和作用于转轮上的水压力）的重量，通过推力头和推力轴承传给上机架，上机架传给定子外壳，定子外壳再把力传给机墩，整个机组好像在上机架上挂着一样，因此称为悬挂式。

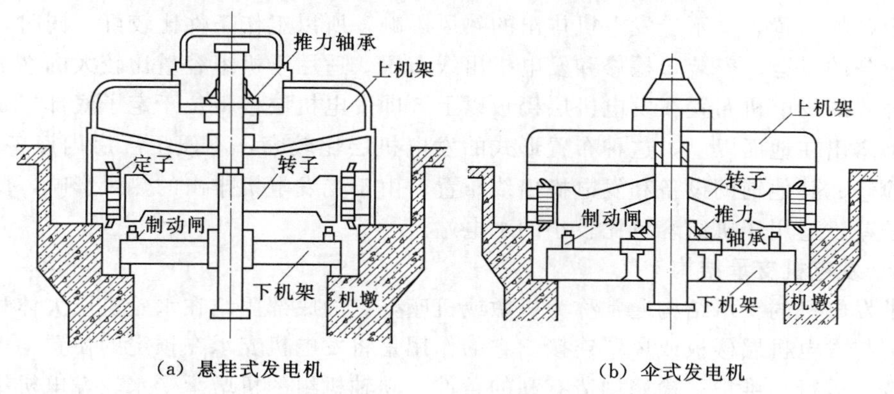

图 9.22　发电机外形

下机架的作用是支撑下导轴承和制动闸，下导轴承是防止主轴摆动的。当机组停机时，需用制动闸将转子顶起，以防烧毁推力头和推力轴承。制动闸反推力、下导轴承自重等通过下机架传给机墩。发电机层楼板自重和楼板上设备重量通过通风道外壳传到机墩上。悬挂式发电机的稳定性比伞式好，故转速大于 150r/min 的高转速发电机则多做呈悬挂式。

(2) 伞式发电机。如图 9.22 (b) 所示，伞式发电机推力轴承位于转子下方，设在下机架上。整个发电机像把伞，推力头像伞柄，转子像伞布，故称伞式发电机。

伞式发电机的推力轴承设在下机架，荷载由推力轴承传给下机架，再传给发电机墩。伞式发电机的总高度比较低，可以降低厂房的高度，但由于转动部分的重心在推力轴承之上，发电机的转动稳定性比较差，因此，低转速的发电机多采用伞式结构。伞式发电机根据轴承的设置可细分为：普通伞式——有上下导轴承；半伞式——有上导轴承，无下导轴承；全伞式——无上导轴承，有下导轴承。

发电机的主要尺寸与参数包括上机架直径与高度、定子内外径与高度、通风道外径、下机架直径与高度、转子带轴的高度、水轮机井内径及转子带轴的重量等。

2. 发电机的布置方式

发电机一般布置在电机层或发电机层地面以下，主要有埋没式、敞开式和半岛式三种，如图 9.23 所示。

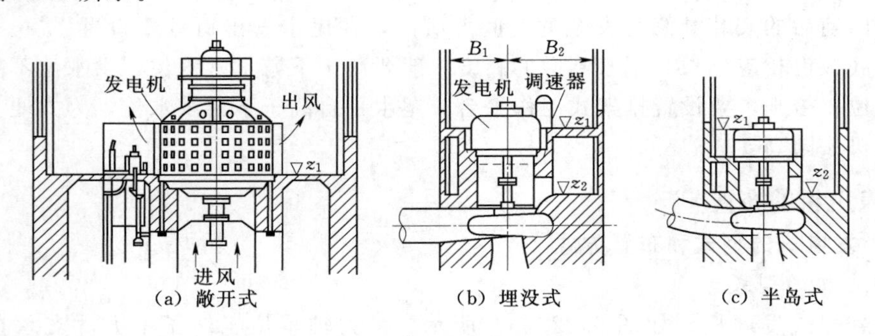

(a) 敞开式　(b) 埋没式　(c) 半岛式

图 9.23　发电机布置方式示意图

埋没式是最常用的型式，发电机布置在发电机层楼板以下，即发电机层楼板位于定子顶部，地面以上，只露出发电机上机架和励磁机。这种布置形式的发电机层比较宽敞，便于其他设备的布置，又不受发电机排出的热风影响，所以工作条件比较好。同时，也便于厂房内设备的吊运、安装、检修和发电机出线布置。适用于机组容量比较大的水电站。

敞开式的发电机布置在发电机层楼板以上，即发电机层楼板位于定子底部，发电机的大部分都露出在地面以上，这种布置形式的发电机层比较窄，不便于厂房内设备的吊运、安装、检修、其他辅助设备和发电机出线布置。由于受发电机排出的热风影响，所以工作条件比较差，适用于机组容量比较小的水电站。

9.2.2.2　发电机支承结构

立轴发电机的支承结构通常称为机墩或机座，它的底部固结在水轮机层大体积混凝土上，上部与发电机层楼板或风罩连接。它的作用是将发电机支承在预定的位置上，并为机组的安装、运行、维护、检修创造有利的条件。立轴机组的机墩承受水轮发电机组的全部动、静荷载，有时还要承受发电机层楼板传来的部分荷载并将这些荷载传给厂房的下部块

体结构。为保证机组正常运行，要求机墩具有足够的强度、刚度和稳定性，同时具有良好的抗震性能，一般为钢筋混凝土结构。常见的机墩有图9.24所示几种形式。

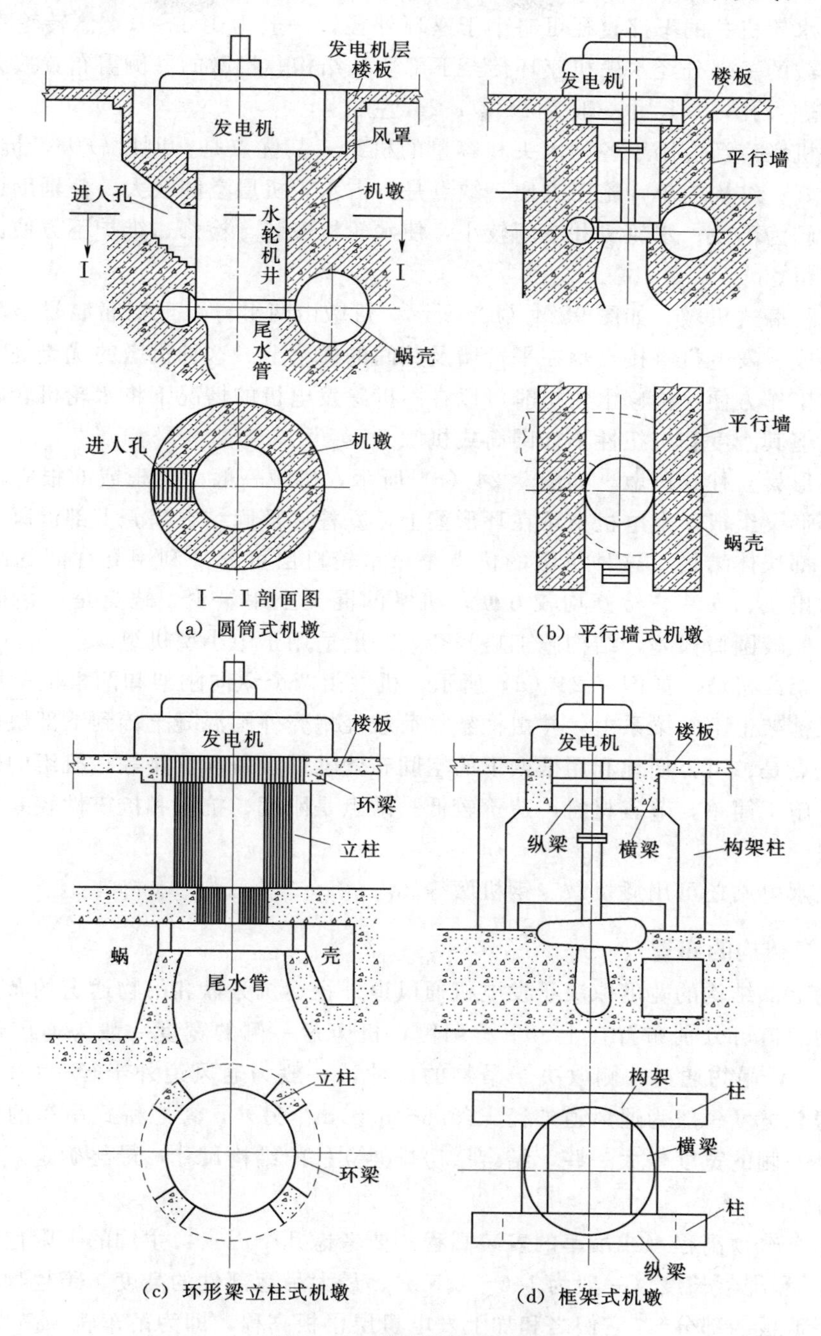

图9.24　发电机机墩形式

（1）圆筒式机墩。如图9.24（a）所示，其结构形式一般为上、下直径相同的等厚的钢筋混凝土圆筒，其壁厚在1m以上，上端与发电机层楼板相连接或与发电机风罩相连，

下端则固结于蜗壳顶部的混凝土上。外部形状一般为圆形，有时为了施工立模便利，也有做成正八角形的。内壁为圆形的水轮机井，水轮机安装、检修时，转轮和顶盖可由井中吊进和吊出。水轮机井的下部直径可略小于座环外径，一般为1.3～1.4倍转轮直径，这样可使机墩荷载的一部分经水轮机座环传至下部块体结构。机墩的一侧需布置接力器，另一侧布置机墩进人孔，其尺寸一般为2m×1.2m左右。

圆筒式机墩广泛应用于各种水头和容量的机组，其优点是：刚度较大，抗压、抗扭、抗震性能较好；结构简单，施工方便。缺点是：占水轮机层空间较大，使辅助设备布置和预埋管路等较为不便；水轮机井空间较小，使水轮机安装、检修、维护不方便。一般适用于大中型机组。

（2）平行墙式机墩。如图9.24（b）所示，机墩由两平行承重钢筋混凝土墙及其间的两横梁所组成。发电机直接支承在平行墙及其间的横梁上。这种机墩的优点是：水轮机顶盖处宽敞，工作方便，检修水轮机时可以在不拆除发电机的情况下将水轮机转轮从两平行墙间吊出，但其刚度和抗扭性不如圆筒式机墩。

（3）环形梁立柱式机墩。如图9.24（c）所示，机墩一般由4根或6根立柱以及固结于柱顶的环形梁组成，发电机支承在环形梁上，立柱底部固结在蜗壳上部混凝土上，并将荷载传到下部块体结构。这种机墩的优点是：水轮机层可充分利用立柱间的净空布置设备；机组的出线、安装、检修均较方便；机墩的混凝土用量少。缺点是：结构刚度及抗扭、抗震性能较圆筒式差，结构施工略复杂，一般适用于中小型机组。

（4）框架式机墩。如图9.24（d）所示，机墩由两个纵向刚架和两根横梁所组成。发电机支承在框架上部的梁系上，并由框架将荷载经蜗壳外围混凝土传到下部块体结构。这种机墩的优点是：可方便地利用框架下的空间布置辅助设备和管路等；机组的安装、检修都较方便；施工简单，节省材料，造价较低。缺点是刚度、抗扭和抗震性较差。一般适用于小型机组。

对大型水电站还可用矮机墩、钢机墩等。

9.2.3　上部结构的布置

厂房的上部结构的宽度取决于发电机通风道外径、机旁盘和吊物通道的布置要求。机旁盘和吊物通道可分别布置在上、下游两侧，机旁盘一侧的宽度一般为通风道外半径+(2.5～3.0)m，吊物通道一侧取决于吊物的尺寸，一般为通风道外半径+(2.0～3.0)m。所以，厂房总宽度一般为通风道外径+(5.6～6.0)m。另外，考虑桥式吊车的标准跨度取值，机旁盘一侧的宽度略大一些。结合厂房排架立柱的结构尺寸，最终确定厂房上、下游围墙的位置。

确定吊车轨顶高程（或吊车的安装高程）要考虑几个因素：主钩的上限位置（由厂家提供）、吊具和绳索长度（一般为1.0～1.5m）、最大吊运部件的高度、跨越物的高度（高于发电机层地板的部分）。它们之和加上发电机层楼板高程，即为吊车轨顶高程。

吊车轨顶高程减去轨道高度（厂家提供）为吊车梁顶高程。吊车梁顶高程减去吊车梁高度（根据跨度决定）为牛腿顶面高程。

屋顶大梁底部高程等于吊车轨顶高程加上吊车高度，再加0.2～0.3m的安全距离。

屋面高程等于屋顶大梁底部高程加上屋顶大梁高度。

上部结构的布置包括发电机层楼面结构、厂房排架柱、屋面结构和围墙的布置，排架间距与平面布置有关，一般为6.0～8.0m。发电机层楼板厚度一般为0.15～0.25m，主次梁截面尺寸应根据跨度来确定。

任务9.3　立式机组厂房布置

立式机组地面厂房是各种水电站中应用最多的一种。下面着重介绍立式机组地面厂房主厂房的布置。

9.3.1　主厂房的结构轮廓

水电站主厂房是安装水轮发电机组及其辅助设备的场所，根据设备布置的需要通常在高度方向上分为数层，如图9.25所示。通常以发电机层楼板高程为界，将主厂房分为上

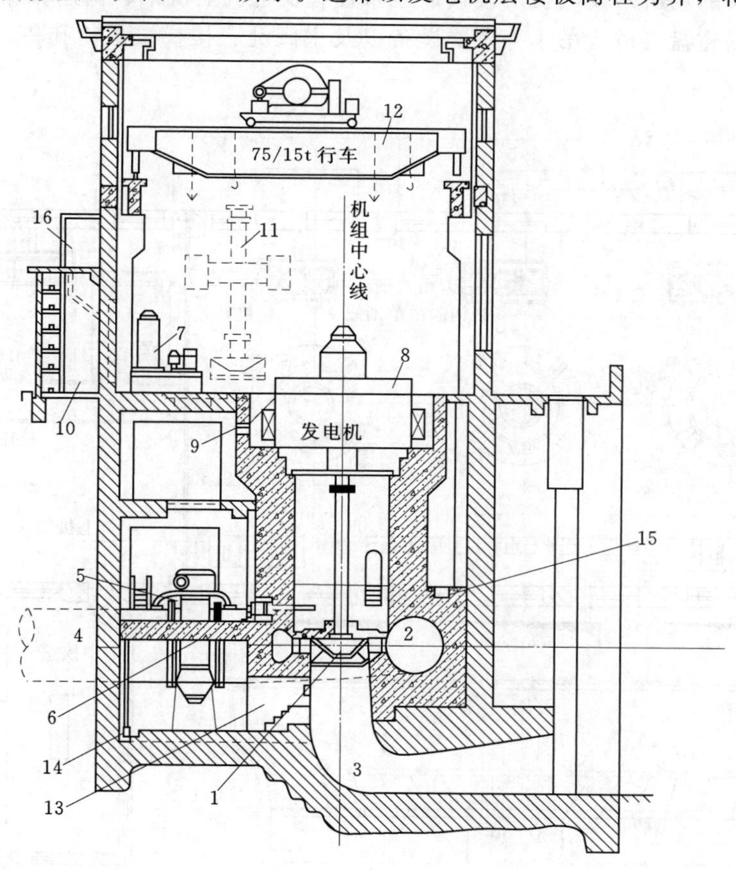

图9.25　厂房横剖面图（单位：cm）

1—水轮机；2—蜗壳；3—尾水管；4—压力钢管；5—蝴蝶阀；6—调速器接力器；7—调速器；8—发电机；9—发电机母线；10—母线廊道；11—吊运的发电机转子或水轮机转轮（带轴）；12—桥式吊车；13—尾水管进人孔；14—排水沟；15—管路沟；16—通风道

部结构和下部结构两部分。上部结构包括屋顶结构、围墙、门窗、楼板、吊车梁以及支承屋顶结构和吊车梁的构架柱等，这些构件在水电站中多为钢筋混凝土结构。下部结构是混凝土块体结构，体积比较庞大，基础开挖和工程量都比较大，并且下部结构中埋设部件很多，使施工变得复杂。上下部结构高度之和（即由尾水管基底至屋顶的高度）就是主厂房的总高度。水轮机轴中心的连线称为主厂房的纵轴线，与之垂直的机组中心线称为横轴线。每台机组在纵轴线上所占的范围为一个机组段，各机组段和安装间长度的总和就是主厂房的总长度，厂房在横轴线上所占的范围就是主厂房的宽度。

厂房内部布置应根据机电布置、设备安装、检修及运行要求结合水工结构布置统一考虑。图9.25～图9.28所示为某水电站厂房剖面图和平面布置图。

9.3.2　发电机层平面布置

发电机层为安放水轮发电机组及辅助设备和仪表盘柜的场地，也是运行人员巡回检查机组、监视仪表的场所。发电机层楼板以上布置有发电机上机架、调速器操作柜、油压装置、机旁盘、励磁盘、桥式吊车等主要设备以及主阀孔、楼梯、吊物孔等厂内交通设施，如图9.26所示。

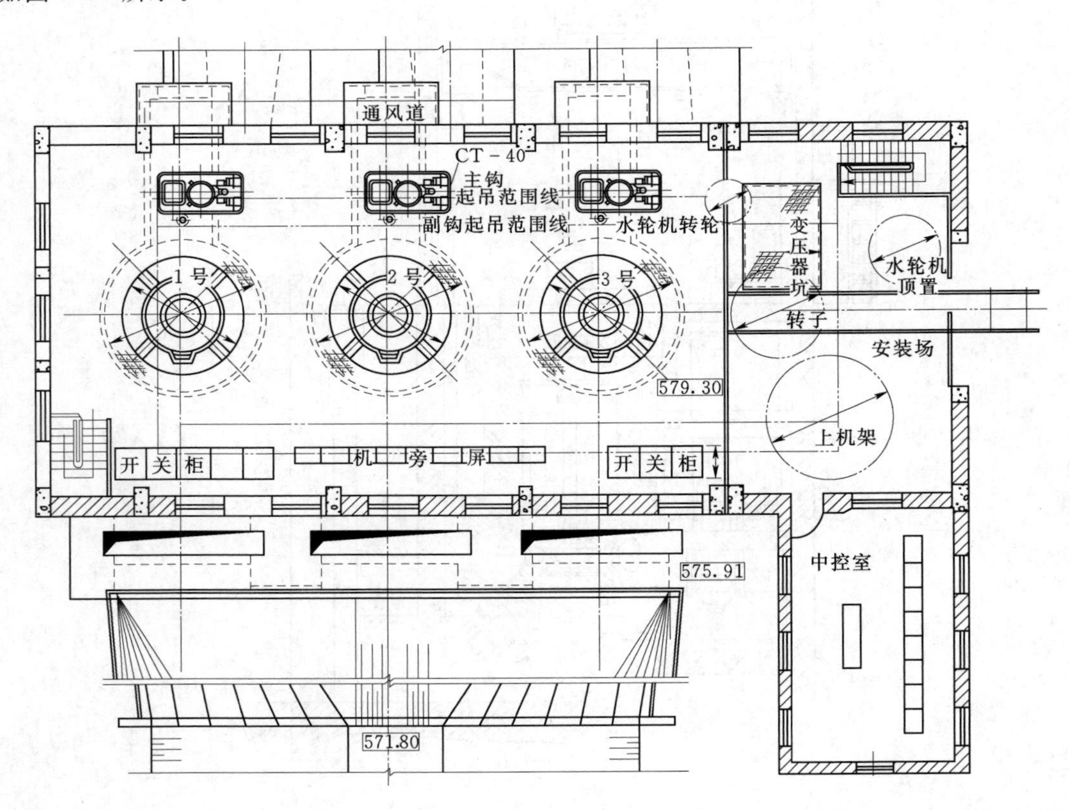

图9.26　水电站厂房发电机层平面图（单位：cm）

（1）机旁盘。与调速器布置在同一侧，靠近厂房的上游或下游墙。

（2）调速柜。应与下层的接力器相协调，尽可能靠近机组，并在吊车的工作范围

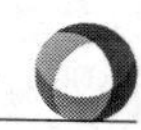

之内。

(3) 励磁盘。为控制励磁机运行而设置，常布置在发电机近旁。

(4) 主阀孔。如果在水轮机前装设主阀，则其检修需要在发电机层的安装间内进行，这就需要在发电机层与其相应的部位预留吊孔，以方便检修和安装。

(5) 楼梯。每隔一段距离需要设置一个楼梯，一般两台机组设置一个。由发电机层到水轮机层至少设两个楼梯，分设在主厂房的两端，便于运行人员到水轮机层巡视和操作，及时处理事故。楼梯不应破坏发电机层楼板的梁格系统。

(6) 吊物孔。在吊车起吊范围内应设供安装检修的吊物孔，以沟通上下层之间的运输，一般布置在既不影响交通又不影响设备布置的地方，其大小与吊运设备的大小相适应，平时用铁盖板盖住。

发电机层平面设备布置应考虑在吊车主、副钩的工作范围内，以便楼面所有设备都能由厂内吊车起吊。

9.3.3　水轮机层平面布置

水轮机层是指发电机层以下，蜗壳大块体混凝土以上的这部分空间。在水轮机层一般布置有发电机转子和定子、水轮机顶盖、调速器的接力器、水力机械辅助设备（如油、气、水管路)、电气设备（如发电机主引出线，中性点接线，接地、灭磁装置等)、厂用电的配电设备等，如图9.27所示。

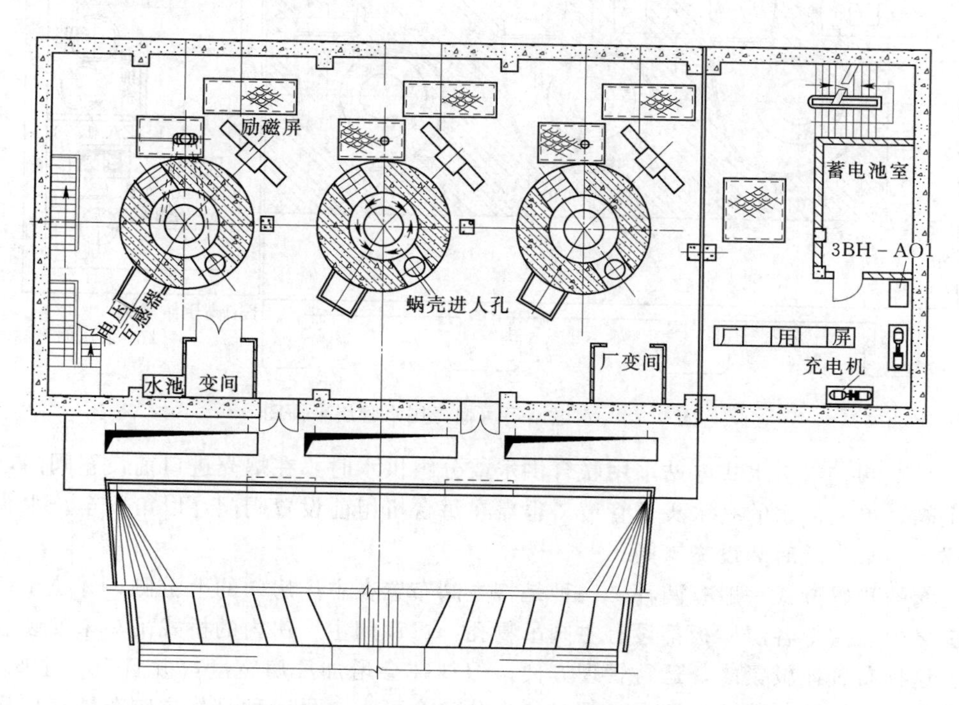

图9.27　水轮机层布置示意图（单位：cm）

(1) 调速器的接力器。位于调速器操作柜的下方，与水轮机顶盖连在一起，并布置在蜗壳最小断面处，因为该处的混凝土厚度最大。

（2）电气设备。发电机主引出线和中性点侧都装有电流互感器，一般安装在风罩外壁或机墩外壁上。小型水电站一般不设专门的出线层，引出母线敷设在水轮机层上方，而各种电缆架设在其下方。水轮机层比较潮湿，对电缆不利。对发电机引出母线要加装保护网。

（3）油、气、水管道。一般沿墙敷设或布置在沟内。管道的布置应与使用和供应地点相协调，同时避免与其他设备相互干扰，且与电缆分别布置在上、下游侧，防止油、气、水渗漏对电缆造成影响。

（4）水轮机层上、下游侧应设必要的过道。主要过道宽度不宜小于1.2～1.6m。机墩壁上要设进人孔，进人孔宽度一般为1.2～1.8m，高度不小于1.8～2.0m，且坡度不能太陡。

9.3.4　蜗壳尾水管层的布置

图9.28所示为某水电站厂房蜗壳尾水管层平面布置，蜗壳尾水管层除过流部分外，均为大体积混凝土，布置较为简单。

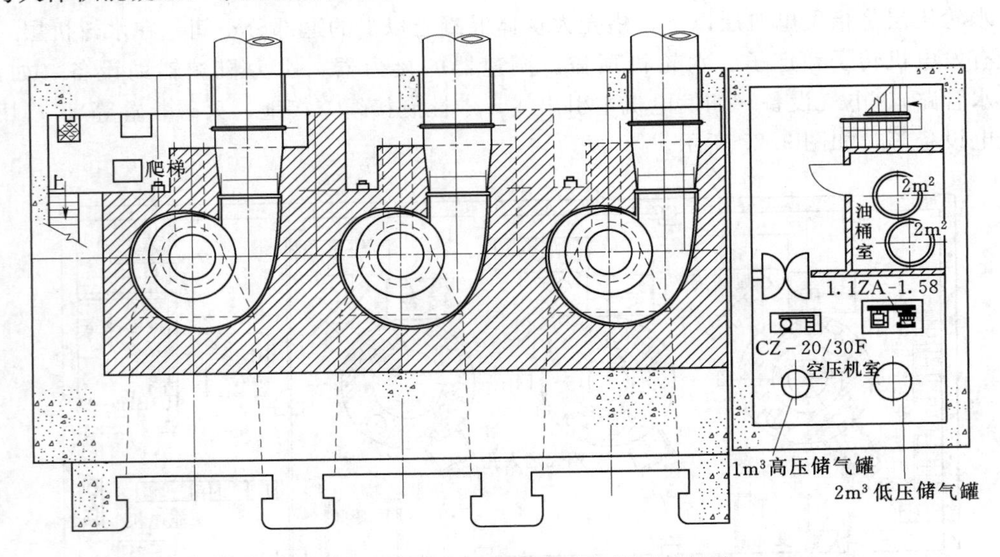

图9.28　水电站厂房蜗壳尾水管层平面图

（1）主阀。当引水式电站采用联合供水或分组供水时，在蜗壳进口前设置阀门，一般称为主阀。单元供水的高水头长管道，也需在每台机组前设置阀门，以策安全。水头高时装设球阀，水头低时装设蝴蝶阀。

主阀的布置方式一般有两种。一种是将主阀布置在主厂房内的上游侧，并位于桥吊工作范围之内，阀上各层楼板都设有主阀吊物孔，可利用主厂房内的桥式吊车来安装和检修主阀。这种布置比较紧凑，运行管理方便，但往往会增加厂房宽度，并且万一主阀爆裂，水流会淹没主厂房。因此，要求主阀必须十分安全可靠。另一种是将主阀布置在厂房外专设的阀室中，对于高水头的地下厂房，或在特殊的情况下才采用第二种布置方式。这时主阀的运输、安装、检修需专设起重运输设备和通道，也不便于运行维护。采用这种布置时主阀室要设置专门的水流出口，一旦主阀爆裂可将水流排走，以免对主厂房造成危险。

主阀室或主阀廊道必须有足够的空间，以利于主阀的安装和维护，净宽一般为4～5m。由于主阀室常有少量漏水，故阀室中还必须设置排水沟或排水管向集水井排水。主阀的上游侧常设置伸缩节，以便于主阀的安装和检修，并使受力条件明确。

（2）蜗壳。中、高水头水电站厂房内的混流式水轮机一般采用金属蜗壳，其具体尺寸由水轮机制造厂家提供。为了在检修水轮机时能将蜗壳和主阀后面进水管中的水放空，通常在紧靠主阀下游钢管的底部装设通往尾水管或集水井的排水管，并装设控制阀门。同时，在进水钢管的顶部还应安装通气阀，以便于蜗壳和钢管放空或充水时能自动充气和排气。蜗壳进人孔一般可设在主阀下游进水钢管处。一般进人孔的直径为60cm，进人孔通道尺寸不小于1m×1m。

低水头的水电站厂房，可采用钢筋混凝土蜗壳，放空蜗壳和引水管的排水管常设在进口处底部并通向尾水管，蜗壳进人孔多设在前半段。

（3）调压阀。高水头水电站在厂房下部块体中，有时要装设调压阀，以减小水锤压力。调压阀一般安装在压力管道末端的蜗壳旁边。厂房内装设有调压阀时，机组段长度和厂房的总长度会增加。

（4）一般电站在蜗壳层以下的上游侧或下游侧均设有检查、排水廊道，作为运行人员进入蜗壳、尾水管检查的通道，有的电站还同时兼作到水泵室集水井的过道。

集水井位于全厂最低处，除要求能容纳运行时的渗漏水外，还要担负机组检修时的集水、排水任务。

排水泵室一般布置在集水井的上层，有楼梯、吊物孔与水轮机层连接。电站排水都通向下游尾水渠。

9.3.5　安装间的布置

1. 安装间的位置

水电站对外交通运输道路可以是铁路、公路或水路。对于大中型水电站，由于部件大而重，运输量又大，所以常建设专用的铁路线。中小型水电站多采用公路运输。对外交通通道必须直达安装间，以便利用主厂房内桥吊装卸设备，因而安装间一般均布置在主厂房有对外道路的一端。

2. 安装间的面积

安装间与主厂房同宽以便桥吊通行，所以安装间的面积就决定于它的长度。安装间的面积可按一台机组扩大性检修的需要确定，一般考虑放置四大部件，即发电机转子带轴、发电机上机架、水轮机转轮、水轮机顶盖。四大部件要布置在主钩的工作范围内，其中发电机转子应全部置于主钩起吊范围内。发电机转子和水轮机转轮周围要留有1～2m的工作场地。在缺乏资料时，安装间的长度可取1.25～1.5倍机组段长。对于多机组电站，安装间面积可根据需要增大或加设副安装间。

3. 安装间的平面布置

安装间平面布置如图9.29所示。安装间的大门尺寸要满足运输车辆进厂要求，如通行标准轨距的火车，其宽度不小于4.2m，高度不小于5.4m。通行载重汽车的大门宽度不小于3.3m，高度不小于4.5m。

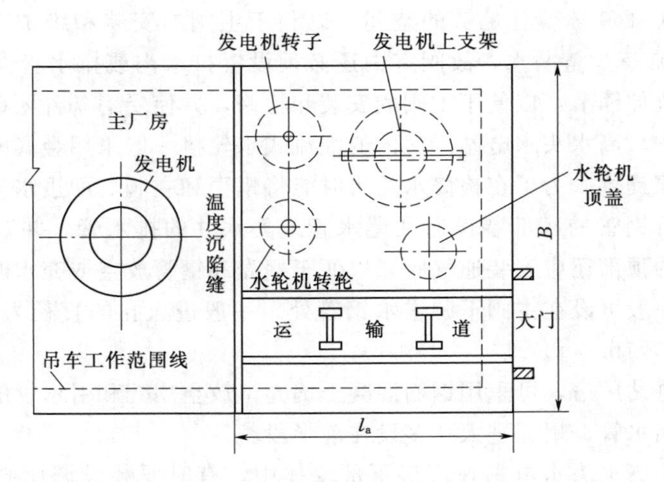

图 9.29 安装间平面布置

发电机转子放在安装间上时轴要穿过地板，因而须在地板上相应位置设主轴孔，面积要大于主轴法兰盘。为了组装转子时使轴直立，在轴下要设主轴承台，并预埋地脚螺栓。

主变压器有时也要推入安装间进行大修，这时要考虑主变压器运入的方式及停放的地点。因为主变压器的重量很大、尺寸也很大，故常常需对安装间的楼板进行专门加固，地板应设专门轨道，大门也可能要放大。

主变压器大修时常需吊芯检修，所以要在安装间上设尺寸相当的变压器坑，先将整个变压器吊入坑内，再吊铁芯，以免增加厂房高度。目前大型变压器常做成钟罩式，检修时吊芯改为吊罩，起重量和起吊高度大为减小，安装间不再设变压器坑。

9.3.6 副厂房的布置

副厂房是设置机电设备运行、控制、试验、管理和运行管理人员工作和生活的厂房建筑。副厂房布置包括中央控制室、集缆室、继电保护盘室、通信室、开关室、母线廊道、厂用电设备室、电气试验室、值班调度室、办公室和生活用房等，见图 9.30。

1. 中央控制室（简称中控室）

中控室是整个水电站发电、配电、变电等设备以及水位和流量等集中控制和集中监视的地方，是电站运行、控制、监视的神经中枢。中控室一般布置有控制盘、直流盘、继电保护盘和信号盘、厂用盘、自动调频盘等。

中控室的位置要便于电站的控制、监视并迅速消除故障，电缆长度尽量短，一般布置在发电机层的中部且与发电机层同高。若不同高时，应设楼梯便于进出主厂房，且应设便于通视主厂房的窗口和平台。中控室不宜布置在主变压器场的下层或尾水平台上，因为出现的噪声和振动将会影响继电保护设备的整定值，并使值班人员过度疲劳和注意力分散。

中控室要求宽敞明亮、干燥舒适、安静，具有良好的工作环境。最好采用玻璃隔音墙与外界隔开，这样既便于观察，又可收到隔声效果。此外，还要求室内通风良好，光线均匀柔和，无噪声干扰，室内温度、湿度适当，避免阳光直射至仪表盘面并设有防晒的隔热遮阳措施，以保证仪表的灵敏度和准确性。中控室室内净高一般为 4～5m。

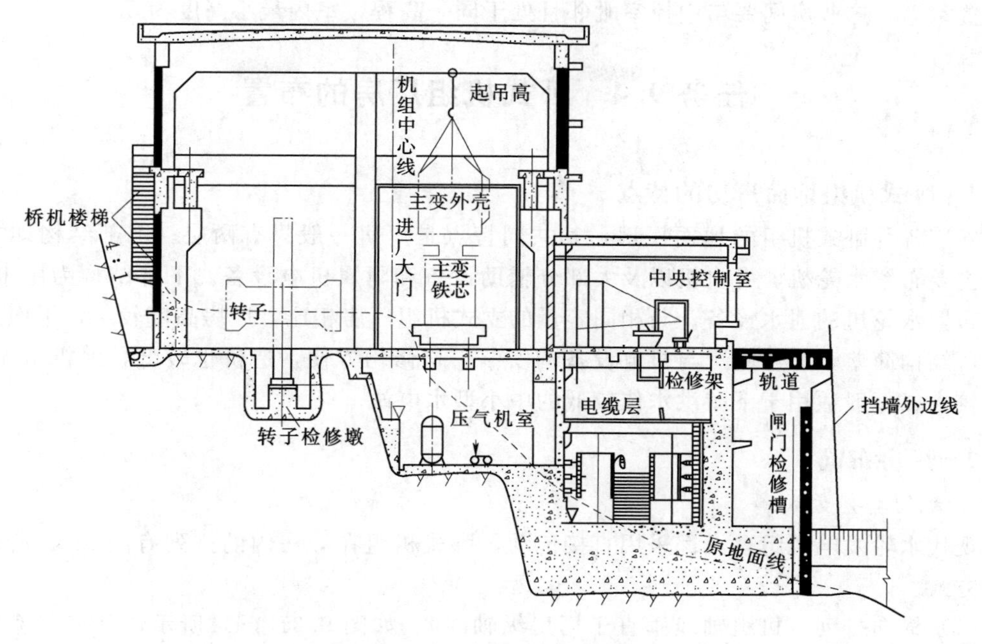

图9.30 水电站副厂房布置

2. 集缆室

集缆室又称为电缆夹层，布置在中控室和继电保护盘室的下层，面积等于或稍小于中央控制室。室内只有电缆和电缆吊架，布置简单，室内净高一般为2～3m，以满足维护、检修人员能站立工作为宜。该层汇集来自主厂房和变电站的各种操作电缆，然后通往中控室的控制盘、操作盘。集缆室的安全出口不少于两个，并应做好防潮设计。

3. 继电保护盘室

继电保护盘是当电气设备发生故障时能自动断开故障部件，防止事故扩大，保护电气设备不受损坏的设备组合盘。一般布置在中控室附近，当开关站距主厂房较远，尤其是在高程相差很大的情况下，可将输电线路保护盘室布置在开关站。

4. 发电机电压配电装置室（低压开关室）

它主要布置发电机电压母线和发电机电压断路器等设备，通常这些设备成套地集成于一个金属柜中，称为开关柜。这些开关柜布置在高度为4～5m、宽度为6～8m的房间中。低压开关室布置在主变压器与发电机之间，与发电机层同高程的副厂房内。

开关室一般不设窗户，满足通风、防潮、防火、防爆的要求。开关室长度超过7m时，须两端设出口；长度超过60m或通向防爆间隔通道长度大于40m时宜设3个出口。出口门朝外开，两个出口相距不宜超过30m。开关室不应布置在浴室或厕所下面。耐火等级不应低于2级。采用自然通风，当不能满足温度要求或发生事故排烟困难时可考虑增设机械通风装置。

5. 通信室及远动装置室

当输电电压在110kV以上时，为了便于电站与系统调度中心联系，由系统调度中心指挥电站运行，专设载波电话通信室、自动电话交换机室、微波或其他无线电通信室和远动装置室等。这些房间要与中控室毗邻且处于同一高程，室内最小高度为3.5m。

任务9.4　卧式机组厂房的布置

9.4.1　卧式机组地面厂房的特点

安装各种卧式机组的地面厂房，其共同特点是厂房一般只有两层。上部结构即主机房，主要布置水轮机、发电机以及大部分辅助设备和附属机电设备。下部结构为尾水室，主要布置水轮机的泄水设备。与相同容量的立式机组厂房相比，厂房高度较小，平面尺寸较大，结构简单，厂房施工与机电设备的安装、检修均方便，造价也较低，但机组振动、噪声较大，一般适用于下游洪水位较低的中小型水电站。

9.4.2　厂房布置

1. 机组排列方式

现代水轮发电机组，大都采用直接传动，卧式机组在厂房内的排列有图9.31所示的几种方式。

(1) 横向排列（机组轴线垂直于厂房纵轴线）。如图9.31 (a) 所示，其厂房宽度较大而机组间距和厂房长度较小；进水管轴线多采用垂直于厂房的纵轴线，在蜗壳前需转90°弯才能将水流送入蜗壳，但有利于水轮机闸阀的布置；尾水从厂房下游侧排出，尾水渠将从发电机下面经过，对机座结构不利，但可设法使尾水从厂房一端排出；厂房宽度较大，需要跨度大的桥吊，对屋顶结构不利；当厂房所在的山坡较陡时，基础开挖量也较大。因此，在机组台数较多或厂房长度受到限制时，多采用这种排列方式。

(2) 纵向排列（机组轴线平行于厂房纵轴线）。如图9.31 (b) 所示，其厂房宽度较小，而机组间距及厂房长度较大；水轮机的进出水方向都比较平顺；尾水室较短，机组安装能避开尾水室的顶板，对机座结构有利；电气设备布置对称，有利于检修和运行管理；由于机组检修时需抽出发电机转子，机组之间的净距较大，且钢管的岔管可能较长，分岔角较大。当机组台数较少时多采用这种排列方式。

(3) 斜向排列（机组轴线与厂房纵轴线斜交），如图9.31 (c) 所示。其厂房尺寸介于以上二者之间。当压力管道采用联合供水纵向引进布置时，管道进入厂房时转角较小，故水头损失也较小。但厂房内设备布置和运行巡视不便，厂房有效面积利用率较低。当机组台数较多、为缩小厂房尺寸及减少基础开挖或厂房位置受地形地质条件限制时，可考虑采用这种排列方式。

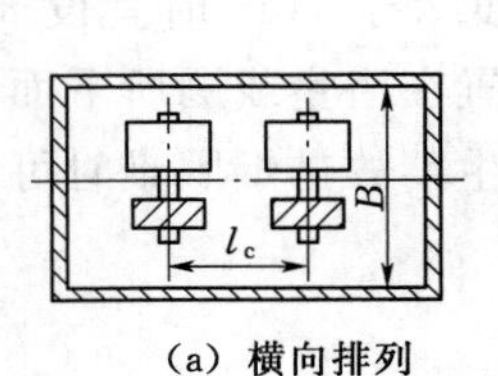

(a) 横向排列

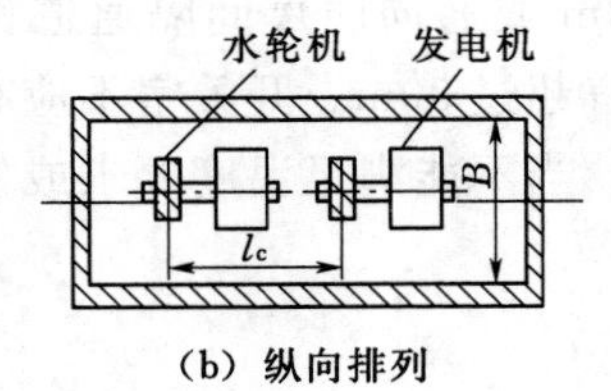

(b) 纵向排列

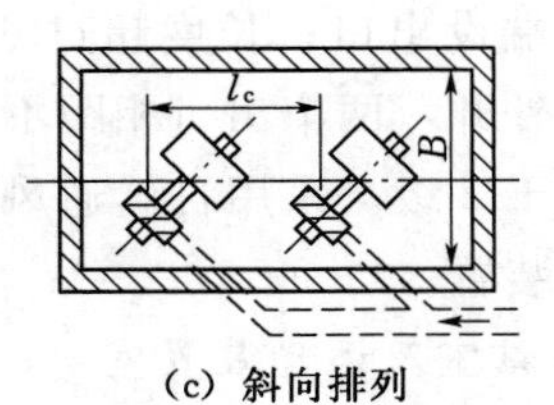

(c) 斜向排列

图9.31　卧式机组的排列方式

2. 主厂房布置

(1) 厂房立面布置。以发电机层楼板为界，楼板以上的水上部分为上部结构，地板以下的水下部分为下部结构。水上部分为主机房与安装间，主要布置有水轮发电机组及其附属设备和调速器、机旁盘、吊车等主要设备。水下部分为尾水设施，主要布置有进水管、进水阀、尾水管、尾水槽等。

(2) 厂房平面布置。设备布置时宜将调速器沿厂房一侧布置，调速器旁布置机旁盘。机组之间、机组端部与墙面、机组上下游侧，均应留有运行通道及安装、维修空间。厂内设备均应布置在吊车吊钩工作范围之内。

9.4.3　主厂房尺寸确定

卧式机组主厂房尺寸的拟定原则、方法与立式机组厂房基本相同。

1. 水轮机安装高程和主机房高度尺寸确定

(1) 反击式水轮机的安装高程。应根据容许吸出高度 H_s 来计算水轮机主轴的安装高程 $Z_{s反}$。

$$Z_{s反}=H_s+\frac{b_0}{2}+最低尾水位 \tag{9.7}$$

式中　b_0——导叶高度。

根据水管长度验算尾水管出口淹没深度，要保证淹没深度不小于0.3～0.5m；否则要加长尾水高程或降低安装高程。

(2) 冲击式水轮机的安装高程。水轮机主轴的安装高程为

$$Z_{s冲}=\frac{D_1}{2}+h_f+最高尾水位 \tag{9.8}$$

式中　D_1——蜗壳直径；

h_f——自由高度，一般不小于0.5～1.0m。

(3) 主厂房地面高程。由水轮机主轴的安装高程 Z_s 减去主轴中心到轴承底部的高度得到。其中轴承支架高度由飞轮直径及其安装检修要求决定，应使主机房地面高于最高尾水位，以利防潮。

(4) 尾水室底板高程。对于反击式水轮机厂房，尾水室底板高程等于尾水管出口高程，减去保证泄水顺畅所需的水深（一般为 $1.3D_1$）。

对于卧轴冲击式水轮机的厂房尾水室底板高程为

$$Z_w=节圆半径-h_f-尾水坑水深 \tag{9.9}$$

(5) 针阀坑和球阀坑的底部高程。它由引水管高程和喷嘴的布置决定，最好高于尾水坑水位，以利排水管自流排水；否则需先排到集水井再由水泵抽排至下游。

(6) 主机房的高度。主机房的高度由吊运、发电机转子、水轮机转轮、发电机定子等设备高度决定，并应考虑安装方法的要求。

2. 厂房的长度和宽度

厂房的长度和宽度主要决定于机组的排列方式和设备布置的情况。

（1）当机组为横向排列时，由图 9.32 可以得出以下公式。

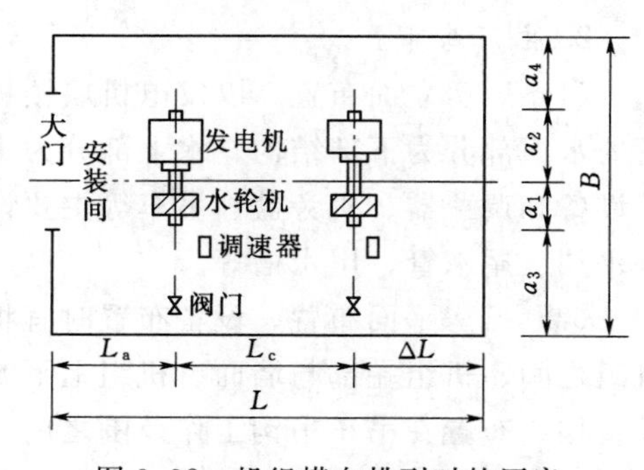

图 9.32 机组横向排列时的厂房平面尺寸示意图

主机房长度为

$$L=nL_c+L_a+\Delta L \tag{9.10}$$

主机房宽度为

$$B=a_3+(a_1+a_2)+a_4 \tag{9.11}$$

式中 n——机组台数；

L_c——机组段长度，机组外形尺寸宽＋工作通道宽（0.8～1.2m）；

L_a——安装间长度，$(1\sim1.2)L_c$；

ΔL——边机组段的增长值，由该处的设备布置、通道要求和桥吊工作范围等因素确定，对于小型水电站一般可取 1～1.5m，如该处作为室内配电所，则 ΔL 应按实际需要确定；

a_1+a_2——机组长度，由厂家提供；

a_3，a_4——机组到边墙的距离，由设备布置和通道要求确定，如有主阀设在厂内，则 a_3 应按需要增大，a_4 的大小还要考虑发电机转子抽出检修的需要。

（2）当机组为纵向排列时，由图 9.33 可以得出以下公式

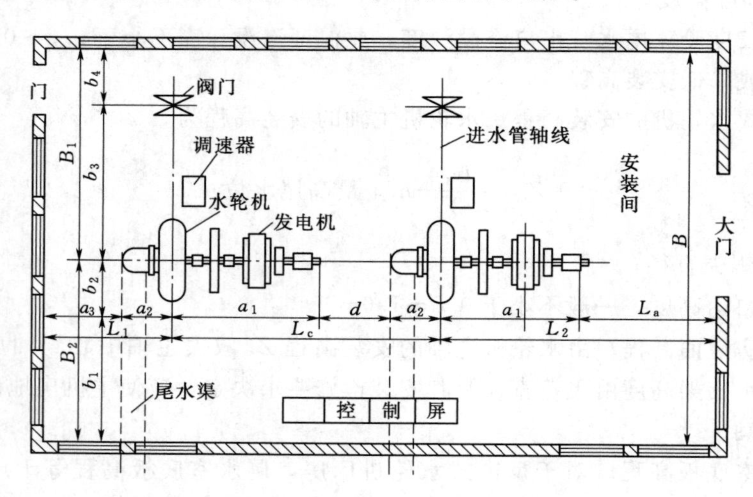

图 9.33 卧式机组纵向排列时的厂房平面尺寸示意图

主机房长度为

$$L=(n-1)L_c+(a_1+a_2)+a_3+L_a \tag{9.12}$$

主机房宽度为

$$B=b_1+b_2+b_3+b_4 \tag{9.13}$$

其中

$$L_c=a_1+a_2+d$$

式中 d——两机组间的通道宽，一般为 0.8～1.2m。

当发电机转子需要就地抽出检修时，应按转子带轴长决定。

任务9.5　水电站厂房的布置

9.5.1　布置原则

厂区布置是指水电站的主厂房、副厂房、主变压器场、高压开关站、引水道、尾水道及厂区交通等相互位置的安排。厂区布置应根据地形、地质、环境条件、运行管理，结合整个枢纽的工程布局，按下列原则进行。

（1）合理布置主厂房、副厂房、主变压器场、开关站、高低压引出线、进厂交通、发电引水及尾水建筑物等，使电站运行安全、管理和维护方便。

（2）妥善解决厂房和其他建筑物（包括泄洪、排沙、通航、过竹木、过鱼等）布置及运用的相互协调，避免干扰，保证电站安全和正常运行。

（3）考虑厂区消防、排水及检修的必要条件。

（4）少占或不占用农田，保护天然植被、环境和文物。

（5）做好总体规划及主要建筑物的建筑艺术处理，美化环境。

（6）统筹安排运行管理所必需的生产辅助设施。

（7）综合考虑施工程序、施工导流及首批机组发电投运的工期要求，优化各建筑物的布置。水电站厂区布置如图9.34所示。

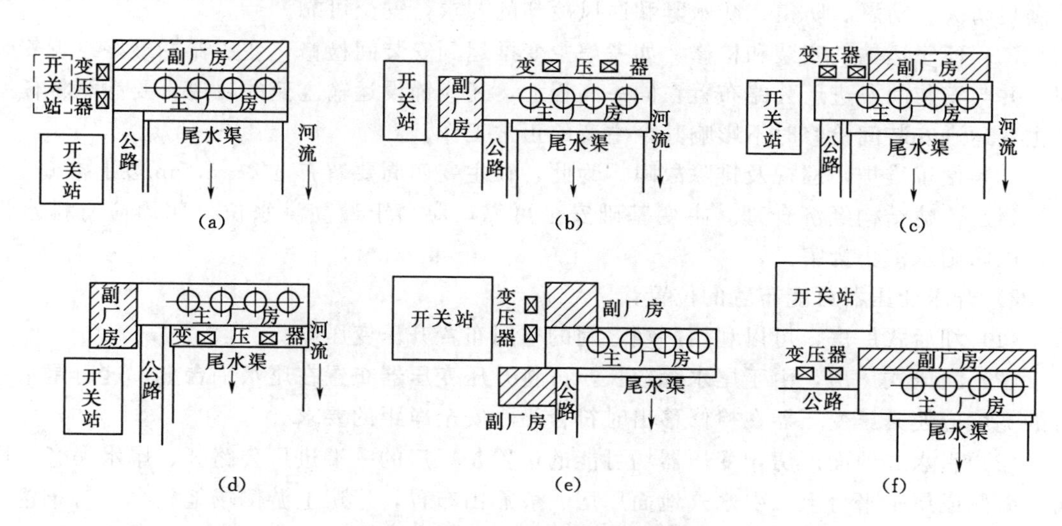

图9.34　水电站厂区布置示意图

9.5.2　各组成部分的布置

1. 主厂房

主厂房是厂区的核心，对厂区布置起决定性作用，其位置的选择是在水利工程枢纽总体布置中进行，除了注意厂区各组成部分的协调配合外，还应考虑下列因素。

（1）尽量减小压力管道的长度。因此对于坝后式水电站，主厂房应尽量靠近拦河坝；对于引水式水电站，主厂房应尽量靠近压力前池和调压室。

(2) 尾水渠尽量远离溢洪道或泄洪洞出口，防止水位波动对机组运行不利。尾水渠与下游河道衔接要平顺。

(3) 主厂房的地基条件要好，对外交通和出线方便，并不受施工导流干扰。

2. 副厂房

副厂房可选的位置如下。

(1) 主厂房的上游侧［图9.34 (a)、(c)、(f)］。运行管理比较方便，电缆也较短，在结构上与主厂房连成一体，造价较经济。

(2) 尾水管顶板上。这种布置会影响主厂房的通风、采光，需加长尾水管，从而增加工程量。由于尾水管在机组运行时振动较大，不宜布置中央控制室及继电保护设备。

(3) 主厂房的一端［图9.34 (b)、(d)］。副厂房布置在主厂房一端时，宜布置在对外交通方便的一端。当机组台数多时，这种布置会增加母线及电缆的长度。

3. 主变压器场

主变压器位于高、低压配电装置之间，起着连接升压作用，它的位置在很大程度上影响着厂房主要电气设备的布置，因此常先安置好主变压器的位置，然后再确定发电机主引出线及其他电气设备的布置。

1) 主变压器场的布置原则。主变压器场一般露天布置，布置原则如下。

(1) 尽量靠近厂房，以缩短昂贵的发电机电压母线长度、减小电能损失和故障机会，并满足防火、防爆、防雷、防水雾和通风冷却的要求，安全可靠。

(2) 便于运输、安装和检修。如考虑主变推运到安装间检修，变压器场最好靠近安装间，并与安装间及进厂公路布置在同一高程上，还应铺设运输主变的轨道。要注意将任一台主变运进安装间检修时不影响其余主变的正常工作。

(3) 便于维护、巡视及排除故障。为此，在主变四周要留有0.8～1.0m以上空间。

(4) 土建结构经济合理。主变基础安全可靠，应高于最高洪水位。四周应有排水设施，以防雨水汇集为害。

2) 升压变压器可能布置的位置：

(1) 坝后式厂房，可以利用厂坝之间的空间布置升压变压器。

(2) 河床式厂房，由于尾水管较长，可将升压变压器布置在尾水平台上，这时尾水平台的宽度应使升压变压器在检修移出时符合最小安全净距的要求。

(3) 引水式地面厂房，变压器场可能的位置是厂房的一端进厂公路旁、尾水渠旁、厂房上游侧或尾水平台上。引水式地面厂房一般靠山布置，厂房上游侧场地狭窄，若布置变压器场需增加土石开挖，且通风散热条件差；变压器布置在尾水平台上需增大尾水管长度。所以这两种布置一般较少采用。

(4) 由于受地形和场地的限制，个别水电站有可能将主变压器布置在厂房顶上。地下厂房的主变压器可布置在地下洞室内。

4. 高压开关站

高压开关站布置各种高压配电装置和保护设备，如电缆、母线、各种互感器、各种开关继电保护装置、防雷保护装置、输电线路以及杆塔构架等。这些设备的规格、数量、布置方式和需要的场地面积，是根据电气主接线图、主变的位置、地形地质条件及运行要求

而确定的。其布置原则如下。

(1) 要求高压进出线及低压控制电缆安排方便且短，出线要避免交叉跨越水跃区、挑流区等。

(2) 地基及边坡要稳定。

(3) 场地布置整齐、清晰、紧凑，便于设备运输、维护、巡视和检修。

(4) 土建结构经济合理，符合防火保安等要求。

高压开关站一般为露天布置，应尽量靠近主变和中央控制室且在同一高程上，但由于地形限制，往往有一高程差。通常布置在附近山坡上，也有布置在主厂房顶上的。当地形较陡时，可布置成阶梯式和高架式，以减少挖方。当高压出线不止一个等级时，可分设两个或多个开关站。

5. 尾水渠、对外交通线路布置及厂区防洪排水

水电站的尾水渠一般为明渠，正向将尾水导入下游河道，少数情况也可侧向导入下游河道。水轮机的安装高程较低，为与天然河道相接，尾水渠常为倒坡。尾水管出口水流紊乱，流速分布不均匀，需设衬砌加以保护。布置尾水渠时要考虑泄洪的影响，避免泄洪时在尾水渠中形成较大的壅高和漩涡，避免出现淤积。必要时要加设导墙，将电站尾水与泄洪分开，减少电站尾水波动而影响水电站的出力。在保证这些要求的同时，要尽量缩短尾水渠长度，以减少工程量。

坝后式或河床式厂房的尾水渠宜与河道平行，与泄洪建筑物以足够长的导水墙隔开。河岸式厂房尾水渠应斜向河道下游，渠轴线与河道轴线交角不宜大于45°，必要时在上游侧加设导墙，保证泄洪时能正常发电。

对外交通一般为公路，也有采用铁路或水路的。引水式厂房一般沿河岸布置，进厂公路可沿等高线从厂房一端进入厂房。坝后式及河床式厂房进厂公路一般从下游侧进入。

公路、铁路要直接通入主厂房的安装间，临近厂房一段应是水平的，长度不小于20m，并有回车场地，回车场应与安装间同高，并有向外倾斜的坡度，避免雨水流进厂内。厂区内公路线的转弯半径一般不小于35m，纵坡不宜大于9%，坡长限制在200m内，单行道路宽不小于6.0m。厂区内铁路线的最小曲率半径一般为200～300m，纵坡不大于2%～3%，路基宽度不小于4.6m，并应符合新建铁路设计技术规范的规定。铁路进厂前也要有一段较长的平直段，以保证车辆能安全、缓慢地进入厂房，并停在指定的位置。铁路一般应从下游侧垂直厂房纵轴进厂。

对厂区防洪排水应给予足够重视，保证厂房在各设计水位条件下不受淹没。当下游洪水位较高时，为防止厂房受洪水倒灌，可采取尾水挡墙、防洪堤、防洪门、全封闭厂房、抬高进厂公路及安装间高程，或综合采取以上几种措施加以解决。在可能条件下尽量采用尾水挡墙或防洪堤以保证进厂交通线路及厂房不受洪水威胁；对汛期洪水峰高量大、下游水位陡涨陡落的电站，进厂交通线路的高程可以低于最高尾水位，但进厂大门在汛期必须采用密封闸门关闭，而同时另设一条高于最高尾水位的人行交通道作为临时出入口。

主、副厂房周围应采取有效的排水和保护措施，以防可能产生的山洪、暴雨的侵袭。邻近山坡的厂房，应沿山坡等高线设一道或数道截水沟。整个厂区可利用路边沟、雨水明暗沟等构成排水系统，以迅速排除地面雨水。位于洪水位以下的厂区，为防止洪水期的倒

灌和内涝，应设置机械排水装置。

思 考 题

9-1 简述水电站厂房的基本类型。

9-2 简述水轮机的类型及组成。

9-3 发电机层平面布置的基本要点是什么？

9-4 水轮机层平面布置的基本要点是什么？

9-5 如何确定水电站厂房的长度和宽度？

9-6 如何确定水电站厂房各部分高程？

9-7 如何布置副厂房？

9-8 如何布置厂房内的水平和上下交通？

项目 10　水利水电工程枢纽布置

学习要求： 理解掌握水利水电枢纽的基本概念，水利枢纽的设计阶段及各阶段的主要任务；理解掌握拦河坝水利枢纽、取水枢纽、水电站厂区枢纽的基本类型、布置基本原则，枢纽的主要组成建筑物及典型布置。

任务 10.1　水利水电枢纽设计的任务及阶段

水利水电枢纽的开发建设要根据社会经济发展的规划要求，在流域规划的基础上进行。一般要经过勘察勘测、规划、立项、设计、施工等阶段才能最后建成。

勘察勘测调查是进行规划和设计工作的前提，应根据国家（或区域、行业）经济发展的需要确定优先开发治理的河流。而后，按照综合利用、综合治理的原则，对选定河流进行全流域规划，确定河流的梯级开发方案，然后根据规划所确定梯级各方案的枢纽任务、规模、开发建设先后次序，进行项目立项申请，立项批准后就可以进行水利枢纽的设计。

10.1.1　水利水电枢纽设计的任务

水利水电枢纽的设计应包括以下几方面的工作。

(1) 水利经济方面。在河流规划的指导下，对本枢纽在防洪、给水、灌溉、发电等方面的效益作进一步的设计计算；研究枢纽建造后对附近生态及环境的影响；调查枢纽造成的淹没损失并确定赔偿办法。

(2) 水工设计方面。进行枢纽布置设计，选择枢纽坝址和坝轴线，确定枢纽主要建筑物的型式、布置；对已确定的建筑物进行结构、水力及构造设计。

(3) 施工设计方面。进行施工导流、施工方法、施工组织设计，安排施工总进度，编制工程概算。

(4) 科学研究工作。对枢纽设计中的一些典型的或重大技术经济问题进行研究。

10.1.2　设计阶段的划分

水利水电工程建设应当遵照国家规定的基本建设程序，即设计前期工作、编制设计文件、工程施工和竣工验收等阶段进行。水利水电枢纽设计则贯穿在设计前期工作和编制设计文件两个阶段中。

设计前期工作主要包括流域规划及项目建议书两个阶段。

水利水电工程设计一般分为可行性研究报告、初步设计报告、招标设计和施工图设计 4 个阶段，对于比较复杂的或缺乏经验的重要工程，可在初步设计与施工图之间增加技术设计阶段。

1. 可行性研究阶段

编制可行性研究报告以国家批准的项目建议书为依据。可行性研究报告以批准的江河流域（河段）规划、区域综合规划、专项规划为依据。其任务是论证拟建工程在国民经济发展中的必要性、确定工程任务及综合利用工程各项任务的主次顺序。其主要内容包括：确定主要水文参数及成果；查明影响方案比选的主要工程地质条件，基本查明主要建筑物的工程地质条件，评价存在的主要工程地质问题，对天然建筑材料进行详查；确定主要工程规模和工程总体布局；选定工程建设场址（坝址、闸址、厂址、站址和线路）等；确定工程等别（建筑物级别）及设计标准，选定基本坝型，基本选定工程总体布置及其他主要建筑物的型式；选定导流方案；初步确定主体工程主要施工方法和施工总体布置，基本确定施工总工期；对主要环境要素进行环境影响预测评价，确定环境保护措施，估算环境保护投资；确定管理单位类别、性质、机构设置方案、管理范围和保护范围；编制投资估算；分析工程效益费用和贷款能力，分析主要经济评价指标，评价工程的经济合理性和财务可行性等。

可行性研究阶段的成果为国家和有关部门作出投资决策提供基本依据，是项目进行初步设计的前提和基础。

2. 初步设计阶段

初步设计阶段的任务是在取得可靠基本资料的基础上进行方案技术设计。设计应安全可靠、技术先进、因地制宜，注重技术创新、节水节能、节约投资。其主要设计内容包括：复核并确定水文成果；查明水库库区及建筑物的工程地质条件，评价存在的工程地质问题，必要时对区域构造的稳定性、天然建筑材料等进行复核；说明工程任务及具体要求，复核工程规模，确定运行原则，明确运行方式；复核工程等别（建筑物级别）和设计标准，选定坝型，确定工程总体布置，主要建筑物的轴线、线路、结构形式和布置、控制尺寸、高程和数量；复核施工导流方式，确定主要导流建筑物结构设计、主要建筑物施工方法、施工总布置及总工期；确定各项环境保护专项措施设计方案；确定水土保持工程设计方案；提出工程节能与管理设计；编制工程设计概算；复核经济评级指标等。最后提交初步设计研究报告文件，包括文字说明和设计图纸及有关附件。

3. 招标设计阶段

招标设计是在批准的初步设计报告的基础上，详细定出总体布置和各建筑物的轮廓尺寸、材料类型、工艺要求和技术要求等。要求做到可以根据招标设计图较准确地计算出各种建筑材料的规格、品种和数量，以及混凝土浇筑、土石方填筑和各类开挖、回填的工程量，各类机械电气和永久设备的安装工程量等。

根据招标设计图所确定的各类工程量和技术要求以及施工进度计划，进行施工规划并编制出工程概算，作为编制标底的依据。编标单位可以据此编制招标文件，包括合同的一般条款、特殊条款、技术规程和各项工程的工程量表。施工投标单位也可据此进行投标报价和编制施工方案和技术保证措施。

4. 施工图设计阶段

施工图设计是在招标设计的基础上，对各建筑物进行结构和细部构造设计，最后确定地基处理方案，确定施工总体布置及施工方法，编制施工进度计划和施工预算等，并提出

整个工程分项分部的施工、制造、安装详图。

施工详图是工程施工的依据，也是工程承包或工程结算的依据。

10.1.3 设计所需的基本资料

由于设计阶段的不同，所需资料的广度和深度也不同，一般需掌握的基本资料有以下几方面。

(1) 水文。包括水文站网布设、资料年限、径流、洪水、泥沙、冰情以及人类活动对水文的影响等。

(2) 气象。包括降水、蒸发、气温、风向、风速、冰霜、冰冻深度等气象要素的特点、站网布设和资料年限。

(3) 自然地理。包括工程所处的地理位置、行政区域、地形、地貌、土壤植被、主要山脉、河川水系、水资源开发利用现状及存在的问题等。

(4) 地质。包括区域地质、库区和枢纽工程区的工程地质条件，如地层、岩性、地质构造、地震烈度、不良地质现象，水文地质情况，岩石（土）的物理力学性质，天然建筑材料的品种、分布、储量、开采条件，工程地质评价与结论。

(5) 社会经济。需要对社会经济现状及中长期发展规划进行全面的了解，包括人口、土地、种植面积、作物品种；工业产品、产量；工农业总产值；主要资源情况，文物古迹，动力、交通、投资环境等。

(6) 作为设计依据的国家有关政策、上一阶段通过批复的设计文件、各种规程、规范等。

任务 10.2 拦河坝水利枢纽的布置

拦河坝水利枢纽是为解决来水与用水在时间和水量分配上存在的矛盾修建的以挡水建筑物为主体的建筑物综合运用体，又称为水库枢纽，一般由挡水、泄水、放水及某些专门性建筑物组成。将这些作用不同的建筑物相对集中布置，并保证它们在运行中良好配合的工作，就是拦河坝水利枢纽布置。

拦河坝水利枢纽布置应根据国家水利建设的方针，依据流（区）域规划，从长远着眼，结合近期的发展需要，对各种可能的枢纽布置方案进行综合分析、比较，选定最优方案，然后严格按照水利枢纽的基建程序，分阶段、有计划地进行规划设计。

拦河坝水利枢纽布置的主要工作内容有坝址、坝型选择和枢纽工程布置等。我国著名的丹江口水利枢纽布置如图 10.1 所示。

枢纽由混凝土坝、泄水建筑物、坝后式厂房、左右两岸土石坝副坝、通航建筑物等组成。坝顶高程 162.0m，挡水建筑物总长 2494m，其中混凝土坝长 1141m，左岸土坝 1223m，右岸土坝 130m。泄水建筑物包括泄水深孔和溢流坝两部分。泄水深孔位于河床右部，设置 12 孔宽 5m、高 6m 的深孔，孔底高程 113.0m，供泄放中、小流量兼作放空、排沙之用。最大泄流量 9680m^3/s。溢流坝位于河床中部，总长 264m，设有 20 孔宽 8.5m，堰顶高程 138m 的开敞式溢流孔，中间有一个坝段布置成隔墙（由施工时纵向围

图 10.1　丹江口水利枢纽布置

堰改建而成），将溢流坝分隔成两部分，最大泄量 39900m^3/s。

坝后式厂房位于河床左部，厂房坝段长 174m，安装 6 台单机容量为 15 万 kW 的竖轴混流式水轮发电机组。引水压力钢管直径 7.5m，埋设在坝内，进口高程 115m。

左岸土石坝全长 1223m，最大坝高 56m，为黏土心墙及黏土斜墙、砂砾料坝壳土石混合坝。左岸土石坝与河床混凝土坝之间的左岸连接段长 220m，为实体重力坝。为避开片岩区，混凝土坝轴线向下游转弯。左岸土石坝在连接段混凝土坝上游面与其正交连接。连接处设有上、下游挡土墙。

右岸土石坝长 130m，为黏土心墙土石混合坝。右岸连接段长 339m，为实体重力坝。

通航建筑物布置在右岸，采用垂直升船机与斜面升船机相结合的形式。全线由上游导航防护建筑物、垂直升船机、中间渠道、斜面升船机和下游引航道等五部分组成，中心线成一折线，总长 1093m。垂直升船机为干式包括承重结构、桥式提升机、提升架和直流电气控制设备等部分。最大提升高度 45m，最大提升重量 450t。斜面升船机用双驼峰式两面坡拦水，呈高低轮和高低轨相结合的布置形式，包括斜坡道、斜架车、提升绞车、摩擦驱动装置和直流电气控制系统等部分。斜坡道全长 395.5m。斜面提升机最大牵引力为 4×18.50＝74(t)，最大牵引重量 365t，最大牵引行程 300m。

在坝址上游左岸 30km 处已建两座灌溉取水渠首。陶岔渠首，引水流量 500m^3/s。闸室为 5 孔涵洞式钢筋混凝土结构，孔口尺寸 6m×6.7m，闸底板高程 140.0m。清泉沟渠首，引水流量 100m^3/s，无压隧洞，宽 7m、高 7m、长 6775m，进口高程 143m。

10.2.1　坝址及坝型选择

坝址及坝型选择的工作贯穿于各设计阶段之中，并且是逐步优化的。

在可行性研究阶段，一般是根据开发任务的要求，分析地形、地质及施工等条件，初选几个可能筑坝的地段（坝段）和若干条有代表性的坝轴线，通过枢纽布置进行综合比较，选择其中最有利的坝段和相对较好的坝轴线，进而提出推荐坝址。先在推荐坝址上进行枢纽工程布置，再通过方案比较，初选基本坝型和枢纽布置方式。

在初步设计阶段，要进一步进行枢纽布置，通过技术经济比较，选定最合理的坝轴线，确定坝型及其他建筑物的型式和主要尺寸，并进行具体的枢纽工程布置。

在施工详图阶段，随着地质资料和试验资料的进一步深入和详细研究，对已确定的坝轴线、坝型和枢纽布置做最后的修改和定案，并且作出能够依据施工的详图。

坝轴线及坝型选择是拦河水利枢纽设计中的一项很主要的工作，具有重大的技术经济意义，两者是相互关联的，影响因素也是多方面的，不仅要研究坝址及其周围的自然条件，还需考虑枢纽的施工、运用条件、发展远景和投资指标等。需进行全面论证和综合比较后，才能作出正确的判断和选择合理的方案。

10.2.1.1　坝址选择

选择坝址时，应综合考虑下述条件。

1. 地质条件

地质条件是建库建坝的基本条件，是衡量坝址优劣的重要条件之一，在某种程度上决定着兴建枢纽工程的难易。工程地质和水文地质条件是影响坝址、坝型选择的重要因素，且往往起决定性作用。

选择坝址首先要清楚有关区域的地质情况。坚硬完整、无构造缺陷的岩基是最理想的坝基：但如此理想的地质条件很少见，天然地基总会存在这样或那样的地质缺陷，要看能否通过合宜的地基处理措施使其达到筑坝的要求。在该方面必须注意的是：不能疏漏重大地质问题，对重大地质问题要有正确的定性判断，以便决定坝址的取舍或定出防护处理的措施，或在坝址选择和枢纽布置上设法适应坝址的地质条件。对存在破碎带、断层、裂隙、喀斯特溶洞、软弱夹层等坝基条件较差的，还有地震地区，应作充分的论证和可靠的技术措施。坝址选择还必须对区域地质稳定性和地质构造复杂性以及水库区的渗漏、库岸塌滑、岸坡及山体稳定等地质条件作出评价和论证。各种坝型及坝高对地质条件有不同的要求。如拱坝对两岸坝基的要求很高，支墩坝对地基要求也高，次之为重力坝，土石坝要求最低。一般较高的混凝土坝多要求建在岩基上。

2. 地形条件

坝址地形条件必须满足开发任务对枢纽组成建筑物的布置要求。通常，河谷两岸有适宜的高度和必需的挡水前缘宽度时，则对枢纽布置有利。一般来说，坝址河谷狭窄，坝轴线较短，坝体工程量较小，但河谷太窄则不利于泄水建筑物、发电建筑物、施工导流及施工场地的布置，有时反而不如河谷稍宽处有利。除考虑坝轴线较短外，还应对坝址选择结合泄水建筑物、施工场地的布置和施工导流方案等综合考虑。枢纽上游最好有开阔的河谷，使在淹没损失尽量小的情况下能获得较大的库容。

坝址地形条件还必须与坝型相互适应，拱坝要求河谷狭窄；土石坝适应河谷宽阔、岸坡平缓、坝址附近或库区内有高程合适的天然垭口，并且方便归河，以便布置河岸式溢洪道。岸坡过陡会使坝体与岸坡接合处削坡量过大。对于通航河道，还应注意通航建筑的布置、上河及下河的条件是否有利。对有暗礁、浅滩或陡坡、急流的通航河流，坝轴线宜选在浅滩稍下游或急流终点处，以改善通航条件。对于有瀑布的不通航河流，坝轴线宜选在瀑布稍上游处以节省大坝工程量。对于多泥沙河流及有漂木要求的河道，应注意坝址位段对取水防沙及漂木是否有利。

3. 建筑材料

在选择坝址、坝型时，当地材料的种类、数量及分布往往起决定性作用。对土石坝，坝址附近应有数量足够、质量能符合要求的土石料场；如为混凝土坝，则要求坝址附近有良好级配的砂石骨料。料场应便于开采、运输，且施工期间料场不会因淹没而影响施工。所以，对建筑材料的开采条件、经济成本等应进行认真的调查和分析。

4. 施工条件

从施工角度来看，坝址下游应有较开阔的滩地，以便布置施工场地、场内交通和进行导流。应对外交通方便，附近有廉价的电力供应，以满足照明及动力的需要。从长远利益来看，施工的安排应考虑今后运用、管理的方便。

5. 综合效益

坝址选择要综合考虑防洪、灌溉、发电、通航、过鱼、城市和工业用水、渔业以及旅游等各部门的经济效益，还应考虑上游淹没损失以及蓄水枢纽对上、下游生态环境的各方面影响。兴建蓄水枢纽将形成水库，使大片原来的陆相地表和河流型水域变为湖泊型水域，改变了地区自然景观，对自然生态和社会经济产生多方面的环境影响。其有利影响是发展了水电、灌溉、供水、养殖、旅游等水利事业和解除洪水灾害、改善气候条件等，但是，也会给人类带来诸如淹没损失、浸没损失、土壤盐碱化或沼泽化、水库淤积、库区塌岸或滑坡、诱发地震，使水温、水质及卫生条件恶化，生态平衡受到破坏以及造成下游冲刷、河床演变等不利影响。虽然一般说来水库对环境的不利影响与水库带给人类的社会经济效益相比居次要地位，但处理不当也能造成严重的危害，故在进行水利规划和坝址选择时，必须对生态环境影响问题进行认真研究，并作为方案比较的因素之一加以考虑。不同的坝址、坝型对防洪、灌溉、发电、给水、航运等要求也不相同。至于是否经济要根据枢纽总造价来衡量。

归纳上述条件，优良的坝址应是地质条件好、地形有利、位置适宜、方便施工、造价低、效益好。所以，应全面考虑、综合分析，进行多种方案比较，合理解决矛盾，选取最优成果。

10.2.1.2　坝型选择

常见的坝型有土石坝、重力坝及拱坝等。坝型选择仍取决于地质、地形、建材及施工、运用等条件。

1. 土石坝

在筑坝地区，若交通不便或缺乏三材，而当地有充足实用的土石料，地质方面无大的缺陷，又有合宜的布置河岸式溢洪道的有利地形时，则可就地取材，优先选用土石坝。随着设计理论、施工技术和施工机械方面的发展，近年来土石坝比重修建的数量已有明显的增长，而且其施工期较短，造价远低于混凝土坝。我国在中小型工程中，土石坝占有很大的比例。土石坝是世界坝工建设中应用最为广泛和发展最快的一种坝型。目前已建、在建土石坝中，坝高在100m以上的超过10座；四川都江堰的紫坪铺面板堆石坝坝高156m，2011年4月21日通过竣工验收的水布垭坝高232m；2014年开工建设的两河口黏土心墙坝，坝高295m。

2. 重力坝

有较好的地质、地形条件，当地有大量的砂石骨料可以利用，交通又比较方便时，一般多考虑修筑混凝土重力坝。重力坝可直接由坝顶及坝身泄洪，一般不需单独另建河岸溢

洪道或者泄洪隧洞，抗震性能也较好。我国目前已建成的三峡大坝是世界上最大的混凝土浇筑实体重力坝。近年来碾压混凝土筑坝技术发展很快，自 1986 年我国建成第一座碾压混凝土坝到现在，已建、在建的有 40 多座，其中超过 100m 的 20 余座。我国是世界上建设碾压混凝土坝最多的国家，比较典型的有红水河龙滩大坝（坝高 192m）、北盘江光照大坝（坝高 200.5m）等，其中澜沧江黄登水电站大坝坝高 203m，为该坝型中的世界最高坝。

3. 拱坝

当坝址地形为 V 形或 U 形狭窄河谷，且两岸坝肩岩基良好时，则可考虑选用拱坝。它工程量小，一般比重力坝节省混凝土量 1/2～2/3，造价较低，工期短，也可从坝顶或坝体内开孔泄洪，因而也是近年来发展较快的一种坝型。我国已建成的二滩混凝土拱坝高 240m，2013 年开工建设的白鹤滩混凝土双曲拱坝高 289m；已建成的小湾双曲拱坝坝高 292m，已建成的锦屏一级水电站大坝为混凝土双曲拱坝，最大坝高 305m，为世界第一高拱坝。

10.2.2　枢纽的工程布置

拦河筑坝以形成水库是拦河蓄水枢纽的主要特征。其组成建筑物除拦河坝和泄水建筑物外，根据枢纽任务还可能包括进水建筑物、输水建筑物、水电站建筑物和过坝建筑物等。枢纽布置主要研究和确定枢纽中各个水工建筑物的相互位置。该项工作涉及泄洪、供水、发电、通航、导流等各项任务，并与坝址、坝型密切相关。需统筹兼顾、全面协调、认真分析、科学论证，最后通过综合比较，从若干个比较方案中选出最优的枢纽布置方案。

10.2.2.1　枢纽布置的原则

进行枢纽布置时一般应遵循下述原则。

(1) 为使枢纽能发挥最大的经济效益，进行枢纽布置时应综合考虑防洪、供水、灌溉、发电、航运、渔业、林业、交通、环保、生态及环境等各方面的要求。应确保枢纽中各主要建筑物，在任何工作条件下都能协调地、无干扰地进行正常工作。

(2) 为方便施工、缩短工期和能使工程提前发挥效益，枢纽布置应同时考虑选择施工导流的方式、程序和标准，选择主要建筑物的施工方法与施工进度计划等进行综合分析研究。工程实践证明，统筹得当不仅能方便施工，还能使部分建筑物提前发挥效益。

枢纽布置应做到在满足安全和运用管理要求的前提下，尽量降低枢纽总造价和年运行费用；如有可能，应考虑使一个建筑物能发挥多种作用。例如，使一条隧洞做到灌溉和发电相结合；施工导流与泄洪、排沙、放空水库相结合等。

(3) 在不过多增加工程投资的前提下，枢纽布置应与周围自然环境相协调，应注意建筑艺术，力求造型美观，加强绿化环保，因地制宜地将人工环境和自然环境有机地结合起来，创造出一个完美的、多功能的宜人环境。

10.2.2.2　枢纽布置方案的选定

水利枢纽设计需通过论证比较，从若干个枢纽布置方案中选出一个最优方案。最优方案应该是技术上先进和可能、经济上合理、施工期短、运行可靠以及管理维修方便的方案。需论证比较的内容如下。

(1) 主要工程量。如土石方、混凝土和钢筋混凝土、砌石、金属结构、机电安装、帷幕和固结灌浆等工程量。

(2) 主要建筑材料数量。如木材、水泥、钢筋、钢材、砂石和炸药等用量。

(3) 施工条件。如施工工期、发电日期、施工难易程度、所需劳动力和施工机械化水平等。

(4) 运行管理条件。如泄洪、供水、排沙、发电、通航等是否相互干扰、建筑物及设备的运用操作和检修是否方便，对外交通是否便利等。

(5) 经济指标。指总投资、总造价、年运行费用、电站单位千瓦投资、发电成本、单位灌溉面积投资、通航能力、防洪以及供水等综合利用效益等。

(6) 其他。指根据枢纽具体情况，需专门进行比较的项目。如在多泥沙河流上兴建水利枢纽时，应注重泄水和取水建筑物的布置对水库淤积、水电站引水防沙和对下游河床冲刷的影响等。

上述项目有些可定量计算，有些则难以定量计算，这就给枢纽布置方案的选定增加了复杂性。因此，必须以国家研究制定的技术政策为指导，在充分掌握基本资料的基础上，以科学的态度，实事求是地全面论证，通过综合分析和技术经济比较选出最优方案。

10.2.2.3　枢纽建筑物的布置

1. 挡水建筑物的布置

为了减少拦河坝的体积，除拱坝外，其他坝型的坝轴线最好短而直，但根据实际情况，有时为了利用高程较高的地形以减少工程量，或为避开不利的地质条件，或为便于施工，也可采用较长的直线、折线或部分曲线。

当挡水建筑物兼有连通两岸交通干线的任务时，坝轴线与两岸的连接在转弯半径与坡度方面应满足交通上的要求。

对于用来封闭挡水高程不足的山垭口的副坝，不应片面追求工程量小而将坝轴线布置在垭口的山脊上。这样的坝坡可能产生局部滑动，容易使坝体产生裂缝。在这种情况下，一般将副坝的轴线布置在山脊略偏向上游处，避免下游出现贴坡式填土坝坡；如下游山坡过陡，还应适当削坡以满足稳定要求。

2. 泄水及取水建筑物的布置

泄水及取水建筑物的类型和布置常决定于挡水建筑物所采用的坝型和坝址附近的地质条件。

(1) 土坝枢纽。土坝枢纽一般均采用河岸溢洪道作为主要的泄水建筑物，而取水建筑物及辅助的泄水建筑物则采用开凿于两岸山体中的隧洞或埋于坝下的涵管。若两岸地势陡峭，但有高程合适的马鞍形垭口，或两岸地势平缓且有马鞍形山脊，以及需要修建副坝挡水的地方，其后又有便于洪水归河的通道，则是布置河岸溢洪道的良好位置。如果在这些位置上布置溢洪道进口，但其后的泄洪线路是通向另一河道的，只要经济合理且对另一河道的防洪问题能做妥善处理的，也是比较好的方案。对于上述利用有利条件布置溢洪道的土坝枢纽，枢纽中其他建筑物的布置一般容易满足各自的要求，干扰性也较小。当坝址附近或其上游较远的地方均无上述有利条件时，则常采用坝肩溢洪道的布置形式。

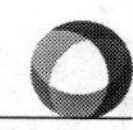

(2) 重力坝枢纽。对于混凝土或浆砌石重力坝枢纽，通常采用河床式溢洪道（溢流坝段）作为主要泄水建筑物，而取水建筑物及辅助的泄水建筑物采用设置于坝体内的孔道或开凿于两岸山体中的隧洞。泄水建筑物的布置应使下泄水流方向尽量与原河流轴线方向一致，以利于下游河床的稳定。沿坝轴线上地质情况不同时，溢流坝应布置在比较坚实的基础上。

在含沙量大的河流上修建水利枢纽时，泄水及取水建筑物的布置应考虑水库淤积和对下游河床冲刷的影响，一般在多泥沙河流上的枢纽中，常设置大孔径的底孔或隧洞，汛期用来泄洪并排沙，以延长水库寿命；如汛期洪水中带有大量悬移质的细微颗粒时，应研究采用分层取水结构并利用泄水排沙孔来解决浊水长期化问题，减轻对环境的不利影响。

3. 电站、航运及过木等专门建筑物的布置

对于水电站、船闸等专门建筑物的布置，最重要的是保证它们具有良好的运用条件，并便于管理。关键是进、出口的水流条件。布置时必须选择好这些建筑物本身及其进、出口的位置，并处理好它们与泄水建筑物及其进、出口之间的关系。

电站建筑物的布置应使通向上、下游的水道尽量短、水流平顺，水头损失小，进水口应不致被淤积或受到冰块等的冲击；尾水渠应有足够的深度和宽度，平面弯曲度不大，且深度逐渐变化，并与自然河道或渠道平顺连接；泄水建筑物的出口水流或消能设施应尽量避免抬高电站尾水位。此外，电站厂房应布置在好的地基上，以简化地基处理，同时还应考虑尾水管的高程，避免石方开挖过大；厂房位置还应争取布置在可以先施工的地方，以便早日投入运转。电站最好靠近临交通线的河岸，密切与公路或铁路的联系，便于设备的运输；变电站应有合理的位置，应尽量靠近电站。航运设施的上游进口及下游出口处应有必要的水深，方向顺直并与原河道平顺连接，而且没有或仅有较小的横向水流，以保证船只、木筏不被冲入溢流孔口，船闸和码头或筏道及其停泊处通常布置在同一侧，不宜横穿溢流坝前缘，并使船闸和码头或筏道及其停泊处之间的航道尽量地短，以便在库区内风浪较大时仍能顺利通航。

船闸和电站最好分别布置于两岸，以免施工和运用期间的干扰。如必须布置在同一岸时，则水电站厂房最好布置在靠河一侧，船闸则靠河岸或切入河岸中布置，这样易于布置引航道。筏道最好布置在电站的另一岸。筏道上游常需设停泊处，以便重新绑扎木筏或竹筏。

在水利枢纽中，通航、过鱼等建筑物的布置均应与其形式和特点相适应，以满足正常的运用要求。

10.2.3 水利枢纽布置实例

1. 紫坪铺水利枢纽布置

紫坪铺水利枢纽工程位于四川省成都市西北逾 60km 的岷江上游，都江堰市麻溪乡。枢纽工程位置距都江堰市 9km，其下游 6km 则是闻名于世的都江堰渠首工程。

工程坝址以上控制流域面积 22662km^2，占岷江上游面积的 98%；多年平均流量 469m^3/s，年径流总量 148 亿 m^3，占岷江上游总量的 97%；控制上游暴雨区的 90%，上游泥沙来量的 98%，能有效地调节上游水量、控制洪水和泥沙。

闻名于世的都江堰灌区已由成都平原发展到盆周丘陵区，灌区内耕地面积1654.8万亩（110.32万hm^2）。紫坪铺水库将为都江堰灌区提供水源，同时提供城市生活及工业用水以及城市环保用水。

紫坪铺水利枢纽工程是以灌溉和供水为主，兼有发电、防洪、环境保护、旅游等综合效益的大型水利枢纽工程。枢纽主要建筑物包括钢筋混凝土面板堆石坝、溢洪道、引水发电系统、冲砂放空洞、1号泄洪排砂洞、2号泄洪排砂洞。水库校核洪水位883.10m，相应洪水标准为可能最大洪水，流量12700m^3/s；设计洪水位871.20m，相应洪水标准为千年一遇（$P=0.1\%$），流量为8300m^3/s；正常蓄水位877.00m，汛限水位850.00m，死水位817.00m，水库总库容11.12亿m^3，正常水位库容9.98亿m^3。钢筋混凝土面板堆石坝坝高156m，坝顶高程为884.00m，电站装机4×190MW。该工程为一等，主要建筑物为Ⅰ级，如图10.2和图10.3所示。

图10.2 紫坪铺水利枢纽布置

图10.3 紫坪铺水利枢纽进水部分

根据枢纽所在地区地形地质条件，将导流、泄洪冲砂、水电站建筑物均放在河道的右岸，而左岸有都江堰至龙池国家森林公园的公路，正好直接作为上坝公路。导流与泄洪洞采用“二合一”布置，由于岷江上游洪水较大，下游防洪安全要求又高。因此，为保证安

全泄洪，采用正槽溢洪道与泄洪冲沙洞相结合的泄洪布置方案。

大坝为钢筋混凝土面板堆石坝，坝顶长度 663.77m，坝顶高程 884.00m，另设防浪墙，墙顶高程 885.40m，趾板建基高程 728.00m，最大坝高 156m。帷幕最大深度 110m。

溢洪道位于右岸条形山脊，闸室段采用正堰，单孔露顶弧形闸门控制，孔宽 12m，堰顶高程 860.00m。溢洪道水平全长 520.50m。

引水发电系统布置在右岸条形山脊山体内，包括进水口、四条引水隧洞及地面厂房。进水口底高程 800.00m，引水隧洞洞径 8m，洞轴线间距 22m。主厂房长 125.0m、宽 25m、高 54m，内置 4 台单机 19 万 kW 水轮发电机组。

冲砂放空洞进口底板高程 770.00m，位于引水隧洞进口段上游侧，出口位于溢洪道挑流段下游，洞径 4.4m。冲砂放空洞水平全长 767.76m。

1 号泄洪排沙隧洞，由 1 号导流洞改造而成的“龙抬头”式无压洞。进口底板高程 800.00m，龙抬头段洞身断面为马蹄形，洞径 10.7m。1 号泄洪排沙隧洞水平全长 812.35m。

2 号泄洪排沙隧洞，由 2 号导流洞改造而成的“龙抬头”式无压洞。进口底板高程 800.00m，龙抬头段洞身断面为马蹄形，洞径 10.7m。2 号泄洪排沙隧洞水平全长 698.87m。

2. 三峡水利枢纽布置

三峡水利枢纽工程位于我国重庆市市区到湖北省宜昌市之间的长江干流上。大坝位于宜昌市上游不远处的三斗坪，俯瞰三峡水电站并和下游的葛洲坝水电站构成梯级电站。三峡水利枢纽工程的功能有 10 多种，如航运、发电、防洪、养殖等。

三峡水利枢纽工程采用“一级开发、一次建成、分期蓄水、连续移民”的实施方案。坝顶高程 185.00m，正常蓄水位 175.00m，总库容 393 亿 m^3。初期正常蓄水位 156.00m。初期和最终的防洪限制水位分别为 135.00m 和 145.00m（图 10.4）。

三峡水利枢纽主要建筑物的设计洪水标准为千年一遇，洪峰流量为 9.88 万 m^3/s；校核洪水标准为万年一遇加 10%，洪峰流量为 12.43 万 m^3/s。相应的设计和校核水位分别为 175.00m 及 180.4.0m。地震设计烈度为Ⅶ度。

拦河大坝为混凝土重力坝，大坝坝轴线全长 23010.47m，最大坝高 181m。大坝右侧茅坪溪防护坝为沥青混凝土心墙砂砾石坝，最大坝高 104m。泄洪坝段居河床中部，前沿总长 483m，设有 23 个深孔、22 个表孔以及 22 个后期需封堵的临时导流底孔。深孔尺寸为 7m×9m，进口底板高程 90.00m。表孔净宽 8m，溢流堰顶高程 158.00m，下游采用鼻坎挑流方式消能。底孔尺寸 6m×8.5m，进口底高程 56.00～57.00m。枢纽在校核水位时的最大泄洪能力为 12.06 万 m^3/s。电站坝段位于泄洪坝段两侧，进水口尺寸为 11.2m×19.5m，进水口底高程为 108.00m。压力管道内径为 12.4m，采用钢衬钢筋混凝土联合受力的结构型式。

三峡水电站是世界上规模最大的水电站。共安装 32 台 70 万 kW 水轮发电机组，其中左岸 14 台，右岸 12 台，地下 6 台，另外还有 2 台 5 万 kW 的电源机组，总装机容量 2250 万 kW。三峡水电站以 500kV 交流输电线路和±500kV 直流输电线路向华东、华中、华南送电。

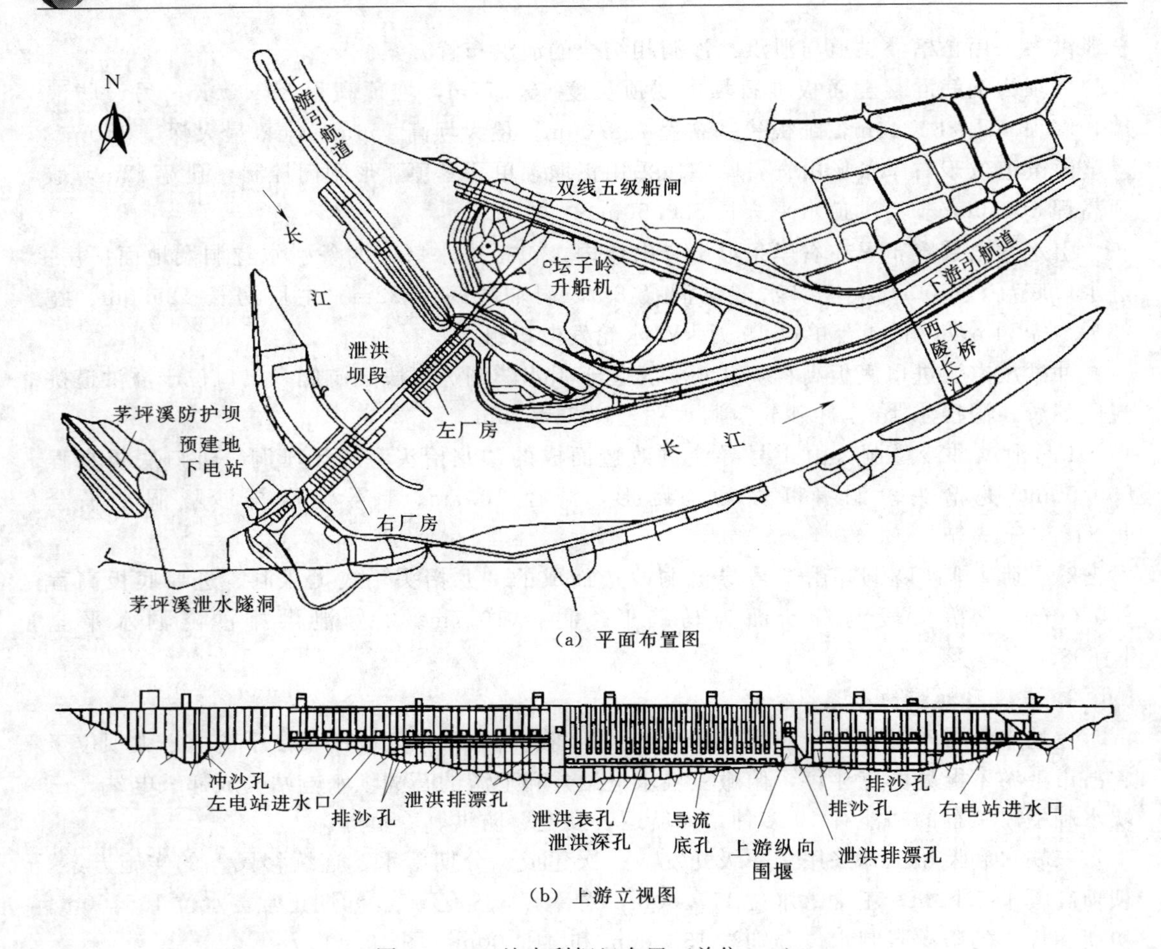

(a) 平面布置图

(b) 上游立视图

图 10.4 三峡水利枢纽布置（单位：m）

三峡工程通航建筑物包括永久船闸和升船机，均位于左岸的山体中。永久船闸为双线五级连续梯级船闸，单级闸室有效尺寸长280m、宽34m，坎上最小水深5m，可通过万吨级船队。升船机为单线一级垂直提升，承船厢有效尺寸长120m、宽18m，水深3.5m，一次可通过一艘3000t级的客货轮。

3. 溪洛渡水利枢纽工程

溪洛渡水电站位于四川省雷波县和云南省永善县境内金沙江干流上，是一座以发电为主，兼有防洪、拦沙和改善下游航运条件等巨大综合效益的工程。溪洛渡电站装机容量12600MW，位居世界第三。溪洛渡工程是长江防洪体系的重要组成部分，是解决川江防洪问题的主要工程措施之一，通过水库合理调度，可使三峡库区入库含沙量比天然状态减少34%以上。由于水库对径流的调节作用，将直接改善下游航运条件，水库区也可实现部分通航。

溪洛渡水利枢纽于2005年年底主体工程开工，溪洛渡水电站是金沙江下游梯级电站中第一个开工建设的项目，标志着金沙江干流水电开发迈出实质性步伐。

溪洛渡水电站枢纽由拦河坝、泄洪、引水、发电等建筑物组成。拦河坝为混凝土双曲

拱坝，坝顶高程 610m，最大坝高 278m，坝顶中心线弧长 698.09m；左右两岸布置地下厂房，各安装 9 台单机容量为 700MW 的水轮发电机组。溪洛渡水库正常蓄水位 600m，死水位 540m，水库总容量 126.7 亿 m^3，调节库容 64.6 亿 m^3，可进行不完全年调节。

坝身分别设置 7 个表孔和 8 个深孔作为坝身泄水建筑物，左右两岸共设置 4 条泄洪隧洞形成功能完善配套的泄洪体系。

引水发电建筑物分别布置在两岸山体内，由进水口（左岸竖井式、右岸塔式）、压力管道、主厂房、主变压室、尾水建筑物（尾水调压室、尾水隧洞）、通排风系统、出线洞、地面出线场、防渗系统等组成。

主厂房由主机间、副厂房、主安装间、副安装间组成，主副厂房按“一”字形布置。安装间设在厂房的上游端，副厂房设在主厂房的下游端，根据机组尺寸和检修、运行要求确定厂房总长度 397.0m。其中安装间长 70.0m，主机间长 282.0m，副厂房长 45.0m，机组安装高程 359.0m，最大高度 74.1m。

溪洛渡电站现为不完全年调节，年发电量 640 亿 kW·h。同时，该电站建成后可增加下游三峡、葛洲坝电站的保证出力 379.2MW，增加枯水期电量 18.8 亿 kW·h。

金沙江中游是长江主要产沙区之一，溪洛渡坝址年平均含沙量 1.72kg/m^3，约占三峡入库沙量的 47%。经计算分析，溪洛渡水库单独运行 60 年，三峡库区入库沙量将比天然状态减少 34.1%以上，中数粒径细化约 40%，对促进三峡工程效益发挥和减轻重庆港的淤积有重要作用。

溪洛渡工程是长江防洪体系的重要组成部分，是解决川江防洪问题的主要工程措施之一。溪洛渡水库防洪库容 46.5 亿 m^3，利用水库调洪再配合其他措施，可使川江沿岸的宜宾、泸州、重庆等城市的防洪标准从 20 年一遇过渡到符合城市防洪规划标准。研究成果表明，长江中下游遭遇百年一遇洪水，溪洛渡水库与三峡水库联合调度，可减少长江中下游的分洪量约 27.4 亿 m^3。

溪洛渡水电站大量的优质电能代替火、电站建成后，每年可减少二氧化碳排放量约 1.5 亿 t，减少二氧化氮排放量近 48 万 t，减少二氧化硫排放量近 85 万 t。而且，库区生态环境和水土保持措施的落实，将有助于提高区域整体环境水平。通过水库合理调度，可使三峡库区入库含沙量比天然状态减少 34%以上，如图 10.5、图 10.6 所示。

图 10.5　溪洛渡水利枢纽

图10.6　溪洛渡泄洪洞泄洪

任务10.3　取水枢纽布置

10.3.1　取水枢纽的作用和类型

通常所称的取水枢纽（引水枢纽）是指从河流或水库取水的水利枢纽，其作用是获取符合水量及水质要求的河水，以满足生活、灌溉、发电及工业用水等的要求；并要求采取有效防砂措施，以免引起渠道的淤积和对水轮机或水泵叶片的磨损，保证渠道及水电站正常运行。因取水枢纽一般位于引水渠道（隧洞）首部，所以习惯上又称为渠首枢纽。

取水枢纽根据是否具有拦河建筑物可分为无坝取水枢纽和有坝取水枢纽两大类。

1. 无坝取水枢纽

当河道枯水时期的水位和流量能满足取水要求时，不必在河床上修建拦河建筑物，只需在河流的适当地点开渠，并修建必要的建筑物自流引水，这种取水枢纽称为无坝取水枢纽。其优点是工程简单、投资少、施工比较容易、工期短、收效快，并且对河床演变的影响较小。缺点是不能控制河道水位和流量，枯水期引水保证率低。在多泥沙河流上引水时，如果布置不合理还可能引入大量泥沙，造成渠道淤积，不能正常工作。

2. 有坝取水枢纽

当河道枯水时期的水位和流量能满足引水要求，但河道水位较低不能自流引水时，需修建壅水坝（或拦河闸）以抬高水位满足自流引水的要求，这种具有壅水坝的引水枢纽称为有坝取水枢纽。不过在有些情况下，虽然水位和流量均可满足引水要求，但为了达到某种目的，也要采用有坝取水的方式。比如有调节要求；采用无坝取水方式需开挖很长的水渠时，工程量大，造价高时；在通航河道上取水量大而影响正常航运时；河道含沙量大，要求有一定的水头冲洗取水口前淤积的泥沙时。有坝取水枢纽的优点是工作可靠，引水保证率高，便于引水防沙和综合利用，故应用较广。但相对无坝取水枢纽来说，工程复杂，投资较多，拦河建筑物破坏了天然河道的自然状态，改变了水流、泥沙的运动规律，尤其是在多泥沙河流上，如果布置不合理，会引起渠首附近上下游河道的变形，影响渠首的正常运行。

10.3.2 取水枢纽的工作特点

1. 无坝取水枢纽的工作特点

（1）河道水位涨落的影响较大。无坝取水枢纽因没有拦河建筑物，不能控制河道水位和流量。在枯水期，由于天然河道中水位低，可能引不进所需的流量，引水保证率较低。而在汛期，由于河道中水位高，含沙量也大。因此，渠首的布置不仅要能适应河水涨落的变化，而且必须采取有效的防沙措施。

（2）河床变迁的影响较大。若取水口处河床不稳定，就会引起主流摆动。一旦主流脱离引水口，就会导致水流不畅；加之常受河水涨落、泥沙淤积等影响，可能还会使引水口被淤塞而失效。对于平原地区地形地质条件较差的河流，特别是分叉型河流等尤为突出。所以，在不稳定河流上引水时，引水口应选在靠近河道主流的地方。对取水口附近河岸进行必要整治，防止河床变迁。

（3）水流转弯的影响。如在河道直段侧面引水，由于岸边引水口前水流转弯，从而形成侧面引水环流，使表层水流和底层水流分离。而且，进入渠道的底层水流宽度远大于表层水流，从而使大量推移质随着底流进入渠道。当引水比（引水流量与河道流量的比值）达50%时，河道的底沙几乎全部进入渠道。为此，应采取必要的防沙措施，改变流态，减小底流宽度或将底流导离引水口，以减少推移质入渠。

（4）渠首运行管理的影响。渠首运行管理的好坏对防止泥沙入渠也有很大的关系。河流的泥沙高峰在洪水期，如果这时能关闸不引水或少引水，避开泥沙高峰，或者采取其他有效的防砂措施，就能有效地防止泥沙进入渠道造成淤积。

由于无坝取水枢纽的上述特点，在现代水利过程中应用得越来越少，目前仅在一些小型水利工程中还有一定的应用。

2. 有坝引水枢纽的工作特点

（1）对上游河床的影响。当取水枢纽投入运用后，上游水位被壅水坝抬高，坝前流速较低。因此，大量泥沙淤积在坝前，淤积的速度也很快，在1～2年内，甚至一次洪水即可将坝前淤满。山区河流中，由于水中带的泥沙为砾石及大块石，因此坝前淤积往往高出坝顶，壅水坝淤平后，即失去控制水流的作用，进水闸处于无坝取水状态。另外，当河道主流摆动后，上游河床常形成一些岔道，使得引水口附近不能保持稳定的深槽，从而影响渠首的正常工作。

（2）对下游河床的影响。在渠首运行初期，壅水坝下泄的水流较清，具有很大的冲刷力，促使下游河床冲刷；当坝前淤平后，下泄水流的含沙量增大，又使下游河床逐渐淤积，严重时可将壅水坝埋于泥沙之中。

根据上述情况，不但要使建筑物布置合理，尺寸和高程选择恰当，而且还要考虑渠道上、下游河床的再造情况，进行必要的河道整治。

10.3.3 取水枢纽布置的一般要求

取水枢纽是整个渠系的咽喉，它的布置是否合理，对发挥工程效益影响极大。除枢纽的各个建筑物应满足一般水工建筑物的要求外，取水枢纽的布置还应满足以下要求。

（1）在任何时期，都应根据引水要求不间断地供水。

(2) 在多泥沙河流上，应采取有效的防沙措施，防止泥沙入渠。

(3) 对于综合利用的渠首，应保证各建筑物正常工作不相互干扰。

(4) 应采取措施防止冰凌等漂浮物进入渠道。

(5) 枢纽附近的河道应进行必要的整治，使主流靠近取水口，以保证引取所需水量。

(6) 枢纽布置应便于管理，易于采用现代化管理设施。

10.3.4 无坝取水枢纽的布置

10.3.4.1 无坝取水枢纽位置选择

由于取水枢纽没有拦河建筑物，不能控制河道水位和流量。所以，渠首位置的选择对于提高引水保证率、减少泥沙入渠起着决定性作用。在选择位置时，除满足渠首位置选择的一般原则外，还必须详细了解河岸的地形、地质情况，河道洪水特性，含沙量及河床演变规律等，并根据以下原则确定合理的位置。

(1) 根据河流弯道的水流特性，无坝渠首应设在河岸稳定的弯道凹岸，以引取表层较清水流，防止进水口前泥沙淤积、泥沙入渠。因此取水口不应设在弯道的上半部，因为该处的横向环流还没有充分形成，河流中的泥沙还来不及带到凸岸。所以取水口应设在弯道顶点以下水深最深、单宽流量最大、环流作用最强的地方。

(2) 在有分汊的河段上，一般不宜将取水口布置在汊道上。由于分汊河段上主流不稳定，常发生交替变化，导致汊道淤塞而引水较困难。若由于具体位置的限制，只能在汊道上设取水口时，则应选择比较稳定的汊道，并对河道进行整治，将主流控制在该汊道上。

(3) 无坝渠首也不宜设在河流的直段上。因从河道直段的侧面引水，河道主流在取水口处流向下游，只有岸边的水流进入取水口，所以进水量相对较小且不均匀。此外，由于水流转弯，引起横向环流，使河道的推移质大量进入渠道。

10.3.4.2 无坝取水枢纽的布置形式

无坝取水枢纽的水工建筑物有进水闸、冲沙闸、沉沙池及上下游整治建筑物等。无坝取水枢纽的布置形式按取水口的数目可分为一首制和多首制两种，每种渠首的布置形式根据河床和河岸的稳定情况、河流的水沙特性以及引水流量的多少而有所不同。

根据情况不同有3种布置形式，即位于弯道凹岸的渠首、引水渠式渠首和导流堤式渠首。

1. 位于弯道凹岸的渠首

当河床稳定、河岸土质坚硬时，可将渠首进水闸建在河流弯道的凹岸，利用弯道环流原理，引取表层较清水流，排走底沙。这种渠首由拦沙坎、进水闸及沉沙设施等部分组成。进水闸的作用主要是控制入渠流量。拦沙坎和沉沙池的作用都是防沙。但拦沙坎的作用是加强天然河道环流，阻挡河道底部泥沙入渠并使河道底沙顺利排走。沉沙池是用来沉淀进入渠道的推移质及悬移质中颗粒较粗的泥沙。

进水闸一般布置在取水口处，在保证工程安全的前提下，应尽量减少引水渠的长度，这样一方面可减少水头损失，又可减轻引水渠的清淤工作。取水口两侧的土堤一般用平缓的弧线与河堤相连，使取水口成为喇叭口形状。尤其是取水口的上唇应做成平缓的曲线，以使入渠水流平顺，减少水头损失；并减轻对取水口附近水流的扰动，对防止推移质泥沙

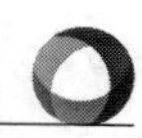

随水流进入取水口很有益处。

2. 引水渠式渠首

当河岸土质较差易受水流冲刷而变形时，可将进水闸设在距河岸有一定距离的地方，使其不受河岸变形的影响。

在取水口处设简易的拦沙设施，以防止泥沙入渠。在取水口和进水闸之间用引渠相连。引渠兼作沉沙渠，并在沉沙渠的末端，按正面引水、侧面排沙的原则布置进水闸和冲沙闸。冲沙闸用来冲洗沉沙渠内的泥沙，使泥沙重归河道。一般冲沙闸与引水渠水流方向的夹角为30°～60°。冲沙闸底板高程比进水闸低0.5～1.5m。在进水闸前一般也设一道拦沙坎，以利导沙。为了冲洗引渠出口处，以便利用水力冲洗淤积在引水渠中的泥沙，必要时也可辅以人力或机械清淤。

这种渠首的主要缺点是引水渠沉积泥沙后，冲沙效率不高。为保证引水，常需要用人工或机械辅助清淤。为了减轻引水渠的淤积，一般应在引水渠的入口处修建简单的拦沙设施。

3. 导流堤式渠首

在山区河流纵坡较陡、引水量较大、河槽不稳定的河道上，为控制河道流量，保证引水防沙，一般采用导流堤式。该渠首由导流堤、进水闸及泄水冲沙闸等组成。利用导流堤束缩水流、抬高水位，以保证水流平顺入渠。

按正面引水、侧面排沙的原则布置进水闸与泄水冲沙闸。进水闸与河道主流方向一致，泄水冲沙闸与水流方向一般做成接近90°夹角，以加强环流，有利于排沙。当河水流量大、渠首引水量较小时，也可采用正面排沙、侧面引水的布置形式。这时泄水冲沙闸的方向和主流方向一致，进水闸的中心线与主流方向成锐角，一般以30°～40°为宜。这样布置可以减轻洪水对进水闸的冲击，而冲沙闸又能有效地排除取水口前的泥沙。

为拦截泥沙，进水闸底板高程应高出引水段河床高程0.50～1.00m。泄水冲沙闸底板与该处河底齐平或略低，但比河道主槽要高，有利于泄水排沙。

导流堤的布置一般是从泄水闸向河流上游方向延伸，使其接近河道主流。导流堤的轴线与河道水流方向的夹角不宜过大，以免被洪水冲毁。但也不能太小；否则将使导流堤长度增加而增大工程量。一般取10°～20°的夹角。导流堤的长度决定于引水量的多少，堤越长引水量越多。有时在枯水期，为了引取河道全部流量，甚至可使导流堤拦断全部河床，但在洪水来临前，必须拆除一部分，让出河床，以利泄洪。

我国古代著名的都江堰水利工程建于2300年前，也属于导流堤式渠首。整个渠首位置选择在岷江天然弯道上。它由百丈堤、导流堤、飞沙堰、泄水槽及进水口等建筑物组成(图10.7)。金刚堤（导流堤）位于进水口——宝瓶口前，建在江中卵石沉积的天然滩地上，根据当时的施工条件和材料，堤身是用当地材料竹笼内装卵石及木桩加固而成，类似于现代的铅丝笼装卵石。金刚堤的最前端是分水鱼嘴。金刚堤的作用主要是分水和导流，它把岷江分为内江和外江。

在洪水时期，内江和外江水量的分配比例大约为4：6，大部分洪水从外江流走以保证灌区的安全；在枯水时期，内江和外江的分水比例恰好相反，大部分江水进入内江，保证了灌区用水。进水口——宝瓶口系由人工凿开玉垒山而成。由于岩石坚硬，能抵抗水流

图 10.7　都江堰取水枢纽平面布置

的冲击，并可以控制引取所需的水量。飞沙堰及泄水槽建在进水口前的导流堤上，用以宣泄进入内江的多余水量，排走泥沙，并保持取水口所需要的水位。百丈堤位于导流堤上游，除引导江水外，还保护河岸免受冲刷。因整个工程布置合理，各建筑物能互相紧密配合、相互调节，起到了分水、泄洪、引水和防沙的作用，使成都平原农田可以自流灌溉，成为旱涝保收的富饶地区。

10.3.5　有坝取水枢纽的布置

有坝取水枢纽一般由拦河壅水建筑物（壅水坝或拦河闸）、进水闸、冲沙闸、防排沙设施及上下流河道整治措施等建筑物组成。拦河壅水建筑物的作用是抬高水位和宣泄河道多余的水量和汛期洪水；进水闸的作用是控制入渠流量；防排沙设施的作用是防止河流泥沙进入渠道。常用的防排沙设施有沉沙槽、冲沙闸、冲沙廊道、冲沙底孔及沉沙池等。

由于河道水流特性、地形、地质条件千差万别，各建筑物对枢纽工程的形式选择和布置起着决定性作用。一般情况下是先根据基础资料拟定几个不同的布置方案，进行技术经济比较后确定。下面将介绍常用的几种有坝取水枢纽的布置。

10.3.5.1　沉沙槽式渠首

这种渠首按侧面引水、正面排沙的原则进行布置，由壅水坝、冲沙闸、冲沙槽、导水墙及进水闸等组成。因其最先建于印度，又称印度式渠首（图 10.8）。

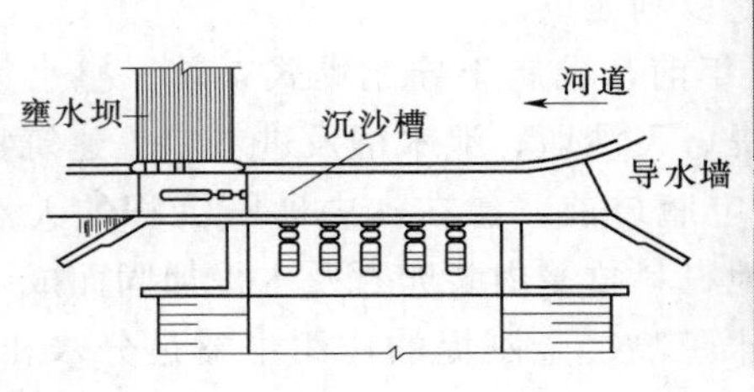

图 10.8　沉沙槽式渠首

1. 主要问题

由于沉沙槽式渠首的布置和结构简单，施工容易，造价较低，故在我国西北、华北等

地区得到广泛应用。但在运用实践中，发现这种渠首布置存在下述主要问题：

(1) 由于进水闸与河流垂直，水流需转90°急弯进入进水闸，这样便在进水口处产生横向环流，把部分推移质泥沙带入渠道。

(2) 当冲沙闸冲沙时，槽内推移质发生跃移运动，为防止泥沙入渠，必须关闭进水闸，停止取水。

(3) 当壅水坝前淤平后，该坝便失去控制水流作用，此时进水闸处于无坝引水状态，引水得不到保证。

2. 改进措施

针对上述存在的缺点，改进措施有以下几种。

(1) 加大沉沙槽及冲沙闸的尺寸，采用弧形沉沙槽，槽内增设潜设分水墙、导沙坎等改变水流内部结构，使表层水进入进水闸。

(2) 合理选择进水闸与拦河建筑物之间的夹角，一般采用进水闸水流与河道水流成30°～60°角，以减弱环流强度。

(3) 将壅水坝全部或大部分改为拦河闸以稳定主流。

10.3.5.2 人工弯道式渠首

人工弯道式渠首是将弯曲河段整治为有规则的人工弯道，利用弯道环流原理，在弯道末端按正面引水、侧面排沙的原则布置进水闸和冲沙闸，以引取表层清水，排走底层泥沙，达到引水排沙的目的。该渠首由人工弯道、进水闸、冲沙闸、泄洪闸以及下游排沙道等组成（图10.9），都江堰水利枢纽就是典型的人工弯道渠首，利用金刚堤将岷江分为外江与内江，利用金刚堤、飞沙堰、宝瓶口让内江在平面上形成S形弯道。

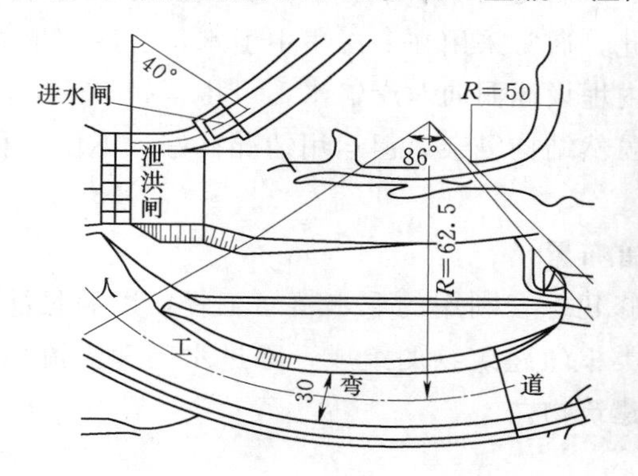

图10.9 人工弯道式渠首

10.3.5.3 底格栏栅坝式渠首

在山溪河道上，河床坡度较陡，水流中带有大量的卵石、砾石及粗沙，为防止大量泥沙入渠，常采用底格栏栅坝渠首。

这种渠首的主要建筑物由底栏栅坝、溢流堰、泄洪冲沙闸、导沙坎及上下游导流堤等组成（图10.10）。

10.3.5.4 底部冲沙廊道式渠首

由于河道中水流泥沙具有沿深度分层的特点，水流将垂直地划分为表层及底层两个部

图10.10　底格栏栅坝式渠首

分，进水闸引取表层较清水流，而含沙量较高的底层水流则经过冲沙廊道或泄洪排沙闸排到下游。分层取水的渠首布置常采用底部冲沙廊道式渠首。如图10.11所示，由于廊道冲沙所需水量较少，常用于缺少冲沙流量的河流。当冲沙廊道用于宣泄部分洪水时，则需水量较多。这种枢纽要求坝前水位能形成较大的水头，使水流在廊道内产生4～6m/s的冲沙流速。

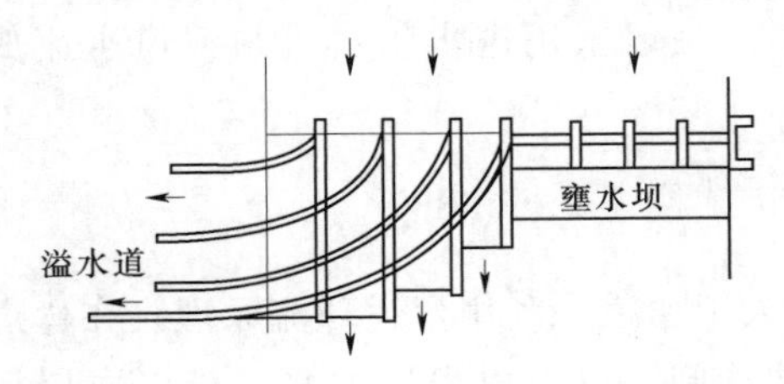

图10.11　底部冲沙廊道式渠首

10.3.5.5　两岸引水式渠首

当河道两岸都需要引水时，常在拦河（溢流）坝两端分别建造沉沙槽式或其他型式取水口，以满足两岸引水要求。实践证明，这种两岸引水式渠首常有一岸取水口被泥沙堵塞。为此，通常采用在一岸集中引水，然后用坝内输水管道向对岸输水，或用跨河渡槽或在河床内埋设涵洞向对岸输水。

这种从一岸取水并向对岸输水的方式，虽然结构复杂，但运用情况良好，不仅有利于水量调配，而且便于管理。

10.3.5.6　少泥沙河流上综合利用的有坝渠首布置

在我国南方山区及平原地区河道上，多修建综合利用的取水枢纽工程，以满足灌溉、航运、筏运、发电和渔业的要求。因此，这类枢纽建筑物的组成，除进水闸和溢流坝外，根据用途的不同，还要修建一种或几种专门建筑物。

任务10.4　水电站厂区枢纽布置

10.4.1　水电站厂房的功用和基本类型

水电站厂房是将水能转为电能的综合工程设施，包括厂房建筑、水轮机发电机及附属设备、变压器、开关站等，也是工作人员进行生产和活动的场所。

10.4.1.1　水电站厂房的主要功用

（1）将水电站的主要机电设备集中布置在一起，使其具有良好的运行、管理、安装、检修等条件。

（2）布置各种辅助附属设备，保证机组安全经济运行和发电质量。

（3）布置必要的值班场所，为相关工作人员提供良好的工作环境。

10.4.1.2 水电站厂房的类型

由于水电站的开发方式、枢纽布置方案、装机容量、机组形式等条件的不同，厂房的形式也多种多样，通常按厂房的结构及布置上的特点，可分为地面式（包括河床式、坝后式、岸边式）、地下式（包括地下式、半地下式、窑洞式）、坝内式、厂顶溢流式及厂前挑流式等。其中最常见的是坝后式厂房和岸边式厂房。

图 10.12 河岸式厂房

1. 按厂房结构分类

1）河岸式厂房。厂房与坝不直接相接，发电用水由引水建筑物引入厂房。当厂房设在河岸处时称为河岸式地面厂房（图 10.12）。当河谷狭窄，岸坡陡峻，或有人防要求，布置地面厂房有困难时，把水电站厂房等主要建筑物布置在山岩洞室之中就是地下厂房。由于开挖机械的不断改进和施工技术的不断提高，地下开挖的进度越来越快，造价越来越低，因此近年来国内外地下水电站建设速度加快（图 10.13）。

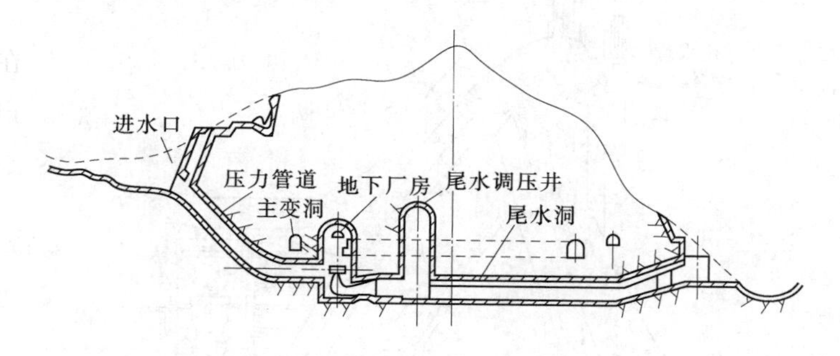

图 10.13 地下厂房剖面图

2）坝后式厂房。厂房布置在非溢流坝后，与坝体衔接，厂房与坝体间用永久缝分开，厂房不起挡水作用，不承受上游水压力，发电用水由穿过坝体的压力管道引入厂房，称为坝后式厂房（图 10.14）。这种厂房独立承受荷载和保持稳定，厂坝连接处允许产生相对变位，因而结构受力明确，压力管道穿过永久缝处设伸缩节。坝址河谷较宽，河谷中除布置溢流坝外，还需布置非溢流坝时通常采用这种厂房。

当河谷狭窄、泄洪量大，又需采用河床泄洪时，为了解决河床内不能同时布置厂房建筑物和泄水建筑物之间的矛盾，可将厂房布置成以下形式。

（1）溢流式厂房。将厂房布置在溢流坝段下游，厂房顶作为溢洪道，称为溢流式厂房（图 10.15）。溢流式厂房适用于中、高水头的水电站。坝址河谷狭窄，洪水流量大，枢纽空间布置困难、泄洪问题难以解决，这时可以采用溢流式厂房。其缺点是厂房结构计算复杂，施工质量要求高，水流的震动和雾化对厂房运行影响较大。浙江新安江水电站厂房是我国第一座溢流式厂房。

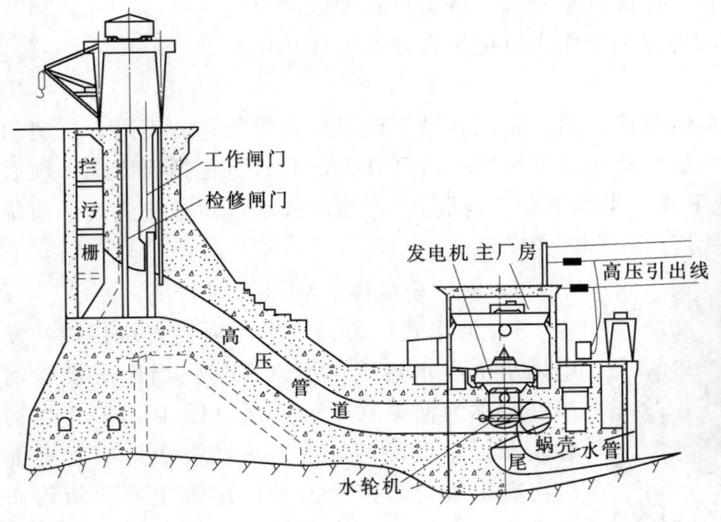

图 10.14　坝后式厂房

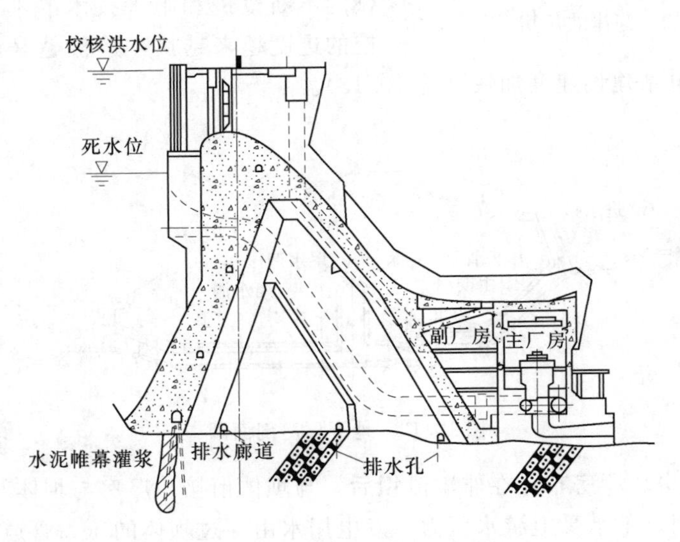

图 10.15　溢流式厂房剖面图

(2) 坝内式厂房。将厂房布置在坝体内空腹，坝顶设溢洪道，称为坝内式厂房。河谷狭窄不足以布置坝后式厂房，而坝高足够允许在坝内留出一定大小的空腔布置厂房时，可采用坝内式厂房。江西上犹江水电站厂房是我国第一座坝内式厂房（图 10.16）

(3) 挑越式厂房。厂房位于溢流坝坝址处，溢流水舌挑越厂房顶泄入下游河道。

3) 河床式厂房。厂房位于河床中，本身也起挡水作用，其中普遍采用的是装置竖轴轴流式机组的河床式厂房（图 10.17）。

2. 按机组主轴布置方式分类

(1) 立式机组厂房。水轮发电机主轴呈垂直向布置的厂房称为立式机组厂房。立式机组厂房的高度较大，设备在高度方向可分层布置，厂房较宽敞整齐，平面面积较小，厂房

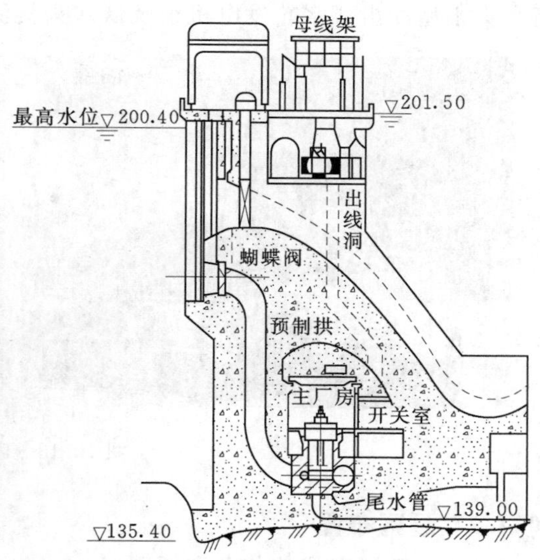

图 10.16　上犹江水电站坝内式厂房（单位：m）

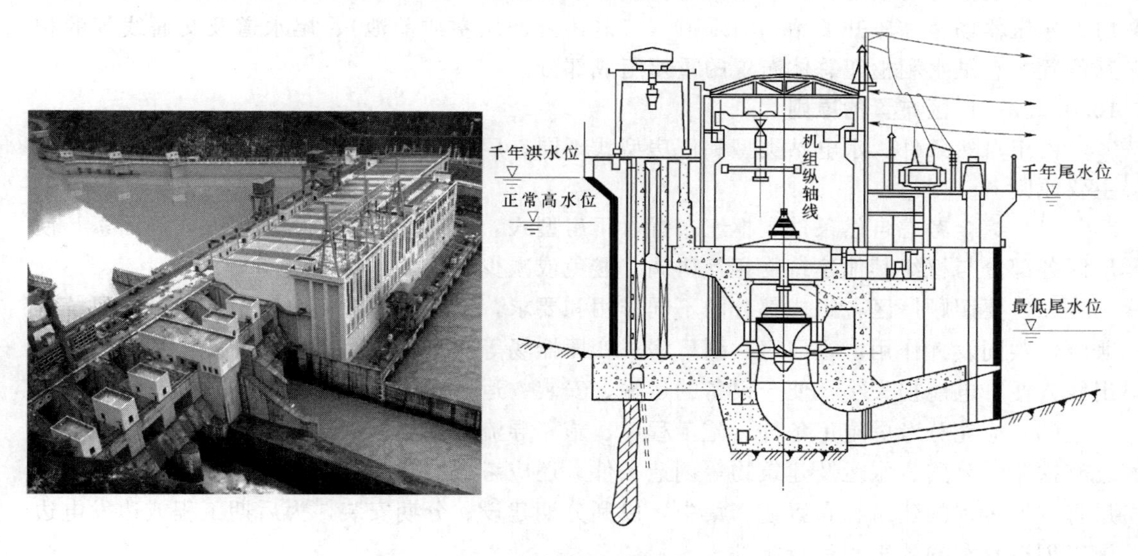

图 10.17　河床式厂房

下部结构为大体积混凝土，整体性强，运行、管理方便，振动、噪声较小，通风、采光条件好，但厂房结构复杂、造价高。适用于下游水位变幅较大或下游水位较高的情况。目前，装设流量较大的反击式水轮机（贯流式除外）的水电站几乎都采用立式机组厂房。机组尺寸较大的冲击式水轮机，喷嘴数多于 2～6 个时，水电站也采用立式机组厂房。

（2）卧式机组厂房。水轮发电机主轴呈水平向布置且安装在同一高程地板上的厂房称为卧式机组厂房。卧式机组厂房的高度较小，设备布置紧凑，结构简单，造价低，厂房内大部分机电设备集中布置在发电机层，平面占用面积较大，但设备布置较拥挤，安装、检修、运行不便，噪声、振动较大，散热条件差。中高水头的中小型混流式水轮发电机组、高水头小型冲击式水轮发电机组及低水头贯流式机组均采用卧式机组厂房（图10.18）。

图10.18 卧式机组厂房

10.4.2 厂区布置

10.4.2.1 厂区布置的任务和原则

厂区也称厂房枢纽。厂区布置的任务以水电站主厂房为核心，合理安排主厂房、副厂房、变压器场、高压开关站、引水道（可能还有调压室或前池）、尾水道及交通线等的相互位置。它是水利枢纽总体布置的重要组成部分。

10.4.2.2 厂区布置的原则

由于自然条件、水电站类型和厂房型式不同，厂区布置是多种多样的，但应遵循以下主要原则。

（1）综合考虑自然条件、枢纽布置、厂房型式、对外交通、厂房进水方式等因素，使厂区各部分与枢纽其他建筑物相互协调，避免或减少干扰。

（2）要照顾厂区各组成部分的不同作用和要求，也要考虑它们的联系与配合，要统筹兼顾，共同发挥作用。主厂房、副厂房、变压器场等建筑物应距离短、高差小、满足电站出线方便、电能损失小，便于设备的运输、安装、运行和检修。

（3）应充分考虑施工条件、施工程序、施工导流方式的影响，并尽量为施工期间利用已有铁路、公路、水运及建筑物等创造条件。还应考虑电站的分期施工和提前发电，宜尽量将本期工程的建筑物布置适当集中，以利分期建设、分期安装，为后期工程或边发电边施工创造有利的施工和运行条件。

（4）应保证厂区所有设备和建筑物都是安全可靠的。必须避免在危岩、滑坡及构造破碎地带布置建筑物。对于陡坡则应采取必要的加固措施，并做好排水，以确保施工期和投产后都能安全可靠。

（5）应尽量减少破坏天然绿化。在满足运行管理的前提下，积极利用、改造荒坡地，尽量少占农田。

10.4.2.3 厂区主要建筑物的布置

1. 主厂房布置

主厂房应布置在地质条件较好、岸坡稳定、开挖量小、对外交通方便、施工条件好且导流容易解决、对整个水利枢纽工程经济合理的位置。

坝后式水电站厂房位置与泄洪建筑物的布置密切相关。

当河谷较宽，以重力坝作挡水建筑物时，常采用河床泄洪方案，将溢流坝段布置在主河槽中，以利泄洪和施工导流。而将厂房布置在靠近河岸的非溢流坝段下游，以便对外交通和布置变电站。厂房与溢流坝间应设置足够长的导墙，以防止泄洪对电站尾水的干扰。厂坝间一般设有沉陷伸缩缝，并在压力钢管进入厂房处设置伸缩节。当河谷狭窄，无法同时布置溢流坝段和厂房坝段，则可采用河岸泄洪方案或采用溢流式、坝内式、地下式厂房布置方案。

河床式水电站由于采用起挡水作用的河床式厂房，厂房与坝位于同一纵轴上。故厂房位置对枢纽布置、施工程序和施工导流影响很大，应给予充分重视，妥善解决。

当河床较宽时，应将主要的建筑物（厂房、溢流坝、船闸）布置在岸边，可布置在同一岸，也可分两岸布置，如厂房与溢流坝位于一岸，船闸在另一岸。当有河湾或滩地时，可将厂房和溢流坝布置在河湾凸岸或滩地上。

引水式水电站常用河岸式厂房。其特点是距枢纽较远，因此首部枢纽布置和施工条件对其影响甚小，而引水系统对其影响较大，所以应首先以地形、地质、水文等自然条件选择引水方式后，再确定厂房位置和布置。布置时应尽可能使厂房进出水平顺，最好采用正向进水，尾水渠要逐渐斜向下游，或加筑导墙以改善水流条件，免受河道洪水顶托而产生壅水、漩涡和淤积。

2. 副厂房布置

大中型水电站都设有副厂房，小型水电站有时可以不设专门副厂房。水轮机辅助设备尽可能放在副厂房内，而电气辅助设备多装设在副厂房内。按副厂房的作用可分为 3 类。

（1）直接生产副厂房。这是布置与电能生产直接有关的辅助设备的房间，如中央控制室、低压开关室等。直接生产副厂房应尽量靠近主厂房，以便运行管理和缩短电缆。

（2）检修试验副厂房。这是布置机电修理和试验设备的房间，如电工修理间、机械修理间、高压实验室等。此类副厂房可结合直接生产副厂房布置。

（3）生产管理副厂房。这是运行管理人员办公和生活用房，如办公室、警卫室等。办公用房宜布置在对外联系方便的地方。

副厂房的位置可以在主厂房的上游侧、下游侧或一端。副厂房的布置在主厂房上游侧［图 10.19（a）、（c）、（e）、（f）］运行管理比较方便，电缆也较短，在结构上与主厂房连成一体，造价较经济。当主厂房上游侧比较开阔，通风采光条件好时可以采用。副厂房布置在下游会影响主厂房通风采光；尾水管加长会增大工程量，且尾水平台一般是有振动的，中控室不宜布置在该处。副厂房布置在主厂房一端时［图 10.19（b）、（d）］，宜布置在对外交通方便的一端，当机组台数较多时，会使电缆及母线加长。

坝后式水电站应尽量利用厂坝间的空间并结合端部布置副厂房。河床式水电站可利用尾水平台以下空间及端部布置副厂房［图 10.19（d）］。引水式水电站的副厂房宜布置在副厂房的一端，或利用主厂房与后山坡之间的空间布置在主厂房的上游侧［图 10.19（f）］。对明管引水的高、中水头引水式水电站，副厂房的布置宜偏离压力水管管槽的正下方。

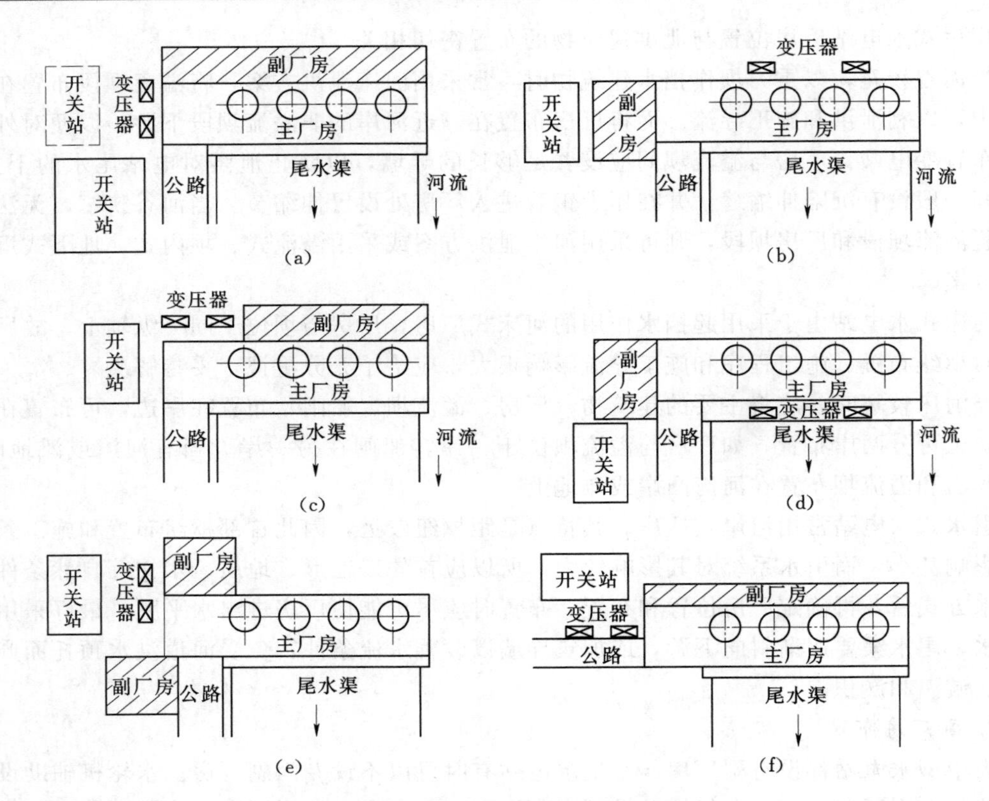

图10.19 水电站厂区布置方案示意图

3. 变压器场和开关站的布置

布置变压器场应考虑下列原则。

(1) 主变压器尽可能靠近主厂房，以缩短昂贵的发电机电压母线和减少电能损失。

(2) 要便于交通、安装和检修。

(3) 便于维护、巡视及排除故障。为此在主变压器四周要留有0.8～1.0m以上空间。

(4) 土建结构经济合理。主变压器基础安全可靠且高于最高洪水位。四周应有排水设施，以防雨水汇集为害。

(5) 便于主变压器通风、冷却和散热，并符合保安和防火要求。

主变压器场具体位置应视电站不同情况选定。

坝后式水电站往往可利用厂坝之间布置主变压器。

河床式水电站上游侧由进水口及其设备占用，因此只好把主变压器布置在尾水平台上。

引水式水电站厂房多数是顺河流、沿山坡等高线布置，厂房与背后山坡间地方不大。为减少开挖量，可将主变压器布置在厂房一端的公路旁。

高压开关站一般为露天式（图10.20）。当地形陡峻时，为了减少开挖和平整的工程量，可采用阶梯布置方案或高架方案。

高压开关站的布置原则与变压器场相似，要求高压引出线及低压控制电缆安装方便而

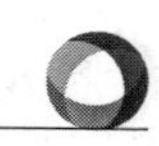

图 10.20　主变压器场与开关站

短；便于运输、检修、巡视；土建结构稳定。因为户外高压配电装置的故障率很低，所以靠近厂房和主变压器的山坡或河岸上有较为平坦的场地，出线方向和交通均较方便，即可布置开关站。当高压出线电压不是一个等级时，可以根据出线回路和出线方向，分设两个以上的高压开关站。

泄水建筑物在泄水时有水雾，对高压线不利，故开关站要距泄水建筑物远些，高压架空线尽量不跨越溢流坝。

4. 尾水渠、交通线的布置及厂区防洪排水

尾水渠应使水流顺畅下泄，根据地形地质、河道流向、泄洪影响、泥沙情况，并考虑下游梯级回水及枢纽各泄水建筑物的泄水对河床变化的可能影响进行布置。要避免泄洪时在尾水渠内形成壅水、漩涡和出现淤积。坝后式和河床式厂房的尾水渠宜与河道平行，与泄洪建筑物以足够长的导水墙隔开。河岸式厂房尾水渠应斜向河道下游，渠轴线与河道轴线角不宜大于 45°，必要时在上游侧加设导墙，保证泄洪时能正常发电。

厂区内外铁路、公路及桥梁、涵洞，应充分考虑机电设备重件、大件的运输。有水运条件时应尽量利用。坝后式及河床式厂房常由下游进厂，河岸式厂房受地形限制可沿等高线自端部进厂，进厂专用的铁路、公路应直接进入安装间，以便利用厂内桥吊卸货。厂区内还必须有公路与枢纽各建筑物及生活区相通。

厂区内的公路线的转弯半径一般不小于 35m，纵坡不宜陡于 9%，坡长限制在 200m 内。单行道路宽不小于 3m，双车道宽不小于 6.5m。厂门口要有回车场。在靠近厂房处，公路最好有水平段，以保证车辆可平稳缓慢地进入厂房。厂区内铁路线的最小曲率半径一般为 200～300m，纵坡不大于 2%～3%，路基宽度不小于 4.6m，并应符合新建铁路设计技术规范的规定。铁路进厂前也要有一段较长的平直段，以保证车辆能安全、缓慢地进入厂房，并停在指定的位置。铁路一般从下游侧垂直厂房纵轴进厂。

厂区防洪排水应给予足够重视，应保证厂房在各设计水位条件下不受淹没。当下游洪水位较高时，为防止厂房受洪水倒灌，可采用尾水挡墙、防洪堤、防洪门、全封闭厂房以及抬高进厂公路及安装间高程，或综合采用以上几种措施加以解决。在可能条件下尽量采用尾水挡墙或防洪堤以保证进厂交通线及厂房不受洪水威胁；对汛期洪水峰高量大、下游水位陡涨陡落的电站，进厂交通线的高程可以低于最高尾水位，但进厂大门在汛期必须采用密封闸门关闭，而同时另设一条高于最高尾水位的人行交通道作为临时出入口。全封闭厂房不设进厂大门，交通线在最高尾水位以上，通过竖井、电梯等运送设备和人员进厂，但运行不方便，中小型电站较少采用。

主、副厂房周围应采取有效的排水和保护措施，以防可能产生的山洪、暴雨的侵袭。邻近山坡的厂房，应沿山坡等高线设一道或数道有铺设的截水沟。整个厂区可利用路边沟、雨水明暗沟等构成排水系统，以迅速排除地面雨水。位于洪水位以下的厂区，为防止洪水期的倒灌和内涝，应设置机械排水装置。

思 考 题

10-1 水利水电枢纽设计阶段如何划分？

10-2 取水枢纽有哪些类型？

10-3 取水枢纽布置的基本要求有哪些？

10-4 有坝取水枢纽主要有哪些类型？

10-5 取水枢纽一般由哪些建筑物组成？

10-6 说明挡水、泄洪、发电、通航、供水和灌溉引水建筑物在拦河坝枢纽布置中按重要性的排序。

10-7 主变压器场布置主要应注意哪些问题？

10-8 厂区布置的基本原则是什么？

10-9 说明坝式开发水电站枢纽拦河坝枢纽与水电站厂区布置的关系。

10-10 开关站布置的基本原则是什么？

参考文献

［1］ 沈长松，刘晓青，王润英，张继勋．水工建筑物［M］．2版．北京：中国水利水电出版社，2016.

［2］ 田明武，张磊，由金玉，潘妮．水利水电工程建筑物［M］．北京：中国水利水电出版社，2013.

［3］ 马文英，宿辉，张红光，等．水工建筑物［M］．北京：中国水利水电出版社，2015

［4］ 徐晶，宋东辉．水电站与水泵站建筑物［M］．2版．北京：中国水利水电出版社，2011.

［5］ 于建华，张松．水电站厂房设计与施工［M］．郑州：黄河水利出版社，2014.

［6］ 张智涌，李桢．重力坝设计与施工［M］．郑州：黄河水利出版社，2014.

［7］ 张磊，由金玉．土石坝设计与施工［M］．郑州：黄河水利出版社，2014.

［8］ 索丽生，刘宁．水工设计手册［M］．2版．北京：中国水利水电出版社，2014.

［9］ 杨邦柱，焦爱萍．水工建筑物［M］．北京：中国水利水电出版社，2013.